MANUEL

DU TOURNEUR,

TOME II.

Les formalités voulues par la loi ont été remplies; et tous les exemplaires qui ne seront pas signés de nous seront réputés contrefaits et saisis comme tels.

J.-M. EBERHART, Imprimeur du Collége Royal de France,
Rue du Foin Saint-Jacques, N° 12.

MANUEL
DU TOURNEUR,

PAR L.-E. BERGERON.

OUVRAGE

DANS LEQUEL ON ENSEIGNE AUX AMATEURS LA MANIÈRE D'EXÉCUTER

SUR LE TOUR A POINTES, A LUNETTES, EN L'AIR, A GUILLOCHER, CARRÉ, A PORTRAITS, A GRAVER LE VERRE ;
ET AVEC LES MACHINES EXCENTRIQUES, OVALES, ÉPICYCLOÏDE, ETC.,

TOUT CE QUE L'ART PEUT PRODUIRE D'UTILE ET D'AGRÉABLE ;

PRÉCÉDÉ DE NOTIONS ÉLÉMENTAIRES

SUR LA CONNOISSANCE DES BOIS, LA MENUISERIE, LA FORGE, LA TREMPE, LA FONTE DES MÉTAUX,
ET AUTRES ARTS QUI SE LIENT AVEC CELUI DU TOUR :

SECONDE ÉDITION

REVUE, CORRIGÉE, ET CONSIDÉRABLEMENT AUGMENTÉE,

PAR P. HAMELIN-BERGERON.

Indocti discant et ament meminisse periti.

TOME SECOND.

PARIS.

Chez **HAMELIN-BERGERON**, Négociant, *a la Flotte d'Angleterre,*
Rue de la Barillerie, N° 15, vis-à-vis la grille du Palais de Justice.

1816.

TABLE

DES CHAPITRES ET SECTIONS

CONTENUS DANS CE VOLUME.

CINQUIÈME PARTIE.

CHAPITRE PREMIER.

CHAPITRE II.

CHAPITRE III.

CHAPITRE IV.

CHAPITRE V.

CHAPITRE VI.

SIXIÈME PARTIE.

TOURS COMPOSÉS.

CHAPITRE PREMIER.

CHAPITRE II.

CHAPITRE VII.

CHAPITRE VIII.

CHAPITRE IX.

SEPTIÈME PARTIE.

APPENDICE.

CHAPITRE PREMIER.

FIN DE LA TABLE DES CHAPITRES ET SECTIONS DU DEUXIÈME VOLUME.

ERRATA.

Page 35, *ligne* 25, au-dessous de la pente; *lisez*, pointe.
Page 50, *ligne* 24, *fig.* 8; *lisez*, *fig.* 3.
— 71, — 25, *fig.* 23; *lisez*, *fig.* 25.
— 79, — 35, *Pl.* 35; *lisez*, *Pl.* 38.
— 80, — 31; pages 446 et suiv.; *lisez*, pages 466 et suiv.
— 187, — 33, mandrin décrit p. 280; *lisez*, p. 283.
— 214, — 11, scie à marqueterie, *fig.* 3, *Pl.* 25; *lisez*, *Pl.* 26.
— 291, — 31, *fig.* 4; *lisez*, *fig.* 10.
— 297, — 3, *fig.* 8; *lisez*, *fig.* 11.
— 362, — 3, *fig.* 11, *Pl.* 49; *lisez*, *fig.* 14, *Pl.* 48.
— 382, — 16, *Pl.* 8; *lisez*, *Pl.* 14.
— 395, — 24, *Pl.* 28; *lisez*, *Pl.* 27.
— 396, — 23, *Pl.* 28; *lisez*, *Pl.* 32.
— 396, — 32, *Pl.* 19; *lisez*, *Pl.* 12.

L'ART DU TOUR,

OU

MANUEL DU TOURNEUR.

CINQUIÈME PARTIE.

CHAPITRE PREMIER.

Différens Outils.

SECTION PREMIÈRE.

Compas, Calibres, Équerres.

Nous avons donné au commencement de notre premier Volume la nomenclature et la description des outils propres à exécuter sur le Tour Pl. 1. toutes les pièces dont nous avons parlé dans ce Volume; mais ces outils deviennent insuffisans pour les ouvrages plus difficiles, dont nous allons

I

Pl. 1.

nous occuper, et nous croyons devoir commencer de même ce second Volume par une liste d'outils plus recherchés, nécessaires pour l'exécution des pièces que nous nous proposons d'y enseigner.

La *fig.* 1, *Pl.* 1, représente un compas à verge, propre à couper le carton, le cuivre et le bois de placage. La poignée *a* est un peu grosse, et peut aisément être saisie de la main gauche, tandis que de la droite on fait tourner la pointe coupante *b*. Au dessous de la poignée est une pointe conique, qu'on nomme *Champignon*, et qui, par sa forme, a la faculté d'être placée dans un trou, plus ou moins gros, selon le besoin. Une boîte, *fig.* 2, percée d'un trou juste à la verge, glisse dessus, et peut être mise à l'écartement qu'on désire : elle est retenue en sa place, à l'aide d'une vis de pression *c*, qui presse contre la verge, sans cependant la gâter, au moyen d'un lardon interposé entre elles. Perpendiculairement à la boîte est une pointe, *fig.* 4, retenue à sa place par l'étrier, *fig.* 3, qui embrasse la boîte sur son épaisseur, et fixe la pointe à la hauteur qu'on désire : cette pointe est affûtée en losange comme un burin ; et c'est par l'angle opposé à son biseau qu'on coupe le cuivre ou le bois. Si c'est du carton, on y met une pointe *c*, *fig.* 7.

La *fig.* 5 est un autre compas à verge, qui ne sert qu'à faire des divisions et à tracer des cercles. Sur la verge sont deux boîtes mobiles : l'une *a*, porte une pointe, et peut glisser sur toute la longueur de la verge ; l'autre *b*, ne peut être mue que de la longueur de six à huit lignes, et avance ou recule par le moyen d'une vis de rappel, à pas très-fins, dont on voit la tête en *c*. Lorsqu'on a mis la pointe mobile à peu près à l'écartement qu'on désire, on cherche la division avec la plus grande exactitude, en tournant à droite ou à gauche la vis de rappel *c*, qui ayant son écrou dans la verge même, fait avancer ou reculer la boîte. La *fig.* 6 représente deux pointes coniques ou en champignons, qui prennent la place des pointes ordinaires quand on en a besoin. Ces espèces de compas sont d'un usage très-commode dans la mécanique, et lorsqu'on a des divisions exactes à faire.

La *fig.* 7 représente un compas à quart de cercle, avec plusieurs pointes de rechange pour différens usages. Ce compas est ordinairement en acier, ou du moins les pointes doivent être aciérées. Sur l'une des branches est un quart de cercle, dont le centre est dans le milieu de la tête du compas. Ce quart de cercle passe dans l'épaisseur de l'autre branche, qui est retenue au point qu'on désire, au moyen d'une vis à tête plate, qui presse sur le quart de cercle. On peut adapter à ce compas différentes espèces de pointes,

telles que pointe à couper le cuivre *a*, à champignon *b*, à couteau *c*, pour couper le papier ou le carton, telle qu'elle est représentée à part entre les branches du compas.
Pl. 1.

La *fig.* 8 représente un compas ordinaire en acier.

La *fig.* 9 est un compas pareil au précédent, si ce n'est qu'il a vers sa tête un quart de cercle et une vis de pression.

La *fig.* 10 est un autre compas à quart de cercle, avec vis de pression.

La *fig.* 11 est un compas pareil au précédent, si ce n'est que le quart de cercle est denté, et engrène dans un pignon, ayant au dehors une tête aplatie comme celle d'une vis. En tournant ce pignon à droite ou à gauche, on approche ou on écarte les branches du compas, pour les mettre au point qu'on désire. Une vis à tête plate, sur la face opposée à la tête du pignon presse sur le quart de cercle, et le fixe au point où on l'a mis.

La *fig.* 12 est un compas d'acier dont la tête fait ressort. Comme il tend à s'écarter, il suffit de serrer ou desserrer l'écrou qu'on y voit, pour écarter ou rapprocher les branches.

La *fig.* 13 est un compas à ressort comme le précédent; mais il a un usage particulier. Lorsqu'on veut ajuster une pièce sur une autre, un couvercle sur sa *bâte*, ou toute autre pièce qui en reçoit une autre, on prend l'écartement ou diamètre intérieur avec le compas, *fig.* 13; puis prenant l'écartement extérieur de ce dernier, avec les pointes de celui, *fig.* 14, on est assuré de donner à la pièce qu'on a à tourner la grosseur juste dont elle a besoin; ou bien, ayant pris la grosseur de cette pièce avec le compas, *fig.* 14, et ajustant le compas, *fig.* 13, à la grosseur du premier, on est sûr de donner à la pièce qui entre sur l'autre le diamètre qui lui convient.

La *fig.* 15 représente un compas d'épaisseur, connu sous le nom de *Maître-à-danser*, parce qu'il a les jambes en dehors. Voici son usage : la partie supérieure prend le diamètre ou grosseur d'un tenon, d'une gorge d'étui, d'une bâte de tabatière; et sans rien y déranger, l'écartement des deux jambes donne le diamètre intérieur.

La *fig.* 16 est un compas à peu près semblable au précédent, si ce n'est qu'il prend également l'épaisseur du haut et du bas. Mais il a un usage particulier, qu'il est à propos de faire connoître. Supposons qu'on veuille savoir l'épaisseur d'une pièce à son milieu, lorsque ses bords doivent être plus épais; si l'on retire le compas de l'endroit qu'on veut mesurer, la plus grande épaisseur des bords écartera nécessairement le compas en le

Pl. 1. retirant. Il suffit donc de prendre l'épaisseur juste de l'endroit qu'on veut mesurer, et l'écartement des deux branches inférieures donnera cette épaisseur, si le compas est juste. Nous dirons, dans un moment, par quel inconvénient il pourroit ne l'être pas.

La *fig.* 17 est un autre compas d'épaisseur, dont la tête est à ressort, et qu'on rapproche ou qu'on écarte, en serrant ou desserrant l'écrou.

La *fig.* 18 est un compas destiné au même usage que le précédent, si ce n'est que la tête est à charnière, qu'il porte un quart de cercle sur lequel on fixe la branche où l'on veut, au moyen d'une vis de pression qu'on suppose ici être par derrière, et qui s'ouvre plus que le précédent.

La *fig.* 19 est le même que le précédent, si ce n'est que le quart de cercle est denté, et qu'il se meut par le moyen d'un pignon. Il porte aussi une vis de pression pour être fixé où l'on désire.

La *fig.* 20 est un autre compas, qu'à cause de sa forme, on nomme *Huit de chiffre.* Il fait le même effet que celui *fig.* 16. Le moyen de vérifier la justesse des compas de cette espèce, qui marquent l'épaisseur haut et bas, est de faire faire à une des branches une demi-révolution, de manière que la pointe *a*, *fig.* 20, vienne joindre celle *c*; si les deux branches ainsi changées, sont d'égale longueur, et qu'elles se touchent, par l'une et l'autre extrémité, comme on suppose qu'elles se touchoient auparavant, on peut être assuré de sa justesse : en voici la raison. Des cercles égaux doivent avoir des rayons égaux. Si donc la pointe *a*, qui tourne sur le centre *e*, a pour rayon la ligne droite *a e*, *a e* est rayon d'un cercle égal au rayon *e c*, et l'on sera assuré que les cercles seront égaux. Si au contraire le rayon *e c* étoit plus petit que celui *a e*, les deux cercles ne seroient pas égaux, et par conséquent l'ouverture *a b* ne seroit jamais égale à celle *c d*.

La *fig.* 21 est un autre compas à pattes d'écrevisses, il est construit sur les mêmes principes que celui *fig.* 15; mais comme il est souvent important de fixer une mesure qui ne doit pas varier, à l'une des deux branches est une entaille qui est une portion de cercle, dont le centre est au milieu de la tête du compas, et l'autre est taraudée pour recevoir une vis à tête godronnée, et ayant une embase qui presse contre la branche entaillée. Avant de mettre la vis en place, on s'assurera de la justesse des jambes avec les griffes, en les présentant l'une à l'autre, comme nous l'avons dit en parlant de la *fig.* 20.

Pl. 2. La *fig.* 1, *Pl.* 2, est un compas à peu près pareil au précédent. La manière d'en fixer l'écartement en constitue toute la différence. C'est une vis dont

les pas prennent dans un renflement *a*, pris sur une des branches du compas : elle passe à frottement lisse dans un autre renflement aussi pris sur Pl. 2.
l'autre branche. Mais comme ces deux renflemens sont fixes, les deux jambes
ne peuvent pas s'écarter beaucoup, puisque dans le mouvement, ces deux
renflemens décrivent une portion de cercle, ce que ne permet pas la vis.
Au lieu des renflemens *a*, *b*, on peut mettre deux pitons à queue tournée
et polie, qui entrent dans l'épaisseur des branches, et reposent par un
épaulement très-large, sur la branche. On rive proprement la queue de
l'autre côté, en interposant contre la branche une *contre-rivure*, qui
n'est qu'une petite rondelle d'acier ou de cuivre, bien dressée sur les deux
faces. De cette manière, lorsque la branche s'écarte, les pitons tournent
sur eux-mêmes, et par ce moyen la vis conserve sa direction.

La *fig.* 2 représente une espèce de compas d'épaisseur, très-utile,
lorsqu'une pièce a une certaine longueur, dont on veut s'assurer avec
exactitude. C'est une règle d'acier, à l'un des bouts de laquelle est fixée
une poupée, dont le bout, terminé en pointe assez déliée, est recourbé vers
la longueur de la règle : une autre poupée glisse sur la règle, de la même
manière que celle d'un Tour d'Horloger. Cette poupée est, comme l'autre,
terminée par une espèce de griffe absolument semblable à la première, et
la touchant exactement quand elle est poussée tout contre. Une longue vis,
à tête godronnée, roule dans la poupée immobile, au moyen d'un collet
qui y entre à frottement doux. Au bas de la tête de la vis est un épaulement qui porte contre la poupée, et l'on enfile dans cette vis une petite
rondelle d'acier, qui vient poser contre cette même poupée en dedans :
on l'y retient au moyen d'une goupille, qui traverse la vis, suivant son
diamètre, de manière que la vis, une fois en place, ne peut avancer ni
reculer. L'autre poupée est percée d'un trou taraudé, dans lequel passe la
vis, qui, par ce moyen, l'approche et l'éloigne de celle immobile, selon
qu'on tourne à droite ou à gauche. Au-dessous de la poupée mobile est
une vis de pression, qui, en appuyant contre la barre, fixe très-solidement la poupée en place.

La *fig.* 3 est un calibre très-ingénieux pour prendre des diamètres intérieurs et extérieurs. Deux poupées mobiles portent à leur partie supérieure une règle de quatre à six pouces de long. Cette règle est divisée sur
sa largeur par la moitié ; et sur son épaisseur, cette même règle est limée
jusqu'au trait qu'on a tracé sur sa longueur, en dehors par un bout, et en
dedans par l'autre. Ainsi, quand on a pris un écartement extérieur par les
pointes *a*, *a*, on est assuré que le diamètre intérieur est déterminé par les

Pl. 2.

pointes *b*, *b*, puisque la ligne qui sert à l'une et à l'autre mesure est la même. On adapte, à un des bouts de la règle ou verge de ce compas, une vis de rappel, pour opérer des mouvemens plus sensibles qu'on ne le feroit à la main, en faisant glisser l'autre poupée : enfin, au dessous de chaque poupée est une vis de pression pour la fixer où l'on désire.

La *fig.* 4 représente une équerre à *chaperon*. On nomme *Chaperon* une règle appliquée sur la rive d'une des branches de l'équerre. On applique cette règle ou chaperon contre une des faces de la pièce sur laquelle on veut tirer des lignes à l'équerre, ou d'équerre, comme disent les ouvriers. Nous n'entrerons point ici dans les détails de construction de cet instrument ; nous nous contenterons d'observer que si la règle n'est pas bien dressée, et parallèle sur ses deux plans intérieurs, l'outil ne vaut absolument rien.

La *fig.* 5 est une équerre ordinaire en acier. Un pareil instrument semble ne devoir pas être fort cher ; mais si l'on veut en avoir une très-exacte, il faut nécessairement y mettre un certain prix : à moins d'en avoir fait soi-même, on ne peut se persuader toute la difficulté qu'on éprouve à les faire bonnes, et tout le temps qu'exige cette opération.

La *fig.* 6 est une équerre en *T*. Cet instrument est de la plus grande utilité dans une infinité de circonstances, et particulièrement quand on veut percer un trou perpendiculairement à une surface.

La *fig.* 7 est un des instrumens les plus commodes pour le Tour, et pour différens ouvrages de mécanique. On le nomme *Équerre à coulisse*. Son usage est beaucoup plus étendu que celui de l'équerre en *T*, dont l'application est bornée. Lorsqu'il s'agit de creuser au Tour une boîte, et qu'on veut s'assurer que les côtés intérieurs sont perpendiculaires au fond, il faudroit avoir autant d'équerres en *T* qu'on voudroit faire de boîtes de différentes profondeurs ; en un mot, l'équerre en *T* ne peut s'employer que lorsque sa branche *A* peut passer au travers du trou, pour que la règle *B*, *C*, repose sur ses bords. Au lieu qu'en appuyant sur les bords de la boîte, la règle *A*, *B*, de l'équerre à coulisse, et faisant glisser celle *C*, *D*, jusqu'à ce que le bout de la partie *D* touche au fond de la boîte ou du trou, on l'approche contre le côté, et l'on voit s'il est d'équerre. La règle verticale *C*, *D*, est divisée, ce qui donne la facilité de déterminer la profondeur de la boîte et du trou. On peut encore employer cette équerre pour rendre le fond d'une boîte parallèle à sa surface extérieure ; en promenant la règle verticale du centre à la circonférence, on aperçoit aisément les aspérités qui peuvent s'y rencontrer.

Cet instrument, de la plus grande utilité, doit être exécuté avec beaucoup
de précision, si on veut en obtenir des résultats exacts.

PL. 2.

La *fig.* 8 est un calibre pour mettre des pièces d'égale épaisseur d'un
bout à l'autre. On fixe la poupée mobile *A*, au point convenable, au
moyen de la vis de pression qui est en dessous. On nomme cette pièce
Calibre d'épaisseur. Il y a de ces calibres dont les deux poupées sont mobiles. L'une se meut par une vis de rappel, comme les poupées des compas à verge. L'autre est à coulisse, comme dans le compas *fig.* 8.

La *fig.* 9 est une fausse équerre ou *sauterelle.* La branche *B* tourne au
point *a*, comme sur un centre, et se loge entre les deux jumelles d'acier,
dont la branche *A* est formée. On l'écarte à volonté, suivant l'inclinaison
de l'angle qu'on veut tracer. Cet instrument est de la plus grande utilité pour les ajusteurs mécaniciens.

La *fig.* 1, *Pl.* 3, est une équerre mobile, comme celle *fig.* 7, *Pl.* 2, mais
dont la règle verticale peut s'incliner jusqu'à 45 degrés; ce qui donne le
moyen de déterminer les différentes inclinaisons intérieures.

PL. 3.

La *fig.* 2 est un compas très-commode pour prendre l'épaisseur d'une
partie dont l'ouverture est fort étroite, et qui se trouve renflée sur les
bords. La branche cintrée embrasse l'extérieur pendant que la tige droite
entre dans le trou ; l'autre extrémité du compas donne par son écartement
l'épaisseur du point où on l'a fixé.

La *fig.* 3 est un compas de cuivre à pointes de rechange en acier, à
quart de cercle et à vis de rappel. Ce compas, très-renforcé, est fort convenable pour couper et tracer sur des matières dures, telles que le fer, l'acier,
et les autres métaux; et c'est celui que les ouvriers emploient le plus
fréquemment.

La *fig.* 4 est un compas en cuivre ou en acier, dont les branches passent
l'une sur l'autre, et portent les pointes à volonté en dedans et en dehors.
Ce compas sert ainsi à mesurer les pièces intérieurement et extérieurement.

La *fig.* 5 est un trusquin en cuivre, nouvellement perfectionné, à deux
branches; l'une mobile *A*, rentre dans celle immobile *B*. La branche
mobile est mue par une vis *C*, qui fait rappel sur l'extrémité de la
branche immobile *B*. En tournant cette vis, on avance ou on recule la
pointe à tracer *D*, de la poupée *E*, qui s'applique contre les surfaces sur
lesquelles on trace. La branche *A* est divisée pour pouvoir la fixer plus
exactement à la distance qu'on veut avoir. Cet instrument précieux réunit
l'élégance des formes à la justesse.

La *fig.* 6 est un trusquin debout. Sur la plaque d'acier *A*, se monte une tige cylindrique *B*, qui doit être perpendiculaire à la plaque *A*. Sur cette tige coule une poupée *C*, qui se fixe à la hauteur désirée, au moyen d'une vis de pression *F*. C'est cette poupée qui porte la pointe *D*, servant à tracer sur la pièce des lignes parallèles à la surface posée sur la plaque.

Cet outil est bien supérieur aux autres trusquins avec lesquels on ne peut que tracer des parallèles à une surface déjà dressée. Avec celui-ci, au contraire, on peut le faire, quelle que soit la forme des surfaces; si même la pièce étoit d'une trop grande dimension pour la pouvoir placer sur la plaque, on obtiendroit le même résultat en la mettant sur un marbre, sur une glace, ou sur toute autre surface exactement plane. Il faudroit alors retourner la pointe *D* en dehors de la plaque, que l'on feroit glisser sur le marbre ou sur la glace, de manière que la pointe coulât le long de la face de la pièce.

La *fig.* 7 est un pied à coulisse, en cuivre, formé de deux tiges, dont l'une *A*, est creuse, et reçoit celle *B*. Quand la seconde est rentrée en entier dans la première, l'instrument présente en totalité une longueur de six pouces, six à neuf lignes, qu'on peut augmenter graduellement jusqu'à un pied, en faisant sortir la tige mobile de la tige creuse; ce qui donne le moyen de mesurer bien plus juste et bien plus aisément qu'avec le pied à charnières. Ces pieds sont ajustés et divisés avec beaucoup plus de soin, et ne présentent pas l'inconvénient des pieds à charnières, qui se brisent facilement au point de réunion des deux branches. Ces pieds portent ordinairement, d'un côté, la division décimale, et de l'autre, l'ancienne en pouces et lignes.

La *fig.* 8 est un pied à calibre en cuivre, formé, comme le précédent, de deux tiges, dont l'une entre dans l'autre; à l'extrémité de chacune s'élève un bec en acier, au moyen desquels on peut mesurer intérieurement ou extérieurement toutes les pièces dont le diamètre n'excéde pas cinq pouces. Le développement total de ces deux tiges donne une longueur d'un pied. L'une des faces est divisée en pouces et lignes, et l'autre porte la division décimale. La tige mobile est ajustée avec soin, et coule à frottement très-juste dans la tige extérieure, en sorte qu'on peut conserver facilement l'ouverture dont on a besoin.

La *fig.* 9 représente une espèce de compas à coulisse, que nous nommerons *Compas comparateur.*

Il est formé de trois lames de cuivre; deux sont fixées en *A*, sur l'une

Pl. 3.

des têtes à pointe, et laissent entr'elles un espace dans lequel coule la troisième lame qui est un peu plus mince que les deux autres, et sur la longueur de laquelle est pratiquée une rainure dont on voit le bout en *b*.

À l'autre extrémité de cette lame intérieure est fixée la seconde tête *B*, à laquelle sont ajustées deux joues de cuivre *C*, *D*, qui glissent le long de l'épaisseur des lames extérieures dont elles affleurent les deux faces. Le petit boulon que l'on voit à l'extrémité inférieure de la lame divisée sert à fixer la branche intérieure, et par conséquent, la tête *B*, au point d'écartement déterminé. Sur les deux faces de ce compas sont gravées les mesures suivantes : 1°. le pied de roi; 2°. le pied du Rhin; 3°. le pied anglais; 4°. la circonférence du cercle dont on connoît le diamètre, calculée sur le rapport d'Archimède, c'est-à-dire de sept à vingt-deux.

Nous avons suivi dans la description de ce compas le modèle que nous avons sous les yeux, et qui nous a été confié par un Amateur distingué ; mais on sent qu'il seroit facile de substituer toute autre mesure aux trois premières : par exemple, le pied métrique à la place du pied anglais, etc. On pourroit aussi, pour la quatrième, se servir du rapport de 113 à 355 trouvé par Adrien Métius, et qui est encore plus exact que celui de 7 à 22

Les deux joues *C*, *D*, portent sur chacune de leurs deux faces une division semblable au nonius des graphomètres, et dont l'usage est à peu près le même.

Cette division porte neuf lignes de la mesure tracée sur la partie de la face correspondante, divisées en dix parties égales. Au point où commence cette division est tracé un zéro coupé sur sa longueur par une petite barre. Lorsque cette petite barre ne se trouve pas juste en face d'une division indiquant une ligne, on trouve de combien de dixièmes de lignes elle en est éloignée, en comptant les divisions du nonius jusqu'au point où l'une de ses divisions coïncide avec une de celles de la règle.

Les usages de cet instrument sont assez nombreux ; il sert :

1°. A comparer entre elles les trois mesures qui y sont gravées. Si, par exemple, on veut savoir combien 3 pouces 4 lignes, pied de roi, font de pouces et de lignes pied du Rhin, on tire la branche *B* jusqu'à ce que la barre du zéro, indicateur du nonius placé vis-à-vis le pied de roi, se trouve vis-à-vis 3 pouces 4 lignes. On retourne le compas, et on voit que le zéro indicateur du nonius placé vis-à-vis le pied du Rhin indique pour valeur correspondante, 3 pouces 5 lignes 4 dixièmes.

Pl. 3.

Il en seroit de même si on vouloit comparer ensemble les autres mesures tracées sur les faces de ce compas.

2°. De compas d'épaisseur pour toutes pièces rondes, plates ou carrées. Il suffit alors de saisir la pièce entre les deux branches d'acier, *A*, *B*, et le zéro indicateur d'une des mesures quelconques indiquera l'épaisseur ou le diamètre de la pièce.

3°. A mesurer la profondeur d'une pièce creuse, d'une feuillure ou d'un rebord quelconque sur une pièce ronde ou droite. Pour cela il faut faire sortir en entier la branche intérieure, l'appuyer sur le fond de la creusure, et faire descendre les branches extérieures jusqu'à ce que leur extrémité en touche le bord supérieur. Les zéros indicateurs marqueront la quantité dont la première branche est entrée.

4°. A indiquer de suite et sans tâtonnement, à un dixième de ligne près, la circonférence d'un cercle dont on connoît le diamètre. Par exemple, si on veut savoir quelle est la circonférence d'un cercle dont le diamètre est de 2 pouces 7 lignes, on porte le zéro indicateur du nonius du pied de roi vis-à-vis cette dimension, et le zéro indicateur du nonius, correspondant à la division tracée sur la même lame, indique pour la circonférence 8 pouces 1 ligne 4 dixièmes.

Nous observerons ici que les circonférences sont calculées pour des diamètres dont on connoît les dimensions en parties du pied de roi. Par conséquent, si le diamètre donné étoit composé de parties aliquotes du pied du Rhin ou autre, il faudroit d'abord le réduire en pouces ou lignes du pied de roi, et voir sur la ligne des circonférences le nombre correspondant, qu'on réduiroit ensuite en parties aliquotes du pied du Rhin. Ces réductions se font au moyen de l'instrument, et ne présentent aucune difficulté.

5°. Enfin à pointer de suite sur le papier les mesures prises par les méthodes qu'on vient de décrire, de façon à pouvoir y recourir au besoin. Cet avantage n'est pas le moindre de ceux que présente le compas comparateur, et l'Amateur qui voudra exécuter ou dessiner une machine, ou la réduire proportionnellement, en sentira tout le prix.

Mais nous ajouterons ici que le mérite de cet instrument dépend entièrement de la justesse des divisions et de la précision de son ajustement; et nous engageons ceux qui s'en procureront un semblable à le vérifier scrupuleusement avant d'en faire usage.

La rainure de la branche intérieure peut être taillée en forme de crémaillère. Alors, au moyen d'un pignon placé à l'extrémité des branches extérieures, on la fait avancer ou reculer plus aisément. Cet ajustement

Pl. 3.

est aussi bon que celui que nous avons décrit; cependant il est des cas où l'épaisseur du pignon peut gêner. D'ailleurs le mouvement est un peu lent, et nous croyons devoir recommander de préférence la première méthode, qui est plus simple et qui demande moins de temps.

Un instrument de cette espèce, sur lequel, au lieu des différentes mesures dont nous avons parlé, on n'en graveroit qu'une seule sur chaque côté, telle que le pied de roi, et le développement des circonférences avec des nonius indiquant des vingtièmes de ligne d'un côté, et des vingt-quatrièmes de l'autre, divisions faciles à distinguer à l'œil nu, seroit d'une utilité inappréciable dans la pratique des sciences et des arts.

La *fig* 10 représente le compas de réduction formé de deux règles de cuivre *A, A*, portant sur leur longueur une rainure à jour, et terminées par deux pointes d'acier *B, B, b, b*. Ces deux lames sont réunies par un boulon *C*, qui traverse deux coulisseaux placés dans les rainures.

Au moyen de cet ajustement on peut faire glisser le boulon dans les rainures, et changer ainsi le point de rotation

Ce compas est d'un usage très-fréquent pour les personnes qui se piquent de travailler avec précision. Sa construction donne le moyen de réduire ou d'augmenter un dessin sans être obligé de recourir continuellement à l'échelle. En effet, si l'on amène le boulon *C* à l'extrémité de la rainure du côté des pointes *B*, le centre de rotation se trouve juste au milieu de la distance entre les pointes *B, b*; et par conséquent l'ouverture des pointes *B, B*, est égale à celle des pointes *b, b*. A mesure qu'on avancera le centre de rotation vers *b, b*, l'ouverture entre *b, b*, diminuera proportionnellement par rapport à celle *B, B*.

L'une des règles porte une division en 24, et l'autre en 20; ce qui donne la facilité de réduire un dessin à la moitié, au tiers, au quart, au cinquième, etc., en plaçant le centre de rotation à la moitié, au tiers, au quart, au cinquième de la division tracée sur les règles.

La *fig.* 11 représente un instrument, à l'aide duquel on peut tracer des ovales par un mouvement continu, et que nous nommerons par cette raison compas à tracer l'ovale. La *fig.* 12 en montre le profil.

Cet instrument est composé d'un cercle en cuivre *A*, sur lequel sont fixées deux règles en cuivre *B* et *G*, qui se coupent à angle droit, au centre du cercle. Huit coulisseaux placés sur ces règles forment une rainure à queue d'aronde sur chacune d'elles. Quatre sont fixes, et quatre sont mobiles, et ajustés au moyen de deux ou trois vis que l'on peut serrer à mesure que la pièce prend du jeu.

2.

Deux petites coulisses d'acier, *a*, *a*, glissent très-juste dans ces rainures, et sont surmontées de deux boîtes de cuivre ou d'acier *C* et *F*, *fig.* 11 et *fig.* 12. La boîte *C* est fixée à l'extrémité de la verge carrée d'acier *D*, et l'autre glisse sur cette même verge. Toutes deux sont ajustées sur les deux petites coulisses d'acier *a*, *a*; de manière à pouvoir y tourner librement.

Une vis de pression *b* traverse le sommet de la boîte mobile *F*, et l'arrête sur la verge carrée, au point nécessaire.

La verge *D* est composée de deux morceaux d'acier réunis par une charnière au point *d*. Une boîte *E*, dans laquelle se fixe le crayon, le tire-ligne ou la pointe à tracer glisse le long de cette règle depuis la charnière jusqu'à son extrémité, et s'arrête au point où on veut la fixer, au moyen d'une vis de pression *e*.

Lorsqu'on veut, à l'aide de cet instrument, tracer un ovale dont on connoît le grand et le petit axe, on commence par déterminer la différence qui se trouve entre ces deux lignes. On éloigne ensuite la boîte mobile *F* de la boîte fixe *C*, de manière que les points sur lesquels tournent ces deux boîtes soient éloignés l'un de l'autre de la moitié de cette différence. On fait glisser la boîte portant la pointe à tracer sur la verge carrée, jusqu'à ce qu'elle se trouve éloignée du centre de rotation de la boîte immobile *C*, de la moitié de la longueur du grand axe. Pour faciliter ces opérations, la verge carrée *D* porte une division en pouces et lignes, à partir du point de rotation de la boîte *C*. Ainsi, par exemple, si l'on veut tracer un ovale dont le grand axe ait quatre pouces, et le petit trois pouces, on place le centre de rotation de la boîte mobile *F* à six lignes, et la pointe à tracer à deux pouces du point de rotation de la boîte *C*. Si, comme cela arrive assez ordinairement, l'ovale qu'on veut tracer a une direction donnée sur la pièce, il faut placer l'instrument de manière que la rainure *B* se trouve dans la prolongation du grand axe, et par conséquent la rainure *G* dans la direction du petit axe.

En cet état et après avoir arrêté solidement les boîtes *F* et *E*, au moyen des vis de pression *c* et *e*, on fait marcher la verge *D* avec la main droite, en appuyant le pouce de la main gauche sur le bouton de la boîte fixe *C*, qui pour cet effet est légèrement concave. Le cercle *A* porte de plus à sa surface inférieure trois ou quatre petites pointes d'acier qui contribuent à le fixer très-solidement.

A mesure qu'on fait tourner la verge *D*, on voit les coulisses *a*, *a*, parcourir successivement les quatre rainures, en conservant toujours leurs

Pl. 3.

distances. Lorsque la boîte fixe *E* est parvenue au centre, la verge *D* se trouve dans la direction du grand axe, et la pointe à tracer est au plus grand éloignement possible du centre de l'instrument. En continuant toujours à tourner la verge, la boîte fixe s'éloigne du centre, et la boîte mobile *F* s'en rapproche. Quand elle est parvenue à ce point, la verge est dans la direction du petit axe, et la pointe à tracer se trouve plus rapprochée du centre, de la distance qui se trouve entre les points de rotation des boîtes *C* et *F*. Ainsi il est clair que l'ovale tracé par cette opération remplit les conditions proposées.

Il est bon d'observer qu'on ne pourroit pas tracer avec ce compas un ovale dont le petit axe seroit plus court que le diamètre du cercle de cuivre sur lequel est monté l'instrument.

Cet inconvénient n'existe pas dans le compas ovale *fig.* 13, dont le principal avantage est de pouvoir diminuer autant qu'on le veut le petit axe, et même le réduire presque à zéro. Arrivé à ce point, l'ovale n'est plus qu'une ligne droite. En augmentant successivement le petit axe, et en laissant toujours le grand axe de la même longueur, on obtient toutes les ellipses possibles jusqu'à ce que les deux axes soient égaux, ce qui donne le cercle.

Il est vrai qu'avec ce compas on ne trace que la moitié de la courbe; mais en répétant la même opération de l'autre côté, sans rien changer à la disposition de l'instrument, on la termine en un instant.

Ce compas est monté sur une espèce d'équerre en *T*, formée des deux règles *A*, *A* et *B*, *N*, dont chacune porte une verge carrée d'acier *a*, *a*, fixée sur des piliers placés à leur extrémité, et qui les isolent des règles, ainsi qu'on le voit sur la coupe *fig.* 14.

La verge posée sur la règle *B*, *N*, est perpendiculaire à l'autre, mais elle ne la touche pas, et laisse ainsi passage à la boîte *C*, qui coule sur celle-ci. Une boîte semblable *D*, glisse sur l'autre verge, et chacune de ces boîtes est surmontée d'un anneau d'acier *F*, qui pivote au moyen de son ajustement, ainsi qu'on le voit *fig.* 14.

Ces deux anneaux sont traversés par la verge *G*, destinée à porter le canon en cuivre *H*, qui reçoit la pointe à tracer. Un petit ressort à boudin, placé dans l'intérieur du canon, permet à la pointe de suivre les inégalités de la surface sur laquelle on opère, et supplée ainsi à la charnière de la verge du compas *fig.* 11.   —

Le canon est fixé sur une boîte qui glisse le long de la verge, et qu'on arrête au point nécessaire par le moyen d'une vis de pression.

Pl. 3.

L'autre extrémité de la verge est fixée dans l'anneau de la boîte *D*, que nous nommerons par cette raison la boîte fixe.

Les *fig.* 14, 15, 16, 17, 18 et 19 représentent plus en grand toutes les parties qui forment les boîtes *D* et *C*, et les anneaux qui les surmontent.

La manière de tracer un ovale avec ce compas a beaucoup de rapport avec celle que nous avons décrite en parlant du compas *fig.* 11. Après avoir déterminé la différence des deux axes, on éloigne la boîte mobile *C*, de la boîte fixe *D*, jusqu'à ce que la distance entre leurs points de rotation soit égale à la moitié de cette différence. On mesure ensuite sur la même verge une longueur égale à la moitié du grand axe, à partir du point de rotation *D*, et on fixe à cet endroit la boîte qui porte la pointe à tracer. Pour faciliter ces diverses opérations, la verge est divisée comme celle du compas *fig.* 11, en partant du point de rotation de la boîte fixe *D*.

En cet état on pose la règle *A*, *A*, dans la direction du grand axe, en mettant la pointe d'acier *N*, qui indique le milieu de cette règle, sur le centre de la courbe, et on tire une droite indéfinie. On fait marcher la pointe à tracer en partant d'une des extrémités du grand axe, jusqu'à ce qu'elle soit parvenue à l'extrémité opposée : arrivé à ce point, on retourne l'instrument, en le faisant pivoter sur la pointe *N*, jusqu'à ce que la règle *A*, *A*, se retrouve dans la même direction ; ce qu'il est facile de vérifier au moyen de la ligne indéfinie qu'on a tracée en commençant. Alors on fait parcourir le même chemin de ce côté à la pointe à tracer, et on complète ainsi l'ovale demandé.

La *fig.* 15 représente une machine à centrer; ce petit instrument est d'un usage assez fréquent, et il épargne aux artistes beaucoup de temps et d'opérations fastidieuses, particulièrement à ceux qui se trouvent avoir souvent besoin de centrer de petites pièces en métal.

On présente le bout de la pièce dont on veut trouver le centre, dans l'espèce d'entonnoir pratiqué à la face *A*, et dont on peut voir la forme, au moyen des lignes ponctuées. Au centre de la pièce passe une pointe cylindrique *a*, qui vient aboutir à l'orifice de l'entonnoir, en suivant intérieurement la trace indiquée par les lignes ponctués *b b*. Un ressort *B* presse sur cette pointe, en sorte qu'elle résiste un peu quand on enfonce la pièce, jusqu'à ce que sa circonférence vienne toucher les parois intérieures de l'entonnoir. Un léger coup de maillet, frappé à l'aplomb de la pointe, marque très-exactement le centre cherché.

Pl. 3.

Si l'on vouloit centrer une pièce longue, pour la remettre sur le tour; par exemple, une tige d'acier, sur l'un des bouts de laquelle on aurait détaché une vis ou toute autre pièce, et dont par conséquent un des centres seroit détruit, on le rétabliroit très-aisément, et très-promptement, à l'aide de cet instrument.

On se servira pour cela d'une espèce de pilastre en fer, *fig.* 16, portant sur l'une de ses faces une pointe *a*, et sur toute la hauteur de la même face une série de trous coniques de différens diamètres. A la partie inférieure de ce pilastre est une vis à bois *b*, à l'aide de laquelle on le fixe sur un point de l'établi, vers la gauche et à peu de distance de l'étau.

On placera le centre restant de la tige sur la pointe du pilastre, et on approchera, de la main gauche, notre instrument, du bout qu'on veut centrer, jusqu'à ce que la paroi intérieure de l'entonnoir touche les bords de la tige. Alors, mettant cette tige en mouvement, au moyen d'un archet et d'un cuivrot, qui doit y être fixé, on fraisera le trou en un instant, de manière à pouvoir y faire entrer la pointe du Tour.

L'usage du pilastre, *fig.* 16, n'est pas borné à l'opération que nous venons de décrire. Il sert aussi quand on veut percer des trous très-droits et très-fins dans des pièces délicates. Pour cet effet on place l'extrémité d'un foret à cuivrot, *fig.* 29, *Pl.* 11, *T. I*, dans l'un des trous pratiqués sur la face du pilastre; et présentant la pièce de la main gauche à la pointe, on met le foret en mouvement avec un archet. A mesure que le foret pénètre, on avance la pièce vers la droite, en la maintenant bien exactement dans la même direction jusqu'à ce que le trou soit à sa profondeur. Dans le cas où la pièce serait si délicate qu'on ne pût pas la tenir facilement avec les doigts, on la saisirait dans une pince, ou dans un étau à main.

Si l'on avait à percer, dans le sens de son axe, une pièce droite et d'une certaine longueur, il vaudroit mieux monter un cuivrot sur la pièce, et la placer elle-même au pilastre, en tenant le foret de la main gauche. De cette manière on seroit plus assuré de percer droit. On ne doit pas manquer non plus, dans ce dernier cas, de retourner la pièce, quand on est parvenu à la moitié, pour recommencer à percer de l'autre bout, comme nous l'avons enseigné dans le premier Volume, *page* 236.

SECTION II.

Étaux à main ; Étaux parallèles.

PARMI les instrumens décrits dans cette section, et représentés sur la Planche 4, il n'en est pas un dont on puisse se passer dans un laboratoire. Quoique leur forme et leur usage soient généralement connus des artistes qui s'en servent journellement, particulièrement des horlogers, nous avons cru faire plaisir aux Amateurs en leur en donnant la figure et la description.

La *fig.* 1, *Pl.* 4, représente un petit étau à plaque, qui peut se fixer perpendiculairement au devant de l'établi, par le moyen de vis placées dans les trous *a* et *b*, percés aux extrémités de la plaque *A.* On peut aussi, et c'est là son principal avantage, le fixer horizontalement sur l'établi à l'aide des mêmes vis, et d'une troisième, placée dans le trou *c*, percé au bout de la queue; enfin, si l'on étoit dans le cas de se servir souvent de l'étau horizontal, on le fixeroit de la même manière sur une pièce de bois méplat, qu'on saisit entre les mâchoires d'un étau ordinaire, ou sous un valet. On rencontrera fréquemment, dans ce Volume, des opérations dans lesquelles cet étau est d'une grande utilité pour repercer ou débiter des pièces en cuivre ou en acier, pour débiter de l'écaille en lames, etc. etc.

La *fig.* 2 est un étau à main, à mâchoires pointues, dont l'usage est de saisir les petites tringles de fer ou d'acier qu'on veut arrondir, ou mettre à pans avec la lime.

L'étau à main ordinaire à mâchoires transversales, *fig.* 3, est trop connu pour qu'il soit besoin de s'y arrêter.

La *fig.* 4 est une pince à coulant et à mâchoires pointues, servant principalement à faire des goupilles. Elle porte, pour cet effet, au milieu de ses mâchoires, une rainure perpendiculaire, dans laquelle on saisit l'objet que l'on travaille. Le coulant *A* glisse sur les deux branches, et on l'abaisse autant qu'il est nécessaire pour serrer solidement la pièce placée entre les mâchoires.

La pince à coulant, *fig.* 5, ne diffère de la précédente que par la forme de ses mâchoires, qui sont transversales. Elle porte entre ses deux branches, ainsi que la précédente, un ressort semblable à celui des étaux, qui fait ouvrir les mâchoires à mesure qu'on remonte le coulant.

Les *fig.* 6 et 7 représentent deux très-petits étaux à main, qui servent au même usage que les pinces 4 et 5. Mais comme leurs mâchoires sont beaucoup plus petites, elles sont propres à saisir les pièces les plus délicates, telles que des goupilles extrêmement minces, que l'on feroit aisément avec le petit étau, *fig.* 7, et que l'on ne pourroit saisir commodément avec la pince, *fig.* 5, et encore moins avec l'étau, *fig.* 3, quoique leurs mâchoires soient toutes semblables pour la forme, et ne diffèrent que par leur grosseur. En général il faut que l'outil soit proportionné à l'objet qu'il saisit; et c'est pour cela que nous donnons encore les porte-aiguilles, *fig.* 8, et 8 *bis*, avec lesquelles on peut saisir l'aiguille la plus fine pour en tarauder le bout ou pour en faire un petit foret. Le manche de la *fig.* 8 *bis* est percé d'outre en outre sur sa longueur et dans le sens de son axe; ce qui donne le moyen de saisir entre les mâchoires la pièce la plus longue, dont on ne laisse excéder que la partie sur laquelle on opère. On remarquera aussi sur la figure la forme des mâchoires, qui est infiniment commode pour saisir les vis les plus courtes sans en endommager la tête, qui se place dans l'entaille *a*.

La *fig.* 10 représente la pince plate servant à redresser les pièces voilées, à serrer des liens, et à une infinité d'autres usages.

La pince ronde, *fig.* 11, est en usage pour tourner des anneaux, des crochets, etc., et sert de clef dans beaucoup de circonstances.

La *fig.* 12 est une pince coupante par le bout, propre à couper les fils de métal d'une moyenne grosseur.

La *fig.* 13 représente une autre pince coupante, nommée *Pince à couper de côté*, dont les taillans sont inclinés, par rapport aux branches, et avec laquelle on peut couper dans l'intérieur d'un trou, où la pince, *fig.* 12, ne pourroit pénétrer.

La pince plate et coupante, *fig.* 14, réunit l'effet de la pince, *fig.* 10, et de celle *fig.* 13; mais un fréquent usage la met bientôt hors de service.

La pince à long bec, *fig.* 15, est propre à saisir les objets les plus menus pour les porter à leur place. Les horlogers s'en servent pour monter et démonter les plus petites pièces.

La *fig.* 9 représente deux espèces de fausses mâchoires à ressort, qui se placent dans un étau ordinaire, quand on veut isoler une pièce délicate. Les horlogers s'en servent pour enarbrer les roues et river les plus petites goupilles.

Toutes les pinces et tous les étaux représentés sur la *Pl.* 4 n'ont point une grandeur fixe et déterminée. On en fait depuis trois pouces jusqu'à six pouces, et leur grosseur est toujours proportionnée à leur longueur.

Pl. 5.

Tout le monde connoît l'instrument appelé *étaü*, dont l'usage est indispensable dans tous les arts qui ont quelque analogie avec l'Art du Tourneur, et qui doit par conséquent faire partie essentielle du laboratoire d'un Amateur. Nous ne parlerons pas ici des étaux ordinaires, soit à pied, soit à griffe, dont le mécanisme est trop connu, et nous nous contenterons de décrire les suivans, qui ont reçu des améliorations notables dans leur construction.

La *fig.* 1, *Pl.* 5, représente de profil un étau à griffe appelé *étau à rouleau*, qui ne diffère de l'étau ordinaire que par la manière dont la mâchoire mobile est ajustée sur la mâchoire fixée à l'établi.

La *fig.* 2 représente le même étau vu de face. *B*, *B*, sont deux espèces d'oreilles recourbées qui terminent la mâchoire fixe, et entre lesquelles se place le rouleau *A*, qui appartient à la mâchoire mobile. Ce rouleau est percé dans le sens de sa longueur, et traversé par un boulon à tête ronde *C*, qui traverse aussi les deux oreilles, et est fixé dans cette position par un écrou à six pans. Cet ajustement est plus solide que celui des étaux ordinaires, dont en fort peu de temps la mâchoire mobile prend du jeu et s'écarte à droite ou à gauche, au lieu de venir s'appliquer exactement contre la mâchoire fixe.

L'étau parallèle, *fig.* 3, est très-commode pour débiter les bois, et en général pour saisir les pièces d'une certaine largeur. Cet étau diffère principalement du précédent, en ce que la mâchoire mobile *P*, au lieu de former, en s'ouvrant, un angle avec l'autre mâchoire *L*, s'en éloigne, et s'en rapproche par un mouvement parallèle, au moyen de l'ajustement que nous allons décrire. *A* est la boîte qui, comme au précédent, reçoit dans un écrou pratiqué dans son intérieur la vis *B*, qui porte auprès de son embâse une rainure égale à l'épaisseur de la plaque, ou croissant *C*, vu à plat, *fig.* 4. Ce croissant est fixé par sa partie inférieure à la mâchoire mobile *P*, au moyen d'une ou de deux vis, et ses deux branches embrassent la vis en remplissant la rainure dont nous venons de parler. Au moyen de cet ajustement, la vis entraîne la mâchoire mobile quand on ouvre l'étau.

Pour que ce mouvement se fasse toujours en ligne droite, et de manière que les deux mâchoires conservent leur parallélisme, la mâchoire mobile *P* porte à son extrémité inférieure une forte règle méplate *D*, perpendiculaire à son axe. Cette règle coule dans une ouverture ou boîte formée à l'extrémité de l'autre mâchoire par deux joues, dont on voit une en *E*, et par une fausse règle *F*, dont le prolongement sert à guider la

Pl. 5.

règle parallèle *D*, quand on rapproche les deux mâchoires. Un petit cylindre placé au point *G*, entre les deux joues, et tournant sur son axe, diminue l'effet du frottement à ce point, et rend le mouvement plus doux pendant la pression.

Outre le mouvement parallèle, cet étau a encore la faculté de tourner sur lui-même, ce qui est fort utile dans une infinité de circonstances. Pour cela la mâchoire *L*, au lieu d'être fixée à l'établi, comme dans un étau ordinaire, est placée dans un collier en cuivre, dont la moitié *H* s'incruste sur le devant de l'établi, et s'y fixe par le moyen de quelques vis à bois. L'autre moitié, *fig.* 5, se réunit à la première à l'aide de deux boulons à vis.

La *fig.* 6 est cette même moitié vue par le bout, et la *fig.* 7 en est le profil; *a*, *a*, sont les boulons dont nous venons de parler. C'est dans le collier formé par la réunion de ces deux pièces que roule la mâchoire *L*, qui, pour cet effet, est cylindrique vers le milieu de sa hauteur. Quand on veut faire mouvoir l'étau, on desserre un des boulons *a*, *a*, et quand on l'a amené au point nécessaire, on le fixe en serrant de nouveau le boulon. Pour donner plus de solidité à l'étau parallèle, on y ajoute souvent un pied, qui se monte à vis dans l'axe de la mâchoire *L*, au moyen d'un écrou pratiqué à l'extrémité de cette mâchoire.

L'étau à genou, *fig.* 8, a non-seulement, comme le précédent, la faculté de s'ouvrir parallèlement, et de se mouvoir circulairement; mais de plus, il peut s'incliner en avant, et former ainsi, avec le plan de l'établi, un angle plus ou moins ouvert au dessus de quatre-vingt-dix degrés.

La mâchoire mobile *A* s'ouvre au moyen d'un rappel semblable à celui du précédent; mais l'écrou qui reçoit la vis *C*, au lieu d'être dans une boîte, est pratiqué dans l'intérieur de la mâchoire *B*. Une brosse circulaire, fixée en *d* à la même mâchoire, arrête les saletés qui pourroient s'introduire dans les pas de l'écrou. Cet étau étant d'une petite dimension, et la règle parallèle étant très-rapprochée de la vis, on y a supprimé, comme inutile, le rouleau qui, dans le précédent, sert à faciliter le mouvement de la règle *D*.

Le mouvement circulaire s'obtient au moyen du mécanisme suivant. La mâchoire *B* porte à sa base un plateau circulaire vu en *E*, *fig.* 9, qui représente l'étau de face. Ce plateau porte à sa circonférence un certain nombre de dents qui servent à l'arrêter par le moyen d'un verrou *a*, *fig.* 10, fixé à la portion de cercle en cuivre *G*, *fig.* 8, dont nous allons parler. Une tige *F*, placée dans l'axe de la mâchoire *B*, traverse cette por-

3.

Pl. 5 tion de cercle en cuivre. La portion excédante de cette tige passe dans une rondelle à six pans, et se termine par un taraudage qui reçoit l'écrou *a*.

Cette portion de cercle *G*, *fig.* 8, vue de face, *fig.* 10, est la pièce qui procure à l'étau la faculté de s'incliner vers l'établi. Une forte goupille placée au point *L* traverse les deux joues de la griffe *H*, et la portion de cercle *G* placée entre ces deux joues, et sert d'axe au mouvement par lequel cette dernière pièce sort plus ou moins de l'enfourchement dans lequel elle est contenue. Un cliquet *M* est poussé par un ressort dans les dents pratiquées à sa circonférence, et fixe ainsi l'étau au degré d'inclinaison dont on a besoin.

Le principal avantage de cet étau est de présenter sous tous les sens la pièce qui est saisie entre ses mâchoires, et de donner ainsi à l'Amateur la faculté de limer une pièce en biseau sans changer la position de la lime, qui reste toujours horizontale; avantage inappréciable pour les personnes qui, comme les horlogers, travaillent assises devant leur établi.

L'étau à genou, *fig.* 11, possède toutes les propriétés du précédent, mais la construction en est plus simple.

L'ajustement de la vis *C*, et de la règle parallèle *D*, est absolument le même. Quant à la tige placée dans le prolongement de l'axe de la mâchoire *B*, on voit en *F*, *fig.* 12, qu'elle a beaucoup plus de longueur. Le plateau à dents est supprimé, et la tige entre dans la douille *E*, *fig.* 11 et 13. Dans cette dernière *fig.*, on voit de face la douille et la griffe servant à fixer l'étau à l'établi : à l'égard des mâchoires, on les a laissées dans la même position que sur la *fig.* 11, pour rendre la description plus claire et plus facile. On voit en *G*, *fig.* 11 et 13, la rondelle à pans, et l'écrou qui se monte sur l'extrémité de la tige qui dépasse la douille. L'écrou est à oreilles, ce qui donne le moyen de le desserrer et de le serrer, pour fixer l'étau quand on l'a mené au point convenable.

Les *fig.* 14 et 15 représentent ces deux dernières pièces, vues à plat.

La *fig.* 17 est le plan de la douille *E*, *fig.* 11 et 13.

Il ne nous reste plus à décrire que le mécanisme qui procure à cet étau, comme au précédent, la faculté de s'incliner en avant de l'établi. La pièce principale est un demi-cercle en fer *L*, *fig.* 11 et 13, sur lequel est fixée, au moyen de deux vis, la douille *E* qui porte l'étau. Ce demi-cercle est ajusté sur la griffe *H*, qui fixe l'étau à l'établi au moyen d'une tige ronde qui traverse la griffe, et y est retenue par un écrou placé derrière.

La *fig.* 16 représente cette pièce vue de profil. La tige *a* est au point

de centre du demi-cercle, et c'est sur ce point que s'opère le mouvement
circulaire qui procure l'inclinaison à l'étau. La circonférence du demi-
cercle porte une petite feuillure qui glisse entre le dos de la griffe et la
plaque ou frein *K*, *fig.* 11 et 13. Le boulon à queue *S*, mêmes figures,
traverse cette plaque et se monte à vis dans un écrou pratiqué dans l'épaisseur de la griffe : ainsi, quand on serre ce boulon, la plaque appuie sur la
feuillure du demi-cercle, et arrête par conséquent l'étau dans la position
où on l'a placé, aussi solidement que le cliquet à ressort dans l'étau, *fig.* 3.

Pl. 5.

SECTION III.

Filières à bois ; Tarauds de Charpentiers, et autres.

Nous avons enseigné, dans le premier Volume, la manière de faire des
vis avec les filières à bois; mais nous avons cru devoir réserver, pour ce
second Volume, la description du taraud de charpentier et des filières
à grandes dimensions, à laquelle nous joindrons quelques détails sur
des filières plus petites, mais dont la construction plus compliquée auroit
pu embarrasser les commençans.

Pl. 6.

La *fig.* 1 représente une filière brisée dont le corps est composé de deux
pièces, réunies sur leur longueur. Elle est très-utile dans les petits diamètres, où quelquefois le bois, ayant peu de consistance, se casse dans la
partie taraudée, et l'on ne sait plus comment ravoir le morceau sans endommager la filière. On voit par la ligne *c c*, *fig.* 2, la jonction des deux parties
qui sont réunies, au moyen de deux boulons représentés à part en *A A*,
fig. 1, qui passent dans l'épaisseur de la filière. On voit, *fig.* 3, ces deux
parties séparées; et *fig.* 4, la plaque ou guide, d'une seule pièce, qui se
fixe sur la filière, au moyen des quatre vis à bois *b*, *b*, *b*, *b*, *fig.* 2.

On a représenté le *V* de la filière sur ses trois faces : en *C*, par-dessus,
pour faire voir sa cannelure triangulaire; en *D*, par dessous, pour faire
voir les deux biseaux, dont la rencontre forme le sommet de l'angle,
et de côté en *E*, pour rendre sensible un des biseaux, et la pente que le
tranchant du *V* doit avoir. On voit en *d* la manière dont le *V* se place
dans la filière.

La plupart des ouvriers sont dans l'usage d'incliner le *V*, par rapport
aux côtés de la filière. Cet usage est bon lorsque la filière est très étroite,
et qu'il ne reste que peu de bois entre l'entaille et le bord : car si l'on
faisoit cette entaille dans le bois de fil, le bord pourroit très-facilement

Pl. 6.

s'éclater; mais il ne faut pas croire que cette inclinaison influe en rien sur la position du *V*, par rapport à l'écrou.

La partie inférieure du *V* présente, dans sa longueur, une ligne droite qui coupe la circonférence du cercle de l'écrou d'une quantité donnée et presque insensible.

Supposons qu'au lieu d'être une espèce de parallélogramme, la filière soit un cercle avec deux manches, quelque position qu'on donne au *V*, on ne peut dire qu'on l'incline plus ou moins, puis qu'on n'aura plus de ligne droite de comparaison pour déterminer ce qu'on nomme *Inclinaison*. Il suffira donc d'approcher plus ou moins le *V* du centre de l'écrou, suivant qu'on veut prendre plus ou moins de bois.

On est dans l'usage d'incliner le *V*, par rapport à la pièce d'acier, au bout de laquelle il est formé, parce que si on le laissoit perpendiculaire, il entameroit le bois à une trop grande profondeur, ce qui rendroit l'angle du pas de la vis trop aigu, et formeroit un filet fragile, et qui s'egrèneroit aisément. C'est surtout dans les grosses filières ou dans les vis à pas très-écartés que cet inconvénient se fait remarquer.

Les *fig.* 6, 7 et 8 représentent une filière pour les grosses vis, dans laquelle il y a deux *V*; le premier, dont l'angle est arrondi emporte le bois à peu de profondeur; et le second, auquel on donne la forme ordinaire, achève de former le filet dans toute sa profondeur et son écartement. Il est certain que lorsqu'une vis passe deux pouces et demi à trois pouces de diamètre, il faut que le *V* emporte trop de bois : l'effort est trop grand, et le bois s'égrène au lieu d'être coupé vif. Au lieu que par le moyen des deux *V*, l'un déplace un copeau d'une moyenne grosseur, et le second achève d'enlever ce bois avec d'autant plus de facilité, que le milieu étant évidé, les copeaux des deux côtés n'éprouvent plus de résistance, et se rapprochent dans un sillon vide.

La *fig.* 6 représente la filière vue en dessus, et dépourvue de sa plaque ou guide. On voit en *a* le premier *V* placé à la naissance du pas de la vis, et en *b* le second placé à l'autre extrémité du même diamètre, de manière que la perpendiculaire abaissée du milieu du premier vienne tomber au même endroit sur le second, en passant par le centre du cercle de l'écrou.

Le second, étant destiné à terminer le pas que le premier ébauche, doit avoir un peu plus de saillie sur le filet de l'écrou.

Les deux *V* sont fixés d'une manière beaucoup plus solide et plus commode que par le moyen des vis à bois, dont nous avons parlé en détaillant les filières au premier Volume. Chacun d'eux est retenu par un

Pl. 6.

crochet de fer qu'on a représenté à part, *fig.* 10, qui passe dans l'épaisseur de la filière, et dont la partie coudée appuie sur le milieu de la longueur du *V*. Un écrou à chapeau, ou simplement avec deux crans, comme on le voit en *A*, serre le crochet et le *V*. La *fig.* 7 est la même filière recouverte de son guide ou plaque fixée par deux vis à bois. La *fig.* 8 est la même filière vue sur son épaisseur. Enfin la *fig.* 9 est la plaque ou guide.

La *fig.* 5 représente un taraud. Les figures *A* et *B* font voir le bout de la partie taraudée, et sont destinées à faire sentir l'avantage de l'une des deux manières de le créneler. Les ouvriers qui travaillent sans raisonner se contentent pour cela de pratiquer sur la partie taraudée, avec un tiers-point, des rainures triangulaires qui pénètrent jusqu'au fond des dents ; mais cette encoche qui présente les deux côtés d'un triangle équilatéral, ne peut dégager assez promptement la matière, à mesure que le bois s'entame, au lieu que lorsque l'encoche est inclinée, comme on le voit en *B*, le copeau sort plus aisément et le pas se forme avec plus de régularité

La *fig.* 11 représente en petit un taraud d'une construction particulière, et pour en rendre les détails plus sensibles, on a représenté la partie filetée sous des proportions beaucoup plus fortes, *fig.* 12. Les pas diffèrent de ceux des autres tarauds, en ce que les premiers sont au plus grand diamètre, et que les autres diminuent insensiblement jusqu'au dernier. La partie filetée est précédée d'une partie lisse tant soit peu plus grosse que le diamètre du fond du pas. Le taraud est creusé par le bout *A*, un peu plus avant que le commencement du premier pas, et réduit à une ligne d'épaisseur. La naissance du premier pas est retranchée jusqu'à l'endroit où le filet commence à être à sa grosseur, de manière que l'axe du triangle formé par la coupe tombe perpendiculairement sur l'axe du cylindre. Les bords de cette coupe présentent la forme du *V* d'une filière dont les biseaux très-obtus sont affûtés en dedans ; au dessous de cette espèce de *V* est percée une lumière qui communique avec le trou pratiqué dans l'intérieur du guide.

Lorsque ces tarauds sont un peu gros, on place un second *V* de la même forme que le premier à l'endroit où le pas est à la moitié de sa grosseur. Ce second *V* produit le même effet que celui qu'on met aux grosses filières, et sert à ébaucher le pas que le premier termine.

On sent que lorsqu'on fait entrer la partie cylindrique dans un trou, le bout du filet *B* coupe le bois, et que le pas est formé, non pas en gru-

Pl. 6.

geant comme avec les autres tarauds; mais que le bois est coupé, comme il l'est par le V d'une filière qui forme la vis.

Cet outil ainsi perfectionné présente de grands avantages sur les tarauds ordinaires. Il ne faut presque pas d'effort pour le faire avancer, et on n'est pas obligé de le retirer pour le dégager de la matière, puisque le copeau sort par la lumière, à mesure qu'il se forme. Enfin, avec ce taraud, le bois n'éclate jamais, ce qui arrive souvent en se servant des autres.

Le seul inconvénient qu'on puisse trouver à son usage, c'est que comme il n'a pas d'entrée, il est assez difficile de le faire prendre. On pourroit à la vérité évaser tant soit peu le trou qu'on veut tarauder; mais cela n'est praticable que dans le cas où on pourroit emporter ensuite cette partie évasée, soit au Tour soit au rabot. Dans le cas contraire, il faut coller sur la pièce, avant de la percer, une petite planche de bois de cinq à six lignes d'épaisseur, à laquelle on donnera l'évasement nécessaire, et qu'on enlèvera quand l'écrou sera achevé.

On fera bien de ne pas négliger cette précaution, quand on se servira des autres tarauds, pour que les surfaces du trou ne soient pas écorchées par les premiers pas. Il n'est personne qui n'ait remarqué que le pas se renverse vers la surface, et que le premier pas n'est jamais aussi net que les autres; cela vient de ce que rien ne soutient le bois contre l'action du taraud.

L'exemple des filières en fer dont les coussinets peuvent se rapprocher, et faire une vis plus ou moins grosse, a engagé plusieurs artistes à chercher les moyens d'adapter cette pratique aux filières à bois; mais cette méthode réussit en général médiocrement, et exige une infinité de précautions, qui en dégoûtent bien des gens. Quelques artistes ont aussi imaginé d'augmenter, à volonté, le diamètre du taraud, pour donner à la vis le jeu qu'elle doit avoir: quelques-uns ont fendu le tarau sur sa longueur, de manière à lui faire faire ressort. Ils introduisent dans la fente un coin de fer, qui, en écartant les deux moitiés, augmente son diamètre, et par conséquent celui de l'écrou.

La plaque ou guide, qui est fixé sur la filière, ayant un trou bien rond, et concentrique au diamètre de l'écrou, doit conduire le cylindre bien droit, et l'empêcher de se jeter d'un côté ou d'autre, s'il remplit exactement le trou: mais comme en séchant, il peut avoir changé tant soit peu de forme, on ne peut compter bien sûrement sur ce guide pour entretenir le cylindre dans sa direction. Les personnes qui voudront tra-

vailler, avec une très-grande exactitude, ne se contenteront pas d'amorcer
le cylindre, comme on le voit *fig.* 16, et comme les ouvriers le pratiquent;
elles auront soin de faire sur le Tour, au bout du cylindre, une partie
cylindrique, *fig.* 17, au diamètre exact de l'écrou : et pour s'en assurer,
elles présenteront la filière même à ce cylindre, qui doit y entrer juste sans
forcer, pour ne point gâter les pas. Cette partie aura un peu moins d'un
pouce de long. Puis on donnera une forme conique un peu allongée, depuis cette partie cylindrique jusqu'au corps même du cylindre. Par ce
moyen, le gros cylindre sera contenu bien droit par le petit dans l'écrou,
et par le gros, dans le guide; et l'on verra les pas se former avec la plus
grande régularité.

La *fig.* 13 représente une espèce de mèche très-commode pour percer
dans du bois de travers les trous destinés à être taraudés. C'est une espèce
de lanterne, dont les deux côtés présentent chacun un biseau, en sens
opposé. La vis en queue de cochon qu'on voit au bas détermine la mèche
à pénétrer dans le bois, et on n'éprouve plus d'effort que celui que présente la matière à couper. Le bas, *a*, *b*, de cette mèche a aussi deux biseaux en sens opposé; de manière que la matière est coupée, tant à bois
debout qu'à bois de fil, au moyen de ce que les côtés longs vont un peu
en se rapprochant par le bas. On a représenté, plus en grand, *fig.* 14, la
partie inférieure de la même mèche. On y voit le biseau d'un des côtés
du bout en *a*, tandis que la partie opposée *d* est d'une certaine épaisseur, comme on le voit à l'autre côté *c*, puisque le biseau est en *b*. On
conçoit que les côtés extérieurs *e*, *f*, sont arrondis à peu près suivant la
courbe d'un cercle dont *g* seroit le centre, et les deux côtés la circonférence.

Il est nécessaire de donner aux deux côtés de la lanterne une certaine force, sans quoi elle se tordroit bientôt sur elle-même. La tige peut
être aussi longue qu'on désire, selon la longueur de la pièce qu'on veut
percer.

On fait aussi des mèches semblables à celles que nous venons de décrire,
excepté qu'elles sont pleines au lieu d'être évidées : les premières dégagent
plus facilement le copeau; mais comme elles sont plus fragiles, on doit
en général préférer les secondes.

Il seroit difficile de tarauder avec les tarauds que nous venons de décrire un écrou d'un diamètre un peu fort, tel que de trois pouces jusqu'à
un pied, comme on en emploie dans les grosses machines. On seroit
obligé d'employer des leviers d'une longueur extraordinaire, et beaucoup

PL. 7.

de monde pour les faire agir. D'un autre côté on ne peut penser à faire la vis à la filière; il faudroit, pour former une semblable filière, une pièce de bois d'une longueur énorme, et peu d'ateliers seroient assez vastes pour la manœuvre des leviers.

Le taraud qu'on emploie pour faire ces gros écrous, s'appelle *Taraud de charpentier*, *fig.* 3 et 11, *Pl.* 7. Il est composé de deux pièces principales, le cylindre, *fig.* 4, sur lequel sont tracés les pas de l'hélice, et le faux écrou, *fig.* 1 et 2, qui, dans la *fig.* 11, est remplacé par la presse *A*, *B*.

Nous allons commencer par décrire la manière de faire ces différentes pièces.

On mettra au Tour un morceau de bois propre à faire un cylindre de longueur et de grosseur suffisantes, et on le tournera parfaitement égal d'un bout à l'autre. On divisera ce cylindre sur sa longueur par des parallèles à l'axe en six ou huit parties égales. (Plus il y aura de divisions plus l'opération sera exacte et facile). On déterminera par des points placés sur ces parallèles, l'espace que doit occuper chaque filet, et l'on divisera chacun de ces espaces en autant de parties qu'on a fait de divisions sur la longueur. Pour ne s'y pas tromper, on marquera particulièrement les points qui indiquent l'extrémité de chaque filet.

En partant du bout à droite du cylindre et de l'extrémité d'une des lignes tracées sur sa longueur, on mènera au crayon et à l'aide d'une règle flexible, un trait jusqu'à l'angle à gauche, que forme la première sous-division, avec la division en long; de là à la seconde, et ainsi de suite; et quand on aura fait un tour entier, on sera arrivé à la seconde division principale. On continuera ainsi jusqu'au bout; ce qui donnera une hélice très-exacte, qui se termine à environ sept pouces de l'extrémité du cylindre. On prendra trois pouces sur cette partie lisse pour en former une tête carrée servant à faire mouvoir la machine à l'aide d'un tourne-à-gauche. Les quatre pouces restans entre la tête et la naissance de l'hélice forment un collet dont on verra bientôt l'usage.

On prendra ensuite une lame d'acier de 6 à 8 lignes de large, sur 5 à 6 pouces de longueur. On la dentera un peu fin, et on la montera dans un dossier de bois, *fig.* 5, de manière qu'il n'y ait pas plus de deux lignes qui excèdent ce dossier. On l'y fixera au moyen de trois ou quatre rivures, telles qu'on les voit en *a*, *b*, *c*, *d*. Ce dossier n'est autre chose qu'une tringle de bois, de 9 à 10 pouces de long, refendue sur son épaisseur, et dont le manche peut être arrondi, pour être tenu plus commodément dans la

main. On suivra, avec cette scie, le trait marqué sur le cylindre, et le
dossier servira d'arrêt pour ne pas pénétrer plus avant qu'il ne faut. On
peut juger, à l'inspection de la *fig.* 4, de la marche de cette hélice sur le
cylindre.

On perce en *A*, suivant le diamètre du cylindre, un trou de forme
méplate, et capable de contenir un grain-d'orge, *fig.* 6, qui y entre
très-juste, et est maintenu par un coin de bois, *fig.* 7. Ce grain-d'orge est
taillé en angle de soixante degrés; et lorsqu'on opère sur une pièce d'un
diamètre un peu fort, on lui donne la forme représentée *fig.* 8, vue de
profil, où l'on a *élégi*, comme disent les Ouvriers, la tige, afin de n'être
pas obligé de percer au cylindre un trou trop gros, qui l'affoibliroit et le
mettroit hors d'état de résister à l'effort qu'il fait. L'épaulement qu'on
voit sous le biseau, sert à faire rentrer le grain-d'orge, en frappant avec un
repoussoir. Au lieu de laisser la surface de dessus plane, on y creuse un
ravalement, et l'on y réserve deux biseaux qui vont se rejoindre à l'angle
du grain-d'orge. Par ce moyen, le bois est coupé; au lieu que par un
simple grain-d'orge, il seroit plutôt gratté et écorché; et ce n'est qu'en
allant à très-petit fer, et à plusieurs reprises, qu'on parvient à rendre
l'intérieur des pas d'un écrou lisse.

Le faux écrou se fait de plusieurs manières. Nous détaillerons les deux
qui sont le plus en usage. On prend un morceau de bois ferme, tel que
du cormier, alisier, et, à leur défaut, du noyer. On lui donne quatre
pouces carrés, si c'est pour un taraud de deux pouces; cinq, si c'est pour
trois, et ainsi de suite, suivant la grosseur du taraud. On lui donne pour
épaisseur quatre fois la hauteur du pas de l'hélice. Après qu'on l'a bien
dressé à la varlope sur chaque face, on le monte sur le Tour en l'air, à
l'aide du mandrin universel ou de tout autre propre à cet usage; on trace
au milieu deux cercles concentriques, *fig.* 1, l'intérieur, au diamètre
du cylindre qui porte le grain-d'orge, et l'extérieur distant du premier,
d'environ un pouce; on fera ensuite un trou au diamètre exact du premier
cercle, et on creusera bien perpendiculairement à la surface: cette précaution est de la plus grande importance. On approfondira ensuite le
trait du second cercle, et on emportera tout le bois *A* qui lui est extérieur. On continuera ainsi, jusqu'à ce que la partie saillante *B* ait au
moins la hauteur d'un pas de l'hélice tracée sur le cylindre. La *fig.* 1
représente cette pièce terminée, et la *fig.* 2 en représente la coupe
sur son épaisseur. *A* est le trou cylindrique; *B* est le ravalement, et *D*
est l'épaisseur qu'on laisse au plateau. On tracera sur l'extérieur de la

4.

Pl. 7.

partie cylindrique dont *a*, *a*, est le diamètre, un filet de vis égal en tout à ceux du taraud, et on se servira pour cela des procédés qu'on a employés pour tracer l'hélice sur le cylindre.

On coupera ensuite la partie cylindrique *B*, en suivant exactement ce trait, ce qui donnera un plan incliné circulaire, qu'on nomme *Limaçon*, qu'on a rendu sensible sur la *fig.* 1, et plus encore, *fig.* 2 et 3. On prend un morceau de tôle, de l'épaisseur du trait de scie par lequel on a approfondi l'hélice, et on lui donne la forme qu'on voit sur la *fig.* 1 ; mais le cercle intérieur doit avoir trois bonnes lignes de diamètre de moins que l'ouverture du tron. Quant au cercle extérieur, il doit avoir exactement celui de la partie cylindrique. Après avoir découpé cet anneau, soit au Tour, soit à la lime, on le coupe suivant son diamètre, de *a* en *b*. On percera sur ce cercle sept trous de grosseur suffisante, pour donner passage à des vis à bois de moyenne grosseur, et de 8 à 12 lignes de longueur. On fraisera ces trous, et on fixera le cercle sur le plan incliné qui termine la partie *A*, *B*. On voit par la ligne ponctuée, *fig.* 1, que le cercle de fer excède la circonférence intérieure du trou. C'est cette partie excédante qui prend dans l'hélice tracée sur le taraud.

Nous allons à présent enseigner la manière de faire un écrou avec ce taraud.

On commence par faire un trou de la grosseur du cylindre, dans la pièce où l'on veut former l'écrou : on y fait passer le cylindre après avoir enfoncé entièrement le grain-d'orge dans son entaille, comme on le voit en *B*, *fig.* 3, où *A* est le sommier d'une presse, au milieu duquel on veut faire un écrou. On enfile ensuite le faux écrou *B* dans les pas de l'hélice, jusqu'à ce qu'il pose sur le sommier. On l'y place carrément, et on l'y fixe au moyen de quatre chevillettes de fer *a*, *a*, *a*, la quatrième ne pouvant être vue ici. Ces chevillettes sont des espèces de clous dont la tête est renversée d'un côté et un peu forte, pour qu'on puisse les retirer au moyen d'un pied de biche, espèce d'instrument de fer, aminci par un bout comme une pince, et dont ce bout est fendu, qui est très-commode pour arracher les clous sans effort et sans les casser. Pour pouvoir retirer plus aisément ces chevillettes dont on ne se sert que dans des pièces de charpente, qu'on ne risque pas de fendre, on les graisse un peu avec du suif. On fait avancer ensuite le cylindre en le tournant à droite ; et lorsque le grain-d'orge est près d'entrer, on le pousse par le bout opposé à la pointe, avec la panne d'un marteau ou un morceau de fer méplat, jusqu'à ce qu'il excède tant soit peu la surface du cylindre. Puis mettant un

Pl. 7.

levier sur la tête du cylindre, on le fait tourner de gauche à droite, et l'on sent que le grain-d'orge entame le bois, au moyen de ce qu'il est appelé par le guide. Lorsqu'on est parvenu hors de la pièce de bois, ce dont on s'aperçoit aisément par la cessation de la résistance, on prend soin de vider les copeaux par l'entaille *C*, qui communique à un ravalement *F*, qu'on a eu soin de faire en dessous de la plaque *B*, et qui a pour diamètre un peu plus que celui que doit avoir la vis; puis on tourne le cylindre dans le sens opposé, jusqu'à ce que le grain-d'orge soit sorti de la pièce *A*, comme la première fois; et on continue d'enfoncer un peu le grain-d'orge, et de le passer de nouveau dans l'écrou, jusqu'à ce qu'il soit à la grosseur convenable à la vis.

Lorsqu'on juge par la longueur dont le grain-d'orge est sorti hors du cylindre, après l'avoir poussé plusieurs fois, petit-à-petit, que le pas de l'écrou doit être assez profond, on retire tout-à-fait le cylindre, et on essaie si la vis qui doit avoir été faite la première entre assez aisément. S'il s'en faut de peu, on remettra le cylindre dans le conduit, et on enfoncera un peu le grain-d'orge en prenant très-peu de bois à la fois, pour que l'écrou soit plus net et plus lisse. Il est bon que la vis soit plutôt juste que lâche dans son écrou, attendu que le bois, quelque sec qu'il soit, se retire toujours un peu, et l'on se souviendra de frotter la vis d'un peu de savon, et non pas de graisse, si elle est d'une moyenne grosseur. Il s'agit maintenant de faire la vis.

Si cette vis ne doit pas passer trois pouces de diamètre, on la fera à la filière ordinaire, sinon on s'y prendra de la manière suivante. On tournera un gros cylindre, *fig.* 10. On y réservera une tête plus forte *A*, et un tourillon *B*. Si cette vis doit éprouver un grand effort, comme celle d'une forte presse, on garnira la tête de deux *frettes* de fer *D, D*, pour que le levier qu'on passe dans les mortaises *E, E*, ne la fasse pas fendre. On percera au centre de la tête un trou, propre à recevoir un boulon de fer *C*, dont la tête et le collet soient tournés, et le corps carré, avec un trou carré pour recevoir une clef *a*, qui l'empêche de sortir quand il est en place. On divisera ce cylindre en huit, ou mieux encore, en douze parties sur sa longueur; plus la division sera multipliée, moins le trait de l'hélice sera sujet à jarreter. On déterminera combien de tours le cylindre qui doit faire l'écrou a de pas de vis dans un espace mesuré; et on divisera la longueur du cylindre en autant de parties, dont chacune est un tour du pas de la vis. On subdivisera chaque division en autant de parties qu'on en a mises à la circonférence sur la longueur;

et avec un crayon, ou de la pierre noire, on tracera le filet de la manière que nous avons détaillée plus haut. On fera ensuite un second
trait, au milieu de la distance, entre chacun des premiers, ce qui semblera doubler la vis. Si l'on n'est pas au fait, ou qu'on craigne de se
tromper, on fera un trait en noir et l'autre en rouge. On prendra ensuite
une scie à dossier, comme celle, *fig.* 5, ou bien une scie ordinaire; mais
la première est plus sûre. On donnera pour saillie à la lame toute la
profondeur que doit avoir le filet de la vis. On fera donc, avec cette scie,
un trait de toute sa saillie, en suivant exactement le trait noir ou rouge,
comme on l'aura déterminé. Lorsque ce trait de scie sera fait sur toute la
longueur de l'hélice, ainsi qu'on le voit en *a*, *a*, *a*, *a*, *a*, on prendra
un maillet avec un fermoir bien affûté, et on abattra, petit à petit, tout
le bois, à commencer à environ une bonne ligne près du trait qu'on a
laissé, jusque près du fond du trait de scie, en suivant une ligne inclinée,
ce qu'on a marqué en *b*, *b*, *b*, *b*; et quand on aura ainsi ébauché le filet
d'un côté, on en fera autant de l'autre; ensuite, avec un ciseau qui coupe
très-vif, on achèvera de donner au filet la forme qu'il doit avoir, en
coupant, depuis le trait laissé, jusqu'au fond du trait de scie, et prenant garde que l'on ne voie les coups de ciseau : ce qui donnera à la vis,
la forme qu'on lui voit en *c*, *c*, *c*; et pour lui donner le fini, on passera
une râpe fine, demi-ronde, sur toutes les surfaces, afin d'enlever les
reprises du ciseau qui paroissent toujours un peu. Cette opération se fait
en couchant le cylindre sur un établi, où il se tient par son propre poids,
s'il est un peu fort; sinon en l'assujettissant sous un valet. Il n'est pas nécessaire de continuer un filet commencé jusqu'au bout, en faisant sans
cesse tourner le cylindre. On peut donner un coup de fermoir à tous les
filets, sur un même point de la circonférence, comme par exemple ici aux
sommets *a*, *a*, *a*, *a*, *a*, *b*, *b*, *b*, etc; puis tournant un peu le cylindre,
on abattra de même les sommets qui se présenteront.

Ordinairement, pour les vis de *Varins*, ou comme disent les ouvriers,
de *Verins*, de pressoirs ou de grosse mécanique, on prend du sauvageon
bien sain, de l'alisier, et à leur défaut du noyer de *brin*; c'est-à-dire de
rondin, et jamais de quartier, ou enfin de bon orme. Les charpentiers
font tous leurs cylindres à la besaiguë, avec beaucoup d'art; mais ils n'atteignent jamais la perfection de ceux qu'on fait au Tour.

Nous ne donnerons pas ici la description d'un pressoir ni d'une presse,
ce sont des pièces de charpente ou de menuiserie qu'il n'est pas de
notre sujet de traiter. Nous nous contenterons de dire que la partie dans

laquelle passe la vis d'une forte presse, et qu'on nomme *Sommier*, est faite comme on le voit en *A, fig.* 3. Elle est assemblée dans les deux montans, au moyen de l'enfourchement qui est à chaque bout.

On a vu que, pour tarauder par la méthode précédente, on est obligé de fixer le faux écrou sur la pièce avec quatre fortes chevillettes, ou avec des vis à bois, si la pièce est petite. Ces chevillettes, ou ces vis, laissent des trous, qui gâtent la pièce sur laquelle elles sont placées. D'un autre côté, il est incommode d'ôter le cylindre de dedans son conduit, ce qui n'est souvent pas très-aisé, surtout pour rengréner le grain-d'orge dans l'écrou. Voici un moyen fort ingénieux, de remédier à l'un et à l'autre inconvénient, qui nous a été communiqué par feu Hulot, artiste distingué, et qui, après avoir hérité des talens de son père, avoit mis son étude à les étendre encore. Deux traverses de bois un peu fortes *A, B, fig.* 11, échancrées par le milieu, comme on le voit, sont assemblées au moyen de deux vis en bois *C, C*, qui entrent à carré dans la pièce *B*, et dont l'autre bout, taraudé en partie, entre dans un trou rond percé dans la pièce *A*, et est retenu par-dessus, au moyen des deux écrous *L, L*, dont on voit mieux la forme sur la *fig.* 14, qui est la pièce *A, fig.* 11, vue par-dessus. Vers le bord de l'échancrure sont de petites pointes *a, a*, et des boulons à œil *b, b*, dont le bout pointu prend dans la pièce *D*, qu'on veut tarauder. Si l'on craint que les marques des pointes ne gâtent la pièce, on peut n'y en pas mettre : elles servent à empêcher le taraud de varier pendant l'opération. Le dessus de la pièce *A* porte au milieu de sa longueur et de sa largeur un faux écrou, comme celui *fig.* 1, soit qu'il soit appliqué dessus ou pris à même le morceau. Le cylindre est semblable au précédent, si ce n'est qu'il est beaucoup plus long. La pièce *B* est percée d'un trou beaucoup plus gros que le cylindre, et taraudée, ainsi qu'on le voit en *c, c*. On tournera ensuite une pièce de bois, *fig.* 12, dont une partie, également taraudée, entre dans l'écrou *c, c*, et portant un bourrelet *F*, d'un diamètre un peu plus fort qui pose sur la pièce *B*. Au centre de ce bourrelet est un trou *A, fig.* 12, dans lequel entre juste le cylindre *G, fig.* 11. Les bords *F, F*, sont cannelés, pour qu'on puisse plus aisément visser et dévisser selon le besoin cette pièce qui est représentée en coupe, *fig.* 15. Lorsqu'on veut essayer si la vis va bien dans son écrou, on dévisse la pièce *F*; et comme le trou qu'elle découvre est beaucoup plus grand que le cylindre, lors même que le grain-d'orge est avancé, on le retire de sa place, et on a la facilité de passer la vis, *fig.* 16, et de l'essayer. La *fig.* 14 est, comme nous l'avons dit, la pièce *A, fig.* 11, vue

Pl. 7.

par-dessus. On y voit les deux écrous *L*, *L*, et le faux écrou *M*. Si l'écrou n'est pas à son point, on replace la pièce *E*, *F*, *fig.* 11, dans son écrou, et on remet le cylindre dans le guide, après avoir un peu avancé le grain-d'orge.

Au lieu du levier, dont nous avons dit qu'on se servait pour faire avancer le taraud, on peut y adapter une manivelle en bois *I*, *K*, *fig.* 11 ; ce qui procure un mouvement continu et plus uniforme; mais ce moyen n'est bon que pour des écrous de peu de grosseur. Il faut toujours se servir d'un levier pour des pièces plus fortes, à cause de la résistance qu'on éprouve.

La *fig.* 16 est une vis de presse d'établi de menuisier, ou de presse à refendre ou débiter de gros bois. Les dimensions que nous lui avons données ici indiquent que c'est la vis propre à l'écrou que nous venons de décrire, et la pièce *D* est un pied d'établi de menuisier. La tête est garnie d'une large frette de fer, qui entre du côté de la vis, à force, et pose contre un épaulement qu'on pratique en *a*, *a*. On rapporte une bonne rondelle de bois en *b*, *b*, et on tourne le tout sur un même centre. Le cercle et la tête sont percés par le diamètre d'un trou, qui reçoit le levier, dont on se sert pour serrer la mâchoire de la presse contre l'établi. Et pour que la mâchoire de devant puisse s'écarter quand on dévisse, on pratique sur le collet de la vis une petite rainure *c*, *c*, dans laquelle entrent une ou deux clavettes, qui traversent l'épaisseur de la mâchoire. Par ce moyen, la vis a bien la faculté de tourner; mais quand on la fait revenir en devant, elle emmène la mâchoire avec elle. On fixe la frette sur la tête de la vis avec quatre bonnes vis à bois, un peu longues, dont on ne voit ici que deux en *d*, *d*.

SECTION IV.

Scie mécanique ; Machines à percer.

Pl. 8.

Nous avons annoncé dans notre premier Volume, *page* 439, que nous donnerions ici la figure et la description d'une scie composée, plus commode et plus utile en beaucoup de circonstances que celle décrite dans ce Chapitre, et qui se place sur l'établi du Tour. Cette scie est celle représentée *fig.* 1, *Pl.* 8, qui se monte sur un établi particulier. *A*, est le dessus de cet établi; *B*, *B*, *B*, *B*, sont les pieds réunis par les traverses *C*, *C*. Une autre traverse *D*, placée vers le milieu de la hauteur des pieds de

Pl. 8.

devant et cintrée vers le derrière de l'établi , comme on le voit sur la figure, porte deux tringles d'acier bien droites et bien polies, qui servent de guide à la scie : la partie supérieure de ces tringles est fixée dans le dessous de l'établi.

E , *E* , sont les deux traverses ou bras de la scie, réunis par le sommier *G*, qui passe au travers de l'établi.

Ces traverses portent à leurs extrémités deux lames de scie, fixées par des vis de rappel en fer , qui servent à les tendre suivant le besoin.

La *fig.* 5 fait voir plus en grand une de ces vis de rappel et l'extrémité de la lame *R*. Cette lame, qui a dix-huit à vingt lignes de largeur , est destinée à scier droit et d'onglet. L'autre lame *H* est fort étroite, et sert à scier rond sur tous les diamètres.

J, *J*, sont deux traverses liées ensemble par deux tringles d'acier semblables à celles qui sont sous l'établi, et servant, comme ces dernières, de guide à la scie. Ces quatre dernières pièces forment ensemble un châssis mobile , glissant à queue d'aronde sur le montant *K*, adossé à la colonne *L*.

La traverse inférieure porte une tringle en fer carré *P*, sur laquelle glisse la poupée en cuivre *O*, en dessous de laquelle est fixée une pointe en acier dont nous verrons bientôt l'usage.

La colonne *L* est surmontée d'un chapiteau portant un arc *M*, semblable à celui d'un Tour. En appuyant le pied sur la pédale *N*, on force la scie à descendre ; et en le levant comme pour tourner, l'arc la fait remonter , ce qui procure un mouvement de va-et-vient doux et peu fatigant.

Quand on veut scier une pièce en rond, on se sert, comme nous l'avons dit , de la lame étroite *H*. On fait glisser la poupée *O* sur la barre *P*, à la distance nécessaire pour que la pointe de la poupée se trouve au centre de la pièce , ce qui est fort aisé , parce que la barre *P* porte une division en pouces et lignes, en sorte que si l'on veut faire à la scie une pièce ronde de six pouces de diamètre, il suffit de faire glisser la poupée sur la barre jusqu'à ce que la pointe corresponde au point de la division qui indique trois pouces.

La pièce étant ainsi fixée à son centre, il ne reste plus qu'à la faire tourner à mesure que la scie se fait un passage. Un peu d'habitude apprendra bientôt à accorder le mouvement du pied avec celui de la main ; c'est-à-dire à ne pousser à la coupe que dans le moment où la scie descend, et sans jamais la forcer.

Pour scier une pièce droit, on fait usage de la lame large R : q est une équerre mobile avec une joue coulant sur le devant de l'établi, pour s'éloigner plus ou moins de la lame R, et déterminer ainsi la largeur de la levée qu'on veut faire sur la pièce : un écrou à oreilles la fixe au point convenable. Sous cette équerre est une règle de cuivre entaillée dans l'établi, et portant une division sur laquelle on trouve ce point aisément et sans tâtonner. En poussant la pièce de bois le long de cette équerre, et de manière à ce qu'elle ne s'en écarte pas, on ne pourra manquer de scier droit, en observant la règle prescrite ci-dessus de ne pas forcer à la coupe.

La même lame R sert aussi pour scier d'onglet; mais alors la planche à scier se place en dehors de la lame sur une pièce qui se fixe pour cet effet à cet endroit de l'établi. Cette pièce, *fig.* 2, est composée d'un parallélipipède en bois A, à la face inférieure duquel est une rainure à queue d'aronde, dans laquelle glisse une règle en bois B : c'est par le moyen de deux goujons en cuivre, fixés en dessous de cette règle, que la pièce s'ajuste à l'établi. Sur la face supérieure du parallélipipède est un quart de cercle mobile C, servant à déterminer l'ouverture de l'angle de l'onglet qu'on veut faire. Une portion de cercle en cuivre D, sur laquelle se meut le quart de cercle C, porte la division du cercle en 360 degrés, au moyen de laquelle on peut trouver aisément tous les angles.

Quand le quart de cercle est amené au degré déterminé, on pose la pièce à scier le long de sa joue intérieure, et on enlève l'onglet sans éprouver plus de difficulté que pour scier droit.

La *fig.* 3 est le développement d'un des bras de la scie. A, A, sont deux petites poulies qui servent à diminuer le frottement des bras contre la tige, et qu'on voit plus clairement *fig.* 4.

Nous ne nous étendrons pas plus sur les nombreux avantages de cette scie, avec laquelle on est toujours sûr de suivre exactement le trait; ce qui n'est pas aussi facile que pourroient le croire les personnes qui ne s'y sont pas exercées : de plus, l'usage de la scie ordinaire est assez fatigant, au lieu que celui de notre scie mécanique n'exige pas plus d'efforts que le Tour, et convient par conséquent beaucoup mieux aux personnes peu habituées aux travaux penibles.

Un Artiste se trouve souvent dans le cas de percer dans les métaux, des trous d'une certaine dimension, pour lesquels la pression de l'estomac sur la conscience, et l'effort de l'archet, se trouvent insuffisans. De toutes

les machines imaginées pour y suppléer, la plus simple, et en même temps
la meilleure, est celle *fig.* 1, *Pl.* 9.

Pl. 9.

Cette machine, que nous nommerons *Machine à forer*, est montée sur
un petit établi à rainure *A*, semblable à celui d'un Tour. Aux deux extrémités de la rainure, s'élèvent deux montans *B*, *B*, percés sur leur
hauteur, de deux rangées de trous, et qui sont liés avec les jumelles
et les pieds de l'établi au moyen de deux boulons *a*, *a*, qui traversent le
tout.

Une traverse ou sommier *C*, s'enfile sur ces deux montans au moyen
de deux mortaises pratiquées à ses deux extrémités. Au travers de ces
mortaises sont percés des trous correspondans à ceux des montans, au
moyen desquels on peut fixer le sommier à la hauteur qu'on désire. Une
pointe en acier, semblable à celle d'un Tour, traverse le sommier à son
milieu et y est retenue par un écrou ; c'est sous cette pointe que tourne
le fort vilebrequin en fer *D*, dont on voit la forme sur la figure.

Le long du montant à gauche s'élève une tringle en fer *E* percée dans
le haut d'une rangée de trous. Cette tringle traverse le sommier, la rainure de l'établi, et enfin la pédale *F*, au dessous de laquelle son extrémité
inférieure est retenue par une cheville. La pédale *F* est fixée entre les
deux pieds à gauche, au moyen de deux tourillons en fer sur lesquels elle
fait pivot.

Quand on veut, à l'aide de cette machine, percer un trou dans une
pièce plate, on commence par couvrir la rainure d'un plateau en bois *G*,
sur le milieu duquel on place la pièce de manière que le point à percer
se trouve perpendiculairement au dessous de la pente du sommier, ce
qui est essentiel pour percer droit. Pour déterminer cette position plus
aisément, on se sert d'une règle *fig.* 2, qui s'ajuste entre les deux montans au moyen des deux entailles qu'on voit sur la figure, et qui porte à
son milieu une encoche indiquant le point où vient aboutir la perpendiculaire abaissée de la pointe du sommier sur la surface de la planche *G*,
qui doit être parfaitement dressée. On place donc le point à percer juste
au dessous de cette encoche, et on pose sur ce point la pointe d'un foret
proportionné au trou qu'on veut percer, monté dans la tête du vilebrequin qu'il doit un peu dépasser. On abaisse en même temps le sommier
dont la pointe entre dans l'espèce de godet qu'on voit à la partie supérieure du vilebrequin, et on place dans un des trous de la mortaise à
droite une cheville qui traverse aussi le montant *B*. Ensuite, mettant le
pied en dessous de la pédale au point *H*, on élève la tringle *E* le plus

5.

haut possible, et on la fixe au sommier en passant dans le trou *c* une goupille qui traverse la tringle. Il ne reste plus qu'à mettre une goutte d'huile dans le godet du vilebrequin pour faciliter le mouvement, et une autre à la pointe du foret, si la pièce à percer est en fer.

Après ces dispositions on met le vilebrequin en mouvement et on oblige le foret à pénétrer dans la matière en appuyant plus ou moins le pied sur la pédale, au point *H*, suivant le diamètre du trou. Si le trou n'est pas arrivé à sa profondeur quand la pédale est descendue à terre, il faut ôter la cheville de la mortaise à droite, et celle *c*, replacer le sommier parallèle à l'établi, faire remonter la tringle *E* autant que possible, et remettre les chevilles. S'il ne restoit plus qu'une petite épaisseur à percer comme une ligne ou deux, il seroit inutile de déranger la cheville *c*, l'abaissement de la partie droite du sommier relevant suffisamment la pédale dans ce cas.

Nous avons supposé jusqu'ici que la pièce à percer étoit plate et d'un volume suffisant pour pouvoir rester immobile sous l'effort du vilebrequin. Les pièces de forme irrégulière et celles qui ne présentent qu'une petite surface, se placent dans un étau à main *fig.* 3, *Pl.* 4, que l'on tient de la main gauche pendant qu'on fait tourner le vilebrequin de la main droite. On les élève un peu au moyen d'une cale en bois dont on peut se servir également pour les autres pièces, pour conserver la table *G* dont la surface s'altèreroit promptement sans cette précaution.

A l'égard des pièces longues, on les saisit dans une presse *fig.* 5, de manière à présenter en dessus le point à percer. On place la presse sur l'établi après avoir retiré la planche *G*, et on fait passer la partie excédante de la pièce dans la rainure.

Nous ne nous étendrons pas davantage sur la manière de saisir les pièces de formes irrégulières; l'expérience et l'usage en enseignent plus que nous ne pourrions en dire.

On emploie encore la machine à forer à quelques autres usages; ainsi l'on s'en sert pour tourner la tête et la tige des vis de moyenne grosseur, au moyen des fraises plates et percées à leur centre, *fig.* 3 et 4. On remplace le foret par un tourne-vis qui entre dans la tête de la vis, et la force ainsi à descendre dans le trou de la fraise qui est ajustée sur une cale en bois percée à son centre, et dans la direction du trou de la fraise. Le dessus de ces fraises est plat dans celles destinées à faire les tiges. Celles qui servent à faire les têtes, portent au centre de leur surface supérieure une noyûre carrée *a*, *fig.* 3, ou conique *b*, *fig.* 4, suivant la forme des têtes *A*

et *B*. Ce procédé est fort employé par les armuriers qui font une grande
quantité de vis du même diamètre, et en général il est fort utile pour les Pl. 9.
personnes peu habituées à tourner les métaux.

Enfin on peut encore faire des noyûres avec la machine à forer en se
servant de forets à goujon *fig.* 6, mais alors on remplace le vilebrequin *D*,
qui ne donneroit pas assez de force, par un levier à deux branches, semblable au tourne-à-gauche d'une filière, et qui s'ajuste sur la tige du foret.

La machine à forer, *fig* 7, n'est pas susceptible de produire un aussi
grand effort que la précédente, mais elle supplée avantageusement à la
conscience dont l'usage ne convient pas aux personnes d'une complexion
délicate, et avec laquelle il n'est pas toujours facile de percer droit.

Cette machine est portée par un établi *A*, sur le devant duquel
est une presse *B*, destinée à saisir la pièce à percer au moyen des vis
a, a.

De l'autre côté de l'établi, s'élève une colonne cylindrique en fer *C*,
fixée en dessous par un écrou, et vue plus en grand, *fig.* 8, sur laquelle
s'enfile un canon en cuivre de deux pièces *D*, vu plus en grand, *fig.* 9.
Ces deux pièces sont réunies par un ajustement à drageoir, qui laisse dans
leur intérieur la place d'un anneau dont la tige taraudée excède leur surface extérieure, et porte un écrou à oreilles. En serrant cet écrou on attire
l'anneau à soi, et les deux pièces du canon *D*, venant appuyer fortement contre la colonne *C*, fixent solidement la machine à la hauteur
et dans la direction convenables.

Aux deux extrémités du canon en cuivre, *fig.* 9, sont pratiquées deux
portées pour recevoir deux bandes de fer appelées *moises E*, *E*, *fig.* 7.
La *fig.* 10 représente plus en grand l'une de ces moises. On voit en *A*
le trou par lequel elle s'enfile sur le canon : *a, a*, sont les trous destinés
à recevoir les tringles en fer *c, c fig.* 7, qui sont de la même hauteur
que le canon, et conservent ainsi le parallélisme des moises. La *fig.* 11 représente une de ces tringles vue plus en grand : *b, b*, sont les écrous
qui la fixent sur les moises.

A l'extrémité *F* des moises, *fig.* 7 et 10, est pratiqué le trou destiné
à recevoir le vilebrequin *G*, *fig.* 7. La forme de ce vilebrequin, qui réunit
la solidité à l'élégance et à la légèreté, se voit plus distinctement sur la
fig. 12. *A* et *B* sont deux tiges rondes et cylindriques traversant les trous
F, *F*, des moises, dans lesquels elles doivent tourner très-juste, et qui
sont garnis en cuivre pour adoucir le frottement. La tige inférieure *A*
est percée d'un trou carré pour recevoir le tenon d'une boîte dans

Pl. 9. laquelle s'ajustent les différens forets. La poignée mobile en cuivre *C* est fondue sur la tige même, et tourne facilement dessus

La pièce *H*, *fig.* 7, est un ressort qui appuie sur ce vilebrequin, et remplace l'effort de l'estomac quand on perce à la conscience, ou la pression du pied sur la pédale dans la machine, *fig.* 1.

Là *fig.* 13 le représente plus en grand. *A* est un trou rond qui s'enfile sur la portée supérieure du canon, *fig.* 9, qui, pour cet effet, est plus longue que la portée inférieure. Deux vis pointues *a*, *a*, se piquent dans cette portée, et laissent au ressort la faculté de faire bascule sur ce point.

Le vilebrequin est lié au ressort au moyen du collier *C*, qui l'embrasse. A l'autre extrêmité *B*, et sur le plat de ce ressort, est un renflement portant un écrou, dans lequel se monte une vis de pression *K*, *fig.* 7 et *fig.* 14, qui vient buter sur la tige *C*, *fig.* 7, et sert à tendre plus ou moins le ressort suivant l'effort que doit faire le foret.

On voit en *L*, *fig.* 7 et *fig.* 13, une poignée en bois servant à relever le ressort et par suite le vilebrequin.

La *fig.* 15 est un vase de cuivre qui couronne la colonne comme on le voit en *P*, *fig.* 7. Ce vase peut servir à contenir l'huile, dont on a continuellement besoin, quand on perce du fer ou de l'acier.

Nous allons maintenant donner les moyens de percer un trou avec cette machine. Après avoir placé le foret convenable dans le vilebrequin, on desserre l'écrou du double canon *D*, afin de pouvoir élever plus ou moins la machine suivant la hauteur de la pièce, et amener la pointe du foret sur le point à percer. On place alors la pièce entre les joues de la presse, et avant de la serrer tout à fait, on cherche la position la plus convenable pour pouvoir amener le foret bien juste au dessus du point à percer, ce qui se fait en élevant le vilebrequin à l'aide de la poignée *L*, et en abaissant la machine jusqu'à ce que la pointe du foret touche la surface de la pièce au point déterminé. On tend ensuite le ressort plus ou moins au moyen de la vis de pression *K*, et on met en mouvement le vilebrequin, qui, étant contenu par les deux moises, ne peut manquer de percer droit. Si la course du vilebrequin ne suffisoit pas pour percer le trou à sa profondeur, il faudroit desserrer l'écrou de l'anneau, remonter le ressort, et faire descendre la machine autant de fois que cela seroit nécessaire.

Nous avons cru faire plaisir aux Amateurs en ajoutant ici le dessin d'un vilebrequin à manivelle, *fig.* 16, servant à percer des trous près d'un angle rentrant, où l'usage du vilebrequin ordinaire est impossible.

Ce vilebrequin se meut au moyen d'une manivelle tournant dans le sens
de la tige, qui met en mouvement deux roues d'angles qui s'engrènent
l'une dans l'autre à 45 degrés. La tige au bout de laquelle se meut la boîte
portant les forets, pivote par son autre extrémité sur une crapaudine de
cuivre ajustée dans le haut du manche.

Pl. 9.

· Nous n'entrerons pas dans de plus longs détails sur la construction de
ce vilebrequin que la figure éclaircit suffisamment.

CHAPITRE II.

Pièces qui s'exécutent sur le Tour à pointes , et qui présentent quelques difficultés.

SECTION PREMIÈRE.

Pelotonnoir.

Tout le monde connoît ces pelotes de coton de différentes formes dont les fils entrelacés avec art présentent à l'œil des losanges, des cercles à jour, et dont les *fig.* 4, 5, 6, 7, 8 et 9, *Pl.* 10, offrent des modèles autant que la gravure peut rendre ces effets.

Nous avons pensé que nos lecteurs seroient bien aises de trouver dans notre ouvrage la description de la machine à l'aide de laquelle on forme ces pelotes avec la plus grande facilité.

Le mécanisme de ce pelotonnoir, qui a beaucoup de rapport avec les rouets à filer, consiste en ce que la broche sur laquelle se forme la pelote a la faculté de s'incliner plus ou moins devant l'ailette qui lui présente le fil, et que celle-ci reçoit un mouvement beaucoup plus accéléré que celui qui est imprimé à la pelote.

La *fig.* 1 représente l'élévation du pelotonnoir vu de face. La *fig.* 2 le montre vu par le bout, du côté de la pelote; enfin la *fig.* 3 est le plan géométral de cette pièce.

Tout l'instrument repose sur une petite table *A*, portée par quatre pieds *B*, dont on ne voit que deux sur les *fig.* 1 et 2. On peut donner à ces pieds la forme qu'on voit sur la figure, ou toute autre.

A l'une des extrémités de la table s'élèvent deux montans *C*,*fig.* 1 et 3, entre lesquels se place la grande roue *D*,*fig.* 1, 2 et 3, qui tourne avec son arbre *e*, comme la roue d'un rouet. Cet arbre, mis en mouvement à l'aide d'une manivelle *E*, *fig.* 3, porte à son autre extrémité une poulie conique, et à plusieurs places de corde *d*, même figure.

Pl. 10.

Nous ne nous arrêterons pas à décrire la construction de cette roue, et la manière de la monter sur son arbre, ainsi que l'ajustement des pieds et des montans. Nous renvoyons pour tous ces objets au Chapitre III, 1re partie, *T. I*, où ils sont traités dans le plus grand détail.

A l'extrémité opposée de la table s'élèvent quatre montans, dont trois *F*, *F*, *F*, sont semblables à ceux de la grande roue. Le quatrième, *G*, *fig.* 3, est carré dans toute sa hauteur, et porte une rainure dans laquelle glisse l'arbre d'une poulie *a*, *fig.* 1, qui sert à tendre la corde de la grande roue quand elle se relâche par l'effet du changement de la température.

Deux traverses *L*, *L*, réunissent ces montans par leur sommet au moyen d'un assemblage à mortaise, et portent un petit chariot en bois, *N*, *fig.* 3, qui coule entre ces deux traverses, et au milieu duquel est posé sur deux petits paillets de cuivre, l'arbre *n* qui porte l'ailette *o*. Cet arbre est percé dans le sens de sa longueur, pour recevoir le fil et le transmettre à l'ailette qui le présente à la pelote. Sur le milieu de l'arbre *n*, est une poulie à plusieurs gorges, qui reçoit la corde sans fin, de la grande roue, et communique à l'ailette un mouvement plus ou moins accéléré, suivant le rapport du diamètre de cette poulie avec celui de la grande roue.

Entre les deux autres montans, est placé un chassis *M*, *fig.* 1, 2, et 3, qui se meut comme une bascule au points *O*, *O*, *fig.* 1, 2, 3, sur deux boulons qui traversent les montans, et sont retenus à l'extérieur par deux écrous à oreilles. C'est sur la traverse inférieure de ce chassis que tourne, dans une crapaudine, la pointe de la broche, à l'autre extrémité de laquelle se forme la pelote. Cette broche, sur laquelle s'enfile un double canon, est retenue par un petit collet de cuivre fixé sur la traverse *P*, *fig.* 1 et 3, et porte une poulie dont la corde correspond à l'autre poulie *d*, *fig.* 3.

C'est en inclinant plus ou moins ce chassis qu'on fait prendre à la pelote le degré d'inclinaison nécessaire suivant la forme qu'on veut lui donner. On le fixe à ce point, au moyen d'une portion de cercle dentée *P*, *fig.* 2 et d'un cliquet à ressort qui entre dans les dents.

Aux deux montans de derrière est attaché un petit chassis *R*, portant une broche en fer sur laquelle s'enfile la fusée de coton que l'on veut peloter. Si le coton était en écheveau, ce chassis deviendroit inutile, et il faudroit le placer sur un dévidoir à faisceau, décrit au Chapitre III, Section 5, *T. I*.

Nous n'entrerons dans aucun détail sur la manière de construire et d'ajuster toutes ces pièces; elle n'offre rien de particulier, et que nous n'ayons amplement enseigné dans notre premier volume ; mais nous allons tâcher de faire comprendre le jeu de la machine et les moyens de s'en servir.

En considérant le plan, *fig.* 3, on voit qu'en mettant en mouvement la grande roue *D*, la poulie qui fait tourner l'ailette reçoit un mouvement d'autant-plus accéléré que sa circonférence est contenue plus de fois dans celle de la grande roue. En même temps la petite poulie *d*, fixée sur l'arbre de la grande roue, met en mouvement la poulie qui fait tourner la pelote. Celle-ci étant d'un diamètre plus fort que la poulie *d*, marche plus lentement, et c'est en variant le rapport de ces deux mouvemens, et l'inclinaison du châssis *M*, qu'on peut varier les formes et les dessins des pelotes.

Pour donner une idée de la manière de se servir de cette machine, nous supposerons d'abord que le châssis *M*, et par conséquent la broche sur laquelle doit se former la pelote, sont placés horizontalement. Dans cette position, l'ailette portant toujours le fil au même endroit, on ne feroit pas une pelote, puisque tous les tours de fil passeroient les uns sur les autres. A mesure qu'on élèvera la broche en abaissant le châssis, les tours du fil se croiseront les uns sur les autres autant de fois que l'ailette tournera autour de la pelote pendant la révolution de celle-ci. Plus la broche sera élevée, plus les tours en se croisant s'écarteront les uns des autres.

Quand on sera arrivé à 45 degrés d'élévation et au dessus, les fils en se croisant donneront une forme plus ou moins aplatie aux extrémités de la pelote ; enfin en approchant encore davantage de la perpendiculaire, les tours, en se croisant, se rapprocheront encore de l'axe, et formeront des quadrilles à jour, sous lesquels on peut placer du papier de couleur, découpé en forme de losange, d'étoile ou autrement, qui fait ressortir la blancheur du coton. Il n'est pas inutile d'observer qu'il faut enfiler ces morceaux de papier sur la broche avant de faire les derniers tours qui doivent les recouvrir.

Pour obtenir les losanges réguliers de la *fig.* 4, il faut nécessairement que les diamètres des trois poulies soient exactement contenus les uns dans les autres. Pour éclaircir ceci par un exemple, supposons que la circonférence de la grande roue contienne dix fois celle de la poulie de l'ailette, celle-ci fera dix tours pendant que la grande roue en fera un. Si ensuite la poulie *d* est contenue trois fois dans celle qui porte la pelote, celle-ci fera un tiers de tour pendant que la première en fera un ; mais le mouvement de celle-ci étant le même que celui de la grande roue, l'ailette tournera trente fois pendant que la pelote achèvera sa révolution, et par conséquent le fil se croisera trente fois sur la circonférence de la pelote en revenant à chaque fois s'appliquer exactement sur les mêmes points, et laissant entre chaque tour des intervalles égaux, qui s'accroissent à mesure que la pelote grossit, et qui forment des trous pyramidaux, tendant tous au centre. Pl. 10,

Quand on aura étudié le jeu du pelotonnoir, et qu'on s'en sera servi plusieurs fois, on trouvera aisément les moyens de varier les formes et les dessins des pelotes; le goût et l'intelligence en enseigneront plus que ce que nous pourrions ajouter ici.

SECTION II.

Flûtes et Flageolet.

La flûte traversière *fig.* 1, se compose de quatre pièces principales. La première *A*, où se trouve l'embouchure, s'appelle tête de flûte. La seconde *B*, est le corps du milieu, et porte cinq trous, dont trois donnent les notes naturelles *sol*, *la*, *si*, et les deux autres, le *si bémol* et le *sol dièse*. Ces deux derniers sont recouverts d'une clef. Pl. 11.

La troisième pièce *C*, dite l'avant-pate porte quatre trous, savoir *ré*, *mi*, *fa*, naturels, et la clef de *fa dièse*. Enfin la dernière *D*, qui se nomme pate, porte la clef de *mi bémol*, ou *ré dièse*.

La première de ces pièces est composée de deux morceaux *A*, *a*, réunis par un cylindre creux, d'argent ou de cuivre, nommé *Pompe*, *E*, dont l'usage est de pouvoir donner à volonté plus ou moins d'allongement à l'instrument, et par conséquent hausser ou baisser le ton suivant le besoin.

La même pièce porte à son extrémité un bouchon ou calotte sphérique *F*, qui termine la flûte. Entre la calotte et l'embouchure, se place un bouchon de liége dont nous déterminerons la position.

Le bois qu'on emploie le plus communément pour faire les flûtes est le buis d'Espagne, qui doit être préféré au buis de France. On se sert aussi de bois des îles, tels que l'ébène et la grenadille qui donne le son le plus pur et le plus clair. On choisit du bois de quartier, fendu au coutre, et non à la scie, parce que le coutre suit exactement le fil du bois, au lieu que la scie prend une autre direction. C'est pour cela qu'on ne doit pas prendre du bois roulé ou satiné qui est plus agréable à l'œil, mais qui ne se fendroit pas droit.

On choisira quatre morceaux d'égale densité, et autant que possible de même couleur, et on ébauchera l'extérieur de chaque pièce au tour à pointes, en lui laissant plus de diamètre et de longueur qu'elle ne doit avoir quand elle sera terminée. Ensuite on la percera à la lunette d'un trou cylindrique, beaucoup moindre que celui déterminé par la figure, en se servant d'une lunette de bois.

Quoique le bois qu'on emploie doive avoir été choisi très-sain et très-sec, on fera bien, après ces opérations préliminaires, de l'exposer dans un endroit à l'abri du soleil et de l'humidité, pour lui laisser faire son effet.

Toutes les pièces étant ainsi percées et ébauchées et parfaitement sèches, on croîtra leur trou avec des outils appropriés à chacune, qui se pincent perpendiculairement dans un étau et sur lesquels on fait passer chaque corps, l'un après l'autre, en le faisant tourner doucement avec les mains et presque sans appuyer. Ces outils nommés *perces*, par les luthiers, ne sont autre chose que des espèces de louches qui doivent avoir beaucoup plus de longueur que le corps auquel elles sont destinées, pour qu'on puisse s'en servir plus commodément. Quant à leur forme, on la voit *fig.* 3, qui représente une grande louche avec laquelle on termine la flûte, comme nous le dirons bientôt. La première se prend de *A* en *B*, la seconde de *C* en *D*, la troisième de *E* en *F*, et la quatrième de *G* en *H*, avec une prolongation égale à peu près à la moitié de la distance *C B*: sans ce prolongement ajouté à chacune de ces louches, elle ne pourroit entrer dans la pièce à laquelle elle est destinée, dont le trou est encore cylindrique, et par conséquent plus étroit qu'il ne faut. On donnera à ces louches un peu moins de diamètre qu'à la partie correspondante de la grande louche, qui doit terminer l'intérieur de l'instrument.

Ces outils doivent être affûtés très-vif. Si par suite de leur affûtage le diamètre en étoit diminué, on pourroit toujours s'en servir; comme ils ont plus de longueur qu'il n'est nécessaire, du bout le plus large aussi bien que de l'autre côté, il suffira d'enfoncer l'outil un peu plus avant, et jusqu'à ce qu'on soit arrivé au point convenable.

On s'occupera alors de faire les portées, et les tenons, qui réunissent les quatre corps de l'instrument. La tête de flûte *A*, qui, comme on l'a vu, se partage en deux pièces, a trois portées, deux pour la pompe *E*, et une pour le tenon du corps du milieu *B* : celui-ci porte un tenon à chacune de ses extrémités, et par conséquent point de portée.

L'avant-pate *C,* au contraire, a du côté du corps du milieu, une portée, Pl. 11.
et un tenon de l'autre côté, qui reçoit la portée de la pate.

. On montera chaque pièce séparément sur un mandrin conique, à peu
près semblable à celui *fig.* 46, *Pl.* 17, *T. I,* dont le diamètre est semblable à celui de la louche. On réservera, à l'extrémité à gauche de ce
mandrin, une bobine un peu plus grosse que le corps de la flûte pour y
placer la corde.

. On ne sauroit apporter trop de soin pour faire ces mandrins, parce que
s'ils ne tournoient pas exactement rond, les surfaces extérieures ne seroient
pas concentriques à celles des trous et les pièces seroient inégales d'épaisseur,
ce qui nuirait à la pureté du son, et empêcheroit l'assemblage exact des
différens corps de la flûte.

Il est assez ordinaire de garnir l'extrémité de chaque portée, d'un cercle,
ou virole, en argent, en corne, ou en ivoire. On doit préférer celles en argent,
parce que le but pour lequel on les met, n'est pas tant d'embellir la flûte,
que de donner plus de solidité à la partie qui reçoit le tenon, et qu'on
tend toujours à faire écarter en y enfonçant le tenon, garni de fils cirés,
pour empêcher l'air de s'y introduire.

On collera ces filets comme ceux des tabatières, après les avoir ajustés
avec les précautions requises, et on les laissera sécher. Ensuite on remettra
les pièces au Tour à pointes, et on donnera à l'extérieur la forme et la
grosseur déterminées par la figure. On aura soin, en faisant les tenons, de
leur donner une grosseur telle qu'ils entrent aisément dans la portée, afin
de pouvoir les garnir d'un fil ciré, qui rend leur ajustement plus ferme;
on tracera, sur le tenon, des traits circulaires pour que le fil ne glisse pas.

Alors on percera les trous de la manière suivante. On commencera par
ceux qui doivent rester découverts, et pour déterminer leur place avec
exactitude, on tracera sur chaque pièce une ligne parallèle à l'axe, et on
marquera sur cette même ligne le point de centre de chaque trou à la position déterminée par la figure. Quant aux trous qui doivent être recouverts par
les clefs, on les placera également aux points indiqués par la figure. La position de ces derniers trous, par rapport à la circonférence de la flûte, n'est cependant pas de rigueur. On peut les rapprocher ou les éloigner un peu de
la ligne sur laquelle sont tracés les autres, suivant la longueur de la queue
des clefs que l'on doit s'être procurées d'avance, parce que le bout de
cette queue doit toujours arriver au point où on la voit sur la figure pour la
commodité du doigté.

Comme il n'existe pas de règles écrites pour le placement et l'espace-

Pl. 11. ment de ces trous, et que les meilleurs maîtres ne se guident que sur des modèles, nous en avons choisi un des meilleurs, et nous avons apporté la plus grande attention à l'exécution de la gravure. Ces trous, comme on le voit par la figure, sont inégaux; leur diamètre est également indiqué avec le plus grand soin sur la figure.

Cependant, quelque exacte que soit notre gravure, comme le papier s'allonge toujours plus ou moins à l'impression, et que cet allongement est inégal, suivant la qualité du papier, nous avons cru devoir tracer, au dessous et au dessus de la *fig.* 2, deux lignes portant les dimensions exactes et la distance de chacun de ces trous en lignes et points.

La ligne inférieure indique la longueur exacte de chaque corps.

La ligne supérieure donne le diamètre exact de chaque trou et la distance d'un centre à l'autre.

On voit sur la coupe, *fig.* 2, le diamètre intérieur de la flûte auprès du bouchon, au dessous de la dernière clef, et enfin à l'orifice inférieur de l'instrument.

Pour prendre toutes ces mesures, avec la plus rigoureuse exactitude, nous avons imaginé le compas *fig.* 4. Ce compas est formé de deux branches, assemblées par un petit boulon rivé au point *A*. Les deux pointes *d*, *e*, sont semblables à celles du *Maître-à-danser*; et comme on peut les faire chevaucher l'une sur l'autre, ce compas peut servir pour mesurer l'intérieur comme l'extérieur d'une pièce : mais son principal avantage est de pouvoir donner avec exactitude les plus petites mesures, et c'est ce qui résulte de sa construction.

Une des branches porte à son extrémité supérieure une portion de cercle divisée *B*; et l'autre se termine par une pointe ou index *C*. On voit par cette construction que les branches étant réunies bien au dessous de leur point milieu, l'ouverture *B*, *C*, est beaucoup plus grande que celle *d*, *e*, quoique toujours proportionnelle. Par conséquent quand l'ouverture *d*, *e*, sera égale à une ligne, celle *B*, *C*, sera égale à quatre, cinq ou six, suivant les dimensions et l'assemblage des branches du compas.

Si donc on marque, sur la portion de cercle *B*, le point de division correspondant à une ligne d'ouverture des branches *d*, *e*, cette division pourra aisément se subdiviser en quatre, six, et même douze parties, et donnera par conséquent le moyen de mesurer avec la plus rigoureuse exactitude les plus petits espaces.

Quand on aura déterminé la place des centres de tous les trous, on tra-

Pl. 11.

cera sur chacun, avec un compas à ressort, un cercle au diamètre indiqué, et on les ouvrira tous au même diamètre avec une mèche à pointe, plus petite que le plus petit des trous; ensuite on les croîtra l'un après l'autre à leur diamètre, au moyen d'une fraise conique, *fig.* 5, sans toutefois atteindre le trait. Pour plus de précaution, on se sert d'un calibre conique, *fig.* 6, sur lequel sont marqués des traits circulaires au diamètre exact de chacun des trous que l'on élargit, de manière que le calibre puisse y entrer jusqu'au trait qui doit cependant rester en dehors. Quand la flûte sera entièrement terminée, on achèvera avec un canif de mettre chaque trou à son diamètre exact, ce qui ne peut se faire qu'en essayant la flûte et en enlevant la matière avec un canif jusqu'à ce que le son soit bien pur et bien net.

Si, en commençant, on avoit enlevé trop de bois, il ne seroit pas possible d'y revenir, et c'est pour cela que nous avons conseillé de laisser toujours le trait en dehors.

Les trous doivent être évasés dans l'intérieur, ce qui se fait au moyen d'une fraise à queue décrite *T. I, pag.* 86, et représentée *fig.* 12, *Pl.* 11, du même volume.

Il faut à présent mettre la pompe en place, et réunir tous les corps en garnissant les tenons de fil ciré, comme nous l'avons dit, de manière que les centres des trous découverts se trouvent tous sur la même ligne, après quoi on donnera à l'intérieur la forme précise qu'il doit avoir en y faisant passer la grande perce, *fig.* 3.

Cette perce doit présenter exactement la figure d'un cône tronqué, coupé perpendiculairement à sa base, et dont l'intérieur est évidé par une portion de cercle non concentrique à l'extérieur, comme on peut le voir par la coupe *fig.* 7.

Le taillant de la perce doit présenter deux lignes bien droites, et couper parfaitement. Le dos doit être très-poli pour ne pas froisser le bois, car la bonté de l'instrument dépend principalement de la netteté du trou dont les parois ne doivent pas présenter le plus léger obstacle au passage de l'air.

On fixe verticalement cette perce dans un étau par le tenon *L*, et on enfile la flûte par le côté de l'embouchure ; puis la saisissant avec les deux mains, on la fait tourner doucement et presque sans appuyer, jusqu'à ce qu'on soit parvenu à la ligne *A* , qui indique le diamètre exact de l'orifice supérieur. A mesure que l'outil perdra de son diamètre par l'effet de l'affûtage, cette ligne se rapprochera du tenon. C'est pour

Pl. 11.

cela qu'on doit donner à cette perce plus de longueur qu'il ne semble nécessaire.

L'affûtage de cet outil demande beaucoup de précaution; on ne doit jamais toucher à l'extérieur, mais passer un affiloir plat dans l'intérieur, en le promenant obliquement sur toute la longueur du taillant.

Si l'on faisoit une flûte en bois des îles, tels que, ébène, grenadille ou autres, il seroit possible que la main ne fût pas assez forte pour la faire tourner sur la perce. Pour y suppléer, on ajustera sur la tête de flûte un collet en bois, *fig.* 8, composé de deux demi-cercles *A, B*, dont l'un se termine par deux leviers semblables aux bras d'une filière. L'autre collet est réuni au premier à l'aide des boulons *C, D*, dont l'extrémité taraudée reçoit un écrou à oreilles *E*. Le diamètre de ces deux demi-cercles réunis doit être un peu plus fort que celui de la partie extérieure de la flûte qu'ils embrassent. On les garnira intérieurement d'un morceau de peau blanche qui garantira la surface de la flûte des effets de la pression, et empêchera les collets de glisser en tournant.

Il faut maintenant placer les quatre clefs et le bouchon qui est au bout de la tête de flûte. Cette dernière pièce ne présente aucune difficulté; c'est une espèce de demi-sphère suivie d'un tenon dont on voit la forme en *F*, sur les *fig.* 1 et 2; on doit la faire de la matière dont la flûte est garnie, et on peut y pratiquer toute sorte d'enjolivemens à volonté. Quant aux clefs, la manière de les faire est entièrement étrangère à notre art. Les luthiers eux-mêmes les font exécuter par des artistes qui ne se livrent qu'à ce genre de travail, ainsi nous supposons que l'Amateur qui voudra faire une flûte se sera procuré les clefs en cuivre, en argent ou en or. On présentera d'abord chaque clef sur son trou, et, avec une pointe à tracer bien fine, on marquera sur la surface de la flûte la place que doit occuper la plaque *h, fig.* 1, ensuite on lèvera à cet endroit une petite épaisseur de bois égale à celle de la plaque, que l'on y fixera à l'aide de deux vis très-courtes, afin qu'elles n'atteignent point la surface intérieure de l'instrument. Quand les clefs seront toutes mises en place, on garnira le dessous de chacune avec un petit morceau de buffle de moyenne épaisseur, et taillé suivant la forme de la clef. On sait que pour amincir la peau, on doit toujours enlever la matière du côté de la chair de l'animal. On posera chaque mouche de peau sur le trou auquel elle est destinée, du côté de la chair, on enduira légèrement l'autre côté de colle un peu épaisse, après quoi on appuiera le pouce sur la clef pendant quelques instans.

On placera ensuite le bouchon de liège *G* dans le haut de la tête de flûte,

et à la place indiquée sur la figure. On se servira pour cela du repoussoir
fig. 9, qui n'est autre chose qu'un cylindre de buis destiné à mettre ce bou- Pl. 11.
chon en place, et à le repousser dehors quand on veut nettoyer l'intérieur
de la flûte.

En cet état la flûte est à peu près terminée, et doit déjà donner des sons
assez justes, mais un peu sourds. Pour rendre l'instrument plus sonore, il
faut que la pate *D* soit évasée depuis le bord du trou, ce qui se fait avec
une perce dont le petit et le grand diamètre sont indiqués sur la *fig.* 2.
Alors on essaiera toutes les notes l'une après l'autre, et s'il s'en trouve quelqu'une qui ne soit pas au ton juste, on évasera l'orifice du trou qui la
donne avec un canif, comme nous l'avons dit en enseignant à percer les
trous.

Pour ne point interrompre le cours de nos opérations, nous avons supposé que l'Amateur s'étoit pourvu d'une pompe toute faite; mais comme
cette pièce ne présente pas de grandes difficultés, nous croyons devoir
enseigner ici la manière de la faire.

Cette pompe n'est autre chose qu'un tube d'argent ou de cuivre, dont
l'intérieur suit exactement la forme de l'intérieur de la flûte; c'est pour
cela qu'il faut le mettre en sa place avant de faire passer la dernière
perce.

Pour faire ce tube, on coupe un parallélogramme de métal, de la longueur déterminée, sur la *fig.* 2, en *E*. La largeur doit être telle, qu'en rapprochant les deux bords, on obtienne un cylindre d'un diamètre moindre
d'une ligne que celui de la pompe, quand elle sera terminée.

On soudera ces deux bords à la soudure d'argent, par les procédés indiqués *page* 201 *T. I.* On dérochera, et on nettoiera bien l'intérieur avec de
la ponce. En cet état, on l'enfilera sur un triboulet conique en acier,
fig. 10, du diamètre exact de la perce, au point *C :* la portion de ce triboulet de *a* en *b* présente exactement la forme que doit avoir l'intérieur
de la pompe; on frappera à très-petits coups sur toute la surface du tube,
jusqu'à ce qu'il soit descendu au point *a.* L'intérieur présente alors un
trou parfaitement uni et égal à celui de la flûte. On monte la pièce au
Tour en l'air, sur un cylindre en bois dur, et on la met à la longueur
déterminée par la figure, en rendant l'intérieur parfaitement cylindrique.

Il y a des flûtes où la pompe est composée de deux canons en cuivre ou
en argent, dont l'un coule sur l'autre, et rentre dans l'épaisseur du corps
de la flûte. Cet ajustement est peut-être plus agréable à l'œil, mais il ne

Pl. 11.

rend pas l'instrument meilleur ; et comme il est plus difficile que celui que nous avons décrit, nous avons cru devoir nous en tenir à celui-ci.

La *fig.* 12 représente une flûte de l'ancien modèle. Celle-ci n'a pas de pompe comme la précédente, mais on y supplée par les deux corps de rechange, *fig.* 13 et 14, qui servent à raccourcir plus ou moins la flûte, en les mettant à la place du corps du milieu. Celui qui est monté sur la figure donne le plus d'allongement possible. Du reste cette flûte s'exécute absolument par les mêmes procédés que la précédente; il faut seulement y faire passer la grande perce à trois différentes reprises pour ajuster les corps de rechange avec les autres parties.

On remarquera que cette flûte n'a qu'une clef pour le *ré ;* les *dièses* et les *bémols*, qui dans la précédente s'exécutent à l'aide des clefs, se font dans celle-ci par le croisement des doigts.

La flûte dite octave de flûte en *ré, fig.* 15, n'est autre chose que la flûte n° 1, réduite à moitié. Celle-ci n'a qu'une clef, comme la flûte *fig.* 12; mais elle a une pompe comme celle *fig.* 1.

Le flageolet, *fig.* 16, est composé de deux pièces; la tête *A* qui porte le bec *B*, et la lumière avec le coupe-vent *C ;* et le corps *D* qui porte six trous, quatre en dessus pour les notes *ré, fa, sol, la*, et deux en dessous pour le *mi* et le *si*. Les cercles ponctués indiquent la place de ces deux derniers.

Ces deux pièces se creusent et s'ébauchent d'abord séparément de la même manière que celles qui composent le corps de flûte; après quoi on les réunit pour les terminer à l'extérieur et à l'intérieur, en se servant pour cette dernière opération de la perce, *fig.* 17, qui ne diffère de celle *fig.* 8 que par ses dimensions.

Les trous se percent aux points indiqués par la ligne divisée qui est au dessous de la figure. Leur diamètre précis est indiqué sur la même ligne, et on voit que tous sont égaux, à l'exception de celui du milieu qui donne le *sol*.

En cet état la partie inférieure, nommée *corps de flageolet*, est terminée, et il ne reste plus qu'à former à l'extrémité de la tête le bec et la lumière ; ce qui se fait de la manière suivante.

On tournera un bouchon cylindrique, ou plutôt très-peu conique; en bois de couleur tranchée avec celui du corps de l'instrument, et de la longueur marquée sur la *fig.* 16, de *a* en *b*. On l'introduira dans la tête de flûte, et on l'y ajustera de manière qu'il ne laisse aucun passage à l'air. On le retirera ensuite, et à la place qu'il occupoit on pratiquera une rainure dans l'intérieur du flageolet. Cette rainure, dont on voit la forme

en *D*, *fig.* 18, n'excède pas la tangente du cercle intérieur, et se prolonge
un peu plus bas que le point *b*, *fig.* 16, qui indique l'extrémité du bouchon.
On fera, sur toute la longueur du bouchon, une levée de la même largeur
que cette rainure; mais avant de le remettre en sa place, pour l'y fixer, il
faut s'occuper de faire la lumière avec le coupe-vent *C*; ce qui se fait en
perçant d'abord deux trous de foret très-fins sur l'extérieur de l'instrument au point *b*, c'est-à-dire un peu au-dessus de l'extrémité de la rainure. On formera ensuite à ce point, et transversalement, une ouverture
oblongue, et perpendiculaire à la surface extérieure, et dont la largeur
est indiquée sur la figure. On se servira pour cette opération d'une échoppe
bien affûtée, et dont le tranchant ait précisément la largeur de l'ouverture
qu'on veut faire.

C'est avec le même outil qu'on forme le biseau qui suit cette ouverture,
et qui s'appelle *Coupe-vent.* Ce biseau aboutit ur le milieu de l'épaisseur
du canal, formé par la rainure et la levée du bouchon, et partage ainsi
le courant d'air transmis par ce canal, d'où lui vient le nom de *coupe-
vent.*

Il faut dans toute cette opération conduire l'échoppe avec beaucoup de
précaution, et prendre très-peu de bois à la fois, de peur d'enlever des
éclats, et d'endommager l'angle formé par le biseau et le bout de la rainure; car la netteté de cet angle influe beaucoup sur la pureté du son de
l'instrument.

On collera alors le bouchon en sa place, en faisant accorder la levée faite
sur sa longueur avec la rainure pratiquée dans l'intérieur, pour former
le canal par lequel l'air est introduit dans le corps de l'instrument après
avoir été partagé par l'angle du coupe-vent.

Quand le tout sera bien sec, on creusera le dessous du bec, en enlevant une portion de la circonférence de l'instrument et une très-grande
partie du bouchon; ce qui se fait à l'aide de limes et de râpes. On suivra,
autant que possible, les contours déterminés par la figure. Nous disons
autant que possible, parce que cette courbure n'est pas rigoureusement
la seule sur laquelle on doive se guider : l'essentiel est que l'on puisse
saisir aisément le bout du bec entre les lèvres.

On fait assez souvent les flageolets en ébène, grenadille ou autre bois
précieux, et alors il est d'usage de garnir en ivoire le bec et l'extrémité,
aussi bien que les portées qui réunissent les deux pièces de l'instrument.
Pour cela, après avoir ébauché séparément l'extérieur de chaque pièce,
on colle aux endroits indiqués des viroles d'ivoire, d'épaisseur et de lon-

Pl. 11.

Pl. 11 gueur suffisantes, et on les tourne en les ornant de moulures à volonté en terminant le flageolet.

Le dessous du bec se creuse de la même manière et avec les mêmes limes et les mêmes râpes que s'il n'étoit pas revêtu en ivoire.

SECTION III.

Tourner ovale, à pans et excentriquement entre deux pointes, et à plusieurs centres.

Pl. 12. La manière de tourner un ovale entre deux pointes ne donne pas un ovale proprement dit, puisqu'on va voir que cet ovale n'est que la rencontre de deux portions de cercle, ce qui produit nécessairement un angle à chaque point d'intersection, *fig.* 29, *Pl.* 12 : mais cette méthode n'en est pas moins ingénieuse, et peut suffire dans une infinité de petits ouvrages, comme un manche de couteau, un étui, etc.

On tournera d'abord une pièce bien cylindrique. On en coupera les bouts au ciseau, de manière qu'ils présentent une surface droite. A égale distance des bords, on tracera sur l'un et l'autre bout un cercle *a*, *b*, *c*, *d*, soit avec un grain-d'orge, soit autrement, de manière que tous deux aient le même diamètre. On divisera ces cercles en quatre parties égales, en traçant sur chacun d'eux deux diamètres *b d* et *a c*, qui se coupent à angles droits ; et pour que ces divisions se correspondent exactement sur les deux extrémités, on prolongera l'un des diamètres jusqu'à la circonférence extérieure de ce point. On tirera sur la longueur du cylindre une ligne, qui le partage en deux parties égales sur son épaisseur, c'est-à-dire qui soit bien dans l'axe du cylindre : pour y parvenir, on placera la pièce sur une surface bien droite, telle qu'une glace, un marbre, etc. On en approchera une règle bien dressée, et dont la largeur soit exactement la même dans toute sa longueur ; ensuite on tirera la ligne sur le cylindre au moyen d'une pointe ou crayon dirigé le long de la règle. On peut dans cette opération remplacer avec avantage la règle par le trusquin debout, *fig.* 6, *Pl.* 3, *T. II.* Ce dernier instrument doit être préféré, parce que la pointe, fixée invariablement à la verge du trusquin, trace la ligne avec bien plus de régularité que celle qui est conduite à la main le long de la règle. Au point d'intersection *a*, correspondant sur chaque extrémité, on placera une pointe du Tour, au moyen de quoi la pièce tour-

nera d'un mouvement très-excentrique, mais régulier quant à la pièce. Il
faut dans cette circonstance mener la marche avec quelque précaution, à
cause des secousses que l'excentricité occasionne. On peut même mettre
dans la partie renfoncée, c'est-à-dire qui, en tournant, ne *saille* pas des
éclisses suffisantes, pour qu'à cet endroit où on place la corde, la pièce
tourne rond ou à peu près. On entamera avec la gouge, d'abord à petits
coups, non pas sur toute la longueur de la pièce, mais en réservant à
chaque bout une partie sans y toucher pour l'usage qu'on va rapporter.
On atteindra jusqu'à ce qu'on soit près de la ligne tracée sur le cylindre.
Puis avec un ciseau on dressera bien la nouvelle surface : et comme on
éprouve toujours des *ressauts*, lorsque le ciseau passe sur la partie où il
ne *prend* pas, il faut avoir un grand usage de cet outil pour pouvoir tourner bien uni. On conçoit que la ligne à laquelle aboutit la nouvelle surface
est un des points d'intersection de la courbe qu'on a décrite avec le ciseau.

On mettra ensuite la pièce sur le Tour au centre opposé au précédent;
et l'on conçoit par là pourquoi on a réservé la rondeur originaire des deux
bouts : car, sans cela, l'un des deux centres se trouveroit déjà emporté.
On tournera de même sur ces nouveaux centres, et jusqu'à ce qu'on atteigne la même ligne. Pour peu qu'on y réfléchisse, on sentira que la nouvelle forme est celle que nous avons annoncée plus haut, et que ce n'est
pas un ovale proprement dit, puisqu'on rencontre à des points opposés
deux angles curvilignes assez aigus. On pourra les adoucir, soit avec de la
prêle, soit avec du papier à polir, ou de toute autre manière.

Si l'on a bien saisi cette opération, on peut, avec quelqu'attention,
corriger la défectuosité de la forme qu'elle produit, et approcher davantage
de l'ovale : voici quels en sont les moyens.

On se rappelle qu'on a divisé la circonférence du cylindre en quatre
parties égales, et qu'on a pris pour extrémité du bois à ôter les deux parties opposées, également distantes des centres; ce qui a donné deux segmens de cercle. On divisera celle-ci en huit parties égales, et on ôtera à
l'outil, du bois jusqu'à ce qu'on ne laisse que deux huitièmes, ce qui présentera cependant encore une courbe mixte, qui *jarette*, c'est-à-dire, dont
les deux parties ne s'accordent pas entr'elles; mais on adoucira les angles
avec une râpe, une écouane, ou simplement avec de la prêle ou du papier
à polir. Au surplus, nous n'avons pas prétendu donner ici un procédé
capable de produire une ellipse régulière, notre intention a été d'indiquer
ce qu'on peut faire de singulier sur le Tour à pointes.

Appliquons maintenant ces principes.

Pl. 12.

La courbe e, g, f, qu'on obtient par l'opération que nous venons de décrire, peut convenir à une colonne, un balustre, etc.

On doit se souvenir qu'on a dû réserver à chaque bout de la pièce assez de bois pour placer les pointes aux différens centres, ce qui suppose qu'on a aussi réservé les centres primitifs. Quand la pièce sera achevée avec la plus grande propreté, on la remettra sur son centre; puis, avec une gouge, on ôtera presque tout le bois qui tient au haut du vase, si c'en est un, *fig*. 10, *Pl*. 2, en réduisant cette partie à une grosseur convenable pour y former un gland, une boule, une pomme de pin, ou tout autre ornement; mais pour tromper plus agréablement ceux qui ne savent pas comment se font ces espèces de pièces de Tour, on aura soin que ce centre reste marqué sur le bout, pour induire à croire que la pièce a été tournée en entier sur ce centre; et pour y réussir mieux, on ne réservera de ce côté, en commençant à tourner la pièce, qu'à peu près ce qu'il faut pour la longueur de l'ornement qu'on destine au haut du vase, et la bobine aura toujours été à l'autre bout. Rien n'est aussi singulier qu'une pièce méplate, qui, avec un centre visible, présente encore une partie ronde. On ôtera la bobine qui est à l'autre bout, en coupant le bois tout juste au dessous de la dernière moulure du bas de la pièce.

Si l'on vouloit que cette pièce eût moins d'épaisseur, relativement à sa largeur, il faudroit la prendre dans un morceau d'un très-grand diamètre, afin que les centres de chaque face fussent très-éloignés de celui du cylindre; ce qui donneroit des arcs appartenans à un plus grand cercle, et qui s'éloignent moins de la corde que ceux d'un cercle plus petit. On peut s'en convaincre en traçant ces cercles sur un papier.

On peut aussi tourner, entre deux pointes, des colonnes, des balustres, et autres pièces à trois ou quatre faces. Voyez *fig.* 30, celle à quatre pans, et sa coupe au dessous : celle à trois, *fig.* 31, la coupe au dessous, et celle à deux, *fig.* 32, la coupe au dessous. Il suffit pour cela, de diviser les cercles qu'on trace à chaque bout en six ou huit parties égales. Nous disons six ou huit, quoique nous ne proposions que trois ou quatre faces; parce qu'il est toujours nécessaire de tirer, de chacun des points sur la longueur, des lignes qui servent à guider pour dégrossir, et à marquer la ligne qui résultera de la rencontre des deux faces, de la même manière que la ligne e, f, *fig.* 29, a guidé pour la colonne méplate. Mais il faut couper le bois avec beaucoup de précaution; parce que les éclats formeroient des écorchures aux angles, dont le mérite est d'être très-vifs : aussi est-ce surtout dans ce cas qu'il ne faut pas faire faire la révolution entière à la pièce qu'on tourne, et bien maîtriser les outils, qui doivent couper très-fin.

Pl. 12.

La pièce, *fig.* 33, qui, par sa forme, est très-singulière, s'exécute ordinairement sur l'excentrique dont nous parlerons ailleurs ; et même elle s'y fait beaucoup plus régulièrement et avec plus de facilité. Cependant, pour satisfaire nos lecteurs, nous allons donner les moyens de l'exécuter sur le Tour à pointes.

On commencera par tourner un cylindre de quelque bois dur et ferme, c'est-à-dire, point pliant ; tel que du buis, du cormier ou du houx un peu vieux, afin qu'il soit bien sec, car ce bois est très-long-temps à sécher. On donnera à ce cylindre dix-huit à vingt lignes de diamètre sur cinq à six pouces de long. On dressera parfaitement les deux bouts, en y conservant les centres. On tirera d'abord sur sa longueur une ligne parallèle à l'axe, qui aille d'un bout à l'autre. On tirera ensuite, sur chaque bout du cylindre, des extrémités de cette ligne, une autre ligne qui passe exactement par le centre, et qui partage le cercle en deux parties parfaitement égales. Puis, à des distances égales des centres, on tracera sur chaque bout un cercle dont les diamètres soient parfaitement égaux. Ce cercle intérieur doit être éloigné du bord du cylindre d'une distance égale à la moitié du diamètre qu'on veut donner aux dames dont nous allons parler. On doit reconnoître, dans cette opération, celle que nous venons de décrire, en enseignant à tourner ovale, entre deux pointes, et que nous répétons ici pour la plus grande intelligence de l'opération. On divisera les cercles intérieurs en six parties égales, et chaque point de division sera un point de centre.

On pratiquera, à un des bouts de la pièce, une bobine, d'où la corde ne puisse pas sortir en tournant : puis, ayant mis la pièce entre deux pointes, à deux des points excentriques qui se correspondent, on amènera au rond une partie de bois de l'épaisseur d'une dame à jouer, en creusant avec un bec-d'âne, dans la partie saillante, jusqu'à ce qu'on ait atteint la surface de la partie rentrante. Mais de peur d'arracher le bois, à droite et à gauche, on coupera, avec beaucoup de précaution, de chaque côté avec un grain-d'orge très-aigu. Par ce moyen on ne fera aucune écorchure, et en allant doucement, le bois se trouvera coupé aussi net qu'au ciseau. Pendant cette opération il faudra avoir attention de promener le bec-d'âne à droite et à gauche, d'environ un quart de ligne, afin que le creux soit toujours un peu plus large que l'outil, pour éviter qu'il n'accroche et ne gâte les surfaces de côté.

L'outil dont nous recommandons ici l'usage ne fait que gratter le bois, qui, par conséquent ne peut jamais sortir lisse et net de dessous l'outil, comme si l'on se servoit d'un ciseau ordinaire. Pour remédier à cet inconvénient, on pourra employer l'une des deux méthodes suivantes. Ou bien on présentera le tranchant de l'outil, obliquement, à la longueur du bois, de manière que le biseau de dessous fasse presque tangente avec la surface du bois; mais on ne peut procurer cette obliquité à l'outil qu'en écartant la main à droite ou à gauche, ce qui suppose que le creux est assez large pour le permettre, et que l'on ne touchera point les côtés de la partie saillante. L'autre moyen, dont nous nous sommes servis avantageusement dans une infinité de circonstances, consiste à se faire, si l'on en a la commodité, un ciseau qui ait, sur une longueur ordinaire, six à huit lignes de large, et qui soit réduit, par le bout, à deux lignes ou environ sur un pouce à quinze lignes de long : voyez *fig.* 34. Ce ciseau étant affûté très obliquement, et étant conduit avec beaucoup de précaution, produit le meilleur effet dans tous les cas où l'on veut couper net le bois dans des parties fort étroites; mais il faut que la pièce tourne très-lentement, et surtout ne prendre de bois que du milieu de la largeur du ciseau, en allant vers l'angle inférieur.

On remplace le ciseau, *fig.* 34, en retournant le taillant du bec-d'âne avec un brunissoir, après l'avoir affûté, comme nous l'avons dit en traitant de l'affûtage au premier Volume.

Quand cette première partie sera terminée, et qu'on aura formé une espèce de dame à jouer, on mettra la pièce aux deux points excentriques suivans, et l'on opérera de la même manière en prenant ses mesures assez exactement pour que le creux qu'on va former soit de la même largeur que le précédent. Cette opération ne présente de difficulté que pour couper le bois bien net, ne point laisser d'écorchures, et que toutes les rondelles ou dames contiguës les unes aux autres soient de la même épaisseur et du même diamètre. On passera au troisième point de centre, puis au quatrième, et successivement des uns aux autres, aux septième, huitième, neuvième, etc., quoiqu'il n'y en ait que six de marqués; car alors celui par lequel on a commencé deviendra le septième; le deuxième sera le huitième, et ainsi de suite, jusqu'à ce qu'on soit arrivé à l'autre bout du cylindre.

Il est à propos de prévenir ici une difficulté qui se rencontre dans l'opération; c'est que quand on a passé la deuxième ou la troisième dame, le bois se trouvant évidé au centre du cylindre, si les pointes sont un peu serrées, la pièce plie vers le milieu, surtout si elle est un peu longue, et

CHAP. II. Sect. III. *Tourner ovale, à pans*, etc.   57

Pl. 12. [7]

l'outil ne fait plus que brouter. Il faut donc en ce cas serrer modérément les pointes, et entamer le bois à petits coups. Quand la pièce est terminée, on la remet sur ses centres originaires, et on coupe les deux bouts pour anéantir tous ceux sur lesquels la pièce a été faite, ce qui donne le change à ceux qui ignorent comment se fait l'opération. Alors elle ressemble à une suite de dames, qui seroient posées les unes sur les autres hors centre, en tournant, et d'une manière très-régulière.

Pour augmenter encore les difficultés et la singularité de la pièce, au lieu que toutes les dames se touchent par une partie de leurs surfaces, on peut les détacher les unes des autres, en ne les joignant que par un cylindre d'un très-petit diamètre ou une petite boule, qui les unisse les unes aux autres par le centre. Voici de quelle manière il faut s'y prendre.

A mesure qu'on évidera le bois qui se trouve entre deux dames, et avant de passer à la suivante, on fera entrer juste, sans forcer, une cale de bois entre ces deux dames. On travaillera ces cales à la râpe ou à l'écouane, en les essayant de temps en temps, jusqu'à ce qu'elles tiennent par le simple frottement en leur place, et la pression des deux pointes, quelque légère qu'elle soit, suffira pour les y retenir.

Pour surprendre plus agréablement, on perce souvent le cylindre à son centre et dans toute sa longueur, avec une mèche de deux lignes ou environ de grosseur. Quand les dames seront détachées, on passera dans ce trou une petite broche de toute la longueur de la pièce, qu'on peut porter à six ou sept pouces avec beaucoup de précaution, et qui soit couronnée d'un vase ou autre ornement. Rien n'est aussi singulier que de voir chaque dame percée dans son épaisseur d'une manière excentrique.

On commencera donc par tourner un cylindre de grosseur convenable, pour y trouver le vase qu'on tournera avec soin; puis on fera au dessous du vase une portée de deux ou trois lignes de large, et au diamètre du trou. On fera à l'autre bout un semblable petit tenon. On se servira ensuite de la cale à soutenir, représentée *fig.* 19, *Pl.* 18 du *T. I*, pour réduire la baguette au plus petit diamètre possible, sans qu'elle plie trop. On fera sur la longueur trois, quatre, cinq ou six portées à la grosseur du trou, pour pouvoir ensuite, à la râpe ou à l'écouane, mettre toute la longueur à la grosseur desirée, et s'assurer qu'elle est parfaitement droite et ronde. Nous enseignerons bientôt à faire au Tour en l'air des pièces d'un bien plus petit diamètre.

Pour que cette broche passe en même-temps par le centre de la pièce et dans le cercle de chaque dame, et que le trou ne se rencontre pas sur

Pl. 12.

le bord, ou hors le diamètre de quelques dames, il faut dessiner sur le papier, d'abord le cercle du cylindre, puis tous les cercles au diamètre qu'on veut donner aux dames, de manière que le centre primitif se rencontre dans l'intérieur des cercles de toutes les dames, et donner à chacune sur le Tour précisément le diamètre qu'on leur a déterminé sur le papier.

Nous donnerons dans un des chapitres suivans, la manière de faire cette pièce beaucoup plus aisément au Tour en l'air, à l'aide de la machine excentrique ; mais pour suivre le plan que nous nous sommes tracé, nous avons cru devoir donner auparavant la manière de la faire au Tour à pointes.

SECTION IV.

Tourner des Pièces carrées entre deux pointes, au moyen de cylindres.

On choisira d'abord un assez fort morceau de bon bois, tel que pommier, alizier ou autre bois dur, de quatre pouces ou environ de grosseur, sur environ un pied de long. On verra par la suite de cette description, que plus il a de grosseur, mieux on réussit à toutes les pièces dont nous allons parler. Après l'avoir préparé convenablement à la hache, on le mettra entre deux pointes, et on réduira un des bouts à quinze ou dix-huit lignes de diamètre, sur environ trois pouces de long ; ce qui formera en cet endroit une bobine, telle qu'on la voit, *fig.* 5. en *a*, pour mettre la corde du Tour. On dressera parfaitement le bout du cylindre du côté de la bobine. On corroiera à la varlope, une petite planche de quelque bon bois, comme noyer ou autre. On y percera au centre et sur le Tour, un trou de grandeur suffisante, pour que la bobine y entre juste. Mais avant de la fixer en place, il est une opération à faire au cylindre.

On tracera près de chacune de ces extrémités, avec un grain-d'orge très-aigu, et sur le Tour, un léger trait. On divisera la circonférence de ce cercle, en six ou huit parties parfaitement égales. On peut, pour faire cette opération, monter la pièce sur le Tour en l'air, et se servir de la plate-forme à diviser. Puis remettant la pièce au Tour à pointes, on approchera tout contre, la barre ou la cale du support, si l'on se sert de ce dernier, et on s'assurera qu'il soit bien horizontal ; pour cela on prendra pour guide les deux pointes des poupées. On tracera avec un crayon ou une

Pl. 12.

pointe à tracer, des lignes parallèles à l'axe, partant de chaque point de division. On vérifiera au compas, si à l'autre extrémité la division est exacte.

Il s'agit maintenant de pratiquer sur la longueur du cylindre, des cannelures propres à loger les pièces qu'on veut tourner. On leur donnera une largeur et une profondeur parfaitement égales, et cette opération est assez difficile.

La *fig.* 6 représente la division d'un des bouts du cylindre en huit parties égales, et la profondeur des cannelures; ou pour mieux dire, elle représente le cylindre vu par un bout, et le vide que laissent les huit cannelures. On peut en faire plus ou moins, suivant le nombre de pièces qu'on veut exécuter, mais comme ces cannelures doivent être égales de largeur dans toute leur profondeur, si l'on en faisoit un trop grand nombre, le bois qui reste entr'elles, diminuant d'épaisseur, n'auroit pas assez de solidité. La *fig.* 5 représente le cylindre vu sur sa longueur.

On tracera avec la plus grande exactitude, sur chaque bout, ces cannelures, et on donnera en dedans de chaque trait, un coup de scie à peu près à la profondeur de la cannelure. On évidera d'abord le bois contenu entre les deux traits de scie, avec des ciseaux de largeur convenable. Si le cylindre avoit une certaine longueur, on emploieroit des ciseaux coudés comme l'outil *fig.* 45, *Pl.* 9, du premier Volume. Après avoir recalé ces rainures dans toute leur longueur, avec un guillaume, on achèvera de les dresser en tous sens, au moyen de la *Guimbarde, fig.* 55, *Pl.* 9, *T. I.*

On en enfoncera le fer petit à petit, jusqu'à ce qu'effleurant le fond de la rainure, quand la planche porte sur ses deux rives, on soit assuré d'avoir donné une profondeur égale d'un bout à l'autre, à la rainure.

Pour cela on tiendra la guimbarde des deux mains par ses bouts, et le tranchant du fer sera perpendiculaire à sa longueur. Le cylindre doit être fixé d'une manière invariable sur un établi ou dans un étau, en prenant garde de ne point gâter, par la pression d'un valet ou de tout autre instrument, les rainures déjà faites. Le fer doit couper très-vif, le biseau un peu court et bien dressé, par rapport à la planche qui le contient. On promènera successivement cet outil sur tout le fond de la rainure, qui en peu de temps sera dressé, et égal partout en profondeur. On aura soin de ne pas déranger le fer de la guimbarde, qui doit servir à mettre les autres rainures à la même profondeur que la première.

Pour dresser les deux côtés de la rainure, on pourra se servir d'un

8.

guillaume de côté. Ce guillaume ressemble assez à tous les autres, si ce n'est que le fer en est perpendiculaire au *fût*, ou bois de l'outil, qu'il ne coupe que de côté, et que le biseau est incliné à la joue de l'outil. Le bout du fer ne coupe pas, et doit être un peu en biais, comme un outil de côté pour le Tour, afin qu'il ne mange ni ne touche au fond de la rainure. Cet outil est difficile à bien faire, à *mettre en fût*, et à conduire; mais aussi il dresse parfaitement les parois intérieures.

Nous nous appesantissons sur tous ces détails, parce que la justesse et la régularité de ces rainures étant d'une nécessité indispensable pour la perfection de l'ouvrage, on ne peut y apporter trop d'attention. Il faut qu'une tringle de bois parfaitement équarrie à leur mesure, entre juste dans tous les sens dans chaque rainure, et les remplisse parfaitement.

Quand on se sera assuré de leur régularité, on mettra la petite planche, dont nous avons parlé sur la bobine *a*, qu'on a réservée au cylindre pour la corde. On la fixera avec des clous d'épingle et mieux encore avec des vis à bois un peu fines, mais longues de quinze à dix-huit lignes. On remettra ensuite la pièce sur le Tour, et l'on tournera cette planche, qu'on a dû mettre d'abord à peu près au rond, à la scie.

En cet état le cylindre est terminé; et si les centres sont un peu profonds, on ne doit pas craindre qu'il cesse d'être rond dans les opérations qui vont suivre.

Pour faire les six ou huit pièces qu'on doit placer dans les rainures, on les prendra, autant qu'il sera possible, dans un même morceau, qu'on corroiera bien d'équerre sur les quatre faces, en lui donnant un peu plus de grosseur que les pièces ne doivent en avoir, pour remplir les cannelures du cylindre; on les coupera ensuite à la longueur déterminée; et pour les rendre parfaitement égales entr'elles, on se servira d'un instrument nommé *Entaille*, dont nous allons donner la description et l'usage.

On prendra un morceau de quelque bon bois, de trois pouces en carré, ou même un peu plus, sur dix-huit pouces de long ou environ. On le *corroiera* exactement, au moins sur deux faces voisines. On tracera au trusquin, sur la face de dessus, deux traits à un écartement un peu plus grand que la dimension des rainures. Puis avec un autre trusquin qu'on fera couler sur la même surface, on tracera sur les deux bouts, qui doivent être parfaitement dressés, un trait pour indiquer la profondeur de la rainure. On évidera tout le bois compris entre ces traits, avec tout autant de soin qu'on en a mis à faire les rainures du cylindre, et avec la même *guimbarde*. On bouchera un des bouts de la rainure avec un tam-

Pl. 12.

pon carré assez juste; on l'arrêtera avec quelques clous d'épingle dont on noiera la tête avec un chasse-pointe; on attachera de même, avec quelques clous d'épingle, une petite tringle de bois, suivant la longueur de la rainure sur l'*entaille*, à quatre ou cinq lignes des bords à droite. Cette tringle sert à diriger toujours dans un même sens le rabot dont on va se servir, et dont par ce moyen le fer coupe toujours sur un même point.

Lors donc qu'on aura mis dans la rainure une des huit pièces de bois, la surface la mieux dressée en dessous, on la verra excéder tant soit peu la surface supérieure de l'entaille. On affûtera sur la pierre à l'huile un fer de rabot debout, afin d'éviter les éclats, et pour mieux dresser. On mettra à ce rabot très-peu de fer, et ce fer doit être parfaitement en fût, pour qu'il ne mange pas plus d'un côté que de l'autre. On rabotera jusqu'à ce que le fer ne morde plus; et alors on est assuré d'une épaisseur régulière, et que les deux surfaces sont bien parallèles. On retournera la pièce sur une autre face, et on rabotera de même, ce qui donnera un parallélipipède très-exact, qui, si l'on a bien pris ses dimensions et bien opéré, doit entrer dans les rainures du cylindre, très-juste sans forcer. On fera de même les sept autres, et on les mettra en place.

Comme ces pièces sont difficiles à bien couper, il est à propos de les faire de quelque bois dur et liant, en même temps que beau. Celui qui nous a le mieux réussi est le houx bien sec et sans nœuds; le cormier réussit également bien; mais ces pièces sont plus agréables étant blanches.

Il importe beaucoup que les bouts qui posent contre le cercle qui excède le diamètre du cylindre soient parfaitement dressés; on en sentira dans un instant la nécessité.

Il ne suffit pas que toutes ces pièces tiennent dans leurs rainures. L'opération qui va suivre tend à les déranger; ainsi il faut les assujettir solidement en leur place, au moyen d'un cercle de cuivre, *fig.* 7, composé de deux demi-cercles réunis par une charnière, et ayant à leurs extrémités deux noyaux de cuivre, dont l'un laisse passer une vis à tête carrée, ayant un collet, et l'autre est taraudé. Au moyen d'une clef de pendule on serrera ce cercle qui maintiendra les huit pièces sur le cylindre.

En cet état on mettra le cylindre entre deux pointes, et l'on y fera tel profil qu'on désirera; comme vase, colonne, balustre ou autres, comme celui de la *fig.* 8, qui représente un cylindre où sont des entailles ou rainures triangulaires, dont on parlera dans un instant.

On observera que le balustre formé sur le cylindre garni de ses huit pièces, ne doit pas avoir les mêmes proportions que les autres, et que les moulures doivent avoir moins de saillie; autrement les pièces placées dans les cannelures se trouveroient coupées par l'outil.

Voici la règle qu'il faut suivre pour éviter cet inconvénient. On dessinera un balustre qui puisse être inscrit dans une des pièces carrées ou triangulaires, et on en transportera les moulures sur le balustre formé par la réunion des huit pièces sur le cylindre.

Avant de prendre l'outil, on s'assurera que toutes les pièces posent également contre le plateau qu'on a adapté au cylindre; et c'est là l'unique usage auquel il est destiné. Si l'on veut faire des colonnes, on n'en prendra qu'une dans la longueur; mais si l'on se détermine pour des balustres ou pour des vases, on pourra en trouver deux. Cependant il faut dans tous les cas, que les cercles qui lient toutes les pièces, soient hors du dessin qu'on veut exécuter.

On commencera par ébaucher à la gouge, jusqu'à ce qu'on atteigne sur tous les points les pièces qu'on a rapportées, et dont la réunion présente à l'œil la forme d'un octogone ou d'un hexagone qu'on doit commencer par mettre au rond. Et l'on ne s'inquiétera pas si, pour y parvenir, on est obligé d'entamer un peu le cylindre. On marquera ensuite avec l'angle du ciseau, des traits circulaires pour déterminer les moulures. Puis avec une gouge affûtée un peu de long, on ébauchera à petits coups les parties qui doivent être creusées. On amènera l'ouvrage près des formes qu'il doit avoir; l'on terminera avec un ciseau qui coupe parfaitement. Dans les parties creuses et étroites, on se servira du côté d'une gouge, qui, étant dirigé adroitement, produira l'effet d'un ciseau qui couperoit de biais. Quand on aura donné les formes convenables, on polira avec du papier très-fin, puis on mettra, si l'on veut, un peu de cire, qu'on étendra avec un morceau de bois blanc, terminé par deux biseaux; et on frottera avec un morceau de serge, pour enlever la cire et donner le brillant au bois. C'est alors que la première opération est terminée.

On ôtera le cylindre de dessus le Tour, on desserrera les cercles, et ôtant les pièces l'une après l'autre de leurs rainures, on les y remettra en plaçant la face terminée contre celui des côtés de la rainure qui est en devant contre le Tourneur, lac orde étant placée à sa gauche. Le bois, venant sur l'outil, est coupé plus net; au lieu que de l'autre côté il y auroit des bavures. Au quatrième côté, il faut redoubler de précautions pour éviter ces bavures, se servir de la gouge et du ciseau de biais, afin de couper le bois plus net, en allant à très-petits coups. On doit bien prendre

garde, en tournant les trois dernières faces, d'atteindre le cylindre avec
l'outil. La moindre altération changeroit les profils. Bientôt les quatre
faces ne se ressembleroient plus; et les filets, les gorges, les carrés, les
listels cesseroient de s'accorder. C'est à obtenir ce dernier résultat qu'il
faut apporter tous ses soins, et voici le seul moyen d'y parvenir. Quand on
aura remis les cercles, on frappera, avec un petit marteau, sur l'extrémité
à droite de chaque tringle, jusqu'à ce qu'elle pose exactement contre le plateau; c'est pour cela que nous avons recommandé de bien dresser les extrémités des tringles à l'équerre, afin que ces extrémités posant par tous
les points sur le plateau, les moulures puissent s'accorder toujours exactement. Ainsi seront achevées par une seule opération, huit pièces, qui,
quand elles sont isolées, ne paroissent pas pouvoir se faire au Tour.

Nous ne saurions assez le répéter, cette opération exige beaucoup de
patience, de précision, de légèreté de main, tant pour la gouge que pour
le ciseau, et d'usage de les manier, tant à droite qu'à gauche. Dès qu'une
des quatre faces est faite, et qu'on l'applique contre un des côtés de la rainure, il est évident qu'il se trouve du vide à l'endroit des moulures, puisqu'une partie contournée ne peut s'appliquer sur une partie droite. Rien ne
soutient le bois en ces endroits, et si l'on n'y prend pas la plus grande attention, les angles sont arrachés sans remède par l'effort de l'outil, qui,
ne prenant ces huit morceaux que par saccades, jette nécessairement des
bavures ou éclats en dehors. Par exemple, lorsqu'il s'agira de couper la
panse d'un balustre ou toute autre courbe rentrante, on présentera un
ciseau le plus de biais qu'il sera possible; il n'y a point de bois qui résiste à cette manière de le couper; mais il faut être bien sûr de son outil;
s'il échappe le moins du monde, tout est gâté sans retour. On voit, *fig.* 9,
l'effet d'un de ces balustres terminés. Il en est de même d'une colonne,
d'un vase, etc. *c* est la forme qu'avoit la pièce avant d'être travaillée, si
c'est une pièce triangulaire; et *d* est celle qu'elle a acquise par le travail.
On voit que chaque face fait partie d'un cercle dont le rayon est le même
que celui du cylindre; et on conçoit aisément que plus la circonférence du
cylindre sera grande par rapport à la largeur des pièces, plus les faces de
ces dernières approcheront de la ligne droite.

Pl. 12.

Pl. 12.

SECTION V.

Tourner des Pièces triangulaires.

Après les détails dans lesquels nous venons d'entrer, nous ne nous arrêterons pas beaucoup à décrire la manière de tourner des pièces triangulaires ou à trois faces. On sent bien qu'il suffit que le sommet de la rainure forme un angle de soixante degrés ; ces rainures présentent plus de difficultés que les premières, tant à cause de la régularité de la coupe, que parce que le sommet de l'angle doit tendre au centre du cylindre, et que les côtés du triangle doivent être égaux, et également inclinés à la base qui est la circonférence du cylindre.

On fera un cylindre semblable au précédent, dont la grosseur est déterminée par la largeur et le nombre des pièces qu'on veut y placer, en y ajoutant la distance qui doit exister entre chaque rainure ; et pour peu qu'il y ait entre chacune une ou deux lignes, cela suffira, puisque les intervalles ne sont point affamés vers le centre comme au précédent cylindre. On commencera par tracer une ligne sur la longueur du cylindre, par une des méthodes que nous avons indiquées. Puis on tracera avec un grain-d'orge, un cercle vers chacune des extrémités, dont on divisera la circonférence en autant de parties qu'on veut y faire de rainures. On mènera par chacun des points de division des parallèles à l'axe ; on portera ensuite sur chacune de ces divisions une ouverture de compas égale à une des faces de la rainure, et on mènera de nouvelles parallèles par chacun de ces nouveaux points.

On tracera sur chacun des bouts du cylindre un cercle à la plus petite distance possible de la circonférence extérieure, et on renverra sur ce cercle tous les points de division donnés par l'extrémité des parallèles.

On prendra ensuite une ouverture de compas, égale à la largeur d'une des faces ; et d'un des points indiquant l'extrémité d'une face, on tracera un arc de cercle. De l'autre point, on en fera un autre, et le point de section déterminera le sommet du triangle. On tracera sur le tour, et avec un grain-d'orge placé à ce point un cercle dans lequel tous les sommets des angles doivent se rencontrer, si on a bien opéré.

Pour faire les rainures triangulaires, on saisira le cylindre dans un étau entre la pince de bois, et on se servira d'abord d'une scie à denture moyenne, que l'on conduira assez loin du trait pour pouvoir *recaler* avec

Pl. 12.

une écouane à trois carres, un peu fine, égale dans toute sa longueur; cette écouane ne doit être dentée que de deux côtés, afin de ne pas approfondir plus qu'on ne veut; et pour cela on tiendra la partie dentée qui ne sert pas, en dessus: ainsi le côté lisse porte contre un des côtés de l'angle; et comme l'attention ne se dirige pas sur l'autre, on ne craint pas d'entamer celui dont on ne s'occupe pas. On dressera chaque côté du triangle, jusqu'à ce qu'on ait atteint le trait. Il est important, dans cette opération, que les deux côtés soient parfaitement dressés suivant leur longueur; sans cela les pièces de bois qu'on y mettra ne poseroient pas exactement, et, faisant ressort, varieroient sous l'outil.

Pour faire au rabot ou à la varlope à onglet les pièces triangulaires qui doivent être mises dans les rainures de pareille forme, il est plusieurs moyens que nous n'indiquerons pas, pour ne pas nous jeter dans de trop longues digressions. Le plus simple seroit de les faire à la varlope, sur un établi de menuisier; mais l'inclinaison des angles rend ces pièces très difficiles à travailler de cette manière, à moins qu'on n'ait une grande habitude de manier les outils de menuiserie.

On peut, sur un morceau de bois un peu fort, se faire une entaille triangulaire, ou pour mieux dire, de la forme des pièces qu'on veut travailler. Après l'avoir tracée avec soin, on l'ébauchera à la scie comme celle du cylindre; et pour la terminer on se servira d'une écouane pareille à la précédente. Il faut seulement qu'elle ait la soie coudée, pour que le manche n'apporte pas d'obstacle à l'opération. Voyez *fig.* 13, l'entaille en perspective, et en coupe, *fig.* 14. Quand on aura ébauché les pièces à peu près à la forme qu'elles doivent avoir, on les terminera sur l'entaille, ainsi que nous l'avons enseigné pour les pièces carrées. Enfin il est un dernier moyen plus long, plus difficile et plus minutieux que tous les autres, que nous ne détaillerions pas ici, s'il ne pouvoit être employé dans une infinité de circonstances, et qui nous a parfaitement réussi, pour des verges de compas, dont trois côtés sont à angles droits, et le quatrième forme une ligne brisée par un angle obtus.

Ce dernier moyen consiste à se fabriquer une espèce de guillaume que nous allons décrire.

On dressera parfaitement au rabot deux petites planches en bois dur, de quatre pouces de large, sur huit de long, et dont l'épaisseur doit être égale à la moitié d'un des côtés des pièces qui doivent entrer dans les rainures. On les mettra l'une sur l'autre, à plat sur l'établi, en les tenant bien solidement sous un ou deux valets; on aura tiré auparavant sur la

Pl. 12.

face intérieure, et sur la longueur de chacune avec un trusquin, un trait parallèle à la rive, à une distance égale à la perpendiculaire abaissée du sommet du triangle formé par la rainure sur sa base.

De ces deux planches ainsi mises l'une sur l'autre, celle de dessus sera posée juste sur le trait qu'on a tracé à l'autre, de manière que quand on emportera le bois, jusqu'au trait de celle de dessus, elles ne semblent toutes deux faire qu'un plan incliné de trente degrés. Nous disons trente degrés parce que ces deux planches devant s'accoupler, la réunion des deux angles de trente degrés donnera celui de soixante degrés, c'est-à-dire l'angle du triangle équilatéral. Il faut faire cette opération avec beaucoup de justesse et de précision, et que le plan incliné soit bien droit sur tous les sens. Quand on s'en sera assuré, on retirera ces planches de dessous le valet; puis prenant, avec une fausse équerre, l'inclinaison à donner à un fer de *Guillaume* un peu debout, c'est-à-dire moins incliné que de quarante-cinq degrés, inclinaison ordinaire des outils de menuiserie, on tracera, sur la face intérieure de chaque planche, une rainure propre à contenir la queue du fer, et un coin de bois pour le serrer en place; et l'on aura attention que le fer étant en place, soit au tiers de la longueur de l'outil sur le devant ou environ. Le haut doit sortir à la moitié *a*, *fig.* 11; ainsi ces deux rainures doivent, appliquées l'une sur l'autre, n'en faire plus qu'une. On donnera à chacune pour profondeur la moitié de la largeur du fer. On les appropriera bien; puis faisant chauffer de bonne colle, et les deux faces intérieures des planches, on les collera l'une sur l'autre, ayant soin que les deux plans inclinés qu'on y a pratiqués se rapportent parfaitement dans toute leur longueur, en même temps que les rainures tombent l'une sur l'autre, et semblent n'en faire qu'une. Voyez *fig.* 11 *bis*, où l'outil est représenté sur son épaisseur et par le bout. Cette opération est longue et difficile; mais elle procure un outil très-commode dans le cas présent, et dans beaucoup d'autres; on laissera la pièce une demi-journée, plus ou moins, sous le valet, pour que la colle prenne parfaitement. Il sera même bon, pour que la pression ne se fasse pas en un seul endroit, de mettre par dessus, et sous la pate du valet, une planche bien dressée, qui presse également dans toute la longueur.

Quand le tout sera bien sec, on donnera, dans la direction et sur la longueur de la rainure destinée à recevoir le fer, deux traits de scie au bas de l'outil, pour placer le large du fer de guillaume, dont nous allons parler; et l'on recalera très-proprement cette fente, qu'on nomme *Lumière*, de manière que le fer, étant en place, pose partout, et qu'il y ait

fort peu de jour en dessus, entre le fer et le bois, afin que le copeau
sorte plus net, et ne s'engage pas. On formera, de chaque côté, un œil
très-conique, dont les sommets tronqués se rejoignent, ainsi qu'on le
voit, *fig.* 11, pour vider les copeaux, en y mettant le doigt.

On fera forger, ou l'on forgera soi-même un fer de guillaume tout en
acier : on lui donnera exactement la forme de la rainure, résultant de la
réunion des deux plans inclinés, le biseau sera placé en dessous, comme
dans tous les rabots. Voyez *fig.* 12.

On voit à chaque côté de l'outil (sur la coupe, *fig.* 11 *bis*), deux règles
de fer, qui ont la faculté de se hausser et baisser, selon la largeur qu'on
veut donner à la tringle : les trous qui donnent passage aux vis sont
ovales dans le sens de la largeur, et les vis sont à tête de boulon, pour
retenir les règles au point où on les a mises, par le moyen d'un écrou à
oreilles : ces mêmes règles peuvent être en quelque bois dur, comme cormier ou alizier.

Dans l'opération qui nous occupe en ce moment, ces règles ou joues
ne sont d'aucun usage, et doivent rester fixées de manière à ne pas dépasser l'extrémité du fer ; mais si on voulait former un angle sur le
sommet d'un parallélogramme, tel par exemple que la verge d'un compas, on les arrêteroit de manière à ce qu'elles dépassassent le fer de toute
la hauteur qu'on voudroit laisser aux autres côtés du parallélogramme.

On préparera à la varlope, autant de morceaux de bois qu'on en aura
besoin, ou mieux encore, si l'on en veut, par exemple, huit de huit pouces
de long, ce qui fait cinq pieds quatre pouces, on les fera en deux parties de deux pieds huit pouces chacun ; et cette méthode, plus aisée et
plus courte, présente en même-temps plus de perfection. On s'attachera
surtout à en dresser parfaitement un côté : on dressera ensuite, le plus
exactement possible, une des surfaces d'un morceau de membrure, de
trois à quatre pouces de large, sur une épaisseur à volonté, ou bien une
planche un peu épaisse et de bois bien sec. On mettra sur la longueur de
la face bien dressée, de chaque pièce, quelques mouches de bonne colle
un peu claire, et on les collera sur la planche, à deux pouces ou environ
de distance l'une de l'autre. On les assujettira, en cette position, soit avec
des valets, soit avec des presses en bois ; mais on aura soin qu'il y reste
très-peu de colle, de peur que cette épaisseur ne nuise à la droiture de la
pièce. Rien ne sera ensuite aussi aisé que de former les deux autres côtés,
en se servant d'abord d'un guillaume, pour abattre les angles supérieurs ;
puis on achèvera avec l'outil que nous venons de décrire, mais à très-

Pl. 12. petit fer, de peur qu'il ne broute. Lorsque les deux joues poseront sur la planche, alors l'outil ne mordra plus, et comme l'on suppose que cette planche est parfaitement dressée, la tringle ne peut manquer d'être droite. On coupera ensuite chaque partie à la longueur qu'elle doit avoir, et on les recalera parfaitement à l'équerre, par celui des deux bouts qu'on destine à poser contre le plateau du cylindre, comme nous l'avons dit.

Si l'on n'avoit pas assez d'usage de travailler au rabot, pour dresser parfaitement les tringles carrées, dont nous avons parlé dans la section précédente, on pourroit, à l'exemple de la méthode que nous venons d'enseigner pour les triangulaires, et qui nous a parfaitement réussi, clouer sur les côtés d'un bon *rabot debout*, des joues de bois dur, dont la saillie par-dessous fût égale à l'épaisseur qu'on veut donner aux tringles; et même à cause de la saillie du fer, on fera celle des joues tant soit peu plus forte; et on colleroit successivement les tringles sur deux côtés contigus.

Cette méthode est très-bonne en soi; mais si on répète souvent l'opération, le rabot se trouvera bientôt criblé de trous des clous qu'on y aura mis. Il vaut mieux percer le rabot sur sa largeur, à deux pouces ou environ des bouts, de deux trous de trois lignes de diamètre, et y passer deux boulons, dont le bout est taraudé pour recevoir des écrous à oreilles. Les joues seront percées en des points correspondans de trous de même diamètre, qu'on prolongera autant qu'on voudra sur la largeur de ces joues, afin qu'elles puissent être placées à la hauteur qu'exigera l'épaisseur des différentes tringles qu'on voudra former entr'elles. Ces joues seront retenues au point où on les désire en serrant les écrous.

Nous ne répéterons rien de ce que nous avons dit de la manière de tourner ces pièces triangulaires C'est toujours la même opération, les mêmes précautions et la même manière de retenir les tringles sur le cylindre.

SECTION VI.

Tourner des Colonnes, des Vases, des Balustres, ovale méplat.

CES sortes de pièces se tournent comme les précédentes sur un cylindre, excepté que les cannelures, au lieu de former un carré ou un triangle, doivent présenter un parallélograme rectangle, dont la largeur sera déter-

Pl. 12.

minée par celle des pièces qu'on se propose de tourner. La profondeur doit être égale à la moitié de l'épaisseur de ces pièces.

On préparera une tringle ayant les dimensions proposées ; et on emploiera pour cela un des moyens indiqués dans les Sections précédentes. On la coupera en autant de parties qu'on en a besoin ; on en dressera parfaitement les bouts, et on les placera dans les cannelures, où elles seront retenues par les cercles ou liens dont nous avons parlé.

En cet état, il ne s'agit plus que de donner sur le Tour la forme qui plaît le mieux, telle qu'une colonne, avec socle et chapiteau, en suivant autant que l'on pourra les principes que nous avons enseignés dans notre premier Volume ; mais il faut toujours couper le bois de biais pour éviter les arrachemens, les bavures ou les éclats.

Il est plus difficile encore de tourner le second côté de la colonne. On retournera sens dessus dessous toutes les pièces, et on les assujettira solidement avec les cercles ou liens. Nous recommandons encore de s'assurer si les bouts touchent exactement contre le plateau placé à la gauche du cylindre ; ceci est de la plus grande importance. Et il est bon de remarquer ici que si chaque cannelure n'étoit pas parfaitement parallèle à l'axe, et si tous leurs bords n'étoient pas parallèles entr'eux, les moulures ne s'accorderoient jamais, puisque les pièces se seroient présentées un peu de biais, par rapport à l'outil qui coupe toujours perpendiculairement à l'axe.

Ce qui augmente la difficulté de cette seconde opération, c'est que le chapiteau et le socle étant en saillie par rapport au fût de la colonne, il n'y a plus que ces deux extrémités qui posent dans la cannelure, et que le corps de la colonne en est à quelque distance. Il faut donc couper très-légèrement, d'abord avec une gouge bien affûtée de long, et en olive ; puis se servir d'un ciseau tenu de biais, sans quoi la pièce seroit bientôt déchirée et pleine d'écorchures ; une autre difficulté à vaincre, est le broutement du bois, qui ne posant que par les extrémités, fait ressort sous l'outil. On prendra donc infiniment peu de bois à la fois. La patience et l'adresse sont les grands maîtres pour de pareils ouvrages. On a représenté, *fig.* 16, une colonne ainsi tournée, son épaisseur, *fig.* 17, et sa coupe sur son diamètre, *fig.* 18.

Pl. 12.

SECTION VII.

Tourner triangulaire et rampant entre deux pointes.

L'idée de tourner des pièces par les méthodes que nous venons de rapporter, a dû nécessairement donner celle de les placer obliquement sur le cylindre, et de là, la forme rampante qu'elles y prennent. Cette nouvelle opération exige quelques details.

On préparera un cylindre, *fig.* 19, comme les précédens ; et avant d'y fixer la petite planche dont nous avons parlé, il faut que les entailles soient entièrement terminées. Lorsque le cylindre sera parfaitement rond, on le divisera en deux parties égales sur sa longueur, par une ligne circulaire, et on marquera sur cette ligne autant de points également distans, qu'on voudra pratiquer de rainures. On mènera par chacun de ces points des parallèles à l'axe aboutissant aux deux faces du cylindre. On marquera ensuite sur la circonférence d'une des faces un point à droite, et sur l'autre un point à gauche de chacune de ces parallèles, et à une égale distance. Cette distance détermine le plus ou moins de rampant du balustre, et c'est sur la ligne inclinée, menée d'un de ces points à l'autre, que se donne le trait de scie indiquant l'axe du triangle formé par la rainure ; mais il faut observer que ce trait de scie n'est dans la direction du rayon qu'au milieu de la longueur du cylindre, où ce trait coupe la parallèle. On tirera donc aux deux extrémités de la parallèle, sur les deux faces du cylindre, une ligne droite dans la direction du centre, et aux deux extrémités de la ligne inclinée, on mènera deux parallèles à ces rayons, d'une longueur indéfinie, sur lesquelles on déterminera la profondeur du trait de scie qui doit être proportionné à la largeur des balustres. On mènera ensuite deux parallèles à l'inclinée, distantes de la moitié de la largeur des balustres ; et des points où elles aboutiront sur les deux faces du cylindre, on mènera deux lignes au point indiquant la profondeur du trait de scie, et ces deux lignes donneront la direction du triangle de la rainure.

Après ces dispositions, on mettra le cylindre dans l'étau, avec les pinces, de peur d'en gâter la surface ; puis avec une bonne scie à denture fine, et bien dressée, on enlèvera d'abord tout le bois compris dans le triangle, en laissant les traits en dehors, et ensuite on recalera proprement l'entaille avec un ciseau, et on achèvera de lui donner la forme qu'elle doit

avoir, avec des écouanes, comme nous l'avons dit dans la section précé- Pl. 12.
dente, et en se servant d'un calibre de bois semblable aux pièces préparées pour les balustres.

On voit, *fig.* 19, la forme de ce cylindre, dont la *fig.* 21 représente le
bout.

Ces pièces sont absolument semblables à celles dont on s'est servi pour
les balustres triangulaires, et se préparent par conséquent de la même manière.

Au moyen de l'obliquité des rainures ou cannelures, on ne doit pas
s'attendre de les voir égales de profondeur dans toute leur longueur.
Si l'on veut s'assurer de la cause qui produit cet effet, il suffira de couper un cylindre quelconque obliquement à sa longueur, et l'on verra
que la coupe présente une ligne courbe qui n'est autre chose qu'une
portion d'hélice : ainsi, quoique ces cannelures soient parfaitement
droites au sommet de l'angle, qui en est le fond, et que les deux bouts
soient égaux et calibrés, le milieu sera beaucoup plus profond; et plus
l'inclinaison de la rainure sera grande, plus cette différence se fera remarquer.

On tournera les balustres ou autres modèles, de la manière que nous
avons détaillée plus haut; et comme le bois est oblique, il faut le couper
encore avec plus de précaution, de délicatesse et de légèreté, sans quoi
l'on écorcheroit les angles.

Quand le premier côté sera terminé et poli, la pièce aura la forme
qu'on voit, *fig.* 25, où les moulures sont obliques à sa longueur. Le côté
contigu, *fig.* 26, du balustre, *fig.* 23, doit être travaillé en sens contraire.

Pour ce second côté, il faut faire un autre cylindre, *fig.* 20 et 22,
où les cannelures sont inclinées en sens contraire. Ce second cylindre
est encore plus difficile à faire que le premier, parce qu'il faut que l'inclinaison soit la même, les cannelures absolument semblables, et le diamètre
parfaitement égal. Il est donc infiniment plus commode de se servir d'un
cylindre d'un grand diamètre, et sur lequel on peut réunir les cannelures, dans les deux sens auxquelles il est alors bien plus aisé de donner une inclinaison égale. D'ailleurs les faces des balustres, étant prises
sur un cercle beaucoup plus grand, présentent une surface presque plane.

On voit par la *fig.* 25 que ce qui reste de bois aux deux extrémités du
balustre est essentiellement nécessaire à conserver : car les formes de la
pièce, en en diminuant le diamètre, ne permettroient pas à cette pièce
de remplir les cannelures, et ainsi elles n'y seroient contenues, ni solide-

Pl. 12.

ment ni régulièrement; au lieu que les cercles qui les maintiennent ont toujours prise sur des parties dont la forme ne change point.

Aux difficultés dont nous avons parlé pour couper le bois net, s'en joint une nouvelle; celle de faire bien raccorder les moulures, et elle n'est pas petite. On ira à très-petits coups de l'angle d'un ciseau qui coupe parfaitement. Si les faces de la pièce sont bien régulières, suivant le triangle qu'on a tracé, si les rainures sont bien semblables, quoiqu'opposées en inclinaison, les moulures doivent se rapporter; et l'on va voir qu'il ne suffit pas que l'angle du sommet, formé par la rencontre de la face déjà faite, se rapporte avec celle qu'on fait en ce moment, pour que la pièce soit régulière : car le troisième côté, devant être droit, doit raccorder les moulures; et la moindre inclinaison, de plus ou de moins, s'oppose à ce raccordement. Nous ne nous arrêterons à aucun des détails de l'opération : ils sont suffisamment exposés plus haut.

Pour le troisième côté, on fera un troisième cylindre de même diamètre que les deux autres; les cannelures triangulaires seront parallèles à la longueur du cylindre; et pour les mieux régler, on se servira du même calibre que pour celles inclinées.

Pour régulariser toutes ces cannelures, on emploiera des *guimbardes*, appropriées à leurs différentes formes.

Si les cylindres ont été bien faits, si les cannelures ont été absolument semblables, enfin, si l'on a opéré avec dextérité, les moulures doivent se rencontrer sur les trois faces. Si l'on s'apercevoit qu'il s'en fallût infiniment peu, on pourroit mettre de petites lames de carte du côté où il y auroit trop de jeu; car dans toutes ces opérations les pièces doivent être serrées par les liens ou colliers.

Rien n'est aussi singulier qu'une colonne plate, comme nous l'avons décrite, dont la base et le chapiteau sont rampants, et le fût droit.

Pour obtenir cet effet, on tourne la base et le chapiteau l'un après l'autre dans deux cannelures méplates, inclinées en sens opposé sur le même cylindre, la même cannelure sert pour les faces correspondantes de la base et du chapiteau, on fera la base en plaçant la colonne dans la cannelure, de manière que le milieu de la moulure du haut se trouve au point du milieu du cylindre; et pour le chapiteau on le placera de manière que le milieu de sa moulure inférieure se trouve au même point. Par ce moyen on évitera le mouvement de torsion trop considérable, qui résulteroit si on plaçoit la colonne de manière qu'elle remplît la longueur de la cannelure. On fera ensuite le fût en plaçant la colonne dans

Pl. 12.

une cannelure méplate et droite; mais auparavant on a dû dégager au dessous des moulures un espace suffisant pour qu'en tournant au rond on puisse raccorder le rampant avec la partie ronde sans risquer d'accrocher les moulures.

Un effet assez piquant du Tour est un balustre triangulaire, tourné rampant dans un sens jusqu'à la ligne, qui en marque le milieu, et dans l'autre sens sur l'autre moitié, ainsi qu'on le voit *fig.* 28. On sent que chaque moitié doit être tournée sur trois cylindres, et l'autre sur les trois mêmes cylindres en sens opposé. Il faut lier ces deux parties par une gorge, comme on le voit sur la figure.

Lorsque toutes ces pièces sont terminées, on coupe proprement le surplus du bois de chaque bout, de manière qu'on ne puisse soupçonner comment elles ont été tournées.

SECTION VIII.

Moyen plus facile de faire tous les cylindres sur lesquels on tourne les Pièces carrées, triangulaires, à deux faces, etc.

Nous n'avons pu dissimuler à nos lecteurs, que les cylindres à cannelures carrées, triangulaires, méplates, rampantes ou droites, sont très-difficiles à faire; que de l'exactitude de ces cannelures dépend celle des pièces qu'on veut y façonner; et pour qu'on pût y parvenir plus sûrement, nous avons donné l'idée de différens outils, qui, en hâtant l'opération, contribuent à la rendre plus parfaite. Voici d'autres moyens plus prompts et plus sûrs de faire ces mandrins ou cylindres très-exacts.

On fera un cylindre semblable à ceux précédemment décrits, mais dont le diamètre doit être diminué de toute la profondeur des cannelures, et même un peu plus, si on veut exécuter des pièces rampantes. On fera, à chaque extrémité de ce cylindre, une portée de deux pouces de diamètre et de six lignes de longueur.

On ajustera sur chaque portée une planche ronde qui ait le diamètre du corps des précédens cylindres, et pour que ces planches puissent être tournées plus exactement, on les fixera contre les épaulemens au moyen de trois vis à bois chacune. Quand elles seront parfaitement arrondies, on marquera sur le bord de chacune un trait parallèle à l'axe, et dans la même direction, pour servir de repère, et on les ôtera de leur place; puis

PL. 12.

on les joindra l'une à l'autre, au moyen des mêmes vis placées dans les mêmes trous. Pour les joindre plus également, on s'assurera que leur circonférence se rapporte exactement, en les mettant toutes deux sur l'une des portées du cylindre, qui, pour cet effet, doivent être égales, ou mieux encore sur un autre cylindre qu'on aura tourné à part et d'un diamètre égal à celui des portées. On divisera ces deux planches, qui peuvent avoir quatre ou cinq lignes d'épaisseur, avec le plus grand soin, comme on a fait les bouts du cylindre : on y marquera des triangles, des carrés, des cannelures méplates, etc. comme aux cylindres. Puis les saisissant dans l'étau, on évidera le bois compris dans les cannelures.

Pour donner bien exactement la même profondeur à toutes ces cannelures, il faut, quand la première sera terminée, tracer avec un grain-d'orge un trait circulaire qui déterminera les points où elles doivent toutes aboutir. Après cette opération, on remettra ces plateaux sur les portées du cylindre, où on les fixera solidement, en alignant exactement les cannelures les unes aux autres, si les pièces doivent être posées sur le cylindre, parallèlement à son axe. On se servira pour cela des traits qu'on aura précédemment tracés sur le bord des planches. On retiendra les pièces en place au moyen de deux colliers, comme on l'a dit pour la première méthode, en plaçant ces colliers sur les plateaux.

Quand on tourne ces mêmes pièces sur les cylindres dont nous avons parlé, on ne peut espérer qu'elles appuient au fond de la cannelure, qu'en faisant la première face, les moulures qu'on y pratique, les empêchent de porter autrement que sur les deux bouts quand on tourne les autres faces; ainsi l'inconvénient qu'on pourroit trouver à cette dernière méthode n'en est plus un; et celle-ci a l'avantage d'être plus facile et plus sûre.

Cet avantage est encore plus marqué lorsqu'on veut tourner rampant. Car, en supposant que les cannelures des deux plateaux soient exactement semblables, il suffit de tourner un des deux, à droite ou à gauche, pour obtenir l'obliquité qu'on désire. Il faut seulement, dans ce cas, aligner avec une règle les épaisseurs, qui n'étant plus vis-à-vis l'une de l'autre, diminuent de largeur, à cause de l'obliquité respective. On se servira, pour cet effet, d'une râpe ou d'une écouane, et l'on terminera avec une lime un peu rude, jusqu'à ce que les angles extérieurs des deux plateaux s'alignent parfaitement.

Lorsqu'on tourne ces sortes de pièces, et surtout à deux, trois, quatre, ou plus de pans, rien n'est aussi difficile que de bien faire accorder les

moulures au ciseau. Pour les exécuter avec plus de régularité, en même
temps que de facilité, on fera bien de se servir des outils à moulures,
dont nous avons donné la description et enseigné l'usage dans le premier
Volume, au Chapitre des Colonnes. C'est le seul moyen d'atteindre à
la perfection ; mais il faut s'en servir avec beaucoup de précaution, sans
quoi on arrache le bois à la partie où l'outil le quitte, surtout lorsque
l'angle est fort aigu , comme dans une pièce à deux ou trois faces.

Pʟ. 12.

10.

CHAPITRE III.

Quelques petits Ouvrages qui s'exécutent à l'aide du Tour en l'air.

SECTION PREMIÈRE.

Nécessaires de Dames.

Pl. 13. Les objets dont nous allons parler dans cette section ne présentent pas de grandes difficultés pour un Amateur un peu exercé.

Il suffit pour les exécuter de savoir mettre une pièce en mandrin, et couper le bois avec netteté; mais comme ils n'auroient aucune valeur si leurs formes n'étoient pas exactement rendues, et les moulures faites avec précision, nous avons cru devoir n'en placer la description qu'au second Volume, afin que les personnes qui voudront s'en occuper aient déjà acquis une certaine habitude du travail.

Tous ces petits objets sont à l'usage des dames, et choisis parmi ceux dont les formes nous ont paru présenter le plus d'élégance. Ainsi en fournissant aux Amateurs les moyens de s'exercer utilement sur le Tour, nous les mettrons à même de faire des présens d'autant plus agréables à offrir, qu'ils les auront exécutés eux-mêmes.

La *fig.* 1, *Pl.* 13, est un moule à bourse qui se fait ordinairement en buis d'Espagne. On le creuse dans son intérieur en suivant exactement la forme extérieure, et on ne lui laisse que deux lignes d'épaisseur au plus. Vers le bord sont percées trois rangées de trous *A*, disposés en quinconce, qui servent à fixer les premiers fils. La figure montre la forme qu'on doit lui donner à l'extérieur, et cette pièce ne présentant d'ailleurs rien de particulier dans son exécution, nous ne croyons pas devoir nous y arrêter plus long-temps.

La *fig.* 2 est un autre moule à bourse, différent du précédent; celui-ci est percé d'outre en outre, et bordé par le haut, d'une rangée de dents

servant à former les mailles, qui ont beaucoup de rapport avec celles du
tricot.

A mesure que l'ouvrage avance, la bourse descend dans l'intérieur du moule, et sort par l'orifice opposé; et quand on juge qu'elle est assez longue, on forme le fond, en fermant son extrémité par un fil de soie qui passe dans la première rangée de mailles qu'on a faites.

Nous ne dirons encore rien de particulier de la manière de tourner le corps de ce moule dont on voit la forme sur la figure. Quant aux dents, on peut les prendre sur le morceau qui a servi à former le corps, ou rapporter en *A* un cercle d'ivoire sur lequel on les détachera. Ce dernier procédé doit être préféré, surtout si on a fait le corps du moule en bois des îles, dont la couleur tranche agréablement avec celle de l'ivoire.

Quel que soit au reste le moyen pour lequel on se sera décidé, il faut commencer par déterminer la longueur des dents, au moyen d'un trait de grain-d'orge bien fin et peu profond. On tirera ensuite quarante-huit traits partant du bord, et venant tomber perpendiculairement sur le trait de grain-d'orge. A une petite distance de chacun de ces traits perpendiculaires, on en mènera quarante-huit autres, égaux et parallèles aux premiers. Par ce moyen on déterminera l'épaisseur de chaque dent; on espacera tous ces traits bien également entre eux, en se servant de la plate-forme à diviser, dont le tour doit être pourvu. Dans le cas contraire, on se servira, pour cette opération, d'un compas.

On donnera un coup de foret entre les bases de ces petits parallélogrammes destinés à former les dents, et on achèvera d'enlever la matière qui les sépare avec une scie de ressort très-fine. On terminera chaque dent en lui donnant une forme conique, comme on le voit sur la figure, en se servant de petites râpes et de limes à arrondir, après quoi on les polira à la prêle à l'eau, avec beaucoup de précaution, pour ne point altérer leurs formes.

La *fig.* 3 est la coupe d'un petit nécessaire renfermant un dez et un étui, et qui présente à l'extérieur la forme d'un gland. Les deux parties de ce nécessaire se font ordinairement en bois de couleurs différentes, et se réunissent aux points *a a* par une vis.

Pour faire la partie inférieure que nous nommerons la *Cuvette,* par analogie avec la cuvette d'une boîte, on montera sur le Tour en l'air, dans un mandrin ordinaire, un petit cylindre de bois rougeâtre, comme corail, amourette, etc. On percera au centre, avec une mèche à cuiller, un trou cylindrique, plus ou moins profond, selon la hauteur du dez qu'on veut y placer, et on l'élargira avec un outil rond, jusqu'à ce qu'il ait atteint la forme déterminée par la figure. On fera alors la portée *a*, sur laquelle on pratiquera une vis d'un pas très-fin, tel que celui du dernier pas de l'arbre. Après quoi on ébauchera l'extérieur, auquel on donnera la forme d'un gland, en approchant le plus qu'on pourra de la portion saisie dans le mandrin, dont on détachera la cuvette, ainsi préparée, avec l'angle du ciseau.

Il faut à présent s'occuper du couvercle, pour lequel on prendra un cylindre de bois brun, tel que gaïac, bois de fer, ou autre, si on a fait la cuvette en bois rouge. On le montera de même sur le Tour en l'air, et on commencera par le percer au centre, d'un trou cylindrique égal au diamètre de l'étui qu'on se propose d'y placer; puis, avec un outil de côté rond, on élargira une portion de ce trou au diamètre intérieur de la cuvette, et on en arrondira le fond, comme on le voit sur la figure. Ce trou se termine par une portée intérieure un peu plus petite que celle de la cuvette, et portant une vis semblable.

On profitera de ces deux pas de vis pour monter la cuvette sur le couvercle, sans déranger celui-ci du mandrin, et terminer ainsi la pièce à l'extérieur, en approchant très-près du trou cylindrique percé au centre du couvercle, et destiné à donner passage à l'étui. On séparera ensuite la pièce ainsi terminée de la portion saisie dans le mandrin, toujours en se servant de l'angle du ciseau.

On place quelquefois à la partie inférieure du gland un petit bouton en ivoire ou en ébène. Dans ce cas, avant de séparer le couvercle du mandrin, on perce à cette partie un petit trou cylindrique et peu profond, dans lequel on colle le bout d'une tige d'ivoire ou d'ébène fort mince et très-courte, et on tourne la partie excédante en forme de boule, de poire, ou toute autre.

Nous ne parlerons pas de l'étui que nous avons enseigné à faire dans le premier Volume. Celui-ci, étant d'un fort petit diamètre, demande à être travaillé avec beaucoup de précaution, surtout si on veut y ajouter une gorge et des filets d'ivoire, comme cela se fait ordinairement.

Quant au dez, dont nous n'avons pas encore eu l'occasion de parler, nous croyons que nos lecteurs ne seront pas fâchés de trouver ici quelques détails sur la manière de le tourner et de pratiquer les trous qui couvrent sa surface extérieure.

On prend un petit cylindre d'ivoire plein, de longueur et de diamètre convenables et choisi dans un morceau de quartier, sans quoi le cœur de la dent

Pl. 13.

se trouveroit au centre, et le bout du dez seroit percé à jour. On le met dans un mandrin ordinaire, en le saisissant par un de ses bouts ; et on le creuse sur le Tour, en faisant d'abord au centre, avec une mèche à langue de carpe, un trou rond à une profondeur égale à celle du dez. On lui donne ensuite le diamètre et la forme convenables, en se servant pour cela d'un outil rond, semblable à celui *fig.* 6, *Pl.* 12, *T. I.*

Les ouvriers qui s'occupent exclusivement de la fabrication des dez se servent pour cette opération d'un outil particulier, dont on voit la forme *fig.* 24. Le taillant commence au point *a*, et se termine en *b;* l'autre côté de *b* en *c,* qui ne doit pas couper, est arrondi et même poli. On présente le bout *b* à l'entrée du trou percé à l'aide de la mèche, et on met le Tour en mouvement jusqu'à ce que l'outil soit rendu au fond. Arrivé à ce point, il ne coupe plus, et le dez est terminé à l'intérieur.

On fait ordinairement les dez de cinq à six grosseurs différentes, et l'on doit par conséquent avoir autant d'outils de diamètres différens.

On montera le dez ainsi creusé sur un mandrin, où il sera saisi intérieurement, mais sans forcer ; car cette pièce est très fragile ; et comme il pourroit tourner pendant qu'on travaillera la surface extérieure, il sera bon de frotter la partie du mandrin qui entre dans le dez avec du blanc d'Espagne sec.

On tournera ensuite la surface extérieure en suivant exactement les contours de l'intérieur, et on réduira l'épaisseur de l'ivoire à une demi-ligne à peu près, en laissant sur le bord une baguette ou bourrelet.

Comme il est essentiel pour la régularité de l'ouvrage que cette épaisseur soit exactement la même partout, on se servira, pendant cette opération, d'un calibre de fer blanc ou de cuivre mince, *fig.* 25, qui se découpe aisément en suivant, à une demi-ligne de distance, les contours de l'outil, *fig.* 24. Si on avoit creusé le dez avec un outil rond ordinaire, il faudroit d'abord découper un calibre de l'intérieur sur un morceau de fer-blanc, qui remplaceroit alors l'outil, *fig.* 24, pour le tracé du calibre extérieur.

Il ne reste plus qu'à faire les trous qui couvrent la surface du dez jusqu'à environ deux lignes du bourrelet ; ces trous s'espacent avec la plus grande régularité, à l'aide de la plate-forme à diviser, et du support à chariot, *Pl.* 32 de ce Volume, sur lequel on monte un porte-foret, à peu près semblable à l'outil à mouche, *fig.* 10, *Pl.* 35. Quand nos Lecteurs auront vu la description de ce support, ils sentiront que rien n'est plus commode pour espacer très-régulièrement les trous sur la hauteur du dez et dans le sens de son axe. Leurs distances sur la cir-

Pl. 13. conférence se déterminent de même très-exactement, à l'aide de la plate-forme.

Mais si l'on n'étoit pas pourvu d'un support à chariot, qui ne se trouve pas dans tous les laboratoires, il faudroit tracer, avec un crayon très-fin, des lignes circulaires espacées le plus uniformément possible, et sur lesquelles on feroit les trous en présentant le dez monté sur une petite tige de bois, devant un porte-foret placé dans un étau. La mèche dont on se sert pour cet usage est en langue de carpe, et très-fine. On met le porte-foret en mouvement, à l'aide d'un archet, et on observe d'espacer les trous sur les lignes circulaires, de façon qu'ils se trouvent disposés en forme de quinconces.

Nous ne parlerons pas des dez d'or ou d'argent, qui se fondent et se terminent par des procédés connus dans l'orfévrerie, et totalement étrangers à l'Art du Tour. Les trous de ces dez se piquent à peu près comme ceux des plates-formes à diviser. Voyez *T. I, page* 447.

La *fig.* 4 représente un nécessaire en forme de poire, composé de deux pièces qui se réunissent à vis aux points *a a*. Ces deux pièces se creusent et se terminent sur le Tour en l'air, absolument comme celles du nécessaire *fig.* 3. Nous conseillons seulement de les prendre, autant que possible, au même morceau, afin que les veines et la couleur se rapportent mieux, et que le joint soit moins apparent.

On met dans ce nécessaire un dez, un étui, un cure-oreille, une aiguille à passer, et une bobine sur laquelle on dévide du fil ou de la soie. La forme de cette dernière pièce n'étant pas connue de tout le monde, nous l'avons représentée séparément, *fig.* 26. L'intérieur de la cuvette est disposé pour recevoir ces différentes pièces, à peu près comme celui de la *fig.* 10, que nous détaillerons plus bas, et le couvercle est creusé de manière à pouvoir recevoir la partie qui excède le bord de la cuvette.

La queue *D* se fait avec une tige d'alizier tournée, ou simplement arrondie à la râpe. On la teint ensuite à chaud, en noir ou en brun, par les procédés décrits au premier Volume, *pages* 446 *et suiv.*, et on lui donne sa forme naturelle, en la courbant entre les doigts avant qu'elle ne soit refroidie.

A l'égard de la feuille qui se voit sur la figure, en *b*, elle se fait avec une lame d'ivoire débitée très-mince, teinte en vert, et découpée suivant la forme d'une feuille de poirier. On trouvera, à la fin de ce Volume, la description d'une pièce en ivoire, où nous expliquons dans le plus grand détail la manière de découper ces sortes de feuilles. Quant à la couleur

verte, on a vu, à la fin du premier Volume, plusieurs recettes pour teindre
l'ivoire en vert et autres couleurs.

Le baril, *fig.* 5, est encore un nécessaire composé, comme les précédens, d'une cuvette et d'un couvercle, réunis à vis aux points *a*, *a*, au dessous des cercles. Ce nécessaire ne diffère en rien à l'intérieur du précédent, et il se creuse par les mêmes procédés. Quant à l'extérieur, après l'avoir amené à la grosseur convenable, on se servira, pour faire les cercles, d'un outil à mouchette, semblable à celui *fig.* 8, *Pl.* 12, *T. I*, mais beaucoup plus petit. Les ouvriers qui ont beaucoup de pièces semblables à faire se servent ordinairement d'un outil plus large, et dont le tranchant présente plusieurs cannelures, à l'aide desquelles on fait tous les cercles d'un seul coup.

, Le bondon *B* n'est autre chose qu'un petit œil en ivoire, dont les bords sont arrondis, et qui se colle dans une portée peu profonde, pratiquée à cet effet au milieu de la longueur du baril.

La *fig.* 6 est un nécessaire en forme de lanterne; on en fait de différentes grandeurs, et leur garniture varie suivant leur capacité. La cuvette *A* est tournée en forme de cylindre, et on colle en dessous un tore en ébène. *a*, surmonté d'un carré pris dans le même morceau, sur la surface duquel on creuse une portée peu profonde pour recevoir un tenon réservé au centre de la surface inférieure de la cuvette. On garnit aussi le bord supérieur de cette pièce d'un cercle en ébène, qui s'incruste au dessous de la portée, sur laquelle le couvercle se monte à vis. La petite glace *C* s'applique sur un plateau de bois bien mince, et semblable à celui du corps de la lanterne, ou d'une autre couleur à volonté. Ce plateau porte de l'autre côté un congé, au centre duquel on creuse un trou peu profond. Après avoir posé la glace sur le côté plan, on ajuste sur le bord du plateau un cercle de bois ou d'ivoire, qui fait recouvrement, et maintient solidement la glace. On trouve de ces petits morceaux de glace de toutes les grandeurs, et de toutes les formes, chez les miroitiers : ils sont toujours garnis par derrière d'un morceau de papier pour garantir le tain.

Ce plateau s'ajuste sur la surface de la lanterne au moyen d'une cheville, dont un bout se place dans le trou percé au centre du congé, et l'autre dans un trou semblable, pratiqué sur la surface de la lanterne.

Le couvercle *B* se fait ordinairement en bois de couleur tranchée et plus foncée que celle de la cuvette. Après avoir placé dans un mandrin ordinaire, un cylindre préparé pour cet usage, on creuse au centre un trou hémisphérique, en se servant d'un outil rond, et on fait sur le bord une

Pl. 13.

portée avec une vis qui puisse se monter sur la portée de la cuvette *A*. On profite de ce pas de vis pour y monter la cuvette, et la terminer à l'extérieur, après y avoir pratiqué d'un côté le trou qui sert à fixer la glace, et de l'autre deux trous semblables destinés à recevoir les tenons de l'anse *E*, dont nous allons parler. Ces deux derniers doivent être sur une ligne perpendiculaire à la base, et diamétralement opposée à celle sur laquelle est placé le premier.

Quand ces trous seront creusés, et la surface extérieure de la cuvette entièrement terminée, on la retirera de dessus le couvercle, et on placera celui-ci dans un autre mandrin, pour terminer sa surface extérieure, à laquelle on donnera la forme d'un ellipsoïde coupé sur son petit axe, et très-peu allongé vers le haut, ainsi qu'on le voit sur la figure.

A l'égard des côtes qu'on voit sur ce couvercle, on les fait à la main, avec une lime trois carres, en se servant de la plate-forme, pour les espacer régulièrement. Il ne reste plus qu'à faire l'anse *E*, qui se découpe avec une scie à repercer, dans une planche ou dans un morceau d'ivoire bien mince, sur lequel on dessine la forme qu'on veut lui donner, en y réservant deux petits tenons qui s'ajustent dans les trous dont nous avons parlé plus haut. Cette anse, ainsi que le plateau qui porte la glace, doivent être préparés d'avance ; mais on ne les met en leur place que quand la pièce est entièrement terminée et même polie.

La *fig.* 7 représente un nécessaire en forme de toilette. On donne ordinairement cette forme aux nécessaires buccaux, qui contiennent un cure-dent, un gratte-langue, un flacon, et autres petits objets destinés à entretenir la propreté de la bouche, qui se placent dans la cuvette, dont l'intérieur est disposé à cet effet.

Le couvercle est surmonté d'un croissant en ivoire ou en bois *b*, qui porte une glace mobile *A*, fixée comme la précédente, à l'aide d'un cercle, sur un plateau de bois ou d'ivoire. Ce croissant se fait de la manière suivante.

On commence par tourner un cercle de bois ou d'ivoire orné de moulures, à volonté, sur l'épaisseur duquel on perce deux trous placés à l'extrémité d'un même diamètre, et destinés à recevoir les petites vis sur lesquelles la glace doit pivoter. On partage ensuite ce cercle en deux morceaux inégaux, en le coupant au dessus des trous à une distance égale à la moitié de son épaisseur. Les petites vis sont taraudées à leur extrémité, et montées dans le cadre de la glace. La portion de leur tige qui traverse les trous percés sur le croisssant doit être lisse et y tourner facilement.

Pl. 13.

Le sphéroïde *c*, qui supporte le croissant, se termine par deux tenons à vis, dont l'un se monte sur le couvercle, et l'autre sur le croissant, au moyen de quoi ces deux pièces se trouvent réunies.

Il n'est pas inutile d'observer que l'écrou pratiqué pour cet effet dans l'épaisseur du croissant ne peut se faire qu'avec un taraud, à cause de la difficulté de monter une pièce de cette forme sur le Tour en l'air.

On peut aussi garnir ces nécessaires, de dez, étui, ciseau, etc. comme ceux que nous avons décrits précédemment. On donne alors au couvercle une forme un peu plus élevée et proportionnée à la hauteur des objets qu'on veut y renfermer. On supprime aussi le croissant, et on fixe la glace immédiatement à la calotte, en montant la vis supérieure du sphéroïde *c* dans le cadre même.

Il est d'usage alors d'adapter derrière la glace une pelote, et pour cela on donne au cadre une largeur et une épaisseur suffisantes. Nous donnerons dans un des articles suivans la manière de faire et d'ajuster ces pelotes.

L'urne, *fig.* 8, est encore un nécessaire dont nous avons cru devoir donner la coupe, *fig.* 9, pour faire mieux comprendre sa distribution intérieure, qui diffère un peu de celle des précédens.

Le piédouche *b* sert de bouchon à l'étui *c*, sur la gorge duquel il entre à frottement juste. Cet étui, qui du reste, ne diffère en rien des autres, traverse d'abord un trou cylindrique percé à la partie inférieure du vase, dans lequel il doit tourner librement. Vers le milieu de l'étui est collée une bobine creuse *e*, qui reçoit dans sa capacité un dez, et autour de laquelle s'enroule une faveur portant une mesure linéaire, comme une demi-aune ou un double décimètre, divisée en pouces ou en centimètres. Le bout de cette faveur passe dans une petite mortaise pratiquée sur le corps du vase, à l'extérieur duquel il est retenu par un rouleau d'ivoire *c*, *fig.* 8.

En tirant ce rouleau, on fait tourner la bobine, l'étui et le piédouche, jusqu'à ce que la faveur soit sortie entièrement. Pour la faire rentrer, on tient le vase d'une main, en faisant tourner le piédouche de l'autre.

Nous allons maintenant entrer dans quelques détails sur la manière dont se fait ce nécessaire.

On commencera toujours par la cuvette, qui se prend dans un cylindre de bois des îles, de la hauteur de cette cuvette, c'est-à-dire, de *a* en *f*, *fig.* 9, et ayant pour diamètre, sa plus grande largeur qui se trouve au point *a*. Après l'avoir monté sur le Tour dans un mandrin ordinaire, on percera un

11.

Pl. 13.

trou cylindrique au centre avec une mèche appropriée a. la nature du bois qu'on emploie, et on l'amènera à la profondeur qu'on veut donner à la cavité, qui doit recevoir la bobine *e*; puis, avec un outil de côté, on l'évasera, et on lui donnera la forme qu'on voit sur la figure. On pratiquera sur le bord *a* une portée avec un pas de vis pour recevoir le couvercle, ainsi qu'à tous les autres nécessaires dont nous avons parlé.

Le couvercle, qui est surmonté d'une pelote, se creuse de la même manière, et on y pratique une portée avec un pas de vis sur laquelle on monte la cuvette, pour tourner entièrement la pièce à l'extérieur, suivant la forme représentée *fig.* 8, en approchant autant que possible de la partie saisie dans le mandrin. Après quoi on percéra le trou destiné à donner passage à l'étui, et pour qu'il soit bien juste dans l'axe de la pièce, on donnera au centre un coup d'un grain-d'orge bien fin pour déterminer la place de la mèche.

On saisira alors intérieurement la portée du couvercle dans un autre mandrin, pour terminer la partie qui n'a pas pu être atteinte, et on creusera le dessus en forme de calotte sphérique peu profonde, pour recevoir la pelote. Nous donnerons la manière de faire cette pelote en décrivant le nécessaire *fig.* 10, qui en porte une semblable.

On s'occupera alors de faire le piédouche qui sert de base à l'urne, et en même temps de couvercle à l'étui. On préparera pour cette pièce un cylindre de bois de couleur tranchée avec le corps du nécessaire, et un peu plus long qu'il ne faut, et d'un diamètre un peu plus fort que le piédouche, à sa plus grande largeur. On le montera sur le Tour en l'air dans un mandrin ordinaire pour lui donner la forme qu'on voit *fig.* 8, après quoi on creusera au centre un trou de grosseur et de profondeur suffisantes pour recevoir la gorge de l'étui. Cet étui doit avoir été préparé d'avance, et on fera le trou du piédouche de manière que la gorge y soit solidement maintenue.

Le carré *G*, que l'on voit en dessous du piédouche, se fait ordinairement en ébène, et se fixe au moyen d'une portée creusée au centre, pour recevoir un petit tenon réservé à la surface inférieure du piédouche.

Il ne nous reste plus à parler que de la bobine *e* : c'est, comme on le voit, un vase de forme conique à l'extérieur comme à l'intérieur, et pris dans un morceau de bois blanc; au centre du fond est percé un trou au diamètre de l'étui qu'on y fait passer, et qu'on y fixe avec un peu de bonne colle : on fixe également sur l'extérieur, avec une mouche de colle, un des bouts de la faveur. On fait ensuite passer l'autre bout par la mortaise pra-

tiquée sur le nécessaire, et on y colle le petit rouleau qui l'empêche de
repasser en dedans.

La *fig.* 10 représente un nécessaire en forme de ruche, composé de deux pièces, comme tous ceux dont nous avons parlé. Nous ne nous arrêterons donc pas à décrire la manière de le tourner à l'extérieur, mais nous nous étendrons un peu sur la distribution intérieure, et ce que nous dirons à ce sujet s'applique également aux nécessaires *fig.* 4, 5, 6 et 7.

Celui dont nous nous occupons maintenant renferme un flacon, des ciseaux, un étui, deux bobines semblables à celle *fig.* 26, une aiguille à passer, un cure-oreille, et une pince à épiler. Ces pièces sont toutes placées dans des trous de forme semblable, dans lesquels elles peuvent entrer et sortir librement. Il y a deux manières de faire ces trous, l'une en les perçant dans le bois même dont est formé le nécessaire; l'autre en les ouvrant sur une rondelle de bois, en dessous de laquelle on ajuste des espèces d'étuis en carton de forme convenable. Nous commencerons par cette dernière méthode, qui appartient plus particulièrement à l'art du gaînier, et nous pensons que nos Lecteurs ne seront pas fâchés de trouver ici quelques notions relatives à cet art.

On creusera préalablement le vase intérieurement, en suivant à peu près les contours de sa forme extérieure, et en ne lui laissant que l'épaisseur suffisante pour ne pas altérer sa solidité. A quelque distance du bord on laissera une portée peu saillante pour recevoir la rondelle dont nous allons parler.

Cette rondelle, *fig.* 11, est un morceau de bois léger, très-mince, et tourné au diamètre de l'intérieur de l'urne sur lequel on fait toutes les ouvertures qu'on voit sur la figure, et qui sont proportionnées à la grosseur et à la forme des pièces, qui doivent pouvoir y passer très-librement.

On prendra ensuite une feuille de carton lissé, bien mince, tel à peu près que celui dont on se sert pour faire les cartes, et on la recouvrira d'un morceau d'étoffe de soie d'une couleur qui tranche agréablement sur celle du bois. La colle forte dont on se sert dans cette opération doit être un peu épaisse; on en couvrira bien également la surface du carton, qu'on laissera s'imbiber pendant quelques instans: après quoi on y appliquera l'étoffe, avec précaution, en la tendant le plus qu'on le pourra, et en interposant une feuille de papier entre la main et l'étoffe qui pourroit se salir.

On découpera cette feuille de carton ainsi recouverte de soie, et après l'avoir laissé bien sécher, en parallélogrammes de la même longueur que les pièces auxquelles chacun d'eux sera destiné, on présentera ces petits parallélogrammes aux ouvertures correspondantes de la rondelle, après quoi on commencera à les rouler ou à les plier suivant la forme de cette ouverture. On achèvera de rapprocher les deux bords sur la pièce même, et on collera une bande de papier sur le joint. Le fond se bouche avec un petit morceau du même carton taillé exprès, et qui se colle de la même manière avec une bande de papier.

On laissera bien sécher toutes ces garnitures, et on les collera chacune en leur place, de manière que leurs bords viennent affleurer la surface supérieure de la rondelle. On couvrira ensuite cette surface d'un morceau d'étoffe semblable à celle qui couvre le carton, et on la laissera sécher parfaitement, après quoi on dégagera toutes les ouvertures avec un canif dont la pointe soit bien coupante. Il ne reste plus qu'à placer la rondelle ainsi garnie dans l'intérieur de la ruche, et à l'y coller sur la portée réservée pour cet effet à quelque distance du bord.

Nous allons à présent décrire l'autre manière de disposer l'intérieur des nécessaires, par des procédés qui appartiennent plus spécialement à l'art du Tour.

On creusera la cuvette du nécessaire à quelques lignes du bord, et quand l'extérieur sera poli et terminé, on dressera bien la surface qui forme le fond de cette espèce de ravalement. C'est sur cette surface qu'on distribue les places de tous les objets dont on veut garnir le nécessaire, en marquant un point au centre de chaque trou.

Si on avoit un excentrique, rien ne seroit plus aisé que de creuser tous ces trous sur le Tour, en les amenant successivement au point de centre de rotation, et de leur donner ainsi le diamètre et la profondeur convenables pour la pièce qu'on veut y placer. Mais comme nous n'avons pas encore parlé de l'excentrique, et pour ne pas nous écarter de la marche que nous avons suivie jusqu'ici, nous allons enseigner la manière de les faire avec des mèches.

Celles qui conviennent dans cette opération sont les mèches en langue de carpe, de la forme de l'outil, *fig.* 14, **Pl.** 12, **T. I ;** car nous supposons que le bois qu'on emploie est du bois des îles, et par conséquent fort dur et peu poreux.

On montera cette mèche sur le Tour, dans un mandrin à mèche *fig* 13, **Pl.** 29 de ce Volume ; et, mettant le Tour en mouvement, on présentera successivement le centre de chaque trou à la pointe de la mèche, et on les creusera ainsi l'un après l'autre à la largeur et à la profondeur déter-

minées par celles de la pièce. Tous ces trous, à l'exception de deux, sont Pl. 13.
cylindriques, et leur fond est parallèle à leur orifice. Il n'y a donc d'autre
attention à avoir pendant cette opération que de tenir le nécessaire bien
droit, afin que la mèche suive toujours une direction parallèle à l'axe.

Quant aux deux autres, qui ne sont pas cylindriques, ce sont ceux qui
reçoivent les ciseaux et le dez. Le premier se commence avec une mèche
en langue de carpe, à l'aide de laquelle on l'amène au diamètre de la plus
grande épaisseur des ciseaux, c'est-à-dire de l'endroit où est placée la vis
qui réunit les deux branches : on élargira l'orifice de ce trou dans un sens
avec de petites écouanes, de manière que les anneaux puissent venir appuyer contre. On se servira également de la mèche en langue de carpe
pour amener à sa profondeur le trou qui doit contenir le dez ; après quoi
on le terminera avec un foret ou fraise, dont la forme sera semblable à
celle de l'extérieur du dez.

Il ne nous reste plus qu'à parler de la pelote qui surmonte le couvercle,
et qui se fait de la manière suivante. On tourne une espèce de petite poulie
en bois, et on lui donne un diamètre et une épaisseur tels qu'elle puisse
entrer librement dans la portée creusée sur le couvercle. On en creuse
légèrement la gorge, et l'on rend l'une de ses faces un peu concave, après
quoi on fait au centre un trou d'environ une ligne et demie de diamètre.
On prend ensuite un morceau de velours ou d'autre étoffe, un peu plus
grand que la poulie, dont on lie les bords sur la gorge avec un fil ciré, de
manière qu'il reste du vide entre l'étoffe et la face concave de la poulie. On
remplit ce vide avec du son, qu'on introduit par le trou percé au centre,
et que l'on bourre bien au moyen d'un petit bâton préparé pour cet usage,
après quoi on bouche ce trou en y collant une bande de parchemin.

La pelote étant ainsi terminée, il ne reste plus qu'à la placer dans la
portée qui couronne le couvercle du nécessaire, où on la fixe avec un peu
de colle.

Il existe encore un grand nombre de formes qu'on peut donner à ces
sortes de nécessaires. Mais nous nous sommes bornés à celles-ci, qui nous
ont paru les plus élégantes. D'ailleurs, un Amateur qui se sera bien pénétré
des détails contenus dans cette section n'éprouvera plus aucune espèce de
difficulté pour exécuter tous les modèles qu'on pourra lui présenter, ou
ceux que son goût et son imagination pourront le mettre à même de créer.

Pl. 13.

SECTION II.

Physique amusante.

Parmi les moyens imaginés pour charmer l'ennui des longues soirées d'hiver, on a toujours distingué les récréations connues sous le nom de *Tours* de *Physique* amusante. Quelques uns de ces tours appartiennent à la physique proprement dite, et n'ont par conséquent aucun rapport avec notre sujet; d'autres ne sont que des effets de l'adresse et de la subtilité du physicien, et nous sont encore parfaitement étrangers; mais il en est quelques uns qui s'exécutent à l'aide de petits instrumens préparés d'avance, et qui n'exigent plus qu'une adresse ordinaire. Ce sont ces petits instrumens que nous allons décrire dans cette section, et nous espérons que nos lecteurs nous sauront encore quelque gré de leur avoir procuré des moyens de s'exercer utilement sur le Tour, et en même temps de fournir à leur famille des objets de récréation assez agréables.

Nous commencerons par la plus simple de ces pièces, qui est la boîte à muscade *fig.* 12, vue en coupe *fig.* 13. Le physicien, après avoir posé la boîte sur la table, en lève le couvercle en le saisissant par le petit bouton qui le surmonte, et fait remarquer à la société qu'elle contient une muscade; il la retire ostensiblement, la fait disparoître en la mettant dans sa poche, ou de toute autre manière; puis ayant replacé le couvercle, il propose de la faire revenir dans la boîte.

En effet, après quelques discours insignifians, il lève de nouveau le couvercle, et la muscade reparoît.

Cet effet est produit par une double calotte placée dans l'intérieur du couvercle, et représentant extérieurement la moitié d'une muscade dont le reste serait contenu dans la boîte. Par cette disposition on peut aisément faire paroître et disparoître plusieurs fois la muscade aux yeux des spectateurs.

Voyons maintenant la manière de tourner cette pièce. On commencera par faire au Tour la muscade *A, fig.* 13, qui n'est autre chose qu'une boule teinte en noir et du même bois que le reste de la boîte, pour laquelle on emploie ordinairement du buis d'Espagne.

On montera ensuite sur le Tour, et dans un mandrin ordinaire, un morceau de buis de longueur et de largeur suffisantes pour y pouvoir prendre la coupe et le piédouche formant la partie inférieure *B*. On

Pl. 13.

creusera d'abord la coupe, qui présente une calotte demi-sphérique, au diamètre juste de la muscade, qui doit en sortir et y entrer librement, mais sans ballotter. On pratiquera sur le bord une gorge *a*, semblable à celle d'une tabatière, à laquelle on ne donnera guère qu'une ligne de hauteur, en lui laissant le moins d'épaisseur possible. On terminera ensuite l'extérieur, qui, comme on le voit, *fig.* 12, est couvert de joncs semblables à ceux du baril, *fig.* 5, et qui s'exécutent de même avec un outil à mouchette.

. On s'occupera alors de la calotte *C*, dont l'intérieur est creusé de manière à recevoir la moitié de la muscade, plus la gorge *a* qui entre dans une portée intérieure pratiquée à cet effet sur le bord. Quand cette calotte est en place, elle doit représenter la muscade dans la boîte; il faut donc qu'elle offre à l'extérieur, d'abord un jonc semblable à ceux qui couvrent la boîte, ensuite une gorge de la même hauteur que celle *a*; enfin une demi-sphère, teinte de la même couleur que la muscade, et pour faire plus d'illusion, on ne lui laissera que le moins d'épaisseur possible, afin que le diamètre ne diffère pas sensiblement de celui de la muscade.

Enfin on fera la seconde calotte *D*, et on la creusera de manière qu'elle recouvre exactement la première, sur laquelle elle s'ajuste au moyen d'une portée intérieure, semblable à celle de la calotte *C*. L'extérieur de cette calotte est couvert de joncs semblables à ceux de la boîte, et qui s'exécutent avec le même outil. Le sommet est surmonté d'un bouton en forme de vase ou de boule, dont on a vu l'usage au commencement de cet article, et qui se prend ordinairement dans le même morceau. On pourroit aussi coller, à cette place et dans un trou creusé pour cet usage, une petite tige d'ivoire ou d'ébène, dont on tourneroit la partie excédante, en lui donnant la forme adoptée.

Pour pouvoir, avec cette pièce, faire un peu d'illusion aux spectateurs, il faut que toutes les parties qui la composent soient parfaitement ajustées les unes sur les autres, de manière qu'en saisissant le petit bouton qui surmonte le couvercle, on enlève en même temps la seconde calotte ou fausse muscade qui y demeure suspendue, et découvre ainsi la véritable muscade, quand elle est placée dans la boîte. Si l'on veut au contraire mettre la fausse muscade à jour, on saisit la boîte dans la main gauche, en appuyant deux doigts sur le jonc qui termine la calotte *C*, pour l'empêcher de quitter la gorge *a*. C'est en partie pour cela que tout l'extérieur de la pièce est revêtu de joncs, qui ont de plus l'avantage de masquer les joints.

Pl. 13.

Si l'on a bien conçu ce que nous venons de dire de la boîte à muscade, on exécutera facilement la boîte à œuf, *fig.* 14, dont voici l'effet.

Le physicien découvre la boîte, toujours en saisissant le couvercle par le
petit bouton qui le surmonte, et fait remarquer aux spectateurs qu'elle
ne renferme rien; il replace le couvercle, et après quelques instans il y fait
paroître à volonté un œuf rouge ou un œuf bleu, qu'il peut aussi faire
disparoître.

Cette illusion est due à une double calotte intérieure *A* et *B*, *fig.* 15, dont
l'une est peinte en bleu et l'autre en rouge, auxquelles on peut en ajouter
une troisième peinte en blanc. Ces calottes et le couvercle qui les recouvre
s'ajustent de la même manière que la fausse muscade et le couvercle de
la boîte *fig.* 13; l'extérieur de la pièce est aussi couvert de joncs, et se
tourne par conséquent par les mêmes procédés et avec les mêmes outils.

Les *fig.* 16 et 18 représentent les deux pièces avec lesquelles s'exécute
le Tour du millet de la manière suivante.

Le physicien tenant de la main gauche la boîte, *fig.* 16, la découvre
de la main droite, et fait remarquer aux spectateurs qu'elle est pleine de
millet jusqu'auprès du bord. Il la pose ensuite sur la table sans la recouvrir, et propose d'envoyer le millet sous la sonnette, *fig.* 18, qu'il place
à côté, après avoir agité le battant, et montré qu'elle ne renferme rien.
Il recouvre la boîte, et après quelques discours d'usage, il enlève le couvercle par le bouton qui le surmonte, et sans déranger la boîte, qui se
trouve vide. Le millet est donc parti, mais il n'est pas encore rendu à
sa destination; en effet, il lève la sonnette, agite le battant, et il n'y a
encore rien dessous. Il recouvre la boîte, remet la sonnette à côté, et
après quelques instans il la lève lui-même ou il prie un des spectateurs de
la lever, et découvre ainsi le millet répandu sur la partie de la table recouverte par la sonnette.

Ce tour produit une certaine surprise quand il est excuté avec un peu
d'adresse, et peut embarrasser quelques momens les personnes qui ne
connoissent pas la construction des deux pièces, *fig.* 16 et 18, que nous
allons décrire.

La *fig.* 16 représente la boîte fermée et surmontée de son couvercle. On
en voit la coupe, *fig.* 17. La partie inférieure *A* est terminée par un piédouche, dont on peut varier la forme à volonté, et porte à l'autre bout
une gorge *a*, semblable à celle de la boîte à muscade. Cette gorge reçoit
une portée pratiquée en dessous d'une fausse boîte *B*, d'environ une
ligne de profondeur, dont l'extérieur présente une autre gorge semblable

à la gorge *a*, qui reçoit le couvercle, couronné par le bouton *b*, dont la forme varie aussi à volonté.

L'ajustement de ces différentes pièces est absolument le même que celui de celles qui composent la boîte à muscade. Le couvercle doit également être un peu plus juste sur la gorge de la fausse boîte, que la portée inférieure de celle-ci sur la gorge *a*, de manière qu'en enlevant le couvercle par le petit bouton, la fausse boîte *B* le suive, et que la véritable boîte paroisse vide aux yeux des spectateurs, ainsi qu'elle l'est réellement. On enduit de colle les surfaces intérieures de la fausse boîte qu'on remplit ensuite avec des grains de millet, qui s'y attachent de manière que si on enlève le couvercle de la main droite, en maintenant de la main gauche la fausse boîte sur la gorge *a*, la boîte paroît être pleine de millet.

Nous ne dirons rien de la manière de tourner ces diverses pièces, qui ne peuvent plus présenter aucune difficulté. L'extérieur de la boîte est revêtu en entier de joncs semblables à ceux qui recouvrent les *fig.* 12 et 14, et dont l'usage est encore le même.

Passons maintenant à la description de la sonnette, dont la construction est un peu plus compliquée, et demande en conséquence un peu plus de détails.

La *fig.* 19 représente la coupe de la sonnette. On voit en *a* une cavité pratiquée dans l'épaisseur du corps, et percée de deux trous passant dans la direction de l'axe: l'un reçoit le bout du manche *B*, et l'autre la soupape *b*, dont on verra bientôt l'usage.

Le manche *B* est composé de deux parties principales : le corps *c* qui est percé sur toute sa longueur d'un trou cylindrique, élargi par le haut, comme on le voit sur la figure; et le bouton *d*, qui se termine par un tenon au diamètre de l'extrémité supérieure du trou pratiqué dans le corps du manche. Une tige de fer fixée au bouton *d*, après avoir traversé le manche dans toute sa longueur et la cavité *a*, reçoit à son autre bout la soupape *b* qui ferme cette cavité. Un ressort à boudin, placé dans la partie élargie du trou qui traverse le manche, s'appuie contre la portée inférieure formée par cet évasement, et force le bouton *d* à remonter; ce qui entraîne la tige de fer et la soupape *b*, et ferme ainsi la cavité *a*. Si, au contraire, on appuie le doigt sur le bouton *d*, la tige descend, et la soupape qui y est fixée découvre l'orifice inférieur de cette cavité.

D'après cette construction, on conçoit aisément que, si on a préalablement rempli la cavité *a* de grains de millet, il a été facile de les en faire sortir sans que les spectateurs s'en aperçoivent; ce qui explique le moyen

PL. 13. dont on s'est servi pour exécuter le tour décrit au commencement de cet article.

Pour rendre plus complète l'illusion qui fait tout l'agrément de ces sortes de récréations, il faut que le millet renfermé dans la capacité *a* puisse être contenu dans la boîte *fig.* 16; et pour cela on creusera l'intérieur de la boîte de manière que sa capacité soit un peu moindre que celle de la cavité *a*, qui ne doit pas être entièrement remplie.

Nous allons maintenant entrer dans quelques détails sur la manière de tourner les différentes pièces que nous venons de décrire, et sur les précautions qu'il faut prendre pour y réussir.

On doit, avant tout, tracer sur le papier la coupe de la pièce, telle qu'on se propose de l'exécuter, à peu près comme on le voit *fig.* 19, en lui donnant les dimensions et les proportions auxquelles on s'est arrêté. Ce trait préliminaire, sert à déterminer plus facilement la grandeur relative des différentes parties de la sonnette; il donne de plus la facilité de choisir, tout de suite et sans tâtonner, les outils de la grandeur et de la forme convenables pour les opérations que nous allons décrire.

On commencera par faire le corps de la sonnette, pour lequel on choisira un cylindre de buis d'Espagne, un peu plus long que la hauteur déterminée sur le trait qu'on vient de se faire, et dont le diamètre excède celui du bord de la sonnette. On le montera au Tour en l'air dans un mandrin de bois ordinaire, et on dégrossira l'extérieur à la gouge, en suivant à peu près la forme indiquée sur la figure, et en approchant autant qu'on le pourra de la partie saisie dans le mandrin, c'est-à-dire du haut de la sonnette. Après quoi on prendra une mèche, en langue de carpe, pour percer au centre du cylindre un trou rond, qui le traverse dans toute sa longueur et sur son axe.

Comme l'extrémité supérieure de ce trou doit recevoir le bout du manche *B*, on aura soin de ne pas le faire d'un trop grand diamètre, et on se réglera toujours sur les dimensions du dessin. On évasera ensuite ce trou avec un crochet à bois, *fig.* 1, *Pl.* 19 de ce Volume, qui fait en dedans l'effet de la gouge en dehors; et on l'amènera à la forme qu'on voit sur la figure. On a dû déterminer sur le dessin la profondeur de l'intérieur de la sonnette, et par conséquent l'épaisseur de la portion réservée pour la cavité *a*; et pour s'assurer qu'on ne l'excède pas dans l'opération, on la mesurera de temps en temps avec l'équerre en croix, *fig.* 7, *Pl.* 2 de ce Volume. Il ne reste plus qu'à détruire les côtes formées par l'effet du crochet, au moyen d'un outil de côté, rond par le bout, *fig.* 7, *Pl.* 12, *T. I.* Si cet outil

est affûté bien *friand*, la pièce sera, après son passage, terminée et presque PL. 13.
polie à l'intérieur. On présentera alors un grain d'orge à l'orifice du trou,
pour l'évaser de manière qu'il soit exactement fermé par le haut de la soupape *b*, dont la forme est conique.

On retirera la sonnette du mandrin et on la saisira par le bord dans un
autre mandrin, pour en terminer l'extérieur, sur lequel on fera quelques
moulures bien fines à volonté. On introduira ensuite dans le trou qui se
présente à la face antérieure de la pièce, un outil à peu près semblable à
celui *fig.* 13, *Pl.* 13, *T. I*, et de grandeur proportionnée, avec lequel on
commencera à évaser le trou le plus qu'on pourra; et quand cet outil ne
pourra plus atteindre la matière, on lui en substituera un autre avec lequel
on achèvera d'évider complètement la cavité *a*. Pour éviter de crever, pendant cette opération, les surfaces terminées soit en dedans, soit en dehors,
on consultera souvent le dessin, et on se règlera toujours pour la forme et
la grandeur des outils qu'on emploiera, sur la matière qu'on veut déplacer.

Après avoir creusé suffisamment cette cavité, on fera à son orifice supérieur un écrou sur lequel se visse le manche *B*, dont nous allons à présent nous occuper.

Ce manche est, comme nous l'avons vu, composé de deux pièces qui
peuvent, avec la soupape *b*, se prendre dans le même morceau. On préparera donc un cylindre de buis de longueur suffisante, et dont le diamètre
doit excéder un peu celui du renflement du manche. On le montera dans
un mandrin par un de ses bouts, et on fera à l'autre extrémité la soupape,
en lui donnant exactement la forme indiquée par la *fig.* 20 qui représente cette pièce, vue en grand. La partie la plus étroite de cette soupape
doit être en dehors, afin de pouvoir, pendant le travail, y présenter le
trou conique et inférieur de la cavité *a*, et s'assurer s'il est exactement
fermé par la soupape, qui doit faire le moins de saillie possible sur la surface
intérieure de la sonnette. On percera ensuite au centre un trou très-fin et
peu profond, destiné à recevoir le bout de la tige de fer, après quoi on détachera la soupape pour prendre à la suite le bouton *d*, qui n'offre rien de
particulier, et qui doit être percé à son centre d'un trou semblable à celui
de la soupape, pour recevoir l'autre bout de la tige en fer.

La portion du cylindre qui reste dans le mandrin est destinée à former
le corps du manche. On la percera d'abord au centre et dans toute sa
longueur, d'un trou de la grosseur de la tige de fer, et on évasera
ce trou vers le haut, avec une mèche plus large, pour pouvoir y placer
le ressort à boudin, vu en grand, *fig.* 21. On aura soin que le fond

de cet évasement soit parfaitement dressé, après quoi on tournera extérieurement cette partie du manche, en lui donnant la forme indiquée sur la figure, ou toute autre, et en approchant autant que possible de la portion saisie dans le mandrin. Alors on retournera le manche, et on le saisira intérieurement dans un autre mandrin par le trou cylindrique, pour faire à l'autre bout un pas de vis extérieur, destiné à entrer dans l'écrou pratiqué à l'orifice supérieur de la cavité *a*. On présentera plusieurs fois pendant l'opération cet écrou à la vis, et on s'assurera ainsi qu'elle s'y monte parfaitement. Enfin on assemblera toutes ces pièces de la manière suivante. On placera d'abord le bout de la tige de fer dans le bouton *d*, et le ressort à boudin dans le trou pratiqué à cet effet; on enfilera la tige dans le manche, en traversant le ressort pour fixer la soupape à l'autre extrémité. Il ne reste plus qu'à attacher le battant en dessous de la soupape, avec une *S* en fil de fer, et la sonnette est entièrement terminée. Nous ne disons rien de la manière de tourner ce battant dont on voit la forme sur la figure, et qui ne présente d'ailleurs aucune difficulté.

Mais nous croyons devoir enseigner ici aux Amateurs la manière de faire le ressort à boudin, *fig.* 21, dont on se sert dans beaucoup de circonstances.

On prend deux brins de fil de fer de la grosseur d'une fine aiguille à tricoter, connu dans le commerce par la désignation de n° 5. On fixe un bout de chacun à côté l'un de l'autre dans un étau, et on les roule autour d'un cylindre de fer d'un diamètre un peu plus foible que le trou destiné à recevoir le ressort, en serrant les tours le plus qu'on le pourra. On sépare ensuite les deux bouts de fil de fer, et on a deux ressorts à boudin également espacés : on en coupe un de la longueur convenable, et on conserve l'autre pour s'en servir dans l'occasion.

La *fig.* 22 représente une petite boîte appelée *Baguier*, vue de coupe, *fig.* 23.

Pour ne pas nous écarter de la marche que nous avons suivie jusqu'à présent, nous allons d'abord exposer l'usage que l'on fait de cette boîte. Le physicien découvre la boîte, et après avoir montré aux spectateurs qu'elle ne contient rien, il prie une personne de la société d'y déposer un anneau ou une pièce de monnoie. Puis ayant remis le couvercle, il annonce que l'anneau a disparu; en effet, en ouvrant la boîte de nouveau, on ne l'y retrouve plus. Ce jeu peut se continuer quelque temps en faisant ainsi paroître et disparoître plusieurs fois la bague ou la pièce contenue dans la boîte.

Cet effet, qui produit encore assez d'illusion quand le tour est exécuté Pl. 13.
avec promptitude et dextérité, est dû à la construction de cette petite
pièce, composée, comme on le voit, sur la coupe, *fig* 23, d'une boîte *A*,
et de son couvercle *B*, qui se réunissent en *a*, par une petite gorge semblable à celle d'une tabatière.

La partie inférieure de la boîte *A* est pleine, et seulement percée au
centre d'un trou rond, pour recevoir un ressort à boudin, qui est lui-
même traversé par une tige tenant d'un côté à la partie supérieure du
piédouche, et de l'autre à un faux fond mobile qui recouvre l'orifice du
trou. Ce trou n'est pas égal dans toute sa longueur. La partie inférieure
qui reçoit le ressort est plus large que le reste, et se termine par une
surface droite, sur laquelle appuie le ressort pendant le jeu de la machine.

Le couvercle *B* est disposé de la même manière; le faux fond doit être
semblable en tout à celui de la boîte, sur lequel on pose une rondelle
de bois très-mince, et dont les deux surfaces ne diffèrent en rien de celles
des faux fonds. Cette rondelle doit être tournée bien juste au diamètre de
la boîte et du couvercle, afin qu'elle puisse rester suspendue à ce dernier,
quand on l'y applique, en appuyant le doigt sous le piédouche; c'est dans
cette position qu'elle doit se trouver quand on ouvre la boîte la première
fois; et c'est sur le faux fond de la boîte qu'on fera déposer l'anneau. En
recouvrant la boîte on pèse sur le bouton qui surmonte le couvercle, et
on fait redescendre la rondelle qui recouvre l'anneau, et le fait disparoître.

Si l'on a bien compris ce que nous avons dit au sujet de la manière de tourner la boîte à millet et la sonnette, on ne trouvera aucune
difficulté à faire le baguier. Les trois parties principales, c'est-à-dire la
boîte, son couvercle et le piédouche se tournent extérieurement, suivant
la forme représentée, *fig.* 22, ou toute autre qu'on trouvera plus agréable.
Quant à l'intérieur de la boîte, on percera au centre un trou très-fin,
qu'on agrandira vers la partie inférieure, pour y recevoir le ressort à
boudin; après quoi on élargira le haut, pour lui donner l'apparence
d'une boîte peu profonde. On répétera cette opération sur le couvercle;
et on s'occupera ensuite de faire le faux fond de la boîte, qui porte une
tige faite du même morceau. Cette tige traverse la partie inférieure de la
boîte et le ressort à boudin qui y est placé, et vient se fixer dans une
portée peu profonde, pratiquée à cet effet sur le piédouche.

Le faux fond du couvercle est absolument semblable à l'autre, et le
bout de la tige se fixe dans le bouton qui le surmonte.

Pl. 13.

On recouvrira les deux faux fonds et les deux surfaces de la rondelle intermédiaire, d'un morceau de papier maroquiné absolument semblable, ce qui rendra l'illusion plus complète.

Il y a encore plusieurs autres pièces avec lesquelles on peut exécuter des tours de physique amusante, semblables à ceux décrits dans cette section; mais nous ne croyons pas devoir nous arrêter plus long-temps sur un article qui pourra ne pas intéresser également tous nos Lecteurs. D'ailleurs, ce que nous avons dit suffira pour mettre un Amateur intelligent en état d'exécuter toutes les pièces de ce genre qu'on lui présentera, et même d'en imaginer de nouvelles.

CHAPITRE IV.

Colonnes Torses, Vis d'Archimède, Serpens.

SECTION PREMIÈRE.

Torses pleines.

Les inventions les plus ingénieuses ne sont souvent que des consé-
quences de principes infiniment simples : ainsi, en mécanique, l'invention
de la poulie, qui n'est elle-même qu'une suite de leviers du premier genre,
a donné l'idée de la communication du mouvement, et de la direction des
forces ; et bientôt l'idée de denter deux poulies a fait naître toute la mécanique à rouages, les horloges, etc. etc.

Pl. 14.

L'art utile et très-ancien du potier de terre a conduit nécessairement
au Tour en l'air. La faculté qu'a l'arbre de tourner entre ses collets a fait
naître l'idée de le faire mouvoir sur sa longueur ; et de là l'invention des
vis. De cette dernière à la torse il n'y avoit pas loin ; et cependant il
paroît qu'il n'y a pas long-temps qu'on a trouvé le moyen de les faire au
Tour, puisque les meubles auxquels on les a adaptées ne remontent
guère au delà d'un siècle. Il paroît que cette invention fit une grande
fortune, puisqu'on voit encore tous les meubles, tant communs que précieux de ce temps, ornés de colonnes torses. Aujourd'hui qu'elles sont
presqu'entièrement proscrites, l'art n'en a pas moins tiré un parti très-
avantageux pour des ouvrages de la plus grande délicatesse, qui font, à
juste titre, l'ornement des cabinets les plus curieux.

La torse s'exécute par les mêmes principes qu'une vis très-allongée, ainsi
qu'on le voit par la *fig.* 1, *Pl.* 14. L'arbre du Tour *A* doit avoir des collets
assez longs pour pouvoir faire deux tours et demi pendant la course de
l'hélice.

Ainsi, avec des collets de trois pouces, qui sont les plus ordinaires, on
ne peut obtenir au plus que des hélices de quinze lignes. La raison en est

Pl. 14.

facile à sentir ; chaque fois que la marche baisse, la pièce doit faire deux révolutions et demie, sans quoi il est impossible de tourner rond et de faire la reprise des filets de manière qu'elle ne soit pas apparente.

Si on vouloit faire une torse plus longue de course que celle qu'on pourroit obtenir avec les collets de l'arbre de son Tour, il faudroit se faire un faux arbre en buis par les procédés suivans :

On prendra un cylindre de bon buis, excédant de trois pouces la longueur de l'arbre du Tour, et un peu plus gros que la bobine. On marquera sur ce cylindre la distance comprise entre l'extrémité du nez et la rainure de la clef d'arrêt. Sur cet espace on mesurera encore la distance comprise entre cette rainure et la naissance du pas de vis qui fixe la poulie. A ce dernier point on marquera le commencement de la bobine, à laquelle on ne donnera que la moitié de la longueur de celle du Tour. Par conséquent, on gagnera pour la longueur du collet à droite la moitié de la bobine, la moulure qui la suit, le six-pans qui la précède, et le pas de vis qui fixe la poulie. On donnera la même longueur au collet à gauche, après quoi on tournera cet arbre entre deux pointes, et on le réduira à la même grosseur que celui du Tour, en réservant seulement la bobine et ses bourrelets. On le montera ensuite sur le Tour en l'air pour fileter les deux nez semblables à ceux de l'arbre en fer. Quand ce faux arbre sera ainsi terminé, on le placera sur les coussinets du Tour, et on s'en servira absolument de la même manière que de l'arbre du Tour, dans toutes les opérations suivantes, à l'exception de la préparation des pièces, que l'on doit toujours ébaucher sur l'arbre en fer et avant de placer l'arbre de buis.

Enfin, si on avoit à exécuter une hélice, dont la longueur de la course fut telle que le moyen que nous venons d'indiquer ne procurât pas assez d'allongement, il faudroit d'abord tourner un arbre en buis de longueur suffisante. Ensuite on enlèveroit les poupées du Tour, et on les remplaceroit par deux poupées mobiles, *fig.* 2, *Pl.* 30, à l'une desquelles on adapteroit une clef d'arrêt pour maintenir l'arbre que l'on placeroit sur ces deux poupées, en les écartant à la distance convenable.

Soit qu'on se serve d'un faux arbre, ou de celui du Tour, il faut monter sur le nez de derrière un cylindre de cuivre, ou simplement de quelque bois dur, sur lequel est tracée une hélice très-allongée. On trace cette hélice au moyen d'un parallélogramme de papier, de grandeur suffisante pour envelopper la circonférence du cylindre, suivant la méthode que nous avons décrite, *T. I, page* 307*, et suiv.*, et qui est représentée *fig.* 8, *Pl.* 25 du même Volume. On s'assurera du chemin que peut faire l'arbre

sur ses collets : supposons que ce soit trois pouces, on fera un cylindre
d'un peu plus de trois pouces. On tracera sur un carré de papier un pa-Pl. 14.
rallélogramme, ayant pour largeur la longueur du cylindre, et pour longueur sa circonférence, comme celui *a*, *b*, *d*, *c*, *fig.* 1, *Pl.* 15, et l'on aura
soin que de 1 en 3, et de 4 en 6, il y ait exactement trois pouces. Le surplus *a*, 4; 3, *d*, est ce qui excède les trois pouces. On tirera les lignes parallèles 1, 4 et 3, 6. On divisera l'espace compris entre 5, 3, et 4, 6, en
deux parties égales aux points 2 et 5. Du point 1 au point 5, on tirera
une diagonale, et une autre qui lui soit parallèle de 2 en 6. Enfin des
points 3 et 4, on tirera sur les lignes *a c*, *b d*, deux portions de diagonales parallèles aux deux précédentes, et qui iront aboutir sur les lignes
a c, *b d*, où elles pourront, comme *e* 4, *f* 3. On collera ce parallélogramme sur le cylindre, de manière que les points *a b* coïncident à ceux
c d : les autres coïncideront nécessairement. Ainsi l'on aura environ deux
tours et demi d'une ligne rampante, qui, sur trois pouces de course, fera
deux tours. Nous recommandons de donner au cylindre plus de trois
pouces, afin que quand ce cylindre ira et viendra, il n'échappe pas de
dessus le couteau dont nous allons parler, et qui lui sert de guide, surtout si la descente de la marche fait faire un peu plus de deux révolutions
à l'arbre.

Lors donc que ce cylindre sera sur l'arbre, si quelque moyen le force
d'avancer et de reculer, à la manière des vis, il avancera de trois pouces
dans deux révolutions; et l'ouvrage qui sera monté sur l'arbre fera la
même course. Ce cylindre, ainsi préparé, peut servir pour toutes les
colonnes torses, soit pleines, soit à jour.

Nous allons maintenant donner les moyens d'exécuter une colonne torse
pleine, comme celle qui est représentée sur le Tour, *fig.* 1 et 3, *Pl.* 14;
et en coupe sur sa longueur, *fig.* 4. On préparera un morceau de bois,
de longueur et de grosseur suffisantes, et on pratiquera à l'une de ses
extrémités un écrou, dont on voit la coupe au bas de la *fig.* 4, qui servira à le monter sur le nez de l'arbre : quand il sera en place, on mettra à l'autre bout une poupée à pointes mobiles pour soutenir la pièce,
qui, sans cette précaution, brouteroit infailliblement à cause de sa longueur.
On le tournera cylindriquement, et on pratiquera à l'autre bout un guide,
D, *fig.* 1, parfaitement cylindrique, auquel on donnera un tiers de plus
que la longueur de la course.

On substituera à la poupée à pointes mobiles une poupée à collets *e*,
fig. 1. Cette poupée n'est autre chose qu'une poupée à lunettes dans la-

Pl. 14.

quelle on substitue à la lunette deux collets en bois, réunis sur leur sens vertical par un boulon *u* qui les traverse, et fixés à la poupée par le boulon de la lunette.

On prendra pour faire ces collets une planche de noyer d'un pouce d'épaisseur, *fig.* 8, et dont la hauteur excède d'un pouce le centre du Tour. On y pratiquera au Tour un trou exactement au diamètre du guide, et on donnera ensuite un trait de scie vertical, passant par la ligne *S, S,* qui partage ce trou en deux parties égales. Les deux collets sont réunis par le boulon *u,* qui traverse un trou percé dans l'épaisseur, et à la partie supérieure de la planche; à mesure que les collets s'usent par le frottement, on serre le boulon au moyen de l'écrou placé sur son extrémité *V,* et le guide ne se trouve jamais gêné dans son mouvement.

On mettra ces collets à la hauteur convenable, pour que le guide tourne sur son axe, et parfaitement au centre; et on les assujétira au moyen du boulon.

On placera ensuite sous le cylindre *B, fig.* 1, une poupée ayant la forme d'une colonne tronquée ou toute autre, au haut de laquelle est un couteau *C,* sous lequel on met un coin pour le tenir élevé, et dont l'inclinaison est telle, qu'il entre dans la rainure du cylindre *B,* et le force, ainsi que l'arbre et l'ouvrage, à aller et venir, suivant l'hélice qu'on y a tracée.

La manière de fixer l'inclinaison du couteau est infiniment simple. La poupée est percée, suivant son axe, d'un trou de grosseur suffisante pour laisser passer une vis à la Romaine, semblable à celle des autres poupées. L'écrou est fixé dans la partie supérieure *C;* et lorsqu'on serre la vis en dessous de l'établi, la poupée est fixée en place, en même temps que la partie supérieure, à son inclinaison. Il suffit de fixer les yeux sur l'aiguille pour que, pendant qu'on serre la vis, elle ne se dérange pas.

Cette poupée, qui sert à plusieurs autres usages, est composée de deux parties *c, d,* jointes en *b.* A la partie inférieure est un index dont la pointe marque l'inclinaison du couteau par rapport à l'axe du cylindre *B,* au moyen d'un limbe dont une portion est divisée en parties du cercle. Ainsi, ayant marqué o, le point où le couteau se trouve placé perpendiculairement à l'axe du cylindre, si on présente le couteau dans cette position à un cylindre uni, il est clair que l'arbre n'avancera ni ne reculera. Si on l'incline de gauche à droite, l'arbre décrira une hélice dans le sens des vis ordinaires; si au contraire on l'incline de droite à gauche, l'arbre décrira une hélice en sens opposé, et donnera une vis à gauche. On voit par là que cette poupée est infiniment commode pour faire des vis à droite et à

Pl. 14.

gauche; et quoique nous parlions en ce moment de la torse, il ne sera pas déplacé de donner la manière d'obtenir des vis de toute espèce, puisque les torses ne sont que des vis très-allongées.

Si on veut faire à gauche une vis dont on a le pas à droite, on montera le cylindre portant ce pas sur le nez à gauche du Tour. On y mettra la poupée, et on élèvera le couteau en l'inclinant convenablement pour qu'il fasse marcher l'arbre suivant l'inclinaison de la vis. On apportera le plus grand soin à cette opération, et on remarquera à quel point de la division est l'aiguille. On remplacera le cylindre fileté par un cylindre d'étain parfaitement lisse, puis ayant mis l'aiguille au point de l'autre côté de zéro, également écarté de ce qu'elle étoit du premier côté, on élèvera le couteau, qui, en entamant l'étain, décrira l'hélice, et produira le pas désiré.

Après avoir décrit les instrumens qu'on emploie pour faire une torse, nous allons donner les moyens de l'exécuter. On commencera par ébaucher le cylindre, et on l'amènera à la grosseur qu'auroit une colonne de l'ordre qu'on se propose d'exécuter, laissant aux deux extrémités assez de bois pour pouvoir y prendre les moulures de la base et du chapiteau. Immédiatement après la base, on pratiquera une gorge égale au diamètre du fond de la torse, et on en fera une semblable au dessous du chapiteau, en observant que cette dernière doit être un peu moins creuse que celle de la base, à cause de la diminution de la colonne. C'est sur ces deux gorges que viennent aboutir, en mourant, les hélices de la torse.

On baissera alors la clef d'arrêt, et on placera le couteau de la poupée à la naissance de l'hélice tracée sur le canon placé sur le derrière du Tour, et à l'inclinaison convenable.

Tout étant disposé comme on le voit *fig.* 1, on mettra le support vers le bout à droite, et on présentera la gouge dans la gorge, en la tenant assez ferme pour que le mouvement ne dérange pas la main, et on laissera à sa droite la portion réservée pour les moulures du chapiteau. Après avoir approfondi un peu dans toute la longueur que donne la course, on reculera le support vers la gauche, et on reprendra une nouvelle longueur de course, en faisant accorder ce qui est déjà fait avec la reprise actuelle, et l'on continuera ainsi jusqu'à ce qu'on soit parvenu à la gorge pratiquée auprès de la base.

On recommencera l'opération jusqu'à ce qu'on ait amené la colonne à la forme qu'elle doit avoir.

Il est bon, avant de faire agir la gouge, de présenter un crayon au cy-

Pl. 14.

lindre, et de tracer ainsi la ligne que doit suivre l'hélice. Cette ligne déterminera le sommet de l'hélice, et servira de guide à l'outil, qui ne doit jamais l'entamer. Lorsqu'on aura assez approfondi à la gouge, et que les surfaces, tant du creux que du relief, s'accorderont passablement, on donnera le dernier coup au ciseau ; et c'est là le difficile. Il faut prendre infiniment peu de bois à la fois, tenir le ciseau de biais, et pour arrondir le fond de la gorge se servir d'un ciseau un peu étroit.

Ce qu'il y a de plus difficile encore, c'est de terminer l'hélice aux extrémités de la colonne, de manière que, tant le relief que le creux, viennent aboutir en mourant, près des carrés *a*, *a*, *b*, *b*, *fig*. 3 et 4, sans les entamer, comme on le voit sur ces deux figures.

Quand la torse sera terminée et polie, on baissera le couteau *c*, *fig*. 1. On lèvera la clef d'arrêt du Tour, et l'on tournera avec soin la base et le chapiteau avec les outils propres à cet usage.

Si la colonne doit servir avec d'autres à quelque édifice, meuble ou autre objet, on réservera une partie du cylindre *D*, *fig*. 1, pour la fixer dans sa place, et la pièce sera terminée.

Voilà la torse dans sa simplicité; et si ce n'est qu'on l'a prodiguée, on peut dire, qu'exécutée en petit, avec soin et propreté, et en quelque bois précieux, elle peut orner agréablement de petits édifices dont on décore les cabinets. Passons à la torse composée et à jour.

SECTION II.

Torses à jour.

Les *fig*. 5, 6 et 7 représentent différentes torses à jour, qui font un effet très-agréable; voici de quelle manière on les fait.

On prendra un morceau de quelque bois précieux, comme ébène, bois de fer, amourette, perdrix, ou autre aussi ferme, bien sec, bien sain, et sans nœuds, de la longueur dont on veut que soit la colonne, base et chapiteau compris. Cette pièce est infiniment plus agréable en ivoire, parce que cette matière ayant les pores bien plus serrés, donne les moyens de faire les filets beaucoup plus fins que sur une torse en bois; mais à cause du prix élevé de l'ivoire, on ne prendra pas la base et le chapiteau dans le même morceau, et le cylindre ne doit avoir que la grosseur du fût de la colonne. À cela près, tout ce que nous allons dire dans cette section peut s'appliquer également au bois et à l'ivoire, en observant seulement que l'ivoire est bien plus aisé à travailler que le bois.

Après avoir ébauché extérieurement à la gouge un cylindre de la grosseur et de la longueur convenables pour la colonne qu'on veut exécuter, suivant sa hauteur et son diamètre, on le percera dans toute sa longueur au Tour à lunettes, avec une mèche à langue de carpe ou autre; mais comme ce trou doit suivre exactement dans sa longueur le renflement de la colonne, on commencera par l'amener presque au diamètre qu'il doit avoir au dessous du chapiteau, qui est, comme on sait, le plus petit diamètre du fût de la colonne ; ensuite on lui donnera intérieurement la forme qu'il doit avoir, au moyen d'un équarrissoir particulier, qu'il faut se faire soi-même, et dont nous allons donner la description.

On tournera une espèce de cylindre de buis, *fig.* 7, *Pl.* 30, un peu plus long que la colonne. On donnera exactement la forme et la grosseur que doit avoir le trou à la portion *B C*, qui est exactement de la même longueur. La portion *D* est un collet suivi d'un carré qui sert à mettre l'outil en mouvement à l'aide d'un tourne-à-gauche.

Sur la portion *B C*, on pratiquera une rainure *E*, *F*, creusée à un quart du diamètre, dans laquelle on fera entrer une lame d'acier non trempé qu'on limera sur toute sa longueur en suivant exactement la forme du cylindre. Ensuite on la retirera, et on fera sur sa rive extérieure un chanfrein pour la rendre coupante. On la trempera, on l'affûtera, et on la remettra dans la rainure, qu'elle doit excéder un peu. Sur le devant de la lame on pratiquera une gorge pour servir à dégager le copeau. La *fig.* 8, qui représente l'équarrissoir vu par son extrémité, fera voir clairement en *a* la disposition et la forme de cette gorge. Quand on aura achevé de croître le trou avec cet équarrissoir, on pratiquera à ses deux extrémités un pas de vis très-fin, si la colonne doit faire partie d'un temple ou autre morceau d'architecture, ou si on veut placer sur son sommet une étoile, un polyèdre, ou quelque autre pièce de tour, comme on le voit *fig.* 5 et 6, *Pl.* 14. Ces pas de vis ne doivent jamais excéder la base ni le chapiteau. La pièce ainsi préparée se place sur une tige de bois qui remplit exactement l'intérieur du trou. Cette tige est fixée sur le nez du Tour par un écrou pratiqué à l'extrémité à gauche; et c'est dans cette position qu'on lui donne la forme qu'elle doit avoir.

Quant à sa longueur, elle doit excéder la colonne d'environ quatre pouces. Cet excédant remplace le guide dont nous avons enseigné l'usage en parlant de la colonne pleine.

Ce guide étant placé dans la poupée à collet, on donnera au cylindre les dimensions et la forme de la colonne, sans achever les moulures de la base et du chapiteau. On baissera ensuite la clef d'arrêt, et on élèvera le couteau *C* pour tracer avec un crayon une première hélice sur la longueur de la colonne.

On tirera une ligne droite, parallèle à l'axe, sur la longueur de la colonne, puis on divisera la portion de cette ligne, comprise entre les deux premiers pas de l'hélice qu'on vient de tracer, en autant de parties qu'on veut avoir de filets à la torse, et on trace de nouvelles hélices en partant avec le crayon de chacun de ces nouveaux points. On fera ensuite passer de nouvelles hélices à côté de celles qu'on vient de tracer. La distance qu'on laissera entre ces deux lignes déterminera l'épaisseur qu'on veut donner aux filets de la torse.

Il s'agit à présent d'enlever la matière qui se trouve entre ces filets, en observant toutefois d'en laisser subsister une petite épaisseur, qui les tient tous réunis jusqu'à la fin de l'opération. On se servira d'un ciseau plat et étroit, qui occupe à peine la moitié de la distance d'un filet à un autre.

Ce ciseau doit être présenté dans la direction de l'hélice, et pour cela il faut élever l'angle à droite; mais, à moins d'avoir la main bien sûre, il n'est pas aisé de tenir le ciseau dans cette position. A la moindre variation l'angle élevé accroche le filet de l'hélice et l'endommage. Il est donc infiniment préférable d'amincir le bout de ce ciseau sur la gauche en l'affûtant, en sorte qu'il représente à peu près la forme d'une lame de rasoir, excepté que c'est à l'extrémité carrée que se trouve le taillant : avec le ciseau ainsi affûté, on mettra tous les filets à l'épaisseur qu'ils doivent avoir, en suivant exactement les traits de crayon, sans jamais les entamer.

On s'occupera alors de donner à l'extérieur des filets la forme qu'on aura déterminée, et pour plus d'agrément, ces formes doivent différer entre elles, comme on le voit sur les *fig.* 6 et 7. A la première est un filet rond, accompagné d'un autre filet formé d'un rond entre deux carrés. La *fig.* 7 présente de plus un filet carré.

Pour exécuter ces différens filets, on se servira des outils à moulures, dont nous avons parlé plusieurs fois, et dont l'usage est ici presque indispensable; car il seroit bien difficile, pour ne pas dire impossible, de les exécuter avec les outils ordinaires. Ces outils doivent s'affûter par les mêmes principes que les ciseaux dont nous venons de parler, et les moulures pratiquées à leur extrémité doivent être inclinées dans la même direction que l'hélice.

Quand, à l'aide de ces différens outils, on aura amené les filets à leur

forme, il restera aux deux extrémités un petit espace que l'outil ne peut
seront taillés exactement dans la direction de l'hélice, plus cet espace
diminuera; cependant il restera toujours du côté de la naissance du pas
au moins l'épaisseur de l'outil.

Ce travail présente encore d'assez grandes difficultés, surtout si les
moulures sont composées de plusieurs baguettes rondes ou carrées. Si on
travaille sur du bois, il faut se servir de ciseaux très-menus, et de petites
limes approchant le plus qu'il est possible de la forme des moulures. Pour
l'ivoire on se sert de petites écouanes, grèles et grelettes convenables;
mais si, comme nous l'avons conseillé au commencement de cet article,
on a pris le cylindre d'ivoire seulement de la grosseur du fût de la colonne, et fait à part la base et le chapiteau, toutes ces difficultés disparoissent; car l'outil peut aisément parcourir toute la longueur de l'hélice
en venant achever sa course sur les portées pratiquées aux deux extrémités
pour unir la colonne à sa base et à son chapiteau. Si on a opéré sur du
bois, et si on a pris la base et le chapiteau dans le même morceau que le
fût, il faut s'occuper en ce moment d'en terminer les moulures en abaissant le couteau, et en élevant la clef d'arrêt pour pouvoir ensuite polir le
tout ensemble par les moyens que nous allons indiquer, et cette opération
n'est pas aisée.

Il faut prendre garde d'altérer la vivacité des arêtes ou angles. On se
servira de petits bâtons, taillés convenablement, pour pénétrer dans les
angles rentrans, sans les arrondir, et polir les angles saillans, sans les
émousser. Si l'on travaille de l'ivoire, on taillera en forme de ciseau bien vif
une petite réglette de bois, et on la promènera au fond des angles, en se
servant de pierre-ponce très-fine, détrempée avec un peu d'eau claire. Et
comme l'angle de ce ciseau s'émousse promptement, on lui redonnera
souvent le vif. On ôtera ensuite toute la ponce, et on terminera avec du
blanc d'Espagne lavé. Si on opéroit sur du bois, il faudroit délayer la
pierre-ponce avec de l'huile.

Les filets étant ainsi polis, il ne nous reste plus qu'à les séparer, ce
qui se fait aisément avec un grain-d'orge très-aigu, à l'aide duquel on détache la petite portion de matière que l'on a laissé subsister en creusant
avec le ciseau l'espace qui se trouve entre les pas de la torse.

Cette espèce de pellicule, qui maintient tous les filets pendant qu'on
les travaille et qu'on les polit, est d'une nécessité indispensable; mais il
faut lui laisser le moins d'épaisseur qu'on le pourra, pour que la partie

du filet qui y est jointe, et qui ne peut être polie, soit la plus petite possible.

Si c'est sur de l'ivoire qu'on travaille, on peut noircir la tige sur laquelle la pièce est enfilée. On jugera aisément, par le plus ou moins de transparence, de l'épaisseur à laquelle on sera arrivé.

La colonne étant terminée et montée sur son piédestal, on placera sur son chapiteau la pièce destinée à cet usage. Cette pièce doit se terminer à sa partie inférieure par un tenon qui se monte sur les pas de la vis qu'on a dû pratiquer dans l'intérieur du chapiteau, au commencement de l'opération.

Les moyens que nous venons de donner pour exécuter une torse à jour conviennent à un artiste exercé. Nous allons à présent en indiquer un autre qui peut être mis en usage par une main moins habile, mais qui exige l'emploi de quelques pièces composées, dont nous allons parler.

Le cylindre B fig. 1, employé dans l'opération précédente, ne convient plus dans celle-ci. Au lieu de le placer immédiatement sur la vis à gauche, il faut auparavant monter sur cette vis un canon de cuivre jaune, fig. 10, sur lequel le cylindre fig. 9 est enfilé et retenu par un écrou a, fig. 10, en conservant la faculté de tourner dessus, à frottement juste.

A l'extrémité de ce canon, du côté du Tour, est une embâse A, à laquelle est fixé un cliquet C, fig. 11; à l'extrémité correspondante du cylindre, est une autre embâse ou roue dentée D, fig. 10 et 11, portant un certain nombre pair de dents dans lesquelles entre le cliquet, qui fixe le cylindre au point convenable.

La fig. 11 représente ces deux pièces montées l'une sur l'autre et vues en plan.

Supposons maintenant que la roue D porte 60 dents : si, après avoir tracé la première hélice, on fixe le cliquet à la trentième dent, on aura une seconde hélice opposée à la première. Si on l'arrête à la vingtième, on en aura trois, à la quinzième on en aura quatre, cinq à la douzième, et ainsi de suite.

Pour tracer les secondes hélices qui servent à déterminer l'épaisseur de chaque filet, on répétera la même opération, en faisant à chaque division tourner la roue de deux, trois ou quatre dents, plus ou moins, au delà de la première ligne tracée, suivant l'épaisseur qu'on veut donner à chaque filet.

Il n'est peut-être pas inutile de dire qu'à chaque fois qu'on fera tourner la roue dentée, il faut abaisser le couteau C.

Au lieu de tracer les diverses hélices avec le crayon et à l'aide du support Pl. 14. ordinaire, on se servira d'un grain-d'orge très-aigu, que l'on présentera à la pièce sur le support à chariot, *fig.* 1, *Pl.* 31.

Ce support dont l'usage est indispensable pour le guillochage, et dont nous donnerons la description ailleurs, remplace assez bien la main dans plusieurs circonstances, et particulièrement dans celle-ci. Il faut seulement observer qu'avec cet instrument on ne peut exécuter que des pièces cylindriques; et par conséquent la colonne torse qui résultera de l'opération qui nous occupe en ce moment ne pourra être régulière, à cause du renflement qu'il est difficile d'exécuter avec ce support. Les outils que l'on emploie avec le support à chariot ont une forme particulière, comme on le voit sur la *Pl.* 31; mais leur taillant est semblable aux autres, et doit être affûté par les mêmes principes.

Pour tracer une torse à l'aide de ce support, on place le grain-d'orge très-aigu, *fig.* 11, *Pl.* 31, sur le porte-outil *F*, et on l'y arrête au moyen des vis de pression, de manière qu'il affleure légèrement la pièce. On trace les différentes hélices, au moyen de la division adaptée au canon de derrière, sans être obligé de déranger le support pour chacune d'elles. On recule ensuite le support à chariot vers la gauche, pour tracer la seconde reprise, et on continue ainsi jusqu'à ce que la pièce soit tracée dans toute sa longueur. On doit remarquer que quand on a tracé une hélice, il faut retirer le grain-d'orge en arrière, au moyen de la vis de rappel *G*, destinée à cet usage, pour le replacer dans sa première position, à la naissance de l'hélice voisine.

Quand la pièce sera entièrement tracée, on l'exécutera avec les différens outils indiqués dans la précédente section, que l'on placera l'un après l'autre, et dans l'ordre indiqué sur le support à chariot, et qu'on reculera comme le grain-d'orge, à chaque fois que la marche remontera.

On obtient par ce moyen des filets très-réguliers; mais si on a pris la base et le chapiteau dans le même morceau, on ne pourra pas arriver avec l'outil jusqu'à leurs extrémités, et on sera obligé de les terminer à la main comme on l'a fait dans l'opération précédente.

On ne se sert pas du support à chariot pour polir, il est plus commode et plus facile de le faire au support ordinaire, et par les procédés indiqués.

Soit qu'on exécute une colonne torse avec le support ordinaire, soit qu'on se serve du support à chariot dont nous venons d'enseigner l'usage, cette opération demande beaucoup de temps, et on peut craindre qu'a-

14.

Pl. 14.

vant qu'elle ne soit achevée, la tige de bois sur laquelle la colonne est enfilée ne vienne à se retirer, et qu'alors la pièce n'y soit plus assez solidement maintenue pour pouvoir la terminer. On préviendra cet inconvénient en mettant une légère mouche de colle claire aux deux extrémités
de la colonne.

Pour retirer la tige quand la colonne sera entièrement terminée, on se
servira d'un crochet de côté, avec lequel on détruira les endroits où se
trouve la colle, en prenant les précautions convenables, pour ne pas endommager les filets du pas de vis qui se trouvent dans l'intérieur de la
base et du chapiteau.

Il y a encore un moyen de fixer solidement la colonne sur la tige, c'est
de pratiquer, à l'extrémité à gauche de celle-ci, un pas de vis qui se monte
dans l'écrou pratiqué dans l'intérieur de la base. On la dévissera aisément
à la fin de l'opération, en saisissant la base dans une petite pince en bois,
ou simplement à la main.

Rien ne seroit aussi agréable, ce nous semble, qu'un petit temple semblable à celui représenté à la fin de ce Volume, et soutenu par des colonnes torses à jour; mais comme la délicatesse de ces colonnes ne leur
permet pas de rien supporter d'un peu pesant, il faudroit les enfiler sur
une tige d'ébène, qui entreroit dans le piédestal et dans l'entablement.
On pourroit même, au lieu d'une tige droite, placer dans l'intérieur de ces
colonnes à jour, une autre torse pleine, dont les hélices suivroient le
même mouvement. L'effet en seroit encore plus agréable et plus piquant.

SECTION III.

Quenouille en forme de Torse.

Nous avons promis dans notre premier Volume de donner dans celui-ci
les moyens de faire une quenouille en forme de torse. Cette quenouille,
fig. 12, Pl. 19, T. I, vue en plan, fig. 13, présente une forme assez agréable,
et peut s'exécuter par les moyens suivans.

On montera sur le Tour en l'air un morceau de bois bien sain et bien
sec, auquel on donnera extérieurement la forme d'un fuseau. Sur sa circonférence on tracera l'hélice par la méthode que nous avons décrite pour le
manche du couteau, T. I, pag. 228 et suiv., fig. 12, Pl. 21, et pour cela on
tracera un cercle à six lignes de chacune des extrémités. On divisera ces
cercles en un nombre de parties égales, qui se correspondent exactement

Pl. 14.

suivant l'axe. On appliquera sur le fuseau, un règle faite avec un bout de ressort de pendule, afin qu'elle se prête au renflement du fuseau. On fera partout les mêmes divisions indiquées pour le manche du couteau, et l'on ne s'inquiétera pas si elles sont plus rapprochées vers les bouts qu'au milieu.

On fera ensuite la torse à la main, comme nous l'avons enseigné, et l'on aura soin que l'outil pénètre partout à une même profondeur. Les filets étant achevés et polis à l'extérieur, on percera à l'extrémité un trou que l'on agrandira sensiblement afin de pouvoir y introduire des outils de côté circulaires, pour évider ensuite le cœur du fuseau. On introduira, par ce trou, des mèches de différentes grosseurs, avec lesquelles on percera d'abord, d'outre en outre; puis avec des outils de côté on creusera tant soit peu, suivant la forme extérieure du fuseau. Enfin, avec les mêmes outils, on achèvera d'emporter tout le bois, en ménageant d'autant plus l'effort, qu'on approchera davantage de mettre la torse à jour. On commencera par le bout à droite, et on le terminera. On ira ensuite un peu plus loin, et toujours ainsi de proche en proche, pour ne plus revenir en devant, attendu que les filets, une fois isolés, ne pourroient soutenir l'effort de l'outil sans se casser. On verra bientôt se former des filets égaux en épaisseur, puisqu'on suppose qu'on a creusé partout à une égale profondeur. Comme ce fuseau doit recevoir à vis le bout de la tige, on rapportera au trou par où on a évidé cette pièce, et qui se trouve trop grand, un morceau de même bois, dans lequel on fera un trou avec un écrou. Il est encore plus simple de réserver au bout de la tige une embâse de diamètre suffisant pour boucher le trou.

Pour donner à la quenouille la solidité convenable, on plantera à vis au bout de la tige, une autre petite tige qui traverse le fuseau dans toute sa longueur. Celle-ci se termine par un petit tenon d'environ 8 lignes, précédé d'une embâse. Le tenon entre dans le trou pratiqué à la partie supérieure de la quenouille, qui, s'appuyant alors contre l'embâse, empêche les filets de la torse de s'affaisser, et les maintient dans leur écartement naturel.

Pour augmenter le mérite de la difficulté vaincue, on garnira cette tige dans l'intérieur de la torse, d'une certaine quantité de petites fleurs avec leurs queues, comme nous enseignerons ailleurs à les faire, et qui, faisant le bouquet, auront de quoi s'écarter au grand diamètre du fuseau. On pourroit, avec beaucoup de patience, faire cette torse sur le Tour même, comme nous venons d'enseigner à faire les autres; mais sa diminution rapide vers les extrémités présente de grandes difficultés. On for-

Pl. 14. meroit extérieurement les filets avec une mouchette, on creuseroit les intervalles avec un bec-d'âne, à une profondeur égale ; puis avec un outil incliné à la tige, on formeroit, de chaque côté des filets, une espèce de biseau, pour que, quand on évideroit, la pièce pût se détacher plus aisément et avec plus de netteté.

La tige de ces quenouilles n'est pas d'une seule pièce dans sa longueur. On peut la faire d'autant de morceaux qu'on voudra, en les rapportant les uns au bout des autres, et en masquant les joints par les ornemens : par ce moyen, on pourra donner à chaque partie les perfections dont elles sont susceptibles.

SECTION IV.

Vis d'Archimède.

Pl. 15. On a dû remarquer, dans le cours de cet Ouvrage, que nous avons dirigé nos exemples et nos modèles vers des objets d'utilité. C'est cette utilité qui caractérise jusqu'aux amusemens du sage.

Les personnes curieuses d'orner leurs cabinets, en même temps qu'elles charment leurs loisirs, verront sans doute, avec quelque intérêt, que nous leur proposions d'exécuter une machine où le génie de l'Auteur brille éminemment; c'est la vis d'Archimède.

Archimède, inventeur de la vis, qui n'est autre chose qu'une suite de plans inclinés autour d'un axe, et qui se succèdent insensiblement, donna par là à la mécanique un agent susceptible de produire l'effort le plus grand et le plus soutenu. Il est naturel de penser que ce Philosophe, ayant incliné sa vis à l'horizon, s'aperçut que chacun des points de l'hélice descendoit au dessous du point où il étoit monté, pour y remonter ensuite, lorsqu'on faisoit tourner la machine sur elle-même ; et profitant de la tendance naturelle de tous les corps graves vers le centre de la terre, il tira de cette propriété un moyen de les faire monter. En effet, en quelque point qu'on place un corps sur le plan incliné, ou hélice d'une vis inclinée, si l'on fait tourner la vis dans le sens de ses pas, le point où le corps est arrêté montera, et par une suite du principe de gravitation, ce corps semblera descendre, en ne suivant pas le point où il étoit, et parcourra successivement tous les points de l'hélice, jusqu'à ce que, sans avoir jamais manqué au principe de gravitation, il soit effectivement parvenu au haut de la vis. Cette théorie va devenir sensible.

Pl. 15.

La torse est, comme on l'a vu, une vis dont l'hélice est très-allongée : ainsi, tout ce qu'on dit de la vis est vrai de la torse, et réciproquement.

La *fig.* 5, *Pl.* 15, représente une espèce de torse creusée d'une manière un peu différente de celles que nous avons décrites, et qui ne servent que d'ornement. Cette différence dans la creusure ne change rien à la nature de la pièce; elle ne sert qu'à retenir un corps mobile, pour produire l'effet qu'on va voir.

On tournera un cylindre de bois, d'un diamètre à volonté, et d'une longueur suffisante, pour que la rainure ou filet creux *a, a,* puisse faire autour du cylindre au moins trois révolutions. On réservera au bout du cylindre une tige d'un moindre diamètre, pour servir de guide et d'appui, en passant dans une poupée à collets, ainsi que nous l'avons dit. On ébauchera cette pièce au Tour à pointes, et ensuite on la mettra dans un mandrin sur le Tour en l'air. On montera derrière l'arbre un canon portant une hélice semblable à ceux que nous avons décrits.

On a représenté, *fig.* 6, le bout du cylindre, afin de faire voir la forme qu'il convient de donner à la rainure *A*. Sa coupe doit présenter à peu près les trois quarts du cercle, afin que la boule qu'on y introduira par son extrémité puisse la parcourir dans toute sa longueur, et même s'arrêter à quelque point que ce soit, sans pouvoir en sortir, si on cessoit de faire mouvoir la machine.

On se servira pour creuser cette rainure d'un outil de la même forme, *fig.* 9, mais plus petit, pour qu'on puisse l'introduire aisément. Enfin, on unira parfaitement ce canal avec de la prêle ou autrement, pour qu'aucun obstacle ne s'oppose à la course de la petite boule.

On peut, si l'on veut, faire sur le même cylindre deux ou trois et même quatre canaux pareils au précédent. Quand le cylindre sera terminé, on coupera le bout qu'on avoit réservé à l'extrémité *A*, pour servir de guide, et on en prendra exactement le centre, qu'on approfondira de quatre ou six lignes avec une mèche un peu fine. On retournera le cylindre dans un mandrin pour faire un pareil centre à l'autre bout. On fera ensuite, à la lime, une plaque de fer, ou mieux encore d'acier mince *a*, *fig.* 6. On percera au centre un trou propre à recevoir une tige ronde, aussi d'acier *b*, qui remplisse juste le trou qu'on a fait au centre du cylindre, et qu'on laissera excéder de cinq à six lignes, pour former un tourillon ou axe sur lequel tourne le cylindre. On fixera la plaque sur le cylindre par quatre petits clous très-fins, à tête fraisée, afin qu'ils affleurent la plaque. On

Pl. 15.

mettra à l'autre bout *A*, *fig.* 5 , un pareil tourillon ; mais on pratiquera au bout, à la lime, un carré propre à recevoir la manivelle *B*.

Il ne s'agit plus que de faire l'espèce de tréteau sur lequel la pièce est montée. Ce tréteau n'est autre chose qu'un petit tasseau *C* , assemblé à tenon dans la semelle *D*. Cette semelle s'assemble aussi à tenon dans la traverse *E*, servant de semelle aux pieds du tréteau. Le tourillon *A* est porté dans une encoche circulaire, pratiquée au milieu de la longueur du sommier *F*, et obliquement à sa surface supérieure. Cette pièce est emmanchée dans les montans *G*, *H*, qui entrent à tenons dans la traverse *E* : et pour prévenir l'écartement que l'obliquité du cylindre pourroit occasionner au tréteau, on le retient par le moyen du lien *I*, assemblé dans la traverse *K* et dans la semelle *D*.

La hauteur des deux montans *G*, *H*, est déterminée par la longueur du cylindre, et par son inclinaison sur la semelle *D*. Cette inclinaison est plus ou moins forte, selon que l'hélice fait plus ou moins de révolutions autour du cylindre ; dans tous les cas elle ne doit pas excéder 5o degrés, ni être au dessous de 4o degrés : à cette dernière inclinaison le résultat est déjà fort peu de chose.

Si l'on fait tourner la manivelle, et par conséquent le cylindre de gauche à droite, une boule *b*, partant du bas de la rainure, arrivera au haut en deux tours et demi, par la seule raison qu'elle aura toujours cherché à descendre, ce qu'il est à propos d'expliquer.

Dans la position où le cylindre est représenté, on voit que la boule *b* n'est pas à la place où sa pesanteur doit la faire rester, puisque la partie *e* de la cannelure est plus basse que celle où on a placé la boule. Elle doit donc y descendre ; et déjà, par rapport à une ligne horizontale, elle est plus bas qu'elle n'étoit d'abord.

Supposons qu'on fasse faire à l'arbre un huitième de révolution, le point *e*, où la boule étoit descendue, va monter à la hauteur de *b*, et dès-lors la boule devra descendre au point qui aura remplacé celui *e*. Encore un huitième de tour, et tout ce que nous venons de détailler devra arriver de nouveau ; mais alors la boule sera parvenue, en quelque point de la rainure comme *f*, qui est plus élevé, par rapport à l'horizon, que *e*. On peut appliquer le même raisonnement à toute la longueur du cylindre ; d'où il suit, que s'il étoit possible qu'une pareille vis eût son sommet à cent pieds d'élévation, la boule y parviendroit sans aucune difficulté.

Si l'on tournoit le cylindre trop vite, pour que la boule n'eût pas le

Pl. 15.

temps de descendre au bas de la rainure, elle seroit emportée beaucoup au dessus par la force centrifuge : c'est ce qu'on a rendu sensible en représentant la boule au point *g*.

Si, au lieu d'une rainure, on en faisoit trois ou quatre, on pourroit voir autant de boules parcourir les rainures, et monter chacune au haut de la vis. On suivra, pour faire ces rainures, les principes que nous avons exposés en enseignant à faire les torses à plusieurs filets.

Dès que la boule est arrivée au haut du cylindre, elle sort de la rainure, et tombe. Il faut la remettre au bas de cette même rainure pour lui procurer une nouvelle course ; et quand il y en a quatre, c'est une occupation assez ennuyeuse.

Voici de quelle manière on peut prévenir cet inconvénient.

Lorsque le cylindre n'est encore qu'arrondi sur le Tour en l'air, on le percera sur sa longueur de quatre trous *b*, *c*, *d*, *e fig.* 6, à égale distance du centre et vis-à-vis chacune des rainures ; puis quand les quatre rainures seront faites, on percera au haut de chacune *h*, un trou incliné à l'axe du cylindre, et qui aille donner dans le canal longitudinal le plus voisin de cette rainure, et au bas, un trou aussi incliné à l'axe, qui aboutisse également à la rainure, et au même conduit sur la longueur. On évasera tant soit peu le commencement de ces trous ; et quand la boule sera arrivée au haut de la rainure, elle rentrera dans la solidité du cylindre, suivra le canal, et reviendra au bas de la rainure, pour recommencer une nouvelle course. Ainsi, pour peu que les quatre boules passent aisément par ces canaux, il suffira de faire tourner la vis, et les boules monteront et descendront d'elles-mêmes. Quand ces conduits seront terminés, on bouchera proprement leurs orifices et leur communication avec les hélices, en plaçant une planche sur les deux extrémités du cylindre, pour empêcher que les boules ne s'échappent, et pour masquer les moyens par lesquels elles viennent reprendre la cannelure par en bas.

Ce n'est là qu'un objet de curiosité propre à orner le cabinet d'un Amateur ; mais il n'en démontre pas moins le principe sur lequel est fondée la découverte d'Archimède, et qu'on a appliqué à des usages très-avantageux en grand. C'est par ce moyen qu'on élève l'eau à une certaine hauteur, et qu'on opère des dessèchemens dans des constructions sur pilotis, ou dans des fondations où l'eau abonde. Mais alors la construction n'est pas la même.

Sur la circonférence d'un fort arbre, on décrit deux ou trois hélices dont les révolutions sont en assez grand nombre, comme de huit ou dix,

PL. 15.

sur une longueur de douze pieds ou environ. On pratique, tout le long de chaque hélice, une rainure carrée d'un pouce au moins de profondeur, et perpendiculaire à l'axe. On construit deux ou trois cloisons de planches de chêne, qui chevauchent l'une sur l'autre, et qui sont fixées dans cette situation avec des vis. Leur bout entre dans les rainures du cylindre; et comme la circonférence de l'axe, arbre ou noyau, est moindre que celle du cylindre lorsqu'il sera achevé, on conçoit que ces planches doivent être des espèces de triangles isocèles et mixtilignes. Les deux côtés égaux forment deux lignes droites égales; leur sommet est tronqué par une portion de courbe semblable au fond de la rainure. La base présente une autre portion de cercle déterminée par l'inclinaison des hélices et la grosseur qu'on veut donner au cylindre. Quand ces planches ont formé, autour de l'arbre ou axe, deux ou trois cloisons ayant la forme d'hélice, on ferme le tout extérieurement par des planches étroites, qui forment un cylindre ou espèce de tonneau très-long, égal de grosseur dans toute sa longueur, et dans la surface intérieure duquel entrent aussi à rainures les bouts circulaires des planches formant l'hélice. Ainsi, quand le tout est assemblé, ce sont deux ou trois canaux circulant autour l'un de l'autre, comme les mèches d'un tire-bourre. On doit peindre à l'huile, et à plusieurs couches, ou goudronner l'intérieur de ces canaux pour conserver le bois. On met sur la longueur du cylindre plusieurs frettes ou cercles de fer pour contenir les planches de clôture. Et au moyen de ce que le cylindre est·enfermé dans une cage carrée de bois, composée de quatre montans, assemblés sur leur longueur par plusieurs traverses, et par les extrémités, par une croix aussi de bois, au centre de laquelle passent les deux tourillons, il suffit de placer le bout inférieur dans l'endroit le plus bas de l'espace qu'on veut épuiser, et d'incliner la machine contre un échafaud assez solide pour contenir six ou huit hommes qui font tourner la manivelle; l'eau vient dégorger dans un canal qui la conduit hors de l'endroit où l'on fait l'épuisement.

On peut faire, en petit et sur le Tour, une pareille machine qui fasse bien son effet. Pour cela, au lieu de faire un simple canal, comme nous l'avons dit, on le creusera jusqu'à ce qu'il reste un axe de huit à dix lignes de diamètre, si le cylindre a deux pouces. On creusera carrément, et de manière qu'entre chacun des deux canaux (car en ce cas, deux suffisent pour ne point affamer la pièce) il ne reste qu'une cloison de trois lignes d'épaisseur. Et ces canaux viendront aboutir aux deux bouts dans la forme représentée *fig.* 6, en *f g , h i.* On recouvrira le tout d'une enve- ·

loppe de plomb dans laquelle la vis entre très-juste, et qu'on soudera extérieurement, de la manière que nous avons enseignée, *page 422 et suiv.*, *T. I;* et comme on ne peut espérer que les pas de l'hélice joignent assez juste sur la surface intérieure du plomb, pour que l'eau y soit contenue, on coulera par chaque canal, du goudron chaud, en inclinant la pièce vers le tuyau de plomb. On aura la satisfaction de voir en petit l'effet que produit la machine en grand.

Si le moyen que nous venons d'indiquer de goudronner les joints ne réussissoit pas assez complètement, et qu'on voulût, dans une pièce destinée à entrer dans la composition d'un cabinet de physique, empêcher que l'eau ne se perdît, on pourroit appliquer, dans l'intérieur du canal, ou de chacun des canaux, une lame de plomb mince; lui en faire prendre la forme, et après avoir dressé les bords, y rapporter un ruban, aussi de plomb mince, et souder les deux côtés dans toute leur longueur.

Enfin, on peut faire serpenter dans ces canaux un tuyau de plomb mince, auquel on donneroit la forme rampante du canal, qu'on se seroit contenté de creuser circulairement. On commencera par souder un tuyau droit et assez long, pour aller d'un bout du canal à l'autre. On bouchera une des extrémités avec du liége ou autrement. On le remplira de sable fin, et par ce moyen on aura la facilité de lui faire prendre la forme rampante du canal, sans crainte qu'il ne se plie à faux, ou qu'il ne crève. On le videra ensuite, et on lutera avec du mastic chaud les deux extrémités, pour que l'eau ne s'insinue pas entre les parois du canal et le tuyau. On enfermera ensuite le tout, soit dans une espèce d'étui fait et creusé au Tour, soit en rapportant sur le cylindre des tringles de bois proprement jointes, fixées sur les pas de l'hélice, avec de petits clous d'épingle, et peintes ensuite à l'huile.

Nous ne nous sommes appesantis sur ces petits détails que pour donner des moyens qu'on peut appliquer à une infinité de circonstances.

SECTION V.

Poupée à collets, à vis de rappel.

LES poupées à collets, dont nous avons parlé au commencement de ce Chapitre, offrent un inconvénient dans leur usage quand la pièce qu'on tourne doit diminuer successivement de grosseur : il faut changer plu-

Pl. 15.

sieurs fois les collets et les centrer de nouveau, ce qui présente des difficultés et retarde l'opération; c'est à quoi on a cherché à remédier au
moyen de la poupée à vis de rappel, *fig.* 7 et 8, *Pl.* 15.

Le corps *A* de cette poupée ressemble à celui des autres poupées à
collet, et se monte sur l'établi de la même manière.

Sur la longueur de chacun des montans, et dans leur intérieur, est
pratiquée une rainure dans laquelle coulent les deux collets *B*, *C*. Chacun de ces collets est un parallélogramme de buis, dans lequel on fait
une entaille de même forme, qui se prolonge jusqu'à la moitié de sa longueur. A ce point on entaille le bois de manière que les deux côtés
se réunissent et forment un angle droit : ces deux triangles rectangles et
isocèles forment par leur réunion un carré dans lequel la pièce est soutenue pendant qu'elle tourne. Le collet inférieur *C*, *fig.* 8, porte à son extrémité supérieure, un écrou *E*. Le collet supérieur *B* porte du même côté une
pièce brisée dans laquelle est pratiqué un trou cylindrique qui embrasse
le bout de la vis *F*, dont nous allons parler, et lui fait faire rappel. Ces
deux collets glissent très-juste dans les rainures pratiquées à l'intérieur
des montans de la poupée.

La vis *F* est divisée en deux parties égales, et filetées d'un pas égal;
mais la partie inférieure porte deux filets, et la partie supérieure n'en a
qu'un.

La partie filetée double traverse l'écrou placé au haut des branches du
collet inférieur. Le pas simple passe dans un écrou pratiqué au chapeau
de la poupée. L'extrémité inférieure de la vis est à portée lisse, et est em-
brassée par la pièce brisée placée au sommet du collet supérieur. La partie
qui déborde le sommier est terminée par une poignée *G*, qui sert à la
faire tourner.

C'est à l'aide de cette vis qu'on peut diminuer ou agrandir le trou
carré, formé par la réunion des deux entailles des collets. En effet, en faisant abstraction du collet inférieur *B*, si on fait tourner la vis *F*, il est
clair que le collet supérieur *C* montera ou descendra d'une quantité proportionnée à la hauteur du pas simple de la vis. Pendant que ce collet
monte ou descend, la partie inférieure de la vis qui passe dans l'écrou
placé au sommet du collet inférieur *C* fait monter ou descendre ce collet d'une quantité double, puisque le pas pratiqué sur cette portion de la
vis est à deux filets; mais par l'effet du passage de la vis dans le sommier, cette vis monte ou descend dans l'autre sens, d'une quantité égale
au pas simple de la vis; il s'ensuit qu'à chaque tour de vis, les deux col-

lets marchent en sens contraire et toujours également, en sorte qu'on
peut agrandir ou diminuer le trou sans rien changer à sa forme, ni déranger le centre.

PL. 15.

SECTION VI.

Machines à faire des Serpens.

Il est peu de personnes qui n'aient vu de ces serpens, dont la longueur
effective n'est guère que de 5 à 6 pouces, et qui ont la faculté de s'allonger
jusqu'à 3 ou 4 pieds, et même beaucoup plus. Cette pièce, qu'on a rangée
au nombre des jouets d'enfans, mérite bien d'attirer les regards des Amateurs, puisqu'elle est une des applications les plus ingénieuses du Tour en
l'air. Ces serpens sont ordinairement faits d'un morceau de corne, auquel
on donne, avant de le découper, la forme d'un serpent, de 4 à 5 pouces
de long, sans y comprendre la queue qu'on rapporte ensuite; ainsi, ce
n'est qu'un cylindre jusqu'aux deux tiers de sa longueur, et qui va ensuite
en diminuant insensiblement vers la queue. Voici de quelle manière on
l'exécute.

PL. 16.

On choisit un morceau de corne de longueur suffisante; et, pour que
l'illusion soit plus grande, on le choisit gris, veiné de clair et de brun.
Toute espèce de corne n'est pas propre à cet ouvrage. La corne des bœufs
de France est trop petite; et c'est ordinairement de la corne d'Irlande
qu'on emploie. Les bœufs y étant beaucoup plus gros, la corne en est
plus longue, et l'on y trouve des bouts pleins de longueur suffisante.
On le monte dans un mandrin au Tour en l'air, et on lui donne la forme
que nous venons d'indiquer. On le perce au centre, suivant sa longueur,
d'un trou de 2 lignes de grosseur, en commençant par la queue, attendu
que c'est par le côté où doit être la tête que la pièce est prise dans le
mandrin. On ôte cette pièce du mandrin, et on la fait tremper dans de
l'eau pendant un jour ou deux, jusqu'à ce que la corne soit devenue un
peu molle. Alors on remet la pièce au mandrin avec beaucoup de précaution, attendu que sa mollesse empêche qu'on ne puisse l'enfoncer à coups
de maillet; et on la dresse parfaitement pour qu'elle tourne le plus rond
possible, ainsi qu'on le voit en *A*, *fig.* 1, *Pl.* 16. Il faut maintenant faire
entendre la construction, et le jeu du Tour représenté par la *fig.* 1.

B est un arbre de Tour en l'air, semblable à tous ceux qu'on a vus jusqu'à présent.

Pl. 16.

On voit en *C* la colonne qui porte la roue de volée *D*, qu'on a décrite autre part, et qui est montée ici d'une manière toute particulière. Un arbre de fer *E*, tourné dans une partie de sa longueur, vers le bout *F*, roule par ses deux collets entre les coussinets *a*, *a*; les deux autres sont cachées par la poulie *G*, et ne peuvent être vus sur la figure. Au bout de ce même arbre est un carré sur lequel entre la roue de volée, qui est retenue par un écrou à chapeau, comme à l'ordinaire. Une partie de la longueur de l'arbre *E*, *K*, est triangulaire ou carrée, pour recevoir la poulie *I*. Enfin à l'autre bout *K* de cet arbre est une portée cylindrique, de 7 à 8 pouces de long, et qui tourne entre deux collets qui entrent dans le châssis *b* de la potence *L*, qui doit être assez longue pour que l'arbre puisse être mis dans une position horizontale; ce qu'on obtient en tournant à droite ou à gauche la vis *c*, et faisant monter ou descendre le châssis *d*. Une corde sans fin *e* passe sur la poulie *G*, et sur celle du Tour *M*; et l'on conçoit que lorsqu'au moyen de la pédale on fait tourner la roue de volée, elle entraîne l'arbre *E*, *K*, et par conséquent la poulie *G*, qui est montée dessus, et que la corde sans fin fait tourner la poulie *M*, et par conséquent l'arbre du Tour, et la pièce qu'on veut tourner.

La pièce de corne *A*, qui produira le serpent, est solidement fixée dans le mandrin *f*. On place le support à chariot dont nous avons déjà parlé parallèlement à l'axe du cylindre de corne, et l'on amène le chariot et l'outil au bout du cylindre. On ôte la manivelle de dessus le carré de la vis de rappel du support, et on lui substitue une poulie, telle qu'on la voit en *N*, et pour qu'elle y tienne solidement, on perce au centre de la vis de rappel un trou qu'on taraude ensuite pour recevoir une vis dont la tête appuie contre le plat de la poulie, et la fixe sur la vis de rappel. Comme la poulie *I* glisse à frottemet sur la partie triangulaire de l'arbre, on a la facilité de la placer dans la direction de la poulie qui mène la vis de rappel du support. Une corde sans fin *g*, qui passe sur l'une et l'autre poulie, fait avancer le porte-outil du support, en même temps que l'arbre du Tour et la pièce tournent; et l'outil, avançant insensiblement, décrit sur le cylindre de corne, qu'il coupe profondément, une torse à pas très-lents, qui forment autant de feuilles minces, telles qu'on les voit, *fig.* 2, 3 et 4.

C'est du plus ou moins de vitesse qu'on donne à la vis de rappel, combinée avec le plus ou moins de grosseur du pas de cette vis, que dépend l'épaisseur plus ou moins forte qu'on veut donner aux rondelles ou pas d'hélice, qui forment le serpent dans toute sa longueur. On voit, en effet, à l'inspection de la figure, que si, par exemple, la poulie *M* fait quatre Pl. 16. révolutions pendant que la poulie *N* n'en fait qu'une, l'outil lèvera quatre feuilles de l'hélice pendant que la vis du support aura avancé d'un pas : l'Amateur combinera donc le rapport des diamètres des poulies supérieures et inférieures, de manière à obtenir les vitesses dont il aura besoin.

On peut se servir pour cet ajustement d'une roue en l'air, montée comme à l'ordinaire. Le bout de l'arbre de la roue est, comme on le sait, taraudé pour recevoir l'écrou à chapeau, qui y fixe la poulie; il suffit donc d'ôter cet écrou, et de percer au bout de l'arbre *E K* un trou taraudé au même pas, au moyen duquel on le monte sur l'arbre de la roue, et le tout semble ne faire plus qu'une même pièce. L'autre bout de cet arbre *E, K,* roule entre deux coussinets, qui glissent dans deux rainures pratiquées au dedans du châssis qu'on voit au haut de l'espèce de potence représentée sur la figure, de la même manière que les coussinets glissent dans les rainures d'une filière; et au moyen d'une vis qu'on voit en dessous, on a la faculté d'élever par chaque bout cet arbre, et de donner un peu de tension aux cordes sans fin. Nous disons un peu de tension ; car on ne doit pas espérer que les coussinets puissent faire une longue course dans le châssis de la potence : aussi aura-t-on soin que les cordes sans fin soient, à très-peu de chose près, à la longueur convenable. On se servira pour cela des cordes à boyau, préférablement à celles de chanvre ; et en mettant un crochet à chaque bout, si elle s'allonge, on en est quitte pour visser un peu la corde à chaque bout, et brûler ce qui excède en dedans du crochet.

Nous avons prévenu qu'il falloit que le cylindre de corne fût percé à son axe d'un trou parfaitement droit. L'outil qui va emporter toutes les rondelles doit atteindre jusqu'à ce trou , ainsi qu'on le voit par les *fig.* 2, 3 et 4. Mais comme l'outil ne doit pas couper perpendiculairement à l'axe, mais un peu obliquement, ainsi qu'on le voit, *fig.* 2, où les feuillets forment le cône très-aplati, et que si l'on inclinoit le support par rapport à l'axe, l'outil ne marcheroit pas parallèlement, et finiroit par sortir hors de la matière, c'est le tranchant lui-même qu'il faut incliner, comme on le voit à part, *fig.* 5. L'inclinaison de l'outil, une fois déterminée, il pourra marcher parallèlement à l'axe, et néanmoins couper obliquement; ce qui est nécessaire pour que chaque filet de l'hélice ait plus de force, et que le serpent, quand il se déploie, ne plie pas, et ne soit pas sujet à être cassé. La forme de l'outil, suivant sa longueur, doit être portion d'un

Pl. 16.

cercle plus grand que la circonférence du cylindre de corne, et il doit entamer à la fois, depuis la circonférence jusqu'au centre, car il n'est pas possible de s'y reprendre à plusieurs fois. Quoique la lame de cet outil doive avoir peu d'épaisseur, il ne faut cependant pas s'imaginer qu'elle doive être infiniment mince. Comme la partie à droite est composée de feuillets séparés, et qui peuvent s'écarter pour donner passage à l'outil, il n'y a que la partie à gauche qui oppose quelque résistance.

Lorsqu'on a déjà coupé un certain nombre de feuillets, on doit s'attendre à les voir pendre sur l'établi ; et la rotation continuelle de la pièce pourroit entrelacer les rondelles et les faire casser : voici comment on prévient cet accident. On passe dans le trou du cylindre une petite broche de quelque bois médiocrement dur, et on forme vers le bout un petit bouton *h*. Cette broche excède, vers la droite, d'un pouce ou environ la longueur du cylindre ; et par ce moyen, toute la partie déjà terminée a de quoi s'étendre pour donner passage à l'outil, sans courir risque d'être cassée.

Si la vis de rappel du support à chariot n'avoit pas assez de course pour que l'outil pût parcourir toute la longueur du cylindre, on sera obligé de ramener le porte-outil du support au bout du chariot, en faisant rétrograder la vis de rappel, et de porter le support vers la gauche, jusqu'à ce que l'outil soit exactement au point où on s'est arrêté, et on continuera, comme on l'a fait, jusqu'à ce que le serpent soit terminé. On n'ira pas jusqu'au bout, mais seulement jusque contre le mandrin, autant que le châssis du support le permettra. Comme la tête de la vis de rappel, sur laquelle se monte la poulie, est assez courte, on ne peut avancer le support vers la gauche, quoiqu'en ramenant le porte-outil à droite du support à chariot, sans que le bout du serpent, et surtout la cheville qu'on y a mise, ne touche la poulie, et même que cette poulie ne nuise à la course de l'outil. Voici un moyen simple à l'aide duquel on peut remédier à cet inconvient. On montera la poulie au milieu d'un arbre d'acier de 3 à 4 pouces de long, sur un carré qu'on y aura réservé. Un bout de cet arbre entrera juste sur le carré de la tête de la vis de rappel ; et comme le tirage de la corde sans fin nuiroit à la solidité de la poulie, et que son arbre ne tourneroit pas suivant l'axe de la vis de rappel, l'autre bout de l'arbre sera percé d'un trou un peu profond pour recevoir la pointe d'une poupée mobile placée derrière la poulie, et à droite de l'artiste. Lorsque l'hélice sera entièrement terminée, on ôtera la pièce de dessus le Tour, et on la mettra par l'autre bout dans un mandrin fen-

Pl. 16.

fendu, pour donner à la tête la forme qu'elle doit avoir, et qu'on a rendue aussi sensible qu'on a pu par la *fig.* 6, qui représente le serpent déployé en partie. On pourra saisir ce serpent dans le mandrin, par la partie qui reste cylindrique, comprise entre *a* et *b*, *fig.* 6.

Pour qu'on ne voie pas le trou qui commence par la queue, on tournera un petit bouton qu'on collera au bout, et qui devra aller en diminuant comme la queue, et être terminé en rond. On fendra la tête pour y former la gueule, et on se servira pour cela de scie à denture fine. On réparera le tout proprement avec des écouanes fines, et de forme convenable. On pourra coller dans cette fente un petit morceau de drap rouge, pour imiter la langue; quoique ce ne soit pas la couleur d'une langue de serpent, l'usage a prévalu de les faire de cette couleur.

On percera au foret deux trous pour y coller deux yeux d'émail; et pour y réussir, on fera le trou hémisphérique pour y coller les deux petits globes. On pourroit percer le trou plus avant et y faire entrer deux pièces d'ivoire peintes en noir, qui n'eussent la forme sphérique que par devant, et qui par derrière fussent terminées par une queue qui tiendroit plus solidement; mais ces derniers approchent moins de la nature que ceux d'émail.

Si les pas de l'hélice sont un peu minces, et que le cylindre sur lequel on a opéré ait 5 à 6 pouces de long, ce serpent pourra s'allonger en le tenant suspendu, jusqu'à 4 ou 5 pieds, et la diversité des couleurs dont la corne est jaspée fera un effet très-agréable. Comme il peut toujours revenir à la longueur originaire du cylindre, on tournera un étui auquel on donnera à peu près la longueur qu'avoit le cylindre, et on conservera ainsi le serpent sans crainte de le casser.

Comme il est possible qu'un Amateur n'ait pas de support à chariot, nous allons donner une autre manière de faire le même serpent avec un Tour en l'air simple, et un support qu'on peut aisément se faire soi-même.

La *fig.* 7, même planche, représente un Tour en l'air ordinaire, vu par derrière l'établi, afin qu'on saisisse mieux la position de l'outil. *A* est une partie de l'arbre qui passe entre les collets de la poupée de devant, l'autre étant censée cachée. On voit le cylindre de corne *B* dans son mandrin *C*, qui peut être fendu. Ce cylindre est percé comme le précédent, suivant son axe; mais au lieu d'une broche de bois, on y fait entrer très-juste une broche de fer *D*, dont la longueur excède le double de celle du cylindre, et taraudée dans toute sa partie extérieure. La grosseur de cette

broche peut être d'environ deux lignes, et le pas de la vis est égal à l'épaisseur qu'on veut donner aux rondelles de l'hélice. Elle passe dans une
poupée à collets, telle que nous l'avons décrite, et dont les collets sont
taraudés du même pas que la vis. Le Tour va par le moyen d'une roue,
soit en dessus, soit en dessous de l'établi. On baisse la clef d'arrêt, et l'on
sent que l'arbre tournant d'un mouvement continu, est appelé vers la droite
de l'ouvrier, qui est ici à la gauche du lecteur, par la broche à vis *D*, qui avance
très-lentement. Comme l'outil, en coupant la matière, oppose une assez
grande résistance, et que la broche, en attirant le serpent, pourroit le faire
sortir du mandrin, il faut que cette broche traverse le mandrin, et vienne
se visser dans un écrou de cuivre fixé dans l'intérieur de l'écrou par lequel le mandrin se monte sur le nez de l'arbre. Un support *E*, qui n'a pas
de chaise tournante, mais seulement un montant assemblé dans la semelle, à queue d'aronde ou autrement, pouvu qu'il soit très-solide, porte
l'outil *F*; mais pour que cet outil soit retenu invariablement et solidement, on attache avec de bonnes vis sur le haut du support une coulisse
dans laquelle l'outil est fixé au moyen de deux vis de pression *a, a*. Cet
outil est fait comme celui qui est sur le support à chariot, *fig.* 1, si ce
n'est qu'il est emmanché comme on le voit, ce qui n'est cependant pas
très-nécessaire. On pourroit, à un support ordinaire, fixer une cale de hauteur convenable, et au dessus de laquelle fût une coulisse, comme nous
venons de le dire.

On conçoit aisément que la broche à vis, appelant le cylindre, ainsi
que le Tour, qui a la faculté d'avancer entre les coussinets, fait parcourir
à l'outil, qui reste immobile, toute la longueur du cylindre de corne, et
que le serpent se forme avec la plus grande facilité. L'outil *F* a son tranchant incliné comme le précédent; et à la mécanique près, c'est absolument la même opération.

Les collets de l'arbre doivent, autant que cela est possible, avoir assez de
longueur pour se prêter à toute la course qu'exige celle du serpent. L'arbre
dont on se sert pour les torses convient parfaitement dans cette circonstance.

Si cependant on n'avait qu'un arbre ordinaire, on pourrait encore en
tirer parti en le reculant à chaque reprise, de manière que l'embâse tou-
chât à la poupée, et en reportant le support et l'outil à l'endroit juste où
on en est resté. On prendra toutes les précautions convenables pour qu'on
ne s'aperçoive pas de la reprise, en faisant aller et venir l'arbre, pour
juger si l'on continue bien le trait commencé, ce qui présente d'assez
grandes difficultés.

Pl. 16.

Un Amateur distingué par ses connoissances dans les Arts, et particulièrement dans le Tour, nous a assurés avoir vu en Allemagne faire ces serpens, par une méthode infiniment plus simple que les deux précédentes. La simplicité de cette méthode et la facilité qu'on a d'en faire l'essai nous ont déterminés à la présenter à nos Lecteurs.

La *fig.* 8 représente un vilebrequin ordinaire, de bois ou de fer, dans la boîte duquel entre une espèce de mandrin dont la tige est carrée. La tête *A* est fendue suivant sa longueur, et a une portée suffisante pour embrasser le cylindre de corne qui est percé, du côté de la queue du serpent, d'un trou de deux lignes et demie ou environ, comme les précédens. On fait entrer dans ce trou une broche de fer, comme à la *fig.* 1, et dont l'office est d'empêcher les rondelles de se mêler en tournant, et de se casser.

Une cale de bois *C*, qui peut se fixer sur une poupée à lunette, ou dans un étau, porte une espèce de fer à cheval d'acier *D*, fixé sur la cale, au moyen de trois vis à bois. Ce fer à cheval est de tôle d'acier, d'une bonne ligne d'épaisseur, fendu, suivant sa longueur, jusqu'au trou circulaire qu'on y voit, *fig.* 9. Le trou du centre est lisse, ses bords sont un peu arrondis, afin que la broche y entre à frottement doux. Le côté droit *a* du fer à cheval, qui forme avec l'autre un angle très-aigu, n'est pas sur le même plan que lui, mais vient tant soit peu en avant, en gauchissant vers le haut, tandis que le côté *b* est appliqué exactement sur le plan de la cale : ainsi les deux côtés de cette ouverture très-aiguë font, par rapport à leurs plans, le même angle que celui qu'on voit sur la *fig.* 9. Le côté *a* est affûté en forme de couteau, par la rencontre de deux biseaux, et doit couper parfaitement. C'est l'inclinaison d'un des côtés *a* de ce fer à cheval, par rapport à l'autre *b*, qui donne l'obliquité qu'on remarque aux rondelles, *fig.* 2, 3 et 4.

On fait entrer la broche dans le trou, en appuyant contre la poignée *E* du vilebrequin, et tournant de gauche à droite, on force la corne à être coupée par le tranchant *a*, et le plus ou moins d'écartement des deux côtés *b*, *a*, près du trou, détermine l'épaisseur des rondelles. Nous croyons en avoir assez dit sur cette machine, qu'on peut essayer à peu de frais et avec beaucoup de facilité. Quand le corps sera terminé, on fera la tête et la queue de la manière que nous avons indiquée plus haut.

CHAPITRE V.

Boules, Polyèdres, Étoiles.

SECTION PREMIÈRE.

Machine à faire les Boules.

Toutes les pièces dont nous allons nous occuper dans ce chapitre ne peuvent s'exécuter que sur une boule ou sphère parfaitement régulière.

On a vu dans le premier Volume la manière de faire une boule au Tour en l'air simple, et on sait combien cette opération présente de difficultés : ces difficultés sont si grandes, qu'on peut dire qu'il est presque impossible de les surmonter ; les ouvriers eux-mêmes, qui en font continuellement, comme les tabletiers, y réussissent très-rarement. On peut s'en convaincre, en vérifiant plusieurs billes de billard avec le calibre dont nous parlerons à la fin de cette section, et on verra qu'il n'y en a pas une seule exactement ronde.

Ces considérations ont déterminé à chercher un moyen d'exécuter une boule par un mouvement continu, et sans être obligé de l'ôter du mandrin et de l'y remettre à plusieurs reprises ; et on y est parvenu au moyen de l'instrument dont nous allons donner la description, avec lequel on est de plus dispensé de l'attention continuelle qu'il faut avoir pour suivre le trait de l'équateur ; ce qui n'est pas une des moindres difficultés qu'on éprouve en opérant de la manière ordinaire.

Cet instrument consiste en un support d'une forme particulière, que l'on voit *fig.* 1 et 2, *Pl.* 17. Il est monté sur une base, en bois *A*, terminée par un tenon *B*, qui doit entrer très-juste dans la rainure de l'établi. Au centre de la partie inférieure de ce tenon est pratiqué un trou, dans lequel entre un boulon ou vis à la romaine *C*, semblable à ceux qui fixent les poupées du Tour sur l'établi.

Cette base porte un plateau circulaire en cuivre, *D*, *fig.* 1, et vu à plat, ═══
fig. 3, incrusté sur la base à laquelle il est fixé par quatre vis à bois, et dont Pl. 17.
il vient affleurer la surface : à trois ou quatre lignes de la circonférence est
une portée *a*, dont on verra l'usage. Le centre porte un cône tronqué
d'environ huit lignes, et fondu du même jet, suivi d'un six-pans, et terminé
par une petite partie taraudée. Ce cône, que l'on voit plus distinctement
en *b*, sur la coupe *fig.* 4, est absolument semblable à celui qui porte les
nez mobiles de l'excentrique et de l'ovale.

Sur ce premier plateau on en place un second *F*, *fig.* 1 et 2, et vu à
plat, *fig.* 4, percé à son centre d'un trou circulaire *a*. En dessous de ce
plateau, et près de sa circonférence, est un drageoir *b*, qui entre juste dans
la portée du plateau inférieur et au moyen duquel le plateau supérieur
peut tourner sur le plateau inférieur qui demeure immobile. La perfection de l'ajustement de ces deux pièces, l'une sur l'autre, est de la plus
grande importance; car c'est de là que dépend en grande partie la justesse
de la machine.

Le plateau supérieur porte sur son champ une rainure arrondie en
portion de cercle, sur laquelle sont pratiquées des dents inclinées, où s'engrènent les pas d'une vis sans fin *O*, *fig.* 1, 2 et 12. Cette vis est fixée sur
la base en bois par une chappe en fer, dans laquelle elle est retenue par
deux collets, qui ne lui permettent ni d'avancer ni de reculer. Les *fig.* 13
et 14 donnent sur une échelle double le développement de ces deux pièces.
A, est la chappe vue sur son épaisseur.

Ce plateau est retenu sur l'autre par un ajustement semblable à celui
des nez mobiles de l'ovale et de l'excentrique, et qui lui laisse la faculté
de tourner sur son centre. Cet ajustement consiste en une partie conique
percée d'un trou à six pans, comme on le voit en *c c*, *fig.* 4. Un écrou
d d, même figure, sert à fixer le tout.

La *fig.* 5 représente la coupe du plateau supérieur : on voit en *b* le trou
qui reçoit le cône et les autres pièces dont nous venons de parler : *c*, *c* indique le drageoir; *d*, *d*, la rainure portant les dents d'engrenage; *e*, *e* est
un ravalement circulaire pratiqué pour élégir la pièce.

C'est sur ce second plateau que se place le porte-outil *G*, *G*, *fig.* 1 et 2,
et vu séparément, *fig.* 6 et 7 : sa base présente un parallélogramme, dont les
petits côtés *a*, *a*, sont arrondis à la circonférence du cercle. Les longs
côtés *b*, *b*, forment deux plans inclinés, au moyen desquels la pièce s'a-
juste à queue d'aronde et glisse entre deux coulisseaux *H*, *H*, *fig.* 1, et 2,
fixés sur le plateau par quatre vis semblables à celle *fig.* 9.

Pl. 17.

La *fig.* 8 représente un de ces coulisseaux vu à plat en *A*, et sur son épaisseur en *B*; on fait mouvoir ce porte-outil entre les deux coulisseaux au moyen d'une vis de rappel *K*, *fig.* 1, et vue dans toute sa longueur, *fig.* 10. Cette vis s'ajuste comme celle qui fait mouvoir la coulisse de l'excentrique; c'est pourquoi nous ne nous arrêterons pas à décrire cet ajustement, que nous détaillerons ailleurs.

A la partie supérieure du porte-outil est pratiquée une entaille *m*, *fig.* 1, destinée à recevoir l'outil, qui y est maintenu par les deux vis *n, n*. On voit la forme et la position de cet outil dans la *fig.* 11, représentant un plan géométral du porte-outil. Ce plan a été tracé sur une échelle double de celle des autres figures, pour indiquer d'une manière plus claire la position qu'on doit donner à l'outil, et qui ne se voit qu'imparfaitement sur la vue géométrale, *fig.* 12.

La *fig.* 16 représente l'outil vu à plat : cet outil n'est autre chose qu'une espèce de grain-d'orge dont la figure indique suffisamment la forme.

La *fig.* 17 est une clef dont l'extrémité est carrée et sert à faire mouvoir la vis de rappel, dont la tête présente un trou de même forme.

On voit sur la *fig.* 12 en petit *a*, une division tracée sur le coulisseau, et un index sur le porte-outil. Nous en ferons connoître l'usage en enseignant la manière de travailler avec cet instrument.

On commencera par placer dans un mandrin un cylindre de quelque bon bois, et on le réduira au diamètre convenable, qui doit être un peu plus gros que celui de la boule qu'on veut faire. On dégrossira ensuite ce cylindre à la gouge, et on lui donnera une forme approchant de celle d'une sphère portée sur une base circulaire, comme on le voit *fig.* 1. Cette base sert à retenir la boule dans le mandrin pendant l'opération, et on donnera à sa surface supérieure la forme d'un plan incliné, pour faciliter le passage de l'outil.

Après ce travail préliminaire, on placera l'instrument sur l'établi, en faisant entrer le tenon dans la rainure, et on fera marcher le porte-outil, à l'aide de la vis de rappel, jusqu'à ce que l'index ait parcouru sur la division, à partir du point o, un espace égal au rayon de la boule, dans l'état où elle se trouve. Alors on fera glisser le tenon de la base dans la rainure de l'établi jusqu'à ce que la pointe de l'outil, qui doit se trouver bien juste à la hauteur du centre du Tour, vienne toucher la boule au quart de sa circonférence, à partir d'un des deux pôles qui sont dans l'axe du Tour. La *fig.* 1 montre l'outil dans cette position.

Comme le diamètre d'une boule ébauchée simplement à la gouge ne

peut être pris fort exactement, il peut arriver qu'en approchant l'instrument de la boule, la pointe de l'outil dépasse on n'atteigne pas le point Pl. 17.
indiqué; alors on fera mouvoir la vis de rappel dans un sens ou dans un
autre, jusqu'à ce que cette pointe vienne affleurer la boule à ce point :
nous disons affleurer; car, particulièrement en commençant à travailler,
il ne faut prendre que très-peu de bois à la fois, à cause des aspérités qui
couvrent encore la surface de l'ébauche. Après toutes ces précautions, on
fixera l'instrument par le boulon qui passe sous l'établi.

Tout étant ainsi disposé, on mettra le Tour en mouvement à l'aide de
la roue placée en dessus ou en dessous de l'établi, et on fera en même
temps tourner à gauche la manivelle de la vis sans fin, jusqu'à ce que
l'outil soit parvenu au pôle opposé au point par lequel la boule tient à sa
base; ce qu'il est facile de reconnoître, parce que l'outil, une fois arrivé à
ce point, cesse d'entamer le bois. Ensuite on fera tourner la manivelle
dans l'autre sens, jusqu'à ce que l'outil soit arrivé près du pôle opposé,
et on prendra garde, en approchant de ce pôle, de détacher la boule de sa
base. Il faut avoir soin d'y réserver assez de bois pour qu'elle y soit solidement maintenue, et on en ôtera un peu à chaque passe de l'outil.

Il pourroit arriver que, si on avoit à déplacer du côté de la base une
masse de bois un peu considérable, l'outil éprouvât une résistance assez
forte pour le rejeter du côté opposé, ce qui altèreroit indubitablement la
parfaite sphéricité de la boule. C'est pour cela qu'en enseignant à ébaucher la boule à la gouge, nous avons recommandé de donner à la base
la forme d'un plan incliné. Il sera bon en ce moment de diminuer
encore cette masse de bois avec un grain-d'orge, que l'on appuiera sur le
porte-outil comme sur un support ordinaire; car, une fois l'instrument
mis en place, il est important de n'y plus rien déranger.

A chaque passe de l'outil, on aura soin de le faire avancer insensiblement à l'aide de la vis de rappel, jusqu'à ce que l'index soit parvenu sur
la division du coulisseau, au point qui indique le rayon que doit avoir
la boule. En cet état on fera faire encore deux ou trois passes à l'outil, sans
toucher à la vis de rappel, et en approchant toujours de plus en plus du
point par lequel la boule est encore maintenue; ces passes achèvent de
lui donner le poli, en sorte qu'il ne reste plus qu'à la détacher à la dernière. Si on a bien opéré, et si l'outil coupe parfaitement, la surface
de la boule sortira bien unie, et on n'y peut pas même remarquer les
deux points qui ont servi de pôles pendant l'opération. On doit bien se
garder d'employer ensuite le papier à polir, ou tout autre moyen, pour

Pl. 17. lui donner plus de brillant. La boule est entièrement terminée au moment où l'outil la détache de sa base, et tous les moyens qu'on emploieroit ensuite ne pourroient qu'en altérer la régularité.

On pourra se convaincre de la bonté de l'instrument que nous venons
de décrire, et de l'exactitude de ses résultats, en vérifiant la boule dans
un calibre *fig.* 18. Ce calibre est un plateau très-mince, de cuivre ou de
bois, dans lequel on perce au Tour, et avec le plus grand soin, un trou
circulaire au diamètre exact de la boule, et dont les bords intérieurs
sont amincis en forme de biseau. On y fera passer la boule sur tous ses
sens, et si on a bien opéré, elle passera chaque fois avec une égale aisance;
ce qui démontre sa sphéricité parfaite.

Mais pour arriver à ce point de perfection, il faut observer quelques
conditions essentielles.

La première est que la pointe de l'outil soit placée très-exactement à la
hauteur du centre du Tour. Pour s'en assurer, on approchera cette pointe
vis-à-vis du pôle de la boule ébauchée, et si la pointe est trop haute ou
trop basse, on s'en apercevra aisément, parce qu'elle tracera sur la matière un petit cercle, dont elle n'atteindra pas l'intérieur. Si elle est trop
haute, on diminuera l'épaisseur de l'outil; si elle est trop basse, on le ca-
lera avec une carte, un morceau de papier ou de toute autre manière;
mais ces derniers moyens ne nous paroissent pas assez exacts pour une opération qui exige la plus grande précision, et nous conseillons aux amateurs de se procurer plutôt un outil plus épais.

Une autre condition indispensable, est que le centre sur lequel se meut
l'instrument se trouve sur une perpendiculaire élevée du milieu de la
rainure de l'établi, et qui coupe par conséquent, à angles droits, la prolongation de l'axe du Tour.

Enfin, les surfaces supérieures et inférieures des deux plateaux, et celles
de la base en bois, tant du côté qui porte le premier plateau, que du côté
par lequel elle touche l'établi, doivent être parfaitement parallèles entre
elles.

L'instrument réunissant toutes ces conditions, et la pointe de l'outil étant placée, au moyen de la division du coulisseau, au rayon de la
boule, il est aisé de voir que le cercle résultant de la révolution de la boule
coupera à angles droits le demi-cercle décrit par la pointe de l'outil, et que
tous deux ayant le même centre et le même diamètre, la boule obtenue par
ces deux mouvemens combinés ne peut manquer d'être parfaitement
sphérique.

Nous avons dit au commencement de cet article, qu'il falloit mettre en mandrin le cylindre dans lequel on veut prendre la boule. On pourroit aussi monter le cylindre lui-même sur le nez du Tour, en pratiquant un écrou à son extrémité, comme on le voit *fig.* 1. Mais ces moyens, qui sont bons quand le bois qu'on emploie n'est pas d'un grand prix, deviendroient trop dispendieux, si on travailloit sur du bois précieux ou sur de l'ivoire; et voici celui qu'il convient d'employer dans ce cas.

On dressera parfaitement, et avec le plus grand soin, la surface du mandrin, et celle de l'extrémité du cylindre de bois ou d'ivoire, dont la longueur ne doit excéder que d'une ligne au plus le diamètre de la boule. On collera ces deux surfaces l'une sur l'autre, après y avoir pratiqué, à l'aide d'un grain-d'orge, quelques traits circulaires qui facilitent l'effet de la colle. Quand la colle sera bien sèche, on opérera à l'ordinaire, et comme si le tout étoit d'un seul morceau.

Nous avons fait exécuter sous nos yeux, et avec les soins convenables, un de ces instrumens; et en nous en servant avec les précautions que nous avons détaillées, nous avons obtenu des boules dont la perfection ne laisse rien à désirer. Nous nous chargerons d'en faire fabriquer pour les Amateurs qui désireroient s'en procurer de semblables; mais il est indispensable que nous connoissions au juste la largeur de la rainure de leur établi, et la distance du centre de leur Tour à la surface de l'établi. C'est pourquoi nous les engageons à joindre à leur demande une planchette taillée sur le modèle *fig.* 19.

La partie inférieure *A* doit entrer très-juste dans la rainure de l'établi, et les épaulemens *B B* doivent appuyer par tous leurs points sur la surface de l'établi, qui doit être parfaitement dressée; ce dont il sera bon de s'assurer, car la moindre inégalité rendroit l'usage de notre instrument très-difficile. Enfin, on marquera sur cette planchette le point du centre du Tour, en la plaçant par son tenon dans la rainure de l'établi, et en l'approchant d'un mandrin à pointe, monté à cet effet sur le nez de l'arbre. A défaut d'un mandrin à pointe, on se servira d'une pointe de buis ou autre bois dur, comme nous l'avons enseigné en d'autres circonstances.

Nous croyons devoir placer à la suite de cet article la description d'un mandrin, dont l'usage est infiniment préférable au mandrin creusé dont nous nous sommes servis dans notre premier Volume, à l'article des polyèdres. Celui dont nous allons parler est, à la vérité, plus composé; mais on obtient par son moyen des résultats bien plus exacts, et son usage est indispensable pour la plupart des opérations décrites dans ce chapitre.

Pl. 19.

Mandrin particulier pour tous les Polyèdres.

On commencera par faire un mandrin *fig.* 21 et 22, *Pl.* 19, creusé au diamètre de la boule, comme celui que nous avons indiqué dans notre premier Volume, *pag.* 321. On formera, à l'extérieur et au bord du mandrin, une portée lisse *a,* semblable à la gorge d'une tabatière. Sur le corps de ce mandrin, entre la portée et l'embâse, on pratiquera une vis *b* de médiocre grosseur; on fera ensuite sur un autre mandrin un couvercle *c ,* creusé en demi-boule., au diamètre de celle qu'on veut travailler; on lui fera une portée comme celle du couvercle d'une tabatière, qui entre juste sur celle qu'on aura faite au mandrin, de sorte que quand le couvercle sera placé sur le mandrin, il y ait un creux capable de contenir la boule avec un peu de force. On détachera ce couvercle, et on le terminera sur le mandrin, auquel il doit être fixé par le moyen de l'anneau à talon *d,* qui se visse sur le corps du mandrin; en serrant cet anneau , on rapproche les deux parties du mandrin, où est placée la sphère, qui s'y trouve ainsi maintenue solidement et sans pouvoir éprouver le moindre dérangement. On raccourcira au Tour le couvercle du mandrin jusqu'à ce qu'on atteigne avec l'outil la calotte sphérique creusée dans son intérieur; et on continuera, jusqu'à ce que l'ouverture présente un diamètre plus grand que les faces de chaque côté du polyèdre.

On enfermera la boule dans ce creux, où elle sera retenue par le couvercle, qu'on serrera en vissant l'anneau assez fort. La boule doit être placée de manière que le point qu'on a marqué sur la face qu'on veut exécuter soit parfaitement au centre.

On voit que le mandrin dans lequel la pièce est contenue est de la plus grande commodité, en ce qu'il suffit de desserrer un peu l'anneau qui maintient le couvercle pour tourner la boule dans le sens dont on a besoin, sans qu'elle cesse de tourner toujours rond.

Pl. 18.

SECTION II.

Principes mathématiques pour le tracé des cinq Polyèdres réguliers, et des Étoiles sur la surface de la sphère.

Dans la première édition de cet ouvrage nous avions renvoyé, pour la division de la sphère, aux *Traités de Géométrie.* Plusieurs personnes nous ayant représenté que les auteurs, au lieu de donner des méthodes directes et précises, pour parvenir à cette opération, l'ont enveloppée dans des principes qui, quoique simples en eux-mêmes, comportent dans leur application quelque difficulté, nous nous sommes déterminés à mettre sous les yeux du public une collection de problèmes relatifs à l'art, soit de construire les cinq polyèdres réguliers ; soit de disposer sur la surface de la boule un nombre de points conforme à la nature de la division que l'on se propose d'effectuer.

Nous entrerons dans divers autres détails propres à intéresser et à guider les amateurs.

Les Lecteurs instruits n'auront pas de peine à nous comprendre. Quant à ceux qui ne possèdent aucune teinture des sciences mathématiques, notre travail ne leur sera pas inutile ; et si le fil de nos solutions échappe à leur intelligence, ils en seront dédommagés par l'avantage de pouvoir atteindre le but auquel ils désireront arriver, en pratiquant mécaniquement les procédés que nous leur enseignons.

OBSERVATION.

Les géomètres modernes divisent le cercle en 400 parties ou grades; chaque degré = 0,01 du quadrans pris pour unité. Chaque minute = 0,01 du degré, ou 0,0001 du quadrans : chaque seconde = 0,01 de la minute, ou 0,000001 du quart de cercle.

Que l'on ait à exprimer quatre-vingt-dix-sept degrés, soixante-douze minutes quatre-vingt-dix-sept secondes, on peut indifféremment écrire 97°, 72′, 97″, ou 0^q,977297.

Nous nous conformerons dans nos calculs à ce nouveau système, à tous égards préférable à l'ancien. Toutefois, à côté de chaque résultat centésimal, nous aurons la précaution de signaler, entre deux parenthèses, sa valeur sexagésimale.

Pl. 18.

Et, comme sur une boule d'un petit volume, une minute est à peu près imperceptible, nous ne tiendrons compte des secondes qu'autant qu'elles s'élèveront au moins à 0,5.

DÉFINITIONS.

De la Sphère.

La sphère est un corps solide, limité par une surface unique, dont tous les points sont également distans d'un point intérieur, auquel on donne le nom de *Centre*.

L'axe ou le diamètre est une ligne qui passe par le centre, et se termine à la surface.

Les pôles sont deux points situés aux extrémités de l'axe.

On peut tracer sur la surface d'une sphère de grands et de petits cercles.

Les grands cercles sont ceux dont les plans rencontrent le centre de la sphère.

Les petits cercles sont ceux dont les plans passent à côté du centre.

L'équateur est un grand cercle perpendiculaire à l'axe. Tous les points de sa circonférence sont éloignés des pôles de 100° (90°), ou d'un quadrans.

Les parallèles sont de petits cercles parallèles à l'équateur.

Des Polyèdres.

On appelle polyèdre un solide terminé par des polygones plans.

On distingue, dans un polyèdre, des surfaces planes, des angles solides, formés par l'assortiment de plusieurs angles plans.

L'existence d'un angle solide, ou d'un angloïde, dépend de deux conditions : 1°. du concours de trois angles plans au moins ; 2°. de la mesure de ces angles, laquelle doit essentiellement être moindre que 400° (360°).

Il est impossible de composer un polyèdre avec moins de quatre polygones plans.

Tous les polygones ne sont pas également propres à former un polyèdre. Il n'en est qu'un très-petit nombre que l'on puisse employer, surtout dans la contruction des polyèdres réguliers.

Par polyèdres réguliers, on entend ceux dans la structure desquels

il n'entre que des polygones réguliers égaux, et dont tous les angloïdes
sont égaux entr'eux. · Pl. 18.

Ils sont au nombre de cinq :

Chaque angle d'un triangle équilatéral n'ayant que 0,6666 (60°), on peut, en rangeant autour d'un même point trois, quatre et jusqu'à cinq de ces angles, obtenir un angloïde. Dans aucun de ces cas, leur somme ne va à 400° ou 4 quadrans.

Ces trois assortimens produisent le tétraèdre, l'octaèdre et l'icosaèdre.

Trois angles droits ne donnent que 300° (270°). Ils peuvent engendrer un angle solide. C'est de leur réunion que naît l'hexaèdre, vulgairement le cube.

Trois angles de pentagones ne donnent que 360° (324°), et sont, par cette raison capables de composer un angloïde. Assemblez douze de ces polygones, vous aurez un dodécaèdre.

C'est sur des considérations tirées de la construction des polyèdres réguliers que reposent toutes les divisions de la sphère. Ce seront par conséquent les seuls dont nous nous occuperons.

Division de la Boule en quatre.

Circonscrivez à un tétraèdre une surface sphérique. Les extrémités des angles pleins, en s'appuyant sur cette surface, y imprimeront quatre points qui, joints par six arcs de grand cercle, se trouveront placés aux sommets de quatre triangles équilatéraux, dont tous les côtés seront égaux.

Il suffit de calculer l'un quelconque de ces côtés. Par cette évaluation les distances respectives de tous les points, et l'ordre de leur distribution seront entièrement déterminés.

SOLUTION.

Soit π la demi-circonférence; et soient A, B, C, les angles de l'un de ces triangles; a, b, c, les cotés opposés. L'angle au pôle $= \frac{2}{3} \pi$. $= A = B = C$; $a = b = c$.

Soient encore A', B', C' les supplémens de A, B, C; et a', b', c' ceux de a, b, c.

On a, pour résoudre ces cas, proposé la formule

PL. 48.

$$Sin. \tfrac{1}{2} a' = \frac{R.\ sin.\ \tfrac{1}{2} A'}{sin.\ A'} = \frac{R.\ sin.\ 0{,}3333.}{sin.\ 0{,}6666.}$$

Qui, traitée par la voie des logarithmes, donne :

	log. Ray.	10.
	log. sin. 0,3333. . .	9. 6989306.
compl. arith	*log. sin.* 0,6666. . .	0. 0624956.
	Somme.	19. 7614262. *log. sin.* 0,39°, 19′.

(35°, 16′), valeur qui reportée dans sa formule fondamentale, la réduit à $sin. \tfrac{1}{2} a' = 0{,}3919$.

D'où l'on tire $sin. a' = 0{,}7837$. (70°, 32′.) supplément de 1q, 2163 (109°, 28′).

Au moyen de cette solution, on est en état de diviser la sphère en quatre.

Supposons que l'on ait tourné avec soin une boule, on marquera ses pôles et son équateur, que l'on partagera en trois. Par chaque point, on fera passer, sur le Tour, à l'aide d'un crayon, une demi-circonférence de grand cercle, qui joindra les deux pôles sans les outre-passer.

Cette préparation achevée, on prendra très-exactement le diamètre de la sphère, en se servant d'un compas à jambes recourbées, ou, ce qui est beaucoup plus commode, d'un calibre à branches mobiles et bien parallèles.

Soit *E C*, *fig.* 1, ce diamètre étendu sur un carton uni ou un papier très-fort : du milieu *O*, on conduira par les deux extrémités *E*, *C*, la circonférence *A B C D E*. On continuera à discrétion *E C*; et sur son prolongement, on mesurera une ligne *O f*, égale en longueur, à une échelle décimale d'une dimension moyenne; par exemple, à l'une de celles que l'on grave communément sur les équerres des étuis de Mathématiques, et sur *f* on on fera tomber la perpendiculaire *g f*.

On consultera ensuite une table des sinus, et tangentes, dans laquelle on observera, que la tangente naturelle de 0, 2163 (19°. 28′.) excès de 1q, 2163 (109°. 28′) sur 100° (90°), contient $\frac{3534640}{10000000}$ du rayon. Mais parce que la division des échelles ordinaires n'est poussée que jusqu'à 1,000, on supprimera les quatre derniers chiffres du numérateur et du dénominateur. La fraction $\frac{353}{1000}$ indique qu'il faut prendre 353 parties de l'échelle que l'on a adoptée, lesquelles on portera de *f* en *g*. L'angle *B O D*

compris entre la sécante $O g$ et le rayon $O D$ sera de $100° + 0, 2163$
$= 1^q, 2163$ ($100° 28'$).

Pl. 18.

Il ne s'agit plus que de transporter $B C D$ sur les trois demi-circonférences que l'on a établies d'avance à cet effet: opération d'autant plus simple
que chacun de ces demi-cercles étant partagé en deux par l'équateur, il
ne reste qu'à compléter trois des quadrans situés dans le même hémisphère, en leur ajoutant 0,2163 : ce que l'on exécutera avec un compas
ordinaire, et d'une ouverture égale à la corde de l'arc $B C$. De cette manière on disposera trois points distans, soit entr'eux, soit du pôle le plus
éloigné de $1^q, 2163$ ($109° 28'$), et la boule sera divisée en quatre.

Construction du tétraèdre.

On peut parvenir au même résultat par une autre route. Cette seconde
solution est fondée sur les propositions suivantes.

1°. Le centre de figure d'un triangle équilatéral est au tiers de sa hauteur : celui d'un tétraèdre est au quart.

2°. La ligne menée par le sommet de l'un des angloïdes, et le centre de
figure d'un tétraèdre, passe par le centre de figure de la base opposée à ce
sommet.

Ces principes posés, soient $A B C D E F G$ *fig.* 2 un cercle quelconque;
AD, CE, deux diamètres qui se croisent à angles droits : on fera $Og = \frac{1}{3} R$
$= \frac{1}{3} OA$, et l'on mènera au diamètre CE la parallèle BF; ayant pris gc
$= \frac{1}{2} R = \frac{1}{2} OF$, on tirera BD, Dc, et BDc sera le profil d'un tétraèdre.

Ce triangle représente la surface que découvriroit un plan coupant qui,
en même temps qu'il suivroit l'une des arêtes du tétraèdre, glisseroit le
long de la perpendiculaire jetée sur le milieu de la base du triangle opposé à cette arête.

Etablissons la légitimité de cette construction, et prouvons que l'arc
$BD = 1^q, 2163$ ($109°. 28'$). $DC = 100°$ ($90°$.) Le sinus de l'angle BOC
$= Og = \frac{1}{3} R = 3333333$. Celui qui, dans les tables des sinus naturels,
l'avoisine le plus, est 3332584 qui répond à 0,2163 ($19°. 28'$). Donc DC
$+ CB = 100° + 0,2163 = 1^q, 2163$ ($109° 28'$).

Il est essentiel que les personnes qui veulent tailler un polyèdre connoissent au juste les sections particulières à l'espèce du solide qu'elles sont
dans l'intention de construire; autrement on seroit exposé à des tâtonnemens périlleux, et le plus souvent on risqueroit de sortir des limites dans
lesquelles on doit se renfermer.

Pl. 18.

La géométrie tranche le nœud de cette difficulté ; à l'avantage de procurer des méthodes correctes et expéditives pour opérer toutes les divisions dont la sphère est susceptible, elle joint celui de manifester le diamètre des segmens qu'il faut séparer de la boule, pour la transformer en un polyèdre. Dans la *fig.* 2, ce diamètre est indiqué par la corde BF, ou son égale DG. Expliquons en peu de mots l'usage qu'il convient que l'on fasse de cette ligne, et le parti que l'on peut en tirer.

Admettons que $ABCDEF$ soit le périmètre d'un globe proposé : d'une ouverture de compas égale à la corde de l'arc AB, et autour des quatre points de division faisant les fonctions de centres, on tracera quatre cercles. Leurs circonférences seront les confins des sections analogues au tétraèdre.

Lorsqu'on façonne de proche en proche les faces du polyèdre, parmi les segmens que détache le ciseau, il n'y a que le premier dont la base reste intacte, les autres sont défigurés par des brèches plus ou moins profondes et multipliées, suivant la nature du polyèdre que l'on travaille. Pour prévenir toute ambiguïté, nous avertissons que nous faisons abstraction de ces échancrures, et que nous considérons chaque segment comme s'il ne subissoit aucune altération.

Une fois que l'on a monté le plan d'un tétraèdre, on peut l'envisager comme une espèce de formule applicable à une infinité de sphères différentes. La Théorie des lignes proportionnelles généralise cette construction.

Eclaircissons ceci par un exemple :

Dans l'intérieur de la *fig.* 2, et d'un rayon Od, que nous supposerons donné, décrivez concentriquement $abdef$: menez OB, OD, OF, OG. Joignez les quatre points de rencontre b, d, e, f par les cordes bd, df, be ; à cause de $Ob = Od = Oe = Of$, de $Bb = Dd = Fe = Gf$, les côtés OB, OD, OF, OG des triangles DOB, DOG, BOF seront coupés proportionnellement par bd, df, be, qui prendront des situations parallèles à BD, DG, BF ; et il naîtra sous vos yeux un second triangle bdc' évidemment semblable à BDc.

N. B. Ce que nous disons du tétraèdre ne lui convient pas exclusivement, et appartient à tous les polyèdres réguliers.

Nous recommandons comme précaution utile, de ne pas sortir du cadre $ABCDEF$, non que l'opération ne fût géométriquement bonne ; mais dans la pratique, elle seroit vicieuse et sujette à des imperfections dont les Leç-

teurs intelligens saisiront aisément la raison. Il faut, toutes les fois que la
chose est possible, éviter de passer du petit au grand, et réduire au contraire du grand au petit. C'est d'après ce principe que les mécaniciens ont
conçu l'idée de la plate-forme sur laquelle ils divisent les roues de montres
et de pendules, les graphomètres, sextans, octans, et tous les instrumens
destinés à des usages qui demandent une extrême précision.

Pl. 18.

Division en six.

Partagez en quatre parties égales l'équateur. Chaque point sera distant
de celui qui le précéde ou le suit, et de l'un et de l'autre pôle, d'un quadran. Cette division n'est pas un problème.

Construction de l'hexaèdre.

Supposez un hexaèdre $A\,Dfe$, $B\,Cgh$, *fig.* 3, inscrit dans une surface
sphérique produite par le mouvement de la circonférence $ABICDL$,
autour de son axe IL.

Si, par la pensée, vous introduisez dans cet appareil un plan coupant,
de manière qu'il passe par les deux diagonales $A'\,C'\,B'\,D'$, *fig.* 4, il est
clair qu'il ne vous restera que le cercle $A'B'I'C'D'L'$, et le parallélogramme $A'B'C'D'$.

$A'D' = B'C'$ est le diamètre des six sections qui donneroient naissance
à un cube, si on les faisoit à une sphère dont le rayon seroit égal à OB'.

ad et bc sont des élémens de même espèce, proportionnels à une autre
sphère qui auroit Ob pour rayon.

$B'\,C' : C'\,D' :: R : tang.\ B' :: \sqrt{2} : 1.$

Progression dont les quatre derniers termes conduisent à l'équation
tang. $B' = \dfrac{R}{\sqrt{2}} = \tfrac{1}{2}\,R\,\sqrt{2} = log.\ 5000000000 + \tfrac{1}{2}\,log.\ 2 = 9.\ 6989700$
$+\ 0,1505150 = 9.\ 8494850$, *log. tang.* 0,3919 (35° 16').

$C\,B'D' = B'Ox$, chacun de ces angles étant complément de $B'O'I'$, et
$B'Ox = A'Ox = D'Oy = yOC'$. Donc en prenant de part et d'autre du diamètre yx quatre arcs de 0,3919 (35°. 16') on construira d'un seul coup le
parallélogramme $A'B'C'D'$.

Pl. 18.

Division en huit.

Par l'équateur et les deux pôles de la boule, conduisez deux grands cercles qui se croisent à angles droits. Vous formerez ainsi huit triangles sphériques équilatéraux. Inscrivez-y autant de cercles, leurs centres seront les points de votre division.

Construction de l'octaèdre.

Dans le cercle $ABDC$, *fig.* 5, inscrivez le carré $abdc$. Par le centre O menez AD parallèle à ab ou cd, et BC perpendiculaire à AD. Posez une règle tant sur l'extrémité D de OD que sur le point d'intersection des deux lignes OB, ab, tirez Dux : cette corde ou son égale Auy seront les diamètres des sections constitutives de l'octaèdre.

Les angles solides de ce polyèdre appartiennent à la famille des pyramides quadrangulaires, composée avec quatre triangles équilatéraux, et qui ont pour base un carré.

ODu est l'angle que font les apothèmes des faces composantes avec l'axe de chaque angloïde; essayons de le déterminer.

Soit dDc, *fig.* 6, un des côtés renversés sur le même plan que la base $abdc$, et faisons pour abréger, $uDc = A$, $cu = a$, $ucD = B$ $uD = b$, $cOu = A'$, $Ocu = B'$, $Ou = b'$.

Le rapport de Du à Ou se déduit de ces deux analogies;

$$Sin.\ A : a :: sin.\ B : b = \frac{a \times sin.\ B}{sin.\ A.} \quad \ldots \ldots \ldots \text{ 1.}$$

$$Sin.\ A' : a :: sin.\ B' : b' = \frac{a \times sin.\ B'}{sin.\ A'.} \quad \ldots \ldots \ldots \text{ 2.}$$

Dans le triangle ODu, *fig.* 5, rectangle en O, $Du : Ou :: R : sin.\ uDO$. Ou à cause de $Du = b$, et de $Ou = b'$,

$$b : b' :: R : sin.\ uDO = \frac{R \times b'}{b}$$

mettant au lieu de b, b' leurs valeurs prises dans les équations 1 et 2, et réduisant, on trouve

$$Sin.\ uDO = \frac{R \times sin.\ B' \times sin.\ A}{sin.\ B \times sin.\ A'} = \frac{R \times sin.\ A}{sin.\ B} = \frac{R \times sin.\ 0,3333}{sin.\ 0,6666}, \text{ en remar-}$$

quant que, dans la circonstance présente, $A' = B'$.

Formule identique avec celle dont nous avons conclu les élémens sup- plémentaires de la division en quatre, et qui, directe dans le cas actuel, donne la même valeur 0,3919 (35° 16'). Donc en prenant deux arcs *Dby*, *Aax* de 0,3919 × 2 = 0,7837 (70° 32'), parce que l'angle *ODu* a son sommet à la circonférence, et en appuyant sur leurs extrémités *x*, *y* les deux cordes *Dux*, *Auy* menées des points *A* et *D*, on construira immédiatement le plan d'un octaèdre.

Division en douze.

Examinez attentivement un icosaèdre, vous observerez parmi ses élémens, douze angles solides qui, si vous inscrivez le polyèdre dans une sphère, produiront par le contact de leurs sommets avec la surface circonscrite, douze points dont la disposition vous offrira un type fidèle de sa division.

Accouplez-les par des arcs de grand cercle, et vous formerez vingt triangles sphériques équilatéraux, parfaitement égaux, dont les côtés exprimeront en degrés et parties de degré, les distances respectives de vos douze points.

Soient *a*, *b*, *c*, ces côtés, *A*, *B*, *C*, les angles qui leur sont opposés. L'angle au pôle = $\frac{2}{5}$ π. *A* = *B* = *C* . *a* = *b* = *c*.

Ce cas est prévu par la formule $cos.\ a = \dfrac{R \times cot. \frac{1}{2} A}{tang.\ A} = \dfrac{R \times cot.\ 0,40}{tang.\ 0,80}$

Opérant par les logarithmes, il vient :

Log. ray. . . . .   10.
Log. cot. 0,40. . . . .   10. 1387390.
Compl. arith. *log. tang.* 0,80. .   89. 5117760.

Somme. . 109. 6505150 *log. cos.* 0,7048 (63°. 26').

Rien de plus facile que d'adapter cette solution à la division énoncée. Conduisez par les deux pôles de la sphère cinq circonférences qui fassent entr'elles des angles de 0,80 (72°). Attachez à chaque demi-circonférence un signe qui puisse au besoin vous la faire distinguer. Par exemple, si vous désignez celle que vous jugerez à propos de regarder comme la première, par 1, les neuf suivantes seront 2 . 3 . 4 . 5 . 6 . 7 . 8 . 9 . 10. Affermissez la pointe d'un compas ordinaire sur l'un des pôles, et d'une ouverture qui embrasse $\dfrac{0,7048}{2} = 0,3524$ ($31°\ 43'$), tracez un premier parallèle à l'équateur.

En dehors et autour de ce petit cercle, rangez-en cinq autres qui l'affleurent sans l'entamer. Pour les décrire, vous conserverez votre ouverture de compas primitive, et prendrez successivement position sur 1 . 3 . 5 . 7 . 9.

Opérez de même sur le second hémisphère. Mais après avoir établi votre deuxième parallèle, pour déployer vos cinq dernières circonférences, vous stationnerez sur 2 . 4 . 6 . 8 . 10. Par ce procédé, vous engagerez la boule sous douze cercles, qui se toucheront de proche en proche sans s'entrecouper, et dont les centres seront distribués de la même manière que les sommets des angloïdes d'un icosaèdre.

Autrement, fixez l'une des branches de votre compas sur un des pôles *A* ou *B*. Supposons sur *A*. Ouvrez l'instrument, et portez sur 1 l'autre jambe, à la distance de 0,3524 ($31°\ 43'$), estimée approximativement. Autour de celle-ci faites tourner la première, dont vous arrêterez la pointe sur 2. Soulevez à son tour l'extrémité qui repose sur 1, et présentez-la, sans déranger celle que vous avez placée sur 2, au pôle *B*. Si elle n'y tombe pas précisément, recommencez, en resserrant ou élargissant l'ouverture du compas, jusqu'à ce que les trois chemins parcourus obliquement soient égaux. Lorsque vous aurez rempli cette condition, par les deux points indicatifs de vos stations sur 1 et sur 2, menez deux parallèles. Ne conservez sur l'un que les intersections fournies par les demi-circonférences 1 . 3 . 5 . 7 . 9. Ne laissez subsister sur l'autre que les intersections intermédiaires 2 . 4 . 6 . 8 . 10 : et la boule sera encore divisée en douze.

Construction du dodécaèdre.

Soient *OB* *fig.* 7 le rayon d'une sphère que l'on a dépouillée des segmens correspondans aux douze cercles employés dans la première des deux méthodes précédentes, et *BD* la corde d'un arc de 0, 7048 ($63°\ 26'$). Substituez à ces segmens douze pentagones réguliers construits sur le modèle de *abcdef*, *fig.* 8, lequel est circonscrit à une circonférence *aghikl* dont le diamètre *ai = BD* (*fig.* 7), puisque l'aire de chaque cercle superposé, et le plan sur lequel vous l'aurez couchée seront de même dimension, ces deux élémens concorderont exactement. Par un effet de cette coïncidence, les côtés contigus des polygones pentagonaux se rapporteront naturelle-

Pl. 18.

ment, et s'uniront intimement. Les angles saillans combleront sans interstices le vide des angles rentrans ; et le globe ainsi revêtu finira par acquérir la forme d'un dodécaèdre.

Imitez le mécanisme de cette composition. Dans cette vue vous ferez Bq *fig.* 7, $= ai$ (*fig.* 8) sur le point q, conduisez concentriquement $lmnyp$ zqk : ouvrez un compas de façon que l'une de ses pointes vienne s'asseoir sur B, et l'autre sur q. Amenez celle-ci en m, sans déplacer sa jumelle, et tirez Bm.

Si après avoir assemblé douze pentagones égaux à $abcdef$, *fig.* 8, vous inscrivez dans une surface sphérique le polyèdre qui résultera de cet arrangement, sa circonférence extérieure $lmnypzqk$, *fig.* 7, sera celle de l'enveloppe circonscrite, Bq et Bm prolongés en n et en p, seront les diamètres des sections organiques du solide inscrit.

Dans l'hypothèse où le cercle intérieur $ABDC$ seroit représentatif d'une boule donnée, la construction ci-dessus sortiroit un peu de l'état de la question. Mais au moyen des rayons Or, Os, Ot, Ou, et des cordes rt, su menées par les intersections $rstu$, on y rentrera facilement.

Chaque angle solide d'un dodécaèdre est le sommet d'une pyramide triangulaire, formée par trois angles plans de 1^q, 20 (108°) assortis autour d'un même point, et montés sur un triangle équilatéral.

Oqn est l'angle que font les apothèmes des faces composantes avec l'axe des angloïdes.

Ici $A = 0{,}60$ (54°) $B = 0{,}40$ (36°). $A' = 0{,}6666$ (60°) $B' = 0{,}3333$ (30°)

et la formule $\dfrac{R \times sin.\ B' \times sin.\ A}{sin.\ A' \times sin.\ B}$ devient

$$Sin.\ Onq = \frac{R \times sin.\ 0{,}3333 \times sin.\ 0{,}60}{sin.\ 0{,}6666 \times sin.\ 0{,}40}$$

$$= \begin{cases} log.\ ray.\ \dots\dots\dots\dots\dots\dots\ 10. \\ log.\ sin.\ 0{,}3333 + log.\ sin.\ 0{,}60 \dots\dots\ 19.\ 6068882 \\ compl.\ arith.\ log.\ sin.\ 0{,}6666 + log.\ sin.\ 0{,}40.\ .\ 80.\ 2932709 \end{cases}$$

Somme. . $109{,}9001651$ *log. sin.* $0{,}5846$ (52°, 37′).

De 2^q, ôtant le double de l'angle inscrit $O\ n\ q$, ou 1^q, 1692 (105°. 14′), la différence $0{,}8308$ (74°. 46′) est la valeur de l'arc soutenu par nq.

Or cet arc se compose : 1°. de $ny = \frac{1}{2} nyp.$; 2°. de $yp + pz = 0{,}7048$ (63°. 26′) ; 3°. de $zq = ny$, à cause de $Dq = Bn$, $Dz = By$.

Pl. 18.

De $n\,y + y\,p + p\,z + z\,q = 0{,}8308$ ($74^\circ.\ 46'$) retranchant $y\,p + p\,z$, il reste $n\,y + z\,q$, $= 2\,n\,y = n\,y\,p = 0{,}1260$ (11°, $20'$).

Donc si des extrémités d'un axe de $0{,}1260$ (11°, $20'$) on tire deux cordes qui se croisent, et détachent en s'entrecoupant, deux autres arcs de $0{,}8308$ ($74^\circ.\ 46'$) on aura le plan d'un dodécaèdre.

Division en vingt.

Partagez d'abord la surface de votre boule en douze. Joignez vos points de division par des arcs de grand cercle. Vous formerez vingt triangles sphériques équilatéraux. Inscrivez-y autant de cercles. Leurs centres seront les indices de la division en vingt.

Construction de l'icosaèdre.

Soient $A\,B\,C\,D\,E\,F\,G$, *fig.* 9, le cercle générateur d'une sphère destinée à devenir un icosaèdre, $D\,G$ la corde d'un arc de $0{,}7048 \times 2$ ($63^\circ.\ 26'$ $\times 2$) $= 1^q,\ 4097$ ($126^\circ.\ 52'$).

Décrivez à part d'un rayon $= \frac{1}{2} D\,G$, un cercle, *fig.* 10, dans lequel vous inscrirez un pentagone régulier $b\,c\,d\,e\,f$.

Prenez Gu, *fig.* 9, $= ad$, *fig.* 10. Par les points F et u tirez $Fu\,G$. Cette corde et son égale $Bu\,E$ que vous mènerez en vous référant à ce que nous avons pratiqué relativement au dodécaèdre, seront les diamètres des sections auxquelles est subordonnée la construction de l'icosaèdre.

Chaque angle solide de ce polyèdre est le sommet d'une pyramide formée par cinq triangles équilatéraux, et qui a pour base un pentagone régulier.

$A\,F\,C$ est l'angle que font les apothèmes de ces triangles avec les axes des angloïdes. Par la nature des élémens qui entrent dans la composition de ces pyramides, $A = 0{,}3333$ (30°) $B = 0{,}6666$ (60°), $A' = 0{,}40$ (36°), $B' = 0{,}60$ (54°), et $\ldots$

$$\text{Sin. } A\,F\,C = \frac{R \times sin.\ 0{,}60 \times sin.\ 0{,}3333}{sin.\ 0{,}40 \times sin.\ 0{,}6666}$$

Substitution qui reproduit le tableau des valeurs que nous avons parcourues en analysant le dodécaèdre.

Par conséquent même résultat $0{,}5846$ ($52^\circ, 37'$).

Parce que $A\,F\,C$ est inscrit, diminuant 2^q du double de cet angle, l'excé-

dant 0,8307 (74°. 46′) est la mesure de *C D k E f F*, ce qui règle la longueur de la corde de cet arc.

Pl. 18.

En ce qui concerne *BuE*, afin de fixer par rapport à son égale *CuF*, sa
situation sur la demi-circonférence *A B i D k E f F*, tirez les perpendiculaires *Oi*, *Of*, et par le point *u* conduisez le rayon *O k* qui partagera en
deux l'angle *i O f*.

gub = 1ᵍ, 5354 (138°, 11′) : c'est ce que nous vérifierons plus bas.

Parceque *O gu*, *O bu* sont rectangles, *g O b* supplément de *gub* = 0,4646
(41°, 49′), et sa moitié *k Of* = 0,2323. (20°, 54′, 30″).

Mais *C D k E f* = ½ 0,8307 (½ 74°. 46′) = 0,41535 (37°. 23′) : Et *C D k*
= *C D k E f* — *k E f* = 0,415350 — 0,2323 = 0,18350 (16°. 28′. 28″). Dou-
blant, on a 2.*C D k* = *C D k E* = 0,3661 (32°, 57′).

Donc si des extrémités d'un arc de 0,3661 (32°, 57′) on mène deux
cordes qui s'entrecoupent, et portent deux portions de circonférence de
0,8307 (74°, 46′) chacune, on construira très-simplement le plan d'un
icosaèdre.

De l'inclinaison des faces adjacentes des polyèdres réguliers.

Il est quelquefois nécessaire de connoître l'inclinaison des faces adjacentes des polyèdres réguliers. L'usage que nous avons fait de l'angle *gub*
nous fournit une première preuve de cette vérité dont on aura par la suite
occasion de se convaincre plus amplement.

On peut résoudre ce problème géométriquement ou trigonométrique-
ment.

Solution trigonométrique.

Empruntez cinq angles trièdres, un de chaque polyèdre, et placez les
sommets de ces angloïdes au centre d'une sphère. Leurs plans, en traversant sa surface, renfermeront cinq triangles sphériques dont les côtés
a, *b*, *c* seront connus, et vous aurez à calculer l'angle *A* opposé au côté *a*,
que vous déterminerez par la formule usitée.

$$Cos.\ A = \frac{cos.\ a - cos.\ b \times cos.\ c}{sin.\ b \times sin.\ c},$$ dans laquelle l'unité est le symbole du
rayon.

La mesure de l'angle trouvé sera celle de l'inclinaison cherchée.

Application au tétraèdre $a = b = c = \frac{1}{3}\pi$.

Donc $Cos. A = \dfrac{cos. a - cos.^2 a}{sin.^2 a} = \dfrac{cos. a(1 - cos. a)}{1 - cos.^2 a} = \dfrac{cos. a(1 - cos. a)}{(1 + cos. a)(1 - cos. a)}$

$= \dfrac{cos. a}{1 + cos. a}$

Or $cos. \frac{1}{3}\pi = \frac{1}{2}$: et $cos. A = \dfrac{\frac{1}{2}}{1 + \frac{1}{2}} = \frac{1}{3} = + 9.5228788$. $log. cos.$ 0,7837 (70°, 32′).

Hexaèdre. $a = b = c = \frac{1}{2} . \pi . cos. \frac{1}{2}\pi = 0$, ce qui conduit à $cos. A = 0$. C'est-à-dire que l'inclinaison des faces adjacentes de l'hexaèdre est égale à un angle droit ; cette espèce d'angle étant la seule dans le quadran dont le cosinus soit 0.

Octaèdre. $a = \frac{1}{2}\pi . b = c = \frac{1}{3}\pi.$

On se rappellera que $cos. \frac{1}{2}\pi = 0$; $cos. \frac{1}{3}\pi = \frac{1}{2}$: et l'on remarquera que $sin. \frac{1}{3}\pi = sin. 0,6666 (60°) = \sqrt{1 - \frac{1}{4}} = \sqrt{\frac{3}{4}} = \frac{1}{2}.\sqrt{3}.$

Donc $cos. A = \dfrac{0 - \frac{1}{4}}{(\frac{1}{2}\sqrt{3})^2} = \dfrac{-\frac{1}{4}}{\frac{3}{4}} = -\frac{1}{3} = -9.5228788$ $log. cos.$ 1ᵃ, 2163 (109°. 28′).

Dodécaèdre. $a = b = c = \frac{3}{5}\pi.$

$Cos. \frac{3}{5}\pi = + sin. \frac{1}{10}\pi. = - sin. 0,20 (18°).$

Mais $sin. 0,20 = \frac{1}{4}(-1 + \sqrt{5})$, et $sin. -0,20 = -\frac{1}{4}(-1 + \sqrt{5}) = \dfrac{1 - \sqrt{5}}{4}.$

Donc $cos. A = \dfrac{\frac{1 - \sqrt{5}}{4}}{1 + \frac{1 - \sqrt{5}}{4}} = \dfrac{\frac{1 - \sqrt{5}}{4}}{\frac{5 - \sqrt{5}}{4}} = \dfrac{1 - \sqrt{5}}{5 - \sqrt{5}} = \dfrac{-1 \times (-1 + \sqrt{5})}{\sqrt{5} \times (-1 + \sqrt{5})} = -\dfrac{1}{\sqrt{5}}$

$= -9.6505150$ $log. cos.$ 1ᵃ, 2951 (116°. 34′).

Icosaèdre. $a = \frac{3}{5}\pi. b = c = \frac{1}{3}\pi.$

Donc $cos. A = \dfrac{cos. \frac{3}{5}\pi - cos.^2 \frac{1}{3}\pi}{sin.^2 \frac{1}{3}\pi} = \dfrac{\frac{1 - \sqrt{5} - 1}{4}}{\left(\sqrt{\frac{3}{4}}\right)^2} = \dfrac{\frac{-\sqrt{5}}{4}}{\frac{3}{4}} = -\dfrac{\sqrt{5}}{3}.$

$= -9.8723638.$ Logarithme $Cosin.$ 1ᵃ, 5354 (138°. 11′)

Récapitulons par ordre tous ces résultats, et réunissons-les sous un seul point de vue. PL. 18.

INCLINAISONS DES FACES ADJACENTES.

	Valeurs centésimales.	Valeurs sexagésimales.
Du tétraèdre	0,7837.	70°. 32′.
De l'hexaèdre.	1q.	90°.
De l'octaèdre..	1q, 2163..	109°. 28′.
Du dodécaèdre..	1q, 2951..	116°. 34′.
De l'icosaèdre.	1q, 5354..	138°. 11′.

On a sans doute observé que la valeur de *cos. A* étoit pour le tétraèdre $\frac{1}{3}$; et pour l'octaèdre $-\frac{1}{3}$, ce qui nous apprend que les angles formés par les plans connexes de ces polyèdres sont supplémens l'un de l'autre, et que le second de ces solides est implicitement contenu dans le premier.

Effectivement, soient *a b c*, *fig.* 11, l'une des faces d'un tétraèdre, et *d e f* le milieu de trois de ses arêtes. Tirez *d f*, *e f*, *d e*. Réitérez cette opération sur les trois autres côtés, et faites passer le long de toutes vos lignes un plan coupant. Vous enlèverez quatre angles solides, qui seront de petits tétraèdres entièrement semblables à celui dont vous les aurez détachés. Après cette soustraction, il vous restera un nouveau polyèdre, qui, composé de huit triangles équilatéraux, ne pourra être autre chose qu'un octaèdre.

Maintenant replacez sur sa section *e f g*, *fig.* 12, l'angloïde *e f g D*.

$D x e + e x y = \pi$. Ces deux angles, qui ont leurs sommets en x, sont incontestablement supplémens l'un de l'autre.

A cause de $e x$ parallèle à $A y$, $D x e = D y A$.

$D y$ et $A y$ étant perpendiculaires à $B C$, l'angle que font ces deux lignes est égal à l'inclinaison des deux faces $A B C$, $D B C$ du tétraèdre $A B C D$.

Pareillement l'angle que font ex et xy perpendiculaires à fg est égal à l'inclinaison des deux faces feg, fyg de l'octaèdre produit par les quatre sections faites au tétraèdre $ABCD$.

Donc puisque ces deux inclinaisons sont représentées, l'une par $e x D = A y D$ supplément de $e x y$ l'autre par $e x y$ supplément de $e x D$, la première est supplément de la seconde, *et vice versâ*.

Il seroit d'autant plus inutile d'entrer dans les détails d'une solution géométrique, que les méthodes par lesquelles nous sommes venus à bout de profiler les élémens principaux des cinq polyèdres réguliers résolvent

graphiquement les angles que font entr'elles les faces contiguës de chacun de ces solides.

Ces angles sont, *fig.* 2. *B c D.*

                    4. *A' B' C'.*

                    5. *A u D.*

                    7. *m B q.*

                    9. *B u F.*

Construction et Plan des Étoiles.

LES étoiles sont regardées par les Amateurs comme le chef-d'œuvre du Tourneur. Souvent elles excitent l'étonnement et l'admiration des personnes qui, peu familiarisées avec le Tour, ne peuvent concevoir par quel artifice on est parvenu à exécuter un ouvrage aussi épineux.

Une étoile n'est agréable qu'autant que ses rayons sont bien proportionnés. Perfection à laquelle il est impossible d'arriver toutes les fois que l'on travaille au hasard et sans guide.

L'expédient le plus sûr pour donner à chaque branche une forme élégante, c'est de n'entreprendre aucun ouvrage de ce genre avant d'en avoir jeté le plan.

Ce préliminaire n'exige pas que l'on dessine tous les rayons, ce qui seroit au surplus impraticable. Il suffit de copier l'ordre dans lequel sont disposées deux ou trois au plus de ces branches rapportées à un même plan. Comme toutes les autres sont distribuées entr'elles de la même façon, cette projection mettra en évidence leurs situations respectives autour de leur noyau commun ; et l'on deviendra maître de leur assigner la dimension qu'on croira la plus avantageuse.

Une étoile est simple ou composée.

Par étoile simple nous entendons celle dont les pointes ont pour axes les rayons menés du centre de la sphère aux centres de figure des faces de l'un des cinq polyèdres réguliers.

Si à ces branches vous ajoutez de nouvelles flèches dirigées vers le sommet des angloïdes, vous aurez une étoile composée.

Tous les rayons qui aboutissent aux points de l'une des cinq divisions de la boule, passent par le centre de figure des faces du polyèdre analogue à cette division ; et sont perpendiculaires aux plans de ces faces.

C'est de la construction géométrique des polyèdres réguliers que nous avons déduit ces cinq divisions. Ce sera encore dans la même source que nous puiserons la construction des étoiles. PL. 18.

Étoile simple à quatre rayons.

Servez-vous du plan du tétraèdre; par le milieu des arcs *BCDE*, *AFED*, *fig.* 13, menez *OC*, *OF*; décrivez concentriquement à *ABCDEF* le cercle intérieur *a b c d e*. Partagez en deux le petit arc *b c d*. Conduisez *c C*, *c F*. Faites les angles *e C d*, *a F b* égaux à l'angle *b F c* = *d C c*. Les deux cônes *a F c*, *e C c* seront le plan d'une étoile à quatre rayons.

Démonstration.

A x B = 0,7837 (70,° 32′) et son complément *F O C* = 1q, 2163 (109°. 28′). Donc les extrémités *C* et *F* des rayons *O C*, *O F* rencontrent deux des points de la division en quatre, et passent par les centres de figure des deux faces *A x*, *B x*. Donc la construction est légitime.

Cette démonstration s'étend aux quatre autres polyèdres.

Dans le cas où les branches vous paroîtroient trop maigres ou trop nourries, vous diminuerez ou vous augmenterez le cercle *a b c* ...

Cette remarque étant générale, nous nous abstiendrons de la répéter.

bc = *cd* = *de*; et *cd* + *de* = *bcd*. Donc l'arc qui soutient le pied des fuseaux = *bcd*.

De la mesure de l'angle *FOC*, nous concluons qu'en plaçant sur un cercle deux rayons aux extrémités d'un arc *FEDC* de 1q, 2163. (109°. 28′) on montera le plan d'une étoile à quatre rayons sans employer celui d'un tétraèdre.

Étoile composée à huit rayons.

Prolongez l'un des rayons qui passent par les centres de figure de deux des faces du tétraèdre, par exemple *OF*, *fig.* 14 jusqu'à ce qu'il atteigne le sommet de l'angle *ABx*, et proportionnez la base de vos branches non plus à *bcc′d*, mais à *def*; *cF* et *c′C* obligées de se rapprocher de leurs axes laisseront à nu un petit arc qu'il est aisé de calculer.

Car *CDEF* = 1q 2163 (109°, 28′) et *BC* = 2q — 1q, 2163 = 0,7837 (70°. 32′). Ces valeurs sont aussi celles des arcs intérieurs *bcc′d*, et *d e f*.

Donc $bc + c'' + c'd = $ 1^q, 2163, et $de + ef = $ 0,7837 (70°. 32').

Mais $bc + c'd = de + ef$. Conséquemment $c'c = $ 1^q, 2163 — (bc $+c'd$) = 1^q, 2163 — ($de + ef$) = 1^q, 2163 — 0,7837 = 0,4326 (38°. 56').

Si du centre d'un cercle quelconque, on tire trois rayons qui fassent deux angles contigus, l'un de 1^q, 2163 (109°. 28'), l'autre de 0,7837 (70°. 32') on aura la situation des axes d'une étoile à huit rayons.

Étoile simple à six rayons.

Voyez la *fig.* 15; elle nous dispense de toute explication.

Étoile composée à quatorze rayons dans l'hexaèdre.

Soit $A B E C D$, *fig.* 16, le plan d'un hexaèdre. Du milieu de l'arc BEC, et du sommet des angles A, B, tirez OE, OB, OA. A droite et à gauche de ces trois axes disposez également les côtés de vos fuseaux, auxquels vous donnerez pour base de petits arcs $abc = c'de = efg = def$.

$AOB = $ 0, 7837 (70°, 32') $BOE = $ 0,6081 (54°. 44): donc si l'on place sur un cercle trois rayons qui fassent entr'eux deux angles consécutifs, l'un de 0,7837 l'autre de 0,6081, on simplifiera la construction du plan d'une étoile composée à quatorze rayons.

Etoile simple à huit rayons.

Aidez-vous du plan d'un octaèdre. Menez OB, OF, *fig.* 17, perpendiculairement à AE, CG; et montez vos branches sur des arcs abc, cde égaux à bcd.

$A x G = $ 1^q, 2163 (109°. 28') son supplément $BOF = $ 0,7837 (70°. 32')

Donc si, dans un cercle, on tire deux rayons qui fassent un angle de 0,7837, on aura, sans aucune préparation préalable, le plan d'une étoile à huit flèches.

Nota. En conduisant de l'autre côté du diamètre AG, un rayon additionnel à l'extrémité d'un arc égal à FG, on aura la position d'un troisième fuseau, dont le sommet sera éloigné du point F de 1^q, 2163 (109°. 28'), et l'on trouvera l'étoile composée, que nous avons extraite du tétraèdre; ce qui est une suite de l'espèce d'affinité que nous avons remarquée entre ce solide et l'octaèdre.

CHAP. V. Sect. II. *Principes mathématiques pour le tracé, etc.* 149

Pl. 18.

Étoile composée à quatorze rayons dans l'octaèdre.

Sur l'une ou l'autre des moitiés du diamètre $A\,G$, construisez une nouvelle branche dont la base couvre un arc égal à $d\,e\,f$; et donnez au profil des autres fuseaux la même dimension.

$B\,C\,D\,E\,F = 0,7837$ ($70°. 32'$), et $FG = 0,6081$ ($54°. 44'$). Donc on retombe sur l'étoile à quatorze pointes, prise dans l'hexaèdre.

Étoile simple à douze rayons.

Opérez sur le plan d'un dodécaèdre. Menez par le milieu de $ABCD$, et de $CDEF$, ou, ce qui est la même chose, conduisez perpendiculairement aux cordes AD, CF les deux rayons OB, OE. Autour de ces deux lignes profilez les cônes aBc, cEe dont les bases reposent sur des arcs égaux à $b\,c\,d$.

$B\,x\,F = 1^q, 2951$ ($116°. 34'$). Son supplément $B\,O\,E = 0,7048$ ($63°. 26'$). C'est la mesure de l'angle que doivent faire deux rayons, pour que l'on puisse construire le plan d'une étoile à douze pointes, sans recourir à celui d'un dodécaèdre.

Étoile composée à trente-deux rayons dans le dodécaèdre.

Après avoir tiré OB, OE, *fig.* 19, comme dans la figure précédente, de l'extrémité F de la corde CF, menez au centre FO. La disposition de ces trois lignes indiquera l'ordre dans lequel se grouperont sur leur noyau commun les branches d'une étoile à trente-deux rayons; et $d\,e\,f$ sera l'arc régulateur de la base de chaque fuseau.

On sait 1°. que $CDEF = 0,8307$ ($74°. 46'$); 2°. conséquemment que $EF = \frac{1}{2} CDEF = 0,41535$. ($37°. 23'$); 3°. que $B\,C\,D\,E = 0,7048$ ($63°. 26'$). Donc, puisque l'on connoît la direction des axes OB, OE, OF, on peut débarrasser le plan de l'étoile à trente-deux branches, empruntée du dodécaèdre, des lignes auxiliaires qui compliquent sa construction. $0,7048 - 41535 = 0,2896$ ($26°. 3'$); c'est la mesure de l'arc cc' :

Pl. 18.

Etoile simple à vingt rayons.

Choisissez le plan d'un icosaèdre, *fig.* 20; menez OB, OE, perpendiculaires à AD, CF, et achevez en faisant $cEd = cBb$, $aBb = cBb$, $cEe = aBc$.

$AxF = 1$, 5355 (138°. 11′) son supplément $BOE = 0,4646$ (41°. 49′). Donc, si on sépare deux rayons par un arc de 0,4646, on dressera le plan d'une étoile à vingt branches, sans avoir besoin de celui d'un icosaèdre.

Etoile composée à trente-deux rayons dans l'icosaèdre.

A OB, OE, *fig.* 21, ajoutez un troisième rayon, en tirant OF, du centre O à l'extrémité de la corde CF. Par cette addition vos fuseaux s'effileront, et leurs bases n'auront plus pour supports que des arcs du petit cercle $abcd$ $éfg$, égaux à def.

On a vu plus haut que $CDEF$ étoit de 0,8307 (74°. 46′); ce qui donne pour sa moitié EF, 0,4154 (37°. 23′).

On vient de voir pareillement que BOE étoit de 0,4646 (41°. 49′); donc la direction des trois axes OB, OE, OF est connue; et cette détermination affranchit de toute construction géométrique la projection de l'étoile à trente-deux branches, que l'on peut tailler dans l'icosaèdre.

0,4646 — 0,4154 = 0,0492 (4°. 26′). C'est la valeur du petit arc cc' abandonné par le pied des deux branches aBc, $c'Fe$.

————

Ce Mémoire nous a été communiqué par M MILLIN, *Avocat à Château-Chinon; et nous avons cru faire plaisir à ceux de nos Lecteurs, qui connoissent les mathématiques, en l'insérant ici sans y rien changer, ni retrancher.*

Pl. 19.

SECTION III.

Moyens de Tracer mécaniquement, et d'exécuter sur le Tour les cinq Polyèdres.

Tétraèdre.

Nous avons donné dans la section précédente les moyens de trouver par le calcul la valeur en parties du rayon des côtés des faces des polyèdres inscrits dans la sphère. Nous allons maintenant donner dans celle-ci les moyens de les exécuter sur le Tour avec la plus grande régularité; et en faveur des amateurs peu versés dans les calculs trigonométriques nous y joindrons les moyens mécaniques de tracer ces côtés sur la surface de la sphère, en commençant par le tétraèdre.

On développera d'abord sur une feuille de papier la circonférence d'un grand cercle, et on la di- visera en treize parties égales; cette ligne, ainsi divisée, servira d'échelle dans l'opération suivante. On divisera la ligne circulaire tracée sur le cylindre, quand on a fait la boule et qu'on a dû conserver, en trois parties égales. Cette ligne n'est autre chose qu'un grand cercle de la sphère dont les pôles sont placés au centre de rotation, et que nous appelons par cette raison équateur.

On placera la pièce dans le mandrin hémisphérique de manière que les deux pôles et un des points de division affleurent la rive du mandrin. En cet état on tirera un arc de cercle d'un pôle à l'autre.

On répétera cette opération sur les deux autres points de division, puis sur chacun de ces arcs de cercle on marquera quatre parties de l'échelle dont nous avons parlé, en partant d'un des pôles.

Enfin on remettra la pièce en mandrin, et on tracera sur le Tour un petit cercle qui passera par les trois points où aboutissent ces quatre parties égales, et on aura ainsi en tout quatre triangles égaux, et par conséquent un polyèdre à quatre angles solides et quatre côtés.

Si l'on mesure tous les côtés de ces triangles, on trouvera qu'ils ont chacun quatre parties de la division du cercle en treize: ce qui remplit les conditions du problème cherché, qui sont que le polyèdre soit composé de quatre triangles équilatéraux.

Si on a bien opéré, c'est-à-dire si les trois points se trouvent tous placés sur le petit cercle, la pièce est droite et le premier triangle est bien au centre du mouvement; alors on coupera le bois avec précaution, pour ne pas faire sortir la pièce du mandrin; et avec une bonne règle, on verra si la face qu'on a faite est parfaitement droite, et si les angles viennent aboutir juste au cercle qu'on a tracé.

On se servira pour cette opération d'un grain-d'orge présenté de face, avec lequel on commencera par détacher une calotte sphérique d'une demi-ligne d'épaisseur, en conduisant l'outil du centre à la circonférence; on continuera en enlevant des couches de la même épaisseur et avec les mêmes précautions, jusqu'à ce qu'on soit arrivé à un quart de ligne environ du trait. Alors on prendra un ciseau droit dont le biseau soit un peu long et affûté très-fin sur la pierre à l'huile; on planira cette surface en y présentant de temps en temps une bonne règle jusqu'à ce qu'elle soit bien dressée; mais quelque soin qu'on y apporte, il est rare que l'outil ne broute pas un peu.

Pour éviter cet inconvénient, on élèvera un des angles du ciseau tantôt à droite, tantôt à gauche, en mettant dessous un doigt de la main gauche, pour que, la résistance étant plus douce, le bois soit coupé plus net.

Si l'on a attention de n'atteindre que jusqu'au cercle tracé à l'encre et qu'on dresse soigneusement toutes les surfaces, on verra les triangles se former avec une exactitude merveilleuse, et leurs côtés devenir égaux et parfaitement droits.

A mesure qu'on aura achevé de dresser une face, on la polira tout de suite en y présentant une planchette bien plane, sur laquelle on colle du papier à polir. Cette planche doit avoir en surface le double de la face qu'on veut polir, afin de pouvoir la promener dans tous les sens, et effacer entièrement les traces de l'outil.

S'il arrivoit que la pièce sortît du mandrin avant d'être terminée, on l'y remettroit aisément, d'abord en jugeant à la simple vue, si elle tourne passablement droit; puis approchant le support tout près, on présenteroit à la face de la pièce un crayon; et par l'endroit où le trait seroit marqué, on jugeroit très-aisément que ce côté doit rentrer un peu; ce qu'on fera avec la panne d'un maillet de buis.

Lorsqu'une première face est tournée, on passera à une seconde; et comme les angles du tétraèdre sont à la surface de la sphère, il paroît naturel de penser que la pièce doit tenir dans le même mandrin. Cependant il n'en est rien. D'une part les parties planes ne touchent plus au fond du

mandrin, pendant que les parties sphériques y touchent encore. De l'autre, Pl. 19.
les angles solides pénètrent dans le bois du mandrin, et dès-lors la pièce
est excentrée. Il sera donc à propos, avant de déranger la pièce, d'appliquer avec une mouche de colle, sur la face tournée, une cale de forme à
peu près cylindrique, ayant pour diamètre environ la moitié ou le tiers de
la face, et une hauteur égale à celle de la portion sphérique déplacée par
l'outil. On donnera à son extrémité supérieure la forme d'une calotte
sphérique ayant pour diamètre celui de la boule sur laquelle on opère; ce
qu'on obtiendra aisément, au moyen d'un calibre pris sur la boule même.
De cette manière, quand on retournera la pièce, cette cale s'appliquera
exactement sur l'intérieur du mandrin, et la maintiendra solidement
contre l'effort de l'outil.

Hexaèdre.

L'hexaèdre *fig.* 10, développé, *fig.* 11, est un solide à six faces, présentant chacune un carré : ainsi, un cube quelconque, comme un dez
à jouer, est un hexaèdre.

Pour exécuter ce solide, il faut commencer par faire une boule, sur
laquelle on tracera les faces de l'hexaèdre : et voici comme on doit s'y
prendre.

On divisera la ligne originairement tracée, ou équateur, en quatre
parties égales; et, comme sur une partie sphérique, l'écartement du
compas, au quart de la circonférence, pourroit faire varier les pointes
aux points de division, il sera plus sûr de diviser la ligne en huit parties;
mais on ne marquera bien visiblement que de deux en deux parties.
Ces points de division détermineront le centre de quatre faces; les deux
autres auront leur centre aux deux pôles.

On divisera la distance comprise entre deux de ces centres en deux
parties égales; puis d'un des centres, sur lequel on posera la pointe d'un
compas ouvert à cet écartement, on tracera un cercle; on répétera cette
opération sur les cinq autres points de centre.

Il reste, entre ces cercles, des triangles, dont les côtés sont des arcs
de cercle : il faut en trouver le centre, ce qui se fait aisément de la manière suivante.

On posera une règle flexible, faite avec un morceau de ressort de pendule, sur l'un des angles de ce triangle et sur le centre du cercle opposé à
cet angle. On tirera une ligne dans cette direction. On en fera de même

sur un autre angle, et le point ou ces deux lignes se couperont sera le centre du triangle. On déterminera ainsi huit nouveaux points, par lesquels on fera passer six cercles concentriques aux six premiers. Ces nouveaux cercles déterminent les calottes sphériques que doit déplacer l'outil.

Tout étant ainsi tracé, on mettra la boule dans le mandrin hémisphérique que nous avons décrit en enseignant à faire les boules dans le premier Volume, et on placera un des centres au point de rotation. On abattra le bois jusqu'au cercle tracé sur la boule, en réservant au milieu un petit tenon d'environ six lignes de diamètre. On fera ensuite un autre mandrin, dans lequel on creusera un trou, pour recevoir ce tenon, et dont on dressera avec soin le devant, sur lequel viendra s'appliquer la face terminée.

On fera sur la seconde face la même opération, en réservant un tenon semblable au premier. Ces deux faces étant dressées, on remettra la pièce dans le premier mandrin, et on passera à la troisième face, à laquelle on laissera également un tenon. Pour faire la quatrième, on se servira du second mandrin.

La cinquième et la sixième se feront par les mêmes moyens; seulement, on ne réservera pas de tenon à la dernière qu'on achèvera de dresser.

Il ne reste plus qu'à enlever les tenons. On fera aisément disparoître les deux premiers, en plaçant ceux des faces opposées dans le second mandrin. Pour enlever les trois autres, on peut employer un des deux moyens suivans.

Le premier consiste à fixer la pièce avec une mouche de colle sur un mandrin bien plan. Pour la remettre exactement au centre, on tracera sur la surface antérieure du mandrin un cercle ayant pour centre le centre de rotation, et pour diamètre la diagonale d'une des faces. En plaçant la pièce dans ce cercle de manière que les quatre angles soient à la circonférence, on sera assuré qu'elle sera parfaitement centrée.

Le second moyen que nous conseillons d'employer de préférence se réduit à faire un nouveau mandrin creusé cylindriquement au diamètre de la diagonale de la face. Il faut en creusant ce mandrin, prendre la plus grande précaution pour arriver bien juste au diamètre exigé. Si le trou étoit trop large, la pièce n'y tiendroit pas; s'il étoit trop étroit, les angles seroient endommagés, ou s'imprimeroient dans le mandrin, et alors on ne pourroit plus être assuré du parallélisme des faces.

Il est une précaution qu'il ne faut pas négliger quand on tourne un

hexaèdre ; c'est de faire les deux faces à bois debout les premières ; sans
cela, et si on les faisoit en dernier, le bois étant pris à contre-sens , on lè-
veroit des éclats qui gâteroient les surfaces déjà terminées. Nous devons
cette observation à l'expérience que nous en avons faite en exécutant une
pièce du même genre, mais beaucoup plus délicate, dont nous parlerons
incessamment, une étoile à six pointes.

Octaèdre.

L'OCTAÈDRE, ou solide à huit faces triangulaires, *fig.* 12 , développé,
fig. 13, se trace de la même manière que l'hexaèdre : quand on a déterminé les six points qui ont servi de centre à ce dernier, et tracé les six
cercles qui se touchent, on prend le centre des huit triangles qui se
trouvent entre ces cercles. Leur centre sera le centre des huit triangles
qui composent l'octaèdre, et dont les limites sont données par les centres
des trois cercles voisins. On peut tracer des cercles circonscrits à ces faces
pour mieux juger quand elles tournent parfaitement rondes.

On mettra la boule ainsi tracée dans le mandrin à anneau, et on fera les
huit faces les unes après les autres en enlevant le bois compris entre les
arcs de cercle qui en déterminent les limites. Il faut couvrir les faces d'une
cale à mesure qu'elles sont terminées , comme nous l'avons dit en parlant
du tétraèdre, et apporter le plus grand soin à centrer chaque face. La plus
légère excentricité feroit perdre au solide la régularité qui en fait tout le
mérite.

Dodécaèdre.

LE dodécaèdre, *fig.* 14, développé, *fig.* 15, est un solide dont la surface
présente douze pentagones réguliers et égaux entre eux.

On tournera d'abord par les moyens indiqués une boule parfaitement
ronde, et on conservera la ligne tracée avant l'opération, sur le milieu du
cylindre, et que nous avons appelé l'équateur de la sphère.

On commencera par développer cette ligne sur du papier, et on la divisera en vingt-trois parties égales, pour servir d'échelle dans l'opération
suivante.

On divisera ensuite, sur la boule même, l'équateur en dix parties égales ;
puis on mènera dix demi-cercles, passant par chacun des points de division
et par les deux pôles, et on numérotera ces dix demi-cercles 1, 2, 3, 4, etc.,
jusqu'à dix, pour les distinguer plus aisément.

Pl. 19.

On prendra ensuite, avec un compas à ressort, deux parties de l'échelle, égales à deux vingt-troisièmes de la circonférence; et plaçant une des pointes du compas sur un des pôles, on tracera un cercle parallèle à l'équateur. On portera ensuite une des pointes du compas sur la demi-circonférence, à l'endroit où elle coupe le cercle tracé autour du pôle, et l'autre sur la même demi-circonférence en dehors de ce cercle et du côté de l'équateur. On fixera cette dernière, et on tracera un cercle qui touchera le premier par un seul point : on en fera autant sur les demi-circonférences 3, 5, 7, et 9; et on aura ainsi cinq cercles qui se toucheront tous, et qui viendront tous affleurer le premier, à cinq points également distans entre eux.

On répétera exactement cette opération à l'autre pôle; mais au lieu de placer le compas sur les demi-cercles impairs, on le mettra sur ceux marqués 2, 4, 6, 8 et 10.

Les centres de ces douze cercles donnent les centres des douze pentagones, formant la surface du dodécaèdre. Leur limites sont fixées par les centres des cinq triangles qui avoisinent chaque cercle. Ces centres, qui peuvent se trouver aisément par les moyens que nous avons indiqués en parlant de l'hexaèdre, déterminent la position des cinq angles du pentagone.

Il est bon de remarquer que la mesure de deux vingt-troisièmes que nous avons prescrit de prendre pour l'ouverture de compas n'est pas géométriquement exacte; mais elle suffit pour la pratique, qui ne peut jamais atteindre la précision mathématique.

Le dodécaèdre étant ainsi tracé, il faut mettre la boule dans un mandrin à anneau, où elle entre juste. On mettra le point de centre d'une des faces parfaitement au centre du mouvement; d'abord, à la vue simple, et lorsque l'œil n'apercevra plus aucun mouvement, on prendra une bonne loupe, et fixant de nouveau le point de centre, on verra si, en tournant, il décrit un petit cercle, ou s'il tourne exactement sur lui-même. Quand on sera parvenu à ce dernier résultat, on serrera l'anneau qui réunit la lunette au corps du mandrin, et la boule sera solidement fixée dans sa position.

Nous recommandons de nouveau de commencer par les faces qui se trouvent à bois debout, ou le plus approchant; ensuite par celles qui les avoisinent, en finissant par celles qui sont à bois de travers; sans cette précaution, et si l'on terminoit par le bois debout, on courroit risque de faire des éclats, qui gâteroient les faces déjà faites et leurs angles.

Icosaèdre.

L'ICOSAÈDRE, *fig.* 16, développé, *fig.* 17, est un solide dont la surface présente vingt triangles équilatéraux et égaux entr'eux.

La manière de le tracer est la même que celle dont nous nous sommes servis pour le dodécaèdre. Les centres des vingt triangles, qui se trouvent formés par la rencontre des douze cercles, deviennent les centres des vingt faces de l'icosaèdre, dont les limites sont données par les centres des trois cercles voisins ; on peut tracer des cercles circonscrits à ces faces pour juger plus facilement si elles tournent rond, et on fera bien de marquer les centres avec de l'encre pour pouvoir les centrer plus facilement. On montera la boule, ainsi tracée, dans le mandrin à anneau, et on tournera les faces l'une après l'autre par les procédés décrits plus haut.

Les premières ne présentent pas de grandes difficultés ; mais quand il y en a un certain nombre déterminé, les cercles tracés autour de celles qui restent à faire, disparoissent sous l'outil, et il ne reste plus que le point de centre marqué à l'encre, en sorte qu'il devient difficile de les mettre au centre.

Il est encore une autre difficulté ; c'est que la pièce ne présentant plus à l'outil que des angles, formés par les faces déjà faites, on doit entamer le bois avec beaucoup de précaution pour ne pas endommager ces angles ; et cette observation se rapporte également au dodécaèdre.

Il est assez ordinaire qu'un Amateur veuille exécuter ces cinq polyèdres pour en orner son cabinet.

Dans ce cas, il faut les prendre dans des boules du même diamètre, et se servir du même mandrin pour les trois derniers polyèdres.

SECTION IV.

Etoiles dans les cinq Polyèdres.

APRÈS avoir, dans la section précédente, enseigné à faire les cinq corps réguliers qui se prennent dans la sphère, nous allons à présent donner les moyens de pratiquer dans leur intérieur une étoile dont le nombre des rayons égale celui des faces du polyèdre. La base de ces rayons est appuyée sur les faces d'un polyèdre semblable à l'enveloppe, et réservé au centre, et leur pointe traverse des lunettes pratiquées sur les faces

Pl. 21. du polyèdre extérieur. On voit par conséquent qu'il a fallu les réserver en formant ces faces sur le Tour.

C'est une pièce fort agréable qu'une étoile semblable quand elle est exécutée avec précision et régularité ; mais les opérations nécessaires pour y réussir demandent beaucoup de dextérité, de légèreté de main, et quelques outils particuliers que nous allons détailler, et en même temps enseigner à faire, attendu que leur forme est déterminée par celle de la pièce qu'on veut exécuter.

On forgera, si l'on en a la commodité, ou l'on prendra dans de bon acier plat, d'une forte ligne et demie d'épaisseur, sur quatre, cinq et six de largeur, selon le besoin, des crochets dont on a particulièrement représenté la forme *fig.* 14, *Pl.* 23 ; leur longueur sera d'environ cinq à six pouces sans le manche.

On fera sept à huit crochets pareils à celui-ci ; si ce n'est que le bec *b*, *c*, doit être de longueurs croissantes, de demi-ligne en demi-ligne. Le plus petit, qui est celui dont on se sert le premier, aura deux lignes ou environ de longueur de bec en tout ; ce qui le réduira en dedans à une bonne ligne. Ces outils doivent couper par le bout *b*, par la partie extérieure *a*, et par la partie sphérique *c*. La tige *c*, *e*, doit être arrondie par dedans, et les angles seulement émoussés par dehors. La partie extérieure *a* doit former avec la tige un angle un peu obtus et égal à celui formé par l'inclinaison du rayon de l'étoile sur la face du polyèdre.

Les lignes ponctuées indiquent l'accroissement progressif des crochets.

La raison pour laquelle le premier doit être si petit, c'est qu'il doit entrer dans le trou ou lunette, entre la lunette même et la pointe, qui n'étant pas en ce moment à la grosseur où elle doit être, laisse peu de place pour introduire le crochet. Mais ce n'est pas assez qu'on l'introduise, il faut entamer le bois vers la gauche, et pour peu qu'on donne de solidité à la tige *c e*, il ne reste pas beaucoup de longueur au crochet pour creuser.

Le second, qui, comme tous les autres, doit être pareil au précédent, n'en diffère que par la longueur du crochet *a*, *b*, *c*. Cette longueur doit être telle que quand on l'a introduit de biais dans la rainure produite par le premier, touchant par le dos au rayon, et remis à plat sur le support, il n'entame pas encore le bois. Le troisième et les suivans doivent suivre la même progression ; mais la tige *c*, *e* doit être un peu plus forte, pour résister mieux aux efforts qu'on lui fait éprouver.

Tous les rayons de l'étoile doivent être égaux en grosseur et en lon-

Pl. 21.

gueur, et le polyèdre sur les faces duquel leur base est inscrite doit être semblable au polyèdre extérieur, et avoir pour rayon le tiers de celui de la sphère. Pour y parvenir, il faut se faire plusieurs calibres, un pour fixer la longueur du rayon, un autre pour déterminer la grosseur à la base, et un troisième pour le diamètre de la lunette.

Chaque rayon doit avoir sa pointe à la surface de la sphère ou boule. C'est donc de ce point, qu'on ne doit pas altérer, que part la mesure de leur longueur.

On tracera sur du papier un triangle équilatéral *A B C*, *fig.* 24, *Pl.* 21 égal à une des faces du tétraèdre sur lequel nous supposons qu'on opère. On fera un autre triangle semblable et concentrique au premier *a*, *b*, *c*, auquel on donnera les dimensions fixées pour le polyèdre intérieur. En inscrivant dans ce petit triangle le cercle *d*, *e*, *f*, on aura évidemment la base des pointes de l'étoile. Si l'on abaisse ensuite la perpendiculaire *D*, *b*, on aura la distance d'une face du polyèdre intérieur, à une face homologue du polyèdre extérieur, et par conséquent on déterminera la longueur qu'on doit donner au calibre *fig.* 11, depuis l'encoche qu'on y voit en *a*. On pose le bout de ce calibre sur la face du polyèdre intérieur, et on juge de la quantité de bois qu'on a encore à emporter, par la distance de la face du polyèdre extérieur à l'encoche. Ce calibre qu'on prend dans une lame de cuivre mince est replié à angle droit par le haut, pour qu'on puisse le saisir plus commodément sur l'établi; on peut le remplacer avantageusement par l'équerre à coulisse, *fig.* 7, *Pl.* 2.

Avec une autre lame, du même cuivre, on fera un autre calibre à fourchette, *fig.* 12, *Pl.* 21, qui sert à mesurer et régler la grosseur des rayons à leur base. On a fait cette fourchette à peu près aussi large du haut que du bas, parce que, quand on détermine le diamètre de la base, la pointe du rayon est encore loin de celui qu'elle doit avoir, cette partie ne devant se terminer que quand tout le reste est achevé, dans la crainte des accidens qui pourroient arriver.

Un troisième calibre fait de même métal, *fig.* 13, est à peu près semblable au précédent, si ce n'est que de chaque côté, est un épaulement *a a* qui pose sur la surface du polyèdre extérieur, tandis que les deux jambages, par leur écartement, servent à déterminer le diamètre du trou ou lunette.

On pourroit remplacer ces deux derniers calibres par des compas, mais nous conseillons cependant de se servir préférablement des calibres qui ne peuvent jamais varier.

On a coutume de former autour du trou, ou lunette de chaque face,

Pl. 21.

une petite moulure, telle que baguette ou talon. Si c'est une baguette, elle doit être formée, tant extérieurement que sur le côté du trou. On fera avec un bout d'acier, de deux à trois lignes de large, d'une ligne d'épaisseur, et de quatre à cinq pouces de long, une mouchette d'une ligne de diamètre, *fig* 2. Cet outil est assez difficile à bien faire, pour qu'il coupe net, parce qu'on n'a pas souvent de limes, *queue de rat*, assez petites. Il en est cependant de la plus grande finesse, ainsi que des limes de toutes les formes. Quand l'outil sera achevé, le biseau bien fait, et les deux pointes du demi cercle bien aiguës, on le trempera et on le fera revenir couleur d'or. Mais il n'est pas aisé de lui donner la finesse de tranchant que tout outil qui doit couper net doit avoir, attendu qu'il n'y a pas de pierre à l'huile assez mince pour y entrer. Nous y avons suppléé avantageusement par une lame de cuivre rouge, d'une ligne foible d'épaisseur, bien dressée, et arrondie d'un bout à l'autre sur un de ses côtés. On mettra un peu d'huile et d'émeri très-fin sur cette partie ronde, et l'on affûtera le dedans du biseau, ce qui produira le poli et la vivacité du tranchant. On affûtera le dessus à plat sur une pierre à l'huile ordinaire, et l'outil coupera parfaitement.

On fera une seconde mouchette, absolument pareille, au bout d'un crochet, comme celui, *fig.* 4, pour achever la baguette en dedans du trou.

Si l'on préfère un talon, *fig.* 3, ou autre moulure, on fera avec des limes les outils convenables, et on les polira de même, pour en aviver le tranchant, avec des lames de cuivre rondes, plates, et autres.

Dans les pièces dont nous nous occupons, on rencontre le bois sur différens sens.

Pour le bois tranché, il est un outil qui nous a parfaitement réussi. C'est un ciseau fort étroit, comme de deux lignes au plus, ayant un seul biseau par le bout, et un autre sur le côté gauche *a*, *fig.* 1. Le corps de cet outil peut avoir trois à quatre lignes de large; il est réduit à deux par le bout, et à une ligne et demie d'épaisseur.

Pour le bois de fil, on se sert d'un grain-d'orge proportionné à l'ouverture de la lunette.

On se fera encore deux ou trois petits becs-d'âne d'une ligne et demie à deux lignes d'épaisseur, sur deux, trois et quatre lignes de large, et six à huit pouces de long sans le manche. Nous recommandons cette longueur, parce que, s'agissant de couper le bois au fond d'un trou, qui a environ un pouce de profondeur, sans compter l'écartement de la cale du support, il faut que le levier de puissance puisse vaincre sans effort la résistance, afin Pl. 20 et 21. de couper le bois net et sans brouter, et unir le plan sur lequel est la base de chaque pointe.

Pour déterminer l'épaisseur qu'on doit donner aux faces du polyèdre, on se sert d'une espèce de grain-d'orge, coudé à l'équerre, *fig.* 6. On appuie la portée *a* contre la face, et la pointe de l'outil, en entamant le bois, détermine, d'une manière invariable, l'épaisseur à donner à la face. Il est des cas où l'on a besoin d'en avoir un de même forme, à gauche : il est représenté, *fig.* 7 : on se procurera aussi une mouchette, coudée à gauche, *fig.* 5. Enfin on aura un grain-d'orge coudé, *fig.* 8, dont le bec soit un peu long, pour couper et séparer des pièces, qui ne tiennent presque plus à rien.

Après s'être ainsi muni de tous les outils et instrumens nécessaires, il s'agit de procéder à l'opération.

Etoile dans un Tétraèdre.

On commencera par préparer trois rondelles, *fig.* 26, dont on aura besoin pour pouvoir remettre la pièce en mandrin à mesure qu'on aura formé les trois premières faces du tétraèdre. Ces rondelles, qu'il faut avoir soin de prendre à bois de travers, ont pour diamètre celui du cercle circonscrit à la face du tétraèdre, et sont percées au centre d'un trou de deux lignes pour le passage du tenon destiné à former la pointe de l'étoile. Ce trou est indiqué sur la figure par les lignes ponctuées *a*, *a*.

On les préparera à la scie; et après avoir percé au centre un trou d'un peu moins de deux lignes, on les montera pour les tourner sur un arbre lisse comme nous l'avons enseigné dans notre premier Volume, en parlant des moyeux de roues de rouet, voyez *fig.* 47, *Pl.* 17, *T. I.*

Quand la circonférence sera parfaitement au rond, on dressera le côté qui doit s'appliquer sur la face du polyèdre, et qui doit par conséquent être parfaitement plan. On tournera ensuite l'autre surface, qui doit présenter une calotte sphérique, ayant pour rayon celui de la boule sur laquelle on opère.

Si l'on veut faire ces rondelles au Tour en l'air, on les mettra au mastic sur un mandrin. On tournera d'abord la face plane, et on lui donnera, à peu de chose près, le diamètre qu'elle doit avoir.

On prendra un second mandrin un peu moins large que la rondelle. On formera au centre un tenon propre à recevoir juste le trou de la rondelle. On fera sur la face du mandrin, et à peu près au milieu du rayon, un léger trait de grain-d'orge; et sur cette circonférence, on mettra trois petites pointes de fil d'acier, qu'on laissera excéder la surface d'une ligne et demie ou deux, et qu'on aplatira avec une lime, en y formant deux espèces de biséaux : on fera entrer la rondelle sur le tenon, et d'un coup de maillet on la fixera sur les trois pointes pour l'empêcher de tourner, et on arrondira la seconde face à la courbure du calibre pris sur la boule.

Après avoir préparé les trois rondelles, on mettra dans un mandrin à anneau, bien juste, la boule sur laquelle on a tracé les centres et les limites des quatre faces du tétraèdre. On choisira celui de ces quatre centres qui est à bois debout, ou le plus approchant. C'est celui-là qu'on mettra le premier au centre de rotation, avec les précautions que nous avons recommandées.

On fera d'abord la première face, par les moyens que nous avons enseignés plus haut; mais on réservera au centre un tenon, qui entre juste dans le trou des rondelles. Du reste, on formera la face, comme si elle étoit plane, et en atteignant jusqu'à la circonférence du cercle qui en indique les limites.

La *fig.* 27, représente le résultat de cette première opération.

On couvrira cette face par une rondelle qu'on fera entrer sur le tenon, et remettant la pièce en mandrin, on procèdera à faire la seconde face; la troisième et la quatrième se feront de la même manière.

A mesure qu'on opère sur la seconde face, la rondelle placée sur la face adjacente s'entame et finit par présenter une tranche plane. En plaçant la seconde rondelle sur la seconde face, on mettra une mouche de colle sur cette tranche; ce qui réunira les deux rondelles et les consolidera.

Quand les quatre faces seront ainsi preparées, on remettra la pièce en mandrin, le bois debout en devant, pour creuser le solide, en réservant l'étoile et son noyau. On commencera par amincir un peu par le bout le tenon qui doit former la pointe de l'étoile, sans toutefois terminer cette pointe; il faut seulement lui donner la forme d'un cône tronqué.

On tracera, avec un grain d'orge, un cercle pour déterminer le diamètre de la lunette, qui doit avoir environ huit à neuf lignes; et en dedans de ce cercle, on pratiquera avec un bec-d'âne carré une rainure perpendiculaire à la face du polyèdre, dont la profondeur est déterminée par la ligne *b D*, *fig.* 24. On continuera à donner à la pointe la forme conique en approchant peu à peu de la grosseur déterminée pour la base.

Pl. 20 et 21.

Alors on prendra le premier crochet *fig.* 14, *Pl.* 23. Il doit entrer assez librement de face : mais pour que l'épaisseur de chaque face soit égale par tout, on se servira du grain-d'orge représenté *fig.* 6, *Pl.* 21 : c'est de la ligne qu'il aura décrite qu'on partira pour creuser avec le crochet, jusqu'à ce qu'on soit arrivé à la face du polyèdre intérieur.

Lorsque la tige *e* du crochet est parvenue au bord de la lunette, l'outil ne mord plus. Alors on prendra le second, qu'on introduira de biais, et qui, quand il est à plat sur la cale de support, ne doit pas encore toucher le fond de la rainure, commencée vers la gauche. On l'approfondira donc en emportant peu de bois à la fois, suivant la direction donnée par le premier outil ; et le retirant insensiblement quand la marche remonte, comme nous l'avons recommandé, et comme on doit toujours le faire. Avec le troisième crochet on achèvera de donner à l'intérieur du polyèdre la forme sphérique, au moyen de laquelle l'étoile se trouvera dégagée, quand les quatre faces seront terminées.

Nous insistons peut-être un peu trop sur ces précautions ; mais l'oubli que nous en avons fait nous-mêmes nous a occasionné tant d'accidens, que nous ne craignons pas d'ennuyer nos Lecteurs, en le leur répétant sans cesse.

Pendant ce travail, on jaugera souvent avec les calibres, tant pour la grosseur de la base du rayon, que pour la longueur à lui donner. Lorsqu'on y sera parvenu, et qu'en posant le bout du calibre *fig.* 11, sur la face du polyèdre intérieur, on verra que le talon *a* touche la face extérieure, ou qu'il s'en faut de très-peu, alors on achèvera de donner à la pointe la forme conique : et comme celle qui nous occupe en ce moment est à bois debout, la longueur de la pointe se trouvera à bois de fil. On se servira d'un grain-d'orge proportionné à la lunette ; et on enlèvera peu de bois à la fois, jusqu'à ce que le rayon ait acquis la forme exacte qu'il doit avoir, d'après le tracé que avons donné au commencement de cet article, et que le coté soit bien droit. Alors on le portera à sa dernière finesse, en n'entamant le bois qu'au dessus du diamètre, de peur de casser la pointe, qui devient très-délicate.

On peut terminer cette pointe, en entamant le bois dans toute sa longueur ; mais il faut en prendre bien peu à la fois, et même, pour éviter les accidens, on fera bien d'élever la cale du support, et de présenter l'outil obliquement à l'axe de la pointe.

On peut même, attendu son extrême délicatesse, ne point la terminer à l'outil, à deux ou trois lignes vers la pointe, mais la laisser un

Pl. 20 et 21. peu plus grosse qu'il ne faut, et lui donner le dernier coup avec une petite lime plate, demi-douce. On ne risquera pas de la casser ou de l'écorcher, et cette précaution est surtout nécessaire pour le bois de travers ou tranché.

Il ne s'agit plus que de donner à cette partie du tétraèdre tout le fini et toute la propreté nécessaires. On unira parfaitement la surface du fond avec la face du troisième crochet, car on doit se souvenir que ces crochets coupent de trois cotés ; et pour cela ; on élèvera la cale du support, pour que l'outil se présente au bois, incliné à sa surface. On prendra aussi garde, que cette surface soit bien plane, ce qui, au fond du trou, n'est pas très-aisé à voir et à exécuter. Avec le même crochet on unira, autant que possible, la surface intérieure du polyèdre, en retirant bien parallèlement l'outil à soi. Enfin, avec un ciseau à un biseau, un peu large, et qui coupe avec la plus grande finesse, on unira et dressera parfaitement la surface extérieure du polyèdre.

C'est en cet instant qu'on fera autour de la lunette la moulure qu'on désire. Comme l'outil dont nous avons parlé doit couper très-vif, cette moulure doit sortir très-nette de dessous l'outil.

Il est bon de prévenir ici nos Lecteurs que souvent ces moulures se font à part sur des cercles, qu'on rapporte ensuite, et qu'on colle sur la lunette.

On conçoit que, de cette manière, on a pu faire la lunette beaucoup plus large, et qu'ainsi l'ouvrage perd beaucoup de son mérite. Nous conseillons donc de supprimer ces ornemens, qui sont d'ailleurs contraires à la pureté du dessin de cette pièce, et qui laissent toujours soupçonner quelque supercherie.

Avant de passer à la deuxième surface, il faut s'occuper de nouvelles pièces absolument indispensables.

Les rondelles qui ont servi jusqu'à présent, tant qu'il n'y avoit à chaque face qu'un tenon, ne peuvent plus servir pour celles où la pointe d'étoile est terminée ; il faut donc en faire de particulières, qu'on nomme *Bouchons, fig.* 25.

On prendra un morceau de bois dur, tel que buis, alisier, etc. d'environ trois pouces et demi de longueur, que l'on tournera cylindriquement au diamètre du cercle inscrit dans la face du tétraèdre extérieur. On pratiquera à l'extrémité une portée d'une longueur égale à la distance qui se trouve entre les deux polyèdres. Cette portée *a* doit avoir pour diamètre, du côté du cylindre, celui de la lunette, et aller un peu en diminuant vers sa partie inférieure. On pratiquera au centre un trou conique de la même forme que le rayon de l'étoile indiqué sur la figure par des lignes ponctuées. Il n'est cependant pas nécessaire que ce trou suive exactement cette forme Pl. 20 et 21. dans toute sa longueur, l'essentiel est que sa base se raccorde parfaitement avec celle du rayon. On détachera ce bouchon du cylindre, en lui laissant pour hauteur, depuis la portée, un peu plus que l'épaisseur des rondelles, dont on s'est servi au commencement de l'opération. En cet état, on place ce bouchon sur la pointe de l'étoile, et on donne à sa partie extérieure la forme sphérique, à l'aide du calibre qui a servi à former les premières rondelles.

On conçoit qu'un pareil bouchon rend à la pointe, dégagée de tous côtés, la même solidité que si elle étoit encore dans la masse, et que la partie sphérique reçoit la pression du mandrin, comme les précédentes rondelles, pour mettre la pièce au centre. On fera de suite trois bouchons pareils; mais comme il faut qu'ils conviennent parfaitement aux lunettes et aux pointes qu'on va faire, le plus sûr est de ne les faire qu'à mesure qu'on en a besoin.

On mettra donc ce bouchon à la pointe qu'on vient de terminer, et on passera à la seconde face, ayant toujours soin de choisir celle où le bois est le plus approchant du bois debout, et laissant les premières rondelles aux deux autres faces.

Lorsqu'on en viendra à la quatrième, on la travaillera aussi sûrement qu'on a fait la première, puisqu'au moyen des bouchons, l'étoile est retenue en sa place, et qu'elle ne peut remuer d'aucun côté.

Nous ne répéterons pas, pour les autres faces, ce que nous avons dit de la première : c'est toujours le même travail, les mêmes précautions. Quand les quatre faces seront terminées, on ôtera les trois bouchons, et l'on verra l'étoile détachée du corps dans lequel elle a été prise.

La *fig.* 1, *Pl.* 20, représente cette pièce entièrement terminée.

Pour placer ce polyèdre dans un cabinet, on tournera un piédestal sur lequel on élèvera un piédouche surmonté d'un petit cône très-aigu, au sommet duquel on percera un très-petit trou ; on y insèrera une pointe d'acier extrêmement fine, dans laquelle on fera entrer le polyèdre par un de ses angles. De cette manière il se trouvera placé dans la situation la plus avantageuse où il puisse être vu, et sans qu'il coure risque d'être cassé ou émoussé.

Pl. 20 et 21.   *Etoile dans un Hexaèdre.*

Presque tous les détails dans lesquels nous sommes entrés sur la manière de faire une étoile dans un tétraèdre sont applicables aux quatre autres polyèdres. Il n'en est plus que quelques uns de particuliers à ces quatre derniers.

On divisera la boule de la manière que nous avons indiquée pour l'hexaèdre. On commencera par la face où est le bois debout, et pour la faire, on saisira la boule dans le mandrin à anneau. On réservera au centre un tenon assez fort pour pouvoir entrer et tenir solidement dans la portée d'un autre mandrin qu'on préparera pour le recevoir, et l'on atteindra jusque près du cercle qu'on a dû décrire sur la boule. On verra à la fin de cet article pourquoi on ne doit pas atteindre ce cercle du premier coup.

On remettra la pièce dans le mandrin dont nous venons de parler, et on l'y fixera par le moyen du tenon réservé sur la première face. Par ce moyen on sera assuré du parfait parallélisme de cette première face avec la seconde, que l'on fera de la même manière et en y réservant un semblable tenon. On remettra ensuite la pièce dans le mandrin à anneau; les tenons réservés aux deux faces faites suffisent pour l'y maintenir solidement. On centrera bien la troisième face au moyen du point marqué à son centre et des deux faces déjà preparées, et on la rendra semblable aux deux autres.

La quatrième et la sixième se feront dans le mandrin qui a servi pour la seconde, et la cinquième dans le mandrin à anneau, où on la centrera par les mêmes procédés et plus facilement encore que la troisième, puisqu'il y a déjà quatre faces d'achevées.

Il ne reste plus qu'à préparer les tenons pour en former les pointes de l'étoile, et à creuser l'intérieur du polyèdre, ce qui se fait dans le mandrin à anneau, et de la même manière qu'au tétraèdre.

On commencera par la face à bois debout, et on passera ensuite à celle qui lui est opposée, en plaçant sur la pointe de la première un bouchon fait sur les mêmes principes que ceux qui ont servi au tétraèdre, mais dont la forme et les dimensions sont déterminées par celles de la face de l'hexaèdre.

Pour creuser l'intérieur de la pièce, on a besoin de nouveaux calibres, qu'on fera de la même manière que ceux du tétraèdre, en traçant sur du papier un carré égal à celui d'une des faces de l'hexaèdre; au milieu de ce carré on en inscrira un autre qui soit concentrique au premier, et dont les

Pl. 20 et 21.

faces soient parallèles à celles du premier. Le cercle inscrit dans le petit carré donnera la base des pointes de l'étoile, et la perpendiculaire abaissée d'une face du même carré intérieur sur celle correspondante du carré extérieur donne la distance qui doit se trouver entre les deux polyèdres.

Les outils dont on se sert pour terminer l'intérieur et l'extérieur de l'hexaèdre ainsi que les pointes de l'étoile sont ceux que nous avons décrits à l'article du tétraèdre.

En terminant les faces du polyèdre, on réparera les petites irrégularités qui pourraient s'y trouver, et on achèvera de rendre les angles bien vifs. C'est pour cette raison que nous avons recommandé au commencement de cet article de ne pas atteindre tout à fait le cercle tracé sur la boule.

La *fig.* 3, *Pl.* 20, représente cette pièce entièrement terminée.

Etoile dans l'Octaèdre.

Les faces de l'octaèdre étant tracées sur la boule à l'ordinaire, on emploiera pour l'exécution les procédés et les outils dont on s'est servi pour le tétraèdre. Seulement nous recommandons de redoubler de précaution en travaillant, parce qu'à mesure que le nombre des faces augmente, les trous par où sortent les pointes deviennent plus petits, et par conséquent il est plus difficile d'y introduire les crochets. De plus, le nombre des pointes augmentant en proportion, on peut, si l'on n'y prend garde, endommager les pointes déjà terminées, en travaillant celles qui les avoisinent, ou enlever la matière qui doit servir à former celles qu'on n'a pas encore commencées.

La *fig.* 5, *Pl.* 20, représente l'étoile dans l'octaèdre entièrement achevée.

On sent aisément que la surface intérieure de ces polyèdres ne peut présenter des faces parallèles à celles de l'extérieur. Celles-ci sont planes, et on ne peut produire avec un crochet, dans l'intérieur d'une pièce, que des portions cylindriques et sphériques. C'est cette dernière forme que nous conseillons d'exécuter, parce que c'est celle qui enlève la plus grande quantité possible de matière; il ne reste que celle contenue entre les angles solides et la calotte sphérique. Celle-ci ne peut être déplacée par aucun moyen.

Etoile dans le Dodécaèdre.

On divisera la boule, comme pour le polyèdre du même nom, et on exécutera la pièce dans le mandrin à anneau qui a servi pour l'octaèdre. *V*, *fig.* 7, *Pl.* 20.

Pl. 20 et 21. Les opérations sont absolument les mêmes que pour les autres étoiles; et ce seroit tomber dans des redites fastidieuses que de les détailler encore ici.

Etoile dans l'Icosaèdre.

Après avoir décrit la manière de faire l'icosaèdre, il est inutile de nous arrêter à détailler la manière de faire une étoile à vingt pointes dans ce solide, *fig.* 17, *Pl.* 20 : c'est la même opération que pour les précédentes, mais les difficultés augmentent avec le nombre de pointes, qui occupent presque en entier les faces du polyèdre intérieur, et qui sont tellement rapprochées, qu'on ne peut qu'avec la plus grande peine faire agir l'outil entre elles.

On peut augmenter le mérite et la difficulté de toutes les pièces que nous venons de décrire, en détachant dans leur intérieur une ou plusieurs enveloppes sphériques. Nous donnerons le moyen de les exécuter en enseignant dans l'article suivant à faire ces étoiles dans une boule.

Etoile dans une Boule.

On peut faire dans une boule une étoile à quatre, six, huit, douze et vingt pointes, comme dans un polyèdre. Les principes, pour les tracer sur la surface de la boule sont les mêmes. Toute la différence consiste en ce qu'on n'y fait point de faces. Ou emploiera le mandrin à anneau et les outils qui ont servi à creuser le polyèdre et à former les pointes de l'étoile. La manière d'opérer est absolument la même.

Supposons qu'on veuille faire une étoile à six pointes. On commencera par tracer sur la boule six cercles ayant le même centre que les six faces de l'hexaèdre, et pour diamètre l'ouverture qu'on a déterminé de donner à chaque lunette.

Lorsqu'on aura creusé circulairement par une lunette, on formera le rayon jusque près de sa base, en emportant tout le bois qui l'environne; puis avec un crochet à la courbure qu'on veut donner au noyau, et qu'on fera exprès, on arrondira cette partie autour de la base de la pointe; mais il faut observer que le bec de ce crochet n'ait pour longueur qu'un peu plus de moitié de la distance comprise entre les bases des deux pointes, ce dont on pourra s'assurer sur un dessin fait exprès pour chaque nombre de pointes qu'on veut prendre dans une boule.

Plus les lunettes seront petites, plus la difficulté de faire les étoiles aug- Pl. 20 et 21. mentera ; mais cette difficulté même exige une très-grande attention lors- qu'on creuse.

Comme il est essentiel, dans ces sortes d'ouvrages, que la lumière pénètre au fond de la creusure, si l'on ne travaille pas par un beau jour, ou que le Tour ne soit pas exposé de manière que le jour, venant de droite, donne au fond du mandrin, il est alors plus avantageux de travailler le soir, parce qu'on peut aisément disposer la lumière, de manière que ses rayons s'introduisent dans l'intérieur de la pièce, à mesure qu'on travaille à la creuser.

Quand on a terminé une pointe, il faut y placer un bouchon convenable, qui soit retenu en place par un petit bourrelet qui appuie sur la boule, et qui soit sphérique en dessus. Au moyen de ce bouchon qui doit remplacer exactement la matière enlevée, on peut remettre solidement la pièce dans son mandrin, sans craindre que les pointes déjà terminées soient endommagées.

Nous recommandons de nouveau de redoubler d'attention en perçant le trou conique pratiqué dans l'intérieur du bouchon, pour qu'au moins la base de ce trou embrasse bien exactement celle du rayon ; sans cette précaution, les pointes terminées ballotteroient, et il seroit impossible de faire les dernières avec exactitude.

Voyez *fig.* 18, *Pl.* 21, la forme qu'on doit donner à ce bouchon qui doit être proportionné à la longueur de la pointe.

Étoile au centre de plusieurs enveloppes sphériques, détachées les unes des autres.

La *fig.* 16, *Pl.* 20, représente une étoile, à six pointes, prise dans une boule qui en renferme deux autres. Après tout ce que nous avons dit sur le travail des autres pièces renfermant des étoiles, nous n'ajouterons ici que très-peu de chose sur la manière de faire les outils propres à ces dernières. Ce sont des crochets circulaires, qu'il faut former d'après les différens cercles qu'ils doivent décrire.

Pour peu qu'on y réfléchisse, on sentira que les crochets qui forment le premier intervalle, entre les deux premières boules, ne peuvent former celui compris entre la seconde et la troisième, attendu la différence des rayons de ces cercles, et leur différente courbure.

On tracera donc sur du papier la grosseur extérieure de la boule. Un

Pl. 20 et 21.

second cercle en dedans en donnera l'épaisseur. Un troisième donnera la distance entre les deux premières boules. Un quatrième donnera l'épaisseur de la seconde boule. Le cinquième donnera la distance entre la seconde et la troisième; enfin un sixième donnera l'épaisseur de cette troisième boule. Le septième donnera la grosseur du noyau sur lequel sont posées les pointes de l'étoile, si l'on veut que ce soit une sphère; sinon on se servira de crochets à becs droits, si l'on veut que ce soit un cube pour l'étoile à six pointes; un triangle pour celle à huit; un pentagone pour celle à douze, et un triangle pour celle à vingt, suivant qu'on fera dans la boule une étoile à six, huit, douze ou vingt pointes.

Les *fig.* 4, 5 et 6, *Pl.* 23, donnent une idée juste de ces crochets. On voit qu'il y en a d'autant de courbures qu'on veut faire de boules. Voici comment ces courbes doivent être tracées relativement à la tige de l'outil.

On prolongera la ligne *d, e, fig.* 19, *Pl.* 19, et on posera en *e* une pointe d'un compas ouvert au rayon du cercle que doit détacher le crochet, et l'autre sur le prolongement de la ligne au point *g*.

De ce point, comme centre, on tracera la portion de cercle *c, e;* puis agrandissant l'ouverture de compas de la distance qu'on veut laisser entre les deux enveloppes, et conservant toujours le même centre, on tracera la portion de cercle *b, f,* et on déterminera ainsi la largeur de l'outil, qui doit diminuer insensiblement en approchant de la tige, comme dans les becs-d'âne de menuisier, afin que l'ouverture pratiquée par la partie coupante soit assez large pour que le reste de l'outil n'éprouve pas trop de frottement.

On peut faire jusqu'à trois de ces crochets sur chaque courbure, dont les becs vont en progression. Le premier commence la rainure, et les autres l'achèvent. On les fera, sur des portions de cercle tracées suivant le rayon de ceux qui sont sur le dessin; et pour ne pas les confondre, on marquera chaque espèce d'une marque particulière, comme *A, B, C,* et chacun d'eux par les chiffres 1, 2, 3, etc. Si l'on fait la lunette aussi évasée que le représente la *fig.* 16, *Pl.* 20, les crochets du dessous de la troisième boule doivent avoir le bec fort court, puisqu'il y a très-peu de distance entre la lunette et le rayon. On peut ouvrir un peu moins la première lunette, et un peu plus les deux autres, mais il faut toujours conserver au trou la forme conique, afin que les bouchons qu'on doit y mettre tiennent très-solidement chaque boule, ainsi que la pointe : car, attendu la multiplicité des boules, et leur peu d'épaisseur, si elles vacilloient tant soit peu, on ris-

Pl. 20 et 21.

queroit de tout casser quand on en viendroit à la dernière. Ces bouchons doivent donc être faits avec le plus grand soin.

On commencera par faire et terminer l'étoile, en réservant à la boule une épaisseur suffisante pour y en trouver ensuite deux autres ; et pour cela, quand on aura creusé circulairement autour de la pointe, et assez profondément pour que l'épaisseur à réserver soit assurée, on fera un grain-d'orge à épaulement, comme celui, *fig.* 6, *Pl.* 21, où la pointe soit éloignée de cet épaulement, de tout ce qu'il faut pour déterminer cette épaisseur. On réservera donc une bonne ligne pour l'épaisseur de la première boule ; autant pour la distance entre la première et la seconde ; autant pour l'épaisseur de la seconde ; autant pour la distance entre la seconde et la troisième ; enfin, autant pour l'épaisseur de la troisième : ce qui fait en tout cinq lignes, qu'on peut réduire à quatre, en diminuant l'intervalle entre les enveloppes et leur épaisseur. Plus les enveloppes seront minces, plus elles seront rapprochées, plus la pièce aura de mérite. Ainsi le grain-d'orge doit avoir au plus cinq lignes entre l'épaulement et la pointe ; et le crochet avec lequel on creusera doit être, à la courbure d'un cercle, de cinq lignes de moins en rayon que celui de la boule. Les *fig.* 16, *Pl.* 20, et celle 19, *Pl.* 21, rendront sensibles les mesures à prendre, et la courbure qu'on doit donner aux crochets, comme nous venons de le dire.

On évidera tout ce qui se trouve de bois au delà du petit cercle, entre les pointes, que par ce moyen on dégagera, en mettant à mesure à chaque lunette un bouchon pareil à celui *fig.* 18, qu'on a représenté vis-à-vis d'une lunette, *fig.* 20, et d'une pointe *a* qui doit y entrer, ainsi qu'on en peut juger par les deux lignes ponctuées sur la surface du bouchon *fig.* 18.

Ces bouchons doivent être faits avec beaucoup de soin, et prendre sur toute la surface de la lunette, afin que, quand il s'agira de détacher les boules, il n'y ait aucun balottement.

Si l'on fait six pointes à l'étoile, chacune d'elles sera appuyée sur une des faces d'un cube. Si elle est à huit, douze ou vingt, ce sera un octaèdre, dodécaèdre ou icosaèdre. Quand l'étoile sera entièrement terminée, on se servira d'autant de grain-d'orges à épaulement qu'on a de différentes profondeurs à entamer, afin que les épaisseurs des boules et leurs distances soient partout égales. On peut aussi faire, pour cet usage, un outil à redans, *fig.* 14, *Pl.* 21, auquel on fera autant de redans qu'on voudra détacher d'enveloppes. On donnera pour longueur à chacun de

Pl. 20 et 21. ces redans l'épaisseur de chaque enveloppe , plus , la distance qu'on doit
laisser entre deux.

On fera à la tige de cet outil un épaulement qui portera sur l'enveloppe extérieure de la boule , pour empêcher l'outil de pénétrer trop
avant dans l'intérieur.

Au moyen de ces redans, on tracera d'un seul coup , et avec beaucoup
de justesse , les cercles qui indiquent la distance qu'on veut laisser entre
les deux enveloppes, et on y pratiquera un petit épaulement, contre
lequel le crochet circulaire s'appuiera plus facilement encore que sur un
trait de grain-d'orge.

Nous allons à présent donner un moyen pour diriger plus sûrement
les crochets, qui demandent une main très-exercée.

On fera avec un morceau de cuivre une espèce de calibre circulaire ,
fig. 15, *Pl.* 21 , embrassant une portion de la sphère qui excède l'ouverture de la lunette d'environ trois lignes de chaque côté. On pratiquera
vers le tiers de ce calibre un trou ovale *a*, au moyen duquel on le fixera
sur la tige de l'outil par une vis à tête plate.

On introduira le crochet dans la lunette ; on le placera bien exactement
dans la position qu'il doit occuper ; et dans cet état on arrêtera le calibre
de manière qu'il pose sur la calotte de la sphère. La portion la plus courte
doit être placée à droite, et la plus longue à gauche. Avec ces précautions l'outil ne pourra s'écarter de la direction qu'il doit suivre, et on ne
craindra pas de percer les enveloppes en les séparant. Il faudra ensuite unir,
autant qu'on le pourra, chaque surface, en la terminant avec le plus long
de crochets , dans l'intervalle, *fig.* 19, par les deux lunettes adjacentes.

Quand on aura détaché deux portions de boules , par une lunette , on
remettra le bouchon, et on continuera l'opération , jusqu'à ce qu'elles
soient entièrement détachées les unes des autres.

Ce que nous venons de dire sur les moyens à employer pour détacher
plusieurs boules les unes dans les autres , peut s'entendre également de
plusieurs polyèdres; mais cette opération présente bien plus de difficultés
que la première, surtout si la boule sur laquelle on veut les détacher est
très-petite; moins les polyèdres auront de faces, et plus la difficulté augmentera. Il seroit même impossible d'en venir à bout sur l'hexaèdre et sur
le tétraèdre, à moins que la boule ne fût très-grosse.

Toutes les opérations que nous avons décrites jusqu'à présent tendent
à détacher dans une sphère plusieurs enveloppes divisées également. Il est
cependant possible de détacher aussi plusieurs enveloppes quoique sous

différentes divisions; ainsi, on peut dans une boule percée de six lunettes Pl. 20 et 21. en détacher une ayant huit ouvertures, laquelle en renfermera une troisième portant douze divisions.

On commencera par tracer à l'ordinaire six divisions sur la surface de la boule, et on ouvrira six lunettes que l'on creusera jusqu'à ce qu'on soit arrivé à la surface de la seconde enveloppe. Il faut avoir soin de réserver, au milieu d'une des six lunettes, un tenon qui servira à mettre en mandrin la masse intérieure, lorsque la première enveloppe sera entièrement détachée à l'aide des crochets circulaires dont nous avons enseigné l'usage.

On tracera les huit divisions sur la seconde enveloppe, en la mettant en mandrin par le tenon. Ce tenon détermine un des pôles au moyen duquel on trouvera facilement l'autre pôle et l'équateur.

Avec un peu de soin et d'attention, on pratiquera sur cette seconde surface les huit ouvertures; après quoi on les détachera en introduisant le crochet par la lunette extérieure; on réservera encore un tenon à l'aide duquel on tracera sur la troisième surface les douze divisions. Lorsque les divisions de ces surfaces intérieures ne donneront pas des faces parallèles entre elles, comme dans le tétraèdre et l'octaèdre, il faut pour terminer chacune des lunettes, remettre la pièce en mandrin au moyen du mastic : si au contraire les ouvertures sont parallèles entre elles, comme dans l'hexaèdre, le dodécaèdre et l'icosaèdre, on se servira, pour faire la première, du tenon réservé à l'une d'elles. Pour la seconde, qui est celle sur laquelle se trouve le tenon, on mettra la pièce en mandrin sur une portée qui entre juste dans la lunette qu'on vient de terminer. La troisième se fera au mastic, la quatrième comme la seconde, et ainsi de suite jusqu'à ce qu'elles soient toutes achevées. On conçoit aisément que les ouvertures des différentes enveloppes ne se trouvant pas en face les unes des autres, il est impossible d'y faire passer les pointes d'une étoile. On donnera à la matière restée au milieu de la dernière la forme d'un vase, d'une coupe, ou toute autre.

On peut aussi en faire une étoile, dont les pointes seront à la surface de la dernière enveloppe; cette dernière figure présente de grandes difficultés. Le polyèdre sur lequel on peut l'exécuter le plus aisément est l'hexaèdre; ainsi il faudroit dans ce cas réserver la division à six faces pour la dernière.

Etoiles sans enveloppes.

POUR compléter un cabinet, on est souvent curieux de faire à part chacune des étoiles qu'on a faites dans des polyèdres, ou dans des boules.

La meilleure manière d'exécuter ces pièces représentées *fig.* 2, 4, 6, 8 et 18, *Pl.* 20, consiste à les prendre, à l'ordinaire, dans une enveloppe sphérique, que l'on cassera après; mais cette enveloppe étant destinée à être détruite, on ne s'en occupera que pour la diviser exactement, et pour y marquer les points de centre qui doivent déterminer le sommet des pointes de l'étoile.

Du reste, on pourra faire les ouvertures beaucoup plus larges pour introduire les crochets plus aisément, et on portera toute son attention sur l'étoile, que l'on terminera à l'ordinaire avec les bouchons et dans le mandrin à anneau, dont l'usage réunit tous les avantages.

Nous ne nous arrêterons donc pas à décrire toutes ces opérations, mais nous dirons seulement un mot de l'étoile à trente-deux pointes, dont le tracé présente quelques particularités.

Étoile à trente-deux pointes.

C'EST un principe de géométrie, qu'on ne peut trouver dans une sphère que cinq corps réguliers. Ainsi l'étoile à trente-deux pointes, dont nous parlons ici, ne peut pas être régulière, et ce n'est qu'un objet curieux et d'une exécution assez difficile, qui ne déparera pas le cabinet d'un Amateur.

Le tracé de cette étoile ne présente aucune espèce de difficulté. C'est sur l'icosaèdre qu'on l'exécute. Les vingt centres de ce polyèdre donnent vingt pointes; les douze autres se prennent dans les douze angloïdes. Il est bien vrai, comme nous venons de le dire, que l'intercalation de ces nouvelles pointes dérange la régularité de la pièce, puisque si les vingt premières pointes sont à égale distance entr'elles, les douze autres n'y sont pas; cependant lorsque la pièce est terminée, on ne s'en aperçoit qu'en y apportant quelque attention.

Les moyens pour l'exécution de cette pièce diffèrent peu des précédens.

On mettra la boule dans un mandrin à anneau, et on fera les pointes les unes après les autres; mais ces pointes sont tellement rapprochées qu'il est impossible de conserver une enveloppe, ce qui d'ailleurs seroit

parfaitement inutile ; car les pointes multipliées de cette étoile présentent Pl. 20 et 21.
assez de solidité pour la maintenir dans un mandrin, surtout si on a la
précaution de placer sur chaque pointe, à mesure qu'elle est terminée, un
petit bouchon percé d'un trou conique, et un peu plus gros que le bout
de la pointe.

Pour sauver autant que possible l'irrégularité résultante des douze pointes
ajoutées à celles de l'icosaèdre, il faut commencer par exécuter d'abord ces
dernières le plus régulièrement possible, ensuite on fera les douze autres
placées sur les douze angloïdes, et on les ajustera le mieux qu'on le pourra,
de manière que cette inégalité soit moins sensible à la vue.

On placera cette étoile *fig.* 10, *Pl.* 20, sur un piédestal comme les autres,
en faisant entrer dans une des pointes une goupille, au moyen d'un trou
fait au Tour, avec un foret convenable, quand elle est au centre et avant
qu'elle soit à sa grosseur.

Mandrin à neuf vis.

Dans la première édition de cet Ouvrage, l'Auteur, après avoir indiqué
succinctement les moyens que nous venons de développer pour exécuter
les étoiles isolées, ou enfermées dans des enveloppes, en enseignait un
autre qui entraînait de très-longs détails, et qu'il étoit présque impossible
d'exécuter.

Nous avons cru pouvoir nous dispenser de le rappeler ici, nous étant
convaincus, après plusieurs expériences réitérées, que le premier moyen
que nous venons de donner étoit le seul qu'on pût mettre en usage avec
succès, et qu'au contraire l'autre exposait présque toujours un Amateur à
voir une pièce qui lui avoit coûté un travail long et pénible se briser
au moment où il croyoit la voir terminée.

Cependant nous n'avons pas cru devoir supprimer la figure ni la description du mandrin à neuf vis employé dans cette opération, attendu
que ce mandrin peut servir dans d'autres circonstances, et que d'ailleurs
sa construction offre quelques détails intéressans.

On commencera par faire deux mandrins, comme celui représenté
fig. 11, *Pl.* 20, de profil et coupé sur son axe ; et de face, *fig.* 12. On y
voit l'écrou au moyen duquel il se monte sur le nez de l'arbre. Il doit y
entrer juste, sans forcer ni ballotter. Quel qu'en soit le diamètre, on doit
le réduire par derrière au diamètre de l'embâse de l'arbre, afin d'y faire
un trait servant de repère, avec un pareil qui est sur cette embâse.

Pl. 20 et 21.

Si la boule qu'on doit y placer doit avoir deux pouces de diamètre, on lui en donnera trois, au moins, par devant, lorsqu'il est terminé, pour le creuser sphériquement. On fera sur le Tour un calibre de bois très-mince, ayant deux pouces un quart de diamètre, et on creusera le mandrin, de manière que ce calibre y entre de six lignes plus avant que le diamètre, qu'on aura marqué par un trait.

On percera au fond, et bien au centre, un trou qui communique à l'écrou. On y formera un écrou, à pas plus fins que gros. On y fera entrer un bouchon à vis b, fait à part sur un autre mandrin. Ce bouchon doit excéder, en dedans, de trois à quatre lignes, et non pas du côté du nez de l'arbre, de peur que posant dessus, il n'empêchât le mandrin d'approcher contre l'embâse. On fera derrière ce bouchon deux trous, pour le faire avancer et reculer du côté de l'écrou a, au moyen d'une pince ronde pointue. On fera, avec beaucoup de soin, au centre du bouchon, par dedans le mandrin, un trou de cinq à six lignes de profondeur, sur deux lignes ou environ de diamètre, et conique, et surtout parfaitement centré.

A six lignes du bord de ce mandrin, on tracera sur la circonférence une ligne circulaire, qu'on divisera en neuf parties, au moyen d'un diviseur, si l'on en a un, sur l'arbre du Tour, sinon avec un compas. On y fera autant de trous, de quatre lignes et demie de diamètre, et on les taraudera avec le taraud de la filière à bois, de six lignes.

On tournera neuf vis, ayant quinze à dix-huit lignes de taraudage, dont la tête soit un sphéroïde un peu aplati, ou, comme disent les ouvriers, en forme d'ognon : on en voit la forme, fig. 9 et 10, Pl. 21; lorsque la tête ne tiendra plus au mandrin que par une portée de cinq à six lignes de diamètre, et qu'elle sera terminée par le bout en goutte de suif, on la séparera du mandrin. Quand on les aura faites toutes, on mettra au Tour un mandrin, qu'on taraudera au centre, du même pas, et à la profondeur des vis. On les y mettra, l'une après l'autre, pour terminer et polir la tête, et de suite, mettant le mandrin dans l'étau, verticalement, on donnera deux traits de scie, fig. 9, pour en rendre la tête méplate, et enfin, on réparera les traits de scie avec des écouanes.

Les fig. 11 et 12, Pl. 20, où ces vis sont représentées au nombre de trois seulement, indiquent qu'au bout de chacune est une pointe : mais pour l'instant nous ne devons point nous en occuper.

Les vis faites à la filière, avec le plus de soin, sont rarement taraudées concentriquement à leur axe. On voit souvent un côté où les filets sont très-aigus, tandis que de l'autre ils sont aplatis; et les pas n'ont pas tout autour la même profondeur. Ce défaut n'empêche pas néanmoins que ces vis ne servent pour des usages courans; mais dans des ouvrages délicats, où l'on a besoin d'une grande régularité, et que la vis tourne concentriquement à son axe, il est à propos d'en avoir de plus parfaites. Voici comment on s'en procurera.

On tournera un cylindre en bois de quatre pouces et demi de long, dans l'intérieur duquel on pratiquera un écrou pour le monter sur le pas du derrière de l'arbre, comme nous l'avons enseigné dans le premier Volume en parlant des manchons en cuivre; on diminuera le cylindre à environ trois pouces de longueur au diamètre du guide de la filière dont on veut obtenir le pas. On rendra son extrémité conique, et on le filetera avec la filière dans toute sa longueur.

On taraudera ensuite une petite planche de bon bois, de dix à douze lignes d'épaisseur. On y fera une fourchette comme à une cale, et on la placera derrière le Tour, dans la poupée représentée *fig.* 11, *Pl.* 23, *T. I,* à la hauteur du centre de l'arbre; et l'on aura soin de savonner la vis, et de baisser la clef d'arrêt.

En cet état on peut, avec un peigne convenable, se procurer une vis du même pas; et qui, étant filetée au Tour, ne peut manquer d'être parfaitement ronde, tant à l'extérieur qu'au fond des pas. On conçoit aisément qu'on peut faire par la même méthode, tous les pas des filières dont on est assorti. On peut aussi employer à cet usage les canons ou manchons en cuivre qui se montent sur le derrière de l'arbre et dont nous avons parlé dans le premier Volume.

On fera ces vis en buis, en bon pommier sauvageon, en cormier ou autre bois liant qui puisse supporter l'effet du peigne sans s'égréner, et on se pourvoira d'une certaine quantité de vis de la même espèce, mais dans l'axe de plusieurs desquelles on fera un trou d'une ligne de diamètre, sur sept à huit de profondeur. On mettra à pans de petits bouts de fil d'acier de pareille grosseur; on les y fera entrer un peu de force; on n'en laissera excéder qu'une bonne ligne, et après les avoir coupés à la lime, on les appointira coniquement, de façon que la pointe tourne bien au centre.

Quoique tous les trous percés à la circonférence intérieure du mandrin aient été taraudés avec le même instrument; il est difficile qu'il n'y ait pas entre eux quelque légère différence. Il est donc à propos en faisant chaque vis de la présenter plusieurs fois au même trou, et quand elles seront toutes terminées , on les numérotera afin de ne point les changer.

On voit à l'inspection des *fig.* 11 et 12 , la forme, la longueur et le diamètre à donner au mandrin. Comme les ouvrages qu'on se propose d'y faire sont extrêmement délicats, et que plus un mandrin est court, moins la pièce broute sous l'outil, il faut, autant qu'on peut, en diminuer la longueur. On y parviendra aisément, si l'arbre du Tour qu'on a, est percé, ce qui est infiniment commode, dans plusieurs circonstances, dont nous parlerons dans la suite; alors, au lieu de mettre le bouchon au fond du mandrin, on peut le mettre dans le trou de l'arbre. Cette ressource est très-avantageuse, en ce que, pour tourner ce bouchon, et y faire le trou, soit rond, soit conique, on peut approcher le support tout contre, au lieu que, quand il est au fond du mandrin, l'outil appuyé sur le support, a toujours un levier de résistance de près de deux pouces, et que, s'il n'est pas très-long du côté du manche, l'effort ou levier de puissance est trop balancé par celui de résistance, d'où il suit qu'on n'est pas assuré de tourner parfaitement rond.

Moyen de réparer une pointe cassée.

Quelqu'attention qu'on apporte dans les opérations que nous venons de décrire, il est trop ordinaire, surtout dans le bois tranché, et quand une étoile est à sa fin, qu'un coup imprévu casse une pointe à laquelle on travaille. Il seroit désespérant que la pièce fût pour cela mise au rebut. Voici de quelle manière on peut rapporter une pointe à la place de celle qui a été cassée.

On emportera entièrement la portion restante avec le ciseau, jusqu'au niveau de la face du polyèdre du fond, s'il étoit terminé; et s'il ne l'étoit pas, on le termineroit, en se servant du calibre qui détermine la distance entre les deux polyèdres.

On marquera au centre de cette face avec un grain-d'orge, un point de centre, profond d'une ligne ou une ligne et demie, et avec un outil de côté très-étroit, on élargira ce trou, et on le fera bien cylindrique jusqu'au fond, en lui donnant pour diamètre une ligne de moins qu'à la base de l'étoile.

On ôtera le mandrin du Tour, après l'avoir repéré sur l'embâse de l'arbre. On fera avec un autre mandrin, un cylindre un peu plus gros que la base de la pointe qu'on veut rapporter. On fera au bout un tenon de

Longueur et de grosseur suffisante pour qu'il entre juste dans le trou pratiqué sur la face du polyèdre intérieur. On le dressera bien à son épaulement, et on le coupera un peu plus court que le trou n'est profond. On
l'essaiera dans sa place; lorsqu'il entrera sans forcer, on le coupera à la longueur de la pointe et un peu plus, après avoir commencé à lui donner la
forme conique, pour n'avoir pas trop de bois à emporter lorsqu'il sera en
place. On fera chauffer de bonne colle, on en mettra une goutte au fond
du trou, et on en enduira légèrement la circonférence du tenon, après
quoi on le mettra en sa place, et on le poussera avec un peu de force contre
son épaulement. On aura soin que la colle ne bave pas en dehors, attendu
qu'elle altère la couleur du bois, et rend sensible la jonction de la pointe;
Si cette opération est bien faite, il n'y a que des personnes exercées qui
puissent s'en appercevoir, par la différence des fils du bois. On la mas-
quera encore mieux en faisant la pointe rapportée en bois, dont le fil se
trouve dans le même sens que la pointe cassée. Quand la colle sera bien
sèche, on terminera cette pointe, et en ménageant un peu l'effort de l'outil, on la mettra à la longueur et grosseur convenables, avec le calibre à
fourchette, et celui à épaulement, dont le bout doit poser contre la face
du polyèdre intérieur.

Les moyens que nous venons de donner peuvent réparer jusqu'à un certain point, les accidens; mais nous ne devons pas dissimuler aux amateurs
qu'une pièce ainsi réparée perd beaucoup de son mérite, aussi nous leur
conseillons de s'armer de patience et de recommencer plutôt leur opération jusqu'à ce qu'ils aient réussi.

SECTION V.

*Étoile détachée dans une boule renfermée dans un cube percé d'une
seule ouverture.*

Les étoiles que nous venons de décrire dans les sections précédentes,
ne sont pas les seules pièces de ce genre qu'on puisse exécuter sur le Tour.
Un Amateur adroit et intelligent pourra trouver le moyen d'en construire
beaucoup d'autres, en variant avec goût leurs formes et leurs combinaisons, ainsi qu'on l'a fait avec succès dans les pièces que nous allons détailler dans cette section et dans les suivantes; et qui n'ont encore été décrites nulle part.

Pl. 22.

La première, *fig.* 1, est un cube percé d'une seule lunette, dans l'intérieur duquel on a détaché une boule [composée de trois enveloppes
sphériques, [et percée de douze ouvertures égales, et espacées suivant la
division en douze, démontrée dans l'une des sections précédentes. Au centre
de la boule on a réservé un petit solide à douze faces sur chacune desquelles s'élève un rayon d'étoile dont la pointe vient affleurer la surface
de l'enveloppe extérieure.

Cette pièce exigeant, comme la plupart des précédentes, l'usage de
quelques outils particuliers, et faits exprès, il faut tracer avant tout un
dessin qui en représente la coupe, ainsi qu'on le voit, *fig.* 2.

Voici la manière de faire ce tracé.

On commencera par mener deux droites indéfinies *a b*, *c d*, qui se
coupent à angle droit. De leur point de rencontre, comme centre, et
avec une ouverture de compas égale au rayon qu'on veut donner à l'enveloppe extérieure, on décrira un cercle *e*. Puis, aggrandissant l'ouverture
de compas d'environ une ligne, et sans changer de centre, on fera un
second cercle *f* concentrique au premier, et indiquant la forme de la surface intérieure du cube, après que la boule en aura été détachée, avec des
outils dont la forme et l'épaisseur sont déterminées par l'intervalle qui se
trouve entre ces deux cercles.

Du point *l*, où la ligne indéfinie *a b*, coupe la circonférence du cercle
intérieur, on portera à droite et à gauche sur le cercle extérieur, en *h* et
en *g*, une ouverture de compas un peu moindre que le rayon du premier
cercle; et par ces deux points on mènera une ligne droite indéfinie parallèle à *c d*. On mènera ensuite deux lignes *k m*, *i n*, parallèles à *a b*; et une
troisième *n m*, parallèle à *c d*, qui avec la ligne *g h*, formeront un parallélogramme indiquant les faces latérales du cube, après que la boule en
est détachée. En prolongeant les lignes *k m*, *i n*, et en les réunissant par
la ligne ponctuée *i k*; on aura la forme que doit présenter le cube à l'extérieur, et avant qu'on ait commencé à en creuser l'intérieur; les faces
doivent être à environ trois lignes de la circonférence du cercle extérieur
pour la commodité du travail.

Le solide réservé au centre de la boule, et qui porte les rayons de
l'étoile, est un dodécaèdre dont on voit en *O* la coupe qui se trace de la
manière suivante.

On décrira un cercle concentrique aux deux premiers, et qui ait pour
diamètre le tiers de celui du cercle intérieur. On en partagera la circonférence en dix parties égales, à partir de l'endroit où elle est coupée par

Pl. 22

la ligne *a b*. On réunira deux à deux les points de division voisins de ⸻ la ligne *a b*, par des parallèles à *c d*. On en fera autant aux points voisins, et il en résultera l'hexagone irrégulier qu'on voit sur la figure, dont quatre côtés soustendent des arcs de 72 degrés ; les deux autres côtés sont égaux aux côtés du décagone régulier, et soustendent par conséquent des arcs de 36 degrés.

Cette figure représente un dodécaèdre coupé par un plan perpendiculaire à une de ses faces, et passant par le centre. Dans cette position ; on ne peut appercevoir en entier, que les quatre rayons appuyés sur les grands côtés, dont on peut faire la base plus ou moins étroite à volonté, en se conformant aux règles établies plus haut. Les deux autres rayons ne peuvent être vus qu'en raccourci, et leur tracé ne présentant aucune utilité, nous avons cru devoir les supprimer pour éviter la confusion.

Les lunettes au milieu desquelles passent les pointes de l'étoile, doivent avoir pour diamètre, le huitième de la circonférence de la boule ; par conséquent pour les marquer sur la coupe, on portera à droite et à gauche des pointes de l'étoile, une ouverture de compas égale à un seizième de la circonférence.

C'est sur l'espace réservé entre deux de ces ouvertures, qu'on décrira six arcs de cercle distans comme on le voit sur la figure. L'espace resté en blanc, indique la distance qui doit exister entre les enveloppes dont l'épaisseur est donnée par l'espace couvert de hachures.

Ceux de nos lecteurs qui connoissent les mathématiques, trouveront peut-être que nous nous sommes un peu trop étendus sur le tracé de cette figure ; mais ceux qui n'ont point étudié cette science, ont besoin de tous ces détails, puisque la moindre inexactitude rendroit à peu-près impossible l'exécution de cette pièce ; pour laquelle il faut à présent préparer les outils convenables.

Les premiers dont l'usage est de détacher la boule dans son enveloppe cubique, sont au nombre de trois et de la forme de celui *fig.* 5. Le bec du plus petit aura pour longueur le neuvième de la circonférence du cercle *e ;* le second, deux neuvièmes, et le plus grand, un tiers de la même circonférence. Les lignes ponctuées *b, c,* indiquent la longueur de chacun de ces outils.

Ces outils, comme on l'a dit ailleurs, ne coupent que du bout, mais il est très-essentiel que la partie concave qui sert de guide, soit très-exactement tracée sur la circonférence du cercle intérieur, sans quoi on ne détacheroit qu'une masse informe, et on aura soin de diminuer un peu leur épaisseur proportionnellement à leur longueur, c'est-à-dire, que plus ils sont longs, plus ils doivent être minces.

On trempera les becs dans toute leur longueur avec beaucoup de soin, et on les fera revenir jusqu'à la couleur bleue, sans quoi ils casseroient trop aisément. C'est pour cela que nous conseillons de les faire en acier d'Allemagne, et d'employer de préférence les lames de fleuret.

On fera ensuite trois autres crochets semblables aux précédens, et destinés à détacher les enveloppes intérieures de la boule. Leur épaisseur est déterminée comme nous venons de le dire, par les intervalles restés en blanc sur le dessin.

Enfin il faut encore préparer un outil, *fig.* 3, qui sert à fixer d'une manière précise la place où chacun de ces trois derniers crochets doit être introduit : les trois taillans *c*, *c*, *c*, forment dans la matière trois cercles creusés d'environ une demi-ligne, qui facilitent l'entrée des crochets ; et arrondissent en même temps les bords des trois enveloppes. Le talon *a* vient appuyer sur la surface extérieure de la boule, et donne ainsi la plus grande précision aux résultats obtenus par cet outil.

Après avoir préparé tous ces outils, que nous recommandons toujours d'affûter avec le plus grand soin pour les rendre bien friands sans altérer leurs formes, on choisira un morceau de buis d'Espagne bien sain, bien sec, et surtout de fil et point noueux, assez gros pour pouvoir y trouver le parallélipipède *i k m n*, *fig.* 2, et sans s'occuper de sa forme extérieure, on dressera à la râpe une des faces, sur le fil du bois, par laquelle on le collera sur un mandrin de même diamètre.

Quand il sera bien sec, on dressera avec soin et avec les outils ordinaires la face antérieure au centre de laquelle on tracera un cercle ayant pour diamètre la ligne *g*, *h*, c'est-à-dire la corde qui soustend un peu moins que le tiers de la circonférence d'un des grands cercles de la boule. On baissera d'environ une ligne toute la matière qui se trouve en dehors de ce cercle, après quoi on arrondira l'espèce de tenon réservé au centre de la face, pour en former une calotte sphérique qui excède la face du cube. Pour travailler avec régularité, on aura un calibre *fig.* 4, pris sur la *fig.* 2, qui détermine avec précision, la forme de cette calotte, et en même temps celle du reste de la face. Si on se contentoit de l'œil, il seroit bien difficile de ne pas s'écarter quelque peu du trait, et la moindre irrégularité empêcheroit indubitablement le succès des opérations que nous allons décrire.

La première consiste à détacher le reste de la boule dans l'intérieur du

cube, ce qui se fait, comme on sait, avec les trois crochets préparés pour
cet effet; mais avant d'en faire usage, on approchera le support autant Pl. 22.
que possible, et on fera à la cale, qui doit être en bon bois, bien ferme, et
parfaitement dressée, une échancrure du côté où elle se présente devant la
pièce, afin qu'elle en approche de plus près.

 Alors on introduira d'abord le plus court des trois crochets, en appuyant
le côté concave sur la partie déjà arrondie de la boule qui servira de
guide; c'est pourquoi on aura grand soin de n'engager le taillant de l'outil
que quand il touchera la circonférence par tous ses points, et surtout par
le talon. Nous recommandons beaucoup aux amateurs qui entreprendront
cette pièce, de ne prendre que peu de bois à la fois, et nous leur conseillons de tourner à la roue plutôt qu'à la perche, pour éviter les saccades
qui pourroient aisément faire casser des outils aussi fragiles.

 Quand le premier crochet aura produit l'effet qu'on en attend, on le remplacera successivement par le second et par le troisième, en redoublant de
précaution, car on sent facilement que, plus le bec est long, plus les accidens sont à craindre. Pour en éviter une partie, on fera bien de fixer sur
le corps de l'outil une plaque en cuivre, semblable à celle de l'outil, *fig.* 15
Pl. 21 ; mais celle-ci n'étant pas destinée à servir de guide, il est inutile
qu'elle soit arrondie : son usage est de donner plus de facilité à l'artiste
pour maintenir l'outil sur la cale du support, et l'empêcher de changer
de direction.

 Après le passage de ces trois crochets, la boule doit être entièrement
formée et détachée, excepté du côté intérieur de la face du cube opposée à
la lunette, auquel elle est encore fixée par un petit tenon placé au point
de rotation, et dont le diamètre est égal au double de l'épaisseur du corps
de l'outil. Nous avons essayé inutilement de détruire ce petit tenon à l'aide
d'outils très-fins. Nous n'avons pas pu réussir à les faire mordre, et nous
nous sommes déterminés à le casser, comme nous allons le dire.

 Le cube étant toujours sur le tour, et la boule fixée par le moyen du
tenon, on commencera par creuser une ouverture conique, en réservant
au centre le rayon de l'étoile. On amènera ce trou à peu près à la profondeur et au diamètre indiqués par le dessin, après quoi on fera un cylindre
en bois dur d'environ six pouces de long, dont on rendra le bout conique
et semblable à l'intérieur de la lunette qu'on vient d'ouvrir dans la boule.
On creusera au centre, et du même côté, un trou conique dans lequel on
fera entrer la pointe de l'étoile, comme quand on place les bouchons dont
nous avons parlé dans les sections précédentes. La partie excédante du

cylindre fournit un levier assez fort, pour qu'on puisse, avec son aide, casser le tenon qui retient encore la boule au fond de la cavité.

Il faut avoir soin d'incliner le levier dans le sens du fil du bois, autrement le bois ne casseroit pas net, et la surface de la boule pourroit être notablement endommagée.

La boule étant en liberté, on retirera le levier, on amènera vis-à-vis de la lunette le pôle où étoit le tenon, afin de voir la portion de matière qui est restée attachée à la surface de la boule, et de juger par là de celle qui tient encore au fond de la cavité, que l'on planira facilement, en y introduisant le plus long des trois crochets.

Il s'agit à présent de diviser la surface de la boule, et d'y marquer le centre des douze lunettes. L'un de ces centres se trouve déterminé par la pointe du rayon déjà ébauché, et un autre par le centre du tenon détruit; mais les dix autres sont assez difficiles à trouver, parce que l'enveloppe cubique empêche de tracer les demi-cercles à l'aide desquels on les détermine, et d'y introduire le compas pour les espacer également. Il n'y a donc d'autre moyen que de tourner une autre boule au même diamètre que celle-ci, et de tracer sur sa surface douze cercles également espacés, au diamètre des lunettes. On reportera ensuite cette division sur la véritable boule par les procédés suivans.

On mesurera avec un compas, la distance qui se trouve entre le centre d'un de ces cercles et celui d'un de ceux qui l'avoisinent, et posant une des pointes du compas, ouvert à cet écartement, sur la pointe du rayon déja ébauché, l'autre tombera nécessairement sur le centre d'une des cinq lunettes voisines de celle-ci. De ces deux points, et toujours avec la même ouverture de compas, on tracera deux arcs de cercles qui se couperont, et indiqueront par leur section, le centre d'une troisième lunette placée dans l'hémisphère qui contient la lunette ébauchée. En répétant la même opération, en partant de ces deux derniers points, on en trouvera un quatrième placé dans l'autre hémisphère. A l'aide de celui-ci, et d'un des deux autres, on en déterminera un cinquième, et si on répète encore l'opération en partant de ces deux derniers, on arrivera infailliblement au centre du tenon détruit. S'il y avoit quelque légère irrégularité, ce qu'il est bien difficile d'éviter dans une opération aussi vétilleuse, on repartiroit la différence sur les six points restant à trouver, ensorte qu'elle deviendroit presque imperceptible. Ces six derniers points se détermineront comme les autres; après quoi on tracera autour de tous, un cercle au diamètre de l'ouverture des lunettes. Alors on s'occupera de percer

Pl. 22.

les lunettes, de creuser la boule, en réservant à son centre, le dodécaèdre qui porte les douze rayons de l'étoile; enfin, de détacher dans l'épaisseur de la boule, deux enveloppes sphériques, outre celle qui renferme le tout.

Ces opérations se font, comme nous l'avons indiqué en parlant de la boule, *fig.* 20, *Pl.* 21, et avec des outils semblables, mais tracés sur le dessin même. Nous ne répéterons donc pas ce que nous avons déjà dit sur ce sujet; mais nous allons expliquer avec quelque détail les moyens qu'on doit employer, pour placer successivement au centre de rotation les douze points indiquant les centres des douze lunettes, et pour maintenir la boule pendant l'opération.

On commencera par coller sur la face antérieure du cube un anneau de buis, d'une ligne et demie à peu près de hauteur, et dont on dressera avec soin la face antérieure, pour que sa hauteur soit bien égale partout. Dans cette position, on le tournera intérieurement au diamètre bien juste de la lunette, dont il doit former en quelque sorte le prolongement. On le mettra au rond par dehors, et on y pratiquera du même côté un pas de vis un peu fin.

Alors on abattra l'angle intérieur, pour donner en dedans à l'anneau la forme d'un cône tronqué, dont la base soit près de la naissance du pas de vis, et le sommet à l'endroit qui touche le bord de la lunette, qu'il faut bien prendre garde d'entamer.

La *fig.* 6 représente la coupe du cube, sur lequel est collé cet anneau *a a*.

On fera ensuite un écrou dont on voit la coupe *fig.* 7, qui s'ajuste sur cet anneau, au moyen du pas de vis intérieur *a a*. La partie *b b* entre très-juste dans la lunette, vient toucher la boule par son extrémité, et la presse contre le fond de la cavité, à mesure qu'on serre l'écrou sur l'anneau. Mais auparavant, il faut mettre exactement au centre de rotation le centre de la lunette sur laquelle on veut travailler; et comme il serait difficile de juger à l'œil quand on y est parvenu, nous conseillons d'y présenter un pointeau en acier dont la pointe soit assez fine pour entrer dans le trou de compas qui indique ce centre. Dans cette situation, si on met le tour en mouvement, la plus légère excentricité produira un effet sensible, et il sera facile d'y remédier, en faisant tourner légèrement la boule sur elle-même, à l'aide du pointeau. On serrera en même temps l'écrou, doucement et à plusieurs reprises, jusqu'à ce que le point se trouve parfaitement au centre de rotation.

Alors on opérera successivement sur les douze lunettes par les procédés, et avec les outils que nous avons décrits ; mais l'épaisseur de l'anneau et de l'écrou, éloignant la cale du support, de la lunette de la boule, l'outil, se trouvant trop isolé, pourrait aisément s'engager et détruire en se cassant les parties déjà terminées. On préviendra cet accident en disposant la cale du support, de manière qu'elle présente un bec qui entre dans la cavité formée par l'écrou et par l'anneau collé sur la face du cube, et soutienne ainsi l'outil plus près de la partie qu'il entame.

Tous ces préparatifs demandent du temps et de la patience, et il serait bien pénible de les voir rendus inutiles par quelque petit défaut dans la conformation d'un outil, qui, s'écartant alors de la route qu'il doit suivre détruirait tout ce qu'on a fait, soit en crevant une des enveloppes, soit en altérant la régularité des rayons, soit de toute autre manière. Nous engagerons donc les Amateurs à les essayer sur la boule qui a servi pour diviser la surface. De cette manière on apercevra aisément les irrégularités qui peuvent exister dans leur forme, et on les réparera soigneusement avant de les introduire dans la véritable boule.

Comme il est très-essentiel que tous les rayons de l'étoile soient parfaitement réguliers et égaux entre eux, on les terminera avec une espèce de calibre, *fig.* 8, dont le côté intérieur *a b* doit couper ainsi que le bout *a*, avec lequel on dresse en partie la face du polyèdre intérieur qui porte la base du rayon, pendant que la partie *a b* achève de donner au reste la forme qu'il doit avoir.

Enfin, les bouchons qui se placent dans les lunettes, à mesure qu'elles sont achevées, ainsi que nous l'avons dit ailleurs, présentent une difficulté qu'on n'éprouve pas dans l'exécution des pièces semblables, mais d'un plus grand diamètre : comme, à raison de leur peu de profondeur, les lunettes sont extrêmement coniques, les bouchons n'y sont pas maintenus solidement, et s'échappent aisément, à moins qu'on ne fasse vers leur pointe une petite portée cylindrique, au diamètre bien juste de l'ouverture de l'enveloppe sphérique la plus rapprochée du centre. On voit, *fig.* 9, la forme d'un de ces bouchons; *a a* est la petite portée dont nous venons de parler.

Nous croyons pouvoir assurer nos Lecteurs que s'ils ne négligent aucune des précautions que nous avons détaillées dans cet article, et s'ils opèrent d'ailleurs avec l'adresse et la légèreté indispensables dans l'exécution de pièces aussi délicates, ils viendront à bout de détacher la boule, de la creuser, de former l'étoile et ses douze rayons, et de séparer les trois enveloppes sphériques avec une régularité vraiment remarquable, ce qui constitue le mérite des pièces de ce genre.

Pl. 22.

Il ne reste plus, pour terminer celle-ci qu'à dresser et à polir les cinq faces pleines de l'héxaèdre, dans lequel est contenue la boule : on leur laissera l'épaisseur que l'on voudra; une ligne suffit aux endroits les plus minces qui se trouvent au centre des faces.

SECTION VI.

Etoiles à pans.

La *fig.* 10 représente une étoile à douze rayons : chacun de ces rayons a sa base posée sur un pentagone, et conserve cette forme dans toute sa longueur.

Au premier coup d'œil on a peine à comprendre comment on a pu exécuter à l'aide du Tour les pyramides à cinq faces que forment ces rayons. On verra cependant dans la suite de cette section qu'il y a plusieurs moyens d'y réussir.

Quel que soit celui qu'on emploie, il faut commencer par tourner à l'ordinaire une boule, percer douze lunettes à sa surface, et former dans son intérieur une étoile à douze rayons, et ayant pour noyau un dodécaèdre. Quoique l'enveloppe de cette étoile soit destinée à être détruite, il faut cependant la tourner à l'extérieur avec soin, de manière qu'elle soit parfaitement sphérique. Sans cela, il ne seroit pas possible de la diviser exactement, et la moindre irrégularité dans la position des pointes des rayons de l'étoile, qui, comme on sait, viennent aboutir aux douze points de division, formant les centres des lunettes, rendrait fort difficiles les opérations suivantes.

L'étoile étant entièrement terminée, on brisera l'enveloppe, et on emploiera, pour mettre les rayons à cinq pans, l'un des moyens suivans.

Le premier consiste à mettre l'étoile sur le Tour, en la saisissant de manière que l'un de ses rayons se présente au point de rotation, et que les cinq adjacens soient entièrement libres et hors du mandrin, ainsi qu'on le voit sur la *fig.* 11 : ce mandrin est semblable au mandrin fendu et à anneau, décrit *pag.* 280, et représenté *fig.* 8, *Pl.* 23, du premier Volume. Pour y fixer l'étoile solidement, et sans en endommager les pointes, on l'entourera auparavant d'un anneau, vu de coupe en *a, a,*

24.

fig. 11, et composé de deux demi-cercles, formant intérieurement deux plans inclinés, qui saisissent l'étoile sur la ligne correspondante à l'équateur de la boule, dans laquelle on l'a détachée, en supposant les pôles à l'extrémité des rayons qui sont en ce moment au centre de rotation.

Cet anneau se fait de la manière suivante. On tournera d'abord un cylindre de buis, d'une hauteur proportionnée à la distance qui se trouve entre les pointes de l'étoile. Quand à son diamètre, il suffit qu'il puisse être saisi commodément dans une portée carrée, pratiquée au mandrin fendu dont on se sert. On le sciera ensuite en deux sur son diamètre ; on le placera en cet état dans le mandrin à anneau, et on pratiquera à son centre une ouverture cylindrique au diamètre du noyau de l'étoile. Ensuite on abattra l'angle intérieur en chanfrein jusqu'au milieu de la hauteur ; après quoi on retournera l'anneau dans le mandrin, pour en faire autant de l'autre coté. Pendant cette opération, on desserrera de temps en temps le mandrin, et on retirera les deux parties de l'anneau, pour vérifier si les deux plans inclinés, qu'on pratique à l'intérieur, coïncident bien avec l'inclinaison des rayons de l'étoile.

L'anneau étant ainsi terminé, on saisira l'étoile par le milieu, comme on le voit sur la figure en *a*, *a*, et on la placera ainsi entourée de l'anneau dans la portée carrée du mandrin, que l'on serrera légèrement avec l'anneau *C*, *C*. Alors on dressera les cinq rayons, qui se présentent, en abattant la cinquième partie de leur circonférence. On se servira d'abord d'un grain-d'orge, en allant de la pointe au centre, et on achèvera de les unir avec un ciseau étroit et affûté bien friand. Quand on aura répété cette opération douze fois, en mettant, l'une après l'autre, les douze pointes au centre de rotation, chaque rayon formera une pyramide à cinq faces, et l'étoile à pans sera terminée.

Le moyen que nous venons de décrire demande une main très-exercée ; car si la position de l'outil venoit à varier tant soit peu pendant l'opération, les pointes de l'étoile seroient bientôt rompues, ou tout au moins endommagées.

Cette considération nous a déterminés à tâcher de découvrir un procédé moins difficile pour parvenir au même but, et qui convînt par conséquent à un plus grand nombre de nos Lecteurs ; et nous y avons réussi à l'aide de la fraise vue de face, *fig.* 12, et de coupe en *a*, *a*, dans le mandrin *fig.* 13.

Cette fraise est percée à son centre d'un trou cylindrique au diamètre de la base des rayons de l'étoile, et sa face extérieure, qui est taillée,

comme on le voit sur la figure, est légèrement inclinée, en descendant du Pl. 22.
centre à la circonférence, ainsi que l'indique la coupe *a*, *a*, *fig.* 13. On
la monte sur le Tour en l'air dans la portée d'un mandrin de bois ordinaire, au centre duquel est un trou d'environ un pouce de profondeur et du même diamètre que celui de la fraise qu'il prolonge exactement.

Au fond de ce trou se place un ressort à boudin *d*, sur lequel on pose
le cylindre *c*, percé à sa face antérieure d'un trou conique, indiqué
sur la figure par des lignes ponctuées, de même forme, mais un peu plus
court que les rayons de l'étoile; et pour que la pointe ne coure pas risque
de s'y endommager, on perce au fond avec un foret un trou cylindrique
et très-fin.

La fraise étant placée dans le mandrin et montée sur le Tour, il s'agit
d'y présenter l'étoile, en faisant entrer un de ses rayons dans le trou du
cylindre *c*; mais comme il ne seroit pas facile de la tenir avec la main,
immobile et bien au centre, pendant que la fraise est entraînée par le mouvement du Tour, nous avons employé le moyen suivant pour y suppléer.

On tournera un bouchon de buis, *fig.* 14, d'environ deux pouces de
haut, et percé à son centre d'un trou conique, semblable à celui du cylindre *c*. On dressera bien sa face antérieure, et on y pratiquera cinq
encoches inclinées et espacées comme les cinq rayons de l'étoile qui entourent celui qui est placé dans le trou conique.

On fera à l'autre bout une portée carrée *d*, sur laquelle on fera entrer
le trou carré d'un tourne-à-gauche.

Après ces dispositions on placera un des rayons de l'étoile dans le trou
de la fraise, et celui qui lui est diamétralement opposé dans le trou du
bouchon. Les cinq rayons qui accompagnent le premier posent sur les
taillans de la fraise, et les cinq autres entrent dans les encoches pratiquées
sur la face du bouchon comme on le voit *fig.* 15. On approchera la poupée
qui porte la pointe à vis, derrière le bouchon, et on l'y fixera; après quoi
on serrera la vis, jusqu'à ce que la pointe qui touche le bouchon par derrière
fasse appuyer légèrement l'étoile contre la fraise.

En cet état on mettra le Tour en mouvement, en tenant le tourne-à-
gauche de la main gauche, ce qui maintiendra l'étoile immobile pendant
que la fraise en tournant dressera la face des cinq rayons qui sont posés
dessus; à mesure que la matière est entamée, on poussera à la coupe, en
serrant la vis de la pointe; la pression exercée par le ressort à boudin *d*
maintient toujours dans l'axe du Tour le rayon qui est au centre de rota-

Pl. 22. tion, et l'empêche de s'écarter par l'effet de la résistance que la matière oppose aux taillans de la fraise.

Lorsqu'on jugera à l'œil que la cinquième partie de la circonférence des rayons est près d'être abattue, on retirera la pointe en arrière pour ôter l'étoile et mettre un autre rayon au centre de la fraise, ce qu'on répétera douze fois pour former ainsi cinq pans sur chacun des douze rayons. Ces pans, d'après ce que nous venons de dire, ne sont encore qu'ébauchés, et pour les terminer, on présentera encore une fois tous les rayons, les uns après les autres, à la fraise. Pendant cette seconde opération, on accélèrera le mouvement du Tour, et on prendra très-peu de matière à la fois, pour faire les pointes des rayons bien aiguës, pour rendre les pans parfaitement égaux, et leurs angles bien vifs, ce qui constitue le principal mérite de ces sortes de pièces.

Avant de terminer cet article, nous ajouterons que, si on avoit sur la poupée à pointe une pointe de rapport, *fig.* 11, *Pl.* 24, *T. I*, dont la pointe *A* se monte au moyen d'une vis *b* dans un écrou pratiqué à l'intérieur de la tige taraudée, il seroit plus simple de faire au bouchon *fig.* 14, au lieu de la portée carrée *d*, un pas de vis, au moyen duquel on le monteroit dans l'écrou qui reçoit la pointe de rapport.

Après avoir réussi à mettre à pans une étoile isolée, il étoit naturel de chercher les moyens d'en exécuter une semblable renfermée dans une enveloppe sphérique. Cette pièce présente d'assez grandes difficultés; cependant en suivant exactement la marche que nous allons décrire, nous avons réussi à l'exécuter avec régularité.

La première chose qu'on doive faire pour opérer avec sûreté et précision, c'est de se faire un dessin au simple trait, représentant la coupe de la pièce. Le tracé en est le même que celui de la *fig.* 2, que nous avons amplement décrit dans la précédente section, en supprimant toutefois le parallélogramme extérieur *i k m n*, la ligne *g*, *h*, et les arcs de cercle indiquant l'épaisseur et la distance des enveloppes.

Après avoir fait ce dessin, on tournera une boule au diamètre du plus grand cercle, et on marquera sur sa surface douze points également espacés, autour de chacun desquels on fera douze petits cercles ayant pour diamètre le huitième de la circonférence.

Ces petits cercles indiquent la place et la largeur des douze lunettes, que l'on commencera par creuser toutes parallèlement à l'axe et à la profondeur d'environ une ligne, c'est-à-dire de l'épaisseur qu'on veut donner à l'enveloppe. Au centre de la surface plane qui se trouve au fond de ces

Pl. 22.

douze creusures, on marquera un point à l'encre, et bien visible, après quoi on continuera de creuser, dans la même direction, celle qui se présente en avant, en réservant un tenon au centre pour former un des rayons et on amènera ce trou à la profondeur indiquée par le dessin. Quand on y sera parvenu, on prendra un outil de la forme de ceux *fig.* 14, *Pl.* 23, avec lequel on formera autour de la base du rayon un plan incliné à partir des points marqués au centre des cinq lunettes adjacentes à celle qui est au centre de rotation; l'outil, arrondissant l'intérieur de l'enveloppe, mettra à jour près de la moitié de ces lunettes, et les points qu'on a marqués empêcheront qu'on ne les ouvre plus qu'il ne faut.

Alors on rendra le rayon conique sur toute sa longueur, en lui laissant un peu plus de diamètre que n'en indique le dessin; on placera dessus un bouchon dont le bout doit toucher le plan incliné du fond par tous ses points; et on le collera à l'orifice de la lunette. La *fig.* 16 représente le résultat de cette première opération. Les lignes *O b*, et *O a*, indiquent la direction du plan incliné. *A* est le bouchon, que nous avons représenté près de sa place, pour qu'on pût mieux en distinguer la forme.

On répètera exactement les opérations que nous venons de décrire sur la lunette diamétralement opposée à celle-ci; et après avoir laissé sécher la colle, on passera aux dix autres lunettes, en mettant toujours en avant, l'une après l'autre, celles qui se trouvent aux extrémités du même diamètre; mais à l'égard de ces dix dernières, il faut observer que les rayons placés à leur centre ont chacun une face formée par l'effet des plans inclinés qui entourent la base de deux premiers rayons.

Le nombre de ces faces augmente à mesure que le nombre des lunettes creusées se multiplie, ensorte que le douzième rayon est entièrement terminé, et à cinq pans, quand on le met au centre; et il ne reste plus qu'à former le plan incliné qui entoure sa base.

On comprend aisément que les bouchons placés sur les premières pointes terminées sont atteints par l'outil; c'est pour cela qu'il faut les coller à l'orifice, sans quoi ils tourneroient et tomberoient bientôt.

On détruira ensuite la partie des bouchons, collée sur les orifices des lunettes que l'on nettoiera, et sur les bords desquelles on formera, si l'on veut, quelques moulures.

On peut rendre cette pièce encore plus agréable, en y pratiquant une double enveloppe sphérique. Dans ce cas, il faut laisser en opérant plus d'épaisseur à l'enveloppe, et la diviser en deux quand l'étoile sera entièrement terminée.

SECTION VII.

Etoile à pointes renversées.

Nous allons donner dans cette section la description d'une pièce d'une forme assez singulière, et qui produit un effet fort agréable. Cette pièce, dont la *fig.* 17 représente la coupe, consiste dans une boule *a*, renfermée dans une enveloppe sphérique percée de douze trous, au centre de laquelle elle est fixée par vingt rayons dont la base appuie contre la surface intérieure de l'enveloppe.

Si l'on vent exécuter cette pièce avec quelque régularité, il faut en faire un tracé qui ne présente aucune difficulté, puisqu'il ne consiste qu'en trois cercles concentriques représentant la coupe de la boule et de son enveloppe. L'espace renfermé entre les deux plus grands est l'épaisseur de l'enveloppe, à laquelle on peut donner environ une ligne. A l'égard du cercle intérieur représentant la boule, on lui donnera le tiers de celui dans lequel il est immédiatement contenu.

Après ce tracé préliminaire, on tournera une boule au diamètre juste du cercle extérieur, et on tracera sur sa surface douze cercles également espacés, et à chacun desquels on donnera pour diamètre le huitième de la circonférence.

On mettra la boule ainsi divisée dans un mandrin hémisphérique, pour creuser successivement sur chacun des douze cercles une petite portée cylindrique égale à l'épaisseur déterminée pour l'enveloppe.

Alors on continuera de creuser celle de ces lunettes qui se trouvera au centre de rotation, de manière à y pratiquer un trou cylindrique, dont le fond formera un plan tangent au pôle de la boule, après quoi on introduira un outil de côté, *fig.* 14, **Pl.** 23, avec lequel on rendra la surface intérieure de l'enveloppe, sphérique jusqu'à la naissance du plan. Par l'effet du passage de cet outil, les lunettes qui avoisinent celles du pôle sont en grande partie mises à jour, puisqu'on les a précédemment creusées à une profondeur égale à l'épaisseur de l'enveloppe, et il sera par conséquent facile de suivre par ces ouvertures la marche de l'outil, *fig.* 18, que l'on introduira ensuite dans la cavité. La partie concave *a* est coupante, et formée sur un quart de la circonférence du cercle intérieur du dessin, et son extrémité *b* a la forme d'un grain-d'orge.

On commencera par entamer la matière avec cette pointe, en appuyant jusqu'à ce que le talon *d* pose, ou soit près de poser sur le plan tangent Pl. 22. au pôle de la boule ; alors on poussera l'outil vers la droite, jusqu'à ce que la ligne *c d*, qui n'est que la prolongation du talon, se trouve précisément dans l'axe du Tour ; arrivé à ce point, on conçoit que dans sa révolution l'outil décrira une demi-sphère concentrique à l'enveloppe, et formera par conséquent la moitié de la boule intérieure ; mais pour parvenir à ce résultat, il faut tenir l'outil bien droit pendant tout ce travail, et de manière que la ligne *c d* soit bien dans la direction de l'axe du Tour. La *fig.* 19 représente la coupe de la pièce après l'effet de ce dernier outil. On retournera alors la boule pôle pour pôle dans le mandrin, et en répétant exactement les mêmes opérations, on achèvera de former la boule intérieure, et de la détacher, après quoi on enlèvera ; toujours avec le même outil, la portion de matière qui retenoit encore la boule.

S'il arrivoit que la boule ne fût pas exactement sphérique, ce qui peut aisément se faire, soit par quelque défaut dans la conformation de l'outil, soit par quelque écart de la main, il faudroit la réparer de la manière suivante.

On tournera dans un mandrin ordinaire un cylindre de buis un peu plus petit que les lunettes, afin qu'il puisse y tourner très-librement. On donnera à son extrémité antérieure la forme d'un cône tronqué, dont on creusera légèrement le sommet. On fixera la boule dans cette concavité avec une mouche de colle, et quand elle sera bien sèche, on la mettra sur le Tour pour en régulariser les formes, en introduisant les outils convenables par les lunettes latérales. En finissant, on détruira avec un grain d'orge la partie conique de la tige cylindrique, et on régularisera en même temps la portion de la boule qui y étoit retenue. Cette opération ayant nécessairement diminué le diamètre de la boule, il faut mesurer la distance qui se trouve entre sa surface et l'intérieur de l'enveloppe, ce qui se fait à l'aide d'un maître à danser, et en plaçant la boule sur un des intervalles pleins. La moitié de cet intervalle donne la longueur des rayons, qui sont au nombre de vingt, et en forme de petits cônes assez aigus. On doit avoir grand soin, en les tournant, de bien terminer leurs pointes, et de les rendre tous parfaitement égaux et semblables les uns aux autres.

Il y a plusieurs manières de les mettre en place, comme on les voit sur la figure. La plus facile est de percer l'enveloppe de vingt trous placés au centre des triangles qui se trouvent entre les douze grandes ouvertures. Il sera facile d'introduire les rayons par ces petites lunettes, et de les placer dans la direction des rayons de l'enveloppe. Dans ce cas il faut avoir

PL. 22. soin, en les tournant, de les rendre assez longs pour pouvoir former au bout un petit collet suivi d'une embâse qui appuiera en dehors sur la surface de l'enveloppe, et à laquelle on pourra donner la forme d'une rosace.

L'autre moyen, présentant plus de difficulté, augmente par conséquent le mérite de la pièce ; il consiste à placer les rayons par l'intérieur, de manière que le centre de leur base vienne poser sur le point de la surface intérieure de l'enveloppe correspondant aux centres des vingt triangles intermédiaires dont nous venons de parler. On les introduit successivement par les lunettes, en les tenant avec de petites pinces appelées *Bruxelles*, et on les amène ainsi à leur place, où on a dû mettre auparavant une légère mouche de bonne colle.

On pourroit penser qu'il faut dans ce cas donner à la base des rayons une forme légèrement convexe, pour qu'elle pût s'appliquer par tous ses points sur la surface intérieure de l'enveloppe. Nous conseillons cependant aux Amateurs de n'en rien faire, et de rendre ces bases exactement planes. Par ce moyen l'angle seul touchera la face de l'enveloppe, et il se formera sous le reste une petite cavité dans laquelle la colle se logera sans faire de bavures au dehors.

SECTION VIII.

Faire, au centre de plusieurs Boules détachées, une Tabatière doublée d'écaille, et garnie de Cercles aussi d'écaille.

PL. 23. LES détails dans lesquels nous sommes entrés sur la manière de faire des étoiles, dans les cinq corps réguliers, ne pourroient suffire pour indiquer les moyens de prendre au centre d'une sphère toutes les pièces qu'on désire ; et pour éviter à nos Lecteurs les tâtonnemens et les essais que nous-mêmes avons souvent été obligés de faire, les obstacles que nous avons eus à surmonter, et qui peuvent dégoûter un Amateur, nous allons décrire la manière de faire dans l'intérieur d'une sphère une ou plusieurs enveloppes détachées et concentriques, avec une boîte doublée d'écaille, et garnie de cercles ou galons aussi d'écaille ; et nous supposerons qu'on travaille un morceau de buis, l'ivoire, par sa nature, étant beaucoup plus aisé à travailler.

On choisira d'abord un morceau de buis parfaitement sec, sans nœuds ni gerçures, dont les pores soient par tout égaux. Si on peut se procurer une loupe bien saine et point gercée, elle offrira, quand elle sera terminée, Pl. 23. des effets plus agréables à l'œil. On fera avec soin une boule ou sphère, dont on divisera la superficie comme si on vouloit y tracer un polyèdre; l'hexaèdre présentant moins de difficultés, nous nous en servirons dans l'exemple suivant, et nous supposerons que la boule sur laquelle on opère a deux pouces huit lignes de diamètre.

On mettra cette sphère au Tour, dans un mandrin à anneau, et même, si l'on a la main sûre et exercée, on peut se contenter d'un mandrin hémisphérique. On aura attention de placer la boule de manière que la première lunette se trouve dans le bois debout, c'est-à-dire que la boule soit emmandrinée du même sens dans lequel on a tourné le cylindre où elle a été prise. On creusera une lunette de dix lignes de profondeur, et d'un pouce d'ouverture, et tant soit peu conique. Pour déterminer l'épaisseur des enveloppes, on donnera sur la partie intérieure un coup de grain-d'orge à joue, pareil à celui, *fig.* 6, *Pl.* 21, mais dont la pointe soit à une distance suffisante de la joue qu'on appuie contre l'extérieur de la lunette.

Nous avons recommandé de donner à la lunette un pouce d'ouverture, et, comme elle doit être un peu conique, nous supposerons qu'à son extrémité intérieure, elle n'en a que onze. Il faut, en creusant la lunette, réserver sur le noyau un tenon *b, fig.* 3, non pas parfaitement cylindrique, mais un peu plus gros au fond que sur le bord, afin qu'étant mis au mandrin, il puisse y être enfoncé très-juste, et servir à tourner la boîte. On donnera à ce tenon quatre lignes de diamètre, sur quatre de longueur. On évidera ensuite avec le crochet *fig.* 14, dont on trouvera la courbure au moyen des cercles tracés sur du papier comme celui *a, a, fig.* 19, *Pl.* 21, qui fixent l'épaisseur à donner aux enveloppes. Lorsqu'on aura détaché un peu plus que la moitié de la distance qui doit exister entre chaque lunette, on fera la lunette opposée; et en détachant le noyau tout autour de cette lunette, on réservera un tenon pareil à celui qui lui est opposé; on fera ensuite les quatre autres lunettes, et on détachera ainsi le noyau; mais celles-ci ne doivent être creusées qu'à la profondeur du coup de grain-d'orge tracé sur la première, et destiné à indiquer l'épaisseur des enveloppes. Quand on en sera à la sixième, on ira sur la fin à petits coups, avec le crochet, de peur de faire quelques éclats qui nuisent à la beauté de l'ouvrage, attendu qu'il n'y a de bois juste que ce qu'il en faut, et qu'on ne peut en ôter sans diminuer le diamètre de la boîte.

Quand on termine les dernières lunettes, le noyau n'étant presque plus maintenu, vacille; le crochet s'y engage, et peut se casser aisément. Pour

Pl. 23.

éviter ces inconvéniens, on tournera deux bouchons, qui, en entrant un peu juste dans la lunette, reçoivent en même temps les tenons qu'on vient de faire, ce qui retiendra le noyau, et préviendra tous les accidens.

Lorsque les six lunettes sont terminées, et le noyau totalement dégagé, il faut faire un mandrin, *fig.* 20, de onze lignes de diamètre, pour qu'il puisse tourner librement dans la lunette, et de longueur suffisante pour que le tenon réservé au noyau puisse y entrer tout entier, et que la boule puisse tourner librement.

On y creusera une portée indiquée par les lignes ponctuées en *A* propre à recevoir un des tenons *A*, réservés au noyau, *fig.* 2, qui représente la coupe de la cuvette séparée de son couvercle, *fig.* 7, auquel on voit l'autre tenon *B*. En cet état, on conçoit, à l'inspection de la *fig.* 1, que le noyau étant emmandriné solidement, peut tourner sans entraîner la boule, et que la lunette *a*, qui est en face de l'artiste, permet qu'on y introduise des outils convenables. On introduira donc, par cette lunette, en mettant le support en face, un outil à un biseau, et on dressera le noyau sur le bois debout, en ne lui laissant de longueur que ce qui est nécessaire pour la hauteur totale de la boîte et de son couvercle, et en sus une ligne et demie pour le passage d'un bec-d'âne qui doit séparer l'un de l'autre. Si l'on donnoit plus de longueur, ce ne pourroit être qu'aux dépens du diamètre de la boîte; et l'on conçoit que plus son diamètre est grand, plus il est difficile et surprenant de l'avoir travaillée dans un aussi petit espace.

On prendra ensuite un bec-d'âne d'une bonne ligne de large, sur trois ou quatre d'épaisseur, pour qu'il ne fléchisse pas, et l'on séparera la cuvette du couvercle, en donnant à ce dernier moins de hauteur qu'à la cuvette, ainsi qu'il convient pour une tabatière. Le bec d'âne doit être un peu plus large du bout que du corps, pour qu'il ne s'engage pas dans le trait, au risque de tout casser.

Dans cette opération, et dans toutes celles où on ne travaillera qu'au noyau, on ne doit pas s'inquiéter de l'enveloppe; l'outil la maintient suffisamment, et le noyau tourne très-librement.

Quand les deux parties seront séparées, on fixera celle, *fig.* 7, qui doit être le couvercle, contre la lunette *A, fig.* 3, au moyen d'un peu de cire, afin qu'elle ne ballotte pas, et qu'elle ne risque pas d'être cassée; puis, avec un outil en crochet, tel que celui, *fig.* 8, qui a trois biseaux, l'un en *a*, un autre en *b*, et le troisième en *c*, on creusera la boîte. Si la distance entre la cuvette et le couvercle n'étoit pas assez grande pour donner pas-

sage à cet outil, on commenceroit par celui, *fig.* 9, dont le bec est plus
court, et on termineroit avec l'autre. Il faut, dans cette opération, entamer peu de bois à la fois, pour ne rien casser; tenir l'outil bien perpendiculairement à la boîte, pour que le fond soit en même temps bien parallèle à la surface extérieure, et perpendiculaire aux côtés, étant impossible
d'y présenter aucune règle ou équerre. On peut se servir, dans cette opération, d'une espèce de guimbarde, *fig.* 28, *Pl.* 21, dont la partie coupante *a* doit avoir pour longueur la profondeur exacte de la boîte. Quand
la tige *b b* en viendra toucher les bords, l'outil ne mordra plus, et la boîte
sera creusée avec toute la justesse et la régularité qu'on peut désirer.
Comme on doit doubler la boîte en écaille, on aura soin de préparer d'a-
vance la *bâte* d'écaille, avant de déterminer le diamètre intérieur, afin
qu'elle y entre juste.

On formera avec l'outil, *fig.* 10, la place des cercles extérieurs *a*, *b*,
fig. 2, en leur donnant un peu plus de profondeur vers l'angle intérieur;
avec le petit grain-d'orge, *fig.* 13, pour que les cercles mis en place, très-
juste, soient moins sujets à sortir. On tournera avec soin ces deux cercles
d'écaille; puis, ôtant la cuvette de dessus le mandrin sur lequel elle est, on
fera entrer le cercle par une lunette, en l'amollissant dans de l'eau chaude;
et on le fera entrer un peu de force dans sa feuillure; puis on remontera la pièce sur son mandrin.

Si l'on sait souder l'écaille, on fera une bâte convenable, tant pour la
hauteur que pour le diamètre, et à cet égard, nous nous référons à ce que
nous avons dit dans notre premier Volume. On la mettra sur un tribou-
lèt pour la tourner, et l'on dressera la partie qui doit poser contre la
plaque du fond et la contenir. Ensuite on la remettra dans un mandrin creusé pour tourner et terminer sa partie intérieure. Le diamètre intérieur de ce mandrin représente exactement celui de la cuvette; on s'en
servira donc pour se faire un calibre de cuivre, *fig.* 29, *Pl.* 21, à l'aide duquel on amènera l'intérieur de la boîte au diamètre exact qu'il doit avoir,
pour que la gorge y entre sans vaciller. On préparera également la plaque du
fond, et quand on se sera assuré que l'une et l'autre conviennent parfaitement à la place qu'elles doivent occuper, on ôtera la pièce du Tour, pour
la mettre à l'étau par le mandrin, et travailler plus commodément. On
trempera la plaque dans de l'eau chaude, pour la rendre flexible; et,
sans perdre de temps, on la courbera assez pour qu'elle puisse passer par
une lunette de côté, et on la mettra à sa place, en la redressant avec les
doigts. Il faut faire cette opération avec dextérité et promptitude, afin que

Pl. 23.

la plaque, qui est fort mince, en refroidissant ne conserve pas sa forme courbe. On trempera de même la bâte dans de l'eau chaude, on enduira de colle le dedans de la cuvette, et pressant cette bâte entre les doigts, on la fera entrer par une lunette, et on la mettra en place.

Ce n'est pas assez d'avoir mis ces deux pièces en place, il faut les y contenir, et empêcher qu'en séchant elles ne se dérangent et ne soient pas exactement appliquées. Pour y parvenir, on fera descendre sur la gorge la partie réservée pour le couvercle, et on l'y maintiendra au moyen d'une petite presse à main.

On laissera le tout sécher pendant un temps suffisant. Il sera fort aisé ensuite de placer les cercles, ou galons en a, b, fig. 2; et quand le tout sera sec, on tournera avec soin la bâte C, fig. 11, et on avivera le tout intérieurement avec un morceau de bois coudé, à peu près de la forme de l'outil, fig. 8 et 9, et capable de passer par la lunette. On le garnira de buffle attaché avec de bonne colle, à angle aigu, entre b et c, fig. 8. Nous disons à angle aigu, afin de pénétrer plus sûrement dans l'angle que forme la bâte avec le fond. La partie b polira le fond, et celle c polira la bâte, en tirant l'outil à soi. On se servira pour cela, de pierre-ponce fine, avec un peu d'huile; après quoi on terminera le poli avec du tripoli très-fin, aussi à l'huile. Enfin, avec un autre outil également garni de buffle et du tripoli sec, on donnera le brillant à tout l'intérieur de la boîte.

On ôtera la pièce de dessus son mandrin, et on mettra en sa place le morceau de bois destiné à faire le couvercle auquel on a réservé un tenon parfaitement semblable au premier. On le travaillera de la même manière, en assujettissant la boîte contre sa lunette avec de la cire. Lorsque le fond, la petite bâte et les cercles seront collés et secs, on tournera intérieurement la bâte, bien ronde, avec l'outil, fig. 9, et on dressera bien le cercle a, fig. 12, sur le champ, pour qu'il joigne bien contre la cuvette. On polira le tout intérieurement, comme on a fait à la cuvette, et l'on aura soin que le couvercle entre très-juste sur la bâte ou gorge C, fig. 11. On joindra alors la cuvette à son couvercle en y faisant entrer la gorge, et si l'on a bien opéré, elle doit y être maintenue solidement; on tournera ensuite le support, comme on le voit, fig. 1; et avec des outils convenables, on enlèvera tout le bois qui formoit le tenon sur la cuvette. On terminera le dessous, par un plan qui rentre insensiblement vers le centre, comme il convient à une tabatière. On retournera encore le support, et par la lunette de devant on dressera parfaitement la boîte sur sa hauteur, et l'on affleurera les quatre cercles ou galons; enfin on polira le tout, tant dessous que de côté, et la boîte sera presque achevée; cependant ce qui Pl. 25. nous reste à faire pour la terminer ne laisse pas de présenter quelques difficultés.

On fera un mandrin semblable à celui *fig.* 20, dont la face soit pleine, et on y fixera la boîte par dessous la cuvette au moyen du mastic. On la centrera et dressera exactement, ce qui n'est pas fort aisé; mais on pourra juger, en regardant tourner le tenon du couvercle, si la pièce est droite et ronde sur le Tour.

Quand on y sera parvenu, on détruira le tenon, et on terminera le dessus, en le faisant un peu bombé. On peut incruster au centre une mouche, un petit cercle, une rosette excentrique, ou tout autre ornement qui sert à faire reconnoître le dessus quand la boîte est fermée; on le polira avec soin, et la tabatière sera terminée.

Si le mastic avoit laissé quelques traces sur le dessous de la boîte, on les effaceroit proprement, et on redonneroit le lustre par les procédés que nous avons indiqués.

Il faut à présent s'occuper de détacher les deux enveloppes. On remettra la pièce dans un mandrin hémisphérique ou à anneau, ayant soin qu'une des lunettes soit parfaitement centrée en devant, comme on la voit, *fig.* 1. Puis, avec l'outil, *fig.* 14, dont la partie circulaire est à la courbure exacte du cercle intérieur *a*, *a*, *fig.* 3, et qui coupe parfaitement, on unira l'intérieur de cette cavité, en mettant successivement en devant chacune des six lunettes. Lorsqu'on en sera à la dernière, on fixera la boîte dans son enveloppe, en l'entourant avec du coton pour l'empêcher de ballotter, ce qui ne manqueroit pas de l'endommager; ensuite on marquera, avec l'outil, *fig.* 15, la rainure qui doit séparer les deux boules l'une de l'autre. L'épaulement *b*, appuyant extérieurement contre la boule, le bec, ou tranchant *a*, doit nécessairement laisser plein l'espace compris entre *a* et *b*, ce qui donne l'épaisseur de la première enveloppe; et ce moyen est sûr pour en déterminer l'épaisseur à chaque lunette. On introduira ensuite successivement chacun des crochets, *fig.* 4, 5 et 6, en mettant à chaque lunette un bouchon, qui contienne les enveloppes, pour prévenir la fracture, et les enveloppes seront détachées.

Comme cette intérieure tourne dans celle de dessus, et qu'on en voit la surface par les lunettes, il est à propos de rendre cette surface le plus unie qu'on pourra, et d'effacer les traits que les crochets peuvent y avoir laissés : pour cela, on mettra au centre d'une lunette un des triangles pleins que forment trois des lunettes de la boule intérieure;

Pl. 23.

et avec de petites cales, mises à la lunette opposée, entre les deux enveloppes, on fixera celle intérieure dans cette position. On mettra la pièce au mandrin hémisphérique, et avec de la prèle, on polira cette partie de la surface, qui se présente par cette lunette. On polira de même les sept autres triangles, et leurs parties voisines, en les présentant successivement à cette lunette par les mêmes moyens ; et avec de la patience, on viendra à bout de polir toute la surface de la seconde enveloppe.

On a représenté, *fig.* 16, une coupe des deux enveloppes, et la boîte en son entier, avec son couvercle et les cercles d'écaille, afin de faire sentir la cavité de la seconde enveloppe, son épaisseur, la distance entr'elle et la première ; enfin l'épaisseur qu'il convient de donner à cette première.

En cet état, la pièce est entièrement terminée, si l'on se contente de laisser la surface de la première enveloppe lisse : mais pour augmenter les difficultés et le mérite du travail, nous avons représenté, *fig.* 17, les différentes moulures qu'on peut faire sur sa surface.

D'abord, autour de chaque lunette, on peut faire un cadre, dont la *fig.* 17 fait sentir les moulures et les profils. Entre les six lunettes, sont huit triangles dont la saillie est marquée par un trait de bec-d'âne, d'une demi-ligne de profondeur ; et ces triangles eux-mêmes peuvent être ornés de différentes moulures, telles qu'on en a représenté sur la *fig.* 17. On se servira pour ces moulures de tous les outils indiqués pour cet usage. Enfin, on peut, en mettant le point central de chacun des triangles au centre de rotation, y former de petites lunettes ou des rosaces, ornées elles-mêmes de cadres. C'est le goût seul qui doit déterminer ce qui est le plus agréable.

Au lieu de donner à l'enveloppe extérieure la forme d'une boule, on peut lui donner celle d'un polyèdre quelconque, comme d'un dodécaèdre, dans lequel on détachera une ou plusieurs enveloppes sphériques, au centre desquelles on exécutera la tabatière par les mêmes moyens. Alors il faut laisser les faces du polyèdre entièrement planes et sans aucune espèce d'ornemens. Cette dernière forme plaît davantage à l'œil, qui peut quelquefois soupçonner de la supercherie dans les moulures, comme nous l'avons dit plus haut en enseignant à faire des étoiles dans ces polyèdres.

Si l'on vouloit augmenter encore le mérite de la difficulté vaincue, on pourroit, avec beaucoup de patience, faire un bien plus grand nombre de boules, les unes dans les autres : mais alors il faudroit leur donner beaucoup moins d'épaisseur et de distance entr'elles. La manière d'opérer

est toujours la même, seulement on observera de commencer par détacher la plus petite. Les crochets devant être infiniment minces, on conçoit avec quelle patience, quelle légèreté de main, et quelle précision,
il faudroit que toutes ces opérations fussent faites. Il nous suffit d'avoir
détaillé les principales; c'est à l'Amateur à mettre en pratique les notions
que nous avons données, et à appliquer les principes sur lesquels ils
sont fondés.

Pl. 23.

SECTION IX.

Boules agrfaées.

Les boules agrafées, représentées *fig.* 1 et 2, *Pl.* 24, sont, sans contredit,
au nombre des pièces rares qui contribuent le plus à l'ornement du
cabinet d'un Amateur; mais leur exécution demande de la patience, une
main fort exercée, et quelques outils particuliers, que l'on trouvera
détaillés dans la description que nous allons donner de ces pièces et de
la manière de les faire, en commençant par la *fig.* 1, qui représente trois
boules agrafées l'une dans l'autre, et prises dans un seul morceau de
bois ou d'ivoire. Cette dernière matière est, comme on sait, plus facile
à travailler, et si on veut l'employer dans cette circonstance, il faut choisir
un morceau pris dans le plein de la dent, et assez gros pour qu'après avoir
enlevé la croûte et les gerçures, il reste de quoi donner aux boules un
diamètre suffisant. Mais, comme nous l'avons dit ailleurs, le principal
mérite de ces sortes d'ouvrages consiste dans la difficulté vaincue, et
nous conseillons par cette raison de préférer le buis.

Pl. 24.

C'est en loupe de buis que nous avons exécuté les trois boules agrafées *fig.* 1, et nous supposerons dans tout le cours de notre description
que c'est sur cette matière que l'Amateur opère.

Il est absolument indispensable de commencer par fixer sur le papier
l'esquisse de la coupe de la pièce qu'on veut exécuter, d'après les dimensions
et les proportions qu'on se propose de lui donner. Cette esquisse consiste
uniquement dans le simple tracé de trois cercles, dont les centres sont
sur la même ligne droite, et qui se coupent réciproquement, comme on
le voit *fig.* 4. Ces trois cercles ne doivent pas être égaux, mais aller en
diminuant, de manière que le diamètre de celui du milieu soit le terme
moyen entre les deux autres; de cette manière la pièce est plus agréable
à l'œil, et plus facile à exécuter. A l'égard de la portion de chaque cir-

Pl. 24.

conférence, qui doit être comprise dans la circonférence voisine, nous avons reconnu, après plusieurs expériences, que si l'on veut donner aux trous par lesquels les boules sont mutuellement agrafées plus de régularité, et plus d'accord avec les autres ouvertures pratiquées à l'extérieur des boules, elle doit être égale à deux septièmes de la circonférence.

On choisira une loupe de buis, bien sèche et bien saine, et dont les pores soient très-serrés, ce qui se reconnoît aisément au poids. On l'ébauchera à la hache ou à la scie, et on en fera une espèce de cône de longueur et de grosseur suffisantes, que l'on percera d'outre en outre, sur son axe, d'abord avec une mèche en langue de carpe, et ensuite avec une louche, pour rendre le trou conique dans toute sa longueur.

On prendra un mandrin en bois ordinaire, un peu court, au centre duquel on creusera une portée, pour recevoir une tige qu'on y collera solidement, et à laquelle on donnera une forme conique, afin qu'elle puisse entrer dans le trou de même forme, percé au centre du morceau de buis qu'on vient de préparer.

Cela fait, on enfilera le morceau de buis, par sa base, sur la tige qui doit l'excéder de quelques lignes, et on le divisera en trois parties, de A en B, de B en C, de C en D, fig. 3.

On tournera chacune de ces trois parties cylindriquement, et on aura ainsi trois cylindres placés à la suite l'un de l'autre, qu'on réduira, le premier du côté du mandrin, au diamètre de la plus grosse boule; le suivant, au diamètre de la seconde; et enfin le dernier, au diamètre de la petite boule.

On prendra sur le dessin le rayon de la grosse boule, et on le portera sur le premier cylindre, de A en F; de ce point F au point G, on portera la distance entre le centre de la première boule et celui de la seconde; enfin de G en H, l'intervalle qui sépare le centre de la seconde boule de celui de la dernière. Par les points F, G et H, on tracera sur la circonférence des cylindres, des lignes circulaires au crayon, ou plutôt à l'encre, afin qu'elles soient plus visibles. Ces lignes représentent les équateurs des trois boules, dont l'axe se trouve dans l'axe commun des trois cylindres.

On commencera ensuite à arrondir à la gouge les trois cylindres partiels en forme de portion sphérique, en suivant exactement le trait dont il est très-essentiel de ne pas s'écarter; car pour peu qu'on enlève trop de matière en quelque endroit, on se trouve en danger, dans les opérations suivantes, de crever la boule ou de la rendre irrégulière; ce qui en détruit en grande partie le mérite.

Pour prévenir cet accident, il faut se faire un calibre *fig.* 6, qui n'est Pl. 24. qu'une lame de cuivre découpée, suivant le contour des portions extérieures des cercles qui composent la coupe de la pièce. A l'aide de ce calibre, et avec des outils bien coupans, on terminera absolument l'extérieur des trois boules, de manière à n'y plus revenir; ce qui seroit impraticable. C'est surtout aux angles rentrans qu'il est bien important de ne pas enlever plus de matière qu'il ne faut, et on les laissera plutôt un peu gras pour ne rien risquer.

Sur ces surfaces ainsi terminées, on tracera l'orifice des trous ou lunettes qu'on doit y pratiquer en les espaçant le plus également possible. Nous disons le plus également possible, car la forme de cette pièce s'oppose à ce qu'on puisse employer aucune des cinq divisions régulières de la sphère.

La division en douze seule pourroit, à la rigueur, être mise en usage; mais alors la boule du milieu se trouveroit entièrement enclavée dans les deux autres, ce qui détruiroit tout l'agrément de la pièce.

Après plusieurs essais, nous nous sommes décidés à percer quatorze trous sur la surface de chaque boule; et pour les espacer, sinon également, du moins symétriquement, nous avons employé les moyens que nous allons décrire, en supposant que le Tour sur lequel on opère est garni d'une plate-forme.

On commencera par approcher la cale du support très-près de la pièce, après l'avoir mise très-exactement de niveau, et on posera dessus le calibre, *fig.* 6, de manière qu'il touche la circonférence des trois boules. Puis ayant fixé l'alidade de la plate-forme sur un des nombres susceptibles d'être divisés par huit, on tirera une ligne au crayon dans le sens de l'axe de la pièce, et qui suive exactement ses contours extérieurs. On mènera sept autres lignes semblables à celle-ci, et également espacées entre elles, en sautant à chaque fois un nombre de points suffisant; douze, par exemple, si la division de la plate-forme en porte quatre-vingt-seize. Ces huit lignes passent toutes par les pôles de la première et de la troisième boule, et représentent sur la surface des trois boules quatre grands cercles sur la circonférence desquels se trouvent les centres de tous les trous qu'il s'agit de déterminer.

Pour cela on prendra sur le dessin une ouverture de compas égale à la corde de 30 degrés de la circonférence de la grosse boule, et on la portera sur cette boule du point c, où l'équateur est coupé par une des huit lignes qu'on vient de tracer, aux points L et M, pris sur cette ligne. On répétera la même opération en partant du point de l'équateur, diamétrale-

26.

Pl. 24. ment opposé au point *c* ; et ensuite, sur les deux points de l'équateur
distans de 90 degrés de ceux sur lesquels on vient d'opérer, qui, dans
notre figure, se trouvent à la circonférence. Ces huit points donneront
les centres de huit trous, placés sur deux grands cercles de la boule, perpendiculaires à l'équateur, et diamétralement opposés l'un à l'autre ; et d'a-
près la construction que nous venons de donner, il est très-facile de les
déterminer au moyen du Tour. En effet, si, après avoir trouvé par l'opération décrite ci-dessus les points *L* et *M*, on place successivement la
pointe d'un grain-d'orge très-fin sur ces deux points, on tracera deux
petits cercles parallèles à l'équateur, qui couperont le grand cercle sur
lequel se trouvent ces deux points *L M*, et celui qui lui est perpendiculaire aux points cherchés. Les quatre trous placés sur le petit cercle *M*
sont ceux par lesquels cette boule s'agrafe à celle du milieu.

Les centres des trous *N R*, et ceux qui leur sont diamétralement opposés, et que l'on ne peut par conséquent voir sur la figure, sont placés sur
l'équateur aux points où il est coupé par les deux autres grands cercles.

Enfin, les deux derniers trous se trouvent aux deux pôles, et sont percés
d'avance, au moyen du trou conique pratiqué au commencement de
l'opération sur l'axe de la pièce, et dans toute sa longueur.

La petite boule se divise par les mêmes moyens et suivant les mêmes
principes que la grosse ; quant à celle du milieu, les lignes qui nous ont
guidés jusqu'ici nous serviront encore à présent, avec cette différence,
qu'au lieu de placer les points *L*, *M*, sur la même ligne, on les place en
P et en *Q*, sur la ligne voisine ; cette différence vient de ce que, pour que
les boules puissent s'agrafer, il faut que les intervalles de l'une se trouvent
placés vis-à-vis des trous de l'autre ; ce qui résulte parfaitement du tracé
que nous venons de décrire.

Quelques uns de nos Lecteurs, peu versés dans la géométrie, pourroient
se trouver embarrassés pour trouver sans tâtonnement la corde de trente
degrés, c'est-à-dire de la douzième partie de la circonférence. C'est en
leur faveur que nous donnerons le moyen suivant. On portera sur la circonférence une ouverture de compas égale au rayon ou demi-diamètre
A C, ce qui donnera les deux points *A B*, dont la distance est égale à la
corde du sixième de la circonférence. Du point *A*, avec une ouverture de
compas quelconque, plus grande que la moitié de *A B*, on tracera un
arc de cercle vers *D*, et avec la même ouverture de compas, on répétera
cette opération en plaçant la pointe du compas en *B*, puis posant une
règle sur le centre *C*, et sur le point d'intersection *D*, on mènera une

Pl. 24.

droite qui coupera la circonférence au point *E,* également distant des points *A* et *B.* La distance *A E,* ou son égale *B E,* sera évidemment la corde de la douzième partie de la circonférence.

Il n'est peut-être pas inutile d'observer qu'il faut faire la même opération sur les trois cercles qui représentent la coupe des trois boules, et dont le diamètre n'est pas le même.

Après avoir ainsi placé les centres de tous les trous, on tracera tout de suite leurs circonférences au diamètre déterminé, en observant que ceux de chaque boule doivent être égaux entre eux, et proportionnés à la grosseur de la boule sur laquelle ils sont placés. Nous ne pouvons pas donner de règles fixes à cet égard, et nous nous contenterons de dire que plus ils seront petits, plus la pièce sera difficile à exécuter, et par conséquent plus elle aura de mérite.

Il ne faudroit cependant pas pousser cette conséquence trop loin, car ces lunettes doivent être égales aux orifices du trou conique percé sur l'axe de la pièce, et celui-ci doit avoir une certaine dimension, afin de faciliter l'introduction des outils dont on va se servir pour évider l'intérieur des trois boules, en réservant les portions de matière par lesquelles elles sont agrafées; c'est cette opération que nous allons décrire.

On retirera d'abord la pièce de la tige sur laquelle elle est enfilée, et on la montera dans un mandrin de bon bois creusé bien rond, et de manière à la saisir du côté de la petite boule, jusqu'à l'équateur de celle du milieu, et à ne laisser excéder que la moitié de celle-ci, et la plus grosse dont l'orifice se trouve au centre de rotation.

C'est par cet orifice, qui n'est autre chose que l'extrémité du trou qui traverse toute la pièce, qu'on introduira successivement les outils nécessaires pour évider l'intérieur de la grosse boule.

Le premier est un crochet de la forme de celui *fig.* 14, *Pl.* 23 de ce Volume, qui déplace une certaine quantité de matière, et facilite l'introduction de l'outil *fig.* 7. Celui-ci agrandit le trou suivant la forme qu'il doit avoir; après quoi on lui substitue celui *fig.* 8, dont la forme est la même, mais d'une plus grande dimension. La partie droite *B,* et la partie courbe *C,* sont coupantes, et se terminent par un goujon rond *A,* qui ne coupe pas. On introduit cet outil en l'inclinant un peu par l'orifice du trou, et on continue d'évider l'intérieur, en appuyant légèrement jusqu'à ce que le talon *D,* qui ne coupe pas, vienne appuyer sur la surface extérieure de la boule. Alors on continuera de tourner sans appuyer pour achever d'enlever la

Pl. 24.

matière qui doit être déplacée jusqu'à ce que le goujon *A* soit arrivé au bord du trou percé à l'axe de la pièce, et que le collet *E* touche le bord extérieur de l'orifice de la seconde boule. Rendu à ce point, l'outil ne coupe plus, et l'intérieur de la grosse boule est terminé jusqu'au point *F*, où se trouve une partie droite destinée à former la portion de la boule du milieu, qui s'agrafe dans celle-ci.

C'est à cela qu'est destiné l'outil *fig.* 13, qui s'introduit et se tient de la même manière que le précédent, en appuyant jusqu'à ce que le talon *D* touche le bord extérieur de l'orifice par lequel il est entré. Parvenu à ce point, si la forme *a* et *b* des taillans a été prise exactement sur la figure, la portion sphérique *F* doit être entièrement dégagée, et présenter la forme qu'on voit sur la *fig.* 4.

Il s'agit à présent d'enlever la matière qui se trouve renfermée entre les arcs de cercle *F* et *G*, ce qui se fait avec les outils 9 et 10. Le principe sur lequel ces outils sont construits est toujours le même. Leur taillant est précédé d'un goujon non coupant, servant de guide, et suivi d'une tige au bout de laquelle est un talon qui empêche l'outil de couper quand il est rendu à son point. La forme de ces outils, qui doivent être tracés sur le dessin même de la pièce, indique assez leur usage. On introduit d'abord celui *fig.* 9, qui déplace une assez grande quantité de matière, pour donner passage à l'outil *fig.* 10, avec lequel on achève de creuser entièrement et conformément à la figure la partie contenue entre les arcs de cercle *F* et *G*.

On voit ici qu'il est indispensable de tracer avant tout, et très-régulièrement, la coupe des trois boules, ainsi que nous l'avons dit au commencement de cette section, puisque la plus légère erreur dans la forme ou dans les dimensions des outils, qui sont déterminées par cette coupe, occasionneroit infailliblement des accidens graves dans l'exécution de cette pièce.

Nous voici arrivés à l'opération la plus difficile, qui consiste à évider l'intérieur de la boule du milieu. C'est à cela qu'est destiné l'outil *fig.* 11, qui, au moyen de sa forme, déplace la matière contenue entre la surface intérieure et latérale de cette boule et deux plans tangens aux portions des deux boules voisines agrafées dans celle dont nous nous occupons.

Quand l'outil, *fig.* 11, aura entièrement produit l'effet qu'on en attend, on le remplacera par un autre, *fig.* 12, proportionné à la calotte de la troisième boule enclavée dans la seconde, et à l'aide de ce toutil, on parviendra à arrondir cette calotte, comme on le voit sur la figure.

Pl. 24.

Alors on retirera la pièce du mandrin creux, dans lequel elle a été placée pendant le cours des opérations que nous venons de décrire, et on la remettra dans un mandrin à anneau, *fig.* 2 et 3, *Pl.* 19, dont l'orifice doit avoir pour diamètre celui de la boule du milieu, et dans lequel la grosse boule se trouvera saisie au dessus de son équateur, et sur un petit cercle perpendiculaire à l'axe et égal au grand cercle de la boule du milieu. En cet état, on vérifiera avec le plus grand soin si la pièce tourne bien rond, et on répétera toutes les opérations que nous venons de détailler, pour achever d'évider les parties qui ne le sont pas encore; c'est-à-dire l'intérieur de la petite boule *L*; l'espace *H* renfermé entre cette boule et celle du milieu; enfin l'espace nécessaire pour arrondir la calotte de la grosse boule enclavée dans celle du milieu au point *G*.

On se servira d'outils semblables à ceux *fig.* 7, 8, 13, 9, 10 et 12 : mais toujours proportionnés aux parties sur lesquelles on opère, et dont on prendra la forme et les dimensions sur le dessin, ainsi que nous l'avons dit plus haut.

Après qu'on aura ainsi entièrement évidé les parties qui doivent l'être, on percera les trous ou lunettes, que nous avons enseigné plus haut à tracer, sur la surface des trois boules. On percera d'abord un trou au centre de chacun avec un foret d'une demi-ligne, placé dans un porte-foret qu'on met en mouvement de la main droite à l'aide d'un archet, pendant qu'on présente la pièce de la main gauche. On remplacera alors le foret par la mèche *fig.* 14, dont le goujon *a* entre dans le trou qu'on vient de percer. En deux ou trois coups d'archet, le bec-d'âne *b* enlève une calotte de matière, et termine ainsi chaque trou, en leur donnant à tous la même forme.

Il faut observer que les lunettes de chaque boule devant, comme nous l'avons dit, être proportionnées au diamètre de celle sur laquelle elles sont placées, il faudra se servir de trois mèches différentes.

L'opération qui reste à faire est sans contredit la plus délicate; elle consiste à ouvrir les trous qui agrafent les boules. On peut, pour y parvenir, percer avec un foret un certain nombre de trous sur la partie de l'ouverture qui se trouve sur la surface extérieure de la boule, après quoi on enlève la matière avec de petites limes à arrondir, en suivant exactement le trait. On dégage ensuite, avec les mêmes outils, la portion enclavée dans la boule voisine, en l'arrondissant le plus régulièrement possible, et en prenant garde d'altérer les surfaces adjacentes. Mais cette manière d'opérer demande une main très-exercée, et nous allons enseigner l'usage de deux

Pl. 24.

outils à l'aide desquels les Amateurs pourront ouvrir ces trous plus facilement, et avec beaucoup plus de précision.

Le premier n'est autre chose que la mèche *fig.* 14 avec laquelle on détache la partie des trous qui se trouve sur la surface extérieure des boules. Le goujon *a* se place dans un trou de foret percé sur le centre, et avec le bec-d'âne ou traçoir *b*, on fait une rainure qui suit exactement le trait de la circonférence. A ce propos, il n'est pas inutile d'observer que par le tracé que nous avons enseigné au commencement de cet article, les centres de tous ces trous se trouvent à la surface extérieure des boules; ce qui est absolument nécessaire dans cette opération.

L'outil *fig.* 15 a beaucoup de rapport avec celui dont nous venons de parler; mais, au moyen de sa courbure, on peut introduire le traçoir *b* dans une ouverture pratiquée à la surface de la boule voisine, et continuer ainsi la rainure sur la portion intérieure du trou. Cette ouverture se trouve sur le bord d'un trou voisin, et ne demande d'autre attention que de ne pas en altérer la circonférence. Après qu'on a ainsi cerné la circonférence entière de chacun de ces trous, la matière est encore retenue par un filet au point de jonction des deux boules. On enlève aisément ce filet avec de petits outils coupans, et on recale les bords du trou avec de petits rifloirs appropriés.

Les lunettes qu'on voit sur les intervalles des ouvertures de la *fig.* 1 s'exécutent avec un outil de la forme de celui *fig.* 14, mais plus petit. On ne les fait qu'après avoir terminé et détaché les trois boules; d'ailleurs elles ne sont pas essentiellement nécessaires, et ne servent qu'à donner plus de légèreté et de délicatesse à la pièce.

La *fig.* 2 représente une pièce qui a beaucoup de rapport avec celle que nous venons de décrire; elle consiste en deux boules agrafées de la même manière que les trois qui composent la *fig.* 1, et renfermées dans une sphère formée de deux enveloppes tournant librement l'une sur l'autre.

Si l'on a bien compris ce que nous venons de dire, on concevra facilement la manière dont cette pièce s'exécute. Cependant l'enveloppe extérieure augmente les difficultés du travail et demande quelques précautions que nous allons décrire.

Cette pièce exigeant, comme la précédente, l'emploi de quelques outils particuliers, et qu'il faut nécessairement se faire exprès, il est indispensable de faire un dessin au simple trait, semblable à celui *fig.* 5, et dans les dimensions qu'on aura adoptées.

On tournera ensuite une boule au diamètre de l'enveloppe extérieure, et on la percera sur son axe d'un trou cylindrique d'un diamètre égal à celui des ouvertures déterminées par le dessin, pour les lunettes des boules intérieures; on la montera sur une tige, et on y marquera douze points qui, avec les deux orifices du trou cylindrique percé sur l'axe, donneront les centres des quatorze lunettes qui doivent être percées sur l'enveloppe extérieure. On emploiera, pour espacer régulièrement ces points, la méthode que nous avons précédemment décrite, en enseignant à diviser la grosse boule de la *fig.* 3.

En cet état, on placera la boule dans un mandrin à anneau, *fig.* 2 et 3, *Pl.* 19, en mettant au centre de rotation l'un des orifices du trou cylindrique qui la traverse. Puis à l'aide de crochets semblables à ceux *fig.* 4, 5 et 6, *Pl.* 23, dont on connoît l'usage, on commencera à détacher l'enveloppe extérieure, en lui réservant l'épaisseur nécessaire pour pouvoir en former deux enveloppes concentriques, qu'on ne détachera toutefois que quand les boules intérieures seront entièrement terminées. Pour faciliter l'introduction des outils, on élargira l'orifice du trou avec un outil de côté, et on l'amènera au diamètre déterminé pour les lunettes de l'enveloppe extérieure.

On répétera cette opération sur l'autre orifice du trou, et ensuite sur les douze autres lunettes, qu'on placera successivement au centre de rotation, et on détachera ainsi dans l'intérieur une masse sphérique percée d'un trou cylindrique sur son axe. Au moyen de ce trou on enfilera cette masse sur le mandrin à tige, et on la tournera à l'extérieur suivant la forme indiquée par le dessin, en faisant passer les outils par les lunettes de l'enveloppe extérieure.

Cette opération, semblable à celle que nous avons décrite en enseignant à faire la pièce, *fig.* 1, ne présente pas de difficulté particulière, si ce n'est pour l'introduction du calibre, qui doit être assez étroit pour pouvoir passer par une des lunettes qui avoisinent celle du pôle de l'enveloppe extérieure. Ce calibre, *fig.* 16, se termine par une queue qui reste en dehors de l'ouverture par laquelle on l'a introduit, et dont on verra bientôt l'usage. Il faut avoir soin, en le traçant, d'y marquer les points *a* et *b*, correspondans aux équateurs des deux boules aussi bien que les points *c* et *d*, *f* et *g* indiquant le douzième de leur circonférence à partir de l'équateur, et par lesquels doivent passer les deux petits cercles qui indiquent la position des huit lunettes qui ne se trouvent pas sur l'équateur.

Quand, après avoir terminé l'extérieur des boules, on veut en diviser la

Pl. 24.

Pl. 24.

surface, on introduit le calibre par une des lunettes voisines de celle du pôle, et on fixe la queue sur la cale du support à l'aide d'une vis à bois placée dans le trou *A*.

En cet état si on fait tourner l'arbre, les boules intérieures suivront le mouvement; mais l'enveloppe extérieure sera maintenue par le calibre: ainsi il sera facile de tracer les huit lignes sur la longueur de la pièce, et de les espacer également à l'aide de la plate-forme. On se servira pour cela d'une pointe coudée, qu'on introduira par celle des lunettes qui présentera le plus de facilité.

On tracera ensuite les équateurs et les cercles adjacens, dont la position est indiquée par les points *a*, *b*, *c*, *d*, *f*, *g*, marqués sur le calibre, et on déterminera ainsi les centres des lunettes, dont on tracera les circonférences en introduisant le compas par les ouvertures de l'enveloppe extérieure.

Il s'agit à présent d'évider l'intérieur de la pièce ; et pour cela il faut la retirer de la tige sur laquelle on l'a tournée à l'extérieur, et raccourcir cette tige de manière qu'elle n'occupe plus que la moitié du trou qu'elle occupoit en entier. Ensuite on replace la pièce sur la tige, et on évide la cavité qui se présente, d'abord avec un outil *fig*. 14, *Pl*. 23, et ensuite avec des outils de la forme de ceux *fig*. 7, 8 et 13, dont nous avons enseigné l'usage.

On retournera ensuite la pièce, pôle pour pôle, en la renfilant sur sa tige, et on évidera de même l'autre cavité, après quoi il ne restera plus qu'à creuser la portion renfermée entre les deux boules.

Pour cette dernière opération, il faut encore raccourcir la tige, de manière qu'elle laisse entièrement libre la portion qu'on veut évider, et que son extrémité soit fixée dans l'épaisseur de la calotte intérieure de la boule, qui se présente en dehors du mandrin. On se servira pour évider cette cavité de deux outils semblables à ceux *fig*. 9 et 10, dont nous avons aussi enseigné l'usage.

Les lunettes placées sur la surface des deux boules, et dont on a déjà tracé la circonférence, s'ouvrent à la main, et avec une mèche semblable à celle *fig*. 14. Quant à celles par lesquelles les deux boules sont agrafées, elles se font de même à la main, et avec les mêmes outils qui nous ont servi pour dégager les boules de la *fig*. 1.

Cette dernière opération est, sans contredit, la plus difficile et la plus délicate. L'enveloppe extérieure gêne continuellement le mouvement de la main et de l'outil; et le moindre écart peut briser une pièce, qui a déjà coûté beaucoup de temps et de travail.

Mais aussi, quand, à l'aide des expédiens et des outils que nous venons
de décrire, cette pièce aura été terminée avec toute la régularité possible,
elle excitera certainement l'attention des curieux, et l'admiration des personnes qui, connoissant peu l'art du Tour et ses effets, ne pourront comprendre par quels moyens elle a pu être exécutée.

Pl. 24.

SECTION X.

Chaînes simples ; Colliers.

Les objets représentés sur la planche 25 sont encore au nombre de ceux
qui surprennent le plus les personnes peu familiarisées avec les effets du
Tour. En effet, on a peine à comprendre, au premier coup d'œil, comment
on a pu détacher dans un morceau de bois ou d'ivoire la chaîne *fig.* 1, ou
le collier *fig.* 2; ce dernier surtout paroît inexplicable, quand on s'aperçoit que non seulement les chaînons sont tous pris dans le même morceau, comme à la chaîne, mais même que leur réunion en forme de collier n'a pas été faite après coup, et que chaque anneau tient aux deux qui
l'avoisinent. La médaille qu'on voit au bas de la figure, et sur laquelle on
peut graver un sujet quelconque, à l'aide du Tour à portrait, dont nous
parlerons à la fin de ce volume, ajoute beaucoup à la difficulté; car elle est
encore prise dans le même morceau, ainsi que la bélière, au moyen de
laquelle elle roule sur l'anneau voisin.

Pl. 25.

Nous nous proposons dans cette section de donner aux Amateurs les
moyens dont nous nous sommes servis pour faire ces deux pièces, et au
moyen desquels ils pourront en exécuter de semblables avec plus de facilité qu'ils ne le croient; pour être plus intelligibles, nous commencerons
par la chaîne *fig.* 1, qui est sans contredit beaucoup plus facile que le
collier.

Nous ferons d'abord observer au Lecteur que ces sortes de pièces peuvent se faire en ivoire ou en bois; l'ivoire est, comme on sait, plus facile
à travailler, mais, comme ici le principal mérite est la difficulté vaincue,
il vaut mieux employer le bois, qu'il faut choisir bien sain, bien sec, et
exempt des moindres gerçures. Le buis de France nous semble devoir être
préféré aux autres bois, et c'est celui dont nous nous sommes servis.

Avant de commencer à travailler, il est bon de tracer sur le papier la
chaîne qu'on se propose de faire, en fixant le nombre et le diamètre des
anneaux qui la composeront. Le nombre en est absolument indéterminé

27.

et dépend uniquement de la volonté de l'Amateur et de la longueur de la matière sur laquelle il opère. Quant à leur diamètre, il faut considérer d'une part, que plus ils sont grands, plus ils sont aisés à détacher; et de l'autre, que plus ils sont petits, plus ils plaisent à l'œil. On prendra donc un terme moyen, comme de douze lignes; c'est le diamètre extérieur des anneaux de la chaîne que nous avons exécutée, et que l'on voit représentée *fig.* 1.

On tournera d'abord un cylindre, auquel on donnera pour longueur le demi-diamètre extérieur d'un des anneaux, multiplié par le nombre des anneaux de la chaîne, plus un. Ainsi, pour faire une chaîne de six anneaux, comme celle représentée *fig.* 1, l'on prendra sept fois le demi-diamètre extérieur d'un de ces anneaux, qui est ici de six lignes, et par conséquent le cylindre aura quarante-deux lignes; quant à sa circonférence, elle doit être un peu plus grande que celle des anneaux. La *fig.* 3 représente ce cylindre sur une échelle plus forte, pour rendre la description des opérations suivantes plus intelligible.

On divisera la longueur du cylindre en sept parties égales, et par chacun des points de division, on tracera légèrement avec la pointe d'un grain-d'orge les cercles parallèles et perpendiculaires à l'axe 1, 2, 3, 4, 5, 6. On divisera ensuite un de ces cercles en quatre parties égales, par chacune desquelles on mènera des parallèles à l'axe. A côté de ces quatre lignes, on en tirera quatre autres distantes des premières de l'épaisseur qu'on a déterminée pour les anneaux, augmentée environ d'un tiers, qui disparoîtra par le travail.

On se servira, pour ces opérations, du compas ou du diviseur; ce dernier moyen est le meilleur, parce que toutes ces divisions doivent être faites avec la plus grande précision.

On renverra ensuite les huit parallèles à l'axe sur les deux bouts du cylindre, qui doivent être parfaitement dressés. La *fig.* 4 représente un de ces bouts, avec les huit lignes qui y sont tracées, et qui se coupent à angles droits.

Après ces tracés préliminaires, on saisit le cylindre dans un étau parallèlement à son axe, et de manière que les lignes *A* et *B* se trouvent en dessus, on donnera un trait de scie en dehors de la ligne *A*, et un autre en dehors de la ligne *B*, en se dirigeant sur la partie de ces deux lignes, renvoyée sur les bouts du cylindre *fig.* 4, et on s'arrêtera aux points *a* et *b*, même figure. On répétera trois fois cette opération, en ramenant successivement en dessus les lignes de division, tracées sur la longueur du cylindre.

Pl. 25.

La *fig.* 5 représente l'extrémité du cylindre après qu'on en a enlevé trois angles, le quatrième *A* est déjà détaché, mais on a laissé la matière en place pour laisser mieux apercevoir le passage de la scie. Il est très-essentiel que les huit traits de scie soient bien droits, et surtout qu'ils ne passent pas les points où les huit lignes se rencontrent sur les bouts du cylindre. Il vaut mieux rester un peu en dehors des lignes tracées, et on en approchera ensuite autant que cela sera possible, en recalant avec une lime bâtarde les surfaces mises à découvert par la scie.

Le cylindre, après ces operations, présente deux lames qui se coupent à angles droits, par leur milieu; toutes deux sont d'égale épaisseur, et sur leur champ subsistent encore les divisions 1, 2, 3, 4, 5, 6, qui partageoient originairement la longueur du cylindre en sept parties égales.

On saisit une de ces lames dans un étau, en faisant appuyer sur les mâchoires les deux lames transversales ; et on donne trois traits de scie perpendiculaires sur la lame supérieure aux points 2, 4, 6, distans l'un de l'autre du diamètre d'un des anneaux. On met ensuite cette lame dans les mâchoires de l'étau, pour en faire autant sur la lame qui y étoit pincée; et on répète la même opération sur les deux autres lames, mais en donnant les traits de scie sur les pointes 1, 3, 5.

Il s'agit maintenant d'abattre à la scie les angles des portions des lames séparées par ces six traits de scie, et dont chacune porte sur sa longueur le diamètre d'un anneau. Pour cela on place la scie à peu près au quart de la longueur, et en la dirigeant à 45 degrés vers le trait de scie le plus voisin, on enlèvera l'angle. Cette opération veut être faite avec précaution; car si on mordoit un peu trop en dedans, on pourroit aisément endommager la matière destinée à former l'extérieur de la circonférence de l'anneau. Pour éviter cet inconvénient, on fera bien de se préparer un calibre en bois, de la manière suivante. On tournera une planchette mince *fig.* 6, au diamètre du cylindre primitif, au milieu de laquelle on percera un trou rond ayant pour diamètre l'épaisseur d'une des lames. On partagera cette planchette en deux morceaux, par un trait de scie tangent au trou, et le plus petit, égal à la moitié d'un anneau, moins la moitié de l'épaisseur d'une des lames, sera le calibre demandé, qui suffira pour guider l'artiste dans l'opération de supprimer les angles.

C'est sur ces portions des lames, ainsi séparées et préparées, qu'on trace les anneaux dont les circonférences intérieures et extérieures doivent être exactement concentriques. Le centre de tous ces anneaux se trouve au fond des traits de scie qui séparent ceux de l'autre rangée, et réciproquement.

D'un de ces points, comme centre, on tracera définitivement la circonférence extérieure d'un des anneaux, et on rapprochera la pointe mouvante du compas de toute l'épaisseur de la lame, pour tracer la circonférence intérieure. On en fera autant sur les six anneaux, après quoi on les arrondira extérieurement, avec des limes bâtardes et demi-douces, en approchant autant qu'on le pourra du trait extérieur.

Pour évider l'intérieur, il faut d'abord percer des trous avec un foret d'une ligne, aux points A, B, C, D, etc., où les portions de cercles, indiquant la circonférence intérieure de chaque anneau, viennent aboutir sur l'autre lame. On enlève ensuite la matière contenue en dedans du trait, au moyen d'une scie à marqueterie, *fig.* 3, *Pl.* 25, *T. I.* Mais comme dans cette opération les anneaux deviennent extrêmement fragiles, on en saisira une rangée entre deux fausses mâchoires en bois, dont les joues doivent être parfaitement droites, intérieurement, et on enfilera successivement la lame de la scie dans tous les trous percés à la partie qui se présente au dessus de l'étau; on répétera cette opération sur la partie qui étoit entre les fausses mâchoires, et successivement sur l'autre rangée transversale à la première. Si on a suivi exactement le trait, les anneaux doivent être à peu près évidés, et ne sont plus joints que par un filet carré, égal à l'épaisseur des anneaux, et au milieu duquel passe l'axe du cylindre générateur. Ce filet s'enlève aisément avec la scie de marqueterie, en passant la lame obliquement du dedans au dehors. On saisit ensuite tous les anneaux les uns après les autres, dans les mâchoires de l'étau pour réparer avec la lime les inégalités qu'a laissées le passage de la scie, tant en dedans qu'au dehors, particulièrement aux points où passoit le filet dont venons de parler. Pendant ce travail, on fera bien de suspendre les autres anneaux par un fil, pour les préserver des accidens.

Toutes les opérations préparatoires que nous venons de décrire ont eu pour but de détacher et de préparer les anneaux; il s'agit à présent de les terminer sur le Tour, ce qui ne présente pas autant de difficultés qu'on pourroit le croire.

On se servira du mandrin, *fig.* 7, dont l'intérieur est creusé, comme on le voit sur la coupe, *fig.* 8, à une profondeur égale au diamètre d'un des anneaux. Sur la face antérieure est pratiquée une portée creusée au tiers de l'épaisseur des anneaux, dans laquelle se place celui sur lequel on opère. Les anneaux voisins sont reçus dans l'ouverture B, *fig.* 7, pratiquée sur la circonférence du mandrin, et les autres se rangent autour du mandrin, où on les fixe par un lien de corde ou de fil de fer, comme on le voit

en *A* sur la *fig.* 9, qui représente le mandrin avec les anneaux montés
sur le Tour.

Pl. 25.

Comme il est assez difficile de faire tous les anneaux de la chaîne réguliers et égaux entre eux, par les procédés préparatoires que nous avons décrits, il peut arriver que les uns soient trop serrés dans la portée du mandrin, tandis que les autres y ballottent. Pour obvier à cet inconvénient, on donnera sur la circonférence du mandrin deux traits de scie formant la croix avec le milieu de l'ouverture *B*, *fig.* 7, et on maintiendra ensuite l'anneau placé dans la portée, au moyen d'une bague de cuivre, *fig.* 10, dont on rapprochera plus ou moins les deux extrémités, en serrant suivant le besoin la vis *A*. Cette vis se retire chaque fois qu'on met un nouvel anneau en mandrin pour pouvoir enfiler la bague dans les anneaux voisins, comme on le voit sur la figure 8.

Après avoir ainsi placé le premier anneau dans la portée du mandrin, de manière qu'il l'excède environ des deux tiers de sa hauteur, et disposé les autres comme nous venons de l'expliquer, on montera le mandrin sur le nez de l'arbre, et l'on approchera le support à une distance suffisante pour ne pas accrocher les autres anneaux rangés autour du mandrin. On présentera un petit ciseau à un biseau de la forme et de la largeur de celui, *fig.* 11, *Pl.* 12, *T. I,* avec lequel on dressera bien l'intérieur et l'extérieur de l'anneau, soit qu'on veuille en arrondir les angles par la suite, soit qu'on veuille les laisser subsister.

On aura soin de placer l'outil en commençant, au dessus des anneaux placés dans l'entaille qui doit être dans la direction de l'axe de l'arbre, et à la hauteur du centre, comme on le voit sur la *fig.* 9. Dans cette position, on sent que, si l'arbre faisoit plus d'une révolution, l'outil heurtant contre les anneaux voisins qui reviennent sur lui, les briserait infailliblement. C'est à prévenir cet accident qu'est destinée la corde *B*, *fig.* 9. L'une des extrémités de cette corde est fixée à la face antérieure de la grande poupée, à l'aplomb de la poulie, par une cheville semblable à celles d'un violon, autour de laquelle la corde s'enroule plus ou moins, suivant le besoin. L'autre bout se place dans un trou peu profond, pratiqué dans la rainure de la poulie, et s'y fixe par le moyen d'une cheville ordinaire.

Quand on met le Tour en mouvement, cette corde s'enroule autour de la poulie, et limite ainsi la révolution de l'arbre. On observera seulement que dans la position où se trouve le mandrin sur la *fig.* 9, la corde doit être tendue et enroulée sur la rainure de la poulie; mais nous l'avons re-

Pl. 25.
présentée comme on la voit sur la figure, pour rendre plus sensible la description de son ajustement.

On voit aussi la nécessité de la forme évasée qu'on a donnée à l'entaille *B*, *fig.* 7. En effet, l'outil venant à toucher, quoique légèrement, l'extrémité supérieure de l'anneau placé dans cette entaille, l'autre bout tend à parcourir un arc de cercle plus ou moins étendu, suivant le diamètre de l'anneau, et par conséquent la résistance qu'il éprouveroit, si l'entaille étoit droite, briseroit bientôt des pièces aussi délicates.

Quand, au moyen de toutes ces précautions, on aura bien dressé la partie de l'anneau qui excède la portée du mandrin, on répétera la même opération sur tous les anneaux qui composent la chaîne, et on s'attachera principalement à les rendre tous bien réguliers et égaux entre eux, à l'aide du calibre, *fig.* 8, *Pl.* 2, de ce volume.

Il faut à présent s'occuper de tourner la portion des anneaux qui étoit maintenue dans la portée du mandrin pendant l'opération précédente; mais cette portée est à présent trop large pour saisir la portion déjà dressée, et dont, par conséquent, le diamètre extérieur est diminué.

Il faudra donc se faire un autre mandrin, ou pratiquer une autre portée sur la face de celui dont on vient de se servir, après avoir détruit la première. On observera cependant que de cette manière on anéantit un mandrin qui a coûté beaucoup de travail, et qui doit toujours être fait en bon bois. Nous conseillons donc plutôt aux Amateurs qui entreprendront de faire cette chaîne de se faire, en commençant, deux mandrins semblables, à la portée près, qui dans le second doit être creusée de manière à saisir la partie terminée jusqu'à la moitié de la hauteur totale que doivent avoir les anneaux quand ils seront dressés. On tournera la partie non dressée avec les précautions détaillées plus haut, et si l'on veut arrondir les anneaux, pour leur donner la forme d'un jonc, on abattra, tout de suite et sans déranger l'anneau du mandrin, les angles intérieurs et extérieurs, en multipliant les pans autant que possible, après quoi on achèvera de les arrondir avec un outil à mouchette, semblable à celui *fig.* 8, *Pl.* 12, *T. I*, mais beaucoup plus petit, dont le taillant présente un arc de cercle un peu moindre que la moitié de la circonférence. A mesure qu'un anneau sera terminé sur une face, on le retournera pour arrondir l'autre, en plaçant la partie achevée dans le mandrin dont la portée saisit le jonc jusqu'à sa moitié; mais, comme alors l'anneau n'est plus maintenu que par une partie arrondie, et par conséquent, beaucoup moins solidement, il faut redoubler de précautions pour abattre les angles.

Si on a suivi exactement tous les procédés que nous avons détaillés, et si on a employé des outils bien coupans, la chaîne sera terminée, et n'aura presque pas besoin d'être polie. Si cependant on lui vouloit donner le plus beau lustre, on pourroit encore frotter légèrement chaque anneau avec de la prèle ou du papier à polir, en le tenant entre les doigts.

Pl. 25.

La chaîne continue, ou collier, *fig.* 2 , se termine sur le Tour, à peu près de la même manière que celle que nous venons d'enseigner à faire; mais les opérations préparatoires sont beaucoup plus compliquées et demandent beaucoup plus de soins et de patience.

Nous avons exécuté cette pièce en buis ; mais ce que nous allons dire peut également s'appliquer à tout autre bois, et même à l'ivoire. Cette dernière matière, étant beaucoup moins fragile que le bois, présenteroit moins de difficulté ; mais par cette raison même, la pièce auroit moins de mérite, quoiqu'elle devînt assez coûteuse par la difficulté de se procurer un morceau d'ivoire d'un assez grand diamètre.

On débitera une planche de buis prise dans un morceau bien sain et absolument exempt de gerçures, et on la réduira à une épaisseur à peu près égale au diamètre extérieur des anneaux qu'on veut faire. Ceux de la chaîne que nous avons exécutée avoient un pouce de diamètre, et la *fig.* 2 les représente réduits à la moitié de leur grandeur.

On tracera sur un papier la figure exacte de cette planche, sur laquelle on inscrira un cercle au plus grand diamètre possible. On fera ensuite un second cercle concentrique au premier, en rentrant la pointe du compas de la moitié du diamètre des anneaux, c'est-à-dire de six lignes, si on prend notre opération pour modèle.

C'est la circonférence de ce second cercle qui détermine le nombre des anneaux de la chaîne, qui est par conséquent toujours subordonné au diamètre du morceau de bois ou d'ivoire qu'on emploie. On divisera donc le développement de cette circonférence par le diamètre extérieur d'un anneau, et le quotient donnera la moitié du nombre des anneaux qui composeront la chaîne. Celle *fig.* 2 est formée de dix-huit anneaux d'un pouce chacun, comme nous l'avons dit plus haut, et le cercle intérieur avoit neuf pouces trois lignes de circonférence. Cet excédant de trois lignes est absolument indispensable, et il a été réparti entre tous les anneaux, pour leur donner le jeu nécessaire. Si par hasard, après avoir fait la division de la circonférence par le diamètre d'un anneau, on n'avoit pas de fraction, ou si cette fraction ne présentoit qu'une quantité imperceptible, on seroit obligé de réduire insensiblement le diamètre de chacun des anneaux, afin de pouvoir toujours laisser entre chacun d'eux un petit espace vide, dont on sentira bientôt la nécessité.

On montera alors la planche au Tour en l'air, soit sur un mandrin à queue de cochon, soit au mastic, soit enfin sur un mandrin universel. Ce dernier moyen, présentant plus de solidité, doit être préféré. On dressera parfaitement la surface de cette planche, pour y exécuter toutes les opérations que nous allons détailler, et qui sont décrites sur la *fig.* 11 ; cette figure ne représente que la moitié de la planche, mais il est aisé de suppléer par l'imagination l'autre moitié, qui est absolument semblable à celle-ci. On prendra avec un compas, sur le dessin dont nous venons de parler, le diamètre du cercle intérieur, et posant une des pointes du compas au centre de rotation *A*, on marquera avec l'autre un point *B* vers le bord de la planche, puis approchant la pointe d'un grain d'orge, de ce point, on tracera le cercle qui, comme on l'a vu, détermine le nombre des anneaux de la chaîne, et que pour cette raison nous nommerons le cercle générateur.

En dedans et en dehors de ce premier cercle, on en décrira deux autres *c* et *d*, *fig.* 11, et en coupe, *fig.* 12, concentriques au premier, dont ils sont éloignés d'un peu plus que la moitié de l'épaisseur des anneaux, avant qu'ils ne soient tournés. En supposant, comme nous l'avons déja fait, que les anneaux aient un pouce de diamètre, cette épaisseur est à peu près de deux lignes.

Après ce tracé préliminaire, on déplacera environ trois lignes de matière sur toute la surface de la planche en dehors du cercle *c*. On tracera alors un cercle *C*, concentrique au cercle générateur *B*, dont il est éloigné du demi-diamètre des anneaux, c'est-à-dire, dans notre hypothèse, de six lignes. Toute la matière qui se trouve en dehors de ce cercle n'est plus d'aucune utilité, à l'exception d'un des angles sur lequel on prendra la médaille *D*.

Comme la planche n'a pas été équarrie avant l'opération, on choisira celui des angles qui offre le plus de surface, et on y inscrira un cercle tangent au cercle *C*, pour déterminer la circonférence de la médaille.

Cette médaille, comme on le voit sur la *fig.* 2, est jointe à l'anneau voisin par une bélière qui embrasse le jonc de cet anneau, et s'y meut librement. La matière sur laquelle se prend cette bélière doit par conséquent être plus élevée que celle où se prennent les anneaux du second rang, et on réservera, en dedans du cercle extérieur *C*, un renflement d'environ trois lignes de large, vu en *E*, *fig.* 11, et de coupe, *fig.* 12, en baissant d'une ligne et demie environ le reste de la surface de la planche, tant en dehors du cercle que dans l'espèce de canal formé par le renflement E et le cercle c. On réduira aussi l'intérieur de la planche à la même épaisseur, sur une largeur d'environ 7 ou 8 lignes, à partir du cercle d.

Il est très-important, pour le succès de l'opération, que ces différentes surfaces, séparées par le renflement E, et la portion de matière renfermée entre les cercles c et d, qui est destinée à former la rangée supérieure d'anneaux, se trouvent toutes sur le même plan ; et il seroit difficile d'obtenir ce résultat sans le secours de l'équerre en croix, *fig.* 7, *Pl.* 2 de ce Volume.

Il s'agit à présent de détacher la partie de la planche, ainsi préparée, du noyau, qui n'est plus d'aucune utilité. Pour déterminer exactement le point où doit se faire cette séparation, on portera vers l'intérieur, en partant du point B, une ouverture égale à $B\ C$, et dans la même direction, qui viendra aboutir en F. C'est à ce point qu'on approchera la pointe d'un grain-d'orge, pour détacher toute la partie extérieure, en laissant le noyau sur le mandrin.

On remettra alors cette partie détachée dans un mandrin ordinaire, en la saisissant, soit intérieurement, soit extérieurement, par la portée c, d, et on répétera toutes les opérations que nous venons de décrire, à l'exception de la dernière, sur l'autre face de la planche.

On détruira à la main et avec un ciseau, le renflement E, en laissant seulement subsister la partie g qui se trouve vis-à-vis de l'angle réservé pour la médaille, et qui est destinée à former la bélière. Ensuite, avec une scie à marqueterie, on découpera les trois autres angles, en suivant le plus exactement possible le cercle C, sans jamais l'entamer ; après quoi il ne reste plus qu'à détacher la portion de matière qui enveloppe le cercle D, en réservant du côté où ce cercle affleure le cercle C, un espace de trois ou quatre lignes, sur lequel on prendra la bélière.

La planche, après toutes ces opérations préliminaires, ne présente plus que deux lames circulaires, égales d'épaisseur et de hauteur, l'une verticale, et l'autre horizontale, qui se coupent à angles droits par leur milieu, comme les lames droites de la *fig.* 5. A la lame horizontale est attaché le cercle D destiné à former la médaille.

On s'occupera alors de tracer, de détacher et d'évider les anneaux, et on emploiera pour ces opérations les procédés que nous avons décrits amplement, en parlant de la chaîne simple. On commencera par diviser la lame verticale en autant de parties qu'elle doit contenir d'anneaux, en donnant le premier trait de scie au point qui se trouve dans la direction du centre du cercle générateur, et de celui de la médaille. Comme ce trait de scie indique, ainsi que nous l'avons vu ailleurs, le centre du cercle correspondant sur la lame horizontale, la bélière se trouvera exactement sur une ligne tirée du centre de la médaille au centre de l'anneau auquel elle est unie. En continuant de détacher les anneaux de la lame verticale, on s'apercevra qu'ils ne peuvent pas être contigus. En effet, la hauteur de ces anneaux étant prise sur une portion circulaire, les traits de scie qui les séparent font partie des rayons d'un même cercle, et vont nécessairement en divergeant vers l'extérieur, de sorte que ces anneaux présenteroient une forme conique, si l'on ne donnoit aux deux extrémités un trait de scie *a b*, *fig*. 13, perpendiculaire à la ligne *c*, qui représente la corde de la portion de cercle renfermée entre les deux traits de scie primitifs. On dressera ensuite au ciseau et à la râpe les faces de chacun de ces anneaux, en enlevant la matière qui excède d'un côté la corde du cercle extérieur *c*, et de l'autre la tangente *d*. Cette opération doit être faite avant d'évider l'intérieur des anneaux; et comme elle diminue l'épaisseur et la largeur de la matière destinée à les former, c'est pour cela que nous avons recommandé plus haut de laisser entre les cercles *c* et *d*, *fig*. 11, un peu plus que l'épaisseur des anneaux; c'est aussi à cette considération que s'applique l'observation que nous avons faite au commencement de cet article relativement à la circonférence du cercle générateur *B*, qui ne doit pas contenir précisément un certain nombre de fois le diamètre des anneaux, pour pouvoir les espacer légèrement, en répartissant entre eux la fraction excédante.

L'autre rangée d'anneaux prise sur la planche horizontale, ne présente pas toutes ces difficultés, puisque leur circonférence est tracée sur une partie plane, comme dans la chaîne simple : on se servira donc, pour détacher et évider ces anneaux, des moyens enseignés pour cette dernière; seulement il faut avoir l'attention de réserver pour le dernier celui auquel est attachée la médaille, et ménager en l'évidant la portion de matière destinée à former la bélière. Les *fig*. 13 et 14 représentent la pièce après ces diverses opérations. On arrondira tout de suite, suivant la forme et la grosseur déterminées, le jonc du dernier anneau, qu'on saisira dans un étau, en se servant de limes et de râpes, et on approchera autant que possible de la bélière, sans l'entamer.

On arrondira de même la bélière à l'extérieur, en réduisant son épaisseur, jusqu'à ce qu'elle soit égale à sa largeur; après quoi on s'occupera

de la détacher du jonc de l'anneau. Comme cette opération exige infiniment d'adresse, quand on l'exécute avec de petits ciseaux, et de petites
gouges proportionnées, nous avons imaginé, pour en diminuer la difficulté, une espèce de fraise, *fig.* 15, dont la lame est demi-circulaire, et
dentée à son extrémité *A*.

Pl. 25.

On pose le côté concave de la lame sur le jonc de l'anneau, en présentant les dents contre la face de la bélière ; on fait ensuite tourner la lame
de droite et de gauche en appuyant légèrement, et on parvient ainsi assez
promptement à séparer ces deux pièces. Il sera bon de s'arrêter, quand la
fraise sera parvenue à peu près à la moitié de l'espace qu'elle doit traverser,
et de recommencer par l'autre face de la bélière : on risquera moins d'endommager la forme du jonc, et si la lame de la fraise est bien fine, la bélière glissera facilement sur le jonc de l'anneau, quoiqu'elle n'en soit séparée
que par un espace presque imperceptible.

Il ne reste plus qu'à terminer les anneaux sur le tour : ce qui se fait au
moyen du mandrin, *fig* 7 et 8, et par les procédés décrits ailleurs ; nous
recommandons seulement de redoubler de précaution quand on tournera
celui auquel est suspendue la médaille. Les deux anneaux voisins se
placent à l'ordinaire dans l'entaille du mandrin, et la médaille reste en
dehors et à plat. Il sera prudent de raccourcir un peu la corde qui sert à
borner la révolution de l'arbre; car le moindre choc de l'outil sur la bélière la briserait infailliblement. A mesure que cet anneau commencera à
prendre sa forme, on le fera tourner sur lui-même et sans le sortir de
sa portée, en desserrant la vis de la bague, *fig.* 10, afin d'atteindre la partie
du jonc qui se trouvoit cachée par la bélière et par les anneaux voisins.

Si l'on vouloit que chaque chaînon fût composé de plusieurs anneaux,
comme ceux de la *fig.* 2, il faudroit les séparer sur le Tour, et avec de
petits becs-d'âne très-étroits, après les avoir dressés, mais avant d'en arrondir les angles. On peut ainsi diviser chaque chaînon en deux, trois, et
même quatre anneaux, à chacun desquels on donnera, si l'on veut, une
forme différente.

En effet, quoiqu'en parlant de la chaîne simple et de la chaîne en collier, nous n'ayons enseigné, pour être plus clairs, qu'à arrondir les
anneaux en forme de joncs, on peut cependant leur donner aussi la
forme carrée, triangulaire, ou toute autre.

La *fig.* 16 représente différens profils, parmi lesquels on choisira celui
qui conviendra le mieux. Le premier est un jonc carré, portant sur chacun de ses quatre angles un filet saillant, qu'on peut encore arrondir, ou

Pl. 25. laisser carré. Les autres dérivent tous de celui-ci, et les figures suffisent pour en faire comprendre la forme.

Un amateur intelligent combinera ces divers profils avec goût ; il variera avec symétrie le nombre des anneaux qui composent chaque chaînon ; s'il possède un Tour à portraits, il gravera sur la médaille un buste, ou quelque sujet intéressant, et il parviendra ainsi à composer une pièce qui ne sera pas le moindre ornement de son cabinet.

SECTION XI.

Pièce très-délicate et très-difficile à exécuter au Tour en l'air.

Pl. 21. Il n'est presque pas de cabinet de curieux, où l'on se plaît à rassembler les pièces de Tour les plus délicates et les plus difficiles à exécuter, dans lequel on ne place la pièce représentée *fig.* 21 et 22, *Pl.* 21, que nous n'avons fait graver sur cette *Planche*, que parce que sa longueur ne nous a pas permis de la placer sur d'autres, sans déranger considérablement les objets qu'elles contiennent.

Cette pièce n'a pas de nom bien déterminé qui soit à notre connoissance. Quelques personnes la nomment le *Crin* ou pièce à *Crin*, parce que sa tige n'est guère plus grosse qu'un fort crin. Pour la bien exécuter il faut avoir un grand usage du Tour, et avoir tourné des morceaux très-délicats, être doué d'une grande patience, et surtout ne pas se piquer de célérité Un coup donné maladroitement, ou sans la plus grande attention, perd en un instant tout le travail, et un morceau d'ivoire assez cher.

L'arbre du Tour dont on se servira doit être percé dans toute sa longueur à un diamètre un peu fort. On choisira un morceau d'ivoire de 12 à 15 pouces de long, parfaitement sec, bien sain et sans aucunes gerçures, ce qui n'est pas très-commun, si on ne le prend près du cœur. Et comme il n'est pas proposable de prendre un morceau d'ivoire de toute sa grosseur naturelle, le plus convenable est de refendre à la scie, dans toute sa longueur et en quatre parties, un morceau de grosseur suffisante pour que, ni la moelle, qui est toujours au centre de la dent, ni les gerçures, qui sont à sa circonférence, ne restent quand le morceau sera ébauché. Comme les parties d'ornement qu'on voit sur cette pièce n'ont guère plus de 6 à 7 lignes de diamètre, on ébauchera le morceau dans

toute sa longueur, à la râpe, le plus rond, et surtout le plus droit possible, à 8 ou 9 lignes.

Un morceau d'ivoire refendu à 12 ou 15 pouces de long, et à un diamètre aussi petit, ne manque pas de se tourmenter en séchant : c'est pour
cela que nous recommandons de le tenir plus gros qu'il ne faut. Il sera
même à propos, après l'avoir refendu sur sa longueur, de le laisser travailler lentement, dans un tiroir fermé, ou dans quelqu'autre endroit où
il ne soit pas frappé subitement par l'air, dont la sécheresse ne manqueroit pas de le faire voiler. Il sera encore prudent de l'envelopper de linge
sec, pour ne le dévêtir que petit à petit, jusqu'à ce qu'il puisse supporter
le contact de l'air sans risque. On conçoit aisément combien toutes ces
précautions sont nécessaires, puisque la partie la plus fine, le crin, doit
être dans un même axe, et que, pour peu que la pièce se déjette, elle ne
présente qu'une portion de cercle qu'on ne peut mettre au Tour. Nous
n'entrons dans tous ces détails, que parce que l'oubli des précautions
que nous recommandons nous a, plus d'une fois, fait perdre le fruit de
plusieurs jours de travail.

Pour prévenir le gauchissement de ce morceau, lorsqu'on le refend sur
sa longueur, il est bon d'observer qu'une scie, quelque *voie* qu'elle ait,
échauffe considérablement les surfaces; et que, comme elles reçoivent subitement le contact de l'air, si on ne prend soin de les rafraîchir un peu,
elles renflent considérablement, et la scie ne peut plus passer. Pour les
bois on se sert ordinairement d'un peu de suif; mais pour l'ivoire on y
mettra, de temps en temps, un peu d'eau, avec un petit pinceau. L'huile
produiroit bien le même effet, mais elle tacheroit l'ivoire en jaune; et
d'ailleurs, l'eau rafraîchit bien mieux le trait de scie.

Si l'ivoire n'avoit pas été gardé pendant quelques années, et qu'on ne
fût pas assuré qu'il est parfaitement sec; si, par exemple, on venoit de
l'acheter chez les marchands, qui, pour éviter qu'il ne se fende, le conservent dans des endroits frais, et même souvent humides, il faudroit
l'attacher sur un morceau de bois un peu fort et bien sec, afin qu'il
gauchît moins, et on le garderoit en cet état pendant un espace de temps
assez long.

Lors donc qu'on se sera assuré que le morceau d'ivoire a fait son effet,
on le dégrossira à la râpe en le saisissant dans un étau avec des pinces de
bois, et on le dressera et arrondira autant qu'il sera possible.

Ensuite on le montera sur le Tour à pointes, pour le tourner cylindriquement, en le réduisant au diamètre déterminé; mais comme la grande

Pl. 21.

longueur de ce morceau le rend très-flexible, il faut le soutenir par les moyens indiqués *T. I*, *pag.* 179, après avoir arrondi avec un outil étroit les endroits que doivent toucher les chevilles. On le fera alors entrer dans l'arbre du Tour, en n'en laissant excéder que ce qu'il faut pour y former le premier ornement. Mais pour le contenir, on montera sur le nez de l'arbre un mandrin fendu, parfaitement dressé par dehors, et dont le trou soit aussi bien centré et de grosseur telle que, pour peu qu'on fasse entrer l'anneau par dessus, il serre suffisamment la pièce d'ivoire.

On formera d'abord le petit vase qu'on voit au bout de la *fig.* 22, et on le polira avec soin, pour n'y plus toucher, si ce n'est qu'on tracera en dessus différens cercles, sur lesquels on percera un certain nombre de trous, pour recevoir les tiges des fleurs qu'on y voit; et l'on placera ces trous symétriquement, afin que les fleurs fassent mieux le bouquet. Quant aux fleurs qu'on voit sur cette figure, on les fait à part, et on les rapporte en dessus du vase, ainsi que nous l'enseignerons autre part. Quand le vase sera terminé et poli, on formera, entre lui et l'ornement qui suit, une tige d'une demi-ligne de long, et la plus mince qu'on pourra. Il faut ici beaucoup de patience et de légèreté de main : et comme cette tige, à cause de sa grande finesse, ne peut être polie, on se servira pour la former, d'un bec-d'âne parfaitement affûté, et l'on prendra infiniment peu de matière à la fois, afin qu'elle sorte polie de dessous l'outil. On formera ensuite le sphéroïde ou ognon, entre deux carrés qu'on voit sur la figure, et comme cet ornement est très petit, on se contentera de le terminer à l'outil sans penser à le polir. On fera ensuite la tige qui suit, et on la mettra à la grosseur de celle qu'on a déja faite.

Quoiqu'on soit maître de ménager le coup de pied, et qu'on puisse faire aller le Tour aussi doucement qu'on le veut, il faut pourtant donner une certaine vitesse pour pouvoir entamer la matière, et on risqueroit de casser les parties déjà faites par le *fouet* qu'elles acquièrent en tournant. En vain penseroit-on que, tournant dans le même axe, il n'y a pas de raison pour qu'elles en sortent. Pour peu qu'on veuille l'éprouver, on verra combien elles balancent en tournant. Il y a encore, de cet effet, une autre cause aussi sensible, quand la pièce est déja un peu longue : c'est que chaque partie d'ornement, quelque petite qu'on la suppose, est une masse considérable par rapport à la tige qui la porte. Il faut sans cesse imprimer à toutes ces masses un mouvement, alternativement opposé, quand la marche remonte et quand elle descend. La vitesse acquise est subitement arrêtée pour en recevoir une dans un sens opposé, et ce mou-

vement n'est imprimé à chacune de ces masses que par l'axe de la pièce
qui est infiniment délicat, ce qui peut le faire casser en le tordant. Aussi
nous conseillons de faire plutôt cette pièce à la roue.

Pl. 21.

Quel que soit le moteur qu'on emploie, on se sert, pour maintenir
la pièce dans une même position, de petits supports très-délicats, qu'il est
bon de se faire soi-même, et qu'on voit représentés en *A B* sur la *fig.* 21.
L'un, *A*, est un châssis de bois assez léger, dont le quatrième côté est
assez long pour que le point de centre du carré se trouve au centre du
Tour, et par conséquent de la pièce qu'on tourne. On plante cette longue
tige à carré dans un trou de même forme pratiqué dans un pied de bois,
qu'on pose sur l'établi ; la tige longue entre à frottement, et l'on a la
faculté de le hausser tant soit peu pour rencontrer le centre, ou l'axe de
la pièce.

Sur chacun des quatre côtés du châssis, et au milieu de leur longueur
et de leur épaisseur, on perce deux trous d'un foret assez fin. On passe
dans l'un de ces trous une soie fine, un crin ou un cheveu, dont le bout,
après avoir passé dans le trou correspondant de la branche opposée,
rentre dans le châssis par le second trou de la même branche, et revient
passer dans le second trou de la première branche, où il est fixé par un
petit bouchon de bois, ayant la forme d'un fausset de tonnelier. On en fait
autant dans l'autre sens. Ces quatre fils en se croisant au centre du châssis
y forment un petit carré dans lequel la pièce, retenue par son axe avec
un frottement très-doux, n'a que la faculté de tourner sur elle-même,
sans que la vacillation puisse lui faire prendre du fouet. Il ne s'agit plus
que d'aller à assez petits coups et assez doucement, pour qu'on n'ait pas à
craindre que la torsion de la tige la fasse casser. On avance ou recule ce
support, on le hausse ou le baisse, jusqu'à ce qu'il soit à la hauteur et
à l'écartement convenables.

Le support *B* est à peu près semblable au précédent, si ce n'est qu'un
des côtés du châssis est percé suivant sa longueur, et glisse sur une tringle
de fer fixée dans le pied *C*, qui peut être en plomb, comme un pied
de chandelier ordinaire. La tige et le pied du chandelier de laboratoire,
dont nous avons parlé dans le premier Volume, peuvent servir à cet
usage. Par ce moyen, on trouve aisément la hauteur où doit être le
support. On se pourvoit d'autant de ces supports qu'on en a besoin pour
maintenir la pièce, et on en met de nouveaux à mesure que l'ouvrage
avance vers sa base.

Si l'on veut changer un support de place, rien n'est aussi facile. On ôte

Pl. 21.

le petit bouchon, et alors la soie devenant lâche, on ouvre la boucle, et on la porte dans un autre endroit; après quoi on serre la soie, et on la fixe comme auparavant.

Lorsqu'on a formé les moulures qu'on désire à la longueur d'un pouce ou environ, on desserre l'anneau sur le mandrin fendu, et on tire hors de l'arbre un pouce de la pièce d'ivoire. On serre le mandrin avec l'anneau, et on continue ainsi, en ne formant la tige mince qu'après que la moulure ou l'ornement sont finis.

Il ne faut pas penser à enfoncer l'anneau sur le mandrin à coups de maillet : quelque légèrement qu'on s'y prenne, la secousse auroit bientôt cassé la pièce dont on s'occupe. Mais comme cet ouvrage n'exige pas de grands efforts de la part de l'outil, il suffit de serrer l'anneau à la main, ce qui est très-aisé, si la surface du mandrin et celle intérieure de l'anneau sont bien rondes et bien unies. C'est ici que l'anneau à vis, dont nous avons parlé ailleurs, seroit infiniment commode, puisqu'il serre parfaitement, et ne fatigue aucunement la pièce qui est sur le Tour; mais malgré les inconveniens auxquels cette méthode est sujète et que nous avons rapportés, si l'on vouloit s'en servir, il faudroit que le mandrin fût parfaitement rond, et qu'il eût eté fileté avec beaucoup de soin.

Nous ne nous arrêterons pas à décrire la manière de faire tous les ornemens qu'on a représentés sur la *fig.* 22. Nous supposerons qu'on est parvenu au point *a*, et qu'on veut faire l'espèce de vase qu'on y voit.

Nous nous sommes plus, dans cette figure, à rassembler quelques difficultés du Tour en l'air, qui peuvent s'exécuter sur la pièce dont nous nous occupons. On reconnoît, à l'inspection, que cette partie *a* doit être faite avec une rosette à deux courbes saillantes et deux rentrantes. On verra dans un des chapitres suivans la manière dont on peut exécuter ces sortes de vases, qui ne peuvent se faire qu'à l'aide du mouvement continu. Si donc on s'est servi de la perche jusqu'à ce moment, on se servira de la roue pour faire cette partie; et l'on mettra derrière le Tour la rosette à deux courbes. On conçoit que si jamais il est nécessaire que le Tour aille très-doucement, c'est surtout dans cette occasion, où il faut diminuer les saccades autant que cela est possible.

Ce n'est pas tout : comme toute la pièce doit avancer et reculer, il faut mettre les supports sur le devant des tiges les plus longues, afin que la pièce ait la liberté d'aller et venir sans que les supports vacillent. Comme on a dù rendre ces tiges le plus unies qu'il a été possible, elles glisseront aisément entre les fils dans lesquels elles sont retenues.

On pourroit mettre derrière le Tour une rosette à trois ou quatre courbes, et la singularité en seroit bien plus grande.

Pl. 21.

Après avoir terminé ce vase, on fera une tige un peu courte, et changeant la rosette, on y substituera le plan incliné avec lequel on fera un balustre *b*, tel qu'on le voit sur la figure.

Dans l'intervalle, entre le balustre et l'ornement qui suit, on pourra former des anneaux détachés, et qui jouent sur la tige. Pour cela on commence par arrondir à la circonférence une lame un peu mince; ensuite avec une mouchette à droite et une à gauche, *fig.* 4 et 5, on coupe l'anneau des deux côtés : on enlève ensuite toute la partie du milieu, et on la réduit à la grosseur de la tige.

On voit par la *fig.* 22, que les ornemens qu'on pratique sur cette pièce vont en croissant insensiblement de diamètre vers le bas. On pourra former tel autre dessin qu'on voudra, suivant le goût de l'Artiste.

On terminera cette pièce par un tenon de trois lignes environ, qui servira à la monter sur son piédestal, sur une boule à étoiles, une colonne torse, ou toute autre pièce. On ne doit jamais remplacer ce tenon par une vis, cette pièce étant trop fragile pour pouvoir résister à l'effort qu'on feroit en la vissant.

Il ne s'agit plus que de faire les fleurs qu'on voit au haut, et pour y réussir on prendra des petits bouts d'ivoire de différentes longueurs, comme d'un pouce, d'autres de dix lignes, et d'autres enfin de huit, et même moins. On tournera au bout une espèce de petit gobelet, dont les bords soient renversés en dehors, et réduits à la plus petite épaisseur. On creusera ensuite le dedans, de manière qu'ils soient partout de la même épaisseur, et cette épaisseur doit être égale à celle d'une feuille de papier. On laissera dans le mandrin ce premier gobelet avec sa tige. On montera sur un autre mandrin un très-petit morceau d'ivoire, qu'on tournera par le bout de forme arrondie, et de grosseur telle qu'il entre juste dans le premier gobelet. On donnera à l'extérieur une forme à peu près semblable à l'intérieur du premier, de manière que le revers des bords de l'un s'ajuste exactement avec celui de l'autre; et quand il y entrera un peu à l'aise, on le coupera à une longueur telle, qu'étant dans le premier, il ne le déborde que de très-peu. On le mettra ensuite dans un très-petit mandrin, par la partie arrondie. On creusera le dedans comme au premier, et on le mettra à la même épaisseur. On en tournera un troisième et un quatrième semblables; et l'on conçoit que le quatrième doit être plus petit et plus court que les autres, afin qu'étant tous quatre l'un dans l'autre, ils s'adaptent assez bien les uns aux autres, et que les bords se conviennent exactement, sans se surmonter de beaucoup. Quand ils seront ainsi terminés, et réduits à la moindre épaisseur possible, on les découpera avec des ciseaux très-fins, en y formant une dentelure un peu fine pour imiter l'œillet, ou bien deux ou trois dentures pour imiter le muguet, et dans ce cas, on ne fera qu'un calice.

Toutes ces opérations, qui exigent beaucoup de dextérité et de patience, sont amplement décrites à la fin de ce Volume, et nous y renvoyons nos Lecteurs.

On tiendra ces fleurs, ainsi terminées, en réserve : après quoi on s'occupera à en faire la queue, qui doit être de la plus grande finesse ; et c'est là qu'il faut avoir encore beaucoup de patience : car, malgré la légèreté de ce calice, la rotation peut faire casser la queue. Il est beaucoup plus simple de faire ces queues sur un bois à limer, et avec des limes bâtardes d'abord, et fines à la fin, en saisissant le morceau d'ivoire dans une tenaille à boucle ou à vis, de la même manière qu'on fait une goupille, et sur la fin poussant la lime en long, pour ne pas casser cette queue qui est très-délicate ; et dans ce cas, on se contentera de faire une certaine quantité de ces tiges, et de les coller proprement avec de la colle de poisson, sous le calice de la fleur, et ensuite sur le vase. Enfin, on coupera cette queue à la longueur qu'on désire ; et si l'on destine cette fleur au milieu, on la fera un peu plus longue. On saisira le vase du bout de la longue pièce, entre les doigts, en faisant porter le tout sur l'établi près d'un étau. On collera tous les trois calices, les uns dans les autres, et dans le premier, en croisant les dentelures, pour mieux imiter l'œillet, puis on collera proprement la tige dans le trou du centre du vase.

On tournera ensuite d'autres fleurs, que l'on variera à volonté, en ne formant aux unes qu'un calice pour imiter le muguet, et plusieurs aux autres pour imiter d'autres fleurs, en mettant toujours la plus haute, la plus forte et la plus composée au milieu.

En sortant du Tour, toutes les queues de ces petites fleurs sont droites, et ne peuvent former un bouquet. On trempera ces queues dans de l'eau claire, et après les y avoir laissées quelque temps, on viendra aisément à bout de leur donner avec les doigts la courbure qu'on désire, en usant de beaucoup de précautions et de ménagemens ; et comme les trous sur le vase doivent être faits sur la circonférence de différens cercles, on donnera à chacune des fleurs qui doivent être sur un même cercle la même cour-

bure, afin que la totalité du bouquet fasse bien le lustre ou cul de lampe
renversé.

Si on fait ces tiges séparées de leurs calices, comme nous venons de l'enseigner, on peut les prendre sur un cercle d'ivoire d'un assez grand diamètre, qu'on tournera aussi fin qu'on le voudra, en le montant sur un triboulet. Par ce moyen elles auront naturellement la même courbure, si
on les coupe toutes d'égale longueur.

Pour faire sentir la nécessité de faire toutes ces fleurs infiniment minces
et légères, il suffit d'observer que, pour peu que leur ensemble ait tant soit
peu de poids, elles ne pourroient être supportées par la longue pièce, sans
pencher d'un ou d'autre côté, au risque de la faire casser, ou au moins de
la tenir courbée; ce qui produit un mauvais effet, puisque le mérite de
toute cette pièce est d'être parfaitement droite, et de pouvoir se tenir debout lorsque tous les mouvemens de libration, que son extrême finesse
occasionne, sont anéantis.

Tels sont les détails d'exécution d'une pièce, dont l'extrême délicatesse fait
tout le mérite, et bien digne d'orner le cabinet d'un Amateur : mais il faut
avoir une patience à toute épreuve pour la porter à sa fin sans rien casser.

Comme cette pièce étant finie est très-fragile, et que quelque soin qu'on
y apporte, il est possible qu'une main indiscrète ou maladroite la
casse quand elle est en place, il est plus prudent de la mettre sous un
bocal de verre.

Si l'on veut monter cette pièce au dessus d'une colonne torse, surmontée
d'une boule à étoile, ou sur toute autre pièce délicate, le tout présente une
très-grande hauteur; et il n'est guère possible de trouver un bocal assez
haut pour le couvrir. Mais on peut aisément se procurer des tubes de verre
de toute longueur et de toute grosseur, dans lesquels la pièce, quelque
soit sa longueur, se maintient debout. Par ce moyen on préserve la pièce
des ordures qu'y déposeroient les mouches, on empêche qu'elle ne
jaunisse aussi promptement, et l'on prévient les accidens qui pourroient
arriver.

CHAPITRE VI.

Machine à Canneler ; Pendule.

SECTION PREMIÈRE.

Description de la Machine à Canneler les Colonnes.

Pl. 26.

Nous avons parlé, au chapitre XI du premier Volume, de la difficulté qu'on éprouve à faire à la main des cannelures régulières sur une colonne, et nous avons renvoyé à celui-ci la description d'une machine propre à cet usage.

Jusqu'à ce jour toutes celles dont on s'est servi présentent l'inconvénient très-grave de rendre les cannelures aussi larges vers le haut que vers le bas de la colonne ; cependant le diamètre du haut, étant notablement inférieur à celui du bas, à cause du renflement, il s'ensuit que les cannelures viennent se confondre à leur extrémité supérieure, ou que leurs intervalles deviennent presque nuls, suivant l'ordre d'architecture auquel appartient la colonne.

C'est cette imperfection que nous avons cherché à corriger par la construction de la machine à canneler, *Pl.* 26, et nous nous flattons d'y avoir réussi, sinon rigoureusement et mathématiquement, du moins de manière que le défaut ne soit plus sensible à l'œil.

Cette machine est montée sur une cage en bois, vue en élévation sur sa longueur, *fig.* 1, et sur sa largeur, *fig.* 2.

A est la semelle sur la longueur de laquelle s'élèvent de chaque côté trois montans *B*, *B*, *C*, qui portent une règle parallèle *D*.

Entre ces montans est une pièce de bois *F*, *fig.* 3, qui se meut, comme une bascule, au tiers de sa longueur, sur deux pointes *e*, qui entrent à vis dans deux trous percés dans les montans *C C*, à environ un pouce de la semelle. Deux vis *G G*, placées aux deux extrémités de cette pièce, servent à la faire mouvoir, en butant contre la semelle. Leur tête est à pans ou

gaudronnée; pour qu'on puisse la saisir plus commodément entre les
doigts.

Pl. 26.

En dedans des vis, et sur la pièce mobile *F*, sont pratiquées deux rainures, dans lesquelles glissent deux poupées à pointes *H I;* cette dernière porte un cliquet dont nous verrons bientôt l'usage. Toutes deux sont fixées sur la pièce mobile *F*, comme les poupées de tour sur l'établi, au moyen de deux boulons dont la tête est à six pans.

On voit en *L*, *fig.* 3, 4 et 5, une colonne montée entre ces deux poupées, dont les pointes entrent dans les centres sur lesquels la colonne a été tournée.

Il est à propos d'observer que, quand on tourne une colonne destinée à être cannelée, on doit réserver à son extrémité supérieure un tenon pour recevoir la roue dentée *a*, *fig.* 3 et 4, portant une division en quarante ou en soixante-douze. C'est à l'aide de l'une ou de l'autre de ces divisions qu'on espace régulièrement les cannelures, en se conformant pour leur nombre et leurs dimensions aux règles prescrites pour chaque ordre, et que nous donnerons au commencement de la section suivante. Quatre vis de pression fixent cette roue dentée sur le tenon réservé à la colonne, et le cliquet *i*, placé sur la poupée *I*, entrant dans les dents de la roue, fixe la colonne au point convenable pour chaque cannelure.

Les *fig.* 5 et 6 représentent la guimbarde, qui porte l'outil avec lequel on creuse les cannelures, et on leur donne la forme qu'elles doivent avoir : *c c* sont les deux poignées qui servent à la faire mouvoir le long des deux règles parallèles *D D*, *fig.* 4, sur lesquelles elle glisse, par le moyen de deux rainures *b b*, *fig.* 6, qui embrassent ces deux règles. Au milieu de la guimbarde se monte le porte-outil, qui n'est autre chose qu'une espèce de touret, dont l'arbre est percé, à son extrémité inférieure, d'un trou carré pour recevoir la tête de l'outil.

Les deux poupées du touret sont portées par une coulisse en fer, qui descend entre deux coulisseaux fixés par quatre vis sur une plaque qui réunit le tout.

Derrière la plaque est une vis de rappel, servant à faire descendre l'outil à mesure que la cannelure s'approfondit.

La partie supérieure de l'arbre excède d'environ un pouce le corps de la guimbarde, et reçoit à son extrémité une manivelle *l*, qui sert à faire mouvoir circulairement l'outil, pour arrondir les bouts des cannelures.

Au tiers inférieur de la portion de l'arbre, qui est entre les deux

Pl. 26. poupées, se trouve une partie carrée. Quand on veut creuser les cannelures sur leur longueur, on place entre cette partie carrée et la plaque un coin qui fixe l'arbre, et l'empêche de tourner.

On voit en *C*, *fig.* 2 une des quatre griffes, par le moyen desquelles on limite l'espace que la guimbarde doit parcourir sur les règles parallèles, et qui est déterminé par la longueur du fût de la colonne.

SECTION II.

Usage de la Machine à canneler.

Avant d'enseigner à faire usage de la machine à canneler, que nous venons de décrire, nous pensons qu'il est à propos de donner les principes enseignés par les règles de l'architecture, pour tracer les cannelures des ordres dorique et ionique. Le toscan n'est pas susceptible de cet ornement; et le corinthien, ainsi que le composite, suivent les mêmes règles que l'ionique.

La colonne dorique porte sur sa circonférence vingt cannelures, qui se joignent à angles vifs, et sans laisser d'intervalles entre elles. Leur coupe a ordinairement la forme d'un arc égal à la sixième partie de la circonférence d'un cercle, ayant pour rayon la corde d'un arc de cercle égal au vingtième de la circonférence du fût de la colonne. Voici la manière de tracer cette figure sur le papier.

On décrit un cercle *fig.* 7 dont la circonférence soit égale à celle du bas du fût de la colonne, on le divise en vingt parties égales. On pose une pointe de compas sur l'un des points de division, et l'autre sur le point voisin; et l'on trace un arc de cercle en dehors du cercle vers *d*; on en trace un autre du point *c* et du point *d*, où ces deux arcs se coupent; on trace l'arc de cercle *b*, *c*, dont la forme est exactement celle que doit présenter la cannelure dorique.

La colonne ionique porte 24 cannelures séparées par une plate-bande égale à la moitié de la largeur de la cannelure. Leur coupe présente un demi-cercle ayant pour diamètre la corde du trente-sixième de la circonférence du fût de la colonne, c'est-à-dire de la cannelure elle-même. Le tracé de cette figure n'offre aucune difficulté, et nous ne nous y arrêterons pas plus long-temps.

Quel que soit l'ordre de la colonne qu'on se propose de canneler, elle doit auparavant être entièrement terminée, car il ne seroit plus possible d'y retoucher quand les cannelures seront faites. On n'oubliera pas de réserver au sommet le tenon dont nous avons parlé dans la section précédente, et on tracera trois cercles au crayon sur le fût; l'un à la naissance des cannelures vers la base, l'autre au tiers du fût, à la naissance de la diminution occasionnée par le renflement; et le troisième à l'extrémité des cannelures, au dessous du chapiteau.

La colonne étant ainsi préparée, on commence par fixer sur son tenon la roue dentée au moyen des quatre vis de pression, après quoi on la monte par ses deux centres, entre les pointes des deux poupées $H, I, fig 3$, en plaçant le haut du côté de la poupée I, portant le cliquet i, qui engrène dans les dents de la roue. On rapproche les deux poupées autant qu'il est nécessaire, pour que la colonne soit solidement maintenue entre les pointes, et de manière que le cercle tracé au tiers de la hauteur se trouve juste au dessus du point e, sur lequel la pièce qui porte les poupées fait bascule.

On place alors dans la guimbarde un traçoir *fig.* 8, à l'aide duquel on tire sur la longueur de la colonne, des parallèles à l'axe, qui déterminent la largeur des cannelures et de leurs intervalles.

Si la colonne est de l'ordre dorique, on placera sur le tenon la division en quarante, et on la fera tourner de deux dents à chaque ligne, qui indiquera l'angle vif qui sépare les deux cannelures; et quand ces lignes seront toutes tracées, on fera avancer la roue d'une dent, afin de replacer verticalement le milieu de la cannelure au dessous de l'outil.

Pour les colonnes ioniques ou corinthiennes, on se servira de la division en soixante-douze, et on passera deux dents pour chaque cannelure, et une pour chaque intervalle. Pour replacer ensuite le milieu des cannelures verticalement sous l'outil, on mettra successivement le cliquet dans les dents qu'on a sautées en faisant le tracé.

On remet alors dans la guimbarde l'outil rond, *fig.* 9 ou *fig.* 11, suivant l'ordre de la colonne. On la replace sur les règles parallèles $D, D, fig. 4$ et 5, et après l'avoir amenée vers la base de la colonne, on fait descendre l'outil par le moyen de la vis de rappel, jusqu'à ce qu'il vienne toucher le cercle tracé à cet endroit sur la surface du fût. Ensuite on élève ou on abaisse la planche mobile $F, fig.$ 3 et 5, au moyen de vis placées à ses deux extrémités, jusqu'à ce que le tiers inférieur de la colonne présente une ligne parallèle aux deux règles D, D; ce que l'on vérifie en promenant la guimbarde au dessus de cette partie de la colonne, après avoir un peu relevé l'outil.

On fixe alors les quatre griffes sur les parallèles, afin de limiter la course

Pl. 26.

de la guimbarde, suivant la longueur des cannelures, après quoi on ramène la guimbarde vers la base; on fait descendre l'outil jusqu'à ce qu'il morde, et on fait faire un tour ou deux à la manivelle, pour commencer la cannelure, et donner à son extrémité la forme arrondie qu'elle doit présenter. On approfondit un peu ce trou, après quoi on relève l'outil, et on fait glisser la guimbarde, jusqu'à l'autre extrémité de la cannelure, où l'on fait un trou semblable au premier, mais un peu moins profond. On répète cette opération sur toutes les cannelures, en faisant pour chacune tourner la roue dentée *a*, de deux dents de la division en quarante ou de trois dents de celle en soixante-douze, suivant l'ordre de la colonne.

Quand la base et le sommet de toutes les cannelures seront ainsi ébauchés, on ramènera encore la guimbarde vers la base de l'une d'elles, et on la promènera sur toute la longueur du fût, en faisant descendre l'outil progressivement à mesure qu'on déplace la matière. Pendant cette opération, on aura soin de fixer l'outil au moyen du coin qui se place sous l'arbre du touret, et quand la cannelure sera près d'arriver à sa profondeur, on ôtera ce coin chaque fois qu'on arrivera à l'extrémité inférieure, pour faire faire une ou deux révolutions à la manivelle, afin d'en nétoyer le fond, dont la forme arrondie se raccordera ainsi parfaitement avec le reste de la cannelure.

On conçoit que lorsque le tiers inférieur de la cannelure sera creusé à la profondeur prescrite, les deux autres tiers ne seront pas achevés, puisque, par la position que nous avons donnée à la pièce à bascule, cette portion de la colonne se trouve trop inclinée par rapport aux règles qui portent la guimbarde, et fuit par conséquent l'outil; mais on ne s'occupera pas de cette partie, et on terminera auparavant toutes les cannelures jusqu'au tiers de la colonne; alors on abaissera un peu la partie terminée, au moyen des vis qui font mouvoir la pièce à bascule jusqu'à ce que la partie supérieure soit assez élevée pour que l'outil puisse atteindre dans sa course toute la matière contenue entre les deux traits qui indiquent la largeur de la cannelure. On n'oubliera pas de faire tourner la manivelle en arrivant au bout supérieur de la cannelure, comme on l'a fait de l'autre côté, et on n'enlèvera que très-peu de bois aux dernières passes, pour donner le fini à l'intérieur.

On ne doit pas craindre dans ces dernières opérations d'endommager la partie inférieure qui est terminée; car, en relevant la partie supérieure, la partie inférieure s'est nécessairement abaissée, et quand l'outil arrive au point où commence le renflement, il cesse de mordre.

Quoique nous ayons dit, en enseignant à creuser la longueur des canne- Pl. 26.
lures, qu'on doive commencer par la base, si cependant le fil du bois
se trouvoit dans l'autre sens, on pourroit commencer indifféremment
par les deux tiers supérieurs. Pour cela il faudroit retourner l'outil, afin
de mettre le biseau en dedans, et ramener la guimbarde à soi, au lieu de
la pousser en avant : du reste la manière d'opérer est absolument la même.

Si l'on a observé exactement tout ce que nous avons dit, la colonne
sera cannelée très-régulièrement, et on verra les cannelures diminuer de
largeur et de profondeur, à proportion de la diminution du fût. Si la
colonne est ionique ou corinthienne, les intervalles diminueront aussi
dans la même proportion.

On réserve quelquefois dans les cannelures des colonnes de ces derniers ordres des baguettes qui montent jusqu'au tiers de la colonne. Si
on vouloit exécuter ce genre de cannelures avec notre machine, il faudroit
préalablement substituer à l'outil rond celui *fig.* 10, qui se place de
même dans la guimbarde, et dont la forme présente à peu près un quart
de cercle en creux.

On place la colonne entre les poupées, comme dans la première opération, et on vérifie si la partie inférieure qui doit porter les baguettes
est bien parallèle aux règles *D D*, en promenant la guimbarde sur ces
règles. On ramène ensuite la guimbarde vers la base, et après avoir fait
descendre l'outil jusqu'à ce qu'il morde, on fait faire un demi-tour à la
manivelle, ce qui commence à ébaucher le fond de la cannelure et le
bout de la baguette, en donnant à l'un et à l'autre la forme qu'ils doivent
avoir. En cet état on pousse la guimbarde vers la partie supérieure, sans
s'embarrasser de l'effet que l'outil produit au delà du tiers de la colonne,
puisque cet effet se trouvera détruit quand on creusera cette partie
supérieure. Il faut seulement éviter de pousser la guimbarde trop loin;
et, après l'avoir arrêtée, on fait faire un second demi-tour à l'outil, pour
le ramener vers la base et ébaucher ainsi l'autre côté de la cannelure. On
continuera ainsi, en donnant un peu de fer à chaque passe, jusqu'à ce
que la cannelure et la baguette soient entièrement terminées.

On fait la même opération sur toutes les cannelures, après quoi on
remet l'outil rond *fig.* 9 dans la guimbarde, et on achève la partie supérieure, à l'ordinaire, en faisant toujours tourner la manivelle aux deux extrémités, ce qui produira au bout supérieur des baguettes l'espèce de sifflet
qu'on y remarque.

Une des conditions les plus essentielles pour réussir dans les différentes

ons que nous venons de décrire, c'est l'exactitude et la régularité
de la forme des outils qui doivent toujours présenter en relief le creux de
la cannelure, suivant l'ordre de la colonne. Il est surtout très-important
que le taillant et la portion circulaire de l'outil se trouvent dans l'axe de
l'arbre du touret, autrement l'outil, en pivotant, élargiroit trop le fond de
la cannelure. Pour parvenir à cette exactitude, il faut monter dans la
guimbarde l'outil avant d'en faire le taillant; on posera la guimbarde à
plat, et faisant tourner la manivelle d'une main, on approchera de l'autre
une pointe, avec laquelle on marquera un point de centre sur la face destinée à former le taillant. Ce point servira de guide pour déterminer le milieu de la courbure, ainsi que la naissance du biseau.

Nous avons donné dans ce Volume différens moyens pour tirer sur
la longueur d'un cylindre des parallèles à l'axe, séparées par des intervalles
donnés, pour faire des torses, des vis; la machine à canneler peut s'employer à cet usage avec un grand avantage, comme on l'a vu dans cette
section.

SECTION III.

Colonne tronquée : Manière de la Canneler à la main.

PL. 27. Un des plus agréables piédestaux sur lesquels on puisse placer une
pièce de tour d'une belle exécution, et digne d'orner le cabinet d'un Amateur, est une colonne cannelée et tronquée à quelque distance de sa base.
Nous allons d'abord enseigner en peu de mots la manière d'exécuter cette
pièce, et nous entrerons ensuite dans quelques détails sur les moyens
qu'on peut employer, pour la canneler à la main, en faveur des Amateurs
qui n'ont pas de machine à canneler.

On commencera par tracer sur le papier le profil de la colonne, pour
donner aux différentes moulures de la base la saillie qu'elles doivent avoir,
et on en déterminera le module, suivant la pièce à laquelle elle doit servir
de piédestal; ce qui est d'autant plus facile, que la colonne devant toujours
être tronquée au dessous du renflement, le diamètre supérieur du fût
sera égal à celui que touche la base, et qui, comme on sait, sert à déterminer la valeur du module.

On tournera ensuite, par les procédés et suivant les principes enseignés
au premier Volume, le fût, la base et la plinthe, en prenant chaque pièce
dans un morceau séparé, pour ne pas perdre de la matière inutilement.

Pour pouvoir réunir ces trois pièces quand elles sont terminées, il faut
avoir soin de réserver un tenon à la face inférieure du fût, qui entre dans PL. 27.
une portée pratiquée à la face supérieure de la base. Un second tenon réservé en dessous de cette dernière entre dans une portée creusée sur la face
supérieure de la plinthe, et réunit ainsi ces deux pièces.

Quand la colonne sera entièrement terminée, on montera le fût sur la
machine à canneler; et comme les cannelures doivent être égales dans
toute leur longueur, la position des poupées dans la rainure est assez
indifférente; il suffit que la colonne soit parallèle aux règles qui portent
la guimbarde, ce qu'on obtient en plaçant la pièce à bascule parallèlement à la semelle. On fera ensuite toutes les cannelures avec les précautions détaillées dans la section précédente.

Si on vouloit exécuter une semblable pièce, sans avoir de machine à
canneler, on pourroit en faire les cannelures à la main par les moyens que
nous allons donner. On observera seulement que ces moyens, bons pour
la pièce qui nous occupe, ne pourroient que difficilement s'employer pour
canneler une colonne entière, à cause de la longueur du fût et de la diminution progressive des cannelures, qu'il seroit presque impossible de réduire régulièrement.

Après avoir monté le fût de la colonne au Tour en l'air, en plaçant le
tenon dans un mandrin, on le divisera en vingt-quatre parties égales, soit
au diviseur, soit au compas, et on tirera par chaque point de division des
parallèles, entre lesquelles on en tirera vingt-quatre autres, à la distance prescrite pour déterminer la largeur respective des cannelures et
des plates-bandes, suivant les règles que nous avons données au commencement de la section précédente. On tracera ensuite au crayon un
cercle près du congé pour indiquer la naissance des cannelures, et un second cercle distant du premier de la moitié de la largeur de la cannelure.
Sur ce second cercle on marque un point au milieu de chaque cannelure,
et de ces points comme centres, avec une ouverture de compas égale à la
moitié de leur distance, on tracera des demi-cercles qui viendront affleurer la ligne circulaire tracée près du congé, et indiqueront ainsi la forme arrondie que les cannelures doivent avoir à leur naissance. Pour déterminer
leur profondeur, on trace sur la face antérieure de la colonne un cercle
concentrique à la circonférence du fût, et distant du bord de la moitié de
la largeur des cannelures; c'est sur ce cercle qu'on fera aboutir le sommet de toutes les cannelures.

Quand les vingt-quatre cannelures seront ainsi tracées par leurs deux extrémités et sur leur longueur, il s'agit de les creuser, et pour cela, on se servira d'abord d'une mèche à peu près semblable à celle que l'on voit *fig.* 3, *Pl.* 11, *T. I,* mais dont les angles sont arrondis, que l'on placera dans la boîte à foret, même figure. On mettra ensuite sur l'établi un support à chaise, *fig.* 16, *Pl.* 29 de ce Volume, que l'on reculera jusqu'à ce qu'on puisse placer la boîte à foret entre la colonne et la cale du support. L'extrémité *a* du porte foret entre dans la cale du support, qui fait ici l'office de conscience, et la pointe de la mèche se place sur un des points de centre indiqués sur le second cercle, qu'on amène pour cet effet à la hauteur du centre du Tour. On met le foret en mouvement avec un archet, en poussant le support en avant à mesure que la pointe pénètre dans la matière, jusqu'à ce que le trou approche du fond de la cannelure.

Quand on aura répété cette opération sur les vingt-quatre points, on substituera au foret une fraise ronde de la forme de celle *fig.* 16, *Pl.* 11, *T. I,* avec laquelle on arrondira successivement la naissance des cannelures, de la même manière qu'on les a ébauchées avec la mèche.

Il faut suivre attentivement la marche de la fraise, et si on s'aperçoit qu'elle s'écarte du trait qui doit la guider, on la ramène en la poussant légèrement avec le doigt.

On ôte ensuite la colonne de dessus le Tour en l'air, et on la saisit horizontalement dans un étau, entre deux pièces de bois. Ensuite on prend une gouge de diamètre convenable, et affûtée bien vif pour ébaucher la cannelure sur sa longueur. On commencera du côté de la base, en prenant très-peu de bois à la fois, et en suivant le fil du bois. On aura soin de ne pas atteindre le trait, et d'aller à petits coups, de peur d'enlever des éclats. Pour terminer la cannelure, on se servira d'écouanes de forme convenable et de la fraise *fig.* 16, *Pl.* 11, *T. I,* avec laquelle on détruira les petites aspérités qui pourroient se trouver à sa naissance.

On peut encore donner plus de perfection à cette pièce, en se servant pour la terminer d'un outil représenté *fig.* 3, *Pl.* 27, que nous nommerons *râcloire à repos* : sur le devant de cet outil on fixe avec deux vis une lame d'acier trempée, avec un seul biseau, *c,* ayant exactement la forme intérieure des cannelures. Les deux côtés *a, b,* posent sur les bords des cannelures, tandis qu'on promène la lame *c* dans l'intérieur, pour achever de la régulariser. Ces deux côtés *a, b,* ont une forme courbe, comme on le voit sur la figure, pour ne point endommager l'angle par le frottement. On arrondit aussi pour la même raison les angles intérieurs de ces deux côtés.

Enfin, si l'on juge à propos de polir les cannelures, on tournera un cy- Pl. 27.
lindre de bois tendre au même diamètre, et on arrondira l'un de ses
bouts suivant la forme de l'extrémité des cannelures. On l'enduira également d'une couche de colle légère, et on le saupoudrera d'émeri
bien fin. Quand le tout sera bien sec, on promènera le cylindre dans
toute la longueur des cannelures, ce qui leur donnera un très-beau poli,
sans en altérer aucunement les formes. Ce moyen est excellent pour
polir toutes les cannelures, même celles faites avec la machine, qui en
ont cependant moins besoin que les autres, attendu que si on a bien
opéré, et avec des outils bien affûtés, la pièce doit être presque polie
quand elle est terminée.

On pratique quelquefois aux deux côtés de la cannelure une feuillure
ou ravalement. Cette feuillure se continue sur les extrémités arrondies,
et on conçoit qu'il est important qu'elle ait dans toute son étendue une
parfaite égalité de profondeur et de largeur. On obtient cet effet très-exactement, avec l'outil dont nous venons de parler, en substituant à la lame
c une autre lame, à peu près de même forme, mais portant sur les deux
côtés *a*, *b*, deux carrés coupans d'une saillie égale à la profondeur et à la
largeur des feuillures. On pousse cet outil sur toute la longueur de la cannelure, en commençant du côté de la base, et on le fait passer ensuite de
l'autre côté pour enlever ce qui n'aura pas pu être atteint vers la naissance.
Quant à la partie de la feuillure qui règne sur le fond de la cannelure, on
la fera à la main avec une petite gouge, et on la terminera avec un petit
ciseau appelé *butte-avant.*

Si la colonne tronquée qu'on se propose de canneler avoit une longueur un peu considérable, il faudroit se servir d'outils coudés; mais
rarement ces pièces sont assez longues pour rendre cette précaution
nécessaire.

SECTION IV.

Boîte de Pendule.

Pour appliquer les principes que nous venons d'établir à une pièce
digne d'occuper un Amateur, et propre en même temps à orner un
cabinet, nous allons donner les détails de l'exécution d'une petite boîte
de pendule, propre à être mise sur une cheminée, et où tout, hors
le mouvement et les ornemens en bronze, est du ressort du Tourneur.

Pl. 27. La *Pl.* 27 représente cette pendule, avec tous ses développemens. La *fig.* 1 la représente vue en élévation. La *fig.* 2 en représente la coupe, perpendiculaire à sa base ; et la *fig.* 4 représente le plan de la colonne et du vase, sur lequel est un serpent, qui, par le bout de la langue, marque les jours de la semaine, ainsi qu'on le voit sur la *fig.* 1.

Comme l'ivoire est une matière précieuse et chère, on cherche à le ménager autant qu'il est possible : ainsi, dans la construction de la pièce qui nous occupe, on se gardera bien de prendre, pour la pièce entière, un morceau d'ivoire de la grosseur nécessaire pour y trouver le diamètre $A B$, qui est celui de la base : encore faudroit-il le prendre un peu plus gros, pour que la croûte, étant ôtée, les gerçures qui se trouvent presque toujours à la surface de l'ivoire fussent également emportées ; et la perte seroit considérable, si ce morceau étoit réduit au diamètre $C D$, du haut.

On fera cette pièce de six morceaux, y compris le vase et son couvercle. D'abord, le piédestal $A B$, dont le dessus e, f, ne portera point de tore, et sera tout carré, ainsi qu'on le voit *fig* 2, attendu qu'on le recouvre d'une pièce de cuivre fondue, et ornée, si on le veut, de feuilles, ou toute simple, comme dans la *fig.* 1. La colonne pourra être d'un seul morceau, et sera jointe au piédestal, à vis, en g, h. La colonne sera terminée par le morceau $C D$, rapporté à vis ; et le vase sera fixé à la colonne, à vis, en i, k. Par ce moyen, on n'emploiera que de l'ivoire, de la grosseur approchant le diamètre dont on a besoin ; et même, comme la base et la colonne doivent être percées dans toute leur longueur, on pourra, pour économiser encore, prendre la partie creuse d'une dent. On se contentera de tourner chaque morceau à l'intérieur, pour plus de propreté.

On sciera d'abord un morceau qui, étant fini, puisse avoir le diamètre de la plinthe l, m, et pour longueur, la hauteur $e l$, $f m$. On examinera avec attention s'il est bien sain ; et pour en juger mieux, c'est sur l'épaisseur qu'on reconnoîtra si quelques gerçures qu'il peut avoir pénètrent un peu avant. Lorsqu'on se sera assuré de sa bonne qualité, on le mettra au mandrin, en l'y faisant entrer, et on l'arrondira intérieurement ; après quoi on rapportera à vis le bouchon G, et on dressera, avec beaucoup de soin, le bout l, m. On le mettra ensuite de nouveau au mandrin, par la vis qu'on a faite pour le bouchon, en faisant quelques pas, et un épaulement bien dressé à un mandrin un peu court, pour que l'outil ne broute pas. On ébauchera la pièce extérieurement, non pas avec

Pl. 27.

des gouges, car l'ivoire se coupe mal à la gouge, et le tranchant de cet outil n'y résiste pas; mais avec un ciseau rond, un peu épais, et à un biseau, on unira les parties droites avec des ciseaux droits, et les moulures avec des outils convenables, en raclant, comme on fait pour le bois, attendu que l'ivoire ne se coupe pas. On fera donc toutes les moulures avec le plus grand soin et la plus grande régularité. On rapportera à vis la pièce *e*, *f*, qui couvre le piédestal, au petit épaulement qu'on y voit. On polira le tout à la prêle et à l'eau, en croisant les traits, autant que cela sera possible, sans endommager les moulures; et on terminera, avec du blanc d'Espagne broyé et préparé à l'eau, ainsi que nous l'avons enseigné ailleurs; et l'on se servira pour cela d'un linge propre et imbibé d'eau. Nous disons un linge propre; car s'il avoit déjà servi, la couleur qu'il auroit contractée s'empreindroit dans l'ivoire, et en altèreroit la blancheur. On mettra à part cette pièce, sans l'ôter de son mandrin.

On tournera de la même manière la colonne, d'abord intérieurement : on fera au bas l'épaulement par lequel elle pose sur le piédestal, ainsi que la vis *g*, *h*, et on l'ajustera bien dans l'écrou qui est au piédestal. Puis l'ayant mise à vis, sur un nouveau mandrin, on l'ébauchera extérieurement, et on préparera les moulures. On rapportera aussi à vis, et très-proprement, le bouchon *C D* du haut, et on y fera l'écrou qui doit recevoir le pied du vase. On remettra le piédestal, monté sur son mandrin, sur le Tour: on y montera la colonne, et on la terminera ainsi sur sa place même. Ce moyen est le plus sûr pour que cet assemblage de pièces rapportées soit parfaitement droit.

Lorsque la colonne sera terminée et polie, on l'ôtera de sa place, et on la mettra au mandrin sur lequel elle a été ébauchée. On divisera les cannelures, et on les creusera, avec beaucoup de précaution, de la manière que nous avons enseignée, soit à la machine, soit à la main.

On s'occupera ensuite de percer la *Lunette* (on appelle ainsi le trou qui doit recevoir le cadran). On choisira un mandrin qui ait pour diamètre environ deux fois celui de la colonne. On tracera sur la face un cercle au diamètre juste de la colonne; puis ayant fixé l'arbre du Tour, et retourné la chaise du support parallèlement à la face de ce mandrin, on tirera deux parallèles, qui fassent tangentes à deux points opposés au diamètre de ce même cercle. Puis saisissant le mandrin dans un étau, et écartant les jambes d'un compas à ressort, à la moitié du diamètre de ce cercle, on tracera sur les côtés du mandrin un demi-cercle, dont le centre soit au milieu de la distance, entre les deux parallèles, et dont les extrémités aillent tomber sur les bouts de ces deux parallèles. On évidera avec soin la cannelure comprise entre ces parallèles, ce qui produira la place juste pour y appliquer la colonne en travers. On l'y assujettira par quelque moyen, tel que par deux petites réglettes, aussi cannelées, et qui, mises en travers, embrasseront la colonne par la moitié, qui excède la surface du mandrin. On les assujettira, avec deux vis chacune, qui entrent dans le mandrin, de huit à dix lignes. En cet état, la colonne sera maintenue transversalement, et l'on pourra y creuser la lunette.

Si l'on avoit dans son laboratoire, l'excentrique vertical *fig.* 7, *Pl.* 37, on pourroit l'employer avantageusement dans cette circonstance.

Cette opération n'exige qu'un peu de légèreté de main, et quelques ménagemens. Comme les vives arêtes que présentent les cannelures sont très-délicates, et qu'un coup d'outil donné inconsidérément pourroit occasionner des éclats, on se servira d'un grain-d'orge très-aigu, et l'on ira à très-petits coups dans toute l'opération : car, attendu que la colonne est cylindrique, on doit ménager toutes ces cannelures, que l'outil n'entame que successivement. Lors donc que le trou sera entièrement ouvert, on se servira d'un outil de côté, qui, pénétrant un peu avant dans la colonne, emporte la matière circulairement : mais cet outil doit couper très-vif, et emporter peu à la fois. C'est par le diamètre parallèle à la hauteur de la colonne qu'il faut juger de celui qu'il convient de donner à la lunette, et ne s'embarrasser aucunement de celui qui lui est perpendiculaire.

Comme cette opération présente beaucoup de difficultés, il seroit peut-être plus prudent de percer le trou avant de terminer la colonne. On y placeroit un bouchon de même matière, après quoi on la termineroit, et on la canneleroit à l'ordinaire. De cette manière, on ne risqueroit pas de faire des éclats, et de gâter ainsi une pièce qui auroit déja coûté beaucoup de temps et de travail.

Ce trou feroit un mauvais effet, si l'on se contentoit d'appliquer le cadran sur la colonne; mais comme il se trouve nécessairement du vide, des deux côtés, c'est pour le cacher qu'on a accompagné le cadran des deux ailes pliées qu'on y voit. Elles sont de cuivre, réparées avec soin, et dorées d'or moulu, ainsi que le reste des ornemens, qu'on voit sur la *fig.* 1. On peut mettre un nœud de ruban, tel qu'on le voit ici, et, au lieu des deux ailes, faire tomber, des deux côtés du cadran, une guirlande de feuilles ou de fleurs, selon qu'on le jugera à propos : et tous ces ornemens sont fixés avec de petites vis en cuivre, dont on cache

les têtes avec intelligence, et dont le corps prend dans l'ivoire qu'on a
taraudé auparavant. La lunette, ou cadre qui reçoit le verre, est un cercle
de cuivre orné d'une rangée de perles, et qui s'ouvre à charnière sur la
gauche, pour pouvoir remonter la pendule.

Si l'on veut que cette pendule marque les jours de la semaine, on fera
le vase de deux pièces, comme on le voit *fig.* 2 : le couvercle peut se fixer
au corps du vase, au moyen d'une vis pratiquée au centre ; l'espace *l m*
est destiné à recevoir une bande de cuivre circulaire, sur laquelle sont
inscrits les jours : cette bande tourne librement en sa place, et dans sa
révolution présente successivement tous les points de sa circonférence, sous
la langue du serpent. Le serpent et les autres accessoires sont de cuivre
doré, tant mat que bruni. On a représenté, *fig.* 4, le plan de la colonne,
à vue d'oiseau, pour en rendre sensible les cannelures.

Il reste maintenant à faire les ornemens qu'on voit au piédestal. Les
quadrilles qui y sont doivent être tracés avec la plus grande régularité ;
et pour y parvenir, voici comment on doit s'y prendre.

Il faut d'abord observer que, si l'on veut que ces quadrilles se terminent régulièrement haut et bas, il faut que la hauteur de la partie cylindrique sur laquelle on les trace soit contenue un nombre exact de fois dans
la circonférence. Ainsi, par exemple, la hauteur du cylindre, dans la *fig.* 1,
est contenue cinq fois dans la circonférence qui porte dix quadrilles,
pendant que la hauteur en présente deux.

On fera une cale de support, coupée par le haut, suivant une inclinaison de quarante-cinq degrés, par rapport au haut de la chaise. Lorsqu'elle sera en sa place, on la réduira à une largeur, telle, qu'elle entre
juste dans l'espace compris entre *a, c, fig.* 1. On tracera, avec une pointe
d'acier fine, toutes les diagonales sur la circonférence du piédestal ; puis
ayant fait une autre cale inclinée, aussi de quarante-cinq degrés, mais en sens
opposé, on tirera des lignes, à partir de chaque extrémité, à droite et à
gauche de celles déjà tracées. Et comme il faut que chacun des cordons
qui forment ces quadrilles ait une certaine largeur, cette largeur, une
fois déterminée, et le nombre de points qu'elle exige sur le diviseur étant
connu, on tirera des secondes lignes parallèles aux premières, et on aura
les cordons tels qu'ils sont représentés, *fig.* 1.

Lorsqu'ils seront ainsi tracés, il s'agit de mettre leurs intervalles à
jour ; et pour cela, on fera à chacun un trou de foret, le plus grand possible, sans qu'il atteigne jusqu'aux lignes qui les terminent. On évidera
ensuite, en carré, avec de petites écouanes à denture fine, et ensuite

Pl. 27.

avec des limes plates, et triangulaires, en suivant les traits avec beaucoup de précision.

Comme il faut que les joncs qui forment ces quadrilles présentent l'effet d'un tissu, ils doivent passer alternativement dessus et dessous les uns des autres : on creusera tant soit peu ceux qui doivent paroître passer dessous, près des jointures ; ce qui les courbera et relèvera alternativement ; et l'on se servira pour cette opération de petites limes, d'abord bâtardes, puis douces, et enfin d'écouanes très-fines.

Les rosaces qu'on voit sur la *fig.* 1 sont de cuivre doré, et rapportées sur le fond. On commencera par tourner un cylindre de quelque bon bois, qui entre dans le piédestal un peu à l'aise. On couvrira ce cylindre d'une feuille de *paillon*, de la couleur qu'on jugera à propos. On nomme *Paillon*, une feuille de cuivre bien mince, ayant une surface bien polie, et sur laquelle on a mis un vernis de couleur. Il y a de ces paillons faits avec une feuille d'étain, mince comme du papier, et vernis, jaune, vert, pourpre, bleu, ou de toute autre couleur. Quelquefois même pour rendre encore ces paillons plus agréables, on les presse fortement entre deux plaques de cuivre, dont l'une est gravée en façon de moire : on a même imaginé de moirer ainsi une feuille d'étain, et on la place sous un verre coloré qui, communiquant sa couleur à la feuille, produit l'effet le plus agréable. C'est ainsi qu'on a fait des fonds sur des tabatières. On mettoit ensuite sur cette première glace un chiffre en or ou un portrait, qu'on recouvroit ensuite d'un verre ou glace blanche. Nous n'entrons dans ces détails que pour donner à nos Lecteurs les moyens d'orner différentes pièces qu'ils peuvent travailler au Tour ; revenons à notre piédestal.

La feuille dont nous disons qu'on peut doubler le piédestal, si elle étoit mise dans le sens de sa hauteur, présenteroit nécessairement un joint en quelque point de sa circonférence ; et pour que ce joint ne soit pas apparent, on collera la feuille de paillon sur le cylindre, en diagonale, suivant l'inclinaison des joncs ; et le joint se placera aisément derrière quelqu'un de ces joncs. Lorsque la feuille sera étendue avec soin, et bien sèche, on fera entrer le cylindre, qu'on aura avant tout réduit à deux ou trois lignes d'épaisseur, dans l'intérieur du piédestal ; et si les mesures ont été bien prises et bien exécutées, il s'appliquera juste contre l'ivoire, et lui donnera beaucoup d'éclat par l'opposition de la blancheur avec le fond de couleur.

On fera fondre, réparer avec soin, et dorer toutes les rosaces ; on les percera, au centre, d'un trou fort petit, et on les fixera sur le cylindre de

bois, au moyen d'une petite tige en cuivre fixée à vis sur le derrière, et au Pl. 27.
centre de la rosace.

On donnera de même au fondeur la moulure *G*, *fig.* 1, dont le modèle peut être en bois, et les ornemens en cire à modeler. On en fera d'abord tirer une épreuve en plomb, pour pouvoir réparer les défauts qui s'y trouvent, et pour que, moulée sur ce plomb, elle vienne plus nette en cuivre. Lorsqu'elle sera fondue, on la terminera au Tour, et on y fera la portée par laquelle elle doit entrer sur la partie carrée *e*, *f*, *fig.* 2 : par ce moyen, on sera assuré qu'en revenant de chez le doreur, elle ira exactement en sa place. Il en est de même de tous les autres ornemens de cuivre qu'on doit mettre, tant sur la base que sur la colonne et sur le vase.

Au lieu de ces ornemens, qui sont étrangers à l'art du Tour, on pourroit exécuter sur cette base différens ornemens pleins ou à jour, à l'aide du Tour à guillocher. Nous en donnerons plusieurs exemples dans le chapitre du Tour à guillocher.

SECTION V.

Mouvement de Pendule en ivoire.

Toujours pleins du désir de présenter à nos Lecteurs les moyens d'exer- Pl. 28.
cer leurs talens sur des objets dignes de les amuser, en contribuant à leur instruction et à leur avancement dans l'Art du Tour, nous croyons pouvoir leur offrir un morceau dont l'exécution exige plusieurs genres d'industrie, et qui, exécuté avec soin, réunit l'utile à l'agréable.

La *Pl.* 28 représente une pendule, où tout, jusqu'au mouvement, est exécuté en ivoire. Ce chef-d'œuvre d'adresse et de patience nous a été communiqué par un Amateur; et telle étoit l'intelligence qui avoit dirigé toutes les combinaisons, et la dextérité qui en avoit exécuté toutes les pièces, que dans le court espace de temps que cette pièce est restée entre nos mains pour la faire dessiner et la décrire, sa marche nous a paru aussi régulière que la matière dont elle est composée pouvoit le permettre.

La *fig.* 1, *Pl.* 28, représente la pendule toute montée, sur un morceau d'architecture toscan, qu'on peut exécuter, soit en ivoire, soit en ébène, relevée de parties d'ivoire, de la même manière qu'on a enseignée pour le petit temple, représenté *Pl.* 39, *T. I.* Ainsi, nous ne nous arrêterons à décrire aucun des ornemens et accessoires qui portent la pendule : c'est de son mouvement seul que nous allons nous occuper.

Avant de construire aucune des pièces qui entrent dans la composition du mouvement, il faut que toutes les pièces soient fixées par rapport à leur diamètre, leur hauteur, enfin toutes leurs dimensions, ainsi qu'à leur position respective : c'est ce qu'on fera sur une plaque de cuivre un peu mince, bien dressée, et doucie d'un côté à la ponce, ou avec une pierre que les horlogers emploient à cet usage, qui est assez tendre, d'un grain assez égal, d'un gris verdâtre, et qu'on emploie en la mouillant : mais on ne polira pas cette plaque. On tracera le plan du mouvement, en décrivant, avec un compas d'acier, des cercles égaux au diamètre qu'on doit donner à chaque roue et à chacun de leurs pignons, de la manière que représente la *fig.* 2, où pour rendre plus sensible la position respective de toutes les roues, on a tracé un trait circulaire à toutes les parties qui passent en dessus d'une roue, et où l'on a ponctué les parties qui passent dessous. Si l'on veut suivre sur le dessin, *fig.* 2, chacune de ces roues, en les comparant chacune à chacune, à la *fig.* 3, on réconnoîtra, et leur position, et l'effet qu'elles doivent produire. On verra que la force motrice venant du barillet, la roue qu'il porte mène celle soixante-six, et celle-ci conduit celle soixante-quatre ; que cette dernière étant au centre, et portant l'aiguille, ces trois roues suffiroient, s'il n'étoit nécessaire de ralentir le mouvement, pour que cette roue soixante-quatre ne fasse qu'un tour en douze heures : c'est ce qu'on a obtenu, au moyen des trois autres roues, dont la dernière quatorze ne tourne qu'autant que l'échappement le permet.

Ce calibre, ainsi fait, sert à déterminer la position des roues entre les platines et les trous des pivots qui les portent. On voit par la *fig.* 3, que toute la mécanique est renfermée entre trois platines ; savoir, le mouvement proprement dit, entre les platines *e e*, et *ff*, et la quadrature entre celles *dd* et *e e*.

Au centre, est une roue numérotée 64, parce qu'elle porte soixante-quatre dents. A son centre est un pignon de onze dents, qu'on nomme *Ailes.* Cette roue, par le moyen de son pignon, est menée par la roue numérotée 66, nombre de ses dents, qui engrène dans le pignon de la roue du centre. Au centre de la roue soixante-six, est un pignon de douze, qui est mené, ainsi que la roue elle-même, par celle soixante-huit, qui est adaptée au barillet. Ce barillet contient le ressort. La roue à rochet, qu'on voit sur le barillet, est enarbrée sur le carré de l'arbre ; et au moyen du cliquet et du ressort qu'on y voit, elle sert de remontoir, en tendant le ressort par le centre.

La roue du centre, a soixante-quatre dents, engrène dans un pignon de dix, sur la tige duquel est enarbrée la roue numérotée 62, et qui a ce nombre de dents : celle-ci engrène dans un pignon de neuf, qui est au centre de la roue de soixante, qui la suit, et celle ci, dans un pignon de huit, sur lequel est la roue d'échappement à rochet, qui porte quatorze dents. Ainsi le barillet mène la roue de soixante-six dents ; celle-ci mène la roue de soixante-quatre, qui mène celle de soixante-deux, laquelle, à son tour, mène celle de soixante, et enfin cette dernière mène celle de quatorze.

On a, autant qu'il a été possible, rendu sensible sur la *fig.* 3 l'effet de chacune de ces roues, et du pignon qu'elle porte. On conçoit que si tous ces rouages étoient abandonnés à l'impulsion de la force motrice, c'est-à-dire du ressort renfermé dans le barillet, il courroit avec la plus grande rapidité, et que cette vitesse augmenteroit encore dans une proportion telle, que la bande du ressort seroit épuisée en deux ou trois minutes, et que toutes les dents des roues courroient risque d'être emportées dans un instant. Il a donc fallu ne laisser courir le dernier mobile, c'est-à-dire la roue de quatorze, que petit à petit, d'une manière égale et constante ; et c'est ce qu'on a obtenu dans toutes les horloges, par des moyens dont le principe est le même, mais qui diffèrent entr'eux par leur exécution. Ici on a adopté l'échappement nommé à *Ancre*, parce qu'en effet, une espèce d'ancre reçoit alternativement sur ses deux branches les dents du rochet, ou pour mieux dire de la roue d'échappement numérotée 14.

Derrière la platine *f, f, fig.* 3, est une pièce représentée en profil, même figure, et sur sa face extérieure, *fig.* 4. Cette pièce qu'on nomme *Coq* ou *Coqueret*, porte le pivot d'une tige d'acier *a, fig.* 3 et 4, dont l'extrémité opposée, qui a aussi son pivot, roule dans la platine du cadran. Ce pivot est terminé par un carré propre à recevoir le *nez* d'une clef de montre, et déborde tant soit peu la surface du cadran entre le cercle, dans lequel sont inscrites les heures, et celui où sont les minutes, et précisément entre douze et soixante, *fig.* 1. Comme le pendule est suspendu à cette tige par une soie dont un bout passe dans l'épaisseur de la tige, y est arrêté par un nœud, et l'autre passe au travers de l'épaisseur du coqueret, et y est retenu par derrière par un nœud, on conçoit que si l'on fait tourner à droite ou à gauche cette même tige, la soie s'enroule dessus, le pendule remonte tant soit peu, et que les oscillations de ce même pen-

Pl. 28. dule sont un peu accélérées. Si ensuite on tourne cette tige dans un sens opposé, le pendule étant descendu, on retardera le mouvement.

Parallèlement à la tige d'acier, dont on vient de parler, en est une seconde, dont les pivots roulent dans les platines *e e, f f* de la cage du mouvement. Sur cette tige sont fixées solidement deux pièces qui déterminent l'échappement. L'une de ces pièces est celle qu'on nomme *Ancre,* et que représente la *fig.* 9. Les deux bras de cette ancre embrassent la roue d'échappement, taillée en forme de rochet. On conçoit que, si une force motrice, telle que celle du ressort ou d'un poids, détermine le rochet à tourner, et que par l'oscillation du pendule, le bras *A B* de l'ancre s'écarte du centre du rochet, et quitte la dent qu'il retenoit, l'autre bras *C,* qui pour l'instant est éloigné de la dent opposée du rochet, va entrer entre deux de ces dents, dont l'une posera sur la partie coudée : ainsi le rochet n'aura pu tourner que de la distance d'une dent à l'autre. Au retour du pendule, de l'autre côté, et par conséquent, de l'autre bras de l'ancre, ce bras va quitter la dent qu'il retient : le rochet tournera encore de la distance d'une dent à l'autre ; mais le bras *A C* de l'autre rencontrera et saisira une autre dent, et le rochet n'aura encore avancé que d'une dent ; ce qui se répétera à chacune des oscillations du pendule.

Ce sont donc les oscillations de ce pendule qui déterminent le plus ou moins de vitesse dans la marche de la roue d'échappement, et l'on sait que ce pendule lui-même fait ses vibrations d'autant plus lentes, ou accélérées, qu'il est plus ou moins long.

La seconde pièce que porte la tige de l'ancre est la fourchette *b, fig.* 3. Cette fourchette est fixée très-solidement sur la tige, un peu plus loin que la portée du pivot. Elle est coudée sur deux sens, comme on le voit sur la figure, afin de pouvoir, par sa partie inférieure, se trouver hors de la platine *f f,* au travers de laquelle elle passe, dans une échancrure de grandeur suffisante pour que, quelles que soient les oscillations qu'elle doit décrire, elle ne puisse heurter contre les côtés de cette échancrure qu'on voit en *b, fig.* 4. La partie inférieure de cette fourchette est coudée à angle droit, et fendue, en cet endroit, dans toute la longueur de la partie *b,* dans laquelle le pendule passe ; ainsi, si cette fourchette le porte à droite ou à gauche, au moyen de ce que l'ancre cherche à s'échapper de dessus chaque dent du rochet, ce même pendule, dont la longueur détermine l'isochronisme, c'est-à-dire l'égalité de temps dans les oscillations, donne à l'échappement cet isochronisme, que sa longueur détermine.

On met au bas du pendule, un poids qui, par sa pesanteur, l'empêche d'aller trop vite; et comme ce poids doit trouver le moins de résistance Pl. 28. possible dans l'air qu'il déplace sans cesse, on lui a donné la forme d'une lentille dont les bords coupent l'air qu'elle déplace.

L'expérience a appris qu'un pendule de trois pieds huit lignes et demie, depuis son point de suspension jusqu'au centre de la lentille, bat les secondes; c'est-à-dire qu'il fait soixante oscillations dans un espace de temps qui divise l'heure en soixante parties, qu'on a nommées *Minutes*; on a donné le nom de *Secondes* à chacune des soixantièmes parties de minutes ; mais comme la longueur du pendule, pour battre les secondes, exige la précision mathématique, et que par la mesure la plus exacte, on ne peut s'assurer qu'on a atteint la longueur requise ; qu'une longueur plus ou moins grande, d'une quantité inappréciable à l'œil et aux instrumens de division, peut faire varier le nombre des oscillations du pendule, on taraude l'extrémité inférieure du pendule, et au moyen d'un écrou, on remonte ou abaisse la lentille, d'autant ou aussi peu qu'il est besoin, pour que le pendule donne le nombre d'oscillations qui convient pour régler la marche de tous les rouages, et par conséquent la division du jour en vingt-quatre heures.

Il n'est pas possible de faire battre des secondes à cette petite horloge; et ce que nous avons dit à cet égard n'avoit pour but que d'établir les règles du mouvement de ces sortes de machines. On donnera donc, dans le cas présent, et avec les nombres de roues et de pignons, au pendule, six pouces onze lignes, depuis son point de suspension jusqu'au centre de la lentille. Il fera huit mille trois cent soixante-deux oscillations par heure, et cette horloge marchera trente-quatre heures sans qu'on la remonte.

Les calculs des rouages de toute pendule qui marque les minutes sont tels, que la roue du centre doit faire douze tours en douze heures. La tige de cette roue est assez longue pour venir excéder la surface du cadran, elle porte un canon qu'on nomme *Chaussée*, et ce canon porte un pignon de douze, *fig.* 5, qui engrène dans une roue de trente-six, qui porte un pignon de dix, qui, à son tour, engrène dans une roue de quarante, laquelle roue est montée sur un canon qui tourne librement sur la chaussée, et porte l'aiguille des heures, tandis que le bout de la chaussée, qui est carré, porte l'aiguille des minutes.

Comme la chaussée entre à frottement un peu dur sur la tige de la roue de centre, et qu'elle porte l'aiguille des minutes, on peut, sans inconvénient, et sans rien déranger au mouvement, faire tourner cette aiguille,

Pl. 28.

et par conséquent la chaussée à droite ou à gauche, pour la mettre à l'heure. Il suffira de faire tourner à droite ou à gauche l'aiguille des minutes, jusqu'à ce que, par la correspondance qu'elle a avec le canon qui porte l'aiguille des heures, et qui est à frottement doux, cette aiguille marque soixante, et celle des heures marque celle qu'il est.

Il s'en faut de beaucoup que nous prétendions donner ici des notions suffisantes pour construire une horloge. Nous n'avons voulu que décrire le mouvement de celle que nous avons vue; et pour peu qu'un amateur ait de dextérité, de connoissances dans la construction des machines; qu'il applique ce que nous avons dit à la composition et à la structure de sa propre montre, nous ne doutons pas qu'il ne puisse venir à bout de construire celle-ci. D'ailleurs on ne peut se dissimuler que la nature même de la matière que nous proposons d'y employer est un obstacle à ce qu'on ait jamais une horloge très-exacte. Si les métaux sont sensibles au chaud et au froid, combien plus, de l'ivoire sera-t-il susceptible des impressions de la sécheresse et de l'humidité? Mais enfin, si l'on apporte à la construction toute l'attention nécessaire, on peut se procurer une pièce qui marche assez régulièrement.

Les personnes qui voudront approfondir la théorie des horloges pourront consulter les excellens traités que nous avons sur cette matière. Le Traité sur l'Horlogerie, par Ferdinand Berthoud, imprimé à Paris, en 1763, est le meilleur, et nous a servi dans plusieurs circonstances, pour construire des machines qui n'avoient que les principes de communs, avec des montres ou des pendules.

Nos lecteurs seront peut-être curieux de connoître les moyens de calculer la durée du mouvement d'un rouage; et pour nous rendre plus intelligibles, nous adapterons les règles que nous allons établir à la pendule même qui nous occupe.

Pour calculer la durée du mouvement d'un rouage, on écrira d'abord, sur une même ligne, les nombres d'ailes de chacun des pignons dans l'ordre qu'ils tiennent dans la cage, et en commençant par celui de la roue d'échappement. On écrira ensuite en seconde ligne, mais avec une distance suffisante pour intercaler entre ces deux lignes une troisième, dont nous parlerons dans un instant, les nombres des roues correspondantes aux pignons dans lesquels elles engrènent; de manière que chaque nombre d'ailes de pignons soit au-dessus du nombre des dents de la roue correspondante. On divisera chaque nombre de dents par celui des ailes de chaque pignon, et l'on mettra chaque quotient sur une ligne entre les deux précédentes, de manière que ces quotiens soient dans une ligne perpendiculaire avec les nombres d'ailes et de dents. On écrira entre chaque colonne de chiffres, et sur la ligne des quotiens, le signe ×, qui en mathématiques, indique une multiplication à faire. Appliquons ceci à notre pendule.

Pignons	8	9	10	11	12
Exposans 2 × 14 ×	7½ ×	6⅛ ×	6² ×	6 ×	5²
Roues . . 14	60	62	64	66	68

d'échappement   petite   grande   roue
roue   roue   des
moyenne.   moyenne.   minutes.

On voit par le tableau ci-dessus que le nombre des dents de la roue qui engrène dans un pignon est mis au dessous du nombre d'ailes de ce même pignon. La ligne du milieu que nous avons nommée *celle des exposans*, contient les quotiens des nombres de dents des roues, par celui des ailes des pignons que ces roues mènent. Ces quotiens expriment le nombre de tours que font les pignons, par chaque tour de la roue qui le mène: on les nomme *exposans*, terme de convention dans cette espèce de calcul, puisqu'en mathématiques, le mot exposant signifie la puissance à laquelle une quantité a été élevée. La roue d'échappement est mise au rang des exposans qui sont précédés par le nombre deux, parce que le pendule fait deux oscillations par chaque dent du rochet ou roue d'échappement; l'une à droite et l'autre à gauche. Tous les exposans sont séparés par le signe ×, qui signifie *multiplié par*. Si l'on multiplie tous les exposans, les uns par les autres, on aura le nombre d'oscillations que fait le pendule pendant une révolution entière de la roue à laquelle on se sera arrêté ; ainsi, pendant une révolution entière du rochet ou roue d'échappement 14, le pendule fait vingt-huit oscillations, pendant une révolution entière de la petite roue moyenne 60, le pendule fait deux cent dix oscillations, parce que ving-huit, nombre trouvé, multiplié par l'exposant 7½, donne deux cent dix, et ainsi des autres.

Pour prévenir, autant qu'il est possible, l'effet que font toutes les matières, tant animales que végétales, lorsqu'elles entrent dans la composition de quelque machine, il est à propos de leur donner tout le temps nécessaire pour qu'elles ne puissent plus se *tourmenter*, comme disent les ouvriers, ou du moins qu'elles se tourmentent le moins possible.

On commencera donc par ébaucher très-grossièrement, et très-loin de leur mesure exacte, chacune des pièces qui doivent composer la pendule;

Pl. 28. les trois Platines *d d*, *e e*, *f f*, *fig.* 3, dont les dimensions peuvent être prises sur la figure même ; les piliers, au nombre de trois, *a*, *b*, *c*, *fig.* 2, dont la longueur exacte, entre leurs portées *a*, *b*, *fig.* 7, sera la distance entre les deux platines *e e*, *f f*, de la cage du mouvement, *fig.* 3 ; deux autres piliers, *fig.* 6, dont la longueur, non compris les tenons, sera la distance des deux platines *d d*, *e e*, de la cage de la quadrature ; les cinq roues 66, 64, 62, 60 et 14, *fig.* 2 ; car le barillet doit être fait séparément. Chacune de ces roues peut être prise en rouelles sur la dent d'éléphant, ou en long, suivant le fil, et de manière qu'il y en ait plusieurs sur le diamètre ; et quoiqu'il semble que la denture qu'on y fera doive être plus solide, si on les prenoit en petites planches, suivant la longueur de la dent, nous pensons que prises en rouelles, elles seront moins sujettes à se tourmenter, ou qu'elles varieront plus également. On les débitera beaucoup plus épaisses et plus grandes qu'elles ne doivent être ; et l'on conçoit que la plupart des pièces dont il s'agit ici, devant être ou dentée ou évidée, il est de la plus grande nécessité que l'ivoire soit parfaitement sain, et sans la moindre gerçure, qui ne manqueroit pas de se déclarer après le travail. Il suit de ce que nous venons de conseiller de prendre les roues par rouelles, qu'on ne doit pas penser à prendre les tiges et les pignons dans le même morceau que les roues. Les tiges seront prises sur le long de la dent, afin qu'elles soient plus solides. On prendra les pignons dans le même sens que les roues.

Pour diminuer les frottemens, et par conséquent pour que la pendule puisse être réglée avec plus d'exactitude, il seroit plus avantageux de prendre les tiges des roues dans de petites verges d'acier de grosseur convenable. On auroit par ce moyen la faculté de lever des pivots plus petits, et par conséquent qui éprouveront moins de frottemens. Nous conseillerons même de boucher dans les platines tous les trous avec des bouchons de cuivre, et d'y percer les trous de ces mêmes pivots, ainsi que de toutes les parties qui doivent se mouvoir.

Lorsqu'on aura débité toutes les pièces qui entrent dans la composition de la pendule, on les percera au centre d'un trou approchant de la grandeur qu'il doit avoir, et on les mettra dans un tiroir ou boîte, où elles ne soient pas frappées subitement par le grand air, afin qu'elles ne se voilent pas trop, ou qu'elles ne se fendent pas. On les y laissera quelque temps, et on les en retirera petit à petit, pour que l'impression se fasse plus insensiblement. Le conseil que nous donnons ici ne doit pas arrêter l'Artiste dans son travail. Il est dans cette pendule tant de pièces qu'on peut faire avant de s'occuper des rouages, qu'ils auront tout le temps de sécher. ⸺

Le petit édifice qui porte la pendule peut occuper agréablement l'Ama- Pl. 28.
mateur pendant tout ce temps. Nous l'avons déjà dit ailleurs, on peut faire les colonnes en torses à jour, et y mettre le noyau en ébène : les chapiteaux et bases en ivoire plein : la corniche en ébène, et les vases qui la surmontent en ivoire ; sur cette distribution, chacun peut consulter son goût.

On a représenté à part, *fig.* 6 et 7, les piliers qui joignent les platines, et forment ce qu'on nomme *la Cage.* On les tournera avec soin. Quant aux deux petits piliers, on a formé un pas de vis à l'une de leurs extré- mités. C'est par là qu'ils se fixent dans l'épaisseur de la plaque du cadran ; ce qui est infiniment plus commode que de les goupiller, puisqu'on peut tracer le cadran sur la plaque même. Ces piliers sont goupillés par leur autre bout, et ceux de la cage par les deux bouts : on en voit les trous aux *fig.* 6 et 7.

Nous supposerons donc qu'on a donné à toutes les pièces en ivoire le temps de faire tout leur effet. On les tournera sur leur propre centre, sur un Tour d'horloger, et à l'archet. Cette méthode est infiniment plus sûre que le Tour en l'air, pour les pièces qui exigent une parfaite ron- deur. On croîtra d'abord tous les trous du centre, avec un équarrissoir, et on les amènera à la grosseur qu'ils doivent avoir ; c'est-à-dire à celle où on aura mis les tiges. Ces tiges doivent être d'acier, faites sur le Tour à l'ar- chet, et être mises à six ou huit pans, à l'endroit où elles doivent porter la roue : on les rendra même un peu pyramidales en cet endroit, afin que la roue tienne plus solidement dessus. On en usera de même pour les pi- gnons qu'on percera au centre, et qu'on tournera ensuite sur un arbre d'un moindre diamètre, que la partie de la tige où il devra entrer aussi un peu à force. Lorsque chaque roue et son pignon seront montés sur leur tige, on les tournera l'une et l'autre, avec soin, à l'archet : on formera à chaque bout un pivot plus gros qu'il ne doit être ; mais on aura soin que les deux épaulemens de ces pivots soient à une telle distance l'un de l'autre, qu'ils entrent juste, mais librement entre les deux platines où ils doivent être.

Lorsqu'on aura préparé et ébauché toutes les roues sur des arbres con- venables, bien droits et bien centrés, ce qui, en enlevant toujours un peu de matière, et corrigeant les parties qui se sont voilées, contribue à ce qu'elles sèchent parfaitement, et les amène insensiblement au point de justesse où elles doivent être, on les donnera à fendre en joignant à châcune d'elles un petit papier, ou en écrivant dessus au crayon le nombre de dents qu'elles doivent avoir.

Les personnes qui auront un diviseur, à beaucoup de nombres, sur leur Tour, pourront très-bien fendre ces roues elles-mêmes. Il suffira d'adapter, sur une cale faite exprès, une espèce de touret portant des fraises, et dont l'arbre pris entre deux poupées par ses pointes, tourne par le moyen d'un archet. Il ne s'agira que de trouver un moyen pour faire avancer le touret et la fraise insensiblement vers le centre de la roue, et pour que la fraise ne pénètre pas plus avant à l'une qu'à l'autre dent. On pourroit aussi se servir avantageusement du porte-outil du support à charriot, ou du moins de l'idée que fournit la construction de ce support. Nous nous contentons d'indiquer aux Amateurs ce qu'il est possible de faire ; et nous ferions un article très-long, si nous voulions entrer dans de plus grands détails.

Lorsque toutes les roues sont fendues, il faut en arrondir avec soin la denture : nous disons arrondir, parce que c'est l'expression reçue ; et cependant les dents des rouages ne doivent pas présenter la forme demi-circulaire : c'est une courbe à plusieurs centres, qui est détaillée de la manière la plus satisfaisante dans l'ouvrage de Thiout, dans celui de De Lalande, et dans celui de Berthoud, *Pl.* 21. Depuis un certain nombre d'années, on a imaginé et exécuté une machine à arrondir les dentures ; et les Amateurs pourront trouver dans les grandes villes, de ces machines, et faire arrondir les rouages, tant grands que petits. Cependant, dans les dentures de rouages d'un petit diamètre, on peut les arrondir de manière que la courbe soit un peu allongée. Les pignons doivent avoir leurs ailes dégagées vers le centre, afin que les dents ne s'y engagent pas, et qu'elles puissent y entrer et en sortir sans effort. Il suffira de considérer avec une loupe la denture et les pignons d'une montre passablement exécutée. Nous nous garderons bien de donner ici la construction de l'outil à arrondir les dentures : cela nous jetteroit beaucoup trop loin de notre objet. Il nous suffit de dire qu'il est construit dans les mêmes principes que la machine à fendre ; que des limes douces, qui se meuvent parallèlement à l'axe des roues, et qui sont montées sur une pièce qu'on écarte ou rapproche à volonté du centre de la roue, pour qu'elle puisse convenir à tous les diamètres, donnent à chaque dent la forme qu'a le calibre sur lequel glissent les limes ; et que, comme l'écartement de ces limes du centre de la roue est invariablement fixé, la roue se trouve par une même opération finie et parfaitement arrondie. Si quelqu'un étoit tenté d'arrondir

lui-même, une denture sur le Tour en l'air, surtout une denture plutôt
forte que petite, il suffiroit d'adapter au support, en place de cage, deux
plaques parallèles de tôle ou d'acier ; de placer la chaise en face de la
roue, c'est-à-dire du Tour ; de construire ces plaques, de manière que
la roue passât entre deux ; de donner sur ces deux plaques à une dent
qu'on y formeroit la forme qu'elle doit avoir ; d'user sur une meule,
environ 6, 8 ou 10 lignes vers chaque bout d'une lime douce et à arrondir, de trois pouces de long, et de faire glisser sur les plaques, les parties
usées de cette lime, afin qu'elle ne mordît pas, et par conséquent ne changeât pas la forme qu'on a donnée à la dent, sur les deux plaques parallèles. On feroit passer successivement toutes les dents, et l'on seroit assuré
de leur régularité ; mais il faudroit que le diviseur qui est sur le Tour
contînt tous les nombres des différentes roues.

On conçoit que d'après cette idée on pourroit se faire une machine
à fendre, en plaçant la fraise au-dessus de chaque roue.

Pour faire le barillet, on choisira un morceau d'ivoire de grosseur
suffisante, pour qu'on puisse y trouver le diamètre qu'il doit avoir, sans
qu'aucune fente ni gerçure paroisse à la circonférence. On prendra à
même le morceau la roue de soixante-huit dents, qui semble y être fixée :
l'épaisseur de cette roue formera le fond du barillet. Son diamètre saillira
sur celui du barillet de toute la profondeur qu'on doit donner aux dents,
et même un peu plus : on le creusera jusqu'à l'épaisseur de la roue. On
donnera environ une ligne et demie d'épaisseur aux côtés : on pratiquera
sur cette épaisseur une feuillure capable de contenir juste une petite
plaque qui doit l'affleurer en fermant le barillet. On a coutume de faire,
avec une lime triangle ou à charnière, une encoche sur le champ de ce
couvercle, afin de pouvoir l'ôter de place avec une pointe d'acier, lorsqu'on a besoin de toucher au ressort.

On ne peut guère prétendre à faire ce ressort soi-même. Cette opération entraîne trop de détails, de difficultés, et exige une grande habitude.
Il faut qu'un ressort soit partout égal d'épaisseur, qu'il ne soit ni trop
mince ni trop épais, qu'il soit trempé et *revenu* également partout : ce
qui est très-difficile.

Dans les montres, l'Art a suppléé à l'inégalité de force dans un ressort,
par le moyen de la fusée. Cette fusée est une espèce de cône tronqué, sur
lequel la chaîne venant du barillet s'enveloppe : lorsque le ressort est
dans toute sa force, c'est-à-dire, lorsque la montre vient d'être remontée,
on conçoit que l'effort de ce ressort, sur tous les rouages, seroit trop

Pl. 28.

grand; et que lorsqu'il est presque entièrement développé, cet effort seroit presque nul : voici comment l'invention de la fusée remédie à cette inégalité de tension. Lorsque le ressort est dans toute sa force, la chaîne se trouve sur la partie la plus menue de la fusée; et par conséquent il agit sur elle par un levier fort court. Lorsqu'au contraire le ressort est à la fin, la chaîne se trouve sur le plus grand diamètre de cette fusée, et il agit sur les rouages, par un levier beaucoup plus long; ainsi, on compense, très-ingénieusement, et par degrés insensibles, la diminution successive de la tension du ressort. Ici on n'a pas mis de fusée, parce que la pièce ressemble plus à une pendule qu'à une montre. Mais, pour suppléer, autant qu'il est possible, à l'inégalité de tension du ressort, on fait le barillet un peu haut, et le plus grand qu'il est possible, pour la place qu'il doit occuper : on y met un ressort très-long, et on ne se sert guère que des tours intermédiaires, entre le commencement et la fin de sa tension : si donc le barillet fait quinze ou dix-huit tours, lorsqu'on bande le ressort, on ne compte pour rien, ni les quatre premiers, ni les quatre derniers. On sera peut-être surpris d'apprendre que, dans une pendule de grosseur moyenne, le ressort a six pieds de long et quelquefois plus.

Quand toutes les pièces seront préparées et amenées près de leurs dimensions, on tournera avec soin, et on dressera bien les deux platines *e e*, *ff*, *fig.* 3. On tournera les trois piliers; et il est de la plus grande importance qu'ils soient égaux en longueur, entre les épaulemens *a*, *b*, *fig.* 7, afin que les deux platines soient parfaitement parallèles. On marquera avec soin tous les trous des pivots, et on les percera. Si l'on veut porter au dernier point la régularité, et s'assurer, autant que cela est possible, de l'égalité constante des frottemens, on fera ces trous plus grands qu'il ne faut; on les bouchera juste avec de bon laiton, et on y fera les trous des pivots. Lorsque les roues seront enarbrées, qu'elles seront terminées, on donnera sur le Tour à l'archet, le dernier coup aux pivots, qu'on polira avec soin.

La chaussée des minutes et le canon des heures doivent être percés bien droits, arrondis avec un équarrissoir, et tournés parfaitement ronds, afin que tournant l'un sur l'autre il n'y ait pas plus de frottement dans une partie que dans l'autre, les roues doivent tourner librement, et sans ballottage, tant entre les platines que dans les trous de pivots. Lorsqu'on montera la pièce pour la faire aller, on y mettra, avec une épingle, une petite goutte d'excellente huile d'olive épurée.

On voit sur la *fig.* 4 la forme qu'on doit donner au coq qui porte le

balancier ou le pendule, et on voit sur la *fig.* 3, la saillie qu'il doit avoir. Pl. 28,
On fixera le coq à la platine par le moyen de deux vis, ainsi qu'on les voit.
Mais, comme dans la construction de la pièce dont nous nous occupons,
on est obligé de monter et démonter souvent les vis, et qu'on risqueroit
d'user promptement les pas des écrous, pratiqués dans de l'ivoire, on aura
soin que les pas, tant des vis que des écrous, soient vifs, et bien lisses.

Quelque soin qu'on prenne pour poser la pendule d'aplomb, on ne peut
être assuré d'une exactitude parfaite. Pour peu qu'on s'en soit écarté, le pendule ne seroit plus dans la ligne verticale, s'il étoit contenu dans une entaille à peu près juste de la fourchette *b*. C'est pour que ce pendule puisse
prendre la ligne verticale, qu'au lieu d'une entaille qui laisse passer librement la pièce carrée *g*, on fend la fourchette dans toute la longueur du
retour de l'équerre *b*. Ainsi, si la pendule inclinoit en avant ou en arrière,
le pendule n'en auroit pas moins la faculté d'être dans la ligne verticale,
et de s'éloigner ou rapprocher de la ligne des platines.

La petite pièce de cuivre carrée *g*, que traverse la verge du balancier,
qui n'est autre chose qu'une petite verge d'acier d'une demi-ligne de diamètre ou environ, sert à empêcher la lentille de se mouvoir dans une
autre direction que celle de son plan.

L'aiguille des minutes entre à carré sur le bout de la chaussée; et par
conséquent toutes les fois qu'on la fait tourner, la chaussée tourne également; mais comme nous avons vu que cette chaussée entre à frottement
sur la tige de la roue du centre, on conçoit qu'on peut la faire tourner, à
droite ou à gauche, sans que cette roue soit dérangée. Et comme la chaussée porte un pignon 12, *fig.* 5, qui engrène dans une roue 36, même figure,
laquelle à son tour porte un pignon qui engrène dans la roue 40, qui est
sur le canon sur lequel l'aiguille des heures est fixée à frottement, on sent
que le mouvement de l'aiguille des minutes doit entraîner celle des heures
sans rien déranger au mouvement du rouage de l'intérieur de la cage.

Si l'on vouloit ajouter une sonnerie à cette pièce, il faudroit en régler
la disposition avant de rien commencer; nous conseillons, en ce cas, de
consulter quelque bon Traité d'horlogerie, et particulièrement celui de
Berthoud, qui ne laisse rien à désirer à cet égard.

Toute la machine repose sur la pièce d'architecture qui lui sert de piédestal, par les platines *d*, *f*, *fig.* 3. Ces deux platines posent sur la pièce
qu'on a plus particulièrement rendue sensible, *fig.* 8, qui n'est autre chose
que la base *A*. Cette pièce offre à sa partie supérieure un carré ou plutôt
un parallélogramme dont la largeur est indiquée par la ligne *a*, *b*, et dont la

Pl. 28.

longueur est égale à la distance entre les deux platines d, f. Ce parallélo‑gramme est suivi d'une partie cannelée A, portée par un carré C; un te‑non d, *fig*. 8, réunit le tout à la pièce d'architecture.

Pour que les platines puissent reposer sur la pièce, *fig*. 8, il est néces‑saire que celle-ci soit creusée circulairement, suivant la forme extérieure des platines, qui, sans cela, n'y toucheroient qu'en un point. On voit, *fig*. 1, que la base A, est creusée pour porter le cadran.

Comme le balancier ou pendule, est, par sa position, placé derrière la platine du mouvement, il est évident qu'il ne se meut pas au centre du cercle sur lequel sont placées les colonnes; et qu'ainsi il est possible de placer au centre quelque figure qui fasse ornement. Nous y avons fait re‑présenter une pièce excentrique, que nous enseignerons à faire en par‑lant de la machine excentrique.

On peut mettre à l'espèce de petit temple qui sert de support à la pen‑dule trois ou quatre colonnes à volonté. Celui qui nous a servi de mo‑dèle n'en avoit que trois, afin, sans doute, de découvrir davantage la pièce qui étoit au centre : mais il nous semble que ce nombre n'est pas suffisant, et ne s'accorde pas bien avec les règles de l'architecture, où tout doit être symétrique. Au surplus, c'est une affaire de goût ; et chacun peut suivre le sien.

Nous croyons en avoir assez dit pour engager les Amateurs à construire ce charmant morceau, où il faut réunir beaucoup de genres d'industrie : mais nous sentons bien que les détails dans lesquels nous sommes entrés ne sont pas suffisans pour ceux qui n'auroient pas d'autres connoissances sur la construction des horloges. Il eût fallu faire un Traité d'Horlogerie, et cette tâche ne convenoit, ni à l'ouvrage que nous avons entrepris, ni même à nos forces et à nos connoissances. Nous avons exécuté diverses pièces de mécanique et d'horlogerie; et malgré cela nous avons eu souvent besoin de recourir aux auteurs qui ont traité cette matière. Nous le répétons : si quelqu'un est tenté d'entreprendre une pareille pendule, et même d'en construire une, avec les métaux en usage, il trouvera dans l'ouvrage de Berthoud tous les détails de théorie et de pratique dont ils auront besoin.

MANUEL DU TOURNEUR.

SIXIÈME PARTIE.

TOURS COMPOSÉS.

CHAPITRE PREMIER.

Mandrins ; Supports à chariot.

Cette partie étant entièrement consacrée à la description des tours composés et de leurs effets, nous avons cru devoir, pour suivre toujours la
même marche, la faire précéder d'un tableau sommaire des principales
pièces dont nous allons traiter, suivi de la description des supports à
chariot.

La plupart de ces machines exigent que l'arbre soit percé dans toute sa
longueur, et c'est ce qui nous a engagés à donner dans ce chapitre préliminaire, la manière de percer un arbre de tour, et de polir l'intérieur du
trou.

SECTION PREMIÈRE.

Tableau des différentes Pièces qui s'adaptent au Tour en l'air.

La *fig.* 1, *Pl.* 29, représente un établi sur lequel est un Tour en l'air, au
bout de l'arbre duquel est le rampant dont nous parlerons dans la suite.
On n'a rien mis sur le nez de l'arbre, pour ne pas jeter de confusion sur
cette figure, qui est déjà très-chargée. On voit que le Tour est mené par

Pl. 29.

33.

Pl. 29.
une roue placée en dessus de l'établi, ce qui est indispensable pour obtenir les effets du rampant et du guillochis. La corde sans fin *a*, croisée, passe sur la poulie du Tour. La marche, ou pédale *B*, fait tourner, au moyen d'une corde *b*, la roue de volée *H*, qui est sur le même arbre que celle *A*. Sur une face plane d'un parallélipipède *D*, pris à même un fort morceau de bois, dont le bas a la forme d'une colonne *E*, est un châssis de fer *C C C*, dans lequel glisse, à queue d'aronde, une chape de cuivre *e e*, qui porte des coussinets, entre lesquels tournent les collets de l'arbre qui porte les deux roues. Une vis à tête ronde *d*, dont les pas prennent dans un renflement pratiqué dans la traverse du bas du châssis *C C C*, fait hausser et baisser la chape *e e*, pour donner la tension convenable à la corde sans fin *a*.

Sur la roue *A*, dont le diamètre est à peu près la moitié de celui de la roue de volée *H*, en sont deux ou trois de différents diamètres, pour pouvoir ralentir le mouvement du Tour ; ce qui est très-nécessaire dans certains cas, comme on le verra pour les rosettes rampantes, et encore plus particulièrement au Tour à guillocher. On voit derrière le Tour, à gauche, la poupée *F*, qui porte la touche ou la roulette.

On voit aussi, sur l'établi, le support à chariot, dont nous donnerons les détails dans une des sections de ce chapitre, et qui est représenté en grand, *Pl.* 31 : on l'a représenté ici monté sur une semelle et chaise de bois. On a aussi représenté les deux poupées à pointes et celle à lunette. La pièce de fer qui est appliquée sur la poupée de devant du Tour en l'air sert pour fixer, sur cette poupée, l'ovale à l'anglaise. C'est ce que nous appellerons le *fer-à-cheval* dans la description de cette pièce. Il reçoit aussi l'anneau de l'épicycloïde, que nous décrirons en son lieu.

La *fig.* 2 représente la poupée à couteau, qui sert à faire des vis et des torses dont nous avons parlé. On voit ici de quelle manière les deux pièces dont elle est composée s'assemblent. Le tenon *C* entre dans un ravalement fait à la base. Au haut de cette base est un cercle de cuivre, qui porte un index *b*, servant à marquer l'inclinaison du couteau, à droite ou à gauche, au moyen des divisions qui sont sur un pareil cercle de cuivre, au bas de la partie *B*. La ligne ponctuée fait sentir comment la vis qui fixe la poupée sur l'établi, en prenant dans l'écrou *a*, fixe en même-temps le couteau à l'inclinaison qu'on a déterminée.

La *fig.* 3 représente le cylindre de cuivre qui se monte sur le Tour pour faire la torse : il est à trois filets : celui *a* dont on voit le commencement, et qui suit la ligne ponctuée simple et vient reparoître en *a a* ; le

Pl. 29.

second *b b*, qui passe par derrière, suit la ligne ponctuée double, et reparoît en *b* ; enfin le troisième *c c*, qui, par deux lignes ponctuées, passe par derrière.

La *fig.* 4 est ce qu'on nomme la *Bague de l'ovale :* la *fig.* 5 est le plateau de l'ovale à l'anglaise, garni de ses coulisseaux et de la coulisse qui glisse entre. Nous détaillerons ailleurs la composition et le jeu de cette pièce intéressante.

La *fig.* 6 est un mandrin à étau, qui se monte sur le nez de l'arbre par un écrou pratiqué dans le renflement *a*. Au moyen des deux vis *b b*, dont l'une est à gauche et l'autre à droite, les deux mâchoires *c c*, en glissant sur les règles *d d*, entre lesquelles elles sont contenues à frottement, s'approchent et s'écartent l'une de l'autre, de quantités toujours égales; de cette manière la pièce qu'elles ont saisie est toujours centrée. *A* est la manivelle qui sert à tourner les vis.

La *fig.* 7 est le mandrin universel à quatre mâchoires, décrit au premier Volume, *pag.* 287. Ce mandrin est très-commode pour refaire l'écrou à un mandrin de bois, dont le trou s'est rétréci, ou pour toute autre pièce qu'on ne veut pas emmandriner, ou dont le centre n'est pas au centre de la figure. Si c'est une pièce ronde extérieurement, on la prend par dedans les mâchoires : si elle l'est intérieurement, comme le couvercle d'une boîte en dehors duquel on veut travailler, on le prend par l'intérieur, en écartant les mâchoires vers la circonférence du plateau. Les quatre vis *b, b, b, b*, mues par la clef *C*, font approcher les mâchoires du centre, ou les en éloignent, selon qu'on les tourne à gauche ou à droite. Quand on veut centrer une pièce déja ronde, on la pose à plat sur le plateau, à une distance égale tout autour, des bords, et on serre les mâchoires. On met le tout sur le Tour, et si l'on s'aperçoit que la pièce ne tourne pas rond, on détourne tant soit peu la vis opposée au côté qui avance trop, et on tourne la vis de ce côté. Lorsque la pièce est près d'être au rond, et qu'on ne s'aperçoit plus à l'œil de quel côté est l'excentricité, on présente un crayon à la pièce, et en la faisant tourner, la partie saillante est marquée d'un léger trait que l'on fait rentrer en enfonçant tant soit peu la vis, et desserrant celle opposée.

Si l'excentricité n'étoit vis-à-vis d'aucune des quatre vis, mais entre deux, il faudroit desserrer les deux vis opposées, et serrer les deux autres. Un peu d'habitude et d'expérience mettront à portée de centrer une pièce dans ce mandrin avec beaucoup de précision.

fig. 8 est un mandrin à coussinets, au centre desquels on saisit une pièce d'acier ou de cuivre carrée ou ronde. Dans une ouverture carrée longue, pratiquée sur la face antérieure du mandrin, glissent les deux coussinets *a a*, derrière lesquels appuient deux vis, dont les têtes carrées sont noyées dans l'épaisseur du mandrin, qui, comme le précédent, se monte sur le Tour en l'air, au moyen d'un renflement qui est censé derrière. Lorsqu'on veut tourner une portée sur une tringle de fer ou d'acier un peu longue, on la fait passer dans le trou pratiqué dans l'arbre, et on fixe la tringle au moyen de deux coussinets. Lorsqu'on veut faire sur une tringle de cuivre une suite de perles, on loge de même cette tringle dans l'intérieur de l'arbre, en ne laissant sortir du mandrin que ce qu'il faut pour faire une perle. La tringle est retenue en place par les deux coussinets qu'on desserre, quand on veut la faire avancer, pour y former une autre perle et ainsi de suite. Pendant cette opération, on maintient les perles faites dans un canal fixé à la hauteur du centre, soit par le support, soit par une poupée à droite.

La *fig.* 9 est un excentrique double. On le nomme *double*, parce qu'il excentre une pièce en deux sens à angle droit, comme *A* et *B*.

Il est des excentriques simples, qui n'excentrent la pièce que sur un sens, mais pour ne pas multiplier les figures, nous avons représenté celui qui l'excentre sur deux sens : ceci a besoin d'explication, qu'on trouvera ci-après dans la description de l'excentrique, *Pl.* 37.

La *fig.* 10 est un mandrin fendu. Son usage est très-commode pour différens ouvrages de Tour. A-t-on fini et poli une pièce comme un étui, auquel on veut mettre des cercles d'écaille ou d'ivoire, ou en remettre un qui a été cassé; si on le mettoit au Tour dans un mandrin, par la méthode ordinaire, on risqueroit de le casser, ou tout au moins de le gâter, en l'enfonçant de force à coups de maillet dans un mandrin, pour l'y faire tenir solidement. On tourne un mandrin de bois, de quatre à six pouces de long ; un peu conique vers le bout. On le fend sur sa longueur par deux traits de scie, à angles droits jusqu'à la gorge, ou dégagement *a* : on le met sur le Tour, et on le creuse à un diamètre tel que la pièce y entre aisément : on met l'ouvrage dans le mandrin ; puis, mettant l'anneau sur le mandrin, on l'enfonce à petits coups de maillet tout autour. Le bois faisant ressort, à cause de la forme conique du mandrin, et des traits de scie, serre l'ouvrage sans le gâter, et permet qu'on le tourne comme on désire.

Si la pièce étoit très-polie, et qu'on craignît que la pression du man-

drin ne la gâtât, on pourroit l'envelopper d'une carte à jouer, ce qui la Pl. 29.
ménageroit beaucoup.

La partie *C* du mandrin est cylindrique et reçoit l'écrou pour le nez de l'arbre. Le dégagement *a* sert à affoiblir le bois en cet endroit, pour qu'il fasse un ressort plus doux.

Si la pièce n'est pas centrée, on enfoncera l'anneau un peu obliquement; l'usage apprendra bientôt à centrer ces sortes de pièces.

Il est bon de se pourvoir de ces sortes de mandrins, de plusieurs diamètres, pour y placer des pièces de toutes grosseurs; et alors il faut avoir autant d'anneaux qu'on a d'espèces de mandrins. Ainsi on peut en avoir cinq ou six de deux pouces, pour les plus petits objets, jusqu'à quinze ou dix-huit lignes : autant de quatre pouces pour les pièces, depuis quinze lignes jusqu'à trois pouces, et autant de six pouces pour les tabatières et autres objets de plus fort diamètre.

Il faut encore observer que, comme ces mandrins sont très-évidés, et que les traits de scie isolent les fibres du bois, ils sont très-sujets à se tourmenter, surtout s'ils sont pris dans du bois de *cœur;* il est nécessaire chaque fois qu'on s'en sert, de les remettre au rond, tant intérieurement qu'extérieurement. L'anneau doit avoir sensiblement plus d'entrée d'un côté que de l'autre, à cause de la forme conique du mandrin, sans quoi il n'y auroit que l'angle du côté du Tour qui appuieroit en écorchant le mandrin.

La *fig.* 11 est un mandrin à queue de cochon, décrit page 279 du *T. I.*

La *fig.* 12 est un mandrin à gobelet qu'on remplit d'un tampon de bon bois tourné rond, et qui y entre à force. Par ce moyen, lorsqu'on met une pièce au Tour, et qu'on l'enfonce un peu de force, on n'a pas à craindre que le mandrin casse, comme cela arrive souvent. Il faut en avoir de plusieurs grandeurs.

La *fig.* 13 est une espèce de mandrin infiniment commode. Il est percé au centre, d'un trou carré, ainsi qu'on le voit en *a,* au dessus. On y place des mèches *A B*, qu'on a représentées à côté; des équarrissoirs, quelques autres outils, qui, mus par le Tour en l'air, produisent un effet beaucoup plus prompt que s'ils étoient mus par un vilebrequin. On voit sur la longueur de ce mandrin une entaille carrée, dans laquelle on fait entrer une clavette pour repousser l'outil hors de sa place.

On a supprimé à ce mandrin la vis de pression qui fixoit les mèches, parce qu'elle les jetoit de côté, et empêchoit qu'elles ne tournassent sui-

vant leur axe. Il suffit que le trou et le carré de la mèche soient un peu pyramidaux.

Nous n'avons représenté ici les *fig.* 14 et 15 que pour satisfaire d'avance
la curiosité de nos lecteurs. C'est la machine épicycloïde, et toutes les
pièces qui la composent, tant èn place que séparément.

Nous développerons par la suite et dans un article particulier, et cette
définition et les moyens de produire cette courbe, qui fait un effet très-
agréable et surtout très-varié.

La *fig.* 17 est le mandrin à gobelet et à huit vis, décrit *page* 289 du T. Ier.

La *fig.* 18 est le mandrin à poupées et à quatre vis. La figure indique
clairement sa forme et son usage.

SECTION II.

Manière de Percer un arbre de Tour

Il est une infinité d'ouvrages pour lesquels ils est nécessaire d'avoir un
arbre percé. Comme la plupart des arbres ne le sont pas, nous pensons
que les Amateurs nous sauront gré de leur donner ici les moyens de faire
eux-mêmes cette opération.

La première précaution à prendre, est d'ôter l'arbre de sa monture; car
si on le perçoit en place, l'effort du foret occasionneroit une pression sur
les collets et sur la clef d'arrêt, qui en seroient bientôt endommagés. De plus,
on ne pourroit retourner l'arbre pour le percer par les deux bouts, et
il faudroit faire le trou d'un seul trait de foret, ce qui est beaucoup plus
difficile et moins exact.

On mettra ensuite l'arbre entre deux pointes sur un Tour à roues, *fig.* 1,
Pl. 30, et on placera sous le collet de devant une poupée à collet, représentée à part, *fig.* 2, dont les coussinets seront ouverts au diamètre du collet de l'arbre.

Tout étant ainsi disposé, on reculera la poupée à pointes mobiles, et on
approchera la cale du support en face du nez, puis, avec un outil de côté
pour le fer, *fig.* 5, on évasera à une bonne ligne de profondeur le trou
marqué par la pointe à l'extrémité du nez. Ce trou est destiné à recevoir
très-juste le foret de forme circulaire, vu de côté, *fig.* 3, et de face *fig.* 4.
B et *C* représentent l'extrémité coupante de ce foret, qui va en descendant depuis sa pointe *c* jusqu'en *d*.

Ce foret, une fois placé dans la portée, ne peut plus sortir de sa direc-

tion. La partie demi-cylindrique qui se trouve au dessus du taillant le
retient et l'empêche de s'écarter. Il est donc très-important que la portée
soit bien au centre de l'arbre, car la plus légère excentricité iroit toujours
en croissant.

Le corps du foret doit être carré, et on le fait entrer dans un trou de
même forme, percé vers le milieu d'un levier de fer : ce levier vient poser
vers le bord de l'établi, et empêche le foret de tourner avec l'arbre. On
peut employer à cet usage un tourne-à-gauche de filière B, *fig.* 1.

Le foret étant ainsi placé dans la portée, on approchera la poupée de
devant contre son autre extrémité, à laquelle on a dû donner un coup
de pointeau pour recevoir la pointe, et on la fixera dans cette position.

On mettra alors l'arbre en mouvement au moyen de la grande roue, et
de la poulie C placée sur le corps de l'arbre; et à mesure que le foret mordra
dans l'intérieur, on le fera avancer en tournant la vis mobile D, à l'aide d'un
levier en fer. On sentira aisément, quand on devra le faire, si on tient de
la main gauche le tourne-à-gauche placé sur le corps du foret, et au moyen
duquel on jugera la résistance qu'éprouve le foret en avançant.

Pendant le cours de cette opération, on mouillera continuellement le
foret avec une seringue à injection, et on le retirera de temps en temps,
pour vider les copeaux. Il est aisé de s'apercevoir quand le foret s'en-
gorge, parce qu'alors il crie en tournant, et que la résistance devient plus
forte.

Quand on sera parvenu à peu près à la moitié, on retournera l'arbre et
on recommencera par l'autre côté jusqu'à ce que les deux trous se rejoignent. Si, avant d'être arrivé à la moitié, on rencontroit quelque obstacle
qui empêchât le foret d'avancer, ou si la mèche venoit à casser sans qu'on
pût en retirer le morceau, il faudroit tout de suite retourner l'arbre et recommencer du côté opposé.

On rencontre quelquefois dans l'intérieur de l'arbre, principalement
sous la bobine, des chambres ou cavités dans lesquelles la mèche s'engage
au point de ne pouvoir plus avancer ou de se rompre. Le moyen qu'on
emploie ordinairement pour remédier à cet accident, est de faire chauffer
l'arbre, sans qu'il change de couleur, et d'y verser une suffisante quantité
de régule en fusion, qui s'introduit dans les plus petites cavités. Quand le
tout sera refroidi, on y fera passer de nouveau une mèche qui surmontera
l'obstacle.

Si on veut que le trou qu'on perce acquière la plus grande régularité, il

Pl. 30.
faut employer pour le faire, deux mèches de même forme dont la première ait une ligne de moins que la seconde.

Quand la seconde mèche aura parcouru toute l'étendue du trou, on
retirera l'arbre de dessus le Tour, et on le saisira perpendiculairement
dans un étau, pour y faire passer un équarrissoir à six pans, *fig.* 6, d'un
diamètre un peu plus fort que la mèche, qui achèvera de donner au trou la
largeur convenable, en enlevant les aspérités que laisse toujours le passage de la mèche.

Si on avoit besoin de placer dans ce trou quelque ajustement, comme,
par exemple, la tige d'un ovale, il faudroit en polir l'intérieur pour adoucir le frottement. Voici le moyen qu'on peut employer pour y parvenir.

On prendra un fil de fer d'environ trois lignes de grosseur, et de sept
ou huit pouces plus long que l'arbre. On aplatira une des extrémités à
une longueur d'environ quatre pouces, et sur cette partie aplatie, on
montera deux morceaux de bois qui l'embrassent, et qui y sont maintenus par deux goupilles qui traversent le tout. On donnera à ces deux
morceaux réunis une forme à peu près cylindrique au même diamètre que
le trou. On enduira ce cylindre d'émeri fin délayé dans de l'huile, et on
le promènera dans l'intérieur du trou, après avoir replacé l'arbre sur le
Tour et l'avoir mis de nouveau en mouvement à l'aide de la grande roue.
La *fig.* 9 représente cette espèce de polissoir.

A mesure que le trou s'agrandira, et que ces morceaux de bois s'use-
ront par le frottement, on les ouvrira et on introduira entre eux quelques
feuilles de papier, pour les maintenir toujours au même diamètre.

Avant de terminer, on essuiera bien les morceaux de bois pour en enlever l'émeri, on les imbibera d'huile seule, et on les passera plusieurs
fois dans toute la longueur du trou. Cette dernière opération a pour
but de faire disparoître les traits que peut avoir laissés l'émeri, quelque
fin qu'il soit.

Les procédés que nous venons de décrire pour percer un arbre peuvent
s'appliquer à toutes les pièces en fer qui se percent sur le Tour.

Pour celles en cuivre, on se sert d'abord d'outils de la forme de la mèche,
fig. 27, *Pl.* 11, *T. I;* et pour croître le trou, on emploiera celui *fig.* 6,
Pl. 9 de ce Volume. Du reste, la manière de travailler est toujours la
même, excepté que l'on ne doit pas mouiller l'outil.

CHAP. I. Sect. III. *Différens Supports à chariot.* 267

Pl. 31.

SECTION III.

Différens Supports à chariot.

Comme ces supports sont particulièrement destinés à guillocher, à tourner carré et ovale; que ces sortes d'ouvrages occasionnent un fort ébranlement au Tour, et que la pièce qu'on tourne pourroit s'en ressentir, on les construit assez communément tout en fer et en cuivre.

La semelle *A*, *fig.* 1, *Pl.* 31, en tout semblable à celles qu'on a vues jusqu'à présent, est de cuivre coulé. La chaise *B*, qui est aussi de cuivre, diffère tant soit peu de celles qu'on a vues. Elle est, comme les autres, fixée sur la semelle, au moyen d'un boulon de fer *a*, qui lui laisse la faculté de tourner à droite et à gauche. Le support, proprement dit, est composé de deux étriers de fer *b b*, ayant sur leur largeur un enfourchement *c*, qui reçoit une languette pratiquée au deux côtés de la chaise; et un boulon qui passe au travers de cette dernière, retient ces étriers à la hauteur qu'on désire, au moyen d'une tête qui est censée cachée du côté *C*, et d'un écrou *d*, qu'on a représenté à droite. Chacun de ces étriers est assemblé à doubles tenons, très-solidement rivés au dessus du châssis de fer *D*, et ne forment plus, avec ce dernier, qu'une seule et même pièce. Ce châssis doit être parfaitement dressé dans toutes ses parties, tant le dessus que les côtés et la rainure. Une plaque de fer *e*, entre à rainure dans les étriers *b b*; un boulon *f*, taraudé, et dont les pas prennent dans un écrou pratiqué dans la chaise, ayant la faculté de se hausser et baisser, fait hausser et baisser la plaque *e*, et par conséquent tout le support, pour qu'on puisse mettre l'outil à la hauteur qu'on désire. Ce boulon est retenu en place par un collet lisse, qui passe dans la plaque, et assujetti par un écrou de cuivre *g*.

Une pièce de cuivre parfaitement dressée en dessous, *E E*, glisse sur le châssis; deux languettes embrassent la règle *D* : l'une d'elles, *h*, entre juste entre les deux règles du châssis, pour que le chariot n'éprouve aucun ballottement. La languette *h* est taraudée dans le sens de la longueur du châssis, et reçoit une vis qu'on ne peut voir; mais qui, étant retenue à son collet dans l'épaisseur de la petite traverse *n*, et menée par la manivelle *F*, fait avancer et reculer le chariot, suivant la longueur de ce même châssis.

34.

Pl. 31.

Ce chariot est composé de plusieurs pièces. D'abord celle *E E*, qui, comme on l'a dit, a une languette *h*, qui entre juste entre les branches du châssis ; et une joue *i*, qui embrasse juste la branche *E, D*. Sur ce chariot, sont deux coulisseaux *k k*, fixés par quatre vis : mais, comme il est nécessaire que ces coulisseaux puissent presser la pièce *F*, qui porte l'outil, le trou dans lequel entrent ces vis est ovale, afin que les vis puissent le serrer. Le porte-outil est de fer, et glisse à queue d'aronde entre les coulisseaux ; au moyen de quoi, il a un mouvement en avant, perpendiculaire à celui du chariot : un boulon *G* est fixé à carré sur la tête d'une vis, qui mène le porte-outil, et le fait avancer et reculer. Sur le plat du porte-outil, est un index, qui correspond à une partie divisée, qu'on voit sur le coulisseau à droite, et sert à indiquer la quantité dont l'outil a été avancé, pour qu'on puisse le remettre au même point. Sur le porte-outil, sont deux petits étriers de fer *p, p*, au dessus desquels sont deux vis, qui, pressant contre l'outil, le fixent au point où on l'a mis.

La vis de rappel, dont un collet est dans l'épaisseur d'un des petits côtés *n* du châssis, et l'autre, dans l'épaisseur de l'autre coté *l*, passe dans la queue ou languette *h* de la pièce *E, E* ; et comme ces collets n'ont que la faculté de tourner, et qu'ils sont retenus, soit par le cadran *H*, dont nous parlerons dans un instant, soit par une plaque mise contre chacune des petites traverses, *l, n*, en dehors du châssis et fixée par deux vis; cette vis appelle nécessairement le chariot, et le fait avancer ou reculer selon qu'on tourne la manivelle à droite ou à gauche. Le bout de cette même vis, opposé à la manivelle, est carré, et reçoit une aiguille, dont le centre est percé d'un trou carré. Elle est retenue en place par une goupille qui traverse le carré du bout de la vis. On fixe par deux vis, contre la face extérieure de la petite traverse *l*, une plaque ronde de cuivre, tournée et divisée en douze ou vingt-quatre parties comme un cadran, et par ce moyen on est assuré, en ramenant l'aiguille au même point de division, de ramener l'outil au même point où il étoit, pourvu qu'on n'ait pas fait plus d'un tour de manivelle. Si l'on en avoit fait deux, trois, quatre, plus ou moins, il faudroit reculer d'autant, et remettre l'aiguille au numéro d'où l'on seroit parti.

On a représenté une partie de l'établi du Tour, pour rendre plus sensible la position de ce support, dont les avantages se développeront par la suite, à mesure que nous décrirons des opérations qui se font sur les Tours composés, et où l'outil doit être invariablement fixé.

On construit de ces supports, où la semelle et la chaise sont en bois, ▬▬▬
et qui servent particulièrement au Tour en l'air, sur lequel on monte Pl. 32.
différentes pièces. On en voit un, *fig.* 1, *Pl.* 29; ils sont moins coûteux,
et satisfont les personnes qui ne veulent pas faire l'acquisition d'un support, tel que nous venons de le décrire.

Les *fig.* 1 et 2, *Pl.* 32, représentent un autre support à chariot, qui ne
diffère du précédent que par la disposition du porte-outil.

Le chariot *A* glisse comme à l'ordinaire entre des jumelles de fer. En
dessous de ce chariot, et au bout qui regarde l'artiste, est une queue *C*,
fondue du même jet, fendue sur son épaisseur, et qui reçoit le levier
coudé de fer *D*, au bout duquel est un manche comme à un autre
outil.

L'autre bout du levier est pris dans une encoche pratiquée en dessous
du porte-outil, au moyen de quoi, si l'on élève le manche, l'outil est porté
en avant, et si on le baisse, il revient vers l'artiste; et l'on conçoit que,
comme l'extrémité du bras de levier *a*, décrit une portion de cercle, dont
le centre est la goupille *b*, où ce levier fait charnière, cette extrémité doit
être arrondie suivant le cercle, dont *a b* seroit le rayon; et le bras de levier ne porte que sur le devant et sur le derrière de l'encoche dans laquelle il est pris.

On peut, en faisant usage de ce support à chariot, s'assurer bien plus
promptement et plus exactement qu'avec le précédent si l'outil ne pénètre
pas plus avant dans la matière dans un temps que dans un autre. Une vis
d est placée au bout du porte-outil, et lorsqu'on veut régler le degré d'enfoncement qu'on doit donner à l'outil, on commence par le porter
au point où il doit être; puis on tourne la vis *d*, jusqu'à ce qu'elle porte
par le bout, contre le coulisseau du chariot; et par ce moyen, lorsqu'en
élevant le manche la vis viendra toucher le coulisseau, on sera assuré que
l'outil ne pénétrera pas plus avant. Dès que l'outil est arrivé à ce point,
on le retire en baissant le manche, et l'on passe à une autre division, ce
qui est bien plutôt fait et plus exact que de compter les tours et les divisions de tours de la vis de rappel, comme on est obligé de le faire avec le
premier support. La *fig.* 2 représente le même support vu de profil.

Lorsqu'on guilloche une pièce sphérique, il est nécessaire que l'outil
soit toujours dans la direction du rayon. Avec le support à chariot ordinaire, on a bien la faculté de tourner la chaise, et de faire mouvoir la vis
de rappel, jusqu'à ce que l'outil soit dans la direction du rayon; mais il
faut tâtonner à chaque fois, et ce tâtonnement consomme un temps sou-

vent précieux. On a imaginé de faire tourner le porte-outil sur un centre, au moyen de quoi il est facile de placer l'outil dans la direction du rayon.

La *fig.* 3 représente ce support vu géométralement, pour en rendre plus sensible la construction et les effets. On voit en *A* le chariot qui se meut suivant la longueur de la vis de rappel, mue par la manivelle *B*, et en *C*, le porte-outil qui tourne sur un centre vers *a*, et ce point est le centre du quart de cercle divisé.

Ce quart de cercle est fondu d'une même pièce avec le chariot. D'un point à volonté, comme centre, on décrit une portion de cercle *b*, *c*, et du même centre, on décrit plusieurs autres cercles, qu'on divise, comme on le voit sur la figure. Un index fixé à la partie supérieure et mobile, tombe juste sur les points de division, et indique l'inclinaison à droite ou à gauche, qu'on a donnée à l'outil, de manière que le point où cet outil est perpendiculaire à la longueur du châssis de fer *D*, *D*, est celui d'où l'on part, afin de pouvoir y revenir quand on veut, et sans tâtonnement. On voit en *d* la vis qui sert à fixer la profondeur dont l'outil doit pénétrer dans la matière.

Il seroit à désirer qu'on pût placer le centre du mouvement à la pointe de l'outil même, mais cela n'est pas possible; et d'ailleurs, comme l'outil avance et recule sans cesse, on sent que le point de centre varieroit perpétuellement. Il faudroit, lorsqu'on change de division, ramener cette pointe au même point, et cela occasionneroit des tâtonnemens et des longueurs qu'on doit éviter.

En dessous du porte-outil est fixé un petit boulon qui traverse la rainure *g*, *h*, pratiquée sur le quart de cercle. Un écrou placé sous le quart de cercle fixe le porte-outil, après qu'on l'a écarté à droite ou à gauche, selon la direction qu'on veut donner à l'outil, pour le diriger au centre de la pièce qu'on tourne; et comme le point de centre du mouvement n'est pas à la pointe de l'outil, il est évident que cette pointe est portée d'un ou d'autre côté, et on la ramènera au point convenable, en faisant avancer ou reculer le chariot, par le moyen de la vis de rappel qui le conduit. La vis *d*, comme nous l'avons dit, fixe l'enfoncement qu'on doit donner à l'outil, et on n'a plus qu'à le faire mouvoir au moyen de la bascule qui le conduit, et qu'on n'a pas représentée ici.

Il y a des opérations où il est avantageux de pouvoir réunir le mouvement de la bascule et celui de la vis de rappel. C'est pour cela qu'on a construit depuis peu quelques supports dont le porte-outil est composé de deux pièces dont l'une, celle de dessous, est mue par la bascule, et

l'autre à l'aide de la vis de rappel. Ces deux pièces réunies n'ont pas plus
d'épaisseur que les porte-outils des chariots dont nous venons de parler,
et se meuvent entre des coulisseaux semblables.

Pl. 32.

Lorsque le porte-outil est, par ses deux côtés, parallèle aux côtés de la
pièce immobile *A* du chariot, on peut être assuré que l'outil est perpendiculaire aux jumelles *D*, *D*. Et lorsqu'on veut faire, dans une pièce qu'on
tourne, une rainure circulaire, qui soit bien perpendiculaire à son axe,
il suffit de *bornoyer*, c'est à-dire de régler à l'œil la ligne *D*, *D*, et de l'a-
ligner exactement avec un des bords de la rainure de l'établi.

Si l'on avoit besoin de placer le support parallèlement à cette rainure,
et qu'on n'eût pas un grand usage de cette opération, on placeroit sur
l'établi une règle un peu large, qui d'un de ses côtés appuieroit contre la
poupée de devant du Tour, et l'on aligneroit la ligne *D*, *D*, avec l'autre
bord de la règle.

La *fig.* 4, représente un support tournant, par un moyen tout différent
du précédent. *A*, est la semelle du support, semblable à celles dont on
se sert ordinairement : elle est en cuivre. La chaise de ce support tourne
sur elle-même, au moyen d'un boulon, *fig.* 5, dont la tête carrée *a*, est
encastrée dans l'épaisseur de la semelle. La partie *b* est carrée, et sa hauteur est un peu moindre que l'épaisseur de cette semelle, lorsque la tête
a est en place. La tige *c* est tournée bien ronde, bien cylindrique et bien
lisse. Elle entre à frottement dans le trou pratiqué dans la base de la
chaise. Sa hauteur est un peu moindre que l'épaisseur de cette base. La
partie *d* du boulon est carrée, et inscrite au cercle de la partie *c*, et
même tant soit peu moindre, afin que, lorsqu'on enfile le boulon dans
sa place, les angles de cette partie carrée *d* ne puissent point altérer le
trou de la chaise. Sur cette partie carrée, entre une pièce de fer bien ajustée, et même dont les faces de dessus et de dessous doivent être dressées
au Tour, et sur le boulon même, afin qu'elles soient bien perpendiculaires à la longueur du boulon. Enfin, un écrou, à pas un peu fins, et
dont la face inférieure doit avoir été dressée au Tour, se monte sur le
bout taraudé du boulon *e*, et assujettit solidement la chaise du support à
sa semelle.

Si tous ces ajustemens ne sont pas faits avec la plus grande précision,
si la semelle et la base de la chaise ne sont pas parfaitement dressées, et
mises à l'épaisseur avec la plus grande justesse, enfin si le boulon n'est
pas mis en place, bien perpendiculairement aux plans de la semelle et de
la chaise, quelque soin qu'on prenne pour serrer l'écrou, on sentira que

Pl. 32.
la chaise tourne plus librement en certains sens que dans d'autres, et de là le ballottement qui se fera sentir dans toute la pièce, et qui influera sur l'exactitude des objets qu'on devra tourner.

La base de la chaise doit avoir une forme circulaire; et pour que ce cercle soit bien concentrique au boulon, on mettra sur le Tour à pointes un arbre de fer, qu'on arrondira avec soin sur ses centres : on y montera la chaise, et en même temps qu'on dressera la face de dessous, on arrondira son épaisseur, et on y fera une rainure circulaire, de six à huit lignes de diamètre.

On ajustera sur la semelle l'étrier de cuivre B, qui y est fixé au moyen de deux vis à pas fins, et de deux *pieds* ou goupilles qui sont fixées dans son épaisseur, et qui entrent dans la semelle, pour empêcher que cette pièce ne ballotte.

Entre les deux branches de cet étrier est une pièce de cuivre, qui y est ajustée à frottement, et qui porte la vis sans fin, dont les pas prennent dans ceux qu'on a dû pratiquer dans la rainure circulaire de la chaise. La vis sans fin est prise par des collets entre les bras de l'étrier mobile; au moyen de quoi, lorsqu'on la fait tourner avec la clef C, elle force la chaise de tourner sur elle-même : et comme cette vis pourroit prendre du jeu dans les pas de la rainure, ou ne pas presser assez contre, ce qui procureroit dans le mouvement un retard qu'on nomme *temps perdu*, on serre un peu la vis c, qui fait avancer le petit étrier et la vis sans fin, contre la rainure; par ce moyen, la vis engrène toujours dans le pas pratiqué à la partie circulaire de la chaise. Un index est fixé sur l'étrier immobile, et la pointe indique sur le bord de la chaise la direction qu'on a donnée, à droite ou à gauche, au support.

On n'a point placé le chariot ni le porte-outil sur le châssis de fer, afin de laisser voir la composition et le jeu de la chaise : on doit donc supposer que ce chariot est sur son châssis, qui ne diffère en rien des autres.

Si, dans une opération délicate, on éprouvoit quelque broutement, qui vînt d'un peu de jeu de la part du boulon, ou de ce qu'il ne seroit pas assez serré, on pourroit serrer un peu l'écrou, sauf à le desserrer après l'opération, pour faire marcher la vis.

En plaçant un outil sur ce support, on peut former, avec la plus grande régularité, des portions de sphère concaves ou calottes sphériques, telles que les bassins dont les opticiens se servent pour la fabrication des verres convexes. C'est là son principal avantage.

F La *fig.* 2, *Pl.*3 1, représente une clef ordinaire de Tour. Pour être bonne, Pl. 31. elle doit être d'acier, sans quoi à la tête ou six pans *a*, il se formeroit en peu de temps des bavures, qui, en élargissant les pans, nuiroient à sa justesse. Le bout *b* est en pointe arrondie et mousse, pour monter et démonter les boulons à tête percée, comme sont ceux des supports à chariot.

Comme on se sert du support à chariot pour tourner ovale et excentrique, qu'on a souvent besoin de tourner des moulures de toute espèce, et que les outils dont on se sert sont faits de manière qu'ils peuvent être fixés sur tous les supports dont nous venons de parler, nous croyons devoir en donner ici la description, afin que les Amateurs puissent se les procurer, en indiquant les numéros des planches et des figures. Ces mêmes outils servent également à guillocher; et lorsque nous en serons à cette espèce de Tour, il suffira de renvoyer le Lecteur à la planche qui les représente.

La *fig.* 3 est une espèce de peigne, qui, pour le Tour à guillocher, sert à faire la moire. Un commençant est souvent embarrassé pour former, avec un peigne ordinaire, le filet d'une vis en bois un peu fine, à cause de la variation que sa main éprouve : lorsque la perche ou l'arc remontent, il emporte le commencement des pas, et le tout est égréné. Il peut, en fixant ce peigne sur le support à chariot, faire des vis avec la plus grande justesse; mais comme, quand la perche remonte, l'outil égrèneroit le bois, si cet outil y touchoit, il faut avoir soin de tourner le boulon *G*, *fig.* 1, qui fait avancer l'outil quand la marche descend, pour le faire prendre, et le détourner quand elle remonte, pour dégager l'outil.

Le moyen de fileter un cylindre de bois bien net, est d'élever, en finissant, la main qui tient l'outil, et de prendre le bois au dessous du centre. On peut obtenir le même effet, en mettant vers la queue de l'outil un petit coin de cuivre, et serrer ensuite la vis de dessus : par ce moyen l'outil sera incliné comme si on le tenoit à la main ; on a même soin de laisser aux étriers *p*, *p*, un peu de jeu, tant pour que les outils d'épaisseur inégale puissent y entrer, que pour pouvoir leur donner de l'inclinaison.

La *fig.* 4 représente le même outil vu de côté. On y remarque, à chaque bout, deux biseaux différemment inclinés. Presque tous les outils de cette espèce doivent avoir deux biseaux semblables : comme ils doivent passer dans des parties circulaires de petit diamètre, si le biseau n'étoit pas très-allongé, les côtés entameroient le dessin : mais cet allongement diminue sensiblement sa solidité. On a donc imaginé de faire deux biseaux : l'un court pour conserver la force; l'autre allongé, pour éviter que l'outil ne s'engage : mais si l'outil étoit très-mince, cette précaution seroit inutile.

Les *fig.* 5 et 6 sont deux autres peignes plus étroits, selon la pièce où ils doivent être employés. On s'en sert, en guillochant, pour faire d'un seul coup une rosette à plusieurs filets.

Les *fig.* 7 et 8 sont des becs-d'âne carrés. Il en faut de toutes les largeurs, jusqu'à un quart de ligne, pour faire de petits champs, dégager des moulures, incruster des cercles d'écaille ou d'ivoire, d'une finesse imperceptible, ce qui en fait le mérite, enfin pour guillocher à jour

La *fig.* 9 est un grain-d'orge obtus. On s'en sert pour dresser une face de côté; et dans ce cas, comme on ne peut tourner l'outil, on ne peut l'employer qu'avec le support à bascule, *Pl.* 32.

Les *fig.* 10 et 11 sont deux grains-d'orge très-aigus pour tirer des filets très-fins, dégager des moulures, couper des cercles d'écaille ou d'ivoire, etc.

La *fig.* 12 est un outil de côté. Il est à propos d'en avoir à droite et à gauche, pour faire des portées, des gorges, etc.

La *fig.* 13 est un ciseau de biais. Il sert, en tournant un peu le support, à faire des dégagemens, et à *dégraisser* dans les angles, ce qu'on n'obtiendroit pas aussi sûrement s'il étoit carré.

La *fig.* 14 est un grain-d'orge de côté, dont les deux biseaux sont à angles droits, mais inclinés par rapport à l'outil. On s'en sert quand on veut faire une portée à angles droits, sans risquer de gâter une partie déjà terminée.

Les *fig.* 15 et 16 sont deux outils ronds, qui font l'effet de la gouge pour ébaucher une pièce, comme on le verra en son lieu.

La *fig.* 17 est une mouchette. On s'en sert pour former une baguette; et l'on sent qu'il faut en avoir de toutes les largeurs, selon la grosseur de la baguette qu'on veut former.

Les *fig.* 18, 19, 20 et 21 sont deux outils ronds et deux mouchettes de même diamètre, ayant une ou deux dents de peigne, pour former d'un seul coup, au Tour, une rosace en relief ou en creux, avec des filets en dehors.

Les *fig.* 22, 23, 24 et 25 sont des outils de moulures de différens profils; tels que doucine à carré, plate-bande à carré, plate-bande à baguette, etc.

Il faut observer que, pour ne pas multiplier les outils à l'infini, ceux-ci sont taillés par les deux bouts, et ordinairement d'une proportion un peu plus petite par un bout que par l'autre : par ce moyen, les outils ronds et les mouchettes peuvent se suivre en diminuant insensiblement. On peut varier ces outils, selon le goût de l'Artiste et la pièce qu'il travaille ; on s'est borné ici à donner les principaux pour les faire connoître.

Les Amateurs peuvent s'en construire eux-mêmes avec de l'acier fondu méplat, ou bien en forgeant et étirant de vieilles limes douces ; et leur donnant ensuite, avec beaucoup de soin, la forme qu'on désire. Nous recommandons d'étirer l'acier de lime à la forge ; il est constant, par l'observation, qu'une lime, dont on formeroit un outil sans la reforger, ne prend pas une trempe aussi bonne que quand on le *corroie* de nouveau.

Les outils à guillocher fatiguent ordinairement peu : aussi, quand ils cessent de couper vif, il suffit de les passer à plat sur la pierre à l'huile, ce qui leur rend la finesse de tranchant ; mais pour les outils dont on se sert pour tourner le cuivre, l'ivoire et le bois, comme il faut souvent les passer sur la meule, ils s'usent assez promptement, et on est obligé de les réparer en les faisant rougir cerise-brun ; après quoi on avive les tranchans avec de petites limes convenables, comme si on les formoit pour la première fois, et on les retrempe dans l'huile, ou autrement.

Les outils, tels que les becs-d'âne, qui, pour pénétrer avant dans l'ouvrage, ont besoin d'avoir à leur extrémité une partie dégagée très-longue, et par conséquent très-fragile, doivent avoir le biseau le plus court possible pour conserver leur solidité ; et les côtés dégagés doivent se joindre au corps de l'outil par un congé qui leur donne plus de force.

SECTION IV.

Instrument propre à affûter les Outils à un ou deux tranchans, comme Ciseaux et Grains d'orge.

Les personnes, même les plus exercées, éprouvent beaucoup de difficulté à bien affûter sur la pierre à l'huile les ciseaux, et surtout les grains-d'orge. Il est rare qu'on promène un grain-d'orge sur la pierre à l'huile bien plan, suivant l'un et l'autre biseau qu'on a faits à la meule. Quelques ouvriers, pour avoir plutôt fait, se contentent d'aviver l'angle du tranchant, et d'élever un peu l'outil sur le plat, ce qui forme deux nou-

Pl. 31.

veaux biseaux : voici un instrument à l'aide duquel on affûte parfaitement ces deux sortes d'outils.

La *fig.* 26 représente cet instrument vu de face, et celle 27, vu de côté. Une plaque de cuivre *A*, demi-circulaire, tourne par ses extrémités inférieures sur les pointes de deux vis d'acier *a*, *a*, et pivote sur ces points. La double équerre d'acier trempé *B*, *C*, *D*, sur laquelle tourne la plaque, a une de ses branches beaucoup plus longue que l'autre, et de la forme représentée par la *fig.* 27. A la plaque *A*, *fig.* 26, est pratiquée une entaille circulaire comme on la voit, et le cercle extérieur formant limbe, est divisé en degrés. La partie *D* de l'équerre porte également une entaille circulaire, comme on le voit *fig.* 27. Sur la plaque de cuivre *A*, est une règle ou alidade d'acier *E*, qui se meut sur un point *b*, qui est le centre de l'entaille. Vers l'entaille est fixé, dans l'alidade, un petit boulon dont le collet arrondi glisse dans cette entaille; et son extrémité est taraudée pour recevoir un écrou à oreilles, qu'on ne peut voir sur la *fig.* 26; au moyen de quoi l'inclinaison qu'on a une fois donnée à l'alidade est fixée par cet écrou. Sur cette règle ou alidade sont deux petits étriers aussi d'acier *c*, *c*, dans lesquels passe l'outil qu'on veut affûter. La position de cet outil est déterminée dans chaque étrier au moyen de trois vis, savoir : une sur chaque côté *d*, *d*, *d*, *d*, et une par dessus *e*, *e*. C'est par le moyen de cette alidade qu'on fixe l'outil à l'inclinaison de son tranchant, par rapport à sa longueur; mais il faut encore l'incliner suivant l'inclinaison de son biseau ; c'est ce qu'on obtient au moyen de ce que la plaque a la faculté de faire charnière aux deux points *a a*, et cette inclinaison est fixée par le quart de cercle divisé, que représente la *fig.* 27. Ainsi, quand on a placé un grain-d'orge, par exemple tel qu'il est représenté par les lignes ponctuées, sur l'alidade, à l'inclinaison qui lui convient par rapport à sa longueur, on penche la plaque vers le derrière de l'instrument, jusqu'à ce que le plan du biseau soit parallèle avec le plan inférieur de la double équerre, qui a pour largeur toute la longueur *a*, *a*, *fig.* 27; et un boulon pareil au précédent, fixé dans l'épaisseur de la plaque de cuivre, fixe, par le moyen d'un autre écrou à oreilles *b*, l'inclinaison de la plaque.

Pour rendre cette construction plus sensible, on n'a pas placé le grain-d'orge représenté par les lignes ponctuées juste, suivant l'inclinaison de son tranchant. Il n'y a que sa pointe qui s'aligne avec le plan inférieur de la double équerre; et l'on conçoit que, pour que la ligne entière de ce tranchant coïncide avec le plan inférieur de la double équerre, il suffit

de desserrer l'écrou à oreilles, qui est censé derrière la règle ou alidade, et de la faire venir tout contre le commencement de l'entaille
en *f*.

Pl. 31.

L'outil étant fixé convenablement dans ses deux sens, il suffit de le
promener circulairement sur toute la surface d'une pierre à l'huile bien
dressée; et l'on est assuré d'avoir un biseau bien plan, bien droit, et toujours également incliné. Le quart de cercle, étant divisé en degrés, donne
le moyen de déterminer invariablement, et pour toujours, l'angle du biseau, en sorte que, si on avoit plus ou moins altéré la forme du biseau, en
le passant sur la meule, on répareroit aisément l'erreur, en le promenant
sur la pierre à l'huile.

Pour faire l'autre biseau, on fait marcher l'alidade en sens opposé, jusqu'à ce que le quart de cercle marque le même degré d'inclinaison.

La surface inférieure de la double équerre s'use fort peu, car elle ne
touche à la pierre que par son extrémité, tant que le biseau la déborde;
aussitôt que cet excédant est détruit par le frottement, le biseau est formé
et l'opération terminée.

Rien n'est aussi difficile que de bien affûter à la meule un grain-d'orge,
pour que les deux biseaux soient également inclinés l'un à l'autre. Cette
difficulté augmente encore, si les outils, comme ceux dont nous nous occupons en ce moment, sont un peu courts. Il faut alors, pour les tenir solidement, les faire entrer un peu de force dans une espèce de manche percé, suivant sa longueur, d'un trou de grosseur suffisante.

SECTION V.

Mandrin à trois mâchoires.

On a long-temps cherché les moyens de construire un mandrin universel, dont les mâchoires pussent se rapprocher et s'éloigner du centre,
ensemble et par un même mouvement. Le mandrin, *Pl.* 33, approche
beaucoup de ce but, et comme il est peu connu, nous avons cru faire
plaisir à nos Lecteurs en leur en donnant la description.

Pl. 33.

La *fig.* 1 représente ce mandrin vu de profil. *A* est le plateau inférieur,
portant au centre un renflement dans lequel est pratiqué un pas de vis
pour le monter sur le nez de l'arbre. *B* est le plateau antérieur, joint au
précédent, au moyen de trois piliers qui maintiennent ces deux plateaux

à un écartement égal. *C C C* sont les trois mâchoires qui embrassent la pièce qu'on veut y saisir. *D* est le carré dans lequel se place la clef *fig.* 2, qui met en mouvement le mécanisme renfermé entre les deux plateaux, et recouvert d'une bande de cuivre *E*.

La *fig.* 3 est le même mandrin vu à plat, et du côté du plateau antérieur. *C C C* sont les trois mâchoires qui pivotent sur elles-mêmes en parcourant les rainures circulaires que l'on voit plus distinctement en *a a a*, sur la *fig.* 4, représentant le même plateau, séparé et dépouillé des mâchoires.

Les *fig.* 5, 6 et 7, représentent une de ces mâchoires vue dans ses différentes positions.

La *fig.* 8 est le mandrin dont on a enlevé le plateau antérieur pour mettre le mécanisme à découvert. *A* est une roue dont la circonférence est dentée, et portant sur sa surface trois rainures courbes *B B B*, dont on peut voir plus distinctement la forme sur la *fig.* 9, qui représente la même roue, vue séparément et hors de sa place. Cette roue tourne sur un pivot *C*, dont les extrémités entrent dans deux trous pratiqués au centre des deux plateaux. Trois jumelles en fer *E E E*, tournant sur pivot aux points *D D D*, embrassent la roue dentée au moyen de leurs deux branches, dont la *fig.* 10 montre la disposition. La *fig.* 11 représente la même règle, vue à plat et par dessus; les deux branches portent à leur extrémité *F*, un trou pour recevoir la tige de la mâchoire, vue en *A*, *fig.* 5 et 7. Cette tige traverse ainsi la rainure *a* du plateau supérieur, *fig.* 4, le trou *F* de la branche supérieure de la règle; la rainure *B* de la roue dentée *A*, *fig.* 8 et 9, enfin le trou de la branche inférieure de la règle au dessous duquel elle est retenue par une goupille, vue en *b*, *fig.* 5 et 7. La vis sans fin *G*, *fig.* 8, vue séparément, *fig.* 12, engrène dans les dents de la roue *A*, et communique ainsi le mouvement aux mâchoires qui se rapprochent du centre à mesure qu'on tourne la vis sans fin à droite au moyen de la clef, *fig.* 2, placée dans le carré *D*, *fig.* 1.

En effet, la roue dentée s'avance alors vers la gauche, et par le moyen de ses rainures *B B B*, qui produisent à peu près l'effet du plan incliné, force l'extrémité *F* des jumelles à se rapprocher du centre en pivotant sur le point *D*; et comme les griffes sont fixées sur les jumelles au même point *F*, il est clair qu'elles se rapprocheront ensemble, et par un même mouvement, du centre du mandrin, et serreront assez fortement les pièces qu'on y placera, pourvu qu'elles soient d'un certain diamètre; car à mesure que les mâchoires approchent du centre, la pression diminue

progressivement, et c'est probablement à cause de cet inconvénient qu'on
préfère à ce mandrin celui à quatre mâchoires, *fig.* 7, *Pl.* 29; quoique   PL. 33.
ce dernier n'ait pas l'avantage de serrer la pièce d'un seul et même mouvement.

Les taquets, *fig.* 13 et 14, fixent la vis sans fin sur le plateau inférieur;
la *fig.* 15 montre l'épaisseur de la roue dentée, et la *fig.* 16 celle d'un des
deux plateaux qui sont égaux entre eux, et sur toutes leurs dimensions.

CHAPITRE II.

Description du Tour ovale, tant à l'anglaise qu'à la française.

SECTION PREMIÈRE

Tour ovale à l'anglaise.

LA courbe ovale est produite sur le Tour en l'air par le mouvement circulaire d'une machine qui porte l'ouvrage autour d'un cercle qu'on met plus ou moins hors du centre de rotation, selon qu'on veut que l'ovale soit plus ou moins allongé, et dont nous allons donner la description.

Sur le nez de l'arbre, se monte un plateau de cuivre *A*, *fig.* 1, *Pl.* 34, ayant par derrière un renflement *H*, au centre duquel est l'écrou qui reçoit le nez de l'arbre. La justesse de cette machine dépend, en partie, du soin avec lequel le plateau et les autres pièces qui la composent ont été dressés et arrondis sur l'arbre même du Tour.

Sur l'autre face *A*, de ce plateau, *fig.* 2, sont deux coulisseaux *B B*, fixés sur le plateau, au moyen de deux vis chacun *aaaa*, dont on voit les trous en *aaaa*, *fig.* 1. Quatre poupées *CCCC*, sont montées à vis, sur le même plateau, et les quatre vis *bbbb*, qui les traversent parallèlement au plateau, viennent presser perpendiculairement contre ces coulisseaux, et règlent leur parallélisme; au moyen de quoi les trous qui reçoivent les quatre vis *aaaa*, sont un peu ovales, suivant la largeur des coulisseaux. On voit les trous de ces quatre poupées en *bbbb*, *fig.* 1.

Entre ces coulisseaux glisse à queue d'aronde une plaque de fer, *D*, *fig.* 2, qu'on nomme *Coulisse*, qui ne peut avoir de mouvement que suivant sa longueur qui est celle des coulisseaux. A distances égales des bouts de cette plaque ou coulisse, sont deux T, *B B*, *fig.* 1, dont les tiges carrées, passent à frottement juste dans deux rainures ou entailles *c c*, pratiquées dans l'épaisseur du plateau de cuivre, *fig.* 1 ; ces deux T sont fixés à la coulisse *D*, au moyen de deux écrous à chapeau *d, d.* Ainsi, Pl. 54. comme les têtes des deux *T* sont derrière le plateau, *fig.* 1, et vers la poupée du Tour, on conçoit que si, par quelque moyen, on peut les faire avancer et reculer, la coulisse suivra le même mouvement : c'est ce qu'on obtient par la pièce qui suit.

Sur la face antérieure de la poupée de devant du Tour, *fig.* 3, est une pièce de fer *A*, qu'on nomme *Fer à cheval*, parce que dans l'origine on lui avoit donné une forme demi-circulaire. On lui a conservé ce nom, quoiqu'on ait changé sa forme, ainsi qu'on le voit sur la figure. Cette pièce porte deux oreilles *a b*, dont l'une, celle *a*, est à charnière, et se replie contre la poupée, quand on ne se sert pas de l'ovale. Ce n'est que depuis peu d'années qu'on a imaginé de la faire ainsi plier, pour ne pas gêner l'Artiste quand il travaille au Tour en l'air simple. Ce fer à cheval est noyé de toute son épaisseur dans la poupée, et retenu solidement en place, au moyen de cinq vis à bois à têtes fraisées et affleurées proprement. Une entaille carrée laisse voir en entier les coussinets de l'arbre, qui l'affleurent. A chacune des deux oreilles *a* et *b*, est un trou carré, dont l'axe se trouve dans la ligne *c d*, qui passe par le centre de l'arbre.

Sur ce fer à cheval s'applique une pièce, qu'on nomme *Bague*, représentée, *fig.* 4, et qui détermine l'allongement de l'ovale, suivant qu'on éloigne plus ou moins son centre de celui du Tour.

Cette bague est de cuivre fondu. C'est un cercle au diamètre duquel sont deux oreilles *a, b*, parfaitement dressées dans tous les sens, et qui s'appliquent contre le fer à cheval. L'oreille *b*, est recourbée en devant à l'équerre. Chacune des oreilles est percée d'une entaille dans laquelle passe un boulon à tête et tige carrées, et dont le bout est taraudé. Ces boulons, sur la tige carrée desquels glisse la bague horizontalement, entrent dans les trous carrés des oreilles *a, b, fig.* 3, au moyen de quoi il n'y a que la bague qui puisse avancer et reculer. Une vis de rappel *c*, à tête carrée, passe dans un collet lisse et conique, pratiqué dans l'épaisseur de la partie de l'oreille recourbée en devant, et y est retenue par une plaque de fer fixée au moyen de trois vis. Sa partie filetée entre dans la tête du boulon *b, fig.* 4, qui pour cet effet porte une tête plus saillante que celui *a*, même figure. Au moyen de cet ajustement le boulon étant fixe dans son trou carré *b, fig.* 3, si l'on tourne la vis de rappel, la bague avance de ce côté, ou recule, selon qu'on tourne la vis à droite ou à gauche : et pour qu'on puisse revenir au même point

Pl. 54.

quand cela est nécessaire, et même mettre la bague au centre de l'arbre, l'oreille *b* , *fig*. 3, porte sur son champ un index, et le bras *b*, *fig*. 4, est divisé en parties égales, du mètre ou du pied. Par une suite des corrections que l'on a faites aux différentes pièces qui se montent sur le Tour, et pour pouvoir y exécuter les rampans et autres courbes, dont nous parlerons dans un des chapitres suivans, on a soin de donner au deux T assez de saillie, et à la bague assez de hauteur pour que, quand on tourne rampant et ovale à la fois, les T ne sortent pas de dessus la bague, ce qui arrive nécessairement aux ovales construits anciennement, et dans un temps où toutes ces pièces n'avoient pas encore été adaptées au Tour en l'air et ovale.

Sur le plat de la bague, et concentriquement au cercle, s'élève un anneau de huit à dix lignes de hauteur, tourné parfaitement rond à sa partie extérieure : celle intérieure n'exige pas une aussi grande perfection ; mais, nous le répétons, c'est de la parfaite concentricité de l'extérieur de cet anneau, avec le centre de l'arbre, que dépend toute la perfection de l'ovale. Nous croyons faire plaisir aux Amateurs, en leur communiquant la mé·thode par laquelle nous arrivons à ce résultat.

On commence par fixer l'anneau sur le devant du Tour, ensuite on ajuste sur l'arbre même qui le traverse, une espèce de trusquin coupant, *fig*. 10 et 11, dont le taillant *a* vient affleurer la circonférence extérieure de l'anneau ; ce trusquin, ayant pour centre celui de l'arbre même du Tour, ne peut manquer en tournant de rendre l'anneau parfaitement concentrique.

Toutes les pièces étant montées et disposées sur le Tour, comme nous venons de l'expliquer, si on laisse l'anneau concentrique à l'arbre, comme les deux T posent dessus, on conçoit que la coulisse *D*, *fig*. 2 , à laquelle sont fixés ces deux T, ne sera portée d'aucun côté ; qu'un point pris sur cette coulisse décrira un cercle, et que son point de centre sera au centre de rotation, et restera immobile ; mais si l'on fait avancer la bague au moyen de la vis de rappel, les deux T parcourront toujours un cercle autour de l'anneau ; mais ce cercle n'étant plus concentrique à l'arbre, il s'en suivra un allongement alternatif de deux points opposés du cercle, combiné avec le cercle lui-même, ce qui produit un ovale d'autant plus allongé, que l'excentricité sera plus considérable. Nous allons expliquer en peu de mots cet effet.

La bague, que pour l'intelligence de ce qui suit, nous supposerons placée au centre de l'arbre, sur la poupée , *fig*. 3, n'a de mouvement que celui horizontal, suivant la ligne *c d* , *fig*. 3. Lorsqu'on la dirige vers *d* , tous

Pl. 34.

les points de sa circonférence, qui se trouvent en dehors de la perpendiculaire *Ae*, s'écartent du centre *e*; mais ceux *c*, *d*, *fig.* 4, décrivent chacun une ligne droite, et parallèle à celle *a b* : or les deux T qui sont fixés sur la coulisse, et que nous supposons dans une position verticale, restent toujours dans la même position, soit qu'on excentre la bague, soit qu'on la tienne au centre de l'arbre. Il n'y a donc que l'écartement des points de la bague, qui sont dans la ligne horizontale, qui portent ces deux T, plus ou moins loin du centre; et comme chacun des T passe à son tour au point de la bague le plus éloigné du centre, il en résulte une ellipse plus ou moins allongée, suivant le plus ou moins d'excentricité de la bague.

Après avoir rendu sensible le mouvement que la bague imprime aux deux T, et par conséquent à la coulisse *D*, *fig.* 2, il nous reste à faire voir de quelle manière l'ouvrage est monté sur la machine.

La coulisse *D*, étant au repos, vient ordinairement affleurer le plateau par ses deux extrémités, et on la maintient dans cette position au moyen de deux chevilles d'acier, comme celles représentées à part en *I*, *I*, qu'on fait entrer dans des trous pratiqués vers les extrémités de cette coulisse, et qui correspondent exactement à deux trous pareils, faits au plateau. Au centre de cette coulisse, est une quille d'acier qui reçoit un nez mobile en cuivre, fileté à la grosseur, et du même pas que le nez de l'arbre du Tour, afin que les mandrins aillent également sur l'un et l'autre. Ce nez porte à sa base la roue dentée *E*. Une pièce en acier de forme conique à l'extérieur, et creusée intérieurement d'un trou à six pans, entre sur le milieu de la quille, et est recouverte par un écrou incrusté dans la face extérieure du nez mobile; ainsi au moyen du six pans, l'écrou ne peut se dévisser, pourvu qu'il ne frotte point contre l'intérieur du nez mobile. Les *fig.* 10 et 14, *Pl.* 36, représentent en détails toutes les parties de cet ajustement.

Sur la roue *E* est une partie circulaire *e*, qui en déborde tant soit peu le plan, et qui étant de la grandeur de l'embâse du Tour, reçoit les mandrins comme celle du Tour. On voit par ce qu'on vient de dire combien il est important que les nez des tours d'un laboratoire soient égaux les uns aux autres. Cette vérité deviendra plus frappante par la suite.

La roue *E* doit être dentée dans une division qui donne beaucoup de quotiens; cent quarante-quatre est le meilleur nombre; mais on se contente souvent de soixante-douze. Un verrou *G* glisse dans un coulisseau *F*, fixé sur la coulisse par deux vis. Un ressort *J* pousse ce verrou vers la denture, et l'y maintient solidement. Si on veut opposer des profils ovales à angles droits, comme on le verra dans la suite, après avoir tracé le premier, on désengrène le verrou et on fait faire à la roue dentée un quart de révolution, ce qui se fait aisément et exactement, en laissant passer le quart des dents. On seroit peut-être porté à croire que cette révolution peut se faire indifféremment à droite ou à gauche; cependant il faut toujours la faire à droite, de peur que si on la faisoit dans l'autre sens, le mandrin ne vînt à se dévisser; car, si cet accident arrivoit, il seroit très-difficile de le remettre dans sa première position.

Comme il est essentiel que les deux T touchent toujours la bague sur sa circonférence, on les placera dans une position verticale, et on jugera à l'œil s'ils touchent également sur la bague. Si l'un des deux s'en écartoit, on desserreroit un peu son écrou, et tournant à droite la vis de pression f de ce côté, on pousseroit le T contre la bague; mais il faut bien prendre garde que le T ne fasse que poser bien juste sur la bague, et qu'en resserrant l'écrou qu'on a lâché, ce même T n'appuie trop fortement, parce qu'il auroit été poussé de biais par rapport à sa longueur, et que l'écrou, en le redressant, le forceroit. Toutes ces précautions sont indispensables pour ne pas gâter une pièce dont la justesse fait le mérite.

Nous croyons ces détails suffisans pour faire connoître la construction de cette machine. Nous allons maintenant enseigner à s'en servir, et nous prendrons pour exemples un cadre et une tabatière.

Supposons donc qu'on veuille encadrer une estampe ovale. Il faut exécuter sur le cadre le même ovale que celui que présente l'estampe. On dressera et l'on mettra d'épaisseur, à la varlope, une planche de dimensions convenables, que l'on tiendra un peu plus grande en tout sens que l'ovale ne doit être. On lui donnera à la scie à peu près la forme qu'elle doit avoir, et on la fixera au moyen de trois ou quatre vis à bois, sur le mandrin de cuivre représenté *fig.* 9, *Pl.* 23, *T. I*, où les têtes de ces vis sont par dessous, et prennent dans la planche moins que son épaisseur. Pour pouvoir placer convenablement cette planche, il faut que le fil du bois soit dans sa longueur.

Si l'on n'a pas le mandrin dont nous venons de parler, on s'en fera un d'une planche de noyer, poirier ou autre bon bois; enfin on peut fixer une planche sur un mandrin un peu large du devant, et un peu court, pour éviter le broutement. Quand on se sera fait un mandrin, et qu'on l'aura arrondi et dressé en devant sur le Tour en l'air, il s'agit de monter l'ovale.

On mettra en place les deux chevilles *I, I, fig.* 2, afin que la coulisse

Pl. 34.

soit au centre du plateau: on dépliera l'oreille *a*, du fer à cheval, qui est à charnière, pour l'aligner à l'autre. On mettra la bague, *fig.* 4, à sa place , au moyen des deux boulons , dont l'un reste sur l'oreille de la bague. On serrera les écrous de ces boulons suffisamment pour que ces quatre oreilles s'affleurent exactement. En cet état l'anneau doit etre parfaitement au centre et l'index doit tomber juste sur le premier trait de la division placée sur l'oreille de la bague. Alors on prendra le plateau, et on le montera sur le nez de l'arbre, ayant soin qu'aucun des deux T ne heurte contre l'épaisseur de la bague, et le nez de l'ovale tournera parfaitement rond.

On mettra quelques gouttes de bonne huile sur l'extérieur de la bague et sur la coulisse , afin que les T y glissent plus facilement. On mettra la corde sans fin sur la roue motrice , et sur la poulie du Tour ; et comme dans cette opération le mouvement du tour doit etre fort lent, on se servira du plus petit diamètre de la roue et du plus grand de la poulie.

On montera ensuite le mandrin sur le nez de l'ovale ; et comme il peut se faire que ce mandrin ait été tourné bien plan et bien droit au Tour en l'air , et qu'il ne soit plus bien sur l'ovale, il sera à propos de le dresser , ou du moins de le vérifier pour s'assurer de sa perfection. C'est alors qu'on placera la planche dans laquelle on doit prendre le cadre, sur le mandrin, en mettant sa longueur dans le sens de la coulisse , ce qu'on obtiendra facilement, en faisant tourner le nez mobile.

Alors on mesurera la longueur et la largeur de l'estampe , y compris les marges nécesaires ; la première donne le grand axe, et l'autre le petit axe de l'ovale. On divisera en deux le nombre de lignes ou de millimètres dont le grand axe excède le petit, et faisant mouvoir la vis de rappel au moyen de la manivelle, on excentrera la bague de cette quantité; ce qui sera facile, puisque l'oreille porte une division en lignes ou en millimètres.

On tournera ensuite le cadre suivant le profil qu'on a déterminé , en dressant d'abord parfaitement la circonférence extérieure, puis les baguettes , gorges, champs et autres moulures.

Comme il faut, outre les profils, pratiquer une feuillure capable de contenir le verre, l'estampe et le carton qui doit recouvrir le tout par derrière, et qu'en creusant cette feuillure, on courroit risque que le cadre ne se détachât avant d'être terminé , il est bon de prendre la précaution suivante.

Quand le cadre sera entièrement terminé extérieurement, et par devant, on fera quatre petits taquets de bois, dont la hauteur excède de quelques lignes celle du cadre. On fera à l'un de leurs bouts un épaulement à

Pl. 34.

moitié bois, et on en placera deux aux extrémités du grand axe, et deux aux extrémités du petit, de manière que l'épaulement embrasse exactement l'angle extérieur du cadre. On les fixera sur le mandrin, au moyen de quatre vis à bois, mises en dessous, ou par dessus si le mandrin est de bois. Par ce moyen, lorsque la feuillure sera faite, et que le morceau du centre sera détaché, le cadre restera en place, et ne courra pas risque d'être cassé, si les taquets appuient solidement dessus.

Il y a une autre manière de faire cette feuillure: c'est de retourner le cadre, de le placer dans un mandrin creux et de le terminer par la face de derrière. Ce moyen ne peut être employé que pour un cadre d'une petite dimension, à cause de la difficulté de se procurer un mandrin creux d'une grande circonférence ; mais toutes les fois qu'on le pourra, on fera bien de s'en servir, parce qu'il donne la facilité de terminer au tour la face de derrière et de pratiquer sur l'epaisseur une gorge ou un chanfrein qui diminue le poids du cadre, et où l'on place plus aisément l'anneau qui le soutient.

Si avec un outil quelconque on entame la matière en un endroit pris à volonté, on décrira bien un ovale de même grandeur que celui qui résulteroit de l'outil placé plus haut ou plus bas, puisque tous les points de la courbe passent successivement par les mêmes points; mais chacun des traits qu'on auroit tracés ne seroit pas concentrique aux autres. Il suit de là que, quand on a une fois mis l'outil sur le support à une hauteur quelconque, si l'on change tant soit peu cette hauteur, et si l'outil est plus ou moins épais que le précédent, on n'a pas une courbe concentrique à celle qu'a tracée le premier outil; et ce défaut est infiniment sensible dans un profil qu'on exécute, puisque les moulures ne sont pas concentriques : c'est encore bien autre chose, si l'on tourne une boîte; la bâte ne s'accordera point avec son couvercle, et la fermeture ne sera pas exacte. Il faut donc que le support soit à une hauteur telle, que le dessus de l'outil soit au centre de l'arbre, et par conséquent qu'il entame toujours la matière à la même hauteur. Ainsi l'on aura des outils de même épaisseur, ou s'ils sont inégaux, on présentera l'outil à la pièce sans le faire couper, et on jugera à l'œil si tous les points de la courbe s'en approchent également. On baissera et on élévera la main jusqu'à ce qu'on y soit parvenu. Il suit de là qu'on ne peut pas couper le bois avec des gouges et des ciseaux; mais qu'il faut employer des ciseaux à un seul biseau dont on retourne le taillant avec un brunissoir, comme nous l'avons indiqué à l'article de l'affûtage.

Pl. 34.

A moins qu'on ne tourne du bois très-dur, cette manière de l'entamer ne doit pas produire des surfaces lisses et propres; mais, sans démentir le principe que nous venons d'établir, on peut diminuer les défauts qu'il entraîne. Si l'on dresse un champ, au lieu de présenter le ciseau à face et à plat, on l'inclinera sur sa largeur, et alors les fibres sont coupées de biais, comme quand nous avons enseigné à tourner des côtés de la gouge une planche qu'on veut arrondir sur son champ. On fera les gorges avec des ciseaux ronds à un biseau, et présentés à plat.

Enfin il y a encore une attention à avoir quand on veut tracer sur une surface plusieurs ovales parallèles et concentriques. Il ne suffit pas pour y réussir de changer la position de l'outil et de l'approcher davantage du centre. Les ovales qu'on obtiendroit ainsi auroient à la vérité leur grand et leur petit axe sur les mêmes lignes que l'ovale extérieur ; mais le rapport entre les deux axes varieroit à chaque ovale, le petit axe diminuant plus rapidement que le grand ; en sorte que, quand le grand axe n'auroit plus pour longueur que la quantité dont il excède le petit dans l'ovale extérieur, ce dernier seroit réduit à o ; et au lieu d'un ovale, l'outil ne traceroit plus qu'une ligne droite.

Il suit de là qu'il faut, à chaque nouvel ovale qu'on veut tracer, diminuer la longueur du grand axe en rapprochant la bague du centre du Tour, à l'aide de la vis de rappel. Si cependant on n'avoit à tracer que trois ou quatre ovales à une grande distance du centre, comme sont, par exemple, les moulures du cadre que nous venons d'enseigner à tourner, cette précaution ne seroit pas nécessaire, le défaut de parallélisme ne pouvant pas être sensible quand les ovales intérieurs sont aussi rapprochés de l'extérieur.

On tire encore un autre parti de la machine ovale : c'est celui de lui faire produire l'effet d'un excentrique. Nous en parlerons au chapitre suivant.

SECTION II.

Tourner une Boîte ovale.

Pour tourner une boîte ovale en bois ou en ivoire, il faut commencer par préparer un morceau où l'on puisse trouver l'ovale qu'on désire, et l'ébaucher exactement, tant sur le bout que sur sa longueur.

Après l'avoir mis au rond, on approchera le support contre la face antérieure, et avec un ciseau à face, on pratiquera au centre un trou rond ayant

Pl. 34.

pour diamètre un peu plus que la largeur de l'outil, et pour profondeur celle qu'on veut donner au couvercle. Il nous paroît inutile de prévenir que pendant cette opération, la pièce doit tourner rond; et qu'ainsi la bague doit avoir été ramenée au centre, et les deux chevilles I, I, *fig.* 2, avoir été remises en place. Nous ne saurions assez répéter qu'il faut avoir la plus grande attention, lorsqu'on met l'ovale au rond, que la bague soit parfaitement au centre. La moindre erreur altèreroit toute la machine, qui doit être de la plus grande justesse.

C'est alors qu'après avoir ôté les chevilles I, I, on excentrera la bague au point convenable pour l'ovale qu'on veut faire, et on déterminera ce point par les moyens que nous avons indiqués en enseignant à tourner le cadre. On donnera ensuite un trait de grain-d'orge au plus grand diamètre de l'ovale, après quoi on ôtera la pièce du Tour, sans la retirer du mandrin. On la saisira par le mandrin entre les mâchoires d'un étau, et on enlèvera avec une scie et une râpe tout le bois inutile qui se trouve en dehors de ce trait. Cette précaution empêche les saccades assez violentes qu'on ne manqueroit pas d'éprouver si on déplaçoit au Tour cette quantité de matière. On remettra la pièce sur l'ovale, et on creusera le couvercle avec les outils convenables à la profondeur indiquée par le trou rond pratiqué au centre, au commencement de l'opération. On réservera au bord l'épaisseur nécessaire, et on apportera le plus grand soin pour qu'il soit exactement perpendiculaire au fond, après quoi on polira l'intérieur par les procédés indiqués dans le premier Volume.

En cet état le couvercle est terminé par dedans; on retournera le support; et avec un bec-d'âne très-étroit, on marquera la place où on doit séparer le couvercle de la boîte en traçant sur la circonférence une rainure de deux ou trois lignes de profondeur. On aura soin, en traçant cette rainure, de réserver assez d'épaisseur pour le fond du couvercle. On achèvera de séparer les deux pièces par un trait de scie, comme nous l'avons dit, en enseignant à tourner les boîtes rondes.

On creusera la cuvette par les mêmes procédés, et avec les mêmes précautions; on fera ensuite la bâte qui reçoit le couvercle; et c'est là le plus difficile. Si l'ovale du couvercle ne répond pas parfaitement à celui de la bâte; si l'on a dérangé quelque chose à la machine; enfin si l'on a tenu les outils un peu plus haut, plus bas, plus ou moins inclinés, les ovales ne se rapporteront pas, et le couvercle ne fermera jamais bien. On essaiera de temps en temps, jusqu'à ce que le couvercle entre juste; on dressera les bords de la cuvette, pour que le couvercle y pose exactement.

Enfin on fermera la boîte, et on terminera la cuvette et le couvercle exté- Pl. 34.
rieurement avec le même outil qui a servi à faire la bâte. Cette dernière
précaution est essentielle si on veut que l'extérieur de la boîte soit parfaitement concentrique à la bâte, et que l'on puisse par conséquent remettre
le couvercle indifféremment dans un sens ou dans l'autre du grand axe
de la boîte, sans qu'on en puisse sentir le joint. On polira les deux surfaces
avec soin ; puis on coupera la cuvette à la hauteur qu'on désire. Quand la
boîte est ainsi terminée, on ôtera le couvercle, et on polira l'intérieur par
les procédés ordinaires.

On tournera un mandrin, en y pratiquant une portée du même ovale
que la bâte. On y fera entrer la cuvette un peu juste, et on terminera
le dessous, comme on l'a enseigné pour les boîtes rondes.

Si l'on vouloit doubler cette boîte en écaille, on feroit le couvercle sur
un mandrin, et la cuvette sur un autre. Après avoir tourné le couvercle
intérieurement ovale, on mettroit au fond une plaque de même forme :
on l'y colleroit avec de bonne colle de poisson, après avoir tacheté le
fond de quelques mouches de vermillon, pour donner du jeu à la mar-
brure de l'écaille. On choisiroit un cercle d'écaille d'un diamètre convenable, on l'amolliroit dans de l'eau tiède pour le faire entrer sur un triboulet ovale, après quoi on le tourneroit de la même forme que le
couvercle, et on le colleroit juste, en le faisant appuyer sur la plaque.
On en feroit autant à la cuvette, et on donneroit au cercle assez de hauteur
pour que l'excédant pût servir de bâte comme dans les boîtes rondes.
On laisseroit sécher le tout, et on tourneroit cette bâte extérieurement,
jusqu'à ce que le couvercle y entrât juste. Du reste la boîte et le couvercle
se terminent et se polissent de la même manière ; ce ne sont que quelques
difficultés et de la patience de plus.

On peut aussi faire de semblables boîtes ovales en écaille. Quand on
a moulé la boîte et le couvercle par les procédés que nous enseignerons
à la fin de ce Volume, on place chaque pièce séparément dans un mandrin auquel on pratique une portée qui peut contenir environ le quart de
leur hauteur.

Cette portée se fait au Tour ovale. Pour lui donner exactement la forme
qu'elle doit avoir, on mesure les deux axes de la boîte, et on excentre la
bague de la moitié de l'excédant du grand axe sur le petit, comme nous
l'avons dit en parlant du cadre. On termine les deux parties intérieures,
après quoi on retire le couvercle du mandrin sur lequel il a été travaillé,
et on l'ajuste sur sa boîte pour terminer la face extérieure. On tourne en-

Pl. 34.

suite les champs avec l'outil qui a servi à terminer la bâte ; on replace la cuvette par sa gorge dans un mandrin pour terminer la face du dessous, et la portion du champ qui se trouvoit dans la portée du mandrin.

Les personnes qui n'ont pas encore acquis une grande habileté dans l'exécution pourront tourner ces boîtes ovales, soit en bois, soit en écaille, à l'aide du support à chariot dont nous avons donné la description dans le Chapitre précédent. On placera sur ce support un outil à deux taillans formant ensemble un angle droit, l'un au bout, l'autre de côté, *fig.* 12, *Pl.* 31, et avec ce seul outil on terminera entièrement la boîte, tant à l'intérieur qu'à l'extérieur, en changeant la position du support pour présenter alternativement l'outil sur les faces et sur les champs de la boîte et du couvercle.

Pendant tout le travail il faut avoir soin qu'aucune des pièces ne prenne de jeu, que les frottemens soient doux ; et pour cela on y mettra, de temps en temps, quelques gouttes de bonne huile. Au moindre cliquetis qu'on entendra, il faudra arrêter, chercher d'où il vient, et y remédier. Le mouvement ne doit être, ni trop vif ni trop lent. La corde sans fin doit être mise sur le petit diamètre de la roue motrice, et sur la plus grande des poulies qui sont sur l'arbre.

On pourroit à la rigueur tourner ovale à la perche ou à l'arc ; mais à cause du retour, on ne pourroit se servir du support à chariot ; et même, ce retour de la machine, lorsque la marche remonte, occasionne des frottemens en pure perte ; les saccades de l'allée et venue se font sentir sur l'ouvrage ; au lieu que la machine, une fois en train, d'un mouvement continu et uniforme, n'éprouve plus de secousses.

Le principal soin qu'on doive avoir d'une machine ovale, est de la préserver de la poussière, qui, mêlée avec l'huile, dont ces sortes de pièces sont ordinairement imbibées, forme un cambouis qui use en peu de temps les ajustages.

Toutes les fois qu'on veut se servir de l'ovale à l'anglaise, qui est assez souvent sujet à se déranger, surtout si c'est pour quelque pièce délicate, il faut vérifier s'il est parfaitement juste. Comme il se monte sur le Tour en l'air, qui travaille beaucoup plus que l'ovale, qu'on a souvent besoin d'emmandriner une pièce, ou de la dresser à coups de maillet, et qu'ainsi les coussinets fatiguent beaucoup, il faut d'abord examiner si le centre de l'arbre est toujours dans la ligne *c*, *d*, *fig.* 3, *Pl.* 34 ; et pour s'en assurer, on mettra la bague en sa place ; puis ayant monté un mandrin sur le nez de l'arbre, on y adaptera une réglette en bois, portant à sa partie supérieure

une petite pièce de bois en retour, qui vient affleurer la circonférence extérieure de la bague. Cette réglette ressemble au trusquin, *fig.* 10 et 11, dont on
se sert pour tourner cette bague, et quand la pointe touche la bague du
haut, et ne la touche point du bas, on remontera tant soit peu le coussinet
inférieur, en interposant entre lui et le bas de l'entaille, de petites lames
de cuivre mince, ou quelques feuilles de papier, jusqu'à ce qu'on voie que
la pointe touche par tout.

Si l'huile qu'on a mise aux coulisseaux et à toutes les parties frottantes
est un peu noire, on nétoiera toutes les pièces, on les essuiera avec un
linge propre, et on y mettra de nouvelle huile.

Pl. 34.

SECTION III.

Ovales à la française.

Pl. 35.

L'Ovale à l'anglaise que nous venons de décrire donne, comme on l'a
vu, des résultats fort exacts; mais, à moins de lui donner un très-grand
diamètre, on ne peut obtenir avec cette machine que de petites ou de
moyennes pièces ovales, parce que l'allongement, ou pour mieux dire,
l'excentricité qu'on peut donner à la bague pour allonger l'ovale, est très-
borné, puisqu'il ne peut excéder la moitié de la différence qui existe entre
le rayon de l'embâse du Tour et celui du plateau de l'ovale; on conçoit en
effet que, quand on a fait parcourir cette distance à la bague, sa circonférence intérieure vient toucher l'embâse et ne peut plus avancer.

Lors donc qu'on veut exécuter quelque pièce d'un grand diamètre, comme
un cadre de tableau, des panneaux de menuiserie, ou autres; on préfère
se servir de l'ovale à la française, dont le frottement est moindre, et auquel
on peut donner un bien plus grand allongement, proportionnellement à
son diamètre, ainsi qu'on le verra dans la description que nous allons en
donner.

La *fig.* 1, *Pl.* 35, représente le canon immobile de l'ovale. Cette pièce,
qui est parfaitement cylindrique intérieurement et extérieurement, reçoit
une tige *fig.* 8 dont on voit le bout en *B.* Au bout opposé de cette même
tige, est fixée une pièce de fer *A*, vue à plat *fig.* 4, de deux à quatre pouces
de long, selon la grandeur du Tour et l'excentricité qu'on veut lui donner.
Cette pièce, qui tient à la tige par une de ses extrémités, pose dans une fourchette aussi de fer *a, a, fig.* 3, vue à part *fig.* 9, qui a la faculté de s'allonger
et de se raccourcir, selon la longueur qu'on veut donner à l'ovale. Cette

Pl. 35.

longueur, une fois déterminée, on serre l'écrou qui est en *a*, *fig.* 5, et qui réunit les deux pièces, et maintient l'excentricité de la fourchette. Derrière la poupée *B* du Tour est un support de fer *C*, sur lequel est fixé un étrier *D*, entre les branches duquel entre la partie méplate *b*, *fig.* 1, de la tige dont nous avons parlé; et un écrou à oreilles *b*, *fig.* 5, rend immobiles la tige, son canon et la pièce, qui, par l'autre bout détermine l'excentricité. L'arbre du Tour *A*, *fig.* 5, percé dans toute sa longueur, reçoit à frottement la tige et son canon, et tourne dessus, tandis que la tige et le canon sont immobiles, au moyen de ce qu'ils sont retenus par l'encoche ou carré *B b*, *fig.* 1, et par l'écrou *a*, *fig.* 5.

Sur l'embâse de l'arbre *A*, *fig*, 5, est fixé avec de bonnes vis à tête noyée, un plateau de cuivre *A*, *fig.* 3, et *C*, *fig.* 2, creusé à son centre, d'un ravalement ayant pour diamètre la moitié de celui du plateau, et suffisamment profond pour que la fourchette *a a*, *fig.* 3, dont nous avons parlé, en affleure la surface extérieure. Cette fourchette porte un petit tourillon *b*, *fig.* 3, dont l'excentricité détermine l'allongement de l'ovale. Deux coulisseaux *B B*, d'acier, sont fixés sur ce plateau, comme à l'ovale à l'anglaise, et maintiennent, à queue d'aronde, la coulisse, *fig.* 4. Sur la face de cette coulisse, et dans son épaisseur, est pratiqué un ravalement, dans lequel sont placés deux coulisseaux *a a*, entre lesquels glisse une noix *b*, qui ne peut se mouvoir que suivant la longueur des coulisseaux. Le tout affleure la grande coulisse. Cette noix *b*, est percée à son centre d'un trou rond, dans lequel entre le bouton *b*, *fig.* 3. Ainsi, quand la coulisse, *fig.* 4, est appliquée contre le plateau *A*, *fig.* 3, et retenue entre les coulisseaux *B B*, *fig.* 3, et que le bouton *b* est entré dans le trou de la petite coulisse *b*, *fig.* 4, comme la fourchette est immobile, si l'arbre et la plaque tournent, la grande coulisse *B*, *fig.* 4, retournée comme on la voit, *fig.* 2, doit nécessairement aller et venir dans le sens des coulisseaux, *fig.* 2, et décrire un ovale.

On a représenté en *C*, *fig.* 1, l'assemblage des pièces dont le jeu forme l'ovale, quand tous les canons sont montés les uns sur les autres : *a* est l'embâse de l'arbre du tour; à cette embâse est fixé, avec de bonnes vis à tête perdue, le plateau de cuivre *b*, représenté à part en *A*, *fig.* 3, qui porte les coulisseaux, et ne forme qu'une même pièce avec elle : *c c* est la plaque mobile ou coulisse, vue en *B*, *fig.* 2.

Si donc on veut tourner sur ce Tour une pièce ovale, on commencera par desserrer les écrous de derrière, *B* et *a*, *fig.* 1 ; et comme la tige *B*, en passant dans le canon *A*, est fixée par l'autre bout, à la petite règle

Pl. 35.

de fer *c*, placée à l'une de ses extrémités, et que cette règle appuie sur deux
feuillures pratiquées dans l'épaisseur de la fourchette *a*; *a*; cette fourchette
acquiert par là la faculté de glisser sur la règle, et d'excentrer plus ou
moins le bouton *b*; on mettra ce bouton à l'excentricité qu'on croira convenable, en poussant la coulisse, dans le sens de son allongement, au point
désiré. Une division tracée sur le coulisseau *A*, *fig.* 2, donne la facilité
de trouver ce point sans tâtonner : il suffit de mesurer les deux axes de
l'ovale qu'on veut exécuter; la moitié de leur différence donne la distance
qu'il faut faire parcourir au bouton. Ensuite on serrera légèrement l'écrou
a, qui, en appuyant contre le canon, tire à lui la tige, et par conséquent
la règle, et empêche la fourchette de glisser et de changer de position. On
mettra à tous les canons et dans toutes les parties qui éprouvent des frottemens un peu de bonne huile, et l'on opèrera de la même manière que
nous l'avons enseigné en parlant du Tour à l'anglaise.

Tel est le Tour ovale dont on s'est servi pendant long-temps, et dont se
servent encore les Tourneurs en gros ouvrages; mais cette machine exige
un tour et une monture particulière qui ne peuvent être employés à aucun
autre usage, et ne dispense pas d'avoir un Tour en l'air ordinaire : nous
avons donc cherché et trouvé les moyens d'adapter cette mécanique au
Tour en l'air ordinaire; dont l'arbre est percé, alaisé, et surtout tourné extérieurement sur son trou, ce qui n'ôte pas les moyens d'y monter toutes les
autres pièces dont nous avons donné, et dont nous donnerons la description.

Sur le nez de l'arbre du Tour, qui doit être percé dans toute sa longueur, se monte le plateau *A*, vu en coupe *fig.* 1, et de face *fig.* 2, *Pl.* 36.

Pl. 36.

Au centre de ce plateau est pratiqué, comme au précédent, un ravalement
circulaire *a*, qui occupe la moitié de son diamètre, et creusé à sept ou
huit lignes de profondeur. Ce ravalement est percé, à son centre, d'un
trou conique ayant pour diamètre à sa partie supérieure celui du trou
de l'arbre du Tour contre lequel il vient poser. On fait passer par le trou
du ravalement la tige *B*, *fig.* 3, qui doit traverser l'arbre dans toute sa
longueur. L'une des extrémités de cette tige porte une boîte en fer *C*,
dont le diamètre est un peu moindre que celui du ravalement, et dont
la face extérieure vient presque affleurer celle du plateau. Dans l'intérieur
de la boîte est une plaque de fer, *fig.* 20, portant, par un ajustement
à queue d'aronde, le bouton *D* qui sert à déterminer l'allongement de
l'ovale. Ce bouton, représenté séparément *fig.* 5, se meut à l'aide de la
vis de rappel *c*, *fig.* 2 et 3, et dont le développement est donné *fig.* 4. Sur
la face antérieure du plateau *A*, se montent deux coulisseaux *E E*, *fig.* 6.

Pl. 36. qui y sont fixés par des vis à tête plate *fig.* 22. On voit le développement d'un de ces coulisseaux dans la *fig.* 7. Quatre poupées en acier *F F F F*, *fig.* 6, dont on voit le développement *fig.* 8, déterminent le parfait parallélisme des deux coulisseaux, au moyen des vis de pression qui les traversent

Entre les coulisseaux *E E*, glisse la coulisse de fer *G fig.* 9, vue de profil *fig.* 10, et de coupe *fig.* 11. Cette coulisse porte sur sa face postérieure, c'est-à-dire celle qui touche le plateau, un ravalement du même diamètre que celui du plateau, et de quatre lignes de profondeur, rempli en partie par deux coulisseaux demi-circulaires, et à queue *I I*, dont l'un est enlevé et se voit de face *fig.* 12, et de profil *fig.* 13.

Ces coulisseaux sont tenus par deux vis *I I*, *fig.* 11; leur queue, qui n'a guère qu'une ligne d'épaisseur, vient se placer dans une levée de la même grandeur, pratiquée sur la coulisse. Au dessous de cette levée, et toujours sur l'épaisseur de la coulisse, est percé un trou taraudé qui reçoit une vis de pression *e*, *fig.* 11, qui vient buter contre la partie demi-circulaire du coulisseau, et sert à le rapprocher plus ou moins de la noix, dans le cas où la machine auroit pris du jeu à la suite d'un long travail.

Entre ces deux coulisseaux, glissent carrément deux coussinets en cuivre *K*, *fig.* 9, dont la réunion présente un trou circulaire du même diamètre que le bouton *D*, *fig.* 1, et qui tendent toujours à se rapprocher de l'axe sur lequel ils tournent à mesure qu'on serre les vis qui appuient sur le sommet des coulisseaux, et dont nous venons de parler.

La face antérieure de la coulisse présente une portée saillante et circulaire *b*, *fig.* 10, nécessitée par le ravalement creusé de l'autre côté. Au centre de cette portée, s'élève une quille d'acier *c*, à six pans, suivie d'un taraudage, et précédée d'une portion conique. La quille reçoit un cône en acier *n*, percé d'un trou à six pans, qui s'ajuste comme celui de l'ovale à l'anglaise, et qui est fixé en sa place par l'écrou *n*. L'usage de cette quille est de porter le nez mobile *G*, *fig.* 6, vu de coupe *fig.* 14, qui est percé, au centre, d'un trou conique par lequel il entre sur la tige. Il y est d'autant plus solidement maintenu, qu'il embrasse par sa partie postérieure la portée saillante et circulaire de la coulisse. Le diamètre de la roue dentée qui se trouve à la base du nez mobile est beaucoup plus grand que dans l'ovale à l'anglaise, ce qui permet d'y pratiquer un bien plus grand nombre de dents; avantage précieux dans les opérations qui exigent de la précision. Cette roue dentée est maintenue dans la position où on la veut fixer par un cliquet à ressort *H*, *fig.* 6, développé *fig.* 15 et 16.

Voilà toutes les pièces de l'ovale qui s'ajustent sur le devant de la tige. Nous allons à présent décrire celles qui se trouvent sur le derrière. Cette tige est terminée par une partie taraudée, précédée d'un six-pans, sur lequel se monte une pièce en cuivre *D*, *fig.* 3, qui y est retenue par un écrou à six pans. Cette pièce se termine par une partie conique qui entre dans l'extrémité du trou de l'arbre, à laquelle on a donné la même forme.

L'usage de cette pièce est de rendre la tige de l'ovale immobile, en laissant libre le mouvement de l'arbre du Tour. C'est pour cela qu'elle porte deux tourillons *a*, *a*, *fig.* 17, sur lesquels viennent buter les pointes des deux vis *b*, *b*, qui traversent les branches de la fourchette de cuivre *fig.* 17. A l'autre extrémité de la tige de cette fourchette, se trouve un coulant conique ayant pour diamètre, vers la moitié de sa hauteur, la largeur de la rainure de l'établi sur lequel on travaille. Au moyen de ce coulant, la fourchette est fixée solidement, et ne peut éprouver aucun ballottement; ce qui est essentiel pour la perfection de l'ouvrage.

La *fig.* 18 représente toutes les pièces de l'ovale, réunies et ajustées sur le devant de la tige; on voit en *b* le trou par lequel on introduit la clef *fig.* 19, servant à faire mouvoir la vis de rappel qui met en mouvement le bouton destiné à déterminer le degré d'excentricité.

Après avoir décrit les pièces qui composent cet ovale, et la manière de les assembler, nous allons donner en peu de mots la manière d'en faire usage.

Nous supposerons d'abord la pièce au rond; en cet état le bouton d'excentricité est au centre du Tour, et correspond au nez de l'ovale. On fixe la coulisse *G* au moyen des chevilles *I*, *I*, *fig.* 6, et on met l'arbre en mouvement, pour préparer la pièce comme à l'ordinaire. Ensuite on détermine la longueur des deux axes de l'ovale qu'on veut exécuter, et après avoir trouvé par le calcul le degré d'excentricité qu'on veut donner, on place la coulisse horizontalement, de manière que le trou *b* se trouve en face de la tête de la vis de rappel, fixée à la boîte intérieure. On retire les chevilles *I*, *I*, et on introduit la clef pour donner le degré d'excentricité nécessaire. On juge aisément quand on est parvenu à ce degré, au moyen d'un index ajusté à la coulisse, et d'une division tracée sur un des coulisseaux. On met alors le Tour en mouvement, et on opère comme avec les autres ovales. La nature et la position des outils sont absolument les mêmes; mais cette pièce réunit plusieurs avantages que ne présentent pas les autres.

La nature de sa construction permet de donner une bien plus grande excentricité, proportionnellement au diamètre du plateau, et les frottemens sont beaucoup moindres.

On peut encore avec cet ovale tourner rond et ovale alternativement, sans être obligé de faire mouvoir la vis de rappel, et par conséquent sans rien déranger à son excentricité ; il suffit pour cela de retirer les deux vis *b, b, fig.* 17, de ramener la coulisse *G* à la position verticale, et de replacer les chevilles *I, I ;* alors la tige, n'étant plus immobile, suit le mouvement du Tour, et par conséquent n'agit plus sur les pièces intérieures de l'ovale.

Enfin cette pièce possède encore une propriété qui en rend l'usage infiniment commode dans plusieurs circonstances. A l'extrémité de derrière de la tige, on remplace la pièce *D* et la fourchette *fig.* 17, par une poulie *fig.* 21, et on arrête le mouvement de l'arbre en serrant ses collets dans une position telle que la coulisse soit placée verticalement. En cet état, si on met la tige en mouvement au moyen d'une corde placée sur la poulie, la coulisse décrira, en marchant, une ligne droite égale au double de l'excentricité donnée à la pièce. En approchant le support à chariot d'un cylindre monté sur le nez, on pourra facilement par ce moyen exécuter un prisme droit, ou une pyramide de tel nombre de faces qu'on le désirera, puisqu'on peut, à l'aide de la roue dentée, diviser une circonférence en autant de parties qu'on le veut.

On appréciera cet avantage quand on tournera une colonne, et qu'on voudra exécuter les parties carrées de la base et du chapiteau, qui présentent de grandes difficultés pour les faire à la main, surtout dans un chapiteau dorique.

On a vu dans plusieurs endroits de ce chapitre combien il étoit important, pour tourner ovale, de tenir toujours les outils précisément à la même hauteur.

Pour y réussir plus sûrement, on a imaginé l'espèce de support représenté *fig.* 6, *Pl.* 35. Un châssis de fer s'ouvre à charnière au point *a ;* quand on veut tourner sur la longueur de la pièce, on se sert de la cale *c*, qui a la faculté de se hausser et baisser, au moyen de l'écrou à chapeau *b*. Quand on veut tourner de face, on baisse le châssis ; et l'outil, posé à plat, ne peut être incliné ni en avant ni en arrière. On a même imaginé de fixer cet outil sur le support au moyen du crochet représenté *fig.* 7 et 11. On passe le T *a a* entre les jumelles du support ; et, comme la partie *b* est ronde, Pl. 36. on tourne la tige *c*, suivant la longueur du châssis ; et appuyant cette tige sur l'outil, comme on le voit à la *fig.* 8 , cet outil est fixé solidement et invariablement. Cette méthode est assez bonne : il suffit de lever un peu le crochet, pour avancer imperceptiblement l'outil ; et, quand on n'a besoin que de couper de côté , il faut seulement tourner un peu cet outil de gauche à droite.

CHAPITRE III.

Des machines excentriques , et de leurs effets.

LES personnes qui ont déjà des connoissances un peu approfondies de l'Art du Tour, savent que, si l'habileté de la main, et l'art d'adapter à propos des procédés simples aux circonstances qui se présentent, constituent le mérite du Tourneur-Mécanicien, on ne peut trop multiplier les outils pour exécuter, avec précision et promptement, des pièces qui semblent ne pouvoir l'être qu'avec beaucoup de peine et de temps. Un des plus habiles hommes dans l'Art du Tour et de la Mécanique, feu Hulot, recommandoit sans cesse de se faire des outils propres à chaque opération. Les ouvriers ne veulent pas se pénétrer de cette vérité. Ils tiennent pour perdu tout le temps qu'ils emploient à faire des outils, et ne voient pas que l'outil une fois fait, l'ouvrage s'exécute beaucoup mieux et en bien moins de temps. Un habile ouvrier gagnoit autrefois de fortes journées à finir les pignons et les dentures de l'horlogerie ; et ces ouvriers étoient infiniment rares. Un homme de génie a inventé une machine pour remplir le même but ; l'Art y a gagné : la machine est entre les mains de personnes qui n'ont pas besoin de beaucoup de talens, et la main d'œuvre a considérablement baissé. Nous pourrions donner mille exemples de cette vérité.

On désire souvent tracer, sur le couvercle d'une boîte, une certaine quantité de cercles, entre le centre et la circonférence ; y creuser de petits ravalements pour y placer une suite de médaillons ou autres objets : enfin, on désire creuser, sur un plateau, assez de trous pour placer les boules d'un loto. Tous ces ouvrages et une infinité d'autres semblables se font au Tour en l'air, en mettant successivement au centre de rotation les centres des cercles qu'on veut tracer ou creuser.

Le moyen qui se présente d'abord pour exécuter tous ces cercles, c'est de mastiquer sur un mandrin la pièce qu'on veut tourner, de manière que le point de centre de chacun de ces cercles soit au centre de rotation; mais le plus souvent ce procédé n'est pas praticable, et d'ailleurs il ne produiroit jamais un effet régulier. Lorsqu'une tabatière est finie, comment, sans la gâter par du mastic, la remettre au Tour ?

On pourroit encore pratiquer sur un mandrin assez large, en le mastiquant sur un autre, une portée creuse, pour recevoir le couvercle de la boîte ou la pièce qu'on veut orner, de manière que cette boîte où cette pièce fût excentrée de la quantité qu'on auroit déterminée. En remettant ce mandrin sur le Tour en l'air, on sent que la boîte tourneroit excentriquement, et que, quand on auroit tracé un premier cercle ou creusé un ravalement, il suffiroit de changer le couvercle de position, en le faisant tourner sur lui-même; mais cette opération est très-minutieuse, peu juste et très-longue. La mécanique procure des moyens ingénieux et plus sûrs pour obtenir l'effet desiré, et que nous allons décrire dans les sections suivantes.

SECTION PREMIÈRE.

Tourner excentrique avec la Machine ovale à l'anglaise.

Avant de décrire les excentriques simples, nous allons enseigner la manière d'obtenir les mêmes effets avec l'ovale, ainsi que nous l'avons promis en décrivant l'usage de cette dernière machine, qui porte, comme on le sait, un nez mobile avec une roue divisée.

Pl. 34.

Pour tourner excentrique avec l'ovale à l'anglaise, on montera l'ovale sur le Tour sans y placer la bague; ainsi, on repliera contre la poupée l'oreille du fer-à-cheval, qui ne sert pas en cette occasion. On commencera par mettre les deux chevilles *I*, *I*, *fig.* 2, afin de s'assurer que le mandrin va tourner rond. Si la pièce est encore sur le mandrin sur lequel on l'a tournée au Tour en l'air, on la mettra sur l'ovale telle qu'elle est; sinon, on dressera bien un mandrin sur l'ovale même, et on y mettra la pièce, en la faisant entrer sans donner aucun coup de marteau ni de maillet, de peur d'altérer la machine. On tracera sur la pièce un trait de crayon, à la distance du centre où l'on veut que soient les centres des cercles qu'on va faire, ainsi qu'on le voit *fig.* 8. On ôtera les deux goupilles *I*, *I*. On desserrera la vis *H*, comme on a dû le faire toutes les fois qu'on a tourné ovale, et on excentrera la coulisse *D*, d'une quantité égale au rayon du

Pl. 34.

cercle intérieur qu'on vient de tracer et qui a pour centre le centre même de la pièce. On tracera avec un crayon bien fin un cercle de la grandeur qu'on désire, pour juger s'il est assez près du bord. Le goût seul peut diriger l'Amateur en cette circonstance, et nous donnerons quelques exemples d'entrelacement, dans le cours de ce chapitre.

On commencera donc par déterminer le nombre de cercles qu'on veut tracer; et l'on choisira toujours pour ce nombre, un nombre qui divise exactement celui des dents du nez mobile. Ainsi, si la roue est divisée en cent quarante-quatre ou soixante-douze, et qu'on veuille six cercles, ce sera vingt-quatre ou douze dents pour chaque division. On placera la roue dentée, de manière que la dent numérotée cent quarante-quatre ou soixante-douze, soit dans les dents du verrou, afin d'opérer la division avec plus de facilité. Si cependant on étoit astreint à partir sur la pièce d'un point déterminé, on feroit tourner la roue dentée E, jusqu'à ce que ce point vînt au centre de rotation, sans s'embarrasser du nombre auquel il tomberoit; et, comme pour six divisions il doit y avoir à chacune vingt-quatre ou douze dents d'intervalle, on compteroit ces vingt-quatre ou douze dents du point d'où l'on seroit parti.

Rien n'est aussi difficile que de tracer à la main des cercles d'une grandeur absolument semblable. Le plus sûr est de se servir du support à chariot, auquel on mettra un outil convenable. On fera tourner la manivelle jusqu'à ce que l'outil soit au point nécessaire pour tracer le cercle qu'on désire. On le fera avancer vers l'ouvrage, en tournant l'autre vis qui mène l'outil; mais il faut que la pièce ait été auparavant mise en mouvement. Si l'on ne veut que faire un cercle étroit et profond, pour y incruster un cercle d'écaille, on se servira d'un petit bec-d'âne très-étroit et affûté de manière que ses côtés n'endommagent point la rainure. Quand il sera à la profondeur requise, on remarquera sur la tête de la vis du devant du support ou à l'index qui est sur le porte-outil, à quel point il a été enfoncé; puis on le retirera en faisant tourner la vis en sens contraire. On fera passer le nombre de dents de la roue dentée, que la division a indiqué; on mettra le Tour en mouvement, et on enfoncera petit à petit, l'outil au même point où il l'a été la première fois. On le retirera; on passera à une autre division, puis à une quatrième, et toujours ainsi de suite, jusqu'à ce qu'on soit parvenu à la dernière.

Si l'on vouloit creuser un ravalement, il faudroit tracer simplement tous les cercles, les uns après les autres, avec un léger trait de grain-d'orge très-fin : puis, substituant à ce grain-d'orge un outil de côté à angles

droits par le bout, on emporteroit petit à petit tout le bois renfermé Pl. 54.
dans le cercle, en faisant aller et venir, au moyen de la manivelle, l'outil
du centre à la circonférence de chaque petit cercle, jusqu'à ce que le
ravalement fût net et égal aux autres, ce qui est toujours facile en
n'enfonçant pas plus l'outil à l'un qu'à l'autre. La *fig.* 8 représente six
cercles tracés excentriquement à celui du centre originaire.

Si l'on veut entrelacer plusieurs cercles les uns dans les autres, comme
le représente la *fig.* 9, plus ou moins loin du centre, et les remplir ensuite
de filets d'écaille, ce qui, sur une boîte, fait un effet très-agréable, on
les tracera avec un bec-d'âne très-mince, qu'on aura attention de ne pas
enfoncer plus aux uns qu'aux autres, de peur d'élargir la rainure à quelques
uns, et de la faire plus étroite à quelques autres.

On se pourvoira de gorges d'écaille, telles qu'on les met à de petits
étuis, si l'on ne sait, ou si l'on ne veut pas en souder soi-même : et en ce
cas, le plus sûr est de ne faire les cercles sur la boîte, que quand on a
les gorges d'écaille, et suivant leur grandeur. On mettra donc une de
ces gorges sur un triboulet convenable, tourné avec le plus grand soin.
On coupera un nombre suffisant de ces cercles; et on les amincira un
peu du côté où ils doivent entrer : on les collera solidement chacun en
leur place, avec de bonne colle de poisson, à mesure que les rainures
sont faites. Si on attendoit qu'elles fussent toutes terminées, il seroit difficile d'ajuster les petits morceaux qui doivent les remplir; car, par leur
position, ces cercles sont coupés en plusieurs endroits. Quand il seront
bien secs, on remettra la pièce au rond, et on les affleurera avec un
ciseau à face qui coupe parfaitement, et emportant peu de matière à la
fois, de peur qu'ils ne se cassent.

Au reste, nous ne prétendons pas dire que l'ovale puisse remplacer
absolument, et dans tous les cas, les machines excentriques. D'abord,
pour excentrer avec l'ovale, il faut en pousser la coulisse avec la main,
au lieu que dans les machines excentriques on la fait mouvoir à l'aide
d'une vis de rappel, qui permet d'excentrer d'une aussi petite quantité
qu'on le voudra, ce qui est un grand avantage, quand on veut travailler
avec justesse et précision.

Ensuite on ne peut excentrer plus que ne le permet la longueur de
l'entaille *g*, et souvent cette longueur est insuffisante. Il est vrai que l'on
pourroit faire au point *i*, un autre trou dans le plateau, le tarauder, et
y mettre la vis *H*, et qu'alors la coulisse pourroit être portée une fois
aussi loin du centre, en retirant les deux T : mais il ne faudroit pas user de

cette faculté sans discernement; car le fréquent dérangement des T dégraderoit infailliblement la machine, et lui ôteroit toute sa justesse.

SECTION II.

Excentriques simples.

On nomme *Excentrique simple* celui où l'ouvrage ne peut êtree xcentré que dans un sens. La moins compliquée en apparence des machines qui produisent cet effet, est celle représentée *fig.* 1 et 2, *Pl.* 37, et que nous nommerons *Excentrique à boîte.*

Cette machine n'est autre chose qu'une boîte vue par dessus, *fig.* 1, et de côté, *fig.* 2. La cuvette *A, fig.* 2, porte par derrière un renflement *B*, dans lequel on pratique un écrou pour la monter sur le nez de l'arbre. Dans l'intérieur de cette boîte, et sur la moitié de son diamètre, est ajustée une coulisse qui glisse entre deux coulisseaux, au moyen d'une vis de rappel dont la tête se voit en *D*, *fig.* 1 et 2. Cette vis porte, près de sa tête, une rainure circulaire de l'épaisseur des parois de la boîte, qui ne lui permet que de tourner sur elle-même, et de faire avancer ou reculer la coulisse dont nous venons de parler, au moyen d'un écrou pratiqué dans sa longueur, et que la vis traverse. A l'extrémité de la coulisse s'élève une quille qui traverse une rainure pratiquée au couvercle de la boîte *C*, et porte le nez mobile de la roue divisée *E*, *fig* 1 et 2. Par conséquent, en faisant tourner la vis de rappel, on excentrera la pièce placée sur le nez mobile, à la distance désirée, et, au moyen de la roue divisée, on pourra porter cette excentricité sur tous les points de la circonférence.

Cette machine remplace avantageusement celle qui étoit décrite *page* 164 du second Volume de la première édition, qui étoit extrêmement imparfaite, et dont il étoit à peu près impossible de faire usage avec succès.

La *fig.* 3. représente un autre excentrique simple avec lequel on peut excentrer d'une plus grande quantité qu'avec le précédent.

Sur un plateau de cuivre *A*, sont deux coulisseaux de fer *B B*, semblables à ceux de l'ovale, retenus en place, au moyen des quatre vis *a, a, a, a,* dont les collets passent dans des trous ovales, pratiqués sur l'épaisseur de ces coulisseaux. Quatre petites poupées *b, b, b, b*, plantées sur le plateau, donnent passage à autant de vis de pression, qui, en appuyant contre les coulisseaux, en assurent l'écartement et le parallélisme, outre les quatre vis, *a, a, a, a*, qui les fixent contre le plateau. Une coulisse *C* glisse à

queue d'aronde entre les coulisseaux, et porte à frottement doux et ▬▬▬
juste, par un recouvrement, sur ces mêmes coulisseaux. Lorsque la Pl. 37.
coulisse affleure, par ses deux extrémités, le plateau *A*, elle est, avec lui,
dans un même plan circulaire. Au centre du plateau *A*, est un écrou fixé
solidement, dans lequel prend une vis dont on voit la tête carrée *D*. Cette
vis, fixée par des collets pratiqués à ses deux extrémités, ne peut que
tourner sur elle-même, et par conséquent fait avancer et reculer la coulisse.
Pour ne pas être obligé de donner trop de hauteur à la pièce, le plateau et
la coulisse sont entaillés sur leur épaisseur, de la moitié de la grosseur de
la vis; ce qui permet à la coulisse d'approcher le plus près possible du
plateau. Avec une clef semblable à celles dont on se sert pour accorder
un clavecin, on fait tourner à droite ou à gauche la vis *D*, et la coulisse
s'écarte ou se rapproche du centre. On se sert du nez mobile *E*, comme
nous l'avons dit: ainsi nous n'y ajouterons rien de plus.

Enfin nous rappellerons à nos Lecteurs ce que nous avons dit *page* 288
du *T. I*, en parlant du mandrin universel, représenté *fig.* 7, *Pl.* 29, qui
peut tenir lieu d'excentrique quand on n'a besoin d'excentrer qu'un seul
point; mais, si l'on veut amener successivement plusieurs points d'une
même circonférence au centre de rotation, comme dans la *fig.* 8, *Pl.* 34,
l'usage de ce mandrin devient presque impraticable, en ce qu'il entraîne
des tâtonnemens désagréables, et qui nuisent necessairement à la régularité
de l'ouvrage.

SECTION III.

Excentrique incliné.

Les excentriques dont nous venons de donner l'explication ne peuvent
servir que pour des objets plans. Cependant il est possible qu'on veuille
percer un trou, tracer un cercle, faire un ravalement ou une portée
sur une partie sphérique ou sur un plan incliné; et il falloit trouver le
moyen de mettre cette partie de sphère ou ce plan dans une position verticale sur l'arbre du Tour : c'est à quoi on a réussi par la machine représentée *fig.* 4. *A* est un plateau de cuivre portant par derrière un renflement dans lequel est pratiqué un écrou qui se monte à vis sur le nez de
l'arbre. Sur ce plateau est ajusté à charnière en *a* un autre plateau en fer
B, à l'autre côté duquel sont fixés en dessous deux quarts de cercle divisés,
dont on voit un en *c*, et qui traversent le plateau inférieur *A*; une vis de
pression *d* arrête le plateau *B* au point d'inclinaison nécessaire.

Ce dernier plateau porte une coulisse *C*, semblable à celle de la *fig.* 3, et ajustée absolument de la même manière.

On excentre cette coulisse par le même moyen que dans les précédens excentriques. Une vis à tête carrée *f* l'appelle de son côté, ou la repousse en sens opposé. Sur la coulisse est un nez mobile avec un ressort, et un cliquet, comme aux autres, pour placer à une même inclinaison tous les points également éloignés du centre d'une pièce dont la face qu'on veut travailler est arrondie, ou à différens plans. Cette machine est indispensable pour guillocher les boîtes de montres et autres objets semblables, comme on le verra dans le chapitre du Guillochis.

SECTION IV.

Excentrique double.

La différence entre un excentrique simple et un double consiste en ce que le premier, comme nous l'avons déjà dit, n'excentre que dans le sens de la vis de rappel; et que le second excentre dans le sens opposé, et à angles droits. Détaillons la composition, le jeu et les avantages de cette machine.

La *fig.* 5 représente un excentrique double : Le plateau *A* porte une coulisse semblable à celle de la *fig.* 3, excepté qu'elle ne porte point de roue dentée ni de nez mobile, et ajustée absolument de la même manière.

Une vis de rappel indiquée par les lignes ponctuées *d*, est retenue par sa tête dont la forme est conique et entre dans une douille percée d'un trou de même forme, qui lie la vis à la coulisse. La tête est percée d'un trou carré pour recevoir la tige de la clef, au moyen de laquelle on la fait mouvoir. Cette vis traverse un écrou fixé au centre du plateau au moyen duquel la coulisse peut être excentrée suivant sa longueur.

Sur cette coulisse sont fixés deux autres coulisseaux de cuivre *D D*, au moyen de quatre vis *e*, *e*, *e*, *e*; et deux autres poupées *f*, *f*, pressent contre la coulisse *H*, et l'empêchent de prendre du jeu. Une vis de rappel, indiquée par les lignes ponctuées *g*, ajustée comme les précédentes, et passant dans un écrou qui est sous cette coulisse et fixé à la première *C*, force celle *H* de se mouvoir suivant sa longueur. Ainsi, au moyen des deux mouvemens, on peut excentrer le nez mobile *E*, sur deux sens à angles droits.

La roue de division du nez mobile *E* donne le moyen, comme celle des excentriques simples, de placer successivement au point de rotation tous

Pl. 57.

les points d'une même circonférence ; mais le procédé qu'on a employé ici
pour mettre cette roue en mouvement est différent de ceux qu'on a vus
jusqu'à présent ; et c'est pour donner au Lecteur tous les moyens de diviser qu'on peut employer dans ces sortes de machines, et dans beaucoup
d'autres, qu'on a représenté celle-ci.

Au lieu d'un verrou dont les dents prennent dans celles de la roue
dentée qu'on a vue aux autres divisions ; ici, c'est une vis sans fin *I*, retenue à l'aide de la gachette *K*, qui est fixée sur la coulisse *E*, au moyen
de la vis qu'on voit en *K*, et de deux étoquiaux qui arrêtent ses deux
branches sur la coulisse. La vis *I* roule par ses deux collets dans une entaille circulaire pratiquée au bout des deux branches, et ne peut se porter d'un côté ni de l'autre. Elle prend dans les pas pratiqués dans une entaille circulaire faite sur l'épaisseur de la roue ; par ce moyen, quand on
fait tourner la vis d'un ou d'autre côté, la roue tourne à droite ou à
gauche ; et comme elle est divisée en un nombre assez considérable, on
l'arrête vis-à-vis de la pointe de l'index *g*, qui est fixé par deux petites vis
sur une des branches de la gachette *K*, au point où l'on désire : cette manière de diviser une roue dentée et de la faire marcher est plus commode
en certains cas où l'on veut avoir des divisions très-multipliées.

On peut, avec l'excentrique double dont nous venons de donner la description, excentrer à la fois sur deux sens différens les pièces qui y sont
montées ; avantage précieux, surtout pour les artistes qui, comme les guillocheurs, travaillent presque toujours sur des pièces que leur forme ne permet pas de saisir commodément dans un mandrin. Ils appliquent ces pièces, à l'aide du mastic, sur la face d'un mandrin de bois, qu'ils montent
sur le nez de l'excentrique double. Au moyen de la coulisse inférieure,
ils placent le centre naturel de la pièce au centre de rotation ; et ensuite,
à l'aide de la coulisse supérieure, ils l'excentrent de la quantité nécessaire.
On conçoit que de cette manière ils obtiennent très-promptement et très-
sûrement des résultats, qui autrement leur coûteroient beaucoup de temps
et des tâtonnemens toujours pénibles et peu satisfaisans.

Mais ce n'est pas à cela qu'est bornée l'utilité de l'excentrique double.
Parmi les nombreux effets qu'on peut en obtenir, nous allons détailler
celui qui nous a paru devoir le plus intéresser nos Lecteurs, et qui leur
donnera en même temps la clef de beaucoup d'autres.

Nous supposerons qu'on veut tracer sur une ligne droite, par exemple,
sur le champ d'un cadre, une suite de cercles, de rosaces ou autres ornemens excentriques également ou symétriquement espacés.

Pour cela on placera la pièce dans un mandrin approprié à sa forme, que l'on montera sur le nez de l'excentrique, de manière que la ligne droite sur laquelle doivent être placés les centres de tous ces cercles, soit dans une direction parallèle à la coulisse inférieure, ce qu'on obtient aisément en faisant tourner le nez mobile, après quoi on élèvera ou on abaissera cette ligne, de manière qu'elle passe par le centre de rotation, où l'on amènera ensuite une de ses extrémités par le moyen de la vis de rappel de la coulisse inférieure. Alors on fera marcher la même vis de rappel en sens contraire jusqu'à ce que l'autre extrémité de cette ligne soit arrivée au même point, et on aura soin de compter le nombre des tours de la vis de rappel. On divisera ce nombre par celui des ornemens qu'on veut placer sur la ligne droite ; et après avoir fait le premier sur l'extrémité qui est au centre de rotation, on fera faire à la vis de rappel le nombre de tours indiqué par le quotient de la division qu'on vient d'opérer, pour amener au centre le point où doit être placé le second. On continuera ainsi jusqu'à ce qu'on soit arrivé à l'autre bout.

Si on vouloit tracer une seconde rangée d'ornemens parallèle à la première, on amèneroit au centre de rotation la ligne de leurs centres, au moyen de la coulisse supérieure, après quoi on répéteroit sur cette ligne les opérations que nous venons de décrire.

Enfin on pourroit, avec cette machine, placer des ornemens excentriques sur les champs d'un cadre carré, hexagone, octogone ou autre, en plaçant successivement chacun d'eux dans la direction de la coulisse inférieure, ce qu'on obtient toujours en faisant tourner la roue divisée du nez mobile. La *fig.* 24 offre un exemple d'un carré décoré de cette manière.

On voit, par ce que nous venons de dire, que l'excentrique double peut s'employer dans une infinité de circonstances, et que c'est par conséquent une pièce essentielle dans le laboratoire d'un Amateur.

Ce n'est pas qu'on ne puisse à la rigueur obtenir les mêmes effets avec un excentrique simple, puisqu'on peut avec celui-ci amener tous les points d'une surface au centre de rotation ; voici alors comment on pourra s'y prendre.

On montera l'excentrique simple sur le Tour, de manière que la coulisse se trouve placée verticalement, en fixant l'arbre dans cette position, à l'aide des vis de pression qui appuient sur ses collets. On y montera la pièce de manière que la ligne sur laquelle on veut opérer se trouve dans le même sens.

On amènera au centre de rotation l'extrémité supérieure de cette ligne, après quoi on y fera arriver l'autre bout, au moyen de la vis de rappel, dont on comptera soigneusement les tours.

Pl. 37.

Alors on approchera un support dont la cale soit bien dressée, et parfaitement horizontale, on tirera des traits parallèles également espacés sur la pièce que l'on fera descendre, en comptant de nouveau les tours de la vis de rappel, comme on l'a vu précédemment, à l'article de l'excentrique double. Ces traits couperont la ligne aux points où doivent être placés les centres des ornemens excentriques, que l'on amènera successivement au point de rotation, en combinant le mouvement de la coulisse et du nez mobile.

Mais cette opération est longue et exige des tâtonnemens difficiles; et en dernière analyse, le résultat n'en est jamais aussi satisfaisant que celui de l'excentrique double.

SECTION V.

Excentrique vertical.

L'usage de cet excentrique, représenté *fig.* 7 et 8, est de tracer des cercles espacés ou entrelacés sur la circonférence d'un cylindre, comme par exemple sur la hauteur d'une boîte ou d'un étui.

Le plateau *A* se monte sur le Tour en l'air au moyen d'un écrou pratiqué dans le renflement *B.*

On voit sur le plan, *fig.* 8, la forme de ce plateau qui est un parallélogramme arrondi par ses deux petits côtés.

Sur ce plateau glisse, à queue d'aronde, entre deux coulisseaux, une coulisse *C*, dont les deux extrémités sont relevées à angles droits, comme on le voit en *c d*, *fig.* 7 et 8. La partie *d* porte un nez mobile avec une roue de division, qui se meut au moyen d'une vis sans fin, semblable à celle *I*, *fig.* 5.

A l'autre bout *c*, est une pointe à vis, destinée à soutenir la pièce montée sur le nez mobile, lorsqu'elle a une certaine longueur.

En faisant mouvoir la vis sans fin, on amènera successivement au point de rotation tous les points de la circonférence du cylindre; et en faisant glisser la coulisse *C*, on y fera également passer tous les points de sa hauteur.

Cet excentrique est encore employé très-fréquemment par les guillocheurs, ainsi qu'on le verra dans le chapitre qui traite de ce sujet.

SECTION VI.

Tourner ovale et excentrique.

La combinaison de l'excentrique, avec la machine ovale, produit des ornemens qui décorent agréablement le couvercle d'une boîte, comme on peut le voir *fig.* 13, *Pl.* 39.

On peut varier d'une infinité de manières la direction des axes de ces ovales; mais la manière la plus ordinaire de les disposer, est de placer le grand ou le petit axe dans le sens du rayon du cercle de la boîte.

Si, après avoir monté sur une machine ovale quelconque un excentrique simple, *fig.* 1 ou *fig.* 3, *Pl.* 37, on fait tourner le nez mobile de la machine ovale, jusqu'à ce que la direction de la coulisse de l'excentrique se trouve parallèle à celle de la coulisse de la machine ovale, les ovales qu'on obtiendra auront leur grand axe dans la direction du rayon du cercle.

Si au contraire, au moyen du même nez mobile de la machine ovale, qui, comme on le sait, porte une roue divisée, on place les deux coulisses perpendiculairement l'une à l'autre, les ovales auront leur petit axe dans la direction du rayon du cercle.

On conçoit qu'au moyen de la roue divisée, on peut incliner plus ou moins ces ovales au rayon du cercle; mais, comme nous l'avons dit, il est plus ordinaire de placer leur grand ou leur petit axe dans la direction du rayon.

L'excentrique étant ainsi placé dans la direction qu'on a adoptée, on commence par tracer au crayon le cercle sur lequel on veut placer le centre des ovales, ensuite on fait marcher la coulisse de l'excentrique jusqu'à ce que le centre de rotation se trouve sur un des points de ce cercle.

Pour nous faire mieux entendre dans la description des opérations suivantes, nous supposerons d'abord, qu'on veut tracer autour du couvercle d'une boîte douze ovales, dont le petit axe soit dans la direction du rayon de ce couvercle, et qui se touchent par les points de cette circonférence où vient aboutir leur grand axe.

Pour obtenir ce résultat, il faut d'abord diviser la circonférence du cercle, qui doit porter les centres de tous les ovales, en douze parties égales; chacune de ces parties sera à peu près égale au grand axe. Nous disons à peu près, car l'axe d'un ovale étant une ligne droite, forme tangente au cercle, et par conséquent est un peu plus long que la portion du cercle renfermée dans l'ovale : ainsi, quand on opère sur une Pl. 39. boîte d'un grand diamètre, il faut ajouter quelque chose pour cette différence.

La longueur du grand axe étant ainsi fixée, on déterminera celle du petit axe suivant la largeur de la place que doivent occuper les ovales, puis on prendra la différence de ces deux axes, et on excentrera l'ovale de la moitié de cette différence, ainsi que nous l'avons dit en enseignant à tourner ovale.

Si on vouloit laisser un petit espace entre chaque ovale, ou placer entre chacun d'eux un petit cercle, comme on le voit *fig.* 13, *Pl.* 39, on diminueroit en proportion la longueur du grand axe.

Pour placer ces petits cercles intermédiaires, il faut commencer par exécuter tous les ovales entre lesquels on réserve la distance nécessaire. Ensuite remettant l'ovale au rond, on trace les cercles dont les centres doivent être placés à la moitié de la distance qui se trouve entre les centres des deux ovales voisins.

Ainsi, pour exécuter le premier de ces cercles, on fera faire au nez mobile de l'excentrique, la moitié de la révolution qui a servi pour espacer les ovales ; et pour les suivans, on lui fera parcourir la distance entière.

Avec les principes que nous venons de donner, il sera facile de varier la position de ces ovales, soit en inclinant plus ou moins leurs axes au rayon du cercle, soit en les entrelaçant, soit en leur donnant une forme plus ou moins allongée.

Il n'est pas inutile de rappeler aux Amateurs que, si les anneaux s'entrelacent ou se touchent, il faut coller les filets immédiatement après avoir tracé chaque rainure.

Comme il seroit très-difficile, pour ne pas dire impossible, de trouver une gorge d'étui d'une grandeur convenable, pour que les filets qu'on y prend étant aplatis remplissent exactement les rainures ovales, il vaut mieux les couper et les ajuster à leur place en faisant tomber leur point de réunion à l'endroit où les cercles se croisent.

On peut aussi les prendre dans une plaque d'écaille, comme nous le dirons dans la section suivante ; mais cette dernière manière est plus longue, et emploie beaucoup plus de matière que la première, dont le résultat est aussi régulier.

SECTION VII.

Incruster des cercles d'écaille.

Un des principaux usages auxquels on emploie les machines excentriques décrites dans ce chapitre, c'est l'exécution des différentes figures ou rosaces, formées par l'entrelacement combiné d'un certain nombre de cercles ou d'arcs de cercle, et dont la *Pl.* 37 offre quelques modèles *fig.* 9 à 23.

Nous donnerons seulement à nos Lecteurs la manière de former celles représentées *fig.* 9, et nous laisserons à leur sagacité la satisfaction de trouver eux-mêmes les moyens d'exécuter les autres, ou même d'en imaginer de nouveaux, ce qui ne sera pas fort difficile, quand on aura bien compris ce que nous allons dire.

Pour tracer la *fig.* 9, on excentrera la pièce d'une quantité telle que la circonférence du cercle décrit autour du nouveau centre de rotation passe à quelque distance du centre primitif. On tracera ensuite cinq cercles dont les centres seront placés sur une même circonférence et espacés régulièrement, au moyen du nez mobile ; dont on sautera à chaque cercle douze dents, si la roue porte soixante dents. Ces cinq cercles se couperont et formeront ainsi, vers le centre primitif, l'espèce de pentagone curviligne qu'on y remarque.

On répétera quatre fois cette opération, en sautant à chaque fois une ou deux dents de plus, ce qui produira les vingt-cinq cercles entrelacés qu'on voit sur la figure.

On amènera ensuite successivement au centre de rotation le milieu de l'espace blanc qui se trouve dans chaque faisceau de cercles, pour y former la mouche qu'on y voit, ou toute autre. A l'égard de la petite étoile qui se trouve sur le centre de la pièce, elle est prise au bout d'une tige d'ébène taillée à cinq pointes. On approche cette tige du centre de la pièce sur laquelle on en trace bien exactement les contours, après quoi on y perce un trou, et on enlève avec des échoppes assez de matière pour qu'on puisse y incruster le morceau d'ébène taillé en forme d'étoile.

La *fig.* 10, comme la précédente, est produite par cinq faisceaux de cinq cercles dont les centres sont régulièrement espacés ; mais ici le degré d'excentricité est tel que les circonférences de ces cercles dépassent le centre

Pl. 57.

primitif. De plus, les cinq cercles qui composent chaque faisceau ne sont ni égaux ni également excentrés.

On décrira donc d'abord les cinq plus grands cercles dont la circonfé-rence doit dépasser le centre primitif autant que celle des cercles de la *fig.* 9 en est éloignée. Après quoi on diminuera l'excentricité d'une très-petite quantité pour décrire les seconds. On diminuera en même temps le dia-mètre en présentant l'outil du côté du centre de la pièce, en dedans et très-près de la circonférence des premiers cercles, et on répétera trois fois cette opération en diminuant à chaque fois d'une même quantité, l'excentri-cité et le diamètre.

La *fig.* 11 est formée par l'entrelacement d'un certain nombre de portions de cercle dont l'effet est infiniment agréable, et ce que nous allons dire relativement à son exécution s'applique également à la *fig.* 12, et en géné-ral à toutes celles du même genre.

On préparera et on tournera d'abord le médaillon sur lequel on veut les tracer, et on le montera dans la portée d'un mandrin assez large pour qu'on puisse décrire sur la portion de sa face qui excède la portée, les por-tions de cercle qui complètent celles qui forment l'entrelacement sur le médaillon. On sent que, pour le succès de cette opération, la face du man-drin doit être parfaitement dressée, et à fleur de la surface du médaillon. Tout étant ainsi disposé, il sera facile d'exécuter la *fig.* 11, en traçant sur le mandrin et sur le médaillon cinq faisceaux de cercles disposés à peu près comme ceux de la *fig.* 10, excepté que leur circonférence, au lieu de dé-passer le centre de la pièce, passe en dehors et à une très-petite distance de ce point; les cercles composant chaque faisceau, au lieu d'être séparés par un petit intervalle, comme dans la *fig.* 10, se touchent tous au point de leur circonférence le plus rapproché du centre de la pièce.

Nous ne dirons rien de la manière d'exécuter les mouches placées entre les faisceaux qui composent cette figure, et qui lui donnent quelque res-semblance avec la queue de paon, cette opération ne présentant aucune difficulté.

Après avoir décrit la manière de tracer les rainures dont on veut déco-rer la pièce sur laquelle on opère, nous allons enseigner le moyen d'y in-cruster des filets d'écaille ou d'ivoire, et nous ne nous étendrons pas beau-coup sur ce sujet, que nous avons déjà traité dans notre premier Volume, au premier chapitre de l'Appendice, en parlant du porte-foret à incruster. On choisira d'abord des gorges d'étui de diamètre proportionné à la pièce qu'on veut exécuter; car c'est le diamètre de ces gorges qui détermine invariablement celui des rainures qu'on doit tracer. On les amincira un peu par le bout qui doit entrer dans la rainure; on les coupera à la hauteur convenable, et on les collera avec de la colle de poisson chaude. Ils sèchent très-promptement, et l'on peut, au bout de quelques instans, en placer un second, puis un troisième, etc.

Pour leur donner à tous la même épaisseur, nous avons mis sur le Tour en l'air un morceau de bois dur, auquel nous avons donné la forme d'un cylindre; nous l'avons enduit d'une couleur foncée, rouge ou noire, et nous y avons fait entrer la gorge un peu juste, après l'avoir amollie à l'eau tiède; ensuite nous l'avons tournée et mise partout d'égale épaisseur, ce qu'on peut juger par le plus ou moins de transparence de l'écaille, ou en la mesurant avec le compas d'épaisseur.

Alors on divisera cette gorge en autant de cercles qu'on le jugera nécessaire par le moyen d'un traçoir double, qui leur donnera à tous une égale hauteur. On les fait entrer dans leur place très-juste, on les enfonce avec un morceau de bois plat et droit par le bout; mais avant de passer à un second, on affleure le premier avec une lime bâtarde.

Pour incruster tous ces cercles excentriques, il faut prendre plusieurs précautions, sans lesquelles on ne sauroit réussir. D'abord, si l'on ôte le mandrin de dessus le nez du Tour, on n'est jamais assuré de le remettre au même point; et la plus petite erreur devient très-désagréable. En second lieu, comme on doit toujours creuser les rainures avec un outil très-fin, placé sur le support à chariot, pour peu qu'on le dérange, on n'est jamais sûr de retrouver le même diamètre. Ainsi, dès qu'on a disposé l'excentrique au point convenable, que l'outil est amené par la vis de rappel du chariot au point nécessaire, il faut remarquer à quel numéro on fait tourner la vis, qui pousse l'outil contre l'ouvrage, pour l'enfoncer toujours au même degré à chaque cercle. Quand on a creusé une rainure, on y place un cercle sur le Tour même, sans rien déranger à la machine ni au support; ayant seulement soin de reculer l'outil pour qu'il ne gêne pas. On passe à un second, puis à un troisième, etc: et si l'on veut mettre de petits cercles autour de ceux qu'on a déjà mis, on les collera tous à mesure qu'on aura fait chaque rainure. On ne trouve pas toujours des gorges d'étuis qui puissent procurer des cercles aussi petits que ces derniers. Il faut alors les prendre dans une plaque d'écaille. On mettra une plaque, ou de petits morceaux d'écaille à plat, au mastic sur un mandrin, au Tour en l'air; et avec un traçoir double, dont les branches doivent être distantes entre elles de l'épaisseur

qu'on veut donner à chacun de ces cercles. On fera, les uns après les
autres, tous les cercles dont on a besoin, pour les mettre en place à
mesure qu'on fera les rainures.

Souvent, au lieu de les garnir d'écaille ou d'ivoire, on se contente de
les remplir de cire d'Espagne. La chaleur produite par le frottement
suffit ordinairement pour la faire fondre et pénétrer dans les rainures.
Si cependant la cire étoit trop dure, et ne remplissoit pas exactement
les rainures, on feroit chauffer légèrement la lame d'un couteau, que l'on
promèneroit sur la surface de la pièce jusqu'à ce que la cire eût pénétré
partout.

On peut employer des cires de différentes couleurs; et dans ce cas il
faut commencer par faire les rainures qui doivent recevoir la même
couleur, et les garnir de cire avant de commencer les autres.

Les mouches noires que l'on voit sur les *fig.* 14, 19 et 20, se font en
enlevant, avec un bec-d'âne, la matière cernée par les rainures à ces
points, et en remplissant les trous avec de la cire. Comme il faut que
toutes les rainures soient tracées, avant qu'on puisse faire cette opération,
on sent que l'on ne peut alors employer de la cire que d'une seule
couleur.

SECTION VIII.

Pièce excentrique très-délicate.

Nous avons enseigné au commencement de ce volume la manière de
tourner entre deux pointes et sur différens centres des piles de dames
telles que celles *fig.* 33, *Pl.* 12. de ce volume. Nous allons maintenant,
comme nous l'avons promis alors, donner les moyens de les faire sur le
tour en l'air et à l'aide de la machine excentrique.

On choisira un morceau de buis ou d'ivoire, de quatre à cinq pouces de
long, sur deux pouces de diamètre; lorsqu'il sera tourné, on déterminera le nombre de petites dames qu'on veut qu'il y ait dans la circonférence du cercle, et on aura soin que ce nombre soit contenu exactement
dans la division qui est sur le nez mobile de la machine excentrique.

En préparant ce cylindre sur le tour en l'air, on pratiquera à l'une de
ses extrémités un écrou semblable à la vis du nez de la machine excentrique; puis, ayant monté cette machine sur le Tour, on y placera le cylindre
au moyen de l'écrou qu'on y a pratiqué. Dans cette position, et la machine

Pl. 37.

Pl. 38.

Pl. 38.

étant maintenue au rond par ses deux goupilles, on terminera le cylindre et on dressera son extrémité. Alors ayant déterminé à volonté le diamètre de chacune des petites dames, de manière cependant qu'elles chevauchent l'une sur l'autre assez pour que la pile ait un peu de solidité, on fera marcher la coulisse jusqu'à ce que le point de rotation se trouve distant de la circonférence du cercle de la moitié de ce diamètre, et on remarquera avec soin le point de la division où s'est arrêté l'index de la coulisse, pour pouvoir y revenir dans les opérations suivantes.

On placera le support à chariot parallèlement au cylindre, de manière que l'outil soit perpendiculaire à l'axe. On montera sur le porte-outil un bec-d'âne ayant pour largeur l'épaisseur qu'on veut donner aux dames, et on avancera petit à petit l'outil jusqu'à ce que, la matière excentrée étant emportée, il reste une dame du diamètre qu'on a déterminé. Si l'on vouloit faire sur le champ de la dame une petite moulure telle qu'une baguette entre deux carrés, il faudroit que le taillant de l'outil en eût la forme. Quand la première dame sera terminée, on retirera l'outil, et on sautera sur la roue de division le nombre de points qu'on aura déterminé, suivant le nombre de dames qu'on veut faire dans la circonférence du cylindre. Puis, ayant fait avancer l'outil vers le Tour, parallèlement au cylindre, et de toute son épaisseur, on fera une seconde dame, puis une troisième, et ainsi de suite, jusqu'à ce qu'on soit arrivé à la partie du cylindre qui porte l'ecrou, et dont on fait ordinairement un piédestal.

Ainsi que nous l'avons dit au commencement de ce Volume, on peut séparer ces dames par un pied ayant la forme d'une tige cylindrique ou d'une petite sphère. Ces pieds peuvent être placés au centre de chaque dame; mais l'effet en est plus piquant et plus agréable quand ils sont excentriques par rapport à la dame. Voici la manière de les exécuter.

Il faut d'abord observer, en faisant la première dame, de lui donner une épaisseur suffisante pour pouvoir y prendre le pied qui doit la joindre à la suivante : le mieux est de faire cet intervalle égal à l'épaisseur de la dame. On marquera ensuite sur la face extérieure de la dame le point où l'on veut porter l'excentricité du pied, et on l'amènera, en tournant la vis de rappel et le nez mobile, au centre de rotation. Ce point se détermine à volonté, mais de manière cependant que le pied, dont le diamètre doit être proportionné à celui de la pièce, rentre d'environ une ligne.

Dans cet état, on remarquera avec soin la position de l'index sur la division du coulisseau et celle du nez mobile, et si le cliquet ne se trouvoit pas placé sur une des dents de la roue portant un chiffre de division, il seroit à propos d'y faire une marque avec de l'encre, pour la retrouver plus facilement.

Il sera bon aussi de tenir note de ces deux divisions, dont on aura besoin pour exécuter chaque dame ; car on pourrait facilement les oublier pendant le cours de cette opération, qui est nécessairement un peu longue.

On détachera ce pied avec un bec-d'âne dont le taillant ait pour largeur la distance réservée entre les deux dames; et si on veut lui donner la forme d'une petite sphère, on le terminera avec un outil de forme convenable pour cette opération.

On placera le support vis-à-vis de la pièce, bien parallèlement ; et avec la manivelle, on amènera l'outil tout contre le plan supérieur de la seconde dame, de manière que cet outil, en entamant le bois, continue la même surface, et qu'on ne voie pas de reprise ; ce qui est un peu difficile, puisque ce plan, fait à deux reprises, est fait par deux mouvemens différens. Lorsqu'on se sera assuré que l'outil suit exactement le même plan, on le fera avancer doucement, en prenant bien peu de bois à la fois, de peur d'écorcher le plan inférieur de la dame. Il est de la plus grande importance que l'outil coupe parfaitement, et qu'il soit exactement au centre du Tour.

Lorsque ce premier pied sera fait, il faudra remettre la coulisse de l'excentrique et le nez mobile dans la position où l'un et l'autre étoient quand on a fait la première dame. En cet état, on fera faire au nez une révolution proportionnée au nombre de dames qu'on veut prendre sur la circonférence du cylindre, et on fera la seconde dame et son pied de la même manière que la première.

On continuera ainsi jusqu'à ce que toutes soient achevées, et la pièce qui résultera de cette opération sera une colonne torse, composée d'un certain nombre de petites rondelles, séparées les unes des autres par de petites tiges ou pieds, dont la réunion présente aussi la forme d'une hélice.

Cette pièce est infiniment agréable. On peut la monter sur une colonne tronquée, à base attique, ou de toute autre manière : mais comme il seroit très-difficile et très-long de polir chacune des parties dont elle est composée, il faut que tous les outils dont on se sert coupent avec la plus grande finesse, et surtout il faut prendre infiniment peu de bois à la fois. Nous donnerons une idée précise de la patience qu'il faut apporter dans ce travail, et de la légèreté avec laquelle on doit entamer le bois, en disant que nous avons fait une semblable pièce, mais de quinze

40.

pouces de haut, et que les copeaux qui en sont sortis étoient si minces, qu'en les froissant entre les mains, ils nous ont fourni une poudre très-fine et propre à mettre sur l'écriture.

L'exécution de cette pièce, qui surpasse en longueur tout ce qu'on avoit fait en ce genre jusqu'alors, nous a demandé quelques précautions particulières dont nous allons donner le détail.

On sait qu'il n'est guère possible de tourner en l'air, sans support ou lunette, une pièce de plus de cinq à six pouces de long, sans que l'outil ne broute. Il est facile de soutenir une pièce qui excède cette longueur d'autant de supports qu'il est nécessaire, quand elle tourne rond; mais il sembloit impossible de saisir, dans une lunette ou support, une pièce qui tourne excentriquement, et de l'empêcher de brouter. Il falloit pour cela imaginer un support ou lunette qui permît à la pièce de tourner suivant les différentes excentricités qu'on veut lui donner.

On commencera par préparer un cylindre de longueur et de grosseur convenables, et on y pratiquera un écrou pour le monter sur le Tour et l'y tourner.

Comme l'exécution de cette pièce demande beaucoup de justesse, nous croyons devoir rappeler que, toutes les fois qu'on forme un pareil écrou dans du bois debout, pour mandrin ou autre pièce qui ne doit pas se visser sur une vis en bois, il est bon, quand le trou est à sa grosseur, et avant de le fileter, d'y verser quelques gouttes de bonne huile, qui nourrit le bois, et concourt à ce que les filets qu'on y forme soient vifs et nets, et ne s'égrènent pas. Il faut même, lorsque ces filets sont près d'être terminés, faire descendre la marche très-doucement. Le bois n'est pas surpris comme quand on va vite, et les filets en sont plus unis. Il en est de même pour les vis.

Lorsque l'écrou sera terminé, et qu'il ira également bien sur le nez du Tour, et sur celui de la machine excentrique, qui doivent être semblables, on montera le cylindre sur la machine excentrique mise au rond; et on mettra l'autre bout dans la lunette, de façon qu'il ne l'excède que d'un pouce ou environ, pour y faire un écrou de deux ou trois lignes de diamètre au plus, sur deux lignes et demie ou trois lignes de profondeur, et pas plus : cet écrou doit recevoir le pied de quelque jolie pièce de Tour, dont on couronnera celle qui nous occupe en ce moment.

Il est à remarquer qu'on doit donner à l'extrémité du cylindre sur laquelle on pratique cet écrou la forme d'une gorge ou piédouche, qui précédera la première dame, et servira de piédestal au couronnement. Ensuite

on achèvera de rendre le cylindre parfaitement rond, et on tirera sur sa
longueur autant de parallèles à l'axe qu'on veut prendre de dames sur
la circonférence.

Avant d'aller plus loin, il faut se faire différens ustensiles, qui sont
absolument nécessaires pour soutenir la pièce pendant qu'elle tournera
excentriquement.

Il faut d'abord se pourvoir d'une poupée propre à recevoir une large
lunette, et qui, ayant beaucoup d'empattement, soit armée d'un T semblable à celui qui fixe la cale d'un support à sa chaise, et telle qu'on
voit, *fig.* 9, *Pl.* 16 du premier Volume.

On prendra une planche de noyer, de neuf à dix pouces de large, sur
treize à quatorze de long, en supposant que le centre de l'arbre du Tour
soit à neuf pouces du dessus de l'établi, et d'un bon pouce d'épaisseur. On
la dressera bien à la varlope : on la mettra d'épaisseur, et on la coupera
à angles bien droits, par le haut et par le bas. On y fera un trou pour
recevoir la tige carrée du T ; et ce trou sera fait au milieu de sa largeur, et
à une hauteur telle que, quand elle sera en place, elle pose sur l'établi,
et même que la vis à la romaine de la poupée l'y appelle tant soit peu,
afin qu'elle ne puisse remuer.

On placera sur le nez du tour le mandrin à pointe, *fig.* 12, *Pl.* 25, *T. I;*
et approchant la lunette et sa poupée tout contre, on y marquera le
point de centre ; si on n'avoit pas de mandrin à pointe, on pratiqueroit une
pointe sur un mandrin en buis ou autre, ce qui rempliroit le même objet.
On ôtera la planche de dessus sa poupée, et du point qui aura été marqué
on décrira un cercle de six pouces de diamètre. Avec une équerre à chapeau on
tracera une ligne horizontale sur la largeur de la planche, et qui passe
par le centre. On tirera deux autres lignes parallèles à celle-ci ; l'une quatre
pouces au dessus du centre, et l'autre quatre pouces au dessous : avec un
trusquin, on tracera parallèlement aux côtés une ligne faisant tangente
avec le cercle qui est sur la planche. On renverra toutes ces lignes de
l'autre côté de la planche, au moyen d'une équerre à chapeau et d'un
trusquin. Quelles que soient les mesures qu'on adopte, la planche doit excéder, par le haut, la ligne qu'on y a tracée, de quinze à dix-huit lignes.
On voit qu'on a décrit sur cette planche un carré exact de huit pouces de
côté ; si ce n'est qu'en haut il y a quinze à dix-huit lignes de plus. On découpera à la scie ce carré, avec la précaution de laisser les traits du bas
et des côtés en dehors, celui du haut devant être emporté, puisqu'on
retire un parallélogramme. On recalera avec beaucoup de soin cette

Pl. 38.

pièce, tant du bas que des côtés, de façon que les côtés soient bien parallèles entr'eux, et fassent un angle bien droit avec le bas, et qu'une pièce
qu'on y présentera puisse y glisser juste, de haut en bas, comme les
coussinets dans le châssis d'une filière. On pratiquera en dedans de ce
châssis, et sur l'épaisseur des deux parties montantes, une rainure de
trois à quatre lignes de large, sur autant de profondeur. On fera cette
rainure avec le plus grand soin, afin que la pièce qui y sera mise n'é-
prouve aucun ballottement, et qu'elle y soit retenue très-juste. Il sera
même bon de se faire une petite guimbarde, ayant deux joues qui glissent
sur le châssis, et au moyen de laquelle on sera assuré de donner aux rainures, une largeur et une profondeur régulières.

On choisira ensuite une planche d'un bois doux et liant (le poirier
nous a très-bien réussi), on la coupera à la hauteur qu'avoit le parallélogramme sur le châssis, mais assez large qu'on puisse y pratiquer deux languettes qui rempliront les rainures. On dressera d'abord cette planche à la
varlope, et lorsqu'on l'aura mise et d'épaisseur et à l'équerre sur ses
quatre côtés, on fera sur le bois debout et sur les côtés opposés, avec un
guillaume, une languette qui remplisse la rainure qu'on a faite, et dont
les deux épaulemens soient tellement dressés, que lorsque cette pièce
entrera dans la rainure, elle porte juste, mais sans forcer, contre les faces
intérieures du châssis : et si les languettes remplissent exactement les
rainures, si les épaulemens portent également, du haut et du bas, sur
chaque face, contre le châssis, cet assemblage fera un panneau encadré
de trois côtés, et très-solide.

Le châssis doit, ainsi que nous l'avons dit, excéder le panneau, par le
haut, de quinze à seize lignes. On en terminera les deux montans par un
tenon, dont les arrasemens excèdent un peu le dessus du panneau. On
leur donnera quatre bonnes lignes d'épaisseur, et on leur conservera
toute leur largeur. On corroiera à part une tringle de noyer, de huit lignes
plus longue que la largeur du châssis, de la même épaisseur que lui, et
dont la largeur soit égale à la longueur des tenons. On fera à chaque
bout, et sur son épaisseur une mortaise, tracée exactement sur les tenons, et qui aura quatre lignes d'épaulement par chaque bout. Les tenons
doivent être faits avec soin, les mortaises justes, afin que cette pièce,
qu'on met en dessus du châssis, puisse en être ôtée quand le besoin
l'exige, sans effort et sans ballottage. On percera au milieu de chaque
mortaise, lorsqu'elle sera en place, et sur le plat, un trou qui traverse chaque
mortaise et le tenon. On tournera deux chevilles à tête ronde, puis

aplatie, comme les vis, dont on voit la forme *fig.* 9 et 10, *Pl.* 21 ;
et on retiendra, par ce moyen, la traverse en sa place au dessus du
châssis.

On retirera cette pièce de sa place ; on la mettra au Tour, soit avec des
vis sur un mandrin de bois, soit sur le mandrin à quatre mâchoires,
dont deux seulement saisiront la pièce par ses deux faces, et de manière
qu'elle présente à l'Artiste un de ses champs, et que le centre de mouvement soit au milieu de la longueur et de la largeur de la pièce, ce qu'il
sera aisé de régler, si avec un compas, un trusquin et une équerre à chapeau, on a marqué le point milieu de ces deux dimensions sur l'un et
l'autre champ. Lorsque la pièce tournera droite et ronde, on percera au
centre un trou de cinq à six lignes de diamètre, qui doit se trouver au
centre sur la face opposée, si la pièce a été bien corroyée, et mise au Tour
bien droite. On formera à ce trou, sur le Tour même, un écrou d'un pas
moyen, qui traverse la pièce, et qui ait le même diamètre dans toute sa
longueur. On fera ensuite une vis à tête plate, qui remplisse cet écrou
juste, mais sans forcer, et dont la longueur soit de trois à quatre lignes de
plus que l'epaisseur de la traverse. On aura, par ce moyen, un châssis
carré, dont le chaperon, retenu par les deux chevilles, portera la vis de
pression, pour assujettir le panneau lorsqu'on lui aura donné la dernière façon.

On doit juger aisément que le panneau ajusté avec tant de soin doit
servir de lunette pour l'opération que nous allons décrire ; on marquera
en conséquence sur ce panneau le point de centre de l'arbre du Tour de la
même manière qu'on l'a fait pour le châssis, après quoi on ôtera le panneau de sa place ; puis ayant, avec un compas, et du point qu'on vient
d'y marquer comme centre, tracé un cercle de trois pouces et demi de
diamètre, on tirera, suivant le fil du bois, et avec une équerre à chapeau,
une ligne qui passe par le point de centre. On mettra cette planche ou
panneau sur le Tour, au mastic ou autrement, ayant soin que le centre
du cercle soit exactement au centre de rotation ; et on emportera avec un
grain-d'orge très-aigu un noyau qui donne un trou de trois pouces et
demi. Puis, ayant ôté la pièce de dessus son mandrin, on la coupera avec
une scie, suivant la ligne qu'on a tracée à son centre ; ce qui séparera le
panneau en deux parties, qu'on repèrera d'un ou d'autre côté, afin qu'on
les mette toujours en place, du sens où elles ont été faites. Cette précaution est nécessaire, parce que les lunettes excentriques qui tourneront dedans pourroient prendre du jeu. La vis de pression *A*, *fig.* 1, *Pl.* 38, en

Pl. 58. rapprochant la partie supérieure qui est mobile, de celle d'en bas qui est fixe, serre la pièce qui tourne et l'empêche de ballotter.

Si l'on n'avoit pas de T assez fort, si les branches n'étoient pas assez longues pour embrasser le châssis, qui se trouve très-large, si la tige n'étoit pas assez longue pour passer au travers de la poupée du châssis, et recevoir par dessus l'écrou à chapeau qui serre le tout, on pourroit y suppléer par un moyen que nous-mêmes avons employé avec succès. On tournera au Tour en l'air un morceau de buis de trois pouces et demi à quatre pouces de long, et de la grosseur du nez de l'arbre. On le filetera sur le Tour du pas du nez de l'arbre; on en arrondira tant soit peu les bouts. On prendra avec soin le point milieu de la face de la poupée, contre laquelle doit être appliqué le châssis. On y fera un trou d'un pouce à quinze lignes de profondeur, et de grosseur telle qu'on puisse, avec le taraud semblable au nez de l'arbre, que nous supposons qu'on doit avoir, former un écrou, dans lequel prenne juste la vis qu'on vient de faire. On dressera au rabot un morceau de quelque bois dur, tel que sauvageon ou cormier; on le mettra à deux pouces et demi ou trois pouces de large, sur quatre de long, et de douze à quinze lignes d'épaisseur. On l'appliquera, soit au mastic, soit avec quatre vis à bois sur la face bien dressée d'un mandrin; on tracera avec un grain-d'orge un cercle *C*, de deux pouces et demi de large, *fig.* 3, et on fera hors ce cercle un ravalement de deux bonnes lignes de profondeur; c'est-à-dire que, sur le parallélogramme que présente la face de cette pièce, saillira un cercle plein, de deux pouces et demi de diamètre. On fera au centre un écrou propre à recevoir la vis en bois, et on retirera la pièce de dessus le Tour. Sur une des deux diagonales, comme *a*, *b*, du parallélogramme, on prendra vers chaque bout une oreille qui excède le cercle qu'on a tracé. On évidera à la scie tout ce qui excédera le cercle et les deux oreilles qui serviront à serrer et desserrer plus facilement l'écrou. On voit en *B* sur la poupée, *fig.* 2, cet écrou sur la vis; et l'on peut y remarquer le petit ravalement qui fait que cet écrou ne pose que circulairement contre la pièce qu'il assujettit. Comme le trou *b*, *fig.* 1, par lequel la vis traverse le châssis est un peu plus grand qu'il ne faut, ce châssis peut être appliqué plus exactement par le bas sur l'établi de Tour.

Il s'agit maintenant de faire des anneaux excentriques, qui, en tournant rond dans la lunette, puissent laisser au cylindre dans lequel on va prendre les dames et leurs pieds, toute l'excentricité dont on a besoin. Pour nous rendre plus intelligibles, nous représenterons ces espèces d'an-

neaux dans une proportion beaucoup plus forte que le trou de la lunette
dans lequel ils doivent tourner.

On commencera par monter sur le nez de la machine excentrique un
petit plateau de bois liant, *fig.* 4, qu'on aura arrondi à la scie *à tourner*,
à la mesure à peu près de quatre pouces de diamètre.

On le tournera au diamètre juste de la lunette pratiquée dans le châssis
fig. 1. On dressera bien la face extérieure, et on arrondira tant soit peu
le champ, après quoi on marquera le point de centre, et on excentrera
d'une quantité égale à l'excentricité qu'on a déterminé de donner aux
dames. De ce nouveau centre, on tirera une ligne qui passera par le
centre primitif, et dont nous indiquerons bientôt l'usage. Dans cet
état, on pratique à l'aide d'un grain-d'orge un trou dans lequel le cylindre
doit entrer juste, sans forcer.

On retire la pièce du Tour, et on perce sur son champ trois trous
qui viennent aboutir sur la circonférence de l'ouverture excentrée *A,*
à trois points également distans entre eux, comme on le voit *fig.* 4. Ces
trous doivent être taraudés pour recevoir les vis de pression qui maintiennent le cylindre dans l'anneau.

On préparera par les mêmes moyens un second morceau, pour faire
un anneau semblable à celui *fig.* 4, et, après l'avoir excentré d'une quantité égale à l'excentricité des petits pieds qui séparent chaque dame, on
y percera une ouverture d'un diamètre égal à celui du cylindre.

Pour rendre cette opération plus aisée à concevoir, nous avons représenté *fig.* 5, le cylindre vu par le bout, sur une échelle double de la
mesure que nous avons donnée au cylindre. On supposera ce cylindre
contenu dans le cercle *A* de l'anneau, *fig.* 4. Si l'on amène au centre
de rotation le point *a* du cercle *A,* au moyen de ce que l'anneau a été
tourné extérieurement, à cet excentrement, sur la machine excentrique,
on aura une dame dont *a* sera le centre; on voit en *A* le point où la
circonférence de cette dame vient se confondre avec celle du cylindre.

Le pied est en *b*, *fig.* 5, et son centre doit se trouver au centre du
mouvement. C'est pour cela qu'on fait le deuxième anneau, à pareil
excentrement. Ainsi toutes les dames seront faites avec le premier des
deux anneaux, et tous leurs pieds seront faits avec le second; d'où il suit
que les unes et les autres seront réciproquement à pareil excentrement.

On doit avoir pris ses mesures pour que l'anneau qui sert pour les pieds
ait assez de bois à la partie *C,* *fig.* 4, pour qu'en aucun cas il ne puisse
se rompre ; c'est pour cela que nous avons conseillé de lui donner trois

pouces et demi de diamètre. Il sera bon de percer l'ouverture *A*, de manière que le fil du bois soit perpendiculaire à la ligne *A C*. De cettte manière la partie *C* aura beaucoup plus de solidité.

La *fig.* 6 représente l'anneau coupé sur son épaisseur : on voit que le plan de sa circonférence est courbe, afin qu'il roule plus facilement dans la lunette. De plus, si le champ de l'anneau étoit absolument plan, il pourroit arriver qu'en serrant un peu trop une des trois vis, l'anneau ne fût plus perpendiculaire au cylindre, et que par conséquent il cessât de tourner facilement dans la lunette. Les vis sont placées de côté, pour donner suffisamment d'entrée à l'anneau dans sa lunette.

Lorsqu'on veut placer l'anneau sur le cylindre, on monte ce cylindre sur la machine excentrique, et par le moyen de la vis de rappel on excentre autant qu'on l'a déterminé. On place l'anneau à quatre ou cinq pouces du bout opposé au nez de l'arbre, de manière que la ligne *A C*, que nous avons fait tirer avant de percer l'ouverture *A*, et dont les extrémités subsistent sur les bords de la circonférence, coïncide avec une des parallèles à l'axe que l'on a dû tirer sur la longueur du cylindre en le préparant.

On fixe l'anneau dans cette position au moyen des trois vis placées sur son champ, et on fait tourner le nez mobile jusqu'à ce que la ligne *A C* se trouve dans la direction de la coulisse.

Quand on aura fait la première dame, on retirera l'anneau placé sur le cylindre, et on le remplacera par celui qu'on a préparé pour les pieds, en faisant toujours coïncider la ligne *A C* avec la ligne tracée sur la longueur du cylindre qui a servi pour déterminer la position de la première dame, et on excentrera de la quantité qu'on a déterminée, dont on doit avoir tenu note. On changera encore l'anneau, et on placera sur le cylindre celui qui convient à l'excentricité des dames, en se servant pour repère de la seconde ligne tracée sur la longueur du cylindre; et on continuera ainsi de faire alternativement une dame et un pied, en changeant d'anneau à chaque opération, et en avançant à chaque dame d'une division sur le cylindre. Nous ne répèterons pas ici ce que nous avons dit du travail des dames et des pieds. Nous croyons en avoir assez dit ci-dessus.

On a représenté, *fig.* 7, la pièce montée sur le Tour, et soutenue dans la lunette : quelques dames et leurs pieds sont déjà faits.

A mesure qu'on aura fait des dames et leurs pieds, on reculera la poupée qui porte la lunette vers le Tour, jusqu'à ce qu'on soit parvenu à une longueur telle qu'on ne craigne plus le broutement : alors on

Pl. 58.

achèvera la pièce sans lunette, et par le moyen que nous venons d'indiquer, on pourroit, avec beaucoup de patience, former une torse composée de ces dames, d'une longueur considérable; seulement, si cette
longueur excédoit un pied, et que la pièce risquât de se rompre par son
propre poids, il sera bon, quand on approchera de la fin, de soutenir la
partie terminée avec un crochet en fil-de-fer placé sous la première dame,
et suspendue par un fil à la plus grande élévation possible. Dans tout ce
travail, on aura soin de savonner de temps en temps la circonférence
de l'anneau, et l'intérieur de la lunette, pour adoucir le frottement.

Comme cette lunette est en deux parties sur sa hauteur, et qu'elle glisse
juste dans les rainures par ses languettes, on est maître, au moyen de la
vis de pression, d'empêcher tout ballottement ou broutement, s'il s'en
fait sentir quelqu'un.

Si l'on exécute cette pièce de la manière que nous avons enseignée,
elle sera terminée, haut et bas, par une dame, dont l'excentrement sera
égal à celui de toutes les autres. Comme nous voulions surmonter cette
pièce de quelque autre, comme étoile dans un polyèdre, vase dans une
boule, ou telle autre, il nous a semblé plus régulier que ce couronnement
fût dans l'axe même du cylindre dans lequel toutes les dames ont été
prises; et pour cela, il falloit que la dame du haut fût concentrique au
cylindre même : ce n'étoit pas assez, il falloit, après cette première dame,
excentrer les deux ou trois suivantes, d'une quantité telle, qu'elles s'é-
cartassent les unes des autres, d'autant que celles qui sont à la circonférence du cylindre le sont entr'elles. Nous y sommes parvenus par les
moyens que voici.

On décrira sur du papier un cercle égal à la circonférence du cylindre, et qui est représenté par la *fig.* 8. On le divisera en seize parties
égales, comme on le voit sur la figure; ce sont les seize dames que nous
supposons qu'on veut faire dans la circonférence du cylindre. On divisera
en cinq parties égales trois rayons, comme a 7, a 8 et a 9, tirés du centre
à trois des seize points de division qui se suivent immédiatement. On prendra avec un compas deux de ces cinq parties, et du point de centre du
cylindre on tracera un cercle dont le centre est en a. Au second point de
division b, et sur le rayon a 7, on tracera un second cercle, dont le centre
sera b. Au troisième point de division, mais sur un rayon suivant, comme
a 8, on décrira un troisième cercle, dont le centre sera c. Enfin, au quatrième point de division, sur un rayon suivant a 9, on tracera un qua-

41.

trième cercle, dont le centre sera en *d*, et dont la circonférence affleurera celle du cylindre. Cette dame sera la première de celles qui sont excentrées d'une quantité égale entr'elles, et à un même écartement du centre, tel que *d*; on tracera toutes les dames de manière qu'elles semblent passer les unes sous les autres. On voit par la *fig.* 8, qui représente la pièce dont nous donnons la description, vue géométralement, que la première dame est au centre, et que les trois suivantes sont graduellement excentrées de quantités égales, en même temps qu'elles tournent en spirale. On auroit pu les porter dans un sens opposé, en les dessinant sur des rayons en sens inverse.

Pour exécuter une pièce d'après ce dessin, on fera la première dame en mettant l'excentrique au rond. Pour la seconde, on excentrera d'une quantité égale au cinquième du rayon du cylindre. Pour la troisième, on excentrera de deux cinquièmes, et on fera tourner le nez mobile d'un seizième de la circonférence. Enfin, pour la quatrième, on excentrera de trois cinquièmes et on fera encore tourner le nez mobile d'un seizième; ce dernier excentrement servira pour toutes les autres dames, excepté les trois dernières. Nous supposons dans toute cette opération que l'on a déterminé de donner pour diamètre aux dames deux cinquièmes du rayon du cylindre.

On conçoit qu'il est nécessaire de faire, pour les seconde et troisième dames, ainsi que pour les pieds des trois premières, des anneaux particuliers qui ne serviront qu'à eux. On les tournera à l'excentrement que chacun exige, pour s'en servir de la manière que nous avons indiquée.

Ce n'est pas assez que la dame du haut soit au centre du cylindre, ou pour mieux dire, de la colonne torse que présente l'ensemble de toutes ces dames, il est à propos que celle d'en-bas soit également au centre : mais il faut y parvenir par un procédé inverse de celui qu'on a pratiqué pour le haut; c'est-à-dire que la troisième avant-dernière doit être à un excentrement pareil à la troisième d'en-haut : l'avant-dernière sera au même excentrement, et toujours en faisant avancer la division d'un seizième, que la seconde d'en-haut; et l'on se servira des mêmes anneaux qui ont servi pour faire les dames correspondantes, mais en progression inverse, et de manière que chacun réponde à chacune des dames. Enfin, la dernière se trouvera au centre comme la première; et cette dernière doit avoir son pied sur une partie du cylindre qu'on réservera, et qui aura environ huit à dix lignes d'épaisseur, au bas de laquelle, c'est-à-dire près du nez de l'arbre on fera un ravalement cylindrique, auquel on formera une vis d'un pas moyen, pour que la pièce puisse être montée sur un piédestal.

Il est aisé de sentir que les pieds des trois dernières dames doivent ▅▅▅
être faits avec les mêmes anneaux qui ont servi pour le haut mais dans Pl. 38.
une progression inverse, c'est-à-dire que le pied de la troisième avant-dernière sera fait avec celui de la troisième du haut; celui de l'avant-dernière
avec celui de la seconde, et celui de la dernière avec l'anneau de la première à la seconde.

Nous pensons en avoir assez dit pour que les personnes qui ont
quelque usage du Tour puissent exécuter la pièce que nous venons de
décrire.

CHAPITRE IV.

Machine Epicycloïde.

Pl. 39. Les géomètres définissent l'épicycloïde, une courbe engendrée par la révolution d'un point de la circonférence d'un cercle, qui roule sur la partie concave ou convexe d'un autre cercle. On trouve dans le *Tome IX* des Mémoires de l'Académie des Sciences, un traité des épicycloïdes, et de leur usage dans les mécaniques, par de la Hire. Bernouilli, Maupertuis et Clairault ont aussi donné sur cette courbe des Mémoires qui se trouvent dans la même collection. Nous croyons devoir donner cette indication aux personnes qui désireroient se livrer à des recherches sur cette courbe intéressante, que nous ne considérons que sous le rapport de l'agrément.

Avant d'entrer dans aucun détail sur la machine qui produit l'épicycloïde, on sera sans doute curieux de connoître la forme de cette courbe. On en voit une à trois boucles, tracée sur le mandrin monté sur le Tour, *fig.* 1, *Pl.* 39. Le nombre des boucles n'est pas déterminé. On peut en produire 2, 3, 4, 6, et même un beaucoup plus grand nombre, *fig.* 8, 9, 10, 11, 12 et 13. Il suffit d'un changement dans les pignons, comme on va le voir dans la description de cette machine.

La machine qui produit l'épicycloïde se monte sur le Tour en l'air ordinaire, comme un ovale ou un excentrique. On voit, *fig.* 1, une partie d'établi de Tour *A*, sur lequel est un Tour en l'air *B*, et derrière une colonne *C*, qui porte la grande roue de volée *D*, et sur le même arbre *E*, des roues de différens diamètres *F*, *G*, *H*, sur lesquelles on met la corde sans fin, qui fait mouvoir le Tour, en passant croisée sur l'une des poulies *I, I*.

Sur la face de la poupée de devant *K*, s'applique une pièce de cuivre, représentée sur une plus grande échelle et de face, *fig.* 2, au moyen de deux boulons à tête et collet carrés *A*, *A*, semblables à ceux avec lesquels on fixe la bague de l'ovale, et qui sont retenus par deux écrous à six pans, qui se montent derrière les oreilles du fer-à-cheval. En

B, est un trou qui reçoit une vis dont les pas prennent dans la partie inférieure de ce fer-à-cheval; par ce moyen cette pièce est fixée très-solidement sur la poupée du Tour, et ne peut éprouver aucun mouvement. Sur
cette pièce est ajusté un anneau *C*, *C*, semblable à celui de la bague de
l'ovale, mais du double plus épais, pour recevoir la denture qu'on pratique
à son extérieur. Il est de la plus grande importance que la circonférence
extérieure de cette roue et sa denture soient parfaitement concentriques
avec l'arbre du Tour; sans cela, la roue dentée qui y engrène seroit tantôt trop écartée et tantôt trop près d'elle, ce qui nuiroit au mouvement
et à la machine. Ainsi, il faut prendre, pour la mettre au centre, les précautions que nous avons indiquées pour la bague de l'ovale.

Sur le nez de l'arbre se monte un plateau de cuivre, *fig.* 3, à peu près
semblable, et de la grandeur de celui de l'ovale. Derrière ce plateau se
monte une roue dentée *A*, dont l'arbre qui la porte passe au travers du
plateau, et est porté par le coulisseau cintré *B*. Le bout de cet arbre
porte un pignon ou une roue dentée *a*, comme on le verra dans un instant; ainsi la roue de derrière *A*, et le pignon *a*, fixés à carré sur l'arbre
qui les porte, tournent avec lui d'un même mouvement; et comme on
change quelquefois ce pignon, pour y en substituer un autre à un plus
grand nombre de dents, il a fallu que l'arbre qui les porte pût s'écarter
ou s'approcher de la roue *C*, dans laquelle il engrène, attendu que le
centre de cette roue *C* est fixe. C'est ce qu'on a obtenu, au moyen de ce
que le coulisseau *B* glisse sur le plateau, et est fixé au point convenable pour l'engrénage, au moyen de la vis *b*, dont la tête appuie sur
le coulisseau. Le collet de cette vis entre à frottement dans l'épaisseur du
coulisseau, glisse dans une rainure circulaire pratiquée dans l'épaisseur
du plateau, et qu'on ne peut voir, attendu qu'elle est cachée par le coulisseau, et le bout taraudé prend dans une pièce de cuivre qui lui sert
d'écrou et qui est en dessous.

Une plaque de fer *D*, de 3 à 4 lignes ou environ d'épaisseur, et de la
forme qu'on voit ici, a son centre de mouvement au centre même de la
roue *C*, qui est montée sur le boulon servant de centre à l'une et à
l'autre. La ligne ponctuée fait voir la forme de la partie de cette plaque, qui
est cachée sous la roue *C*; cette plaque se termine par une partie circulaire
D, dont le centre se trouve au centre de mouvement, c'est-à-dire au centre
de la roue *C*; L'épaisseur de la partie circulaire *D*, formée en chanfrein,
passe sous le coulisseau *E*, qui, étant pressé contre le grand plateau par les
trois vis *e*, *c*, *c*, la retient à frottement au point où on l'a fixé. Sur cette

Pl. 39.

Pl. 39.

partie circulaire est un index d, qui répond aux divisions qu'on remarque sur le coulisseau. On amène cette plaque tout contre l'étoquiau F, et la pièce étant sur le Tour, le point e se trouve au centre de rotation, qui est celui même de l'arbre. A ce point de centre est une quille d'acier qui reçoit le nez mobile K, dont le pas de vis est égal à celui du Tour. Le nez mobile et la roue divisée G sont retenus en place de la même manière que ceux de l'ovale. La grandeur de la roue G est telle, qu'elle vient engréner dans celle C ; ces deux roues sont fixées sur une même pièce, et ne peuvent changer de position.

Quand on veut porter la plaque D, et par conséquent la roue, et le nez mobile K, hors centre, pour excentrer la pièce qu'on tourne, il suffit de desserrer les vis c, c, et de pousser la plaque D avec la main, autant ou aussi peu qu'on désire, après quoi on serre de nouveau les vis c, c, pour la fixer dans cette nouvelle position. L'index d, qui est sur la plaque, sert à reconnoître sur le coulisseau E divisé en lignes, comme on le voit, l'excentricité qu'on a donnée à la pièce, afin d'y revenir quand on veut. On conçoit à l'inspection que, dans le mouvement de la plaque, aucune des trois roues ne cesse d'engréner comme elle faisoit, puisque celles G et C suivent ce mouvement, et que celle C ne peut cesser d'engréner dans le pignon a, puisque le mouvement de la plaque D se fait sur le centre même de cette roue C.

L'étoquiau F est fixé solidement par deux chevilles f, f, et par une vis g, sur le plateau, comme nous l'avons dit : il est placé de manière que, quand la plaque D vient poser contre, la roue G et par conséquent le nez mobile K sont au centre de l'arbre du Tour ; la pièce qui est montée dessus tourne rond, et dans cette position l'outil qu'on lui présentera ne produira qu'un cercle ayant pour centre celui même du Tour.

La roue qui est derrière le plateau engrène dans la pièce dentée C, C, fig. 2, fixée sur le Tour ; et, comme cette roue A est enabrée sur le même arbre que celle a, chaque fois que cette roue A a fait un tour, celle a en fait un aussi, et celle C a avancé d'autant de dents qu'il y en a dans celle a. Supposons que cette dernière ait douze dents, et celle C trente-six, la petite fera trois tours contre un de la grande. En suivant les rapports des dentures, on trouvera combien de tours la roue G doit faire, par le nombre de dents de la roue C, contenu dans celle G. Nous ne nous appesantirons pas à donner les calculs de ces dentures, il nous suffira de dire que plus la roue a est contenue de fois dans celle G, plus il y a de boucles dans l'épicycloïde. On a représenté à part, fig. 4, 5, 6 et 7, quatre

roues de rechange, qu'on peut mettre en place du pignon a. Celle *fig* 4 Pl. 39.
produit deux boucles ; celle *fig.* 5 en produit trois ; celle *fig.* 6 en produit
quatre, et celle *fig.* 7 en produit six.

Il ne faut pas s'imaginer qu'on puisse multiplier le nombre des boucles
à volonté, en mettant un pignon infiniment petit, et qui ait peu de dents :
comme la denture de la roue C ne peut varier, il faut que les dents du
pignon a, ou des roues qu'on lui substitue, soient de la même dimension
pour engréner dans la roue C. D'ailleurs l'arbre qui porte ces roues de
rechange doit avoir une certaine grosseur, qui par conséquent s'oppose
à ce qu'on y mette un pignon trop petit. Si, par quelque autre moyen, on
parvenoit à faire faire huit, douze, ou plus de tours à la roue a, tandis que
celle G n'en feroit qu'un, on auroit des boucles dans la même proportion ;
mais il faut s'y prendre d'une autre manière. Il faut disposer la roue A
et le pignon a, de façon qu'il y ait entre celui-ci et la roue C deux
autres roues ou pignons, arrangés pour multiplier la vitesse. Il faut
de plus avoir soin de placer une roue intermédiaire entre cet équipage
et la roue C, sans quoi cette roue, et par conséquent celle G, tourneroient dans un sens opposé.

Nous ne présentons ces réflexions au Lecteur, que pour donner quelques idées aux personnes qui voudroient faire des additions à cette
machine, et obtenir par ce moyen une suite de boucles très-multipliées,
qui orneroient agréablement une boîte.

Il faut avoir soin, quand on monte la machine sur le nez de l'arbre,
de faire entrer les dents de la roue A dans celles de l'anneau $C\,C$, *fig.* 2,
et de prendre garde qu'elles ne heurtent les unes contre les autres : les
dentures seroient bientôt émoussées, et la machine ne feroit plus son effet.
Il faut aussi que cette machine aille d'un mouvement très-lent. On mettra
pour cela la corde sans fin sur la petite poulie H de la roue motrice, *fig.* 1,
et sur la plus grande I, des deux qui sont sur le Tour. On doit se servir du
support à chariot ; et, avant d'excentrer la plaque D, il faut placer l'outil
bien exactement au centre de la pièce qui, comme nous l'avons dit, se trouve
alors au centre de rotation ; et, comme on a souvent besoin de ramener
l'outil à cette position, il faut l'indiquer par un trait à l'encre sur une des
règles parallèles du support. Cet outil, *fig.* 14, doit être très-fin et surtout
avoir très-peu d'épaisseur ; car, comme les boucles sont des portions de
courbes très-petites, il n'est que trop ordinaire que les côtés de l'outil
écorchent la rainure déjà faite ; d'ailleurs, l'outil une fois placé, et la
pièce étant entamée, pour peu qu'on dérange la main, on ne trace plus la

Pl. 39.

même courbe. Cet inconvénient est encore plus considérable lorsqu'on veut doubler ou tripler le trait, comme nous le verrons dans un instant; on est tout surpris que les espaces soient inégaux , et que les centres des courbes ne se rapportent plus.

Nous croyons inutile de prévenir nos Lecteurs que les dessins de cette machine ne pourroient pas suffire pour en faire construire une semblable: il eût fallu dessiner toutes les pièces séparément et avec tous leurs détails; ce qui nous auroit entraînés trop loin. Nous avons pensé qu'il suffisoit de donner aux Amateurs les moyens de se servir de la machine qu'ils auront en leur possession , et de tirer parti des combinaisons des roues, les unes par rapport aux autres. Les roues, *fig.* 4, 5 , 6 et 7, qui se mettent successivement sur l'arbre *a* , *fig.* 3 , sont à moitié de leurs proportions naturelles ; mais comme la *fig.* 3 est représentée ici en petit , la roue *G* est loin d'être dans sa proportion relative aux quatre autres avec lesquelles elle engrène successivement.

Nous supposerons donc que la roue *G* a cent vingt dents : si l'on met sur l'arbre *a*, *fig.* 3, la roue *fig.* 4, qui en a soixante, il est clair que la roue *C*, *fig.* 3, qui a le même nombre de dents , fera deux tours tandis que celle *G* n'en aura fait qu'un. Cette roue *fig.* 4 produira donc deux boucles , telles qu'on les voit, *fig.* 8. Il ne faut suivre ici qu'un des deux traits, nous parlerons du second dans un moment.

Si l'on considère le mouvement de la pièce quand la roue *G* est au centre de l'arbre , on verra que , quoiqu'elle fasse deux révolutions sur elle-même, comme il n'y a point d'excentricité, il ne s'ensuivra aucune figure ni courbe particulière. Mais, si l'on excentre de trois divisions, qui sont des lignes de la division du pied , on aura les deux boucles que représente la *fig.* 8. Mais, avant d'entamer la matière, il faut approcher l'outil tout contre, et, tandis que la machine est en mouvement, voir si la boucle ne passe pas trop près ou hors du centre , comme nous le verrons plus bas , et en même temps si elle passe assez loin de la circonférence.

Si l'on substitue à la roue *fig.* 4, celle *fig.* 5 , en la rapprochant de celle *c*, *fig.* 3, au moyen du coulisseau *B*, qui glisse sur le plateau , comme elle n'a que quarante dents, et que le nombre quarante est contenu trois fois dans cent vingt, nombre des dents de la roue *G*, il suit de ce que nous avons dit, que la roue *G* fera un tiers de sa révolution à chaque tour de la roue *C*, et par conséquent on tracera trois boucles sur la pièce ainsi qu'on le voit sur la *fig.* 9, dont on ne doit encore considérer qu'un trait ; mais il faut toujours examiner, avant d'entamer la matière , si la courbe

Pl. 39.

passe assez près du centre sans le toucher. Cette *fig.* est faite à neuf lignes d'excentrement, comme la précédente ; ce qu'on obtient en mettant l'index à la neuvième division, sur le coulisseau *E*, en partant de o, qui correspond au point de centre où la plaque touche à l'étoquiau *F*.

On peut, avec la même roue et le même excentrement, produire la *fig.* 10, que nous présentons ici pour faire sentir l'effet qui résulte quand on place l'outil très-près de la circonférence, et de manière que les anneaux passent au delà du centre. On peut remarquer dans cette figure trois triangles curvilignes, dont les deux du centre ont leurs sommets en sens opposé. Cet exemple et celui de la *fig.* 9 suffisent pour donner une idée des différens effets qu'on peut obtenir avec l'épicycloïde, sans changer les roues d'engrénage.

Si la surface sur laquelle on trace cette courbe étoit plus grande que celle du plateau, pourvu qu'on écartât l'outil dans la même proportion, l'effet seroit le même, et on traceroit en grand les mêmes courbes que celles qu'on voit ici.

L'usage de cette machine exige encore plus d'attention que toutes les autres, pour n'être pas obligé d'y rien déranger pendant l'opération ; car, si l'on change le moins du monde la position de l'outil, si l'on ôte le mandrin de dessus le nez, ou la machine de dessus le Tour, on ne peut jamais espérer de revenir au même point, quelques tâtonnemens qu'on fasse.

Le support à chariot est ici d'un usage indispensable, car il seroit presque impossible, avec la main, de tenir l'outil fixé invariablement et de manière à repasser toujours sur les mêmes traits. Mais aussi, dès que l'outil est fixé à sa position, quand la machine tourneroit pendant une heure, on est sûr de décrire toujours la même courbe, quoiqu'elle soit tracée au bout de trois ou quatre tours.

Cette courbe ne produit sur le couvercle d'une boîte d'effet agréable que quand elle est très-fine, et alors la difficulté de la remplir d'un filet d'écaille est extrême. Comme le développement de la courbe est très-long et qu'elle se coupe à chaque boucle, il n'est pas nécessaire d'avoir un filet de la même longueur ; il suffit d'en placer le bout près du point où la courbe se croise, comme depuis *a*, *fig.* 8, en passant par *b*, et revenant au point *c*. Un second morceau prendra du point *c* en dehors du premier filet, fera le tour par *d*, et viendra au point *a*, d'où l'on est parti : ainsi, chaque morceau fera une courbe et une boucle ; et, si l'on a bien opéré, on ne doit pas voir la jonction.

Il importe donc peu dans quelle pièce d'écaille on prend les filets

42.

Pl. 39.

dont on a besoin, pourvu qu'on trouve à chacun la longueur nécessaire ; de vieilles boîtes dont le couvercle ou la cuvette ne sont pas cassés suffisent pour cela. On coupera les fonds, on mettra la bâte sur des triboulets convenables, et on en formera au Tour des filets très-minces, qu'on coupera ensuite pour commencer l'incrustation.

Pour faire un second et un troisième trait, il suffit de reculer l'outil ou de l'avancer vers le centre de la boîte, sans déranger le support, mais seulement par le moyen de la vis de rappel. Il faut avoir soin de placer les filets d'écaille à mesure qu'on a terminé chaque trait, et avant de commencer le suivant. Cette opération doit se faire sur le Tour, et sans rien déranger à la position du mandrin sur le nez, et de l'outil sur le support.

La *fig.* 11 représente une épicycloïde à quatre boucles. Elle est produite par la roue, *fig.* 6, à trente dents, qui, étant contenue quatre fois dans la roue *G*, produit quatre boucles. La multiplicité des courbes qu'on a tracées ici n'apporte aucun changement à ce que nous avons dit du rapport des nombres des roues entre eux, ni de la position de l'outil.

La grande courbe est tracée à seize lignes d'excentrement; la suivante est à douze, la troisième à huit, et celle du centre à quatre lignes. Voici les principes généraux à l'aide desquels, à un excentrement donné, on peut boucler, ou ne pas boucler.

Quand on excentre de seize lignes, par exemple, si l'on place l'outil à deux lignes du centre de la pièce, on n'aura qu'une ligne à autant de courbures que la roue mise en *a*, *fig.* 3, doit produire de boucles. Si on s'écarte d'un quart de ligne de plus du centre, on aura des angles plus marqués, mais sans boucle, comme est la seconde courbe en partant du centre : si l'on s'en écarte encore un peu plus, comme à deux lignes et demie, on obtiendra des boucles assez petites, qu'on pourra augmenter, en s'écartant un peu plus du centre ; enfin, en reculant toujours l'outil vers la circonférence, on en auroit de si grandes, qu'elles passeroient au delà du centre; et c'est cet écartement qui a produit les courbes qu'on voit sur la *fig.* 10. La *fig.* 12 représente un autre effet assez singulier de cette machine. Si, sur cette figure, on s'étoit écarté encore un peu plus du centre, on pourroit bien ne pas passer au delà de ce centre ; mais les boucles se toucheroient ou se croiseroient les unes les autres, ce qui produit des entrelacemens assez agréables. Ces exemples suffiront pour aider les personnes qui se pourvoiront de cette machine, dans l'exécution de toutes les courbes qu'elles voudront tracer.

Pl. 39.

Nous ne saurions trop leur recommander d'étudier les différens effets produits par cette machine, qui offrent des combinaisons infiniment variées.

La *fig.* 12 est une épicycloïde à six boucles, produite par la roue dentée, *fig.* 7, qui contient vingt dents, et qui, par conséquent, est contenue six fois dans celle du centre.

Nous avons réuni sur la *fig.* 13 tous les ornemens que les machines ovale, excentrique, et épicycloïde, peuvent ajouter au Tour simple. Nous avons en cela eu dessein de donner aux Amateurs un exemple de ce qu'on peut produire de plus difficile sur le Tour.

La courbe épicycloïde, qui ne se boucle presque pas, est faite à un excentrement de dix-sept lignes sur le coulisseau, et, comme nous l'avons dit plus haut, l'outil étant à un peu plus de deux lignes du centre. Celle qui se boucle est au même excentrement de la machine, seulement l'outil est placé un peu plus près de la circonférence. Voilà pour l'épicycloïde.

On ôtera la pièce de dessus la machine épicycloïde. On démontera la machine et la bague de dessus le Tour. On y montera la machine excentrique, on y mettra la pièce parfaitement au centre; et, si les deux grands cercles concentriques n'ont pas été faits sur le Tour en l'air, on les fera; mais, pour qu'ils s'accordent plus exactement avec la boîte même, il sera bon de les tracer et creuser au même instant où la boîte est terminée. Il sera aussi à propos d'incruster les cercles à mesure qu'on les aura faits.

Il en est de même des filets d'écaille, dont on doit remplir les traits de l'épicycloïde. A mesure qu'ils seront tracés, on les remplira sur le Tour, et sans déranger le mandrin, à l'exception du dernier qu'on pourra incruster à plat sur l'établi, et après avoir enlevé le mandrin de la machine. Quand les courbes se boucleront, il faudra, avec beaucoup de patience, faire suivre aux filets ces mêmes boucles, quelque petites qu'elles soient; et pour que l'écaille ne casse pas dans ces très-petites courbures, il est à propos de l'amollir dans de l'eau chaude. Si les courbes ne bouclent pas, comme dans celle extérieure, *fig.* 11, il faudra incruster autant de courbes qu'il y en aura, et en couper les deux extrémités à onglets, pour qu'elles se rejoignent parfaitement.

Lors donc qu'on aura incrusté les grands cercles et les courbes épicycloïdes, on remettra le mandrin et la pièce sur la machine excentrique simple ou double, peu importe, puisqu'il n'y a qu'une espèce d'excentrement. On l'excentrera de manière qu'un des cercles dont est composée la rosette qu'on y voit, passe hors du centre et plus loin, comme dans

Pl. 39.

la figure, ou en deçà, comme dans la *fig.* 15. On fera neuf traits, plus ou moins, selon qu'on le trouvera plus agréable, pourvu que le nombre qu'on voudra en faire se trouve exactement dans la roue du nez mobile. On les incrustera en écaille, l'un après l'autre, en se servant de gorges d'étui, comme nous l'avons enseigné, sans ôter le mandrin de dessus le Tour, afin de ne creuser chaque cercle qu'après que le précédent sera incrusté; ce qui donnera la facilité de mettre des cercles entiers, au lieu de rapporter une infinité de petites parties, qu'il seroit presque impossible de raccorder parfaitement dans les angles.

Quand la rosace sera terminée, on s'occupera de l'espèce de chapelet qu'on voit à la circonférence, et ceci est le plus difficile. On excentrera la pièce, de manière que le centre d'un des petits cercles soit au centre de rotation. On fera le nombre de ces cercles qu'on voudra; comme douze ou seize. On les remplira de petits cercles d'écaille. Si l'on n'avoit qu'une plaque ou une bande d'écaille, et qu'on voulût y prendre tous ces cercles, il seroit trop long de la mastiquer de nouveau sur le mandrin, à chaque cercle qu'on voudroit faire. Il sera plus facile de mastiquer la plaque ou la bande d'écaille sur un mandrin, qu'on monteroit ensuite sur la machine excentrique. A l'aide de la division et des différens degrés d'excentrement, on trouvera moyen de couper, avec l'outil dont nous avons parlé, autant de cercles qu'on voudra, et on démontera toute la machine pour passer aux ovales qu'on voit sur la figure.

Nous avons donné la manière de les exécuter, en enseignant à tourner ovale excentrique, dans le chapitre précédent, et nous croyons inutile de répéter ici cette explication.

On peut exécuter une pareille boîte en ivoire, et la couleur contrastante des cercles d'écaille y fait un effet très-agréable. Nous ne l'avons exécutée qu'en loupe de buis, et l'effet n'en est pas moins piquant.

Quand tous les cercles sont collés, on monte le mandrin et la boîte sur le Tour en l'air simple; on affleure le tout en achevant de planir le couvercle, et on le polit avec beaucoup de soin. Si cette boîte est bien exécutée, elle ne peut manquer d'être très-agréable, par les effets des différentes machines qu'on y a employées.

On conçoit que, pour exécuter la dernière opération, il faut que la machine ovale et l'excentrique soient parfaitement justes; qu'il n'y ait nulle part de ballottement, ce qui produiroit des saccades sur l'ouvrage même, et par suite des irrégularités.

Nous avons dit, au commencement de cet article, que le mouvement du

Tour ne sauroit être trop lent quand on fait usage de la machine épicycloïde; il est une infinité de circonstances dans lesquelles on désire pouvoir arrêter où l'on veut, comme cela se pratique assez souvent au Tour
à guillocher : dans ce cas on pourroit avoir sur le devant de l'établi une
roue de très-peu de diamètre, montée sur un arbre porté par deux montans ou autrement, au bout duquel seroit une manivelle qu'on tourneroit de la main gauche, tandis qu'on seroit occupé à voir ce qui se passe
sur l'ouvrage. Comme cette machine, qu'on appelle *Cabriolet*, est décrite au
chapitre du Tour carré, nous n'avons pas cru devoir en parler ici.

CHAPITRE V.

Tourner à plusieurs courbes.

SECTION PREMIÈRE.

Description des Pièces qui s'ajustent derrière le Tour pour produire cet effet.

L A faculté qu'a l'arbre d'un Tour de se mouvoir suivant sa longueur entre les collets, et dont on a profité pour faire des vis de tous pas, et pour exécuter les colonnes torses, a donné l'idée de produire sur l'ouvrage tous les effets résultans des différens mouvemens qu'on pourroit imprimer à l'arbre dans ce sens. De là toutes les variétés qui sont représentées *Pl.* 40 et 41. Commençons par faire entendre le jeu de la machine.

L'arbre du Tour en l'air dont on se servira, *fig.* 1, *Pl.* 40, doit avoir, après son collet de derrière, une partie cylindrique, terminée comme à l'ordinaire par un pas de vis le plus court possible. Sur cette partie on montera un cylindre de cuivre, qui y sera retenu solidement, au moyen d'un écrou à six pans *a, fig.* 2. (Nous donnerons incessamment le moyen d'adapter ces pièces sur un arbre, tel qu'il est ordinairement.) On voit, *fig.* 2, le canal *c* de ce cylindre, et l'embâse qui le termine en *b b*. A quelque distance du bord, et sur la face de cette embâse, est une rainure circulaire et carrée *d d*, dans laquelle entre juste une languette pratiquée à la rosette *A A*, dont on a aussi représenté la forme en profil. Cette dernière est creusée à son centre pour contenir l'écrou *a*. L'embâse *b b* est terminée par un plan incliné *e e*, qui sert à le retenir contre la rosette *A A*, au moyen d'un anneau de cuivre *i i*, qui se vissant sur une portée prise derrière la rosette, réunit toutes ces pièces, et les assemble très-solidement. On conçoit qu'alors la rosette *A A* peut tourner sur l'embâse *b b* du canon, qui au moyen de l'écrou *a*, est fixé solidement sur l'arbre.

On n'a représenté, *fig.* 2, la machine que de profil, et coupée sur son Pl. 40.
diamètre. La *fig.* 3 la représente tout entière sur sa longueur. Sur l'embâse *b b*, *fig.* 2, est prise une partie carrée, près de *e e*, portant un nombre de dents à volonté, pour donner des divisions convenables. Sur le
cercle *i i* est un cliquet *a*, *fig.* 4, dont le bec prend dans les dents de
la roue, et est poussé par le ressort *b*, pour retenir la pièce au point de
division où on l'a mise. On voit, *fig.* 5, l'anneau *i i* de la *fig.* 2, et le plan
incliné *a*, qui retient la pièce *b b*, aussi *fig.* 2. Enfin, on voit, *fig.* 6, ce
même anneau par la face qui s'applique sur la rosette *A A* : c'est l'épaisseur de cet anneau, jusqu'au plan incliné, qui est taraudée, et qui prend
les filets faits sur la rosette.

Comme on a besoin de serrer et desserrer souvent l'anneau, et que cela
seroit difficile s'il étoit lisse, étant à fleur de la rosette, on forme sur sa
circonférence un rang de perles, ou tout autre gaudron *a*, *fig.* 3, pour
qu'il puisse être plus facilement saisi entre les doigts. Il est bon d'avertir
que la rosette *A A*, ainsi que toutes celles qui sur la même monture
prendront sa place, comme on le verra par la suite, est de métal de cloche, pour qu'elle soit plus dure, afin de résister au frottement continuel
que ces pièces éprouvent; on voit cette même pièce montée sur le Tour
en l'air, *fig.* 1.

Sur la même monture *fig.* 2, on substitue à la rosette *A A*, dont la
surface est courbe, toute autre pièce d'une courbure plus ou moins grande
selon qu'on le désire, telle que celle représentée de face, *fig.* 8 ; la pièce,
fig. 9, qui n'est autre chose qu'un plan incliné par rapport à l'arbre du
Tour, servant à tourner rampant; la *fig.* 10 ayant sur sa circonférence et
sur le plan, quatre courbes rentrantes, et autant de courbes saillantes, qui
sont rendues sensibles *fig.* 11 ; celle *fig.* 12, qui a trois courbes rentrantes
et trois saillantes, ce qui est représenté par la *fig.* 13 ; la pièce *fig.* 14, qui
est un espèce de feston représenté en plan, *fig.* 15. Nous donnerons dans
un instant le détail des effets produits par chacune de ces pièces, et d'autres
qu'il est facile d'imaginer.

Si on vouloit ajuster cet appareil sur un arbre de Tour ordinaire, il
suffiroit de retrancher le canon *c*, *fig.* 2, jusqu'à la naissance du renflement *b b*, et de pratiquer dans l'intérieur de ce renflement un écrou qui
se monteroit sur le pas à gauche. Le plan incliné, *fig.* 7, *Pl.* 41, donne
un exemple de cette disposition.

Il faut maintenant procurer à l'arbre la faculté de suivre les mouvemens
que lui imprime la rosette *A*, *fig.* 1. Il faut d'abord un point contre le-

Pl. 40.

quel viennent passer tous ceux qui, dans un des cercles qui forment la surface de la rosette, donnent les courbes dont elle est composée; et ce point doit être fixe, si l'on veut que l'arbre avance et recule, selon qu'il se présentera une courbe saillante ou rentrante; mais ces courbes ont d'autant plus ou moins de saillie ou de rentrée, qu'elles sont plus ou moins éloignées du centre; et de ce que le point fixe sera plus ou moins loin du centre, il s'ensuivra que les courbes sur l'ouvrage auront plus ou moins de saillie ou de rentrée. Ce n'est donc pas assez de placer une touche sur une poupée, vis-à-vis de la rosette, en un point quelconque, il faut encore que ce point puisse être varié, suivant le plus ou moins de saillie ou de profondeur qu'on veut donner aux deux courbes qu'on exécute, et la poupée *B*, qu'on voit derrière le Tour, *fig.* 1 et *fig.* 16, remplit parfaitement cette destination.

Pour changer à volonté le point où la touche porte contre la rosette, on adapte à cette poupée, vue en perspective *B*, *fig.* 1, et de face *fig.* 16, un châssis de fer *a b*, *fig.* 16, entre les deux branches duquel passe une boîte à tête et tige carrées, retenu par derrière par un écrou à chapeau *b*, *fig.* 1, et qui est conduit dans sa course, de haut en bas, par une vis à deux filets, dont le collet entre à frottement dans le chapeau *d*, *fig.* 16, qui ayant une tête carrée, entre dans le bouton de cuivre *e*, au moyen duquel on peut la faire tourner à droite et à gauche, et par conséquent faire monter et descendre la boîte.

Lorsqu'à une pièce on a mis la touche à un point déterminé, près ou loin du centre de la rosette, et qu'après l'avoir écartée ou rapprochée de ce centre, on veut la remettre au même point, il suffit de tenir note du point de division où elle étoit, dans telle ou telle occasion. C'est pour cela qu'une des branches du châssis porte une division en lignes, ou en millimètres, *c fig.* 16, et la boîte carrée un index, afin qu'on puisse plus facilement s'y reconnoître. La vis qui conduit la touche est à deux filets, afin qu'elle monte ou descende plus vite. Quand elle est au point qu'on désire, on serre un peu l'écrou à chapeau qui est derrière.

La boîte est percée au centre, et suivant sa longueur, d'un trou carré qui reçoit les queues des touches *g*, *h*, et des roulettes *i*, *k*, et sur le côté de la boîte est un trou taraudé qui reçoit une vis à tête plate, au moyen de laquelle la roulette ou la touche sont retenues solidement en place; on verra bientôt l'office de la roulette et celui de la touche. On a représenté la poupée, *fig.* 16, dans sa position lorsqu'elle est placée; et pour cela on

a supposé l'établi coupé sur sa largeur, afin de faire voir la vis à la romaine *l*, et la cale de fer *m* qui la fixe.

Pl. 40.

Les choses étant dans cet état, l'arbre a bien la faculté d'avancer quand
les parties saillantes de la rosette rencontrent la touche; mais il a fallu
chercher un moyen de forcer la rosette, et par conséquent l'arbre à reculer et à se porter toujours vers la touche. Autrefois on eût fixé à l'arbre
une corde qui eût passé sur une poulie au bout du Tour, et à cette corde
on auroit suspendu un poids plus ou moins fort; c'est ainsi que dans le
P. Plumier tous les mouvemens de libration sont déterminés. Mais les
contre-poids donnent nécessairement des saccades qui se font ressentir
sur l'ouvrage même, et d'ailleurs rien n'étoit aussi embarrassant que cette
quantité de contre-poids suspendus tout autour de l'établi. Plus instruits
en mécanique, nos prédécesseurs leur ont avantageusement substitué des
ressorts dont on est toujours maître de régler la force et la souplesse;
aussi, depuis ce moment, les Tours à guillocher et autres ont-ils acquis
une justesse et une précision qu'ils n'avoient pas, et qu'on n'auroit jamais
pu obtenir dans les Tours à portraits. C'est ce ressort qu'on voit en *C*,
fig. 1, et dont la construction est infiniment simple.

On fixe sur le derrière de la poupée *E*, *fig.* 1, un étrier qu'on y noie
de toute son épaisseur, et qui descend de trois à quatre pouces en dessous
de l'établi. Il est coudé en *D*, et porte à son extrémité deux charnons
dont on va connoître l'usage.

Un ressort *C*, forgé avec soin, de deux pouces ou environ de large,
et de deux lignes d'épaisseur ou environ, porte à son extrémité inférieure
un charnon qui se place entre ceux qui sont au bout de l'étrier *c*, et forme
charnière en cet endroit. La longueur du ressort est telle, qu'étant en
place, son extrémité supérieure, qui a la forme d'un croissant, embrasse
l'arbre sur le bourrelet, qu'on a coutume de réserver près de la vis à
gauche, et qui, en formant un épaulement, sert encore à y faire une
embâse. On fera à cet endroit une rainure circulaire dans sa profondeur,
afin que le ressort ne puisse s'échapper; et l'on sent que la courbure du
croissant doit avoir le même diamètre que cette rainure. Comme le frottement de fer contre fer n'est jamais bien doux, il est à propos de garnir
en cuivre les faces du croissant.

Si, en quelque point de la longueur du ressort, on met un point d'appui entre lui et la poupée *E*, il est évident que le ressort portera toujours
l'arbre vers la touche : mais, comme il est à propos de régler la tension
du ressort, c'est-à-dire de lui donner plus ou moins de force, on met

43.

en cet endroit une vis qui, appuyée contre la poupée, donne au ressort plus ou moins de bande, selon qu'on l'écarte ou raproche de cette même poupée, ses deux extrémités étant fixées, l'une par la charnière que traverse un petit boulon à vis, et l'autre au moyen de ce qu'elle est retenue dans la rainure de l'arbre.

Mais, pour que cette vis soit solide, il faut qu'elle soit contenue par un certain nombre de filets, soit dans le ressort, soit dans la poupée. De l'une ou de l'autre manière, comme elle est toujours droite, elle ne peut se prêter aux différentes courbures que prend le ressort selon les sinuosités des rosettes, et par là ce ressort, qui ne fait effort qu'en cet endroit, court risque d'être cassé. Voici comment on a paré à cet inconvénient. On a réservé, au milieu du ressort, sur sa longueur, un renflement dans lequel on fait un trou ovale. On perce sur l'épaisseur un trou de deux lignes ou environ de diamètre, aboutissant au centre du trou ovale; on le taraude dans toute sa longueur, puis on met dans chacun une vis à tête fendue, et dont les pointes trempées viennent saisir un écrou, qui laisse au ressort la faculté de fléchir dans toute sa longueur. On écarte le point d'appui, selon qu'on visse ou dévisse le boulon F, et l'on donne au ressort, le degré de tension convenable pour la rosette dont on se sert.

La machine étant ainsi montée, on conçoit que, quand l'arbre tourne, il suit sur sa longueur le mouvement que lui impriment les différentes rosettes. Nous allons, dans la section suivante, expliquer l'usage des pièces que nous venons de décrire.

SECTION II.

Manière de Tourner à deux Courbes.

Nous prendrons pour exemple le vase *fig.* 17, qui est produit par la rosette *A*, *fig.* 1, vue à part *fig.* 3. Pour exécuter cette pièce, on mettra sur le Tour un bon mandrin, le plus court possible, afin d'éviter le broutement. On y fixera solidement un morceau de bois ou d'ivoire, qu'on ébauchera d'abord au rond. On réservera à la panse une hauteur suffisante pour qu'on puisse y trouver les deux points élevés *a b*; et c'est au dessous du point *c* qu'on commencera cette panse, en la conduisant jusqu'au point *d*, et n'y faisant aucune moulure. On se gardera bien de trop réduire le diamètre du pied; mais on lui réservera le plus de force possible; comme

le diamètre du carré *e*, ou du quart de rond *f*. Pendant cette opération, ▬▬▬
et toutes les fois qu'on aura des parties rondes à exécuter la poupée *B*, Pl. 40.
fig. 1, ne doit pas être en place ; ou si elle y est, on aura eu soin d'ôter
la touche *G*, et d'élever la clef d'arrêt du Tour.

On tournera d'abord, et l'on terminera le gland du haut *g*, et l'on fera
successivement les moulures qui suivent. Mais auparavant on doit avoir
tracé un dessin, au simple trait, de la pièce qu'on veut exécuter, semblable
à celui qu'on voit *fig.* 28.

On mettra la poupée *B* et la touche *G*, *fig.* 1. Si on tournoit un ouvrage
d'un plus grand volume, on remplaceroit la touche par une roulette du
plus grand diamètre, telle que *i*, *fig.* 16 ; le mouvement en étant beaucoup plus doux que celui d'une plus petite, et la courbe de la rosette per-
mettant qu'on s'en serve.

On mettra sur la poulie du Tour la corde sans fin, qu'on fera passer
sur le plus petit cercle de la roue, afin que le mouvement en soit plus lent ;
et on formera d'abord la courbe *a*, *b*, dont le diamètre est plus grand que
celui des autres. Pour cela on placera la touche plus ou moins près du
centre, suivant qu'on aura plus ou moins de moulures à faire, et suivant
la saillie qu'on veut leur donner.

Dans cette opération, comme dans les suivantes, on ne peut se servir
de gouges et de ciseaux à planir ; on se servira de ciseaux à un biseau tant
droits que ronds, et par cette raison on ne peut employer que du bois
dur ou de l'ivoire. Il est surtout très-essentiel de se servir d'outils d'une
égale épaisseur, sans quoi les moulures ne seroient plus concentriques,
ainsi que nous l'avons démontré en enseignant à tourner ovale.

Pour déterminer la position qu'on doit donner à la touche, afin d'exécuter les autres moulures, on mesure la distance qui se trouve entre le
centre et le point où la touche étoit placée quand on a tourné la première
moulure, et on compte, au moyen de la division placée sur la branche de
la fourchette, la quantité de lignes ou de millimètres contenus dans cet
intervalle.

On divise ensuite le rayon *a b*, *fig.* 28, de la grande moulure en autant de parties égales entre elles. Par chacune de ces divisions, on
fait passer des parallèles à l'axe 1, 2, 3, 4, etc., et on remarque le point
où tombe la naissance de chaque moulure, pour placer la touche sur la
division correspondante de la rosette.

Pendant qu'on tournera ces différentes moulures, on tiendra l'écrou *a*,
fig. 3, serré en plein ; et, comme les mouvemens imprimés à la rosette ten-

Pl. 40.

droient à le forcer sur sa vis si le pas est à droite, ou à le démonter s'il est à gauche, on le fixe à sa place au moyen d'une goupille qui le traverse, et dont l'extrémité entre d'une ligne ou une ligne et demie dans la rosette.

On aura soin, en opérant, de sauver avec adresse les jarrets produits par le changement de position de la touche, et on terminera de cette manière les moulures de la panse et celles de la base, avant de commencer à dégager le piédouche, soit qu'on le fasse au rond, soit qu'on y pratique les mêmes ondulations que sur le corps du vase; mais avant de venir à une partie aussi délicate que ce piédouche, on polira le vase avec soin, pour ne pas courir le danger de le casser.

Ces pièces de Tour, quand elles sont bien exécutées, présentent un coup d'œil fort agréable; la *fig.* 17 particulièrement surprend agréablement, en ce que le haut et le bas sont ronds, tandis que le corps du vase est fait en urne antique. La *fig.* 18 représente ce même vase vu par dessus.

Au lieu de faire ces vases d'un seul morceau, on peut en évider l'intérieur, et y rapporter un couvercle, à partir des points *a*, *b*. La difficulté en est considérablement augmentée, puisqu'il faut que la bâte et la portée qui la reçoit soient creusées suivant la forme extérieure du vase, et qu'on ne voie presque pas le joint. On commencera par creuser près de la circonférence, en mettant la roulette au point correspondant, et à mesure qu'on approfondira sphériquement, en approchant du centre, on approchera également la roulette du centre de la rosette, de manière qu'au centre intérieur, il semble qu'on ait creusé au Tour en l'air simple. Lorsqu'on aura ainsi creusé l'intérieur, et qu'on aura parfaitement dressé le dessus, on ôtera la pièce du Tour, en repérant avec soin le mandrin sur l'embâse du Tour. C'est ici surtout que cette précaution devient essentielle, puisqu'en remettant la pièce au Tour, si elle ne se trouvoit pas exactement au même point où elle étoit quand on l'a creusée, les moulures du couvercle ne se raccorderoient jamais avec celles du vase.

On mettra donc, dans un autre mandrin, un morceau du même bois dont est fait le vase. On y fera une portée semblable à la bâte d'une tabatière, avec un épaulement qui pose juste sur le dessus *a*, *i*, *b*, du corps du vase. On sent que, pour que ces deux parties s'accordent parfaitement, et que le couvercle tienne solidement en sa place, il faut que toutes les parties qui se correspondent aient été tournées à un même écartement du centre de la part de la roulette; et c'est là que les divisions qui sont sur le

châssis servent merveilleusement : sans elles, il faudroit tâtonner sans ▬▬▬
cesse, au risque de n'y parvenir jamais.　　　　　　　　　　　　　PL. 40.

On donnera au couvercle à peu près la forme qu'il doit avoir , pour
ne pas le dégrossir lorsqu'il sera mis en place , attendu qu'on risqueroit
de le déranger : on le creusera intérieurement, comme on a fait au vase,
ne laissant à l'un et à l'autre que deux lignes ou environ d'épaisseur. On le
coupera , pour le séparer du morceau où on l'a pris, un peu au dessus du
gland qui le couronne.

Lorsque le couvercle sera mis en place, et qu'il tiendra solidement, on
lui donnera extérieurement la forme qu'il doit avoir, comme s'il étoit
du même morceau que le vase, et avec les précautions que nous avons
indiquées.

SECTION III.

Tourner à trois et quatre Courbes saillantes et autant de rentrantes.

LE succès qu'on a obtenu avec la rosette à deux courbes a engagé à multiplier le nombre de ces courbes , et on a produit, par ce moyen, des pièces
dont la bizarrerie même produit l'effet le plus agréable.

La *fig.* 21 est produite par une rosette qui a trois courbes saillantes
et trois rentrantes. Cette rosette est représentée de profil, *fig.* 12 , et de
face , *fig.* 13.

On substituera donc cette rosette à celle *A*, *A*, sur l'arbre. On prendra
la roulette *l*, *fig.* 16 , dont le diametre est assez petit pour qu'elle puisse
parcourir tous les points des courbes rentrantes ; car , si son diamètre étoit
plus grand que celui de la courbe , elle n'en parcourroit pas toute la
surface, mais passeroit d'un point de contact à un autre. C'est ici qu'il
faut observer avec exactitude les règles que nous avons données pour déterminer la position de la roulette selon les différentes moulures qu'on
veut exécuter.

On fera donc d'abord, au Tour en l'air simple, la boule qui est au haut,
ainsi que le petit piédouche qui la porte, si la pièce doit être d'un morceau, et l'on s'arrêtera au point *a*. Si l'on veut y faire un couvercle , on
commencera des points *b*, *c*, et on creusera avec les précautions que nous
avons recommandées pour le vase précédent.

Quand on aura terminé le corps du vase, soit qu'on le fasse d'un seul
morceau, ou qu'on y rapporte un couvercle, on ôtera la touche ou rou-

lette, et l'on fera au Tour en l'air simple la partie ronde d, et une partie
de la naissance du pied e. On remettra ensuite la roulette, pour faire le
socle qui présente les mêmes sinuosités, et dans le même sens que le vase;
mais comme ce socle se trouve, sur le dessin, plus rapproché de l'axe de la
pièce que le corps du vase, on rapprochera la roulette du centre de la
rosette d'une quantité proportionnée, ainsi que nous l'avons enseigné
dans la section précédente. Enfin, ôtant encore la roulette, on tournera
ronde la partie f, ainsi que la plinthe g.

　　Tout ce que nous venons de dire de la manière de tourner à trois
courbes saillantes, et autant de courbes rentrantes, peut, comme nous
l'avons dit, être appliqué à la *fig.* 21, que nous avons prise pour exemple.
Peu importe que sur la planche cette figure soit ovale, ainsi qu'on le
voit par la *fig.* 22, qui en est le dessus. Cette forme ovale est une difficulté de plus, que nous expliquerons dans la section suivante.

　　Il faut avoir éprouvé soi-même les difficultés qui se rencontrent à faire
accorder les profils de ces sortes de pièces, et leur rapport avec l'écartement ou le rapprochement de la roulette du centre de la rosette, pour
sentir le mérite de les avoir vaincues.

　　Le vase, *fig.* 23, présente encore plus de difficulté: on le fait avec la
rosette à quatre courbes saillantes et quatre rentrantes, *fig.* 10, de profil,
et, 11, de face. Si l'on veut y rapporter un couvercle, ce doit être en $a\,a$;
mais la quantité de courbes rend encore plus difficile cette opération. On
doit, dans ce cas, comme dans le précédent, mettre la corde sans fin sur
un cercle d'un assez petit diamètre sur la roue motrice, sans quoi la trop
grande vitesse feroit sauter la roulette d'une courbe à l'autre, et elle n'en
parcourroit pas tous les développements : ceci a besoin d'être rendu
sensible.

　　Un cercle plan d'un diamètre quelconque, comme $a\,a$, *fig.* 23, a
à peu près pour circonférence trois fois ce diamètre. Or, il est évident que
plus il y aura sur la surface de ce cercle, qui cesse d'être plane, de courbes
rentrantes et saillantes, plus il y aura de chemin à parcourir; et il y en
aura encore plus, si les courbes sont très-profondes et très-rentrantes.
Ajoutez à cela la chute qu'éprouve la roulette lorsque le plan incliné
descend. La vitesse acquise tend à la faire passer par un saut contre le
plan incliné montant qui lui est opposé.

　　Nous n'en dirons pas davantage sur cet objet. Il nous suffit d'avoir prévenu nos Lecteurs sur les précautions qu'ils ont à prendre. L'expérience
que nous devons supposer qu'ils ont acquise suppléera à ce qui manque

à notre explication; et, comme il n'est guère possible d'atteindre à la perfection du premier coup, nous conseillons aux personnes qui voudront
entreprendre ces sortes de pièces, de faire des essais sur du buis, et de ne
pas commencer par de l'ivoire, que l'on gâteroit infailliblement.

Pl. 40.

SECTION IV.

Tourner ovale à plusieurs Courbes.

Après avoir tourné les pièces précédentes, il est naturel d'essayer de
les faire sur le Tour ovale. Elles y produisent l'effet le plus agréable, ainsi
qu'on le voit sur les *fig.* 19 et 21, dont le plan est représenté, *fig.* 20
et 22.

Comme nous sommes entrés dans de grands détails sur la manière de
tourner le vase, *fig.* 17, qui, comme on l'a vu, est creux, il ne nous
reste plus que fort peu de chose à dire de ceux-ci. Pour celui *fig.* 19,
on montera derrière le Tour la rosette et le canon, *fig.* 3, le ressort *C*,
et la poupée *B*, *fig.* 1. On montera également sur le nez de l'arbre la
machine ovale; et ayant choisi un morceau de quelque bois dur, assez gros
pour pouvoir y trouver le grand axe de l'ovale sur sa longueur, on fera
cette pièce en deux morceaux séparés et emmandrinés chacun à part.
Il seroit même à propos, pour plus de solidité, de faire l'écrou qui se monte
sur le nez de l'arbre dans le morceau même qu'on doit travailler, et de le repérer sur l'embâse, et on ne doit jamais manquer de le faire toutes les fois
que le vase qu'on se propose d'exécuter aura un piédestal dans le genre de
ceux *fig.* 21 et 23. L'ouvrage sera tenu de plus court, et par conséquent
sera moins exposé à brouter. On commencera donc par tourner le bouton
A, soit rond, soit ovale. Dans l'un ou l'autre cas, la rosette ne doit
pas servir; et pour cela, il suffira d'ôter la touche ou roulette *G*, *fig.* 1.
Après la gorge qui sert à le dégager, on fera une surface plane; et cette
surface peut également être faite au Tour ovale ou au rond. Si le bouton
est ovale, on fera faire à la roue dentée *E*, *fig.* 2, *Pl.* 34, un quart de
tour, pour que l'ovale du vase soit opposé à angles droits avec celui du
bouton, ce qui présente une singularité piquante. On préparera ensuite
les masses et les formes en suivant, pour placer la roulette, les principes que nous avons donnés dans la section précédente; il faut seulement avoir l'attention de faire accorder parfaitement la position de la

Pl. 40.

rosette, avec celle de la coulisse de l'ovale, si on veut que la saillie des courbes soit dans le sens du grand axe, comme on le voit *fig.* 1, ce qui est la forme la plus ordinaire. Si on vouloit opposer cette saillie au grand axe, il faudrait que la rosette coupât à angles droits la direction de la coulisse. Ces diverses positions de la rosette se trouvent facilement au moyen des dents pratiquées sur l'embàse de son canon.

Lorsqu'on sera parvenu aux points *a a*, on changera l'allongement de l'ovale, par les raisons et suivant les principes que nous avons exposés *pag.* 287, et on fera la surface plane qui termine le congé. C'est en exécutant ce congé qu'il faut redoubler d'attention et de soin, pour faire accorder parfaitement les profils, et fondre ensemble les deux ovales supérieur et inférieur dont les axes sont différens. Après avoir fait le petit carré *a*, on fera un ravalement pour servir de bâte, car c'est à ces points que le couvercle pose sur le vase. On placera ensuite le couvercle sens dessus dessous, dans un mandrin auquel on aura pratiqué une portée un peu juste pour le recevoir, et on le tournera avec la même rosette, en laissant l'ovale et la roulette dans la position où ils étoient quand on a tourné la courbe *a a*, à l'extérieur; On en évidera l'intérieur, à peu près suivant la forme extérieure, en laissant partout une épaisseur égale.

On prendra ensuite le morceau destiné à faire le corps du vase; on le montera sur le nez de l'arbre, et on commencera par faire la portée qui doit recevoir le couvercle. Quand il y entrera juste, on creusera le dedans du vase à peu près suivant la forme qu'on veut lui donner extérieurement, suivant le dessin qu'on se sera fait; on le terminera entièrement, et on lui donnera le poli. Nous conseillons d'achever d'abord l'intérieur, parce que si on étoit obligé d'y revenir après avoir fini l'extérieur, on risqueroit de tout casser. On ébauchera ensuite le vase à l'extérieur, et on le terminera en faisant accorder l'écartement de la roulette, par rapport au centre de la rosette, avec le rayon de la partie qu'on entame : attention qu'il ne faut jamais omettre; sans quoi les profils et les moulures ne s'accorderoient pas, et les courbes jarrèteroient presque partout. Quand le vase sera terminé, on diminuera la partie où doit être le pied, qu'on a dû jusqu'ici réserver un peu forte, afin que la pièce résiste et ne broute pas. On fera ce pied rond, si la boule du haut est ronde; et, si elle est ovale, on remettra la roue *E*, *fig.* 2, *Pl.* 34, au point où elle étoit lorsqu'on l'a faite, pour faire ce pied ovale du même ovale et du même sens. Si l'on veut que ce pied soit droit, tel qu'on le voit sur la figure, on ôtera la roulette, et levant la clef d'arrêt du Tour, on se contentera d'en tourner le profil

au rond ou à l'ovale. Si l'on vouloit augmenter la singularité, on tourneroit ce pied ovale avec les rosettes, *fig.* 10 et 12, en plaçant toujours la Pl. 40.
touche sur la rosette à la distance du centre, correspondante à la saillie
des moulures qui est indiquée sur le dessin de la pièce. Quand le tout seroit
terminé, on feroit une espèce de socle rond, au Tour simple, pour que la
pièce eût une assiette solide, à peu près comme on voit le socle de la *fig.* 21.

Cette *fig.* 21 est tournée ovale avec une rosette à trois rampans. On peut
varier toutes ces pièces par la forme des rosettes ; le goût seul peut guider
dans ces ouvrages. Ce seroit ennuyer les Lecteurs que de détailler chaque
opération ; et, dès qu'on aura fait une de ces pièces, on sera en état de les
exécuter toutes, en variant les courbes, y substituant d'autres rosettes,
telles que celles 14, 25 et 26. On pourroit aussi former sur un plan incliné toutes les sinuosités des rosettes dont on vient de parler, et multiplier à l'infini la variété de ces sortes de pièces, qui, ornant agréablement
un cabinet, prouvent l'adresse de l'Amateur, et sont fondées sur les principes du guillochis, que nous traiterons dans le chapitre suivant avec les
détails qu'il mérite.

On a représenté, *fig.* 27, la poupée antérieure d'un Tour sur lequel est
monté l'ovale, pour faire sentir la position et le jeu de toutes les pièces.
A est le plateau, *B B* les coulisseaux, *C* la plaque qui glisse entre, *D* une
des oreilles de la bague, l'autre ne pouvant être vue que fort peu en *E*;
a est le carré où entre la manivelle qui mène la vis de rappel de la bague ;
G est le vase ovale dont le grand axe est dans la direction de la coulisse.

Cette idée de placer des rosettes derrière le Tour est une source infinie
de variétés qu'on peut exécuter sur différens ouvrages. Pourvu que les divisions de ces rosettes soient exactes, que leurs profils soient bien coupés,
on peut en imaginer beaucoup d'autres.

On doit sentir maintenant pourquoi la bague de l'ovale doit avoir une
certaine hauteur que les bagues anciennes n'avoient pas. Commes ces rosettes font avancer et reculer considérablement la pièce qu'on tourne, il
faut nécessairement que les deux T qui mènent la coulisse *D*, *fig.* 2, *Pl.* 34,
ne sortent jamais de dessus cette bague, quelque allongement que la rosette donne à la pièce qu'on tourne.

Dans les opérations que nous venons de décrire, nous avons supposé
qu'on se servoit de l'ovale à l'anglaise. Si on employoit l'ovale à la
française, les procédés seroient absolument les mêmes ; mais pour remplacer la fourchette et l'écrou qui fixent la tringle *b*, *fig.* 5, *Pl.* 35,
derrière le Tour, et la rendent immobile à volonté, il faut que l'extrémité

de cette tringle porte une partie carrée qui entre dans une chappe à rouleaux, *fig.* 10, *Pl.* 41, placée devant la poupée.

SECTION V.

Tourner guilloché avec des Rosettes à différens dessins.

Les effets agréables obtenus au moyen des différentes rosettes dont
nous venons de parler ont engagé les artistes à perfectionner cet instrument, en multipliant les courbes et en diversifiant leur position. Les *fig.* 14,
25 et 26 présentent différens exemples de ces espèces de rosettes. La *fig.* 14
est une espèce de feston, auquel on peut donner des variétés, en opposant
alternativement l'angle aigu au sommet de la courbe, au moyen de la
roue divisée *fig.* 4, pratiquée sur la pièce *b*, *b*, *fig.* 2, qui porte les rosettes. Il
suffit pour cela de faire d'abord le dessin comme il est, puis de faire avancer autant de dents de la roue divisée qu'il en faut pour que l'angle aigu
a, *fig.* 14, se trouve vis-à-vis du sommet de la courbe *b*. Après avoir fait
ce dessin, on reviendra au premier, on retournera au second, et ainsi de
suite ; ce qui produira un dessin qui ressemblera à la manière dont les
écailles sont placées sur le corps des poissons.

Si on vouloit que ces écailles fussent en saillie, il faudroit, au lieu de
les tracer avec un grain-d'orge, se servir d'un outil plat dont on inclineroit
le tranchant, de manière que l'angle de derrière entamât la matière à une
profondeur égale à la saillie qu'on veut donner aux écailles.

Au lieu de faire rencontrer des portions de cercles par deux points de
leurs circonférences, à angles aigus, comme dans la *fig.* 14, on pourroit
former une courbe composée d'une suite de demi-cercles, alternativement saillans et rentrans, comme dans la *fig.* 25, et en les opposant les
uns aux autres au moyen de la division, comme dans le cas précédent ;
on produiroit sur l'ouvrage un effet encore très-agréable. Enfin on pourroit, au lieu de lignes courbes, former sur la rosette une suite d'angles
saillans et rentrans, comme on le voit *fig.* 26, et en opposant les uns aux
autres par la division, obtenir une suite de losanges qui varieroient encore
agréablement cette espèce de travail.

Au lieu de creuser ces losanges sur la surface de la pièce, on peut les
détacher du fond avec un bec-d'âne de la largeur de l'intervalle qu'on
veut laisser entre chacun d'eux. De cette manière on obtient des losanges

en relief, détachés les uns des autres, qui paroissent semés à distances
régulières sur la surface du cylindre.

Pl. 40.

Enfin on peut encore tailler la surface de ces losanges en pointe de
diamant; il suffit, pour obtenir cet effet, de présenter d'abord l'outil légèrement incliné dans un sens, jusqu'à la moitié de leur largeur, et de l'incliner au même degré dans l'autre sens, pour exécuter l'autre moitié.

Si on n'avoit pas de rosette à division, comme les *fig.* 2 et 3, et qu'on
eût un ovale avec une roue divisée ou un excentrique, on obtiendroit
tous les effets que nous venons de décrire, en montant la pièce sur le nez
tournant. Alors, au lieu de faire tourner la rosette, on feroit faire les mêmes
révolutions à la pièce. C'est à l'Artiste intelligent à tirer parti de l'instrument dont il est pourvu.

Enfin, si on n'avoit aucun de ces instrumens, on pourroit les remplacer
par un mandrin sur lequel seroit appliquée une plaque de bois d'une certaine épaisseur, exactement concentrique, et retenue par une languette qui
rempliroit bien juste une rainure circulaire; on fixeroit cette plaque au
mandrin au moyen de trois vis à bois dont les pas prendroient dans le
mandrin seulement, et le collet dans les trous de la plaque. Ces trous
doivent être prolongés circulairement, de manière que la plaque puisse
tourner d'un demi-pouce, plus ou moins, sans être arrêtée par les collets
des vis. On repèrera la plaque sur le mandrin, à chaque position de la
rosette, ou, pour mieux dire, aux points où elle produit l'opposition des
dessins, et il suffira de desserrer les vis chaque fois qu'on voudra changer
la position de la pièce qui est emmandrinée sur la plaque, par rapport à
la rosette qui reste immobile, et de les serrer avec un tourne-vis, pour
produire l'effet désiré.

Il faut observer, par rapport aux rosettes, *fig.* 14, 25 et 26, que ce n'est
pas par le moyen d'une roulette qu'on doit les faire mouvoir, parce qu'elle
ne pourroit pénétrer dans les angles. Il faut se servir d'une touche de
dent de cheval marin, et qui est plus dure que l'ivoire, ou d'acier trempé
bien dur par le bout, poli très fin, *g*, de face, et *h*, de profil, *fig.* 16 : la
rencontre des deux biseaux *h* ne doit pas former de tranchant, mais doit
être émoussée et arrondie, pour ne pas entamer la rosette.

Tous ces effets ont beaucoup de ressemblance avec ceux que l'on obtient
par le Tour à guillocher, et nous ne nous étendrons pas davantage sur ces
différentes opérations, que nous détaillerons plus au long dans le chapitre
suivant.

Pl. 40.

SECTION VI.

Tourner rampant au moyen du Plan incliné.

Les inventions humaines se suivent naturellement, et se déduisent nécessairement les unes des autres. La faculté qu'a l'arbre du Tour d'avancer et de rentrer suivant sa longueur sur ses collets a donné la première idée du guillochis, et c'est ce que nous venons de décrire. Il étoit tout naturel d'opposer au bout de l'arbre un plan incliné à son axe, et dès-lors toutes les moulures qu'on forme sur l'ouvrage doivent être parallèles entr'elles, puisqu'elles sont toutes produites par une même inclinaison.

Si aux rosettes dont nous avons parlé on substitue celle *fig.* 9, il est évident que toutes les pièces qu'on tournera suivront la même inclinaison. Voilà le principe général, nous en verrons bientôt les différentes modifications.

Le plan incliné qu'on adapte au Tour, et représenté, *fig.* 9, n'est autre chose qu'une rosette, qui, comme les précédentes, se monte sur le pas de derrière de l'arbre, et qu'on coupe obliquement à son axe. On conçoit que les degrés d'inclinaison qu'on peut obtenir avec une rosette sont nécessairement bornés par la longueur de son rayon, puisqu'on ne peut les varier qu'en changeant la position de la touche sur cette ligne; c'est pour cela qu'on a imaginé le plan qui s'incline à volonté, et que nous allons décrire.

Pl. 41.

La *fig.* 1, *Pl.* 41, représente un Tour, dont l'arbre a de très-longs collets, pour la course des torses très-allongées, et des rampans très-inclinés. Sur le derrière de l'arbre est un plan incliné, dont l'inclinaison peut être fixée à volonté de la manière suivante.

Un canon de cuivre, *fig.* 2, ayant un plateau *A*, fondu d'un même jet, et tourné parfaitement rond, se monte sur le derrière de l'arbre, et y est fixé comme les précédens, *fig.* 2, *Pl.* 40, par un écrou à chapeau.

Sur ce canon en entre un second *A*, *fig.* 3, qui porte une roue dentée d'un moindre diamètre que le plateau, et qui en est écartée d'une demi-ligne ou environ, au moyen d'une portée réservée au plateau, pour diminuer les frottemens : la roue dentée est partagée en un nombre de dents qui puisse facilement se diviser exactement, comme 48 et 60. Sur le plateau est un cliquet qui entre dans la denture pour fixer les deux canons l'un à l'autre; un ressort, qui presse sur le cliquet, le retient en place;

CHAP. V. Sect. VI. *Tourner rampant, etc.* 35ı

Pl. 4ı.

voyez la *fig.* 4, qui représente géométralement les épaisseurs des deux canons, le plateau *B*, la roue dentée, le cliquet et le ressort.

À deux points opposés de la circonférence du canon de dessus, et du même morceau, sont deux oreillons *a a*, *fig.* 5, dans lesquels passent deux demi-cercles *d d*, de profil, et l'un des deux de face *a*, *fig.* 3. Deux vis à tête plate *b b*, *fig.* 3 et 5, placées sur les oreillons, pressent sur la surface des demi-cercles, et fixent l'inclinaison du plan *B B*, au degré qu'on désire, et qu'on détermine au moyen d'une division tracée sur la moitié d'un de ces demi-cercles.

La *fig.* 6 représente de face le plateau sur lequel passe la roulette : il nous reste à décrire de quelle manière on le fixe sur sa monture.

Ce plateau, *fig.* 6, qui est de fer, et bien dressé, est percé au centre, d'un trou ovale, dont le petit axe est égal au diamètre du gros canon, *fig.* 5. Les quatre extrémités des deux demi-cercles y entrent juste à carré aux points *a*, *b*, *c*, *d*, dont l'écartement *a b*, et *c d*, est tel, que les demi-cercles, étant en place, passent juste dans les oreillons *a*, *a*; et ces extrémités sont retenues par quatre écrous fraisés, qui affleurent parfaitement la surface du plan, afin que la roulette, en passant par dessus, n'éprouve aucun obstacle. Le plan ou plateau est percé, sur son épaisseur, d'un trou qui va d'un point du diamètre à l'autre *e*, *f*, suivant le petit axe du trou ovale, et est taraudé dans toute sa longueur. Deux vis, dont on voit les têtes en *e*, *f*, ont une pointe conique qui entre dans deux coups de pointeau donnés sur le gros canon, à deux points opposés; de manière que le plan est suspendu, et au moyen du trou ovale, a la faculté d'être incliné par rapport au canon; et l'inclinaison, une fois déterminée, est fixée par le moyen des deux vis *b*, *b*, qui pressent sur les demi-cercles. Tous ces détails sont rendus sensibles par la *fig.* ı, où l'on voit l'inclinaison du plan *A*; la position d'un des demi-cercles; la manière dont le canon intérieur est retenu sur l'arbre, au moyen de l'écrou à chapeau *b*, et la roue dentée, dont le cliquet est censé derrière la machine; le ressort *C*, le boulon *I*, qui lui donne plus ou moins de tension; le genou ou charnière *G*, et l'étrier *H* qui tient à la poupée.

Il est encore une autre espèce de plan qui s'adapte sur le Tour, et qu'on incline aussi à volonté. Nous allons en donner la description.

La *fig.* 7 représente cette pièce toute montée. *A* est une pièce de cuivre, vue de profil, et géométralement, *fig.* 8, en *A*; *B*. Au milieu de la longueur et du même morceau, est un renflement *B*, *fig.* 7, qui, au moyen d'un écrou, se monte sur le nez à gauche de l'arbre du Tour. La largeur

Pl. 41.

de cette pièce en *A*, *fig.* 8, est égale au diamètre du renflement, et est diminuée en *B*, comme on le voit sur la figure. Au bout *A*, sont deux charnons *a a*, qui reçoivent celui *b*, pratiqué au bout *a* de la pièce *H*, *F*, *fig.* 7 : enfin, une forte goupille *b*, même figure, assemble ces deux pièces, et forme, en cet endroit, une charnière ; de façon que la pièce *H*, *F*, tourne au point *b*, et peut être inclinée, plus ou moins, par rapport à la pièce *A D*. Cette pièce *H F*, *fig.* 7, est égale en largeur à la partie *a a*, *fig.* 8, mais elle n'a qu'un charnon *b*, comme nous l'avons dit. L'autre bout est réduit à la largeur qu'on lui voit sur la *fig.* 8, et au milieu de sa longueur est un plan circulaire, représenté sur son épaisseur en *H*, *fig.* 7. Vers le bout *B*, *fig.* 8, est un trou carré, qui reçoit le tenon de même forme *a*, *fig.* 9, d'une portion de cercle en fer, qui est fixée à cette pièce par l'écrou à chapeau *a*, *fig.* 7 et 8, qu'on voit par dessus. Cette portion de cercle entre à frottement dans l'épaisseur de la partie *D*, *fig.* 7, et est fixée par une vis de pression *G*.

Dans le renflement *B*, *fig.* 7, est, comme nous l'avons dit, un écrou qui se monte sur le nez à gauche de l'arbre, et par ce moyen le plateau *A* est fixé en sa place, et parallèle au plan que décrit un point de la pièce qu'on tourne. Le plan ou plateau mobile *H*, au moyen de la charnière placée sur le point *b*, devient plus ou moins incliné à celui de dessous, et détermine l'inclinaison, ou, pour mieux dire, la quantité de chemin que feront l'arbre et l'ouvrage hors du plan circulaire. Et, comme on a besoin en certains cas de retrouver l'inclinaison qu'on a donnée dans d'autres occasions, on a divisé la portion de cercle *E*. Ainsi, il suffit de tenir note du point d'écartement où étoit le plateau, pour avoir, quand on voudra, cette même inclinaison.

Cette manière d'incliner le plan présentoit un inconvénient lorsque l'inclinaison étoit petite. Supposons qu'on ne veuille incliner le plan, à partir du dessous du plateau, que jusqu'au point de division *d*, tout l'excédant de là portion de cercle sera en dessous du plateau *A D* ; et cette queue, en tournant, rencontrera le ressort *C*, *fig.* 1, et la pièce ne pourra tourner. C'est pour obvier à cet inconvénient qu'on a deux portions de cercle ; l'une de grandeur suffisante pour procurer de grandes inclinaisons ; l'autre plus petite, *fig.* 9, pour en donner de plus petites ; mais toutes deux portant des divisions égales.

On ne peut se dissimuler que ce plan incliné a, sur le précédent, l'avantage de présenter à la roulette un plan qu'elle peut parcourir dans toute sa surface, et l'on verra incessamment combien cette faculté est pré-

cieuse pour le travail. Il est vrai, qu'au lieu de faire passer le canon par
un trou ovale, pratiqué au centre de la pièce *A*, *fig.* 1 ; on pourroit la Pl. 41.
faire mouvoir sur une charnière pratiquée en dessous et au centre, ce
qui donneroit un plan : mais nous décrivons ici les moyens en usage, et
nous ne présentons que quelques idées sur ceux de perfection : si nous
entreprenions de détailler tout ce qu'il y auroit de mieux à faire dans
tous les genres, nous ferions un ouvrage immense, et nous n'avons entrepris qu'un ouvrage élémentaire.

La roulette se place sur une poupée semblable à celle *fig.* 16, *Pl.* 40,
dont nous avons donné la description plus haut.

Pourvu que la roulette parcoure la surface du plan incliné, peu importe qu'on la place au dessus ou au dessous du centre de l'arbre, elle
doit avoir la faculté de s'avancer près du point de centre, et de s'en éloigner ; mais il vaut mieux qu'elle descende, depuis le centre, jusqu'à la
partie inférieure de la circonférence, que de monter au dessus. Plus la
roulette est élevée, plus elle est sujette à trembler, attendu que le châssis
éprouve une vibration à chaque secousse que les ondulations des rosettes
lui donnent ; et ces tremblemens se font sentir sur l'ouvrage.

Passons maintenant à l'opération, pour laquelle nous supposons qu'on
se sert du plan incliné, percé à son centre d'un trou ovale représenté
fig. 1, 3 et 5.

La pièce qu'on éxecute le plus ordinairement en ce genre est un balustre rampant, tel qu'il est représenté *fig.* 12, et sur le Tour, *fig.* 1.

On commencera par préparer un morceau de bois dur, qu'on tournera
au diamètre de la diagonale du socle qui doit être pris dans ce morceau.
Si la pièce est un peu forte, et par conséquent un peu longue, il faut réserver à son extrémité un guide comme pour les colonnes torses. Dans
le cas où on emploieroit du bois précieux, il faudroit faire ce guide d'un
autre morceau, et on le feroit entrer dans un trou pratiqué à l'extrémité
de la pièce. Ce guide ne doit pas avoir autant de longueur que pour les
colonnes torses, puisque, dans la pièce qui nous occupe, la course est
bornée par l'inclinaison du plan.

Alors on placera derrière l'arbre le plan incliné *A*, *fig.* 1. On baissera la
clef d'arrêt ; puis on tendra, au moyen du boulon *I*, le ressort *C*, qui
oblige l'arbre à se porter contre la roulette avec un peu de force, lorsque
le plan est arrivé au point le plus incliné *e*, *fig.* 1 ; *b*, *fig.* 3 ; *a*, *fig.* 7. On
fixera solidement la poupée *F*, dont on détermine la position en faisant
avancer l'arbre sur ses coussinets d'un peu plus que la moitié de l'inclinai-

son du plan : puis, ayant tracé sur le papier un dessin, *fig.* 12, représentant au simple trait le balustre qu'on exécute, on inclinera le plateau au point nécessaire pour exécuter la panse, c'est-à-dire la portion qui présente le plus de saillie. Ce point se détermine en mesurant la distance qui se trouve entre la ligne *a c*, perpendiculaire à l'axe, et égale au diamètre du cylindre sur lequel on travaille, et l'inclinée *b c*, égale au grand diamètre de la panse. On divisera cette distance en deux parties, et on inclinera le plateau de cette quantité que l'on déterminera aisément au moyen d'une équerre posée sur l'établi du Tour, et présentée vis-à-vis du centre du plateau. On comptera ensuite le nombre de divisions parcourues par le quart de cercle, et on divisera la moitié de la perpendiculaire *a c*, en un nombre égal de parties. On fera passer, par chacune de ces divisions, des parallèles à l'axe 1, 2, 3, etc.; et on déterminera les divers degrés d'inclinaison nécessaires pour les différentes moulures, en remarquant celle de ces parallèles sur laquelle chacune d'elles vient aboutir, et en fixant le plateau incliné sur le point correspondant de son quart de cercle.

Quoiqu'il soit possible de tourner cette pièce, et toutes celles de la même nature, à la perche ou à l'arc, il est beaucoup plus commode et plus facile de les tourner à la roue. L'uniformité du mouvement empêche les saccades; au lieu que le retour de la perche, opposé au mouvement par lequel on entame la matière, les multiplie considérablement, et d'ailleurs le mouvement imprimé au Tour par la perche ou par l'arc est beaucoup trop rapide pour cette opération. Si donc on se servoit de la grande roue, on auroit soin de placer la corde sans fin sur le plus petit diamètre. On se servira d'un ciseau à un seul biseau, pour réduire le cylindre dans toute sa longueur à la grosseur de la panse, en réservant aux deux extrémités les portions qui doivent servir à former les carrés du haut et du bas. On tracera ensuite avec un grain-d'orge, ou un crayon, la place de chacune des moulures, en se conformant, pour l'inclinaison du plan, aux principes que nous venons d'exposer.

Plus les divisions tracées sur le quart de cercle seront multipliées, plus l'opération sera exacte. Il est encore indispensable que les outils dont on se servira soient d'égale épaisseur; la plus légère différence produirait des inégalités qui défigureroient entièrement la pièce. Les moulures ne seroient point parallèles entr'elles; les parties rentrantes seroient fouillées d'un côté et saillantes de l'autre; la panse du balustre n'auroit pas une saillie égale; en un mot, les profils ne s'accorderoient pas.

Pl. 41.

Le seul moyen de parer à ces inconvéniens est d'apporter le plus grand soin aux différentes opérations qu'on est obligé de faire, chaque fois qu'on change l'inclinaison du plateau pour faire une nouvelle moulure, et de placer la roulette le plus près qu'on le pourra de la circonférence du plateau incliné.

Comme l'opération qui suit, est infiniment minutieuse, et qu'il seroit trop long de dégrossir la pièce en même temps qu'on la finiroit, il est à propos de l'ébaucher d'abord à peu près, en lui conservant plus de diamètre.

On fera d'abord, avec un grain-d'orge fort étroit, le dégagement entre la base carrée et le quart de rond; et pour que le dessous de ce carré soit plan, on inclinera le plateau au point juste indiqué par le dessin. Puis, on formera le quart de rond, en le mettant au diamètre qu'il doit avoir. On changera encore l'inclinaison du plateau pour faire le carré qui suit, que l'on exécutera avec un petit ciseau à un biseau. C'est à la gorge qui suit qu'on doit apporter beaucoup d'attention, pour qu'à chaque coup d'outil le plateau soit au degré d'inclinaison nécessaire. On entamera fort peu de bois à la fois, et à chaque instant on changera la position du plateau. On continuera ainsi à donner la forme au balustre, en proportionnant toujours l'inclinaison du plateau à celle de la partie qu'on travaille.

On conçoit aisément combien cette opération est longue et minutieuse, puisqu'il faut, pour ainsi dire, à chaque coup d'outil, changer le degré d'inclinaison du plateau, en consultant continuellement le dessin et la division tracée sur le quart de cercle. Aussi l'usage du plan à charnière *fig.* 8, ou de celui à rosette *fig.* 9, *Pl.* 40, qui permet à la roulette d'en parcourir toute la surface, est-il infiniment préférable. Pour faire usage de ces derniers instrumens, il suffit de varier la position de la roulette suivant l'inclinaison de la moulure qu'on veut exécuter, d'après les principes que nous avons enseignés en parlant de la manière de tourner à plusieurs courbes et au moyen des rosettes.

Il est difficile, sans doute, de tenir l'outil pour entamer la matière, et de porter une main au bouton de la poupée de derrière; de couper le bois avec propreté, en même temps qu'on aura l'œil à la division. Si l'on pouvoit fixer solidement l'outil sur le support, de manière qu'on pût le conduire d'une main, tandis que l'autre seroit occupée à diriger la roulette, on seroit assuré de donner aux pièces une parfaite régularité. Il semble qu'on pourroit atteindre cette perfection, au moyen du *Support*

Pl. 41.

à *Chariot*, mais les variations continuelles qu'on est obligé de faire subir à l'outil, tant sur la longueur que sur le diamètre de l'ouvrage, pour y faire accorder la roulette, s'opposent à ce qu'on en puisse tirer un parti avantageux. L'habitude seule de tourner ces sortes de pièces peut conduire à la perfection.

Le balustre, *fig.* 12; les vases, *fig.* 11 et 13, et les autres pièces rampantes, ne sont pas les seuls effets qu'on peut obtenir avec ces différens plans inclinés. On s'en sert encore pour tracer sur un cylindre des ellipses dont l'inclinaison est toujours égale, puisqu'elle est déterminée par celle du plan. En opposant ces ellipses entre elles, on obtiendra des losanges semblables à ceux produits par la rosette, *fig.* 26, *Pl.* 40, et que l'on peut également tailler en pointes de diamans : ils sont même plus réguliers, parce que le mouvement du plan incliné est beaucoup plus doux que celui de la rosette à sinuosités, dont l'effet n'agit que par saccades. On peut encore former les sinuosités des rosettes, *fig.* 10, 11, 12 et 13, sur le plan incliné, *fig.* 9, et l'on conçoit quelle source de singularités ces combinaisons peuvent produire. Nous avons exécuté tous les modèles dont nous présentons ici les dessins, et nous pouvons assurer qu'ils offrent une collection infiniment agréable pour les curieux d'ouvrages délicats en même temps que difficiles à bien exécuter.

CHAPITRE VI.

Des Tours à Guillocher, et de leurs effets.

L'art de guillocher sur le Tour ne remonte guère au delà de cent cinquante ans. Cette invention parut si ingénieuse, que tous les bijoux de ce temps, et surtout les tabatières, étoient guillochés. Ce travail étoit un peu passé de mode quand nous avons publié la première édition de cet ouvrage; mais depuis quelque temps il a repris faveur, et mérite d'être décrit avec quelques détails. Rien, en effet, n'est aussi singulier, que de voir une machine lourde et composée se prêter aux mouvemens que lui imprime la touche, qui appuie contre des rosettes, dont on a varié la forme, les combinaisons, et par conséquent les effets à l'infini. Il y a lieu de croire que c'est le Tour à guillocher qui a conduit à la machine carrée et au Tour à portraits, deux autres inventions aussi ingénieuses et aussi agréables.

Dans le Tour à guillocher, c'est le Tour même, sur lequel est montée la pièce, qui se meut; mais on a imaginé depuis, de se servir d'un Tour en l'air simple, en imprimant le mouvement au support; et comme cette dernière machine est moins compliquée que l'autre, et qu'elle exige moins d'emplacement et de dépense, nous croyons devoir diviser la description de l'Art de guillocher en deux parties : l'une par le support mobile, l'autre par le Tour mobile.

SECTION PREMIÈRE.

Manière de Guillocher au Tour en l'air simple, par le moyen du mouvement imprimé au support.

La *fig.* 1, *Pl.* 42, représente un Tour en l'air ordinaire, sur le nez de l'arbre duquel est monté un mandrin qui porte une rosette, dont les contours doivent être répétés sur l'ouvrage. Pl. 42.

Pl. 42.

Dans les Tours à guillocher ordinaires, si on présente la touche contre la circonférence de la rosette, on communique, comme nous venons de le dire, à toute la masse du Tour, un mouvement d'oscillation dont le centre est en dessous de la machine. Ici, au contraire, c'est la touche, et par suite le porte-touche sur lequel elle est fixée qui reçoit le mouvement, en suivant les sinuosités de la rosette, et qui le communique au support sur lequel est placé l'outil. Par ce moyen, cet outil trace sur la matière les dessins qui sont sur la rosette.

On nomme *Rosette*, un plateau de cuivre ou de fer, *fig.* 2, de six à huit pouces de diamètre, et de quatre à cinq lignes d'épaisseur. A quelque distance de sa circonférence, est un ravalement *a*, qui la réduit à deux ou trois lignes au plus. On pratique sur la circonférence, tant extérieurement que sur l'épaisseur réservée, des courbes de différentes espèces, dont le mérite est d'être faites avec tout le soin possible, tant pour la parfaite régularité de chacune, que pour leur égalité entr'elles, et la rondeur de la rosette. On verra bientôt que, si chaque partie du dessin n'est pas parfaitement semblable et égale à toutes les autres; si les parties rentrantes n'ont pas une égale profondeur; si, lorsque ces rosettes tournent, les points correspondans pris sur les courbes, ne sont pas à une égale distance du centre, on ne doit s'attendre à aucune régularité dans l'effet qu'elles produisent; et cette irrégularité devient encore plus frappante lorsqu'on est obligé d'opposer les divisions. Dans ce dernier cas, le défaut produit par une dent vicieuse se trouvant continuellement en opposition avec le trait produit par une dent régulière, il en résulte un effet très-désagréable. Ce que nous disons ici deviendra plus sensible par la suite, lorsque nous détaillerons les principes de l'art de guillocher.

On n'a représenté ici qu'une rosette; on verra dans le chapitre suivant les rosettes les plus usitées, et qui se montent ensemble sur le Tour à guillocher; ici on n'en monte qu'une à la fois, et on la change à volonté. Nous allons à présent décrire le mandrin qui porte la rosette, et qui se monte à l'ordinaire sur le nez de l'arbre.

La *fig.* 3 représente ce mandrin coupé dans le sens de son axe et sur son diamètre. *F* est un plateau de fer portant à sa partie postérieure un renflement où est pratiqué un écrou *A*, qui se monte sur le nez de l'arbre. A l'extérieur de ce renflement est une portée lisse *a*, *a*, sur laquelle s'ajuste la rosette retenue en sa place au moyen d'un écrou *B*, *B*, qui se monte sur un pas de vis pratiqué sur le reste du renflement. On peut faire sur le bord de cet écrou une rangée de perles, pour pouvoir le serrer facilement

avec les doigts, ou bien on y fait deux trous à deux points opposés, et on Pl. 42.
le serre avec une clef à griffe; la rosette une fois placée, on n'a plus besoin d'y toucher.

Sur le devant du plateau *F* est un cône tronqué sur lequel tourne un
nez mobile *C C*, vu à part, *fig.* 6, à peu près semblable à ceux de l'ovale
ou de l'excentrique, excepté que la circonférence n'en est pas dentée de
la même manière. Dans l'ovale ou dans l'excentrique, les dents pratiquées
à la circonférence sont toutes également espacées. Ici, au contraire, après
avoir divisé la circonférence en six parties égales, on pratique sur chacune
d'elles une denture différente. Ainsi, par exemple, on divisera la première
comme si on avoit partagé la circonférence en soixante parties égales. Pour
la seconde on emploiera la division en soixante-douze; pour la troisième
celle en quatre-vingts; pour la quatrième celle en quatre-vingt-quatre; pour
la cinquième celle en quatre-vingt-seize, en fincelle en cent pour la sixième.

Il est inutile de diviser la totalité de chacune des six parties; il suffit d'y
pratiquer huit dents au plus, en employant toujours la même fraise, afin
que le même cliquet puisse servir pour toutes les divisions. On aura soin
d'indiquer par des chiffres les différentes divisions, dont on verra l'usage
quand nous enseignerons à guillocher.

Lorsque toutes ces pièces sont réunies et montées sur le Tour, si une
touche, portant contre la rosette, communique au support qui porte l'outil
le mouvement qui lui est imprimé par les sinuosités de cette rosette, la
pièce qui est sur le nez mobile est entamée suivant le dessin de cette même
rosette.

La *fig.* 10 représente le porte-touche mobile *A*, et le support *E* qui se
fixe dessus, vus dans leur longueur, et suivant celle de l'établi de Tour,
et *fig.* 11, sur leur largeur et parallèlement à la poupée du Tour,
ainsi qu'on en peut juger par la coupe de l'établi. Le porte-touche est
composé d'une pièce de fer cintrée, telle qu'on la voit, *fig.* 11, forgée d'un
seul morceau. Les deux branches *a a* sont en demi-cercle; au haut de chacune est un plateau qui déborde de trois côtés, afin qu'on puisse y placer
une poupée à coulisse *b*, qui sert à fixer la touche *d*, au moyen d'une vis
de pression *c*. La queue de cette pièce descend d'un pouce ou deux plus
bas que le dessous de l'établi. Elle est fixée solidement à un châssis de fer,
représenté *fig.* 10, dont la partie supérieure est composée de deux parallèles parfaitement dressés dans tous les sens, et qui donnent passage au
boulon *B*, qui fixe un support à chariot *E*, dont la hauteur est telle que
l'outil se trouve au centre de l'arbre du Tour. Ce support, qui doit être

fait exprès, doit avoir la faculté de tourner circulairement, afin de prendre la matière dans tous les sens. Au bas du montant *b* du châssis, *fig.* 10 , est une pointe d'acier de forme conique *e*, qui y est rivée solidement, et qui roule dans une crapaudine fixée au bas de la poupée du Tour; l'autre branche *c* à au bas un trou conique, dans lequel entre une pointe à vis, *fig.* 12; qui se pose en dessous de l'établi du Tour, en sens contraire aux poupées ordinaires. La cale et la tête de la vis à la romaine sont en dessus de l'établi, ainsi qu'on peut le voir en *A* sur la *fig.* 1, où l'on a coupé la jumelle de devant, pour rendre sensible la position de la poupée et celle de la pointe, afin qu'on puisse, quand la poupée est en place, serrer les deux cônes, et leur ôter le trop de jeu qu'ils pourroient avoir, ou les desserrer tant soit peu.

On conçoit que le châssis tout entier, la touche et le support, ont la faculté de se mouvoir dans le sens de la largeur de l'établi, au moyen de ce que le châssis est saisi sur deux points par les deux pointes coniques; ainsi, lorsque la touche rencontre une partie élevée de la rosette, elle recule nécessairement, et emmène avec elle l'outil; lorsqu'au contraire elle trouve une partie renfoncée, elle se rapproche du centre, ainsi que l'outil lui-même.

Ce n'est pas assez que la touche porte contre les contours de la rosette, il faut encore qu'une puissance détermine le support, et par conséquent la touche, à se porter constamment contre cette rosette, afin qu'elle en parcoure toutes les sinuosités, et que la résistance de la matière que l'outil entame ne s'oppose pas à ce que la rosette produise tout son effet. C'est ce qu'on obtient par le moyen d'un ressort *A*, *fig.* 11, dont un bout est attaché en dessous et vers le derrière de l'établi. Une tige en fer *g*, retenue par une cheville *a*, *fig.* 10, dans la fourchette *C*, qui est fixée solidement dans la traverse inférieure du châssis *D*, même figure, communique l'impulsion de ce ressort à tout le système. Le ressort *A*, *fig.* 11, est une lame d'acier pliée en forme de serpent; la tige, à laquelle le ressort est fixé en *f* par une goupille, porte une certaine quantité de trous placés les uns auprès des autres, au moyen desquels on a la faculté de donner au ressort la tension qui est nécessaire, soit en le poussant, soit en le retirant à soi.

Lors donc que tout est ainsi disposé, et qu'on a tendu le ressort, on l'arrête avec la cheville, et l'on sent que, comme ce ressort pousse la tige vers *b*, *fig.* 11, le support tout entier, et par suite la touche, est porté contre la rosette. Lorsque cette touche rencontre une partie renfoncée de

Pl. 42.

de la rosette, le ressort détermine la touche à entrer jusqu'au fond. Lorsqu'au contraire la rosette présente une partie élevée, cette même touche est forcée de reculer; et ainsi successivement, selon le creux ou le relief de la rosette.

Comme l'ouvrage est monté sur l'arbre qui tourne rond, le support à chariot suit tous les mouvemens du parallèle qui le porte, et l'outil décrit sur cet ouvrage tous les contours de la rosette.

Jusqu'à présent la rosette n'a imprimé de mouvement que celui perpendiculaire à l'arbre du Tour, et par conséquent, si on travaille sur la circonférence de la pièce, comme par exemple sur la longueur d'un étui, ou d'une lunette, on ne pourra que produire des moulures perpendiculaires à l'axe, plus ou moins saillantes, suivant le plus ou moins de saillie des formes de la rosette. Si, au contraire, on guilloche une surface plane, comme le couvercle d'une boîte, on ne peut y produire que des filets ronds ou triangulaires, mais également enfoncés dans toute leur circonférence. Pour obtenir les effets contraires, c'est-à-dire pour incliner les traits sur la circonférence, ou pour tracer des reliefs sur la surface plane, il faut profiter de la faculté qu'a l'arbre du Tour d'avancer et de reculer entre ses collets. Pour cela on met par derrière un ressort, tout semblable à celui dont nous avons donné la description, en parlant des rampans; et comme le porte-touche ne doit plus avoir de mouvement d'oscillation, on le fixe dans la position perpendiculaire, en faisant glisser dans la rainure de l'établi, une griffe en bois, vue à plat, *fig.* 16, et sur son épaisseur, *fig.* 17. Les deux branches *a a* embrassent la queue du porte-touche. Ensuite on met sur une des branches du porte-touche une touche qui porte contre les festons pratiqués sur le plat de la rosette, et qu'on peut voir sur la *fig.* 2.

La *fig.* 14 représente le boulon qui fixe le support à chariot sur le grand support; les deux pièces que représente séparément la *fig.* 14, sont réunies et en leur place sur la *fig.* 10, en *B*. La *fig.* 15 est un bouton de fer qui entre à carré sur le bout de la vis de rappel du support à chariot, pour faire avancer et reculer l'outil.

Lorsqu'on emploie une rosette qui présente de fortes saillies, et surtout lorsqu'elles se font sentir un peu brusquement, il faut mettre la corde du Tour sur une très-petite poulie à la roue motrice, afin que l'ouvrage tourne très-lentement, et que la touche puisse parcourir les surfaces dans toute leur étendue et dans tous leurs contours.

On doit pour cela se servir du cabriolet à l'aide duquel on fait tourner

Pl. 42.

l'arbre aussi lentement qu'on le veut, et qu'on peut arrêter à l'instant quand cela est nécessaire. Nous donnerons bientôt la description de cette machine représentée *fig.* 11, *Pl.* 49, dont l'usage est indispensable dans cette circonstance.

Telle est la pièce ingénieuse qui supplée au Tour à guillocher, et que nous avons fait dessiner sur la machine même, qui rendoit parfaitement tous ses effets. Nous sommes éloignés de donner à cette pièce la supériorité sur le Tour à guillocher; mais pour un Amateur qui ne veut pas faire une dépense considérable, ou dont le laboratoire a peu d'étendue, et dans lequel on ne pourroit placer un Tour à guillocher, la machine que nous venons de décrire peut suffire pour guillocher une infinité d'objets. Cette machine offre cependant un avantage; un Amateur a besoin d'une étude et d'une pratique un peu longues du Tour à guillocher, pour en connoître parfaitement la construction. S'il a besoin de changer de rosettes, il court risque de gâter les canons ou autres parties dont l'ajustement fait tout le mérite; au lieu qu'avec la machine qu'on vient de voir, une seule rosette suffit, et elle peut être ôtée et changée en un instant.

SECTION II.

Description du Tour à Guillocher.

Pl. 43.

Depuis l'invention du Tour à guillocher, on a cherché à lui donner toutes les perfections dont il est susceptible. On voit dans l'ouvrage du P. Plumier, que tous les mouvemens, tant suivant la longueur du Tour, que suivant sa largeur, étoient réglés par des contre-poids; et cette méthode annonce bien l'enfance de l'Art. En effet, pour peu qu'on y eût réfléchi, on auroit senti que les mouvemens du Tour étant très-multipliés, et se faisant dans des temps très-courts, ces contre-poids ne pouvoient agir que par saccades, qui influent nécessairement sur l'ouvrage même, puisqu'un corps qui descend tend à l'accélération de sa vitesse; et que, si pendant sa chute il est relevé brusquement, le moteur qui le relève éprouve une saccade d'autant plus forte, que le poids est plus fort, et l'espace parcouru plus considérable. C'est avec raison que, vers le commencement du dix-huitième siècle, on a substitué à ces contre-poids des ressorts, dont on est maître d'augmenter ou de diminuer la force et la tension, et qui, loin d'acquérir plus d'énergie lorsqu'ils se détendent, deviennent au contraire plus doux, et se prêtent plus volontiers à l'effort qui leur rend leur première tension : aussi a-t-on, depuis cette correction, obtenu sur le Tour

à guillocher, des effets bien plus exacts, et a-t-on produit des pièces
d'une bien plus grande perfection.

Pl. 43.

Les Tours à guillocher se meuvent ordinairement sur un centre placé
un peu plus bas que le niveau de l'établi, ainsi qu'on le verra bientôt
par les détails dans lesquels nous allons entrer. Feu Hulot, ayant remarqué que, quelque courte que soit la ligne courbe, que le centre de l'arbre,
et par suite la pièce qu'on tourne décrive, l'outil n'entame pas la matière
dans la direction de cette même courbe, mais perpendiculairement au
centre, et les parties circulaires, produites par les contours des rosettes,
n'ont pas leur centre dans un des rayons du cercle de rotation. Il imagina
de faire mouvoir le Tour parallèlement à l'établi, et par conséquent à la
touche et à l'outil. Cette invention, très-ingénieuse, n'eut pas tout le
succès qu'il s'en étoit promis; on reconnut bientôt que ce Tour renfermoit
des imperfections difficiles à éviter, et que l'on apercevra quand nous
en détaillerons la construction; d'ailleurs, comme les Guillocheurs en or
éprouvoient, dans le mouvement parallèle, des frottemens beaucoup plus
considérables que dans le mouvement qui se fait sur un centre, et qu'ils
ont besoin de mouvemens infiniment doux, l'invention de Hulot n'eut
pas, parmi cette classe d'Artistes, beaucoup d'approbateurs. Enfin, les
effets que doit produire le Tour à guillocher, entre les mains d'un Guillocheur en or, sont bien différens de ceux qu'en attend un Tabletier ou
un Amateur. Le premier travaille une matière infiniment précieuse, sur
laquelle il s'agit de graver des contours et des dessins peu profonds, et
les autres entament profondément l'ivoire, pour pouvoir, très-souvent,
mettre le dessin à jour, ainsi que nous le verrons bientôt. Un peu plus,
un peu moins de résistance de la part du Tour, ne fait rien à l'Amateur
qui guilloche une matière qu'il entame profondément.

Nous croyons donc devoir présenter à nos Lecteurs l'un et l'autre
Tour, et nous leur en détaillerons tous les avantages en décrivant leur
construction, sans toutefois leur dissimuler que le Tour à mouvement
horizontal n'est pas aussi généralement adopté que l'autre.

Aucun de nos Lecteurs ne construira peut-être jamais un Tour à guillocher : c'est un travail trop difficile et trop long; et sous ce rapport,
nous aurions pu nous dispenser d'en détailler la construction; mais,
comme cette machine est très-compliquée, qu'on a souvent besoin de la
démonter en entier, soit pour la nettoyer à fond, soit pour changer ou
retourner les rosettes, il nous a paru indispensable de décrire la forme
et le jeu de toutes les pièces dont elle est composée. Nous commence-

Pl. 43.

rons par le Tour qui se meut sur un centre, dont l'usage est le plus général.

La *fig.* 1, *Pl.* 43, représente ce Tour, vu sur sa longueur. *A A* sont deux poupées de fer, auxquelles on a donné le nom de *Parallèles*, et dans lesquelles se meut l'arbre *B B*, sur ses collets *a, a,* entre des coussinets, comme le Tour en l'air ordinaire.

La *fig.* 2 représente le même Tour, vu de face, et sur sa longueur. *A* est la poupée ou le parallèle de devant, qui est d'un même morceau de forge, avec l'autre parallèle, et la traverse représentée par les lignes ponctuées *D D, fig.* 1, qui les joint l'un à l'autre. Le chapeau *c,* se fixe sur le parallèle, au moyen de deux vis ou boulons à tête *d d;* et la vis *B* passe dans l'épaisseur du chapeau, presse sur le coussinet supérieur, et empêche que l'arbre ne ballotte. *e e* sont les deux trous carrés qui reçoivent des boulons par le moyen desquels on fixe l'anneau ou bague de l'ovale, de la manière que nous l'avons décrite ailleurs; et c'est pour cet usage que sont destinées les deux oreilles *f f,* qui sont de la même pièce que le parallèle. L'autre parallèle est absolument semblable au premier, si ce n'est qu'il n'a point d'oreilles.

Nous avons dit que la partie inférieure de chaque parallèle descend un peu plus bas que le dessus de l'établi, et vers *b*. Une espèce de poupée *C, fig.* 1 et 2, est fixée sur l'établi par deux épaulemens, contre chacun des deux parallèles, et en dehors, au moyen de deux écrous *Q, Q, fig.* 1, qui les rendent invariables. Une pointe à vis *i, fig.* 2, et *b, b, fig.* 1, traverse chaque poupée sur son épaisseur, et entre dans un trou conique, et peu profond, pratiqué au bas des deux parallèles; au moyen de quoi l'arbre et les deux parallèles, qui le portent, se meuvent parallèlement à la longueur de l'établi, sur le point de centre que donnent les pointes à vis.

Sur le sommet des deux poupées *C, C, C, fig.* 1 et 2, est pratiquée une rainure de dix ou douze lignes de profondeur, sur deux et demie ou trois de largeur. Ces rainures reçoivent une clef d'arrêt *h,* fixée au point *o,* et qui, quand on l'élève, saisit dans une encoche l'étoquiau *p,* par sa partie aiguë, qui tient à la queue du parallèle, et qui empêche le Tour de prendre aucun mouvement. On met sous cette clef d'arrêt un coin de bois *q,* comme à un Tour en l'air, pour empêcher la clef d'arrêt de retomber. Il y a une pareille clef à l'autre poupée.

Les deux parallèles sont liés l'un à l'autre par une pièce de fer, qu'on n'a pu représenter que ponctuée en *D D, fig.* 1; et, comme cette pièce est

Pl. 43.

forgée d'un seul morceau avec les parallèles, on conçoit que l'un ne peut remuer sans l'autre, ce qui fait qu'ils se meuvent parallèlement. Au milieu de la traverse *D D*, *fig*. 1, est fixée par une forte rivure une queue *E*, qui descend assez bas en dessous de l'établi, au bout de laquelle est un œil méplat, qui donne passage à la tringle *F*, *fig.* 2, qui par un de ces bouts est fixé à un ressort en serpent *G*, attaché solidement par dessous l'établi. La tringle *F* est percée sur sa longueur d'un certain nombre de trous, dans lesquels on met une cheville : et au moyen de ce que le ressort tire à lui, ou pousse la tringle, et par suite la queue *E*, les parallèles, et par conséquent le Tour, sont portés en devant ou en arrière, pour opérer l'effet que nous détaillerons dans un instant.

C'est ici le lieu de rappeler que le nez de l'arbre du Tour à guillocher doit être absolument semblable à celui du Tour en l'air; car, quoiqu'on puisse ébaucher et mettre au rond une pièce sur le Tour à guillocher même, il est plus à propos de la préparer sur le Tour en l'air, et de la monter ensuite sur le Tour à guillocher, qui, étant ainsi moins exposé à de grandes secousses, conserve bien plus long-temps sa régularité.

Ce n'est pas assez du mouvement qu'a le Tour dans le sens de la largeur de l'établi, il faut encore lui procurer celui dans le sens de la longueur de l'arbre, et ce dernier est tout naturel, puisque les collets de l'arbre ont la faculté de glisser entre les coussinets, dans les poupées ou parallèles. Un ressort *F*, *fig.* 1, semblable à celui dont nous avons parlé en traitant l'article des rampans, lui donne l'impulsion sur sa longueur; mais le point de tension se trouve au bas du ressort, au lieu que dans les autres on a vu qu'il étoit placé au milieu de la longueur. Une encoche circulaire, par le haut, lui fait embrasser l'arbre dans une rainure pratiquée exprès. A la hauteur de l'établi, ce ressort est retenu par une goupille qui le traverse sur sa largeur, et en cet endroit le ressort est augmenté d'épaisseur. Cette goupille est retenue dans une pièce de fer fixée à l'établi; et comme le ressort se prolonge au dessous, le bout entre dans une entaille pratiquée à une tringle de fer *H*, *fig.* 2, dont un bout est fixé à une poupée *I*, par le moyen d'un boulon *K*, tandis que l'autre bout, garni d'une poignée de bois *L*, qui déborde le devant de l'établi, se fixe à volonté dans un des crans de la crémaillère *G*, *fig.* 1, à droite ou à gauche, selon qu'on veut que l'arbre se porte vers le bout où est le nez, ou vers le bout opposé. On augmente cette tension à volonté, en plaçant la tringle dans tel ou tel cran de la crémaillère *G* qu'on le désire.

Pl. 43.

Communément, toutes les pièces que nous venons de décrire sont en fer, celles qui nous restent à expliquer sont en cuivre.

Sur l'établi, et parallèlement à l'axe de l'arbre du Tour, s'élèvent deux pièces de cuivre, comme celle *H*, *fig.* 1, l'une en devant de l'établi, et l'autre derrière, ainsi qu'on les voit de profil en *M*, *M*, *fig.* 2. Ces deux pièces sont plantées solidement sur l'établi, passent au travers, et sont retenues au dessous par quatre écrous, dont on ne peut voir que deux *c*, *c*, sur les *fig.* 1 et 2. Elles sont jointes l'une à l'autre, au moyen des deux moises *N*, *fig.* 2, retenues sur les montans *M*, *M*, par des boulons à tête et à vis *d*, *d*, *fig.* 1 et *k*, *k*, *fig.* 2. Comme c'est cette cage qui porte les touches qui éprouve toutes les saccades que donnent les contours des rosettes, on conçoit combien il est important de lui donner toute la solidité possible. Sur la partie horizontale de chacune de ces deux pièces *H*, *fig.* 1, et en dedans de la cage, est une rainure qu'on voit de profil en *l*, *l*, *fig.* 2, et qui reçoit le petit crochet *a*, pratiqué au porte-touche, *fig.* 3, dont nous détaillerons bientôt l'usage.

L'arbre du Tour est de fer, et tourné parfaitement rond sur ses deux centres, de manière que toutes ses parties soient parfaitement concentriques. Outre l'embâse ordinaire, contre laquelle portent les mandrins, on en pratique une autre *g*, près du collet de devant, *a*, *fig.* 1.

Un canon de cuivre parfaitement alaisé par dedans, dans toute sa longueur, et tourné bien rond et bien cylindrique extérieurement, s'enfile sur l'arbre à frottement doux, et porte contre l'embâse *g*. Sur ce canon se placent les rosettes qui doivent y entrer très-juste. Une réglette d'acier, fixée sur la longueur du canon, les empêche de tourner sur elles-mêmes, au moyen d'un petit cran pratiqué à chacune d'elles, pour donner passage à la réglette. Ces rosettes sont placées par couples, adossées l'une à l'autre, et chaque couple est séparé de son voisin par un entre-deux *e*, *e*, *e*, *e*, qui quelquefois est en cuivre, mais qu'il vaut mieux faire en bois, le fil dans le sens de l'arbre. Le bois ne se raccourcit jamais sur sa longueur: ainsi il n'est pas à craindre que les rosettes prennent du jeu entr'elles; et d'un autre côté, cette matière se prête mieux à l'effort de l'écrou qui les presse les unes contre les autres. Vers le bout de l'arbre, est un six-pans sur lequel se monte la poulie, et par derrière celle-ci est un écrou qui fixe assez solidement le tout, pour qu'aucune pièce ne puisse prendre de ballottement, et assez doucement pour que la poulie fasse tourner l'arbre dans son canon, quand on veut changer les divisions des rosettes de la manière qu'on va voir.

Pl. 43.

La poulie est à trois places de corde, afin qu'on puisse accélérer ou ralentir le mouvement du Tour, suivant le besoin; et l'on verra bientôt que cette faculté est très-nécessaire. Ordinairement cette poulie est pleine, et porte un cliquet dont la dent prend dans les crans de la roue de division f, *fig.* 1, qui est fixée sur le même canon que les rosettes. Par ce moyen, les rosettes et leur canon, et la roue de division tournant, à frottement doux, sur l'arbre, qu'on peut considérer comme immobile par rapport au mandrin et à l'ouvrage qu'il porte, on a le moyen de changer à volonté le rapport des rosettes avec l'ouvrage : ceci deviendra plus clair dans la suite.

Le porte-touche, *fig.* 3, se place sur la pièce H, *fig* 1, et M, *fig.* 2, et y entre par un des bouts au moyen de ce que le petit crochet qu'on y voit entre dans la rainure l, *fig.* 2. Une vis de pression b, *fig.* 3, presse contre la pièce H, et fixe solidement le porte-touche à l'endroit où on l'a placé : on voit à ce porte-touche, que la vis prend dans une partie beaucoup plus épaisse que le reste de la pièce, afin qu'il y ait plus de pas à l'écrou, et que la solidité en soit plus grande. La vis ne doit pas presser immédiatement contre la pièce H, et on met en dedans du porte-touche, et sur la face c, un ressort ou lardon d'acier, qui reçoit la pression de la vis, et qui presse lui-même contre la pièce sans l'altérer. A la partie supérieure du porte-touche, et suivant la ligne d, d, est pratiquée, dans son épaisseur, une rainure qui descend un peu plus bas que la surface inférieure f, et dans laquelle glisse à frottement doux la touche g. On a mis ici deux vis de pression h, h; mais ordinairement il n'y en a qu'une au milieu, et cela suffit. Cette vis presse sur la touche par l'entremise d'un lardon, et la retient solidement au point où on l'a placée. On sent que cette touche doit être fixée très-solidement en sa place, puisque les rosettes, venant frapper contre, à chacun de leurs contours, tendent à la faire reculer et que cet effort est d'autant plus grand, que les dents sont plus multipliées et plus profondes.

On se sert quelquefois de roulettes, *fig.* 6 et 7, *Pl.* 44, au lieu de touches. L'une est simple, lorsqu'on ne veut obtenir qu'un mouvement; l'autre est double, lorsqu'on veut avoir les deux mouvemens à la fois : mais ces roulettes ne peuvent servir que lorsqu'on emploie des rosettes dont les contours ou sinuosités sont assez grands pour que la roulette puisse pénétrer jusqu'au fond. Dans tous les autres cas, il faut nécessairement se servir d'une touche ayant un angle assez aigu pour qu'elle puisse pénétrer au

Pl. 43. fond de l'angle formé par les deux courbes ou deux lignes droites qui se rencontrent.

Assez communément on voit dans les laboratoires des touches d'ivoire. Elles seroient sans doute les meilleures, si le peu de consistance de cette matière ne les faisoit s'émousser en peu de temps, surtout lorsqu'on est obligé de les tailler en couteau, et un peu mince, pour pénétrer dans des dessins de rosettes très-aigus. Il faut, de temps en temps, leur donner du vif avec une lime bâtarde : les touches d'acier trempé bien dur, et surtout parfaitement polies, ne sont pas sujettes à s'émousser, et rendent le dessin beaucoup plus net et plus vif, mais aussi elles altèrent les rosettes en peu de temps, si l'on n'y apporte pas la plus grande attention : par exemple, si la touche ne porte pas sur toute la largeur du dessin, il s'y forme des sillons, qui gâtent bientôt la rosette, surtout si la touche est un peu aiguë : mais lorsque le dessin permet qu'elles soient un peu arrondies, elles sont préférables. Il faut les aviver, de temps en temps, avec un peu de rouge ou de potée, afin de leur conserver le poli vif, qui empêche qu'elles n'entament les contours des rosettes. Il faut même mettre, de temps en temps, quelques gouttes de bonne huile. On a employé, depuis quelques années, à cet usage la dent d'hippopotame, dont les dentistes se servent pour la fabrication des dents artificielles.

Nous croyons avoir suffisamment décrit la construction du Tour à guillocher ordinaire, pour qu'un Amateur puisse le démonter et remonter quand cela est nécessaire. Nous devons prévenir nos Lecteurs que cette nécessité de démonter et remonter un Tour à guillocher devient plus fréquente qu'on ne l'imagine. L'entretien de cette pièce exige qu'on ôte souvent le cambouis qui s'y forme, et qu'on y remette quelques gouttes d'excellente huile épurée à toutes les parties frottantes.

Avant d'enseigner à guillocher, il est à propos de décrire la construction du Tour à guillocher, dont l'arbre se meut horizontalement, et suivant une ligne parallèle à l'établi, dont nous avons parlé au commencement de cette section.

SECTION III,

Description du Tour à Guillocher, parallèle ou horizontal.

Pl. 44. La *fig.* 1, *Pl.* 44, représente ce Tour tout monté. Comme cette pièce est infiniment compliquée, nous en avons fait représenter à part quelques parties séparées. La *fig.* 9 représente en coupe l'arbre garni de ses rosettes, et c'est sur cette figure que nous rendrons sensible la position respective de toutes ces pièces. Mais il est nécessaire de faire entendre d'abord la composition de la cage.

Cette cage est de cuivre. Quatre montans dont on ne peut voir ici que trois *A*, *A*, *A*, forment la cage. Ils sont fondus deux à deux, du même jet que les traverses *B B*. Chaque couple est assemblé par le bas, et sur la longueur de la cage, par deux autres traverses, comme *C*, *C*, au moyen de boulons à tête plate et à vis, *a*, *a*; les deux du bout opposé ne peuvent être vus. Ces mêmes montans sont encore assemblés par le haut par quatre traverses; deux comme celle *D*, dont on ne peut voir que partie, et deux comme celle *E*; celle de derrière étant absolument semblable. Chacune des traverses *E E*, a sur son épaisseur une longue rainure, dans laquelle glisse la queue à vis des porte-touches, dont nous parlerons bientôt.

Au milieu de chacune des deux traverses du bas de la cage *B B*, est un tenon fondu du même jet, qui remplit exactement la rainure de l'établi, et reçoit ensuite une vis à la romaine, au moyen de quoi la cage et le Tour entier sont retenus sur l'établi de la même manière qu'un Tour en l'air : commodité que n'ont pas ordinairement les autres Tours à guillocher, qui exigent presque tous un établi séparé.

Au milieu de chacune des traverses du bas, est une vis de fer, dont la tête est à six pans. Le bout de cette vis, qui est conique, entre dans un trou de même forme, pratiqué au bas de la pièce de fer, *fig.* 2, en *a a*; au moyen de quoi cette pièce peut se mouvoir sur ces deux centres, de la même manière que nous avons vu que se meuvent les poupées ou parallèles du Tour à guillocher, décrit dans la section précédente.

Sur chaque couple de montans *A A*, sont rapportées très-solidement et avec de bonnes vis quatre pièces, que nous nommerons *Fausses-Coulisses c c c c*, dans lesquelles glissent les queues des poupées ou parallèles. Deux poupées ou parallèles, comme celle de devant *F*, sont forgées du même morceau que les règles *G G*, qui doivent être parfaitement dressées sur tous sens, et mises exactement de largeur et d'épaisseur. Ces poupées ne sont autre chose qu'une espèce de fer-à-cheval, ou châssis d'une certaine épaisseur, ayant sur ses faces intérieures des rainures comme celles d'une filière double, et dans lesquelles entrent les coussinets qui portent l'arbre du Tour. Ce châssis est fermé par un chapeau *d d*, fixé par deux vis *e*, *e*; et une autre vis, au milieu, presse sur les coussinets, pour ne laisser à l'arbre que le jeu qu'il doit avoir, et prévenir le ballottement.

On doit concevoir, dès-à-présent, que l'arbre du Tour garni de ses rosettes, retenu par ses collets entre des coussinets dans les poupées, dont les queues glissent dans les coulisses, que cet arbre, disons-nous, doit avoir un mouvement parallèle à l'horizon. La pièce *K*, vue à part *fig.* 2, est destinée à lui imprimer ce mouvement. Cette pièce, qui doit avoir assez de force, est prise par deux points *a, a*, entre des vis coniques, et n'a de mouvement que celui parallèle. Les deux montans *A A*, ont par le haut un enfourchement dans lequel entre une forte goupille, rivée au bas et en dedans de la poupée, au moyen de quoi l'arbre est toujours dirigé, soit en devant, soit en arrière, parallèlement à l'établi.

Au milieu de la longueur de la pièce *K*, vue à part *fig.* 2, est rapportée, et fortement fixée à vis, une queue *B*, vue à part *fig.* 3, qui passe en dessous de l'établi, et qui par le moyen du ressort en serpent, dirige le mouvement de l'arbre, de devant en arrière de l'établi. On a représenté *fig.* 8, le ressort en serpent, et *fig.* 13, la tringle percée, par le moyen de laquelle on donne au ressort la tension dont on a besoin, et aux parallèles la roideur qui leur est nécessaire. Ce ressort se place en dessous de l'établi, auquel il est fixé par le moyen de la vis à deux filets *a, fig.* 8. On voit en *C, fig.* 2, la manière dont se pose le ressort, vu à part *fig.* 14, qui fait mouvoir l'arbre sur sa longueur. On le met à l'un ou à l'autre bout, selon qu'on veut que l'arbre ait son mouvement, d'un ou d'autre côté, et selon que la rosette le porte en devant ou en arrière. Ceci deviendra plus sensible par le détail des opérations du guillochis.

Le porte-touche est ici construit, et se place sur la cage d'une manière toute différente de celle que nous avons décrite au précédent Tour à guillocher. La *fig.* 3 représente une espèce de T, dont la partie *a* est carrée, et passe dans la rainure, que nous avons dit être aux traverses *E E*. Ce T est fixé en sa place, au moyen de l'écrou *B*, qu'on serre, en introduisant un levier dans les trous qu'on y voit, pour le serrer fortement. Le T presse sur une pièce de forme parallélogramme, *fig.* 4, entre les branches de laquelle la partie *b* du T passe : la touche glisse dans la rainure carrée qu'on voit à une des branches, et le chapeau *c* du T, appuyant sur la touche elle-même, la fixe très-solidement. Quelquefois on ne met sous le chapeau du T qu'une simple touche, et dans ce cas, on met sous l'autre partie du chapeau la pièce représentée *fig.* 5, l'entaille en dessous, ce qui l'empêche de glisser sur la traverse; sans cette pièce, le T ne pressant que d'un côté, assujettiroit mal la touche, et tendroit à se casser.

Pour l'intelligence de la position et du jeu des rosettes sur l'arbre, on a représenté, *fig*. 9, l'arbre placé dans ses canons qui sont coupés, ainsi que les rosettes sur leur diamètre. Pl. 44.

Un premier canon, qu'on distingue le plus près de l'arbre, vient former un épaulement vers *a*, en retour d'équerre : et les deux premières rosettes, qui entrent à frottement sur ce canon, y sont retenues, au moyen de ce qu'elles appuient contre cet épaulement. Une réglette d'acier fixée sur le canon, et sur laquelle s'enfilent les deux couples de rosettes *b*, *c*, les empêche de tourner sur elles-mêmes. Entre ce premier couple de rosettes et le second, est un entre-deux de bois debout, ainsi que nous l'avons dit en détaillant la construction du premier Tour à guillocher. Un écrou qui se monte sur ce canon vient appuyer contre le second couple de rosettes, et les fixe solidement en leur place. Ce canon tourne sur l'arbre entre deux cônes placés à ses extrémités, l'un sur l'arbre en *a a*, l'autre sur le plateau divisé *f f*.

Un second canon, qu'on reconnoîtra aisément sur la figure, entre juste et à frottement sur le premier. Le bout de ce canon qui, au moyen du double retour d'équerre en *c*, a en cet endroit le diamètre de l'entre-deux *b*, appuie contre le second couple de rosettes, et a la faculté de tourner sur le premier canon, sans cesser de presser contre les rosettes *c*, et sans pouvoir prendre de jeu, puisque son premier coude est abattu en cône, et frotte contre l'écrou conique, qui appuie contre les rosettes *c*. Sur ce second canon, est encore une réglette d'acier fixée sur toute sa longueur, et le surplus des rosettes est monté dessus, ainsi qu'on le voit sur la figure ; elles sont espacées par des entre-deux, comme les autres. Une première roue de division *d e*, se monte sur le second canon, comme on le voit au dessous de *e* ; un écrou fixe cette première roue contre les rosettes, en même temps qu'il la fixe au canon. Le canon de dessous, c'est-à-dire celui qui enveloppe immédiatement l'arbre, excède le creux conique qu'on voit en dedans de la roue *d e* ; cette partie excédante est à six pans, et une seconde roue de division prend sur ce six-pans ; au moyen de quoi une des deux roues fait tourner les quatre couples de rosettes qui sont sur le second canon ; et l'autre, celle qui tient sur un six-pans au premier canon, mène les deux couples qui sont vers le nez de l'arbre. La poulie à deux places de corde *H*, *fig*. 1, se monte sur l'arbre vers *g*, et un écrou qui se monte sur ce même arbre en *h*, fixe toutes les pièces en leur place : de sorte qu'au moyen d'un cliquet qui est sur la poulie, on peut, par l'une des deux roues de division, changer les divisions des deux grandes rosettes ; et par l'autre on change aussi à volonté les divisions des quatre autres paires de rosettes.

La *fig.* 10 représente une rosette vue de face, et dentée, tant sur le plat que sur le champ. La *fig.* 11 est un entre-deux en cuivre. On voit, à l'une et à l'autre pièce, l'encoche qui donne passage à la réglette qui est fixée sur la longueur du canon, et qui empêche qu'elles ne tournent sur elles-mêmes.

La *fig.* 12 est la bague de l'ovale qui se monte sur le devant du Tour à guillocher, sur les hausses *i i*, au moyen du boulon à tête plate qu'on y voit. Cette pièce ne fait pas essentiellement partie du Tour à guillocher ; mais, comme elle ne s'y ajuste pas de la même manière que sur un Tour en l'air simple, nous avons cru devoir la représenter ici.

SECTION IV.

Manière de Guillocher au trait.

Ce n'est pas assez de connoître en général la structure du Tour à guillocher, il faut encore connoître particulièrement celui dont on se sert, c'est-à-dire ses détails de construction, les petits défauts ou les imperfections qu'il peut avoir, la manière de les sauver. Il faut aussi connoître bien, et avoir toujours présens, les nombres de chaque rosette, ou du moins en avoir près de soi le tableau exact, afin d'y recourir dans le besoin. Il est également indispensable de pouvoir reconnoître au premier coup d'œil les divisions que porte la roue ; c'est pour cela qu'elles doivent être gravées dessus, afin qu'en aucun cas, on ne puisse se tromper. On se sera de même mis au fait de la marche du support à chariot, des divisions que portent les vis de rappel ; enfin, nous supposons qu'on a pendant quelque temps travaillé sur du buis, qu'on a exécuté sur cette matière les dessins de toutes les rosettes, qu'on les a combinées les unes avec les autres, et qu'on connoît exactement les produits de chacune, avec tel ou tel outil, ou telle ou telle touche. Le nombre de ces produits s'étend fort loin, et nous n'avons pas prétendu les détailler ici.

Nous avons considéré uniquement qu'une infinité d'Amateurs qui s'amusent à tourner ne trouvent nulle part les moyens d'exécuter beaucoup de pièces qu'ils voient dans quelques cabinets curieux, et dont les artistes font souvent un mystère. Un autre ira plus loin que nous, et l'art y aura gagné. L'art du guillocheur ne consiste que dans le goût, que dans une heureuse application de quelques effets connus, de rosettes singulières, à des cas dont on ne s'est pas encore avisé; et de là vient le mystère dont les Artistes se sont toujours enveloppés. Un dessin nouveau paroît-il, chacun cherche à le copier, et tout en ne voulant qu'imiter, il devient souvent lui-même créateur.

Les Tours à guillocher sont ordinairement accompagnés d'une certaine quantité d'outils, qui se mettent sur le porte-outil du support à chariot. Ces outils servent à faire, d'un seul coup, des filets et des baguettes en certaine quantité, à droite ou à gauche : ainsi, les uns portent deux, quatre, six, plus ou moins de filets, à droite d'une baguette, et d'autres ont le même nombre à gauche de la baguette. Ce sont des mouchettes entre des filets, ou des filets entre des mouchettes : on se formera une idée exacte de ces outils par l'inspection de ceux représentés *Pl.* 31. Ceux, *fig.* 5 et 6, ne produisent sur l'ouvrage que des filets; et celui, *fig.* 19, produit une baguette et un seul filet. On les a gravés sous des proportions un peu fortes, afin de rendre plus sensibles les profils qu'ils portent. On voit que celui, *fig.* 18, produit en creux ce que celui, *fig.* 19, produit en relief, et celui, *fig.* 20, en creux, ce que produit en relief, celui, *fig.* 21. Enfin, on varie à l'infini tous les effets qu'on peut produire sur le Tour, et c'est à l'Artiste à les combiner et à les appliquer avec goût et intelligence. Il faut avoir des becs-d'âne de toutes les largeurs, *fig.* 7 et 8, depuis deux ou trois lignes, jusqu'aux plus étroits, et tous décroissant insensiblement. On aura aussi des mouchettes, *fig.* 17, de plusieurs largeurs, et dont les unes soient des demi-cercles, et d'autres des portions de cercle plus ou moins grandes, afin d'obtenir plus ou moins de relief.

L'usage a introduit des outils à guillocher, dont les deux bouts ont à peu près le même profil ou l'inverse, ou le contraire l'un de l'autre. Sans doute c'est un moyen avantageux pour ne pas multiplier le nombre des outils; mais si leur longueur excède celle du porte-outil du support à chariot, on a de la peine à faire mouvoir la vis de rappel; et d'ailleurs on risque de se blesser la main. S'ils sont très-courts, et qu'on soit obligé d'avancer l'outil hors du porte-outil, pour travailler dans quelque partie renfoncée, ils ne portent plus sous l'une et l'autre vis : il faut donc que leur longueur soit proportionnée à celle du porte-outil. Cette observation n'a lieu que pour les supports à chariot anciens : ceux qu'on construit maintenant ont leur coulisse et leurs coulisseaux assez longs pour contenir des outils de longueur nécessaire.

Lorsqu'on veut guillocher une pièce, il faut d'abord la monter sur un

Pl. 45.

mandrin, et l'ébaucher sur un Tour en l'air, dont le nez soit parfaitement semblable à celui du Tour à guillocher. On rencontre encore d'anciens Tours à guillocher, dont le nez est fort petit; et dans ce cas, on est obligé d'ébaucher sur ce Tour même, ce qui le fatigue beaucoup, à moins qu'on n'ait fait faire un Tour dont l'arbre ait un nez pareil. Si l'on n'avoit ni la volonté, ni la faculté de se procurer un Tour, dont le nez fût pareil à celui du Tour à guillocher, il faudroit placer sur le Tour en l'air un faux nez qu'on fera faire de la manière suivante.

On fera en bois un modèle, dont on laissera l'écrou plein : on lui donnera assez de longueur pour que le nez de l'arbre y soit entièrement renfermé : puis on formera une embâse un peu plus grande que celle du Tour à guillocher, et ensuite une partie qui sera par la suite le nez. On donnera ce modèle au fondeur; et quand la pièce sera revenue de la fonte, on fera l'écrou juste sur le nez du Tour en l'air; et on l'y montera. On le tournera avec soin, et surtout on dressera parfaitement l'embâse; après quoi on y fera un nez pareil à celui du Tour à guillocher. Ainsi, lorsque ce faux nez sera monté sur le Tour en l'air, on y ébauchera les pièces, et on les portera de suite dans leur mandrin, sur le Tour à guillocher, où elles iront parfaitement. Il n'y a pas fort long-temps qu'on a grossi considérablement les nez des Tours. On a senti que trois ou quatre pas d'un fort diamètre sont plus solides que huit ou dix d'un petit diamètre. D'ailleurs, en raccourcissant le nez, on rapproche l'ouvrage de l'arbre, et on diminue le broutement.

On arrêtera le mouvement d'oscillation du Tour. On mettra la corde sur la plus grande poulie de la roue et sur la plus petite du Tour, afin de donner à l'ouvrage beaucoup de vitesse. On achèvera de mettre la pièce parfaitement au rond; car quelque exacts et quelque réguliers que soient deux Tours, on ne doit jamais s'attendre qu'une même pièce soit également ronde sur l'un comme sur l'autre. Enfin il faut encore lui donner un dernier coup, et dresser chaque face, avec un ciseau un peu large, sur le support à chariot, en lui donnant un mouvement lent, afin que l'outil ne broute pas.

Le guillochis le plus simple et le plus facile est celui qu'on fait au trait : c'est par là que nous commencerons. Supposons qu'on veuille faire sur une boîte le dessin représenté *fig.* 1, *Pl.* 45, on commencera par le plat du couvercle; et l'on conçoit que le mouvement du Tour doit se faire dans le sens de la largeur de l'établi. Pour obtenir ce mouvement, lorsque la touche est sur le porte-touche, du côté de l'Artiste, comme il faut que

le ressort porte le Tour contre la touche, on tendra le ressort *F G*, *fig.* 2, Pl. 45.
Pl. 43, en tirant la poignée *O*, vers le devant de l'établi. Il ne faut pas
que la tension soit trop forte, et l'on doit la proportionner à la saillie du
dessin de la rosette ; car la touche trop fortement pressée contre la rosette ne peut remonter ; et quoique la corde tourne sur la poulie du Tour,
celui-ci ne tourne cependant pas. Lorsqu'on sentira que le ressort est
assez tendu, on mettra la goupille par devant la tige *E*, *fig.* 1 et 2. Il
faudra ne tendre le ressort qu'après que la touche aura été mise en place,
et qu'on aura baissé la clef d'arrêt, qui rend le Tour immobile, ou lâché
les vis qui posent contre les parallèles près de l'établi, selon que l'un ou
l'autre de ces moyens, ou tout autre aura été employé pour fixer le Tour :
mais dans tous les cas, il faut avoir grande attention de ne pas faire marcher
le Tour, quand la touche est en place, sans lui avoir donné la faculté de
suivre les contours de la rosette.

Le dessin qu'on voit sur la *fig.* 1, *Pl.* 45, est produit par l'une des
rosettes numérotées 2, sur la *fig.* 1, *Pl.* 43, avec cette distinction, que
sur la *fig.* 1, *Pl.* 45, le dessin est produit par une rosette à quarante-huit
dents. On choisira donc la rosette à quarante-huit, qu'on doit bien connoître, ainsi que nous l'avons dit. On placera le porte-touche vis-à-vis le
champ de cette rosette, la touche portant bien également sur toute son
épaisseur : et comme les rosettes sont accouplées, et que le dessin de l'une
peut saillir sur celui de l'autre, on prendra garde que la touche ne porte
contre aucune des saillies de la voisine, et pour s'en assurer mieux, on
fera aller tant soit peu le Tour.

Comme le dessin qu'on veut exécuter est à quarante-huit dents, et qu'il
faut qu'à chaque nouveau tour, sur la boîte, l'angle formé par la rencontre
des deux dents, réponde au sommet de la partie circulaire de la dent de
dessous, ce qui ne peut se faire qu'en faisant avancer de la moitié d'une
dent, on se servira de la division en quatre-vingt-seize, qui est sur la roue
de division ; et pour cela on amènera les dents de cette division sous le
cliquet. On mettra, sur le porte-outil du support à chariot, un grain-d'orge
très-camus, tel que celui *fig.* 14, *Pl.* 31, qui, quoiqu'il soit oblique, peut
très-bien servir, attendu que, comme on entame fort peu la matière,
l'obliquité ne se fait pas sentir sur l'ouvrage, et l'on fixera solidement le
support sur l'établi.

On placera le support bien parallèle au plan de la pièce à guillocher,
et de façon que l'outil pénètre perpendiculairement dans la matière. On
amènera l'outil jusque près du bord de la pièce, par le moyen de la

Pl. 45.

manivelle du support : on fera aller la roue du Tour dans le sens nécessaire, pour que les rosettes viennent en devant. On avancera l'outil, petit
à petit, jusqu'à ce qu'il entame la matière, et sans le retirer, on jugera
avec une loupe, ou même à la vue simple, si le trait a assez de profondeur. Si on le trouve assez profond, on avancera la petite vis qui est sur
le support, jusque, contre la buttée qui empêche le porte-outil d'aller
plus loin, si on se sert du support à bascule. Dans le cas contraire, on
remarquera à quel point est l'aiguille, soit sur le cadran, soit sur les
coulisses mêmes, afin qu'à tous les autres tours on soit assuré de ne pas
pénétrer plus avant. Lorsqu'on aura pris toutes ces précautions, on retirera un peu l'outil en arrière ; on lèvera le cliquet placé sur la roue de
division, et on le fera sauter d'une dent, ce qui portera chaque dent de la
rosette à la moitié de la dent du tour précédent. On fera avancer l'outil
vers le centre, au moyen de la manivelle du support, et d'une quantité
suffisante, pour que l'angle des dents du tour précédent soit juste vis-à-
vis le sommet de celles qu'on va faire ; et pour que la quantité dont
l'outil doit avancer à chaque tour soit constamment la même, on remarquera
le point où a été fait le premier tour, et l'on tiendra note du nombre
de degrés que l'aiguille, qui est sur la grande vis de rappel du support, a
parcourus, pour se trouver au point où elle est pour le second tour. On
fera donc en cet état un second tour, qu'on creusera aussi profondément
que le premier, au moyen des précautions que nous avons recommandées.
On passera ensuite au troisième, en revenant sur la roue de division, à la
dent où étoit le cliquet, quand on a fait le premier tour. Et ici il est à
propos d'observer qu'il est indifférent d'avancer toujours d'une dent sur
la roue de division, ou de revenir à chaque tour sur ses pas, puisque la
distance est la même : d'où il suit que, pour guillocher, on n'a pas besoin
qu'une division soit entière sur la roue, et que cinq ou six dents de chaque
division sont bien suffisantes, ce qui donne le moyen de partager la roue
en autant de portions égales qu'on a de rosettes de nombres différens, et
de diviser chacune de ces portions proportionnellement au nombre des
dents de ces rosettes. On passera ainsi d'une dent à l'autre, à mesure qu'on
approchera vers le centre, et à chaque tour qu'on fera. Si l'on veut faire
le cercle blanc, qu'on voit à quatre ou cinq lignes du centre, on avancera
l'outil du double de ce dont on l'a avancé à chaque tour; on continuera
de même jusque près du centre; ou bien on formera au centre une
rosette, avec un outil pareil à l'un de ceux, *Pl*. 31.

 On fera le dessus de la boîte de la même manière; et il nous semble

inutile de dire que le couvercle et la boîte doivent être emmandrinés solidement.

Pl. 45.

Pour guillocher le tour de la boîte, on mettra la touche sur le plat de
la rosette, et on opèrera comme on l'a fait pour le dessus et pour le dessous, en plaçant l'outil perpendiculairement au côté.

Au lieu du dessin que représente la *fig* 1, on peut exécuter celui *fig.* 2,
qu'on nomme *Moire*, parce qu'en effet il imite l'étoffe moirée.

Il ne faut pas considérer dans la *fig.* 2 le sens et la direction des traits,
attendu que cette figure représente un couvercle de boîte, guilloché excentriquement. Pour ne pas multiplier les figures, nous n'en avons fait graver qu'une de cette espèce. La moire peut se faire sur des rosettes à différens nombres ; mais celles en vingt-quatre imitent beaucoup mieux l'é-
toffe que celles en plus grand nombre, puisque la belle moire est celle où
les moirures sont les plus grandes. La *fig.* 3 représente une moire en vingt-
quatre, où les traits sont concentriques à la boîte. Cette moirure se fait
avec un peigne denté très-fin, *fig.* 5, *Pl.* 31, et sans changer de division.
On voit cependant, à l'inspection des figures, que cette dernière moire ressemble moins à l'étoffe qui porte ce nom, que la *fig.* 2, qui est guillochée
à l'excentrique.

Lorsqu'on veut faire, sur un fond moiré, des mouches excentriques et
guillochées, telles qu'on les voit sur la *fig.* 3, on commence par moirer
avec un peigne, et la touche étant sur le champ de la rosette pour le plat,
et sur le plat pour le tour de la boîte, on continue jusqu'à l'espace circulaire dans lequel doivent être formées les mouches ; on monte l'excentrique sur le Tour à guillocher, et on excent jusqu'à ce que le centre
des mouches qu'on veut faire soit au point qu'on désire. Dans la *fig.* 3,
la moirure est sur une rosette à vingt-quatre dents ; on amène le centre
d'une mouche vis-à-vis le creux que forment deux dents, ce qui est facile,
au moyen du nez mobile de l'excentrique. On place sur le support à
chariot un peigne qui ait pour largeur le rayon des mouches qu'on veut
faire, et même un peu moins, afin que le centre soit circulaire uni. On
forme une mouche, la touche étant sur le champ de la rosette. On en fait
tel nombre qu'on veut, sans rien déranger, ni au Tour ni à la touche, ni
au support, si ce n'est qu'on retire l'outil à chaque mouche, qu'on l'avance
à la suivante, et qu'on fait tourner le nez mobile de l'excentrique, du nombre nécessaire. On ramène ensuite la boîte parfaitement au rond, soit sur
la machine excentrique, soit en la démontant, et remettant le mandrin
sur le Tour à guillocher, comme il étoit d'abord ; mais il faut avoir eu soin

de repérer très-exactement le mandrin, sans quoi les sinuosités ne s'accorderoient pas. En général, comme il est fort difficile de replacer un
mandrin exactement au même point, il vaut mieux, quand on veut se servir de l'excentrique pour quelques parties d'une pièce, faire usage du nez
mobile de l'excentrique pour toutes les opérations.

On voit, par ce que nous venons de dire, que la partie circulaire dans
laquelle sont les mouches n'est pas guillochée; si cependant on vouloit
pratiquer, sur le fond du bandeau qui porte les mouches, un dessin quelconque, ou y faire simplement des traits circulaires, il faudroit d'abord
guillocher les fonds, et ensuite les mouches, en se servant de l'excentrique,
et l'on conçoit que celles-ci seroient un peu enfoncées, par rapport au
reste de la surface.

Si l'on veut faire au centre la rosace qu'on a représentée sur la *fig.* 3,
le mandrin étant toujours placé sur l'excentrique, il suffira d'arrêter le
mouvement d'oscillation du Tour à guillocher, après quoi on opèrera,
comme nous l'avons enseigné au chapitre de l'excentrique. Mais il faut
avoir soin de bien régler le porte-outil sur le support à chariot, pour
qu'il ne morde pas plus à un cercle qu'à un autre.

Si on vouloit exécuter, sur une boîte, des mouches à cinq ou six pans,
on ne pourroit y réussir avec les rosettes du Tour à guillocher, qui n'ont
jamais moins de douze à seize dents. On a donc imaginé, pour les remplacer, la machine que représente la *fig.* 10, *Pl.* 38. Cette machine peut
encore servir avec le Tour en l'air simple, pour faire des mouches sur un
fond uni ou sillonné de traits circulaires, qui peuvent se faire également
sans le secours du Tour à guillocher.

Une tige de cuivre *A*, aussi large qu'épaisse, et de quatre à cinq pouces
de long, est recourbée à l'équerre par ses deux bouts, et cette pièce est
fondue sur un modèle qui a la forme qu'on voit ici. Un arbre de fer *B*,
tourné avec soin, roule sur ses collets dans deux trous pratiqués en *C D*.
Une manivelle *H* entre à carré sur le bout de l'arbre *E*, et est retenue
en place par un écrou *a*. Cet arbre est percé par le bout opposé à la manivelle, et suivant son axe, d'un trou carré jusqu'en *F*, et la mortaise qui
le traverse sur son diamètre, sert à chasser les mèches qu'on monte sur cet
outil dans le trou carré. Les deux lignes ponctuées *b b* indiquent la
grandeur du trou dans lequel roule le collet *C* de l'arbre, afin qu'il puisse
se porter d'un ou d'autre côté, ainsi qu'on va le voir. *G* est un anneau de
cuivre fixé sur le bout recourbé *C*, au moyen de deux vis qui affleurent
le fond : *c c* est une plaque qui, au moyen d'une bâte, se monte à vis en

dedans de la cuvette, sur un pas à gauche. Cette plaque est représentée à part, *fig.* 11, vue par dessus. Elle recouvre la petite mécanique qui est entr'elle et l'anneau.

Sur le bout de l'arbre *D B F*, *fig.* 10, est fixée à carré, et retenue par un écrou à six pans, une pièce de cuivre qu'on voit, ainsi que l'écrou, *fig.* 11. Sur la pièce de cuivre est fixée une espèce de touche *A*, dont le bout est poussé par un ressort en double C, contre les côtés du pentagone qu'on voit contre la figure : au moyen de quoi, lorsque cette touche est obligée de reculer pour parcourir un des côtés, elle se précipite dans les angles à mesure qu'elle les rencontre; ce qui ne peut avoir lieu que parce que le centre de l'arbre recule vers la partie opposée à la touche. Et, comme on place, dans le trou carré qui est au bout de l'arbre, une espèce de foret; on conçoit que ce foret, qui tourne par le moyen de la manivelle *H*, doit décrire une figure pentagonale.

Cette machine, qui n'est guère mise en usage que par les Guillocheurs en or, fait sur des fonds moirés, ou autres, des mouches ou feuillages de différentes formes, selon le polygone que parcourt la touche. On voit, *fig.* 12, une mouche à cinq feuilles, produite par un pentagone, tel qu'il est sur l'outil; et une à six, produite par un hexagone, qu'on monte sur l'outil quand on le désire. On peut multiplier et varier, autant qu'on le veut, ces polygones; ce qui produit un effet très-agréable sur un fond moiré ou cannelé. On a représenté, à côté de la *fig.* 10, le foret qui entre dans l'arbre. Le premier est vû sur le plat, afin de faire sentir l'inclinaison du tranchant, par rapport à la longueur du foret. Celui n° 2 représente le même foret, vu sur son épaisseur : enfin, celui n° 3 le représente vu par dessous. On voit qu'il est arrondi, et que le vif du tranchant est à droite et au bout, afin d'entamer la matière en tournant.

Cet instrument, monté comme on le voit *fig.* 10, se place sur la coulisse du support à chariot, au moyen de deux petits montans d'acier, qui sont plantés dans cette coulisse. On met par dessus la tige de cuivre *A* un chapeau qui le fixe sur la coulisse, et deux écrous à chapeau serrent le tout, et le rendent très-solide. Cet instrument marche suivant la longueur du support, au moyen de la vis de rappel à manivelle, et perpendiculairement à sa longueur, au moyen de la vis qui fait avancer la coulisse. Mais les Guillocheurs en or ne se servent point de porte-outil, marchant par le moyen d'une vis : ils préfèrent le support à bascule, dont nous avons donné la description, et qui leur est plus commode, parce qu'ils en-

Pl. 45. foncent l'outil peu avant, et que les traits sont empreints en un seul tour de l'arbre du Tour à guillocher.

Au surplus, on monte cet instrument sur le support à chariot de diverses manières, soit comme nous venons de le dire, soit en ôtant la coulisse du porte-outil, et y substituant l'instrument, qui, dans ce cas, est à queue d'aronde.

Dès qu'on a placé l'outil au point convenable pour qu'il fasse les mouches sur la pièce qu'on tourne, à une distance quelconque du centre, il suffit de faire tourner cette pièce sur elle-même en l'arrêtant à chaque point où l'on veut faire une mouche. Si l'on opère avec un Tour à guillocher, on arrêtera le mouvement d'oscillation, et on montera sur le nez de l'arbre une machine ovale ou un excentrique que l'on ramènera au rond. Au moyen du nez mobile sur lequel on montera la pièce, il sera facile de la faire tourner, en fixant l'arbre du Tour. Si la pièce est montée sur un Tour en l'air simple, on se servira pour le même usage de la plate forme divisée qui s'y trouve ordinairement.

Quelquefois on se contente de faire de petites mouches rondes, et alors, au lieu de l'outil que nous venons de décrire, on se sert d'un pareil foret, monté sur un semblable châssis, mais qui ne porte ni anneau, ni ressort. Le bout C de l'arbre tourne juste dans son collet; et le foret, qu'on fait tourner par la manivelle, trace sur l'ouvrage de petites mouches rondes. Du reste, cet outil se place sur le support comme le précédent.

On voit, *fig.* 5, *Pl.* 50, le plat d'une boîte guillochée au trait, et ornée de mouches de différentes formes, exécutées à l'aide de cet instrument.

La pièce, *fig.* 2, *Pl.* 45, est, comme on l'a dit plus haut, guillochée sur la machine excentrique. On choisit pour cela une rosette divisée en six parties égales, qui portent alternativement les unes douze, et les autres huit ondulations. On guilloche cette pièce avec un grain-d'orge, et pour lui donner l'apparence d'une coquille, il faut, après avoir fait un certain nombre de traits, en tracer un plus gros, ou laisser un petit intervalle. On encadre ensuite cette pièce, comme on la voit ici. Nous décrirons ailleurs le procédé qu'on emploie pour exécuter le dessin de ce cadre.

Cette moire, quand elle est bien exécutée, fait un effet très-agréable. Autrefois presque toutes les boîtes d'écaille étoient à fond de moire, avec des fleurs détachées ou courantes. C'est le gallet du fond du moule qui avoit d'abord été moiré, et gravé ensuite d'un dessin à volonté.

Si, au lieu de faire au centre une petite rosace, comme on le voit *fig.* 2, on avoit commencé la moirure, depuis le point de centre (celui de l'ex-

centrique) jusqu'à la circonférence, on imiteroit alors parfaitement la coquille d'huître.

Pl. 45.

Nous ne donnerons pas ici un plus grand nombre d'exemples de guillochis; on sent aisément qu'en combinant les différentes rosettes et leurs
divisions, on peut obtenir un nombre presque infini de dessins, pour lesquels on ne peut donner d'autre règle que le goût. On trouvera cependant
dans le chapitre suivant, qui traite de la machine carrée, quelques modèles qui peuvent également s'exécuter à l'aide du Tour à guillocher.

C'est particulièrement à Paris que se fabriquent les ouvrages guillochés
au trait sur l'or et sur l'argent, dont nous avons plusieurs fois parlé dans cette
section. Le bon choix des dessins et le fini de leur exécution assureront
toujours la supériorité aux Artistes de cette ville. Néanmoins ce genre d'industrie est aussi cultivé avec succès dans plusieurs cantons de la Suisse,
qui fournissent au commerce une quantité considérable de tabatières et
de boîtes de montre. Le bas prix de la main-d'œuvre dans ce pays met
les artistes qui s'y livrent à ce genre de travail dans le cas d'en fournir les
produits à des prix bien inférieurs.

SECTION V.

Colonne dorique guillochée.

Nous avons décrit dans un des chapitres précédens les procédés qu'on
emploie pour canneler une colonne, nous allons détailler dans cette sec-

Pl. 4.

tion les moyens d'y faire des cannelures simulées, à un degré de perfection tel qu'on peut les croire exécutées en creux ou en baguette, et cela
avec le Tour à guillocher. Ce moyen est excellent lorsqu'on opère sur une
matière extrêmement mince, telle qu'un étui en or ou autre métal, ou
lorsque la pièce ne doit être vue qu'à une certaine distance, ou dans l'ensemble d'une pièce composée.

La *fig.* 1, *Pl.* 46, représente cette colonne sur laquelle on s'est plu à
rassembler différens effets du Tour à guillocher. Un tiers *A* paroît cannelé en creux, le tiers inférieur *C*, en baguettes, et le tiers du milieu, en
creux et en torse; on a séparé ces trois parties différentes, par deux
plates-bandes *D*, *E*, qui s'exécutent aussi sur le Tour à guillocher; mais
comme la colonne, si elle a quelque longueur, ne peut pas supporter les
secousses d'une rosette sans sortir du mandrin, ou sans éprouver un broutement considérable, voici de quelle manière nous l'avons exécutée.

Pl. 46.

Nous avons d'abord tourné, sur le Tour en l'air, une colonne dorique, dans ses proportions, de la manière que nous avons enseignée au premier Volume. Il sera bon même, pour diminuer la longueur de la colonne, et par conséquent les difficultés, de tourner à part la base et le chapiteau et de les rapporter avec soin, savoir: le chapiteau au dessus de l'astragale, et la base au carré qui porte sur le premier tore.

Si la colonne est assez grosse, on fera à son extrémité inférieure un écrou, pour pouvoir la monter sur le nez de l'arbre; à l'autre extrémité, on réservera un tenon d'environ un pouce, qui servira de guide. Ce guide doit être fait avec le plus grand soin, et parfaitement concentrique au reste de la colonne. Pour y parvenir, on doit terminer la colonne et son guide sur le Tour à guillocher même, en se servant du mouvement accéléré, et en la soutenant au moyen d'une poupée à pointe placée au centre du guide.

Quand la colonne sera ainsi mise au rond, on retirera la poupée à pointe, et on y substituera la poupée à collets E, fig. 1, Pl. 8, qui a servi pour faire les torses. On divisera ensuite la longueur de la colonne en trois parties égales, et après avoir déterminé la largeur qu'on veut donner aux bandeaux D et E, on prendra sur la partie inférieure C deux tiers du bandeau E. La portion du milieu B portera à l'une de ses extrémités le tiers du bandeau E, et à l'autre le tiers de celui D. La partie supérieure A portera les deux tiers du bandeau D. Ensuite, après avoir bien savonné le guide, on mettra la touche sur le plat de la rosette en vingt, si on l'a, et dentée comme celle numérotée 4, fig. 1, Pl. 43, qui, comme on le voit, fait mouvoir l'arbre et la colonne dans le sens de leur axe. Si l'on n'avoit pas de rosette en vingt, nombre de cannelures qu'exige l'ordre dorique, il faudroit bien se servir de celle en vingt-quatre. On emploiera un grain-d'orge peu pointu, et l'on obtiendra des traits dans le sens de ceux qu'on voit sur le haut de la colonne; et ces traits produiront l'effet d'une cannelure creuse. On doit les espacer tous également, et de manière que le point de réunion de deux de ces traits forme un angle aigu. On tiendra note de cette distance, sur le cadran de la manivelle de la grande vis de rappel du support à chariot, parce qu'elle doit être la même sur toute la longueur de la colonne.

La partie du milieu, qui représente une torse, s'exécute avec la même rosette; mais il faut faire usage de la roue de division du Tour à guillocher. On amènera le cliquet sur une division octuple du nombre de dents de la rosette; ainsi, si la rosette a vingt, on prendra cent soixante, si elle a vingt-quatre, on prendra cent quatre-vingt-douze.

Pl. 46.

On fera avec un grain-d'orge oblique, *fig.* 14, *Pl.* 31, en se servant du bout d'en-bas, pour que la pointe soit à gauche, une première rangée de traits, comme on les voit au haut, en commençant au dessous de la portion réservée pour le bandeau *D*. Lorsque ce premier tour sera fait, on avancera la division d'un cran, c'est-à-dire d'un huitième de la dent, et on fera un second trait, à une distance du premier, égale à celle qu'ont entre eux les traits des cannelures du haut. Et pour régler sûrement cette distance entre les traits, on verra sur le petit cadran de la manivelle de la vis de rappel du support à chariot, le chemin que l'outil doit avoir fait, ainsi que nous l'avons dit plus haut. Quand on sera parvenu au huitième trait, on fera rétrograder la roue de division, jusqu'à ce que le cliquet se trouve au point d'où l'on est parti. On continuera ainsi jusqu'à ce qu'on soit parvenu au bandeau *D*. La partie inférieure *C* se fait avec la même rosette; mais comme le trait doit être en sens contraire, il faut retourner la rosette sur son canon, à moins qu'on en ait deux absolument semblables, mais en sens opposé. On tendra le ressort de l'autre côté, et on placera la touche de manière qu'elle se présente toujours sur la face de la rosette qui a servi aux autres opérations; après ces dispositions, il ne reste plus qu'à opérer comme on l'a fait pour la partie supérieure.

Pour faire les losanges qu'on voit à la plate-bande *D*, on se servira de l'une des rosettes numérotées 3, *Pl.* 43, sur le plat, selon qu'on voudra que les losanges soient plus ou moins multipliés; et on mettra le cliquet sur une division qui corresponde au nombre de la rosette, mais double, afin de pouvoir opposer les dessins par le sommet. Ainsi, on fera la moitié des losanges avec un grain-d'orge, ou avec le peigne à six dents, et ayant avancé la division de la moitié d'une dent, on fera l'autre moitié, qui, étant opposée par le sommet à la première, fera rencontrer les creux et les reliefs, de la manière qui est représentée sur la colonne.

Pour faire la plate-bande *E*, on place la touche sur le champ de la rosette, mais comme la pièce doit se mouvoir perpendiculairement à la longueur de l'établi, on conçoit qu'il faut retirer la poupée à collets, qui ne laisse de mouvement à la colonne que suivant son axe. Le dessin qui est sur cette plate-bande est ce qu'on nomme la *Chaînette*, parce qu'il imite les chaînons d'une chaîne, pareille à celles qui sont sur le barillet d'une montre, qui seroit double ou triple. On l'exécute au moyen de la rosette *i*, *fig.* 1, *Pl.* 43, en se servant d'un bec-d'ane qui ait pour largeur, le cinquième de la hauteur du bandeau, et en faisant avancer la rosette d'une demi-dent à chaque révolution. Comme ce dessin est plus commu-

Pl. 46.
nément destiné à être mis à jour, et que nous aurons occasion d'en expliquer tous les détails, nous remettons à ce moment à en parler.

Si on vouloit faire cette colonne en ivoire, on pourroit la composer de sept morceaux différens, savoir : le chapiteau, la base, les deux bandeaux et les trois parties cannelées. On montera d'abord la partie inférieure sur un mandrin cylindrique, sur lequel elle ne puisse prendre ni jeu ni ballottement. On achèvera de la mettre au rond sur le Tour à guillocher, on y formera les cannelures de la manière que nous avons décrite ; et on y pratiquera un tenon à la partie inférieure, et une portée à la partie supérieure.

On fera de même la partie du milieu, et on y réservera une portée à chaque bout ; enfin, on fera la partie supérieure en laissant un tenon en haut et une portée en bas.

Pour faire les deux bandeaux on percera de petits morceaux au diamètre même des cylindres, et on les montera l'un après l'autre sur un mandrin où ils puissent tenir. Là on les guillochera, soit en losanges, comme celui du haut *D*, soit en chaînette, comme celui *E*, et on pratiquera à chaque extrémité un tenon qui entre juste dans les portées pratiquées aux autres parties composant le fût de la colonne.

Lorsque ces cinq pièces sont terminées, on tourne un cylindre de longueur suffisante pour les enfiler toutes cinq ; et alors on a dû faire en dessus de la base, et en dessous du chapiteau une portée creuse, dans laquelle entrent les tenons pratiqués aux bouts de la colonne ; et, si les joints sont bien dressés, ces sept pièces, rapportées juste et collées sur le cylindre, n'en font plus qu'une, qui semble être d'un seul morceau.

Quant au chapiteau et à la base, nous avons décrit ailleurs leur forme et leur dimension ; nous ajouterons seulement ici qu'on peut les guillocher aussi bien que le reste de la colonne. Si on voulait pratiquer sur le gorgerin du chapiteau les rosaces qu'on voit sur la figure, et dont les règles de l'architecture permettent de décorer le chapiteau dorique, il faudroit faire usage de l'excentrique vertical décrit au Chapitre III de ce volume, et vu *fig.* 7, *Pl.* 37.

Pl. 46

SECTION VI.

Différens exemples de Guillochis saillans.

On a représenté, *fig.* 2 et 3, *Pl.* 46, les résultats de deux espèces de guillochis, qui produisent des effets très-agréables : c'est ce qu'on nomme *Écaille de Poisson.* L'un, *fig.* 2, est produit par une rosette, comme celle numérotée 2, *fig.* 1, *Pl.* 43, où il y a autant de plein que de vide, et qui ne produit que des sinuosités, ainsi qu'on peut le voir sur la pre- mière rangée à droite *A*, *fig.* 2. Si ce dessin est produit par une rosette de vingt-quatre, on mettra la division de quarante-huit; et après le premier tour, on portera le cliquet à une dent, en avant ou en arrière, ce qui avancera le dessin de la moitié de sa longueur, et fera rencontrer les sommets de la seconde rangée vis-à-vis des creux de la première. A la troisième rangée, on reviendra au point de division où la première a été faite, et toujours ainsi de suite, avançant et reculant d'une dent. Quant au chemin que doit parcourir l'outil, on le règlera de manière qu'à chaque rangée l'outil vienne poser sur la précédente, et ne l'en- tame pas; ce qui ayant été réglé une première fois, et ayant tenu note de la quantité dont la grande vis de rappel doit tourner, on l'avancera d'autant à chaque rangée.

Comme chaque écaille doit saillir sur le fond vers son sommet, et rentrer un peu vers sa base, cette saillie n'étant produite que par la rentrée de la base par rapport à la circonférence du cylindre, on se ser- vira d'un outil à face, comme celui *fig.* 13, *Pl.* 31, et dont le biseau soit incliné de gauche à droite. Par ce moyen on creusera tant soit peu vers la base de chaque écaille, et le sommet sera saillant de tout ce dont les écailles voisines seront enfoncées. On emploie ordinairement ce genre d'or- nement pour décorer les coupoles et les lanternins des temples ou autres morceaux d'architecture.

Le dessin représenté *fig.* 2, *Pl.* 46, n'imite qu'imparfaitement l'écaille de poisson; celui *fig.* 3, même planche, l'imite beaucoup mieux. Il est produit par l'une des rosettes numérotées 2, *fig.* 1, *Pl.* 43, selon qu'on veut que les dents soient en plus ou moins grand nombre. Quel que soit le nombre de dents que contient la rosette qu'on a choisie, il faut que le cliquet soit placé sur une division double de ce nombre, afin de pouvoir à chaque Tour avancer et reculer d'une demi-dent, et opposer

chaque angle à chaque sommet. Comme le fond de la jointure des écailles
est à droite, et que leur saillie est à gauche, on se servira pour ce dessin,
comme pour celui *fig.* 2, d'un outil semblable à celui *fig.* 13, *Pl.* 31, dont
la pointe soit à droite. Au moyen de ce que l'angle aigu que forme la rencontre des lignes courbes de chaque écaille est un peu renfoncé, par rapport à la surface de la pièce qu'on guilloche, à cause de l'inclinaison de
l'outil, le sommet de chaque écaille se détache de ses voisines. Si l'on vouloit faire sur la même pièce plusieurs bandeaux de cette espèce d'écaille,
il seroit agréable de les faire en sens opposé, en les séparant par une baguette. Pour cela il faudroit retourner la rosette après avoir terminé le bandeau, à moins que la pièce ne fût de nature à pouvoir être mise en mandrin par ses deux bouts; car, dans ce dernier cas, il seroit plus court de retourner la pièce; enfin, si sans rien changer à la rosette ni à la disposition
de la touche, on retournoit l'outil *fig.* 13, *Pl.* 31, pour employer le côté
inférieur dont la pointe est à gauche, on obtiendroit l'inverse de l'écaille
de poisson, *fig.* 3, *Pl.* 46, et les angles, au lieu d'être au fond, seroient en
relief, tandis que les portions de cercles seront au fond; ce qui semblera
détacher chaque pointe, et donnera un dessin à peu près semblable à l'ornement connu sous le nom de *Pomme-de-pin.*

Nous avons réuni, dans les dessins, *fig.* 3, 4, et 5, *Pl.* 46, quelques
uns des effets qu'on peut obtenir sur le Tour à guillocher; non pas dans
le genre agréable, mais de façon qu'après avoir bien compris les moyens
dont on doit se servir pour rendre ces dessins, on soit en état d'exécuter
tous les dessins les plus bizarres.

On a joint par des accolades le plan de chacun de ces dessins avec le
dessin même, vu en perspective, afin de rendre plus sensibles les effets
que présentent ces figures; et on a mis dans le centre de chaque plan le
profil auquel on peut l'adapter. Le plan *A*, *fig.* 2, représente deux effets
de guillochis : l'un, marqué *C C*, est un feston en relief, saillant sur
le fond d'une ligne et demie ou environ, ainsi qu'on peut le voir en
a, sur son profil, par rapport au fond qu'on a coté *b*. Ce plan *A* est le
tiers d'une partie circulaire qui peut servir pour un cadre, ainsi qu'on
peut en juger sur le profil par la feuillure *c*, dans laquelle se placent l'estampe et le verre. Ainsi, pour bien comprendre comment on fait les dessins
dont nous nous occupons, qu'on se représente un plateau de bois rond,
et au diamètre que donneroient trois parties, telles que celle *A*, réunies,
et de toute l'épaisseur de *d e*, sur le profil. Ce plateau sera mis sur le
Tour par son centre, et sur le plat. Le support à chariot sera en face du

plateau, et après avoir d'abord tracé sur le rond la partie circulaire du dedans, on mettra sur le porte-outil un bec-d'âne, *fig.* 7 ou 8, *Pl.* 31, suivant la largeur du ravalement qu'on veut faire. On place la touche sur le champ de la rosette, *fig.* 2, *Pl.* 43. Quand le dedans du cercle *D* est suffisamment approfondi, on met l'outil de l'autre côté du feston, en *B*. En lui donnant la largeur qu'il doit avoir, et sans rien changer à la division, on détachera le feston, tel qu'on le voit ici, pourvu qu'on ait soin de n'enfoncer l'outil qu'autant qu'il faut pour que le champ sur lequel ce feston semble pris ne soit pas plus profond d'un côté que de l'autre.

Le champ *B* ne peut être formé de toute la largeur qu'on lui voit ici, lorsque l'outil détache le feston *C C* par dehors. Le surplus est fait, lorsqu'on forme l'autre feston *C P*; et cela ne peut être autrement, puisque le premier feston a seize dents, et que le second n'en a que huit.

Pour ce second feston, on mettra une touche sur le champ, et une sur le plat de la rosette en huit, numérotée 1, *fig.* 1, *Pl.* 43. Elle est ondée sur les deux sens. De ces deux touches, l'une sera en devant, du côté de l'Artiste, sur le champ, et l'autre par derrière, au côté opposé sur le plat de la rosette, et pour nous faire mieux entendre, sur l'un et l'autre des parallèles *M l. M l, fig.* 2, *Pl.* 43. On tendra les deux ressorts *F* et *H*, même figure, et par ce moyen, on obtiendra les deux mouvemens.

Comme le dessin en huit est fort allongé et très-doux, on peut se servir de la touche à roulettes, représentée *fig.* 7, *Pl.* 44.

Ces deux mouvemens produiront le feston marqué *C P, fig.* 2, *Pl.* 46. On voit qu'il est ondé sur deux sens, ce qu'on a rendu sensible, autant qu'on l'a pu, par le plan et par la perspective. Un des deux festons est double de l'autre. L'un est plat en dessus, et l'autre ondé en dessus et de côté. Comme il ne seroit pas possible de faire le champ commencé en *B*, en même temps qu'on feroit le feston en huit, ondé sur son plat on n'achève ce fond qu'après que le tout est terminé, et l'on ne se sert pour cela que de la rosette prise sur le champ. On fait de même le champ, tout-à-fait en dehors du profil *a, a, a, a*.

Il ne faut s'occuper, sur les *fig.* 2, 3, 4 et 5, que des parties posées sur la droite. On a profité de la place pour représenter différentes espèces de guillochis; et le dessinateur les a ainsi rendus, tant pour ménager la place que parce que les modèles qu'on lui a donnés étoient faits comme on les voit ici.

La *fig.* 3 représente également deux dessins de rosettes, combinés l'un avec l'autre, ou pour mieux dire, le feston de l'intérieur *A* est en huit, et formé, la touche étant sur le champ de la rosette ; ainsi le dessus du dessin est plan. L'autre feston est également en huit, et est ondulé sur deux sens. Ainsi, pour ce dernier, on a, comme à celui dont nous avons parlé plus haut, mis deux touches, l'une sur le champ, contre l'Artiste, et l'autre sur le plat, et sur le parallèle opposé à l'Artiste. On a de même représenté la coupe de profil d'un cadre, auquel ce dessin pourroit servir.

Pour que le Lecteur ne puisse pas être embarrassé, pour reconnoître quand la touche doit être sur le champ ou sur le plat, nous avons eu soin de faire graver sur chacun des festons les lettres *C* ou *C P*, ce qui indique champ, ou champ et plat.

La *fig.* 4 représente un autre dessin, exécuté, savoir : le feston de dedans, avec une rosette anguleuse, numérotée 3, *fig.* 1, *Pl.* 43 ; et la touche doit être sur le plat de la rosette : le champ de ce même feston est fait avec la rosette numérotée 2, et la touche sur le champ et sur le plat.

Quant au feston extérieur, il est fait avec la rosette numérotée 3, et du même dessin, tant sur le champ que sur le plat. On se servira de deux touches : l'une pour le plat et l'autre pour le champ. On peut juger, par la coupe *P*, du profil qu'on peut donner à un cadre qui porteroit ces guillochis.

Enfin, la *fig.* 5 représente un autre assemblage de dessins. La partie intérieure, demi-circulaire, est faite sur une rosette dont on voit le contour, et qu'on n'a pu représenter assez distinctement *Pl.* 43. On ne met la touche que sur le champ pour l'exécuter.

Quant au feston extérieur, il est à un même nombre de sinuosités, et exécuté sur la même rosette ; si ce n'est qu'on a employé les deux mouvemens que donnent son champ et le plat : nous croyons avoir donné aux Amateurs les moyens de s'exercer sur beaucoup de parties de l'art du Guillocheur. Il eût été infiniment long de parcourir tout ce qu'on peut faire en ce genre, un volume n'y auroit pas suffi. Lorsqu'on aura exécuté les dessins que nous nous sommes plu à rassembler, nous pensons qu'on sera en état d'entendre parfaitement tous ceux qui se présenteront, et surtout de connoître les effets des rosettes, leurs combinaisons, et le jeu de toutes les pièces qui composent le Tour à guillocher.

Nous avons dit plus haut, qu'on nomme *Guillochis au simple trait*, celui dont les traits sont peu profonds, et qui imite la taille-douce ; et que c'est celui qu'exécutent les guillocheurs en or. On obtient cet effet en plaçant

la touche sur le plat de la rosette quand on guilloche le champ de la pièce,
et sur son champ, quand on opère sur la face de la pièce.

Pl. 46.

D'après ces considérations, il sembleroit que les *fig.* 2, 3, 4 et 5, et celles
qui leur sont accollées auroient dû plutôt être décrites dans la section
qui traite du guillochis à jour. Deux raisons nous ont cependant décidés à
les placer ici. La première, c'est que les pièces sur lesquelles ces dessins
sont placés portent d'autres dessins, tels que les écailles de poisson, qui
sont produits par le guillochis au trait. La seconde, c'est que ces dessins,
quoique exécutés par le même procédé que le guillochis à jour, ne sont
cependant pas de nature à être mis à jour, ce qui leur donne quelque
ressemblance avec le guillochis au trait.

Les deux dessins à gauche des *fig.* 4 et 5 ont été exécutés par des rosettes bizarres, savoir : ceux, *fig.* 4, par deux rosettes différentes : l'une produisant de grandes courbes *a a a*, à peu près au nombre de seize, entre
chacune desquelles est une distance en ligne droite ; l'autre composée d'un
nombre de courbes triples, entre chacune desquelles il y a également
un repos ou distance, aussi en ligne droite, propres à faire des cannelures de colonnes.

Ordinairement les rosettes ont sur le plat le même dessin que sur le
champ, et même l'un et l'autre doivent s'accorder exactement dans leurs
saillies et leurs angles rentrans. Cela doit être ainsi, afin de produire sur
le plat d'une boîte, par exemple, le même dessin que sur sa circonférence.
Pour exécuter les dessins, *fig.* 4 et 5, sur la circonférence d'un cylindre,
la touche doit être sur le champ de la rosette et du côté de l'Artiste, le ressort en serpent tendu médiocrement, et de devant en arrière, afin qu'il
porte la rosette contre la touche. Si on vouloit produire le même effet en
creux, il suffiroit de placer la touche sur l'autre parallèle et sur le champ
de la rosette, en tendant le ressort de l'autre côté, et toujours médiocrement. Nous disons que le ressort doit être médiocrement tendu : c'est
là une attention qu'il faut avoir. Quand le dessin est profond et à grand
nombre, si le ressort étoit trop tendu, la corde glisseroit sur la poulie, la
rosette ne remonteroit pas de dessus la touche, et l'on ne pourroit faire
tourner l'ouvrage. Si au contraire il est trop peu tendu, la touche ne
parcourra pas toutes les ondulations de la rosette, et le dessin sera fort
mal rendu sur l'ouvrage. Il faut encore observer que, quand on exécute
un dessin un peu profond et multiplié, il faut que la corde soit sur la
roue motrice, sur un très-petit diamètre, et sur la poulie du Tour, sur
un des plus grands diamètres, afin que le Tour marchant doucement, la

Pl. 46.

touche ait le temps de parcourir toute la surface de la rosette : si le mouvement étoit trop accéléré, la touche ne feroit que sauter d'une dent à l'autre, et le dessin ne seroit pas rendu.

Cela est si vrai, que les Guillocheurs en or ne font communément point aller le Tour par le moyen d'une pédale, comme nous l'avons représenté. Ils adaptent à l'établi une mécanique, qui n'est autre chose qu'une poulie qu'on met en mouvement par une manivelle, et qui, par une corde sans fin, fait aller la roue motrice. Par ce moyen, ils obtiennent un mouve. ment très-doux et très-lent. Il est vrai qu'ils ont, pour employer ce procédé, une double raison : 1°. parce qu'en effet le mouvement lent, lorsque la rosette est à grand nombre, convient beaucoup mieux ; 2°. parce qu'il sont obligés de s'arrêter très-souvent, après avoir fait parcourir à l'outil de petits espaces : si le Tour étoit mu par une pédale, ils ne seroient pas maîtres d'arrêter au point juste où ils le désirent. Ainsi, supposons qu'on veuille guillocher le bord de la lunette d'une boîte de montre, près de la fermeture : il y a sur ce cercle une cannelure qui reçoit la moitié de la tige du repoussoir sur son épaisseur, et le guillochis doit s'arrêter, d'un et d'autre bout, contre cette cannelure. Si l'on guilloche le cercle opposé de la cuvette, la tige même du repoussoir, qui y est soudée ou rapportée, ne permet pas qu'on fasse le tour. Enfin la même chose arrive quand on guilloche à l'excentrique, comme on le voit *fig.* 2, *Pl.* 45., où tous les traits viennent aboutir à la circonférence de la pièce. Il faut encore s'arrêter, d'un et d'autre côté : il n'y a donc qu'un mouvement lent, et qu'on puisse arrêter à volonté, qui puisse remplir cet objet. La mécanique qu'on emploie pour diriger ainsi le mouvement du Tour à guillocher, aussi bien que du Tour carré, que nous verrons bientôt, se nomme *Cabriolet ;* on le voit en *I, K, L, fig.* 1, *Pl.* 48.

Si, lorsqu'on guilloche, on trouvoit que le dessin de la rosette est un peu trop profond, et qu'on voulût qu'il eût moins de profondeur sur l'ouvrage, il faudroit se servir d'une touche plus épaisse qu'il ne faut, pour que sa pointe parcourût le contour de la rosette : ainsi, dans un enfoncement, si la touche est un peu forte, comme elle touchera par dessus, presque aussitôt qu'elle quittera par dessous, la longueur du renfoncement ni sa profondeur ne seront point rendues sur l'ouvrage.

Pl. 45.

SECTION VII.

Guillocher à jour.

L'expression, *guillocher à jour,* n'est pas exacte, quoiqu'universellement adoptée. On ne guilloche point à jour; mais après avoir guilloché une surface très-profondément, on remet la pièce sur le Tour en l'air, on l'évide par dedans, et on emporte de la matière jusqu'à ce que les dessins ne tenant plus les uns aux autres que par côté, et une partie de leur épaisseur étant détruite, on voie le jour entre chacun d'eux.

La *fig.* 6, *Pl.* 45, dont nous allons nous occuper d'abord, porte quatre dessins produits par des rosettes semblables à celle N° 1, *fig* 1, *Pl.* 43, mais dont les divisions sont différentes. Le premier, c'est-à-dire celui qui est le plus près de la circonférence, s'exécute par le moyen de la rosette à seize dents ou ondulations. Le second, qu'on nomme l'*osier*, parce qu'il représente assez bien l'entrelacement des brins d'osier sur un panier ou une corbeille, est produit par une rosette à trente-deux dents. Le troisième, qui se nomme la chaînette, est fait par deux rosettes, l'une à seize, l'autre à huit dents. Enfin la rosace du centre s'exécute à l'aide de la rosette à huit dents.

On commencera par faire celui qui est le plus près de la circonférence, et pour cela on mettra la touche sur le plat de la rosette à seize dents. On placera ensuite le support à chariot vis-à-vis de l'ouvrage, et dans une direction parallèle à la face de la boîte, et on tendra médiocrement vers la gauche le ressort *F, fig.* 1, *Pl.* 43, qui, faisant mouvoir l'arbre dans le sens de sa longueur, fera avancer l'ouvrage sur l'outil.

On placera sur le support à chariot un bec-d'âne d'environ une demi-ligne, qui servira pour toute l'opération, et on mettra le cliquet sur la division en soixante-quatre. Alors, laissant un petit bandeau uni de la largeur de l'outil après le filet saillant, qu'on a dû réserver en tournant la boîte, on fera la première rangée en enfonçant l'outil à mesure, pour ne pas prendre trop de matière à la fois. Lorsqu'on aura atteint jusqu'à la surface, et que le copeau frisera sans discontinuation, on retirera l'outil et on l'avancera vers le centre de la boîte, de toute sa largeur. Si on l'avançoit trop peu, la seconde rangée qu'on va faire prendroit sur la précédente. Si au contraire on l'avançoit trop, il resteroit entre ces deux rangées un petit filet circulaire. L'un et l'autre défaut dépareroient l'ouvrage. On remarquera donc, sur la vis de rappel qui mène le chariot, combien de tours ou de parties de tour il a fallu faire pour obtenir l'écartement nécessaire, afin d'en donner autant aux autres rangées, qui doivent être partout également distantes, quoique les dessins exécutés sur la boîte diffèrent entre eux par leurs combinaisons.

Avant de commencer la seconde rangée, on avancera la roue divisée d'une dent, et par ce moyen les ondulations de cette seconde rangée, qui s'exécute avec les mêmes précautions, avanceront d'un quart sur celles de la première.

Quand cette espèce de bordure sera ainsi terminée, on passera au second dessin appelé l'*Osier*, et on fera avancer l'outil de deux fois sa largeur, afin de réserver encore un bandeau uni semblable à celui qu'on a laissé entre le filet extérieur et la bordure. Ce bandeau est absolument indispensable pour la solidité de l'ouvrage, et il faut toujours en réserver un semblable chaque fois qu'on change de dessin, sans quoi ces différens dessins ne seroient plus maintenus et se détacheroient les uns des autres. Pour celui-ci, on mettra la touche sur le plat de la rosette à trente-deux dents, et le cliquet sur la division en soixante-quatre. A chaque rangée on fera alternativement avancer et reculer la roue de division d'une dent; ce qui produira l'effet qu'on voit sur la figure, et on continuera jusqu'à ce qu'on ait produit les huit rangées de mailles, après lesquelles on laissera encore un bandeau semblable à celui qui les précède.

Pour le dessin suivant, qu'on nomme la *chaînette*, on mettra d'abord la touche sur la rosette à huit dents, et on laissera le cliquet sur la division en soixante-quatre, pour faire la première rangée. A la seconde, on ne changera rien à la roue de division, et on se servira de la rosette à seize dents, qui doit s'accorder naturellement avec la précédente, de manière qu'à chaque dent de celle en huit, il y en ait deux en seize, et qu'à chaque creux il y en ait également deux qui coïncident parfaitement. Pour la troisième, on fera avancer la roue de division de quatre dents, et on remettra la touche sur la rosette en huit. Pour la quatrième rangée, on fera remonter la roue de division au point où elle étoit pour la première et pour la seconde, et on se servira de la rosette en seize. Enfin la cinquième rangée s'exécute avec la rosette en huit, sans rien changer à la roue de division.

Il ne reste plus à faire que la rosace du centre qui s'exécute au moyen de la rosette à huit dents. On laissera encore un bandeau plat, de la largeur du bec d'âne, entre ce dessin et celui qui le précède. Après avoir

tracé la première rangée, toujours avec le même bec-d'âne, on fera avancer le cliquet d'une dent, sur la division en soixante-quatre, pour faire la Pl. 45.
seconde rangée, et on continuera jusqu'à ce qu'on ait fait les cinq rangées;
après quoi on laissera encore un bandeau uni, égal en largeur aux précédens, et on évidera le centre comme on le voit sur la figure. Si on vouloit
que ce dernier dessin allât plus en fuyant qu'on ne le voit ici, il faudroit
avancer à chaque rangée plus que nous ne l'avons dit, mais jamais d'une
dent entière de la rosette; car alors on n'obtiendroit plus que le dessin
que nous avons appelé *Osier*.

Après avoir ainsi terminé la face du couvercle, il faut mettre la touche
sur le champ de la rosette, et le support avec l'outil en face, du côté de la
boîte, pour guillocher le champ du couvercle et de la cuvette. Il est d'u-
sage d'exécuter, près de l'angle supérieur du couvercle, une bordure semblable à celle qui termine le dessus de la boîte. Au dessous de cette bordure, et sur le champ de la cuvette, on peut faire la chaînette ou l'osier
de la même manière et par les mêmes procédés que nous venons de décrire. Enfin, on peut y exécuter le dessin *fig.* 13, appelé ***Point de Hongrie***,
dont l'effet est fort agréable dans cette circonstance. Ce dernier est le produit de la rosette à seize dents, avec la division en cent vingt-huit sur la
roue. On avance d'une dent de la roue à chaque rangée jusqu'à ce qu'on
soit parvenu à la cinquième, qui forme le sommet de l'angle. Ensuite on
rétrograde d'une dent à chacune des rangées suivantes. Si ce dessin se
trouvoit trop large pour la place qu'il doit occuper, on peut retrancher
une rangée de chaque côté, et si au contraire il ne suffisoit pas, on pourroit également y en ajouter une. Il est essentiel de ne pas oublier de laisser toujours un bandeau plat entre les différens dessins dont on peut orner le champ de la boîte, comme on l'a fait en guillochant le dessus du
couvercle.

Lorsque la boîte est guillochée sur les deux sens, il ne s'agit plus que
de l'évider, ou, comme disent les ouvriers, de la vider. Pour cela on la
mettra au mandrin dans un sens opposé, c'est-à-dire l'extérieur de la boîte
dans l'intérieur du mandrin; et, comme par l'opération qui va suivre, la
boîte va devenir infiniment fragile, qu'on pourroit bien l'y faire entrer et
la fixer solidement, mais qu'on ne pourroit ensuite l'en retirer sans risquer de tout casser, on préparera avec soin un mandrin fendu peu profond, et tourné bien rond intérieurement. On y placera légèrement la
boîte, de manière que la surface guillochée touche par tous ses points extérieurs le fond du mandrin, qui doit être parfaitement dressé. Ensuite on

Pl. 45.

enfoncera l'anneau avec la main et avec précaution, de peur de rien casser. La boîte étant ainsi placée dans le mandrin, on la mettra sur le Tour en l'air, on l'y centrera parfaitement et avec des outils de côté convenables. On emportera la matière jusqu'à ce qu'on voie également le jour dans toutes les parties.

Si la boîte n'avoit pas été mise bien droit et bien rond au Tour, on emporteroit plus de matière d'un côté que de l'autre, et les dessins seroient presque emportés de ce côté, qu'on ne verroit pas encore le jour de l'autre. Nous le répétons, il ne faut pas ménager le temps pour bien centrer cette boîte sur le Tour. Si cependant il ne s'en falloit que de très-peu que les ouvertures ne fussent partout égales, il ne faudroit pas chercher à mettre la boîte plus droite ou plus au rond. Il suffiroit, après qu'elle seroit terminée, de passer dans chaque trou de petites limes appelées *Limes d'aiguille*, et d'agrandir ces trous en emportant la matière du côté où le dessin présenteroit des bavures.

Nous avons enseigné plus haut la manière d'accorder les côtés de la boîte avec le dessus, en laissant à l'angle un filet qui semble former un cercle ou galon. On peut aussi supprimer ce filet, et mettre l'angle lui-même à jour. Pour cet effet, on tracera la première rangée de dessus, de manière qu'elle vienne affleurer la circonférence, comme on le voit sur le cadre *fig.* 8., et on achèvera comme à l'ordinaire. Pour guillocher ensuite le champ du couvercle, dont le dessin doit, comme nous l'avons dit, être le même que celui qui termine le dessus, on mettra la touche sur le champ de la rosette qui a servi à exécuter la première rangée de celui-ci, en plaçant aussi le cliquet sur la même dent de la roue de division. Ces deux rangées formeront par leur réunion le sommet de l'angle, et chacune d'elles s'accordera avec les rangées suivantes du plat et du champ de la boîte. Ce dessin mis à jour produit l'effet le plus agréable, surtout dans l'angle; mais il faut évider cette partie avec beaucoup d'adresse et de légèreté, sans quoi, comme il n'y a aucune partie ronde ou pleine qui puisse guider l'outil, on risque de tout casser. On pourroit employer avec avantage dans cette occasion le mastic dont nous enseignerons l'usage, en décrivant la manière de tourner les pièces délicates en ivoire, représentées *Pl.* 56 et 57.

Pour peu qu'on suive tout ce que nous venons de dire sur le dessin même, on ne peut éprouver aucune difficulté à l'exécuter sur le Tour; lorsqu'on l'aura mis à jour, on aura exactement le dessin représenté *fig.* 6. Si ces dessins travaillés avec art sont agréables en dessus, ils ne signifient absolument rien vus par dessous. Pour en donner une idée, nous avons Pl. 45. représenté *fig.* 7 le dessin *fig.* 6, vu par dessous, c'est-à-dire du côté par lequel on le travaille pour le mettre à jour.

Une boîte qu'on met à jour après l'avoir guillochée, et qu'on ne veut pas doubler, ne peut pas se fermer comme une autre.

La gorge ne doit pas occuper toute la hauteur du couvercle, car alors le champ du couvercle ne seroit plus à jour, étant doublé par la gorge. Au lieu donc d'une gorge ordinaire, on ne fera qu'une portée d'un peu moins de deux lignes de haut ou environ. On y formera une vis à pas fins, et cette vis prendra dans un écrou qu'on fera à une portée de même hauteur pratiquée à la bâte du couvercle, et cette partie pleine sur laquelle on forme quelques moulures fait l'effet d'un cercle ou galon, et laisse à jour la partie guillochée.

Lorsqu'on veut donner à une boîte guillochée et mise à jour tout l'é-clat dont elle est susceptible, on ne forme pas de bâte à la cuvette, on la monte sur une autre cuvette d'ébène bien noire et égale de couleur, d'écaille noire ou blonde, ou de corne blonde. L'ébène étant sujète à tra-vailler au froid et au chaud, on court risque en l'employant de casser la boîte. Comme nous enseignerons ailleurs à faire des moulages de toute espèce en écaille et en corne, nous ne nous arrêterons pas à en rien dire de plus en cet endroit. On peut aussi, lorsqu'on veut donner à cette boîte beaucoup d'élégance, interposer entre le guillochis et la cuvette une feuille de paillon de la couleur qu'on veut, comme nous l'avons dit en parlant du piédestal de la pendule, *Pl.* 28; enfin, lorsqu'on veut allier la véritable beauté au plus grand éclat, on peut faire cette cuvette en or bien poli. Le couvercle prend sur la bâte, et le poli de l'or fait valoir merveilleuse-ment le guillochis, et ressortir la blancheur de l'ivoire; mais cette opé-ration n'est pas du ressort du Tourneur; elle regarde l'orfévre-bijoutier.

De tous les dessins qu'on peut mettre à jour, celui de l'osier et la chaî-nette *fig.* 8, nous semblent les plus agréables à l'œil. Le point de Hongrie *fig.* 13 et le dessin *fig.* 12, qui n'est autre chose que la rosace du centre de la *fig.* 6, exécutée sur la longueur d'une pièce, présentent aussi des ef-fets fort piquans, quand ils sont bien rendus.

SECTION VIII.

Pièce guillochée, pouvant servir de couronnement.

Les *fig.* 9, 10 et 11 représentent, sous plusieurs aspects, une pièce assez agréable qui peut servir de couronnement à un vase, ou même de cul-de-lampe. Cette pièce est faite en partie au Tour à guillocher, et terminée ensuite à la main. La *fig.* 9 la représente en élévation : celle 10 la représente vue géométralement, et la *fig.* 11 la représente coupée sur son diamètre.

Lorsqu'on veut exécuter cette pièce en entier sur le Tour à guillocher, il faut que le Tour soit pourvu d'une rosette particulière, et qui n'y est pas ordinairement. Le plat de cette rosette est uni, et son champ est arrondi du côté qui regarde le devant du Tour. On peut faire cette rosette, comme toutes celles qui ne servent que dans des cas particuliers, en buis ou autre bois dur. Cependant, comme le bois quelque sec qu'il soit, est sujet à se tourmenter, le plus sûr seroit de la faire en cuivre.

On commence par former cette pièce sur le Tour en l'air extérieurement, suivant la forme sphéroïde qu'on lui voit, après l'avoir cependant creusée et unie en dedans, de manière à être mise très-solidement sur un mandrin. Lorsqu'elle est terminée, on la met sur le Tour à guillocher, on la repasse au rond, comme il est d'usage pour toutes les pièces à guillocher. Lorsqu'on s'est assuré qu'elle est exactement ronde, on met la touche sur le champ d'une des rosettes numérotées 1, *fig.* 1, *Pl.* 43, qui ont autant de vide que de plein, et l'on tend le ressort en serpent. On met sur le support à chariot, représenté *fig.* 4, *Pl.* 28, qui tourne sur un centre, par le moyen d'une vis de rappel, un outil qui forme la moitié d'une mouchette ou quart de rond, *fig.* 9, *Pl.* 19, *T. I.* On inclinera même tant soit peu l'outil à l'axe de l'arbre du Tour et vers la gauche, afin qu'en fouillant en dessous de la naissance de la courbe, il la détache un peu plus du cordon sur lequel toutes les côtes viennent aboutir. On approfondira avec cet outil, jusqu'à ce qu'il prenne par toute sa partie tranchante On mettra sur le support, en place du premier outil, un grain-d'orge un peu allongé, et on l'inclinera de manière que le côté gauche de son tranchant soit toujours perpendiculaire au rayon de la courbe qu'il va former. Mais comme jusqu'à ce moment le Tour n'a de mouvement que celui que lui donne la touche mise sur le champ de la rosette, et que ce mouvement ne suffiroit pas pour approfondir le dessus

de la pièce, autant que le mouvement perpendiculaire a approfondi son Pl. 45.
grand cercle extérieur, on pose la touche dont nous avons parlé,
contre la rosette ronde et cintrée sur son champ, et l'on tend le ressort *F*,
fig. 1, *Pl.* 43. Ces deux touches procurent à la pièce un mouvement
combiné, qui la porte autant en devant que de côté, et fait que l'outil
pénètre la matière autant que le permet la profondeur des contours de la
rosette. A mesure qu'on aura atteint la surface, et que la courbe aura pris
une forme exacte, on fera tourner l'outil jusqu'à ce qu'il soit parvenu
près du cercle qu'on a réservé à quelque distance du centre.

Lorsque cette pièce sera terminée sur le Tour à guillocher, on la placera
dans un mandrin fendu, pour la mettre à jour sur le Tour en l'air. Il faut
pour cette opération, ainsi que nous l'avons dit ailleurs, qu'elle soit parfaitement ronde et droite sur le Tour, sans quoi elle seroit réduite à
presque rien d'un côté, tandis que l'autre seroit encore fort épais. On se
servira pour la mettre à jour d'outils de côté, demi-ronds, et de différentes
formes, pour pouvoir suivre la courbure de la pièce dans tous ses points.
Dès qu'on apercevra le jour entre les côtes, il sera facile de juger si la
pièce a été bien mise au rond. Si elle n'y étoit pas exactement, on la re-
dresseroit avec les plus grandes précautions, de peur de la casser. Quand
elle sera par tout également creusée, ce que les jours indiqueront, on la
retirera du Tour, et on terminera les côtes avec de petites limes, pour
détruire les jarrettemens qui sont inévitables, malgré le support tournant
dont on s'est servi. En effet, le support se meut suivant une ligne circulaire, et l'outil produit une portion de cercle ; mais la courbe de la pièce
n'est pas un demi-cercle : l'un ne peut donc s'accommoder avec l'autre ;
on est obligé d'avancer un peu plus ou un peu moins l'outil, pour suppléer
à la différence des courbes, et de là les jarrettemens : d'ailleurs l'outil ne
décrit que des portions de lignes droites, qu'il faut ensuite fondre les unes
dans les autres. Il faudroit que le support tournât suivant autant de
courbes qu'on en auroit à exécuter, ce qui n'est pas praticable.

Indépendamment des usages auxquels nous avons dit que cette pièce
pouvoit être employée, il nous semble qu'elle pourroit encore être
placée au bas de la panse du vase, *fig.* 1, *Pl.* 47 ; puisque c'est à peu près
le même dessin qui n'a pas été mis à jour. On pourroit même, au lieu
de faire les côtes droites, comme on les voit sur l'une et l'autre planche,
les faire en torse, comme sont celles de la partie *C* du même vase ;
mais, dans ce cas, les difficultés augmenteroient considérablement : on ne
pourroit que faire, de distance en distance, des traits profonds d'outil, et

Pl. 45. terminer ensuite à la main, en donnant la plus grande régularité aux courbes. C'est à l'Artiste à combiner les moyens dont il peut se servir pour vaincre les difficultés sans nombre qui se présentent.

SECTION IX.

Vase guilloché à jour.

Pl. 47. La *Pl.* 47 représente dans tous ses détails un vase d'ivoire, guilloché, mis à jour, monté sur un piédestal. Comme cette pièce réunit plusieurs difficultés de tour, de guillochis et de mise à jour, nous avons cru devoir en détailler l'exécution.

La *fig.* 1 représente le vase tout monté, et terminé comme il doit l'être. La *fig.* 2 en représente toutes les parties, les unes au dessus des autres, dans la position qu'elles doivent occuper, afin de rendre sensibles les jointures. Nous avons même eu soin de coter des mêmes lettres, sur les *fig.* 1 et 2, les parties qui se correspondent. On voit l'épaisseur que chaque partie doit avoir quand elle est terminée. Nous nous occuperons d'abord de lui donner sa forme extérieure sur le Tour en l'air : nous parlerons ensuite des moyens de le guillocher et de le mettre à jour.

Le bouton ou couronnement représenté à part, *fig.* 3, est plein et formé au Tour en l'air. On réserve au bas un tenon, au bout duquel on forme une vis sur le Tour, et qui entre dans l'écrou *a* de la partie *A*, *fig.* 2. On voit que, pour trouver un plus grand nombre de filets à l'écrou, et rendre cet assemblage plus solide, on a réservé en dedans une partie en retour, et qui ne se voit pas en dehors.

La partie *A* entre à feuillure dans celle *B* au point *a*, et celle-ci dans une pareille feuillure pratiquée en *a* de la partie *C*. Celle-ci entre à son tour, de la même manière, sur la panse *D* du vase; et cette panse, enfin, sur le cul-de-lampe *E*. Au bas et au centre du cul-de-lampe est un écrou qui reçoit le pied *F* par sa partie filetée *a*. Le pied entre à son tour à vis dans la partie *G*, qui, elle-même, reçoit celle *H*, que le manque de place n'a pas permis de représenter *fig.* 2. Enfin, la partie *H* est jointe au tore et à la plinthe *I*, *fig.* 1 et 2. Nous avons rendu sensibles les moulures dont chaque partie est ornée, ainsi que les proportions et saillies qu'elles doivent avoir : on a de même rendu sensible l'épaisseur que le vase doit avoir lorsqu'il est terminé et mis à jour.

Pour guillocher la partie *A*, *fig.* 1, qui, comme on le voit, est une
courbe rentrante, il faut que l'outil soit, à chaque rangée de dents, dans Pl. 47.
la direction du rayon de la courbe. On mettra la touche sur le plat d'une
des rosettes numérotées 1, *fig.* 1, *Pl.* 43. Ce dessin, ayant autant de plein
que de vide, réussit le mieux lorsqu'on le met à jour. On mettra le cliquet de la division sur un nombre triple de celui des dents que porte la
rosette qu'on a choisie ; et, lorsqu'on aura fait la première rangée à gauche,
on avancera d'un cran, ce qui donnera le tiers d'une dent de la rosette :
on présentera l'outil perpendiculairement à cette partie de la courbe, et l'on
fera une seconde rangée. On avancera d'un autre cran pour faire la troisième
rangée, et ainsi de suite, en mettant toujours l'outil perpendiculaire à la
partie de la courbe où on en est. Lorsqu'on sera parvenu au bout du
nombre de crans de cette division qu'on a sur la roue, on reviendra à
un des premiers, qui s'accordera avec la rangée qui est à faire. Si l'on avoit
fort peu de crans de chaque division, on pourroit, dans ce cas-ci, avancer
d'un et reculer d'autant ; ce qui rendroit le même effet.

Le boudin *B* doit être guilloché avec une rosette qui ait le contour
qu'on voit sur la partie demi-circulaire *A*, *fig.* 4, qui représente la moitié
du couvercle de ce vase, vue géométralement. On se servira de la même
mouchette avec laquelle ce boudin a dû être repassé sur le Tour à guil-
cher, tournant rond. La touche sera sur le champ de la rosette, et l'outil
perpendiculaire à l'arbre du Tour.

Les cannelures qu'on voit au dessous de ce boudin seront faites avec
une des rosettes numérotées 4, *fig.* 1, *Pl.* 43 ; et dans ce cas, il ne faudra
pas creuser autant que la rosette le permettroit, car les cannelures seroient
jointes les unes aux autres par un angle ; au lieu qu'il doit y avoir entre
chacune d'elles une partie plate, comme on le voit. L'outil dont on se
servira doit avoir un de ses angles arrondis pour pouvoir donner au sommet des cannelures la forme qu'il doit avoir.

La partie *C* est un peu plus délicate à faire. C'est toujours la même
rosette qui a fait le haut, si ce n'est que la touche doit être sur son champ,
et l'outil perpendiculaire à l'axe de la pièce. On mettra le cliquet sur une
division triple du nombre de dents que porte la rosette. A la seconde rangée, on avancera d'un cran ; à la troisième on avancera d'un autre cran :
pour la quatrième on reviendra au point où on étoit lorsqu'on a fait la
première rangée, et on continuera de même, revenant toujours après avoir
avancé de trois crans. On pourroit aussi suivre, sur la division, les crans
autant qu'il y en a, et revenir à la fin au point qui s'accorderoit avec la

Pl. 47. rangée à faire : on aura ainsi un ensemble de rangées, tel que la figure le représente; c'est-à-dire une torse.

La panse du vase *D* sera encore guillochée avec la même rosette, la touche sur son champ : et, comme cette panse offre une ligne courbe, il faut que l'outil soit toujours à chaque rangée dans le prolongement du rayon de la courbe. Le dessin de cette panse est le même que celui de la partie *A*, étant produit par la même rosette.

Le cul-de-lampe *E* se fera de la manière que nous avons détaillée pour la couronne, *fig.* 8, *Pl.* 45, si ce n'est qu'on se servira de la rosette numérotée 2, *fig.* 1, *Pl.* 43. On peut le remplacer par cette pièce à jour, dont nous avons parlé dans la section précédente : l'effet en seroit encore plus agréable.

Nous avons dit qu'il falloit repasser sur le Tour à guillocher, tournant rond, les différentes parties qu'on veut guillocher : on doit donc avoir repassé le piédouche *F*, monté en mandrin au moyen de la vis qu'on voit au bas, *fig.* 2. Le rang de perles *e* sera fait sur une rosette, numérotée 2, *Pl.* 43, et avec la mouchette dont on s'est servi pour préparer le tore, la touche sur le champ. Le pied *f* sera fait avec la même rosette, et une demi-mouchette, la pointe à droite, si on suppose le pied monté sur le mandrin par la vis *a*, *fig.* 2.

On ne guillochera rien au piédestal, si l'on veut suivre le dessin que nous présentons : mais si l'on vouloit multiplier les ornemens avec les difficultés, on pourroit guillocher le talon renversé *G*, comme l'est le boudin *B*, mais d'un autre dessin. On feroit à la partie *H* une chaînette, comme nous avons enseigné à la faire, en décrivant le cadre, qui, sur la *Pl.* 45, entoure le portrait de Francklin.

On pourroit faire, sur le carré qui suit, quelque ornement qui ne changeât point la forme de ce listel. Enfin, on feroit sur le tore une rangée de perles

On a représenté en *A*, *fig.* 5, l'effet que produisent extérieurement les côtes qu'on voit sur la panse *D* du vase, et en *B*, l'effet qu'elles produisent intérieurement. La *fig.* 6 représente la position de chacune des dents, relativement à ses voisines. La *fig.* 7 représente une des torses de la partie *C*, vue intérieurement, et celle 8, une de ces mêmes torses, vue par dehors.

Quand toutes les parties qui composent le vase sont guillochées, on les met à jour par les procédés que nous avons enseignés pour la boîte. On emploiera les outils de côté convenables, suivant la forme de la portion

sur laquelle on opère ; et on se réglera pour l'épaisseur sur la figure où
elle est indiquée par la coupe.

Pl. 47.

Nous n'avons encore rien dit de la manière de polir les pièces guillochées à jour. L'outil, quelque finement qu'il coupe, laisse toujours de petits sillons qui nuisent au poli. Voici donc comment on s'y prend.

Lorsqu'une pièce est terminée extérieurement, on la monte sur un mandrin, si elle n'y est pas ; et avec de la ponce en poudre fine, et une brosse rude, et de forme circulaire, imbibée d'eau, on dégrossit les traits que l'outil a laissés. Puis, avec une autre brosse et du blanc d'Espagne en pâte, on fait aller vivement la pièce sur le Tour, et appuyant suffisamment, on lui donne le brillant. Si quelque partie, dont les angles devoient être vifs, s'est arrondie pendant le polissage, on lui rendra la vivacité avec un outil bien tranchant, et on la repolira ensuite à la manière ordinaire.

SECTION X.

Usage de l'Excentrique et de l'Ovale adaptés au Tour à guillocher.

On peut monter sur le Tour à guillocher l'ovale et l'excentrique comme sur un simple Tour en l'air, et y exécuter tous les dessins qu'on désire, en combinant leurs mouvemens avec celui du Tour. Pour faire usage de l'ovale, on a besoin de rosettes particulières, dont nous parlerons dans le cours de cette section.

Pl. 45.

La *fig.* 2, *Pl.* 45, représente un dessin au simple trait, qui se fait sur le Tour à guillocher, garni de l'excentrique, et par les moyens que nous avons décrits dans la section IV de ce Chapitre.

On amènera au centre de rotation le milieu de la rosace qu'on voit vers le haut de la figure, et où se trouve le centre de toutes les lignes qui composent l'espèce d'écaille qu'on y remarque. Comme la bordure qui entoure cette écaille doit avoir un peu plus de hauteur pour la garantir du frottement, il est nécessaire, quand on la fait du même morceau, d'arrêter la révolution du Tour chaque fois qu'on arrive à l'extrémité d'une des lignes excentriques. Or, il seroit impossible d'arrêter ainsi à volonté le mouvement du Tour si on tournoit à la roue ; et on ne peut y réussir qu'en se servant de la machine appelée *Cabriolet*, dont nous avons déjà parlé, et que nous décrirons dans le Chapitre suivant.

La bordure s'exécute ensuite en ramenant l'excentrique au rond sur le

Pl. 45.

bandeau circulaire qu'on a dû réserver auprès de la circonférence. Lors
donc qu'on aura exécuté à l'excentrique toute la portion du milieu, on
tracera au Tour, à l'aide d'un grain-d'orge, un cercle qui détruira les bavures qui pourroient se trouver à l'extrémité des lignes excentriques. Ensuite on exécutera sur le bandeau, qu'on a réservé, la chaînette qu'on
voit sur la figure, ou tout autre dessin, suivant les principes détaillés dans
la section VII.

On peut encore faire cette bordure à part, et d'une matière différente;
après quoi on la rapportera sur la partie guillochée au trait et à l'excentrique par le moyen d'une petite feuillure pratiquée autour de cette
portion, et sur laquelle appuie la bordure, afin que le joint soit plus
exact.

Nous avons vu une boîte dont le milieu, guilloché au trait et à l'excentrique, comme sur la figure, étoit en écaille, et la bordure à jour en ivoire.
Les nuances de l'écaille rendoient parfaitement l'effet d'une coquille que re-
levoit encore la blancheur de la bordure en ivoire.

Pour employer la machine ovale avec le Tour à guillocher, il faut,
comme nous l'avons dit, avoir des rosettes d'une forme particulière. En
effet, on a remarqué que les contours égaux d'une rosette régulière étoient
rendus irrégulièrement sur une pièce ovale : que les bouts du grand axe
présentoient de plus petits dessins, et que vers les bouts du petit axe, ces
dessins étoient beaucoup plus grands.

Il a donc fallu prendre le parti de tracer, au centre d'une rosette circulaire, un ovale plus ou moins allongé, selon l'usage auquel on le destine.
On divisera son *périmètre* (car circonférence s'applique plus exactement
au cercle) en un nombre déterminé de parties égales, ou inégales, suivant les contours du dessin qu'on se propose d'exécuter. Puis on fera passer par toutes ces divisions, des lignes droites, partant du centre, qui viendront aboutir à la circonférence de la rosette. La *fig.* 4, *Pl.* 45, montre le
résultat de cette opération. On voit que les distances égales sur le périmètre de l'ovale arrivent inégales à la circonférence du cercle. Il ne reste
plus qu'à tracer sur cette dernière les contours du dessin, en leur donnant plus ou moins de saillie, suivant l'ouvrage qu'on veut exécuter. Il suit
de là qu'on ne peut, avec une même rosette, guillocher des ovales, plus ou
moins allongés, et qu'à la rigueur on ne peut en guillocher qu'un, pareil
à celui qui a servi à tracer la rosette; mais comme la différence de dimension des contours ne croît pas dans une progression très-rapide, on peut,
jusqu'à un certain point, guillocher des ovales un peu plus ou un peu

moins allongés. Celui qu'on a représenté *fig.* 4 suffit pour une tabatière, Pl. 45. et celui *fig.* 5 est bon pour une navette.

Il faut absolument, lorsqu'on guilloche un ovale, que la coulisse soit dans une direction parallèle au grand axe de l'ovale, tracé sur la rosette. Cet ovale se trouve à la vérité enlevé par le trou qui sert à enfiler la rosette sur le canon, mais on a dû conserver les extrémités du grand axe à la circonférence, pour servir de points de repère. En ajustant la rosette sur l'arbre jusqu'à ce que l'un de ces points vienne poser sur la touche, et en plaçant la longueur de la coulisse horizontalement, on sera assuré que l'une et l'autre seront exactement dans la même direction.

Ce que nous venons de dire des rosettes propres à guillocher ovale Pl. 42. nous conduit naturellement à parler de la rosette, *fig.* 8, *Pl.* 42, à l'aide de laquelle on peut exécuter sur la face d'une pièce une figure vûe de profil, et au simple trait, *fig.* 9, même Planche.

On a donné, improprement, le nom d'*Anamorphose* à cette rosette, puisqu'une anamorphose est un tableau qui, vu d'un certain sens, représente un objet, et vu d'un autre en représente un autre : quoi qu'il en soit, tel est le nom sous lequel nous la désignerons.

On commence par dessiner sur du papier un portrait, ou tel autre objet dont on veut avoir le profil d'une grandeur proportionnée à la place qu'il doit occuper; car ce dessin doit être absolument égal à celui qu'on veut exécuter au moyen du Tour. On pose un point à l'endroit le plus approchant du centre. De ce point de centre, on décrit un cercle de la grandeur dont on veut que soit la rosette : plus ce cercle aura de diamètre, plus les contours de la figure seront rendus avec exactitude. On mènera d'abord un rayon tiré de la circonférence au centre, en passant par une des parties saillantes, comme le nez, le menton, etc.; puis, en partant du point de la circonférence où vient aboutir ce rayon, on divisera cette circonférence en un grand nombre de parties égales, et par tous les points de division on mènera des rayons au centre. On prend, avec un compas, la distance du point le plus saillant de la figure à la circonférence de la rosette, et on porte successivement cet écartement, de tous les points de la figure coupés par les rayons qu'on vient de tracer, sur ces mêmes rayons vers le bord de la rosette, en y faisant une petite section au crayon : puis on réunit chacune de ces sections à la suivante par un trait de crayon qu'on arrondit suivant la forme de la figure, soit en relief, soit en creux; ce qui produit une figure à peu près semblable à celle originale du centre, mais qui n'a avec elle qu'une ressemblance fort éloignée.

Pl. 42.

Plus on a multiplié les rayons et les sections sur chacun d'eux, plus exactement on rend les contours de l'anamorphose semblables à ceux de la figure qu'on veut faire. On colle sur une plaque de cuivre bien dur le papier sur lequel est le dessin, et l'on a eu soin de la faire de la même grandeur que le cercle qui est sur le papier, et de percer au centre sur le Tour un trou semblable à celui des autres rosettes. On découpera avec soin les contours de l'anamorphose, et on les adoucira ensuite avec des limes douces, en ôtant tous les jarrettemens qui ne sont pas dans le portrait, tant pour que la ressemblance soit plus exacte, que pour que la touche glisse avec plus de facilité.

Lorsqu'on exécute le portrait, il faut avoir soin de ne le pas faire plus grand ni plus petit que l'original; et en voici la raison. Les contours qui excèdent ceux de l'original ont proportionnellement moins de saillie qu'eux, et la distance réciproque de tous les traits est plus grande. On peut s'en convaincre par les contours de la rosette, où la saillie du nez, de la bouche, du menton, ne sont presque rien, tandis que l'écartement où ils sont les uns des autres, par rapport à la circonférence, est considérable.

Si on le fait plus petit que l'original, la saillie des traits devient très-considérable, tandis que leur éloignement respectif est moindre, ce qui est absolument le contraire du cas précédent. Il s'ensuit que, dans l'un comme dans l'autre cas, on ne peut obtenir de ressemblance.

C'est encore sur ce principe qu'on construit les rosettes à l'aide desquelles on guilloche les pièces de forme irrégulière, telles que les boîtes en forme de baignoire ou ovale aplati, de navettes ou d'ogives; sortes de courbes qu'on ne pourroit obtenir avec la machine ovale seule. Dans ce cas il faut, comme on vient de le dire au sujet de l'anamorphose, dessiner sur le papier le contour exact de la courbe, autour duquel on décrit un cercle de la grandeur dont on veut que soit la rosette. On mènera ensuite des rayons du centre à la circonférence, et on fera sur la figure toutes les opérations que nous venons de détailler.

Quand on voudra se servir de l'anamorphose, on la montera sur le canon à la place d'une de celles qui y sont, et l'on placera la touche sur le champ, en tendant, comme à l'ordinaire, le ressort en serpent vers la gauche. On mettra le support à chariot vis-à-vis de la pièce et parallèlement à sa face, et on y placera un outil terminé par une pointe ronde, dont le diamètre doit être égal à l'épaisseur du trait, et dont l'extrémité est taillée en pointe de diamant. On fera tourner la rosette jusqu'à ce que le point le plus saillant se trouve sous la touche; on tirera ensuite sur Pl. 42. la pièce une ligne horizontale partant du centre, et d'une longueur égale à la distance qui existe sur le dessin original entre le point de centre et le point le plus saillant. C'est à l'extrémité de cette ligne qu'on doit placer la pointe de l'outil, à l'aide duquel on tracera d'abord un simple trait, qu'on approfondira plus ou moins, suivant l'épaisseur de la pièce sur laquelle on travaille. On remplira ensuite ce trait avec de la cire, ou d'un filet d'écaille, qu'on amollira, ainsi qu'on l'a vu au chapitre de l'excentrique.

On pourroit aussi découper ce portrait à jour, et en incruster un autre d'une matière de couleur différente. Ainsi, par exemple, si on opère sur une boîte en écaille, on pourra incruster le portrait en ivoire, ce qui produira un effet fort agréable. Pour cela il faut d'abord faire un simple trait sur la boîte, sans appuyer : on rapprochera l'outil du centre de manière à laisser libre le trait qu'on vient de tracer, et on enlèvera toute la matière comprise en dedans de ce trait.

Ensuite on mettra au mastic une plaque d'ivoire, sur laquelle on découpera la figure qu'on veut incruster; mais pour celle-ci, il faut reculer l'outil vers la circonférence, de manière à laisser le trait en dedans. Si on a opéré avec exactitude, ce portrait se rapportera parfaitement à la place qu'il doit occuper, et le joint sera presque imperceptible.

Enfin, on peut encore, après avoir rapporté ce portrait en ivoire, en enlever l'intérieur, en laissant subsister seulement un filet de l'épaisseur de l'outil, qui suivra exactement les contours de la figure. On découpera ensuite une plaque d'écaille semblable à celle du reste de la boîte, qu'on rapportera à la place de l'ivoire enlevé. On pourra se servir, pour cet effet, de la portion d'écaille enlevée dans la première opération. Il en résultera un effet très-piquant et très-singulier ; car on concevra difficilement, au premier coup d'œil, par quel moyen on aura pu incruster un filet de cette forme.

CHAPITRE VII.

Tour propre à tourner carré.

———

C'est dans la mécanique un procédé connu, et appliqué à une infinité de cas particuliers, que de faire mouvoir une pièce horizontalement ou verticalement par un moteur qui se meut circulairement. Ce moyen a été très-heureusement adapté au Tour; et l'on s'en est servi pour tracer, sur une pièce, des lignes droites en tout sens; et même en pratiquant, sur les règles qui dirigent ces lignes, des dessins semblables à ceux des rosettes à guillocher, on est venu à bout de guillocher des objets carrés.

La machine que nous allons décrire est assez compliquée, et sans vouloir entrer dans les détails de sa construction, nous en donnerons aux Amateurs une idée suffisante, pour qu'ils puissent la démonter et remonter eux-mêmes, en cas que quelque chose s'y dérange : d'ailleurs on se sert avec plus de facilité et d'avantage d'une pièce dont on connoît bien la construction et le jeu.

Pl. 48. La *fig.* 1, *Pl.* 48, représente la machine toute montée sur un établi de Tour ordinaire. On voit que le mouvement lui est communiqué par la roue de volée *A*, qui mène la petite roue *B*, et la plus petite encore qui est sur le même arbre.

Deux parallèles de cuivre comme *C*, celui de devant ne pouvant être vu, sont assemblés par les écharpes *D D*, qui en devant, et derrière l'établi, assurent leur écartement. On voit que ces parallèles contiennent chacun deux coussinets, entre lesquels roule un arbre, à l'un des bouts duquel est une grande roue *F*, qui est menée par une corde sans-fin *a*, qui passe sur la plus petite des poulies qui sont sur l'arbre de la roue de volée. Sur l'embase de l'arbre *E*, est fixée par quatre vis, et très-solidement, une platine, *fig.* 2 et 3, sur laquelle sont fixés deux coulisseaux *b*, *b*, de la même manière que ceux de l'ovale. Entre ces coulisseaux, glisse une coulisse *A*, *A*, *fig.* 2 et 3, et à part *fig.* 4, et cette coulisse reçoit par derrière une vis de rappel, qui passe dans un bouton qu'on

y a réservé, et sert à excentrer la coulisse autant qu'on le désire. Cette
vis de rappel est retenue à son collet par un collier de fer *c*, *fig.* 2 et 5.
Le bout inférieur de cette vis pose par sa pointe conique sur une vis *d*,
fig. 5, qui lui ôte tout ballottement, et qui est également retenue par un
collier qu'on voit au bas, *fig.* 3 et 5. Au bas de la coulisse est un bouton
a, *fig.* 4, sur lequel tourne librement une tige de fer *B*, *fig.* 2 et 3, qu'on
appelle *Bielle* dans les petits ouvrages de mécanique, et *Bras-de-Géant*
dans les grandes pièces. Ainsi, lorsque l'arbre tourne, il emmène avec lui
la tige *B*, qui se trouve alternativement haut et bas, *fig.* 2 et 3, selon
que son point de suspension est au haut ou au bas de la coulisse.

Sur le devant de la cage sont deux coulisseaux de fer *A A*, *fig.* 6, fixés
chacun par trois vis sur leur longueur, ainsi qu'on le voit sur celui
à gauche, les deux autres de celui à droite ne pouvant être vues.
Entre ces coulisseaux glisse une autre platine de cuivre *B*, au bas de
laquelle est un petit boulon *a*, qui reçoit le bout inférieur de la tige *B*,
fig. 2 et 3; au moyen de quoi, quand la première platine tourne, et que
la tige *B* hausse et baisse, elle fait hausser et baisser la platine *B*, *fig.* 6.
Ainsi, le mouvement du Tour ne procure à cette platine qu'un mouvement vertical. Sur la platine *B*, *fig.* 6, est fixée solidement, et comme
le nez mobile de l'excentrique et de l'ovale, une roue sur laquelle on
monte un nez de Tour *b*, qui y est retenu par deux fortes vis *a*, *a*, ou
bien deux pièces de cuivre *a*, *a*, *fig.* 7, selon qu'on veut monter sur la
machine un mandrin, une boîte, ou un étui; voyez *fig.* 1, en *b*. La
roue *C*, *fig.* 6, est divisée en cent quarante-quatre, et un cliquet brisé
prend dans les dents de la division, ainsi qu'on le voit : mais ce cliquet
est composé de trois pièces : l'une, le corps du cliquet, et l'autre, la dent
qui prend dans la division, et qui, étant fixée par une vis, a la faculté
d'avancer et de reculer; au moyen de quoi on peut subdiviser les divisions de la roue dentée; la troisième partie est le ressort du cliquet, qui,
le pressant par dessous, le force de prendre dans les dents de la roue
de division.

Sur le côté droit de la seconde platine *B*, *fig.* 6, est une pièce de
cuivre *D*, qui est fixée par deux vis *c c*. Sur cette pièce de cuivre en est
une autre en fer *E*, également fixée sur celle de cuivre, par deux vis
qu'on y voit, et qui sert à retenir les règles, *fig.* 8, 9 et 10, ainsi qu'on
en voit une sur la *fig.* 6. Ces règles sont taillées de différens dessins, pour
pouvoir guillocher la pièce du dessin qu'on désire. Sur le milieu de leur
largeur, et dans toute leur longueur, est une cannelure triangulaire,

ainsi qu'on le voit *fig.* 8, 9, et 10, dans laquelle prend un étoquiau de même forme, qui est par dessous la pièce *E*, *fig.* 6, et qui sert à les diriger verticalement dans leur course, et à les empêcher de varier à droite où à gauche. A chaque bout de ces règles est un trou, qui reçoit la partie lisse d'une vis *b*, *fig.* 7, dont les pas prennent au bas de la vis de rappel *c*, qui passe dans un écrou pratiqué à la pièce *D*, et la tête dans un écrou à oreilles qu'on voit au haut : à cette tête, est fixé un index qui parcourt un cadran horizontal, servant à indiquer le nombre de tours ou parties de tours qu'a faits la vis, et par conséquent la quantité dont est montée ou descendue la règle.

Sur le montant, à droite de la cage, est fixée une pièce de cuivre, garnie de deux coulisseaux, entre lesquels glisse un porte-touche *F*, *fig.* 6 et 7 sur lequel est fixée une touche d'acier, trempée dur, comme les outils sur un support à chariot. Au bout du porte-touche est un œil, dont on va dans un instant connoître l'usage. Ainsi, lorsque toute la machine monte et descend, si une puissance quelconque porte la touche contre les règles, on conçoit que cette touche doit suivre les sinuosités de ces règles ; et que ce mouvement étant communiqué à l'outil qui est sur le support, les dessins des règles doivent se tracer sur l'ouvrage. On voit que la cage est fixée sur l'établi *H*, *fig.* 6 et 7, par des vis à la romaine, comme un Tour ordinaire.

Sur l'établi du Tour, sont fixées avec de bonnes vis à bois, et à têtes fraisées, deux pièces de fer *c c*, *fig.* 1, relevées à l'équerre par leur extrémité extérieure. A ces extrémités, sont des vis à tête plate et à pointe conique, qui entrent dans les bouts d'une pièce de fer *G*, carrée, qui, par ce moyen, se meut sur ces deux points. Sur cette pièce entrent juste deux montans *H*, *H*, qui y sont retenus au point qu'on désire, par deux vis de pression *d*, *d* ; l'un de ces montans porte un tirant de fer, dont un bout est fixé au montant par une goupille, et l'autre à la queue du porte-touche, par une autre goupille qu'on voit distinctement sur la figure. L'autre montant porte une poupée qui se fixe par deux vis *e*, *e*, placées sur les deux faces voisines, à telle hauteur qu'on veut, et qui, par devant, porte un tenon qui reçoit un autre tirant de fer, communiquant au support à chariot, de la manière que nous allons détailler.

Le support à chariot qu'on voit sur l'établi, garni de toutes les pièces qui le composent, est trop compliqué pour qu'on puisse en saisir, sur cette figure, toutes les parties, et en comprendre le jeu : nous en avons développé les détails dans la *Pl.* 49.

On voit, *fig.* 1, *Pl.* 49, le plan géométral de toutes les pièces qui composent le Tour, le support et la communication du mouvement de la touche au support. Ce support, *fig.* 2, est composé, comme à l'ordinaire, d'une semelle *A* et d'une chaise *B ;* et, comme les supports à chariot, d'une pièce *C*, qui se hausse et se baisse à volonté, pour pouvoir mettre l'outil à l'élévation dont on a besoin. *D* est le chariot proprement dit. On voit en *a*, le carré du bout de la vis de rappel, qui fait marcher le porte-outil, et sur lequel est un index qui indique, sur un cadran appliqué au support, le nombre de tours que la vis a faits. En *b* est un autre carré sur lequel se monte une manivelle qui fait tourner la vis de rappel. On voit en *c*, *d*, les deux boulons et leurs écroux à chapeau, qui fixent la hausse de la chaise au point où on l'a mise.

La *fig.* 3 représente le même support vu du sens opposé, et sur sa longueur, comme le verroit une personne qui seroit placée de l'autre côté de l'établi, en face de la personne qui tourne. On y reconnoît la semelle *A* et la chaise *B*, ainsi que la rainure dans laquelle glisse la tête du boulon, qui fixe le support sur l'établi. Nous reviendrons dans un moment à cette figure.

La *fig.* 4 représente le même support, vu de côté, et suivant la longueur de la semelle *A*; on y distingue la chaise *B*, la hausse *C*, et l'un des deux boulons *d*, qui fixe cette hausse au point où on le désire. On voit aussi le cadran qui est sur le carré du bout de la vis de rappel. Ici il n'y a point d'index, mais une espèce de cliquet qui tombe dans chacun des crans pratiqués sur le champ de cette roue de division, et qu'on nomme *Compteur*, afin que, sans y regarder, on puisse savoir, par le bruit que fait le cliquet, combien on passe de crans, ce qui ne dispense pas de tenir compte des divisions.

La *fig.* 5 est le même support, vu de même sur le côté, mais sur la face opposée à celle *fig.* 4. On y reconnoît les pièces dont nous venons de parler : *a*, *a*, sur l'une et l'autre figure, sont les deux vis placées sur les ponts du coulant ou porte-outil qui fixent l'outil en sa place.

La *fig.* 6 est le chariot, vu géométralement et dépouillé de son porte-outil.

Derrière la chaise du support, c'est-à-dire à la face opposée à celle représentée *fig.* 2, est une pièce mobile, qu'on saisira plus particulièrement sur la *fig.* 3; cette figure représente le support sur la face opposée à la *fig.* 2. On voit une pièce de cuivre *C*, terminée par le bas, par deux tenons dans chacun desquels passe une vis à tête plate, et pointe conique, qui entre dans le bas de la chaise du support, et qui permette à cette pièce de se mouvoir sur ces deux points.

Sur le derrière de la chaise et sur une face, *fig.* 4, est rapportée une pièce de cuivre qui est fixée par deux vis, dans les deux charnons de laquelle roule la tige *a* d'une pièce de fer *b*, qu'on voit géométralement en *b*, *fig.* 1. La tige de cette pièce tournant verticalement sur le support à deux bras, dont l'un *a*, porte contre la pièce mobile *c*, *fig.* 3, tandis que l'autre *b*, au bout duquel est une portion de cercle *c*, *fig.* 1, fixée au tirant par une goupille, reçoit de lui le mouvement de devant en arrière, on conçoit que la pièce mobile *C*, *fig.* 3, doit être de toute la largeur du support, ou ce qui est la même chose, de toute la longueur du chemin que la vis de rappel fait parcourir au porte-outil; et qu'ainsi, à quelque point que le porte-outil soit sur le chariot, la pièce mobile reçoit toujours l'impulsion du bras du levier de la pièce *b*, *fig.* 4, et *a*, *b*, *c*, *fig.* 1. Le coulant ou coulisse du porte-outil est replié par derrière à l'équerre, ainsi qu'on le voit en *e*, et le haut de la pièce mobile *C*, *fig.* 2, garni d'une plaque d'acier, est retenu dans la rainure, qui forme ce retour d'équerre, avec une languette, aussi d'acier, qu'on y voit; au moyen de quoi le mouvement imprimé à la pièce mobile est par elle communiqué au porte-outil, et par conséquent à l'outil, qui, comme on voit, exécute sur l'ouvrage un guillochis en relief, produit par les dessins de la règle qui est sur le devant de la cage *b*, *fig.* 7, *Pl.* 48.

Quand le support sera placé sur l'établi, on fixera le tirant A, *fig.* 1. *Pl.* 49, dans un des trous marqués sur le quart de cercle mobile, en y faisant entrer la goupille.

Nous n'avons, jusqu'à ce moment, décrit que la mobilité des pièces, et le jeu qui peut leur être communiqué par les différens dessins des règles; mais à moins que quelque puissance n'oppose à ces mêmes règles une certaine résistance, ou, pour mieux dire, ne presse l'outil en sens contraire, cet outil restera à peu près dans l'écartement que la règle lui communique. Voici comment on y est parvenu: un étrier de fer *B*, *fig.* 1, *Pl.* 49, est fixé par deux vis sur les coulisseaux *d d* du chariot. Un ressort d'acier large d'un bon pouce ou quinze lignes, sur une ligne et demie d'épaisseur, et coudé comme on le voit, est fixé par un de ses bouts sur le coulant, ou coulisse *C*, ainsi qu'on le voit, par une goupille à vis. L'autre bout a la faculté de glisser sur la coulisse sur laquelle il pose, et est pressé par la vis *e*, qui lui donne une plus ou moins grande tension, suivant qu'on le juge à propos. Par ce moyen, l'outil est toujours porté contre la

Pl. 49.

pièce qu'on guilloche, et la pièce mobile, *fig.* 3, est portée en arrière. Celle-ci presse contre le levier qui porte l'arc de cercle, qui par ce moyen tire à lui la règle *A, fig.* 1, et par conséquent l'autre règle *C*, qui à son tour porte la touche contre la règle; ainsi, semblable au ressort d'un Tour à guillocher, qui porte la rosette contre la touche, ici c'est la touche qui est portée contre les règles; et comme cette touche se rapproche et s'écarte alternativement de la règle, l'outil, qui est mené par la communication du mouvement, s'approche ou s'écarte de la pièce qu'on guilloche, et trace dessus les dessins de la règle. On a rendu sensible sur la *fig.* 2, la position du ressort dont nous venons de parler, ainsi que sa largeur, dont on pourra juger par comparaison avec les proportions de la *fig.* 2.

Nous avons parlé plusieurs fois, à l'article du Tour à guillocher, du cabriolet dont se servent les guillocheurs en or, pour modérer et régler le mouvement de la pièce qu'ils travaillent. Ce cabriolet est absolument indispensable lorsqu'on guilloche une pièce carrée; et c'est ici le lieu d'en donner une description.

Pl. 48.

La *fig.* 1, *Pl.* 48, porte sur le devant de l'établi la machine à laquelle on a donné le nom de *Cabriolet,* que l'on a représentée séparément *fig.* 14. Ce sont deux planches, d'environ un pouce d'épaisseur chacune, parfaitement dressées, qui glissent l'une sur l'autre, au moyen d'un assemblage à queue d'aronde, qui ne leur laisse de mouvement que suivant leur longueur.

Les *fig.* 15 et 16 représentent séparément ces deux planches.

En dessous de la planche inférieure, *fig.* 16, sont deux tringles de fer *a a*, aplaties dans toute la partie qui s'applique sur la planche, et arrondies dans toute la partie qui excède. On voit séparément, *fig.* 17, une de ces tringles qui sont fixées à la planche par le moyen de trois ou quatre vis à bois chacune. Elles sont un peu coudées à l'endroit où elles débordent la planche, afin que, quand elles sont fixées en dessous de l'établi au moyen de la chappe *fig.* 18, la planche se trouve inclinée au plan de l'établi.

Au milieu de la longueur et de la largeur de cette planche, et par dessous est fixée la tête d'un écrou *b*, qui traverse son épaisseur et la déborde de cinq ou six lignes. La *fig.* 19 représente cet écrou. Une rainure demi-circulaire *c c, fig.* 16, est pratiquée sur les deux faces qui se touchent, des deux planches dont celle de dessus est mobile, et donne passage à une vis de rappel, qui tourne librement dans la rainure circulaire, composée des deux rainures demi-circulaires dont on vient de parler, et passe dans un écrou pratiqué au travers du boulon. Cette vis est arrêtée par la tête,

52.

Pl. 48. contre la planche supérieure; et un carré pratiqué au bout entre dans la manivelle qu'on y voit en *I*.

Par ce moyen, lorsqu'on tourne la manivelle, la vis, qui ne peut sortir de place, amène en devant la planche supérieure qui glisse sur celle de dessous. En travers de la planche de dessus est un arbre de fer *D*, *fig*. 14, retenu à chaque bout par deux espèces de collets en cuivre *A*, *A*, et vu à part avec ses collets *fig*. 20. L'un des bouts de l'arbre porte une manivelle *K*, et à l'autre est une poulie double, c'est-à-dire à deux diamètres différens *L*, montée à carré, et retenue par un écrou. Une corde sans fin passe sur la poulie *L* et va sur la plus grande *B*, *fig*. 1, de celles qui sont sur l'arbre de la roue de volée. Cette corde peut se tendre plus ou moins au moyen de la manivelle *I*, qui éloigne ou rapproche de l'établi la planche supérieure du cabriolet. Une autre corde sans fin passe sur une très-petite poulie de l'arbre de cette même roue de volée, et vient sur la roue *F* du Tour carré, au moyen de quoi le mouvement qu'on imprime à la machine est infiniment lent, et l'Artiste peut le maîtriser et le régulariser à son gré. Mais dans ce cas il faut ôter la corde qui répond à la pédale.

On peut, avec le Tour que nous venons de décrire, exécuter sur la face d'une pièce toutes sortes de dessins droits propres à être mis à jour de la manière que nous avons décrite dans le chapitre précédent, où nous avons parlé du guillochage à jour.

On s'en sert aussi comme de la machine carrée décrite dans la section suivante pour guillocher au trait et en ligne droite. Dans ce cas il faut ôter la touche qui porte contre les règles; et se servir d'un support à chariot ordinaire; alors la pièce n'ayant plus que le mouvement vertical, on tracera sur l'ouvrage des lignes également verticales; et comme la pièce est fixée, soit par un mandrin, soit avec deux espèces de mâchoires, sur un nez mobile, on peut tourner ce nez à volonté, et tracer d'autres lignes inclinées à la première, autant qu'on voudra, ou même perpendiculaires à elles. C'est ainsi qu'on tracera avec une pointe tranchante, sur du cuivre, de l'or, de l'écaille, toutes les figures qui ne sont composées que de lignes droites, telles que les piédestaux des colonnes, unis ou avec des panneaux, les cannelures des pilastres et autres morceaux d'architecture. Ces dessins et beaucoup d'autres semblables s'exécutent de même avec la machine carrée dont la construstion offre encore beaucoup d'autres avantages, et dont la description va faire le sujet de la section suivante.

CHAP. VII. Sect. II. *Description de la Machine carrée.* 4ɪ3

Pʟ. 5o.

SECTION II.

Description de la Machine carrée.

On nomme improprement *Machine carrée*, une machine qui n'a aucun rapport direct avec le Tour; mais qui, attendu l'analogie qu'elle a avec le Tour propre à tourner carré, que nous venons de décrire, trouve nécessairement ici sa place. On peut voir dans une édition de l'Art de Tourner, par le P. *Plumier*, Minime; à Paris chez Jombert, 1749; contenant des additions importantes faites à cet ouvrage, tant par *de la Hire*, que par *de la Condamine*, que l'invention de la machine carrée est due à ces deux savans et à *Dufay*, autre savant distingué; et que le P. *Plumier*, très - habile d'ailleurs dans l'art du Tour, ne s'en étoit pas même douté.. On reconnoîtra dans le mémoire de de la Condamine, inséré à la fin de cette édition du P. Plumier, la marche des découvertes humaines : et l'on jugera par la complication des machines qu'il propose, combien il y avoit encore loin de là à la machine que nous allons décrire. Nous invitons nos Lecteurs à lire, dans l'ouvrage, indiqué, le mémoire de de la Condamine : ils y reconnoîtront combien les connoissances mathématiques peuvent influer sur la perfection dans tous les arts mécaniques. Revenons à notre machine carrée.

On sait que, sur beaucoup de boîtes oblongues en or, on fait des guillochis qui, en suivant les contours de chacune des faces de la boîte, n'en présentent pas moins des dessins semblables à ceux qu'on exécute sur les parties rondes au moyen du Tour à guillocher. Chacun de ces dessins est produit par une machine qui réunit le mouvement perpendiculaire au mouvement horizontal.

La *fig.* 1, *Pl.* 5o, représente cette machine que nous appelons machine carrée vue en perspective, parce que, si nous l'eussions montrée de profil, le Lecteur eût perdu l'aspect de plusieurs parties qu'il est important qu'il saisisse.

L'ouvrier placé sur le devant de la figure porte la main gauche sur la manivelle *A*, qui, fixée au haut d'une vis de rappel à double filet *T*; fait monter et descendre le plateau de cuivre *B*, sur lequel sont fixées toutes les pièces qui procurent le mouvement horizontal à la machine. Le plateau ou coulisse dont nous parlons, glisse de haut en bas entre deux coulisseaux de fer, fixés verticalement par de bonnes vis à tête fraisée

Pl. 50.

et qui les affleurent sur deux montans *D , D*. L'un de ces coulisseaux est visible sur la machine, l'autre ne peut être vu , étant caché par la boîte qui porte l'ouvrage. Sur la coulisse *B* sont fixés deux autres coulisseaux placés horizontalement *E* , par de pareilles vis qu'on y voit. Entre ces coulisseaux, glisse une autre coulisse , qui a la faculté de se mouvoir horizontalement : ainsi la machine a deux mouvemens ; l'un vertical, l'autre horizontal. Un étrier de fer *F* , est fixé par ses deux extrémités sur le champ des deux coulisseaux *E , E ;* une vis *G* est au milieu de sa hauteur , et presse contre un ressort *H* , qui , par un de ses bouts , porte contre la coulisse. Ainsi , la coulisse est sans cesse portée vers la droite, par le ressort *H* , dont on augmente ou diminue à volonté la tension, en serrant plus ou moins la vis *G*. Vers la droite de la machine est un montant *I*, sur lequel est une vis de rappel *K*, dont la tête carrée est fixée au milieu d'un cadran , et qui, par dessus, reçoit la manivelle *L*. Un cliquet appuie sur la circonférence du cadran , et , entrant dans les encoches de la division qu'il porte, sert de compteur pour pouvoir connoître le nombre de tours ou de parties de tours que fait le cadran , et par conséquent la vis de rappel , pour diviser les dessins des règles. La vis de rappel *K* est fixée de manière qu'elle ne peut que tourner sur elle-même , sans monter ni descendre ; et elle mène un châssis de fer sur lequel est fixé , par deux bonnes vis , haut et bas, une règle de fer, dont le champ est taillé comme le sont les rosettes à guillocher.

La *fig.* 2 , qui représente la même machine , vue de face , rend sensible tout ce que nous venons de dire de la *fig.* 1 : chacune des pièces dont nous avons parlé y est représentée sous les mêmes lettres; ainsi, il suffit de jeter les yeux sur l'une et sur l'autre pour comprendre le jeu de chacune d'elles.

Sur le plateau ou coulisse, qui se meut horizontalement, *M*, et vers la droite , *fig.* 2 , est une touche *a* , qui y entre à queue d'aronde, et qui y est fixée par une vis *b*. Cette touche est poussée par le ressort *H* , contre la règle *N :* au moyen de quoi, lorsque la coulisse *B* se meut verticalement, la touche , forcée par les dessins qui sont sur la règle *N* , fait mouvoir dans le sens horizontal la seconde coulisse , que le ressort *H* ramène toujours vers la règle , et l'ouvrage *O* se meut dans les deux sens. Un support à chariot et à bascule, qu'on a représenté *fig.* 1 , un peu éloigné de l'ouvrage, afin que toutes les parties de la machine soient plus visibles, trace sur l'ouvrage les dessins mêmes qui sont sur la règle, qu'on peut changer à volonté , en lui en substituant d'autres de même forme, portant

des dessins différens, comme celles dont nous avons parlé en décrivant
le Tour carré. Lorsqu'on a tracé sur une pièce quelconque autant de
traits sur sa longueur qu'on le juge à propos, on la fait tourner pour décrire de la même manière d'autres lignes inclinées à la première. Sur la
coulisse de dessus *M*, est une roue de cuivre ajustée par son centre, comme
les nez mobiles de l'excentrique, de l'ovale, etc. Cette roue porte un assez
grand nombre de dents pour qu'on y trouve beaucoup de diviseurs. Un
cliquet fixé sur la coulisse entre dans une de ces dents, comme à tous les
nez mobiles que nous avons vus : ainsi, on peut fixer la roue au point
qu'on juge à propos.

Sur le plat de cette roue est fixée une boîte carrée de cuivre *c, c, c, c,*
sur chacune des quatre faces de laquelle sont deux vis qui saisissent le
mandrin qui porte l'ouvrage : on n'a pu représenter que quatre de ces
huit vis sur la *fig.* 2 ; mais on en voit deux sur une des faces de la boîte
fig. 1.

Comme cette machine, qui se meut par le moyen de la vis de rappel de
haut en bas, est fort pesante, et qu'on éprouveroit beaucoup de résistance
à la faire remonter, on place derrière, un crochet sur lequel est fixée une
corde qui passe sur une poulie placée au haut d'une colonne qui est sur
l'établi, et cette corde, après avoir passé dans l'épaisseur de l'établi, porte
un poids *P,* à peu près équivalent à la pesanteur des pièces qui se
meuvent de haut en bas; au moyen de quoi on n'a plus qu'une foible
résistance à vaincre pour faire remonter la machine par le secours de la
manivelle.

Telle est la machine carrée qui étoit en usage à l'époque où nous avons
publié la première édition de cet ouvrage : depuis, cette machine intéressante a éprouvé une amélioration importante; on a substitué à la manivelle *A* une poulie placée en dessous de l'établi, et qu'on met en mouvement à l'aide du cabriolet, *fig.* 14, *Pl.* 48, dont l'usage est infiniment plus
commode que celui de la manivelle *A.*

SECTION III.

Usage et effets de la Machine carrée.

On a représenté, *fig.* 3, un des dessins qu'on exécute ordinairement
sur des boîtes d'or. La foiblesse des traits qui se fait remarquer sur cette
figure indique une précaution essentielle à prendre lorsqu'on monte une

pièce à mastic sur le mandrin. Si la pièce n'est pas parfaitement dressée sur sa face, si tous les points de cette face ne se trouvent pas à une égale distance de l'outil pendant le mouvement perpendiculaire de la machine, ou que cette face n'offre pas un plan très-exact par rapport à l'outil qui se présente à elle, il est évident que l'outil l'entamera dans certains endroits et ne fera que l'effleurer dans d'autres; et c'est ce qu'on a essayé de rendre sensible sur la figure.

Comme il est fort difficile de rendre ces surfaces parfaitement planes, on a cherché à remédier à ce défaut en ajoutant au support à chariot, un tuteur, qui n'est autre chose qu'une espèce de petite touche à pointe mousse. Ce tuteur est accollé au grain-d'orge, le plus près possible de la pointe et de manière à précéder sa marche pendant le travail. La pointe de l'outil doit excéder celle de la touche d'une quantité égale à la profondeur qu'on veut donner au trait. Cette touche, parcourant ainsi toute la surface de la pièce immédiatement avant la pointe de l'outil, le fera sortir ou rentrer suivant les sinuosités qui peuvent s'y rencontrer.

L'encadrement du dessin, *fig.* 3, est fait d'abord avec une règle droite, et en faisant tourner la boîte à angles droits en traçant tout autour deux filets fins qui doivent se rencontrer dans les angles. On met ensuite une règle qui porte un dessin semblable à celui qui entrelace ces deux lignes, et on trace également deux lignes avec ce dessin. Comme la montée et la descente de l'ouvrage sont toujours réglées par la vis de rappel *T,* que mène la manivelle *A,* on est le maître de l'arrêter au point qu'on juge convenable. On fera ensuite le feston intérieur de la bordure avec une règle qui produit ce dessin, que l'on nomme *Gaudron.* Enfin, pour le dessus, on fera à des distances égales entr'elles, et combinées de manière que la division en soit égale, tous les traits droits qu'on y voit : et pour les parties guillochées qui sont entre, on se servira de la règle qui produit ce dessin.

Lorsqu'on veut disposer les mouvemens d'un dessin, de manière que les angles rentrans soient vis-à-vis des angles saillans, comme on en a vu plusieurs exemples dans le chapitre précédent, on tourne la vis de rappel *K,* qui fait monter ou descendre la règle, d'une moitié, d'un quart, plus ou moins, de la longueur d'une des dents, et les dessins se répètent sur l'ouvrage dans la même disposition.

L'usage du support à chariot à bascule est excellent pour ces sortes d'ouvrages, parce que, dès qu'on a une fois réglé la profondeur qu'on veut donner à chaque trait, et fixé la vis de buttée sur le porte-outil, il suffit

d'élever le levier qui presse l'outil, et on est assuré de ne l'enfoncer pas
plus à un trait qu'à tous les autres.

On exécute encore sur cette machine le dessin représenté, *fig.* 4, en
formant les rayons les uns après les autres, en partant du centre; et après
avoir déterminé combien on veut qu'il y en ait, et en changeant la division
de la roue dentée, à chacun de ces rayons. On prend ordinairement pour
cela, une plaque de cuivre, sur laquelle on a fait des traits concentriques,
ronds ou ondés sur le Tour en l'air, ou sur celui à guillocher, avec un
grain-d'orge extrêmement fin, ainsi que nous l'avons enseigné, en décrivant les opérations du Tour à guillocher. Quant à la bordure, elle est faite
de même à la machine carrée.

On voit une infinité de tabatières sur lesquelles on rencontre des dessins
absolument semblables; et ces tabatières sont ou d'écaille noire ou d'écaille
de couleur, dont nous parlerons à l'article du moulage. Dans ce cas, on
exécute avec beaucoup de soin sur un galet de cuivre tel dessin qu'on
veut, et, plaçant ce galet au fond du moule, toutes les boîtes qu'on y fait
portent ce même dessin.

Les *fig.* 3, 4, et même la sixième, dont nous allons parler plus en détail,
ont été faites à la machine, imprimées ensuite, et données au graveur,
qui les a rendues en taille-douce : mais les originaux étoient aussi exacts
que les copies qu'on en voit ici.

La bordure de la *fig.* 6 se fait sur le Tour à guillocher, immédiatement
après qu'on a dressé la plaque sur le Tour même, qu'on fait pour cela
tourner rond.

La *fig.* 6 représente un édifice qui s'exécute en grande partie sur la machine
carrée ; mais, pour y réussir, voici comment on doit s'y prendre.

On dessine, ou on fait dessiner, avec beaucoup de soin, le morceau qu'on
veut exécuter ; et l'on peut, à la manière des graveurs, le dessiner sur
vernis, et le faire ensuite mordre à l'eau-forte, ou bien en faire un
croquis soigné à la pointe sèche. Lorsque tous les plans sont fixés,
toutes les masses déterminées, les points de vue, tous les détails enfin, placés comme ils doivent l'être, on monte la plaque de cuivre sur
un mandrin de bois, sur lequel on la fixe par le moyen du mastic ou
ciment, parce que, conservant sa chaleur assez long-temps, et la plaque
ayant été un peu chauffée, on a le temps de la dresser autant qu'il est nécessaire. Lorsque cette plaque est refroidie, on fixe le tout dans la boîte
par le moyen des huit vis. Puis, faisant marcher l'outil de droite à gauche,
et tournant la roue dans tous les sens, on juge, avec une bonne loupe, si

l'outil, qui doit être bien parallèle à l'ouvrage, l'atteint également dans toute sa surface. S'il y a un ciel, on commence par le former par des lignes droites plus serrées et beaucoup plus fines vers le bas que vers le haut pour mieux imiter le lointain, en plaçant la plaque de manière que ces lignes soient tracées par le mouvement vertical de la machine : on fait mouvoir la vis de rappel du support à chariot à droite ou à gauche, jusqu'à ce que la pointe de l'outil se rencontre juste sur un des traits dessinés, et élevant la bascule en même temps qu'on fait tourner la manivelle A, on fait baisser l'ouvrage en emportant la matière jusqu'au point où l'on doit s'arrêter ; ce dont on est toujours maître, puisqu'on dirige la descente à volonté par la manivelle : on remonte la machine, on fait avancer le chariot, et on trace autant de parallèles qu'il est nécessaire. On fait ensuite tourner la boîte de manière qu'une quantité de lignes se trouvent dans le sens vertical : on met une règle bien dressée sur le porte-règle ; et on trace assez profondément toutes les lignes qui, dans le dessin, doivent être parallèles.

Si les lignes doivent être inclinées, on trouve cette inclinaison par le secours de la roue dentée qu'on fixe par le moyen du cliquet, et on trace autant de lignes qu'il y en a du même sens dans tout le dessin. Pour faire les colonnes, on les fait avec un outil rond qui les trace d'un seul coup dans toute leur largeur de haut en bas. On fait ensuite les bases et les chapiteaux de la même manière et à toutes les colonnes, sans changer la division ni le support ; mais en ne faisant mordre l'outil qu'aux endroits où il doit entamer la matière. Enfin on exécute tous les traits droits, en les amenant dans le sens vertical, et en s'arrêtant bien juste à l'extrémité de chacun, que l'outil ne doit jamais dépasser. S'il y a sur le dessin des arcades ou toutes autres parties cintrées, il faut monter le mandrin sur le Tour en l'air simple garni de l'excentrique, ou sur le Tour à guillocher également garni de l'excentrique, si les courbes qu'on veut exécuter doivent être ondées. On voit par là le rapport qu'ont entr'elles les machines excentriques et carrées.

S'il y a des arbres, on en fait les troncs et les branches après coup avec des burins, et les feuilles en les pointillant avec ces mêmes outils, après les avoir préparées à l'eau forte. Lorsqu'enfin la pièce est terminée, on met la plaque au fond du moule, et l'on obtient, sur chaque boîte qu'on moule, le dessin qu'on a exécuté : mais on sent que les moindres défauts sont rendus sur le moulage, comme ils sont sur l'original, c'est pourquoi on ne sauroit trop apporter de précaution dans cette opération, qui exige d'ailleurs quelque connoissance du dessin et de la perspective et une patience à toute épreuve.

Pl. 5o.

C'est au moyen de cette machine que l'on guilloche les clefs de montre, les boîtes carrées, et tous les autres bijoux de cette forme.

D'ailleurs cette machine, quoiqu'un peu lourde, est transportable. Elle se place sur un établi solide, fort court et de la hauteur d'une table, et on peut y travailler assis dans son cabinet.

SECTION IV.

Description sommaire de vingt Dessins, exécutés à l'aide de la Machine carrée, et du Tour à guillocher.

Depuis la première édition de cet ouvrage, l'art du guillocheur a été singulièrement perfectionné, non pas à l'égard des machines et des procédés, qui n'ont reçu que de légères améliorations mentionnées dans les chapitres précédens ; mais pour la pureté et l'élégance des dessins qui ont été poussées à un point surprenant.

Pl. 5i.

Nous nous sommes donc déterminés à faire graver la *Pl. 5i.*, qui contient vingt nouveaux dessins de guillochis, exécutés sur la machine carrée ou sur le Tour à guillocher, et qui nous ont été fournis par M. Collart, un des artistes les plus distingués en ce genre.

Mais nous avons d'abord éprouvé de grandes difficultés de la part du graveur qui pouvoit bien, à l'aide de l'eau forte et du burin, rendre en partie l'effet du guillochis, mais qui ne pouvoit, par ses hachures, donner qu'une idée très-imparfaite des traits réguliers qui constituent l'art du guillocheur. Pendant que nous cherchions, conjointement avec le graveur, le parti qu'il convenoit de prendre en cette circonstance, nous imaginâmes d'essayer s'il ne seroit pas possible de guillocher la planche même destinée à l'impression, au lieu de la graver.

Après quelques essais préliminaires, dont M. Collard voulut bien se charger, et dont il eut tout lieu d'être satisfait, il opéra sur la planche même, et le succès répondit entièrement à son attente et à la nôtre.

C'est cette planche que nos Lecteurs ont maintenant sous les yeux ; ainsi ils peuvent être certains que tous les traits qui composent les vingt figures de cette planche peuvent s'exécuter sur le Tour à guillocher, ou à l'aide de la machine carrée. Seulement l'impression ne peut pas rendre les reflets produits par la coupe sur le métal; par exemple, on conçoit que sur une surface guillochée, une des faces des petits cubes du dessin *fig.* 4 est plus éclairée que l'autre. Il en est de même des espèces de petits tonneaux du dessin *fig.* 5.

Ce n'est pas que nous n'eussions pu facilement obtenir cet effet en faisant retoucher légèrement ces dessins par le graveur, mais nous avons mieux aimé laisser subsister cette légère imperfection, et présenter la planche au Lecteur, absolument dans l'état où elle est sortie des mains du guillocheur.

Au surplus il faut observer que cette planche n'est qu'un premier essai; et l'habile guillocheur, qui l'a exécutée, ne doute pas que s'il étoit dans le cas de se livrer à ce genre de travail, il ne pût le porter à un bien plus haut degré de perfection.

La description que nous allons donner de ces vingt dessins nous a été fournie par M. Collard, qui a bien voulu y joindre sommairement la manière de les exécuter.

La *fig.* 1 représente le dessin nommé *Osier*, exécuté sur la machine carrée, et à l'aide d'une règle de même forme. On a vu dans le chapitre précédent qu'on peut le produire de même sur le Tour à guillocher, à l'aide d'une rosette appropriée.

Cette observation au surplus est générale et s'applique à tous les dessins représentés sur cette planche, excepté les nos 19 et 20, qui ne peuvent s'exécuter qu'à l'aide de la machine carrée.

Le *grain-d'orge*, *fig.* 2, se fait par le moyen d'une petite règle ondulée, et dont à chaque trait on oppose la partie saillante de l'ondulation à la partie rentrante du trait précédemment fait : on continue ainsi à chaque filet, et jusqu'à la fin.

La *fig.* 3 représente le *Satiné*. Le dessin indique de quelle manière doit être taillée la règle qui le produit. Observant que le mouvement saillant de la règle doit être plus maigre que le mouvement rentrant.

La *fig.* 4 s'appelle *Marqueterie*. Le dessin indique encore de quelle manière doit être taillée la régle. On commence par faire le fond de filets droits, et ensuite on trace le mouvement qui forme la marqueterie, en opposant, comme il a été dit à l'article du grain-d'orge, la partie saillante du dessin à la partie rentrante de celui qui le précède.

La *fig.* 5 représente le guillochis appelé *Tonneau*. Ce dessin se fait comme le précédent, toute la différence provient de la manière dont la règle est taillée.

L'œil de perdrix, fig. 6, s'exécute sur un fond de filets, comme les deux précédens. Il faut avoir soin que la règle balance également; ce qui se fait en prenant une touche plus ou moins grosse.

Pl. 51.

La *Tresse, fig.* 7, est produite par une règle satinée. On opère, en montant la règle, pour faire un certain nombre de filets, et en la descendant ensuite d'une égale quantité.

La *fig.* 8 est le guillochis *ondé*, qui n'a besoin d'aucune explication.

Le moiré perpendiculaire, fig. 9, se fait avec une règle satinée d'un mouvement profond; on fait un champ de filets dans le sens de la diagonale du carré, ensuite on retourne la pièce perpendiculairement à ces premières lignes, et on croise à angle droit la première opération.

La *fig.* 10 est la *Tresse à boutons sur fond de filets.* Ce dessin se fait d'un seul mouvement, au moyen d'une règle taillée, partie unie, et partie à deux têtes à angle un peu obtus. On opère comme pour la tresse, *fig.* 7, en ayant soin que la touche soit taillée exactement comme la règle.

Le dessin *fig.* 11, qui représente la *tresse à boutons sur fond de grain-d'orge*, se fait comme le précédent et d'un seul mouvement; seulement la partie de la règle qui est unie pour la *fig.* 10, est, dans le cas actuel, ondulée comme la règle à grain-d'orge.

La *fig.* 12 représente un dessin formé de *rosettes et d'oves.* Il se fait avec une règle à satiner, taillée à mouvement profond, et se recroise de deux en deux bandes de filets; après quoi on refend les carrés, toujours par le même mouvement du satiné.

L'ovale au Tour, fig. 13, est guilloché sur le Tour avec la machine ovale, et à l'aide d'une rosette à satiner. On sait que les mouvemens de cette rosette, quoique également profonds, doivent être espacés selon la progression croissante et décroissante des axes de l'ovale, ainsi que nous l'avons dit à la fin du chapitre précédent.

La *fig.* 14 représente le trait de l'ovale régulier, et en *a, l'ovale baignoire*, qui peut se faire au moyen de la machine ovale, en montant sur l'arbre une rosette ovale, qui, étant touchée dans le sens de son grand axe, fait rentrer le centre du Tour, pendant que la bague le fait sortir.

Le trait *b* représente *l'ovale navette.* Il se fait par les moyens inverses de l'oval baignoire, c'est-à-dire en touchant la rosette sur le petit axe, et par conséquent en sens contraire à sa première position.

Nous croyons, à cette occasion, faire plaisir à ceux de nos Lecteurs qui sont peu versés dans les mathématiques, en leur donnant le moyen de déterminer le centre et les deux axes d'un ovale dont on n'auroit que le périmètre.

Pl. 51.

Ce cas peut se présenter aux guillocheurs, auxquels on apporte souvent, pour les guillocher, des surfaces ovales entièrement terminées, et sur lesquelles par conséquent il ne subsiste plus aucune trace du centre ni des axes dont il faut cependant déterminer exactement les positions, si l'on veut guillocher un ovale avec régularité. Voici ce moyen, qui ne se trouve pas dans la plupart des ouvrages de géométrie élémentaire.

Soit *A B C D fig.* 7, *Pl.* 50, le périmètre de l'ovale dont on cherche le centre et les axes.

A un point quelconque de la courbe, menez la corde *a b*.

Tirez une autre corde parallèle à celle-ci, *c d*.

Divisez ces deux cordes en deux parties égales, et menez la ligne *e f*, qui les coupe toutes deux, aux points milieux.

Divisez cette ligne *e f* en deux parties égales, et vous aurez le point *O*, qui est le centre de l'ovale.

De ce point *O* comme centre, décrivez l'arc de cercle *i k l m*.

Des points où cet arc de cercle coupe le périmètre de l'ovale, menez la ligne droite *k l*.

Partagez cette ligne en deux parties égales, et menez la droite *A C* qui passe par le point milieu de cette ligne *p*, et par le centre *O* de la courbe.

La ligne *A C* est le grand axe de l'ovale donné.

Au point *O*, élevez *O B* et *O D*, perpendiculaires à *A C*, la ligne *D B* est le petit axe.

Les mouches sur fond noiré, *fig.* 15, *Pl.* 51. Ce dessin se fait par le moyen de l'excentrique double. Après avoir centré la pièce, on la divise au moyen de la vis de rappel, ainsi que nous l'avons dit au chapitre de l'excentrique. On fait un premier champ de mouches autour duquel on trace quelques filets, ensuite on recroise l'opération.

La bordure de la *fig.* 15 se fait en montant l'excentrique sur la machine ovale; car les grenades qui forment cette bordure ne sont autre chose que trois filets ovales concentriques, et dont le petit axe diminue progressivement pendant que le grand axe reste constamment le même. Pour la manière d'espacer ces ovales, de les incliner et de les tracer, nous renvoyons à la page 308 de ce Volume. Les queues qui joignent ces fruits sont aussi des portions d'ovale, et s'exécutent par conséquent par les mêmes moyens. Quant aux traits qui imitent la graine de la grenade, ils se font sur la machine carrée.

Le *profil*, *fig.* 16, se fait sur la machine carrée, au moyen d'une vis
de rappel adaptée au porte-touche, et divisée comme la vis de rap-
pel du support. En faisant avancer la touche sur une médaille mise en
place de la règle, et dans la même proportion que l'outil qui coupe,
on peut copier en taille-douce toute sorte de sujets. Non seulement
ce moyen est propre à figurer le plan des sujets qu'il représente ; mais
il a l'avantage de figurer les bas-reliefs par l'illusion des reflets de la
lumière.

La *fig.* 17 représente des cônes enlacés ; ce dessin est fait par les mêmes
moyens que le portrait, *fig.* 16.

La moire, *fig.* 18, est faite au moyen d'une règle satinée : après avoir fait
un champ de satiné, on le recroise d'un autre champ de satiné sous l'angle
d'environ deux degrés.

Le dessin, *fig.* 19, représente la façade du Palais de Justice, à Paris ; et
celui, *fig.* 20, est un dessus de boîte, orné d'un Portrait exécuté par le
moyen indiqué pour la *fig.* 16.

Ces deux dessins n'ont pas besoin d'autres détails, ils prouveront que l'art
du guillocheur consistant à disposer des lignes en tout sens, l'artiste peut,
selon son intelligence, étendre ces moyens, et se rendre utile à plusieurs
genres d'arts et de fabriques.

CHAPITRE VIII.

Tour à Portraits.

SECTION PREMIÈRE.

Description du Tour à Portraits.

Après avoir adapté au Tour toutes les machines ingénieuses dont nous avons donné la description, telles que l'ovale, l'épicycloïde, l'excentrique, on a inventé le Tour à guillocher et la machine carrée que nous venons de décrire. Enfin on est parvenu à obtenir, par le moyen du Tour, la copie réduite d'une médaille, d'un portrait, et c'est de la description de cette machine que nous allons nous occuper dans ce chapitre. Nous ne pouvons fixer précisément l'époque où cette invention a été connue; mais nous sommes assurés qu'il n'y a pas un très-grand nombre d'années. On trouve à la fin de l'édition de l'art du Tour par le P. *Plumier*, citée dans le chapitre précédent, des recherches sur le Tour par feu *de la Condamine;* et on y voit le moyen de réduire un profil, moyen qui a d'abord conduit à la découverte des rosettes à profil dont nous avons parlé dans le Chapitre VI, et qui ont vraisemblablement conduit à l'invention du Tour à portraits. Quoi qu'il en soit, il est peu de machines aussi ingénieuses que celle par le moyen de laquelle on rend, dans les proportions qu'on désire, une médaille ou un portrait, dont on s'est procuré une copie en relief.

Nous ne suivrons pas les divers degrés de perfectionnement par lesquels le Tour à portraits a passé. Dans l'origine, un arbre soutenu par deux poupées, à peu près comme le Tour en l'air, portoit à une de ses extrémités la médaille qu'on vouloit exécuter; et l'autre bout portoit un mandrin sur lequel étoit fixée une plaque de cuivre, ou d'ivoire, sur laquelle tous les traits de la médaille étoient rendus; mais, comme l'arbre n'avoit que la faculté de se mouvoir sur sa longueur, cette opération rendoit creux pour relief, et relief pour creux, c'est-à-dire que, toutes les fois que la touche

rencontroit du creux, l'arbre se portoit vers elle, et produisoit du relief
par l'autre bout; et lorsqu'elle, trouvoit du relief, l'arbre, en reculant sur
sa longueur, produisoit du creux. La touche et le burin étoient mus par
un même mouvement; et, au moyen de ce qu'ils étoient attirés du centre
vers la circonférence par un mouvement presque insensible, on étoit assuré que l'arbre qui tournoit sur lui-même leur avoit fait parcourir tous
les points de la surface de la médaille et de la plaque d'ivoire : ainsi, on
ne pouvoit exécuter creux pour creux, et relief pour relief. Le moyen par
lequel la touche et l'outil alloient du centre à la circonférence, étoit très-com-
pliqué. Une cage ou boîte, renfermant une assez grande quantité de
rouages, rendoit la machine très-dispendieuse, et très-difficile à exécuter.

Après divers changemens que le Tour à portraits a subis, feu Hulot,
fils du célèbre Hulot, auteur de l'*Art du Tourneur-Mécanicien*, de la collection de l'Académie des Sciences, dont il n'a paru que la première partie,
a changé entièrement la construction du Tour à portraits, l'a simplifié
dans son exécution, et dans les moyens qu'il a employés pour lui faire
produire des effets plus précis et plus sûrs. On reconnoît dans la machine
sortie de ses mains, tout ce qui peut la rendre recommandable : l'intelligence dans la composition, la simplicité dans les moyens, et la plus
grande précision, tant dans l'exécution que dans les effets, enfin, une
grande connoissance, et une heureuse application des principes de mécanique.

La *fig.* 1, *Pl.* 52, représente le plan géométral du Tour à portraits.

La *fig.* 4 est le même Tour vu de face, du côté où se place l'Artiste.

Enfin, la *fig* 5 représente l'extrémité à droite de cette machine.

Pour l'intelligence de la description que nous allons en donner, nous
avons coté des mêmes lettres chacune des mêmes parties, *fig.* 1, 4 et 5,
à moins qu'elles ne puissent être vues sur ces trois figures.

Deux règles de fer, telles que *E*, *E*, *fig.* 1 et 4, sont assemblées par
leurs extrémités, par deux traverses, aussi de fer *F*, *fig* 1 et 5, au moyen
des écrous à chapeau *a*, *a*, *fig.* 5 : ce qui forme un parallélogramme rectangle. Ce châssis est porté par trois montans de fer *G*, *fig.* 1, 4 et 5,
dont les tiges carrées passent au travers de l'établi *H*, et sont retenues
par dessous par des écrous à chapeau *b*, *b*, *b* : celui à gauche est au milieu, et ceux de droite aux angles du parallélogramme. Sur ces règles,
glissent des boîtes ou poupées de cuivre *I*, *I*, dans lesquelles tourne,
comme entre des collets, l'arbre *C* : et à ces mêmes boîtes est fixée une traverse
de cuivre *c*, *fig.* 1, dont le milieu porte un collet en cuivre, sur lequel tourne

Pl. 52.

l'arbre *K*. Ainsi l'arbre *C* a la faculté d'être porté à droite ou à gauche, et est retenu en place par des vis qui sont au dessous des boîtes, et dont on n'en voit qu'une, *c fig.* 4. L'autre arbre, *D, fig.* 1, est porté de même, par de semblables boîtes ; mais une fois fixé en sa place, convenablement à l'engrénage d'une roue qu'il porte, et dont nous parlerons dans un instant, par le moyen de la vis *d*, *fig.* 4, il ne peut être avancé ni reculé. A l'extrémité droite de la cage, et à son milieu, sur la largeur, est un arbre *K*, *fig* 1 et 4, bien cylindrique, porté à droite par une pièce de cuivre *L*, *fig.* 5, et à gauche par le collet de la traverse *c*, dont nous avons parlé. Au bout de cet arbre est montée une poulie *M*, qui mène la roue de volée *N*, *fig.* 5, au moyen de la corde sans fin qu'on y voit.

L'arbre *K* porte deux manchons de fer qui sont filetés comme une vis sans fin, et conduisent les roues *e*, *e*, *fig.* 1 et 5, enarbrées sur les arbres *C*, *D*, *fig.* 1. Celui de droite est fixé en sa place par une goupille qui traverse l'arbre. Celui de gauche glisse sur l'arbre, pour pouvoir suivre le mouvement de l'arbre *C*, et de la traverse *c*. Ainsi, lorsque la roue motrice *N* tourne, elle mène celle *M*, qui fait tourner l'arbre *K*, lequel, à son tour, fait tourner les deux roues *e*, *e*, et par conséquent les arbres *C*, *D*.

L'arbre *D* porte à son extrémité une roue dentée *O*, *fig.* 1, 4 et 5, qui engrène dans une autre roue dentée, de même grandeur et de même nombre *P*, enarbrée sur un arbre *Q*, *fig.* 1 et 5, au bout duquel est une vis sans fin *R*, *fig.* 1, qui engrène dans la roue dentée *S*, *fig.* 1, 4 et 5, qui est enarbrée sur la vis de rappel *T*, mêmes figures.

Cette vis de rappel *T* est montée dans un châssis *U*, qui est fixé à la cage, comme on le voit *fig.* 4 ; et, comme elle est retenue haut et bas par des collets, elle ne peut que tourner sur elle-même. Une boîte *f*, *fig.* 4 et 5, glisse entre les montans du châssis ; et la vis *T* passe au travers, et la conduit de haut en bas. Sur cette boîte est une cheville de fer *g*, *fig* 1 et 4, qui, par tous les mouvemens que nous venons de décrire, se meut de haut en bas, en même temps que les deux arbres *C*, *D*, *fig.* 1, tournent.

A l'extrémité à gauche de la cage *fig.* 1, est un arbre *V* porté par deux coulans *h*, *h*, qui glissent sur les deux règles *E E*, et qui, ayant la faculté de s'approcher du bout de la cage, portent l'arbre *V* aussi loin qu'on veut vers l'extrémité gauche de la cage. Cet arbre porte une embâse sur laquelle est fixée une règle de fer *X*, *fig.* 1 et 4, sur laquelle glisse à queue d'aronde une boîte de cuivre *i*, *fig.* 1 et 4, qui, coudée à l'équerre en devant, porte une espèce d'*H* ayant une vis en dessus et en dessous, à pointe conique, qui prennent dans des trous de même forme pratiqués sur une autre boîte *N*, dans laquelle glisse la règle porte-outil *Y Y*, qui se meut très-librement de devant en arrière sur la pointe des vis de la pièce *i*. Ainsi, lorsqu'on porte la boîte *i* vers la gauche sur la règle *X*, le levier que forme la règle *Y* est augmenté. Une autre boîte *Z* glisse également à queue d'aronde sur la règle *X* : elle porte un ressort *R R*, au bout duquel est une cheville à charnière *K*, qu'on fait entrer dans un des trous pratiqués sur le plat de la règle *Y Y*, et qui, pressant contre cette règle, la force de s'approcher de la médaille et de la plaque d'ivoire ou de cuivre qui sont montées sur les mandrins *A B*, placées sur les arbres *C D*.

Au bout de cette règle est une pièce courbe ajoutée, et retenue solidement par un boulon à vis ; cette pièce est, par son autre extrémité, en forme d'étrier *l*, *fig.* 4, dans lequel sont deux rouleaux d'acier, entre lesquels passe la cheville *g*. Ainsi, lorsque la roue de volée met toutes les pièces en mouvement, les arbres *C*, *D*, *fig.* 1, tournent, et avec eux, la médaille et la plaque. La vis *T* tourne également, et fait descendre la cheville *g*, qui, passant entre les rouleaux *l*, fait également descendre la la règle *Y Y* : et comme sur cette règle sont deux poupées *S S*, *T T*, dont l'une, celle à droite, porte une touche d'acier qui appuie contre la médaille, et l'autre, un burin très-aigu, qui appuie contre la plaque d'ivoire ou de cuivre, et que la règle, en même temps qu'elle descend très-lentement, est poussée par le ressort *R*, *R*, contre la médaille et la plaque, et qu'étant portée entre les deux vis coniques de la pièce *c*, elle peut se prêter au moindre mouvement de devant en arrière ; toutes les fois que la touche rencontre du relief, elle recule, et avec elle la règle et par conséquent le burin : lorsqu'au contraire la médaille présente du creux, elle avance, et le burin avec elle : et attendu la descente insensible de la règle, de la touche et du burin, et le mouvement circulaire de la médaille et de la plaque, lorsque la touche est parvenue au bas de l'original, on peut être assuré qu'elle a parcouru tous les points de sa surface : l'outil a produit le même effet sur la plaque, et tous les traits de la médaille y sont fidèlement répétés.

Il seroit trop long de faire remonter la règle, et par conséquent la touche et l'outil, au centre de la médaille d'où l'on est parti, par un mouvement opposé à celui par lequel ils sont descendus, en faisant aller la roue de volée dans un sens contraire. Il suffit de retirer la vis sans

Pl. 52.

fin *R*, de l'arbre *Q*, sur laquelle elle est enfilée comme un manchon, et où rien ne la retient par devant. Alors on remonte la boîte et la cheville, en faisant tourner la manivelle *V V*, *fig*. 4 : lorsqu'on remonte la boîte, il faut ôter la règle *Y*, *Y*, de dessus la cheville, et la placer dans la position où on la voit *fig*. 4 : sans quoi la touche et le burin gâteroient tout ce qu'on a fait.

Nous avons dit que la touche et l'outil doivent parcourir en totalité les surfaces, l'une de la médaille, l'autre de la plaque; cette observation est de la plus grande importance. Il faut donc s'assurer, avec la plus grande exactitude, et à l'aide d'une bonne loupe, que la touche et l'outil, quand on commence, sont exactement au point mathématiquement central, l'un de la figure, l'autre de la plaque : sans quoi, on verroit au centre du portrait un petit cercle plein, qui n'auroit pas été atteint.

SECTION II.

Manière de travailler sur le Tour à Portraits.

On commencera par monter sur le nez de l'arbre *D*, *fig*. 1, l'original qu'on veut copier, et sur celui de l'arbre *C* le morceau de métal ou d'ivoire sur lequel on se propose d'opérer. On se servira, pour le premier, d'un mandrin de bois de forme ordinaire, dans lequel on creusera une portée convenable pour recevoir la médaille, si c'en est une qu'on veut copier. Mais, si c'étoit un bas-relief d'une certaine étendue, et qu'on ne pût pas par cette raison le placer commodément dans un mandrin, on le fixeroit sur un mandrin de moindre diamètre à l'aide du mastic à chaud, dit *Mastic de fontainier*. Enfin si l'original ne pouvoit, à cause de sa forme, être saisi dans la portée d'un mandrin; par exemple, si c'étoit un poinçon ou un carré, il faudroit se servir d'un des mandrins à quatre vis décrits dans le premier Volume.

La pièce sur laquelle on se propose de travailler se place dans un mandrin de bois, de forme ordinaire, ayant une portée assez profonde pour que la pièce y soit retenue solidement, car le moindre dérangement survenu pendant l'opération détruiroit les effets produits auparavant. Si cette pièce étoit fort mince, comme le sont assez souvent les plaques d'or ou de toute autre matière précieuse, on se serviroit avantageusement d'un des deux mandrins à recouvrement, vus de coupe *fig*. 2 et 3. Enfin, si on opéroit sur un poinçon d'acier, il faudroit le fixer dans un mandrin à quatre

vis, comme nous l'avons enseigné en parlant de l'original. Une observation
essentielle et qui s'applique à tous les mandrins, c'est que leur saillie ne
doit jamais excéder l'embâse de l'arbre *V*.

Quand on opère sur de l'ivoire, il faut que le morceau soit scié suivant
le fil de la dent, et non pas en travers; car l'ivoire debout devient trop
fragile, et se coupe mal. Il faut aussi qu'il soit placé dans le mandrin de
manière que le fil se trouve dans le sens de la hauteur de la figure,
autrement l'outil ne couperoit pas net, et si ensuite on vouloit détacher
le portrait du fond, on risqueroit de le casser dans la partie la plus mince,
qui est ordinairement le col.

Si, après avoir mis le morceau d'ivoire dans le mandrin, on s'aperçe-
voit, en le montant sur l'arbre, que le fil ne se trouve pas dans le sens
convenable, il ne seroit pas nécessaire de le retirer du mandrin pour l'y
remettre; il suffiroit en ce cas de faire désengréner la vis sans fin, qui
glisse sur l'arbre *K*, en desserrant la vis à tête plate *e*, qui sert à soutenir le coussinet de la vis sans fin, après quoi on a la facilité de faire
tourner l'arbre *C*, et de présenter l'ouvrage placé sur le nez de cet arbre,
dans le sens qu'on désire.

Avant de monter l'original sur le nez de l'arbre *D*, il faut placer la touche
bien exactement au centre de cet arbre. Pour y parvenir, on ôte d'abord
la vis sans fin *R*, et on fait tourner la vis de rappel *T*, jusqu'à ce que le
porte-rouleau soit en haut. Dans cette position la pointe de la touche est à
la hauteur du point de centre. Ensuite on monte sur le nez de l'arbre *D*
un petit mandrin de bois, portant une plaque ronde de cuivre ou de fer,
qui doit avoir un point correspondant juste au centre de l'arbre. Alors on
desserre la vis à tête plate *p p* placée à la boîte porte-centre *N*, vers la
gauche de la cage, et on fait glisser la barre *Y* jusqu'à ce que la pointe
de la touche se trouve juste en face du centre, après quoi on retire le
mandrin, et on monte en sa place celui qui porte l'original.

Pour monter et centrer la copie sur l'arbre *D*, il faut, après avoir observé ce que nous avons dit relativement à la position de l'ivoire, si c'est sur
cette matière que l'on opère, frotter le milieu de mine de plomb, ou de
toute autre matière colorante, et y faire un trait circulaire à l'aide duquel
on place facilement la pointe de l'outil au centre.

Il arrive assez souvent que cette pointe se casse en travaillant, et comme
sa position est très-essentielle à conserver pour le succès de l'opération, on
a imaginé pour cela le calibre en cuivre, *fig.* 6, sur la face duquel est une
coulisse disposée pour recevoir le porte-outil, *fig.* 7, et l'outil monté dessus.

A l'extrémité de la coulisse, est une cale mobile B, ayant peu d'épaisseur et portant, sur la face qui regarde la coulisse, une encoche triangulaire a. Le porte-outil étant placé dans la coulisse, on présente la cale mobile à la pointe de l'outil, de manière que l'encoche reçoive exactement cette pointe; et on la fixe dans cette position à l'aide du boulon E. Par ce moyen, si on a besoin de retirer l'outil de son porte-outil pour en refaire la pointe, on est assuré de pouvoir toujours le replacer exactement dans la même position.

Quand on aura placé la touche et l'outil avec les précautions détaillées plus haut, l'une devant l'original, l'autre devant la copie, on tend le ressort qui pousse la barre porte-outil Y, en faisant entrer la pointe k, qu'on voit au bout de ce ressort, dans un des trous percés à cet effet sur le devant de la barre. En cet état, on retirera la touche un peu en arrière et on mettra le Tour en mouvement pour faire, avec la pointe de l'outil, au centre de la plaque, un petit trou dont on détermine la profondeur par le plus ou moins de matière qu'on doit déplacer en cet endroit, suivant sa position.

Si, par exemple, ce point de centre se trouve dans une partie basse, comme le col d'une figure, il faut creuser plus profondément que s'il est placé sur une partie saillante, comme l'oreille.

Lorsque ce petit trou, qui doit servir de guide, sera suffisamment creusé, on rapprochera la touche de l'original, jusqu'à ce qu'elle en affleure la surface, on la fixera dans cette position, et on montera sur l'arbre Q le canon à vis sans fin R, qui, engrénant dans la roue S, fera descendre jusqu'à la circonférence l'écrou f, et par conséquent la barre porte-outil Y, de manière que le bout de la touche et la pointe de l'outil, par l'effet de ce mouvement combiné avec celui des arbres C et D, décriront une spirale extrêmement rapprochée, dont l'effet sera de rendre sur la copie toutes les saillies et tous les creux de l'original.

Il est bon d'observer que, pour la première passe qui ne doit qu'ébaucher la pièce, il faut placer sur l'arbre Q le manchon portant une vis sans fin à quatre filets, afin d'accélérer la descente de la barre porte-outil. On se servira, pour cette première passe, d'une touche un peu grosse par le bout, et d'un outil dont la pointe soit un peu mousse; et, comme il ne seroit pas facile de centrer avec une touche et un outil de cette forme, on emploiera pour les opérations préliminaires une touche et un outil extrêmement aigus qu'on remplacera, au moment du travail, par la touche et l'outil propres à ébaucher.

Lorsque la pointe de l'outil sera parvenue à la circonférence, et qu'elle aura par conséquent parcouru toute la surface de la pièce, on ôtera le canon à vis sans fin *R*, que l'on remplacera par celui à trois filets, dont la descente est moins rapide, après avoir remis au centre la pointe de l'outil, et le bout de la touche, en faisant remonter le porte-rouleau à l'aide de la vis de rappel. On se servira d'une touche et d'un outil plus aigus pour cette seconde passe, après laquelle, si on a opéré avec les précautions indiquées, la copie doit représenter exactement l'original.

Si cependant on vouloit lui donner encore plus de fini, on pourroit faire une troisième passe, pour laquelle on se serviroit de la vis sans fin à deux filets et d'un outil très-aigu, qui, ne déplaçant qu'une très-mince pellicule de matière, caresseroit toutes les formes de la figure, et achèveroit de donner à la copie toute la perfection de l'original. On observera qu'à ces différentes passes la tension du ressort doit être proportionnée à la rapidité de la descente de l'outil, et à la saillie plus ou moins forte des traits de l'original.

Les règles que nous venons de donner doivent être suivies ponctuellement, quelle que soit la matière sur laquelle on opère. On observera seulement que pour les métaux la pointe de l'outil doit être un peu plus grosse que pour l'ivoire, sans quoi elle se détruiroit trop facilement. On fera aussi dans ce cas deux ou trois passes avec la grosse touche, et l'outil à pointe mousse; après quoi on terminera en une ou deux passes, avec une touche plus fine et un outil plus aigu. On suivra attentivement la course de l'outil avec une loupe, et aussitôt que l'on apercevra la moindre altération à la pointe, on retirera l'outil sans le déranger de son porte-outil pour l'affûter, après quoi on le replacera au centre en faisant remonter le porte-rouleau à l'aide de la vis de rappel, pour recommencer la passe tout entière. Pendant ces différentes passes, il faut que le mouvement du Tour soit très-lent et très-régulier, et on graissera légèrement la surface de la pièce avec un peu de bonne huile. On donne ordinairement moins de relief aux médailles en cuivre, en acier ou autres métaux qu'à celles en ivoire, et le canon à vis sans fin doit avoir moins de filets, afin de ralentir la descente de l'outil.

Après avoir terminé par le moyen du Tour la copie d'un portrait sur une plaque d'ivoire, si on veut détacher la figure du fond pour la transporter sur de l'ébène ou autre matière de couleur tranchante, il faut mettre le médaillon dans le mandrin, la face en dessous, et le monter ainsi sur le Tour en l'air, pour amincir le fond par derrière, jusqu'à ce

Pl. 52.

que la figure soit prête à se détacher, ensuite on la posera sur une plaque de liége, et on enlèvera avec de petites limes ce que l'on n'auroit pas pu ôter à l'aide du Tour sans craindre d'endommager les contours.

Cette opération se fera bien plus aisément, si l'on garnit la face du portrait avec le mastic dont nous parlerons dans le chapitre où nous enseignerons à tourner des pièces très-minces en ivoire.

SECTION III.

Considérations générales sur l'usage du Tour à Portraits.

On voit, par la construction du Tour à portraits, que plus l'arbre C, qui porte la copie, se rapproche du centre de mouvement de la barre Y, qui se trouve en h, plus cette copie sera petite par rapport à l'original.

En effet, s'il étoit possible de placer le centre de la copie à ce point h, il est clair qu'on n'obtiendroit qu'un point pour résultat. Si au contraire on pouvoit le placer sur le centre de l'arbre D qui porte l'original, on obtiendroit une copie égale à l'original. Par conséquent en le plaçant au quart de la distance qui se trouve entre ces deux points vers celui D, on réduira d'un quart ; à la moitié, la copie sera moitié de l'original, et ainsi de suite. Il est donc commode de diviser la distance entre le point h et le centre de l'arbre D en un certain nombre de parties égales, et de tracer sur la barre E cette division, au moyen de laquelle on pourra réduire la copie dans telle proportion qu'on jugera à propos.

Si on vouloit avoir une copie plus grande que l'original, on y parviendroit en mettant l'original sur l'arbre C, et la copie sur l'arbre D, et en transposant pareillement la touche et l'outil ; mais nous ne conseillons pas d'employer souvent ce moyen, qui présente plusieurs inconvéniens. D'abord les défauts de l'original se trouvent grossis, et par conséquent plus visibles sur la copie. De plus, l'outil ayant une plus grande quantité de matière à déplacer, et le ressort poussant l'outil avec moins de force qu'il n'en emploie en agissant sur la touche, on est obligé de faire plusieurs passes avec la pointe mousse, avant de terminer avec la pointe fine ; en sorte qu'à tout prendre, il vaut mieux opérer du grand au petit, comme nous l'avons enseigné.

Quel que soit le point où l'on place l'arbre C si on laisse la pièce i dans la position où on la voit sur la *fig* 1, le relief de l'original se trouvera diminué sur la copie dans la même proportion que le diamètre ; mais si on vouloit que ce relief fût proportionnellement plus grand, il faudroit reculer cette pièce *i* vers l'extrémité à gauche de la barre *X*. Si au contraire on vouloit diminuer ce relief, toujours sans rien changer au diamètre, il faudroit rapprocher la même pièce *i* vers l'extrémité à droite de la barre *X*. On voit en effet que par ce moyen on recule ou on avance le point sur lequel la barre porte-outil *Y* se meut de devant en arrière, ce qui augmente ou diminue le mouvement de l'outil sur l'ouvrage, et par conséquent le relief de la copie.

Si, par suite de ce que nous venons de dire, on avoit besoin de reculer la pièce *i* vers la gauche à une distance où la pièce *Z*, qui porte le ressort *R R*, viendrait à gêner, on a la faculté de faire sortir par la gauche cette pièce *Z*, qui glisse à queue d'aronde sur la barre *X*, et de la renfiler sur la même barre par le bout à droite. Alors la goupille, placée au bout du ressort *R R*, entre dans un des trous placés sur la barre porte-outil *Y*, qui en a plusieurs pour cet effet.

Si au contraire on veut beaucoup diminuer le relief, et par conséquent avancer beaucoup la pièce *i* vers la droite, on peut retourner la barre *X* bout pour bout, ce qui procure un grand allongement vers ce côté.

Dans tous les changemens de position qu'on fera éprouver à la pièce *i*, il faut avoir soin de desserrer la vis de pression *p p*, et de faire couler la pièce en maintenant constamment la barre *Y* dans la même position.

Pour donner à l'artiste les moyens d'opérer sans tâtonnement, on trace sur la barre *X* autant de divisions égales à celles tracées sur la barre *E*, qu'elle en pourra contenir, en prenant pour point de départ l'extrémité de la pièce *i*, placée au centre de l'arbre *V*, comme on la voit sur la figure. De cette manière, cette division se trouve partagée en deux parties dont l'une va de droite à gauche et l'autre de gauche à droite.

Pour donner un exemple de ces diverses opérations, nous supposerons à présent qu'on veuille réduire une médaille à moitié et donner à la copie un relief proportionnellement moindre d'un huitième que la figure n'en a sur l'original. On remplira la première condition en plaçant le centre de l'arbre *C* au milieu de la distance des deux points *D h*, et on se servira pour le trouver de la division tracée sur la barre *E*. Pour remplir la seconde condition on fera avancer la pièce *i* vers la droite d'un huitième de la même distance, ce qui peut se faire très-exactement au moyen de la division tracée sur la barre *X*. Si, au lieu de diminuer le relief, on vouloit l'augmenter dans la même proportion, il faudroit reculer la pièce *i* d'une même quantité vers la gauche, en prenant toujours le même point de départ.

Pl. 52.

Pl. 52.

Pour ne point interrompre le discours, nous n'avons pas décrit la manière d'affûter l'outil, et la forme qu'il convient de lui donner. Cette forme est assez difficile à décrire, et même à dessiner ; cependant nous avons essayé d'en donner une idée par les *fig.* 8 et 9, qui sont dessinées pour cette raison de grandeur naturelle. La première représente le plan de l'outil vu par sa pointe, et la seconde est le même outil vu sur sa longueur. La condition la plus essentielle à observer dans la forme qu'on donne à l'outil, c'est que la ligne du taillant *a* soit bien perpendiculaire à l'embâse de l'arbre. Au surplus, toutes les fois qu'on acquiert un Tour à portraits, il est prudent de demander une certaine quantité d'outils tout affûtés, et on fera bien d'en réserver un qui servira de modèle, quand on voudra affûter les autres.

Si la pointe et le taillant sont fort endommagés, il faut sortir l'outil de son porte-outil, l'aiguiser sur la meule, et le terminer ensuite sur la pierre à l'huile ; nous avons donné ailleurs le moyen de le replacer dans la même position, à l'aide du calibre, *fig.* 6.

Mais, si on n'a besoin que d'aviver la pointe et le taillant, il suffit de passer l'outil sur la pierre à l'huile, en observant que, pour rétablir la pointe, il faut l'affûter par derrière, et que pour le taillant, il faut passer les deux faces qui le forment sur la pierre, en prenant bien garde de ne pas changer sa direction.

Pour terminer cette section, nous dirons un mot du petit touret représenté *fig.* 10, dont l'usage est de refaire le bout des touches quand il est usé par le frottement. L'arbre *A* est creusé, aux deux tiers de sa longueur, d'un trou de la grosseur du corps des touches. On place la touche dans ce trou, en laissant la pointe en dehors, et on la fixe dans cette position au moyen de la vis *b*. On place ensuite le touret dans un étau, en saisissant sa base *C* dans les mâchoires, et mettant l'arbre en mouvement avec un archet ; on arrondit la pointe de la touche, et on lui rend sa première forme au moyen d'une petite pierre à l'huile préparée pour cet effet. Pour lui donner le poli, on se sert de la boue formée sur la pierre à l'huile, et d'un petit morceau de bois de noyer. Comme cette opération, répétée souvent, raccourcit le cône qui forme la pointe de la touche, et finit par le rendre trop obtus, on aura soin, quand on en fera de neuves, d'allonger ce cône autant qu'on le pourra sans nuire à sa solidité.

Le petit touret est encore d'un usage indispensable dans ce dernier cas. On emploie, pour faire les touches neuves, de l'acier fondu tiré rond et de

grosseur suffisante, ou mieux encore un morceau forgé carré, et ensuite
arrondi à la lime. On ébauchera, aussi à la lime, une pointe conique à l'un
de ses bouts, et on achèvera de l'arrondir au Tour à l'archet. La touche
étant ainsi préparée, on la montera dans le creux de l'arbre du petit touret,
la pointe en dehors, en approchant de cette pointe le petit support de
bois *D*, qui glisse sur la base du touret, et on tournera le cône qui forme
la pointe, en lui donnant beaucoup d'allongement, comme nous l'avons
dit plus haut, après quoi on retirera la touche pour tremper la partie
conique. On la replacera ensuite dans l'arbre du touret pour achever de la
polir avec la pierre à l'huile, de la manière que nous avons décrite plus haut.

Pl. 52.

SECTION IV.

Des Originaux dont on se sert sur le Tour à Portraits.

Les originaux qu'on se propose de multiplier à l'aide du Tour à portraits
sont des médailles en cuivre, bronze ou autre métal, ou bien c'est un portrait, ou sujet quelconque, que l'on fait exécuter en cire par un habile mo-
deleur : dans ce dernier cas, on recommandera à l'artiste de donner au
buste quatre pouces environ de hauteur et le moins de saillie possible ;
surtout il doit éviter d'y laisser des cavités fouillées en dessous, comme cela
se pratique pour donner plus de légèreté aux draperies ; car la touche ne
pouvant pénétrer dans ces parties, l'effet n'en seroit pas rendu sur la copie.
Ces sortes de modèles en cire se font ordinairement sur une ardoise. On
les envoie en cet état au fondeur, qui en rend une ou plusieurs copies en
cuivre, que l'on fait réparer par un ciseleur, avant de s'en servir sur le
Tour à portraits.

Si on craignoit que le travail du fondeur n'endommageât la cire, ce qui
arrive en effet quelquefois, il faudroit poser l'ardoise sur un morceau de
bois d'un pouce à peu près d'épaisseur, et de même grandeur que l'ardoise,
et en tirer un creux en plâtre par les moyens décrits dans le Chapitre du
Moulage. On coulera ensuite dans ce creux un relief en étain ou en plâtre,
que l'on enverra au fondeur, pour lui servir de modèle.

Si l'original qu'on veut copier est une médaille en métal, on peut la
monter en mandrin et la placer ainsi sur le Tour à portraits ; mais il peut
arriver aisément que les traits de l'original s'altèrent par le frottement
continuel de la touche ; et si la médaille a quelque valeur, il est plus à
propos, pour travailler sur du cuivre, de l'acier ou autre métal, d'y sub-

stituer une copie en cuivre, que l'on fera faire par les moyens indiqués plus haut.

Mais si on travaille sur de l'ivoire, on peut, au lieu de médaillon sur cuivre, en faire un en corne ou en écaille, qu'on obtiendra par le moulage décrit au Chapitre du Moulage. On sait que, pour ce procédé, on a besoin d'une matrice en matière dure, représentant exactement en creux toutes les saillies de l'original. On peut se procurer une semblable matrice très-facilement, et en même temps très-fidèle, au moyen de l'opération connue sous le nom de *clichage* que nous allons détailler.

On appelle *clicher*, prendre, au moyen d'une forte percussion, l'empreinte d'un relief quelconque, comme une médaille, un poinçon, etc. sur un métal en fusion refroidi à la consistance d'une pâte un peu ferme. Le métal qu'on emploie ordinairement pour cette opération est un mélange de trois parties d'étain et d'une partie de régule d'antimoine; comme le régule est plus difficile à mettre en fusion que l'étain, on le met d'abord seul dans un creuset, et on y jette l'étain petit à petit, en agitant continuellement la matière avec un bâton pour que ces deux métaux se mélangent parfaitement. On laissera refroidir cet amalgame jusqu'à ce qu'une feuille de papier blanc qu'on y plongera en sorte sans être roussie. Alors on en versera avec une cuiller une quantité suffisante sur un carré de papier blanc, qu'on remuera en tout sens en ramenant le métal de la circonférence au centre, jusqu'à ce qu'il ait acquis, comme nous l'avons dit, la consistance d'une pâte mollette. On posera cette feuille de papier sur un coussin composé de plusieurs doubles de papier gris, et on frappera fortement sur le métal avec la médaille montée dans le mandrin *fig.* 11, que l'on saisira par sa poignée *A*.

La médaille est placée dans une portée creusée à la surface de ce mandrin, de manière à l'affleurer; et le bord extérieur du mandrin étant taillé en chanfrein, il est facile de dégager la médaille de la masse de métal, dans laquelle on vient de l'imprimer. Il faut avoir soin, quand on cliche, de couvrir sa main d'un gand, et de détourner la tête afin de se garantir des éclaboussures du métal. On fera bien aussi de placer, autour du coussin de papier gris, un cercle formé d'une bande de carton d'environ dix-huit lignes de hauteur, pour empêcher le métal de rejaillir de tous côtés, et de gâter ainsi les meubles de la pièce où l'on travaille.

Avec quelque soin que l'on opère, il peut se rencontrer quelques soufflures, ou d'autres légers défauts dans un cliché; on fera donc bien d'en tirer plusieurs épreuves pour choisir la plus parfaite.

Avant de faire usage de ces clichés, on en arrondit les bords avec une rape, en se guidant sur le filet circulaire, produit par la circonférence de la médaille; ensuite on les monte au Tour en l'air, dans un mandrin fendu, la face en dessous pour en dresser le derrière. En cet état on place le cliché sur un galet uni au fond du moule décrit au Chapitre du moulage, et on s'en sert pour obtenir des copies en relief sur de la corne ou de l'écaille par les procédés détaillés au même Chapitre.

S'il arrivait que les traits du cliché vinssent à s'altérer par l'effet de la pression, on en mettrait un autre en sa place; et c'est en partie pour cette raison que nous avons conseillé d'en faire plusieurs épreuves.

Tous les Tours à portraits qui existent jusqu'à présent ne peuvent porter que des modèles de 6 ou 7 pouces de diamètre tout au plus. Cependant un graveur qui voudroit multiplier un portrait ou un bas-relief intéressant, au moyen du Tour, auroit un grand avantage s'il pouvoit opérer sur un original d'un plus grand diamètre. En effet, il est bien plus facile de saisir la ressemblance ou d'exécuter un sujet agréable sur un médaillon d'une certaine grandeur; et, s'il s'y trouve quelque légère imperfection, elle disparoîtra par l'effet de la réduction. De plus, la touche en parcourt tous les points avec bien plus d'exactitude, et par conséquent l'outil en rend tous les détails avec plus de fidélité.

Ces considérations nous ont déterminés à faire exécuter un Tour à portraits sur des dimensions beaucoup plus fortes, et dans la construction duquel nous apportons quelques améliorations, sans toutefois nous écarter des principes que nous avons donnés dans ce Chapitre.

Sur ce Tour on pourra placer un original de 12 à 13 pouces, et le réduire si l'on veut à deux lignes. La force de toutes les parties qui le composent le rendra aussi bien plus propre à opérer sur les métaux et particulièrement sur l'acier, qui se coupera avec une netteté qu'on obtient rarement des Tours construits sur les dimensions ordinaires.

Pl. 52.

CHAPITRE IX.

Description et Usage du Tour à graver le verre.

Pl. 55.

Nous terminerons cette partie, qui traite de tous les différens Tours composés, connus jusqu'à ce jour, par la description du Tour à graver le verre, que nous ne croyons pas avoir été donnée nulle part, et qui pourra par cette raison intéresser nos Lecteurs.

Quoique nous ayons cru devoir ranger le Tour à graver le verre parmi les Tours composés, son mécanisme est cependant fort simple, et a beaucoup de rapport avec celui du Tour en l'air ordinaire à roue. Mais la manière dont on s'en sert est entièrement différente ; car, au lieu que dans le Tour en l'air ordinaire c'est l'ouvrage qui est monté au bout de l'arbre, et qui tourne avec lui, pendant que l'Artiste en approche l'outil qui doit l'entamer ; ici au contraire, un outil d'une forme particulière placé au bout de l'arbre, de la manière qu'on va voir, tourne avec lui, pendant que l'Artiste, tenant l'ouvrage dans ses mains, le présente à l'outil dans les différentes positions nécessaires, pour y tracer les contours du dessin qu'il veut exécuter.

La *fig.* 1, *Pl.* 53, représente le Tour à graver le verre, vu de face, et du côté où se place l'Artiste. *A* est l'établi sur lequel est posé le Tour. *B, B, B, B,* sont les quatre pieds de cet établi, réunis deux à deux, par les traverses *C, C,* placées à peu près à la moitié de leur hauteur, et dans le sens de la largeur de l'établi. Sur les deux traverses, sont ajustés deux paillets de métal, que l'on voit sur la figure, et dans lesquels roule un arbre coudé *D,* qui porte à gauche une roue de volée *F,* sur laquelle passe la corde sans fin, et qui est mise en mouvement à l'aide de la pédale à cabriolet, décrite page 392 du premier Volume.

Sur l'établi, et à l'aplomb de la roue de volée, est placé un piédestal *H,* vu sur une échelle double, de face, *fig.* 2, et en plan *fig.* 3, surmonté d'un piédouche *K.* Ce piédouche est percé d'un trou vertical, pour donner passage au boulon *L,* retenu en dessous de l'établi par un écrou *l,* et destiné à fixer solidement le demi-cercle *a, a,* vu sur ses trois faces, *fig.* 4,

5 et 6, et qui porte les deux poupées *b b.*

Dans ces poupées sont pratiquées deux ouvertures, où sont placés les coussinets sur lesquels roule l'arbre *L,fig.* 1, vu à part *fig.* 7. Deux petites embâses *a, b,* viennent appuyer contre les poupées en dedans du demi-cercle, et empêchent l'arbre de se mouvoir dans le sens de sa longueur. Une poulie *A* porte la corde sans fin, dont les deux parties passent, l'une derrière l'établi, et l'autre sur le devant, et se réunissent sur la gorge de la roue de volée *F.*

Tout l'appareil que nous venons de décrire est renfermé dans une sphère de cuivre *M,fig.* 1, vue en coupe *fig.* 2, et formée de deux pièces *A B,* qui s'assemblent à drageoir, à la hauteur du centre de l'arbre. La partie *b c* de l'arbre, qui excède la sphère vers la droite, est percée, jusqu'aux deux tiers environ, d'un trou conique, pour recevoir la queue en plomb *d,* de la tige de fer *fig.* 8, au bout de laquelle est rivée la petite meule de cuivre rouge *g,* vue à plat à côté de la *fig.* 8.

La mortaise *e,fig.* 7, sert à repousser facilement la tige *d,* lorsqu'on veut changer la petite meule, ce qui arrive continuellement quand on travaille.

La boule *M,fig.* 1, est surmontée d'un vase percé d'un trou, dans lequel glisse une tige de fer *N,* à l'extrémité de laquelle est ajustée dans une mortaise, une petite pince de cuivre *O,* au bout de laquelle est suspendu un petit morceau de cuir mouillé, qui entretient constamment l'humidité sur les petites meules, et répartit également l'éméri délayé dont elles sont enduites sur leurs champs.

On voit à droite, sur l'établi, *fig.* 1, un double plateau *P,* qui porte les petites meules arrangées par ordre, pour que l'Artiste puisse trouver facilement celle dont il a besoin. On nomme ce plateau le porte-meules.

C'est à l'aide de ces petites meules qu'on peut exécuter toutes sortes de dessins sur le verre. Pour cela on les enduit d'éméri délayé, comme nous l'avons dit plus haut, et on leur imprime, au moyen du Tour, un mouvement rapide de rotation. On est obligé d'en avoir un très-grand nombre, et leur forme, ainsi que leur grandeur, varient presqu'à l'infini. Les unes ont leur champ plat, pour creuser un carré dans la matière, les autres l'ont taillé en angle, plus ou moins aigu, pour tracer des lignes. D'autres sont arrondies sur les champs, suivant une portion de circonférence d'un diamètre égal à celui de la petite meule, et c'est à l'aide de ces dernières qu'on peut graver sur le verre des pois ou perles en creux. Chaque

Pl. 53.

Artiste emploie celles qui lui semblent le plus commodes, pour rendre telle ou telle partie du dessin qu'il veut exécuter; car il ne faut pas s'imaginer qu'il en soit de ces meules comme des rosettes du Tour à guillocher, dont l'effet est presque toujours connu et prévu d'avance; ici tout dépend de la position, plus ou moins inclinée dans un sens ou dans un autre, de la pièce que l'artiste tient entre ses mains, et du mouvement qu'il lui donne pendant le passage de la petite meule.

On conçoit, d'après ce que nous venons d'exposer, qu'il n'est guère possible de donner de règles certaines pour un genre de travail qui dépend en très-grande partie du goût et de l'imagination de l'Artiste.

Avant tout il faut enduire de boue d'émeri la surface sur laquelle on veut opérer, et y tracer avec une pointe très-fine le croquis du dessin qu'on veut exécuter; après quoi on place dans le trou de l'arbre une petite meule extrêmement fine, avec laquelle on entame le verre en suivant les contours de ce croquis.

L'Artiste s'assied pour cet effet devant l'établi, sur lequel il appuie ses deux coudes, ce qui lui donne la facilité de se servir des deux mains pour tenir la pièce qu'il présente à la meule dans toutes les positions, et sous tous les degrés d'inclinaison nécessaires.

Quand cette première ébauche est terminée, on remplace la meule tranchante par d'autres de forme appropriée pour terminer toutes les parties du dessin, en les creusant plus ou moins suivant les effets qu'elles doivent rendre.

Par l'effet du passage des petites meules enduites d'émeri délayé, le verre se trouve entamé et en même temps dépoli. Pour rendre le brillant aux parties du dessin qui en sont susceptibles, il faut les présenter à une meule de forme appropriée, et que l'on saupoudre de potée d'étain à sec.

C'est en combinant ainsi le mat avec le brillant, qu'on peut produire des dessins fort purs, et décorer d'une manière très-agréable des vases, semblables à ceux qu'on voit sur l'établi, qui font l'ornement de nos tables et de nos salons.

Le Tour dont nous venons de donner la description sert encore à graver les pierres fines. La manière de travailler est la même; seulement on substitue à l'émeri délayé la poudre de diamant humectée.

MANUEL DU TOURNEUR.

SEPTIÈME PARTIE.

APPENDICE.

CHAPITRE PREMIER.

Moulage des Bois, et de la Corne.

SECTION PREMIÈRE.

Moulage des Bois.

Tout le monde connoît ces boîtes, dont le couvercle représente en relief des paysages, des traits d'histoire, des portraits, ou tout autre sujet. On pourroit être tenté de croire que ces effets ne s'obtiennent qu'à l'aide de la sculpture ; mais le bas prix de ces sortes d'ouvrages indique assez qu'ils sont dus à un procédé beaucoup plus facile : ce procédé est le moulage des bois dont nous allons donner la description, avec tous les détails nécessaires pour mettre nos Lecteurs en état de l'exécuter eux-mêmes.

Pl. 54.

Les loupes, en général, et particulièrement celles de buis réussissent mieux que les autres bois. Dans ces extravasations le fil du bois ne suit point une direction constante, et par conséquent les reliefs s'y impriment plus nettement que dans les bois de fil, dont les fibres se rompent par l'effet de la pression, ce qui occasionne des crevasses et déforme les traits

MANUEL DU TOURNEUR.

Pl. 54. du dessin. Le bois rose vient cependant assez bien, mais il perd entièrement sa couleur, et devient d'un brun sale : l'if est aussi très-bien venu. Le noyer et autres bois français ont assez bien réussi : mais nous avons remarqué que le gaïac vient assez mal, et nous croyons en trouver la cause dans la résine qu'il contient. En effet, quoique le relief nous ait paru assez net dans la plus grande partie de sa surface, on voyoit en d'autres endroits, et surtout au centre, des boursouflures ou élévations qui annonçoient du vide en dessous, et ayant levé avec l'ongle ces petites croûtes, nous avons trouvé dessous, des parties d'une substance, qui sembloient être entrées en ébullition, et avoir acquis la concrétion du soufre. On y voyoit encore des trous semblables à ceux que laisse une matière résineuse comme de la cire à cacheter, quand elle a été trop chauffée. Cet inconvénient est commun à tous les bois qui renferment de la résine. Nous croyons donc être fondés à établir en principe général, que tous les bois où l'huile essentielle n'est pas en grande abondance, sont d'autant plus propres à être moulés, et à donner une surface fine, que leurs pores sont plus fins et leurs fibres plus délicates.

Nous allons donner la description des ustensiles nécessaires à cette opération.

Sur un banc ou établi *A, fig.* 1, *Pl.* 54, formé d'une forte pièce de bois de 4 à 5 pouces d'épaisseur sur 24 à 26 pouces de large et 5 pieds de long ou environ, portée par six pieds très-forts et scellés en terre en maçonnerie, ou dans le plancher, si l'on n'est pas logé assez commodément, et de 12 à 15 pouces de haut, est fixé un étrier de fer *B B*, dont les bouts sont coudés à l'équerre, et retenus sur l'établi, au moyen de deux boulons à tige et tête carrées, et qui, après avoir traversé l'épaisseur de l'établi, sont retenus par deux forts écrous en dessous, et qu'on ne peut voir ici. Au haut de cet étrier, est une entaille ou encoche *a*, capable de contenir juste une des branches de la presse *C*, *fig.* 1 et 2. Sur l'épaisseur de l'établi, est pratiqué un ravalement *b*, dans lequel entre juste la semelle de la presse ; et comme le bois ne manqueroit pas à la longue de s'arracher, par l'effort qu'on fait en serrant et desserrant la presse, on arme les deux bords de cette rainure, ou ravalement, de deux barreaux de fer *c, c,* qui passent dans l'épaisseur de l'établi, et sont retenus en dessous par de bons écrous.

Cet établi, pour être plus commode, doit être au milieu de la pièce où on travaille, afin qu'on puisse, en serrant et desserrant la vis, tourner tout autour. Cependant on peut le placer contre un mur ; et dans ce cas,

il sera bon de le retenir par chaque bout, au moyen de deux forts cram- Pl. 54.
pons de fer scellés dans le mur, si c'est un gros mur, ou qui, après avoir
passé au travers de la cloison, passent dans des trous pratiqués à une
barre de fer méplate, appliquée en dehors, et y soient retenus par de
forts écrous. Les pattes qui prennent sur le devant de l'établi y seront retenues par quelques fortes vis à bois.

Le corps de la presse, *fig.* 2, est tout en fer, et d'une seule pièce. Les
deux jumelles *A A* sont soudées au fort patin *B*, et vont se rejoindre au
haut à un œil *C*, qui reçoit un écrou en cuivre, dans lequel passe la vis *D*.
La tête de cette vis est carrée, et entre cette tête et les filets, est une embâse
sur laquelle repose le tourne-à-gauche *F*, vu à plat, *fig.* 3, dont l'œil *a*
reçoit le carré *E* de la vis. On conçoit que, quand la presse est prise par
son patin *B*, *fig.* 2, dans l'entaille faite à l'établi, et que le haut d'une des
jumelles est retenu dans l'encoche *a*, pratiquée à l'étrier *B*, *fig.* 1, elle est
fixée très-solidement, et qu'on peut serrer la vis avec autant de force qu'il
est nécessaire, enfin que le tout est inébranlable. La *fig.* 25 représente cette
presse vue de profil.

On se pourvoit de deux fers, *fig.* 4 et 5, ayant la forme des fers à repasser, si ce n'est qu'ils n'ont point de poignée. Leur longueur, leur largeur et leur épaisseur sont proportionnées aux pièces qu'on veut mouler.

Il faut encore avoir plusieurs anneaux de fer, *fig.* 6, et plus en grand,
fig. 15, garnis intérieurement d'une virole de cuivre tournée pour sa place,
qui l'est également; entrée de force et rivée, haut et bas, sur un chanfrein,
qu'on a fait aux deux bords intérieurs de la virole de fer; ces anneaux,
ainsi revêtus en cuivre, doivent être tournés intérieurement avec beaucoup de soin, et avoir un peu de dépouille; c'est-à-dire qu'ils doivent être
infiniment peu plus larges d'un côté que de l'autre : on fera au côté le
plus large une marque pour le reconnoître. Il faut avoir plusieurs de ces
anneaux de différens diamètres, selon la grandeur des boîtes, ou, en général, selon le diamètre des pièces qu'on veut mouler.

On aura aussi un tasseau de fer, *fig.* 7, parfaitement dressé par dessous
et dont le dessus soit un peu concave, afin qu'il ne puisse s'échapper par
l'effet de la pression de la vis *D*, *fig.* 2, dont le bout est un peu convexe.

Le tampon, *fig.* 8, sert à faire sortir la pièce, quand elle est moulée, de
son anneau ou moule, et un autre en fer, *fig.* 9, de la grosseur intérieure
de l'anneau, sert à presser sur toute la surface de la matière qu'on met en
moule.

Pl. 54.

La *fig.* 10 représente la pièce à *dévêtir.* Ce n'est autre chose qu'une lame de fer de 3 pouces de large, de 16 à 18 pouces de long, sur 4 bonnes lignes d'épaisseur, pliée par le milieu, et plus ouverte par les bouts que vers le pli.

Enfin on aura une clef de fer, *fig.* 11, de 3 à 4 pieds de long, et dont l'œil *a* entre juste sur le carré de la vis de la presse, pour remplacer le petit tourne-à-gauche, qui ne seroit pas suffisant quand on a besoin d'une forte pression. C'est pour qu'on puisse se servir plus avantageusement de cette clef, que nous avons recommandé de placer l'établi au milieu de la pièce où l'on travaille. Par ce moyen on pourra tourner tout autour, sans se reprendre à plusieurs fois. Si l'on est obligé de placer l'établi contre un mur, la courbe qu'on voit à cette clef près de l'œil, servira pour qu'on puisse saisir la vis à quelque position que se trouve le carré, en la retournant sens dessus dessous.

On a encore besoin pour le moulage en bois, de quelques rondelles de cuivre qu'on nomme *Galets,* tant du diamètre du moule que de quelques lignes de moins, et de 3 à 4 lignes d'épaisseur, tournées bien rondes, et dont les faces soient bien droites, bien parallèles et bien adoucies.

Voilà tous les ustensiles usités pour cette opération. Nous allons maintenant en enseigner l'usage.

On commencera par mettre au Tour en l'air un morceau de tel bois qu'on jugera à propos, à bois de travers, à moins que ce ne soit de la loupe qui n'a pas de fil bien sensible. Lorsqu'on l'aura parfaitement dressé, dessus et dessous, et mis d'épaisseur, on fera à la face la moins belle un ravalement de trois lignes ou environ de profondeur, comme à un couvercle de boîte, pour pouvoir y loger très-juste un des galets de cuivre, dont nous venons de parler, et de manière qu'il reste au bois un rebord de trois lignes au moins, et que, quand le galet est dans le ravalement, il affleure parfaitement les bords de la plaque de bois. L'épaisseur de cette plaque doit être de 5 à 6 lignes, afin de prêter au refoulement de la matière, et que le relief du creux puisse s'y trouver, sans que le fond devienne trop mince. Du reste, le diamètre de cette plaque de bois doit être tel qu'il entre juste dans l'anneau ou moule. Le creux qu'on veut copier doit entrer également juste dans le moule; ces creux se font en cuivre ou en acier, mais plus souvent en cuivre.

Il est à propos de remarquer que, quand la pièce qu'on veut mouler offre dans quelqu'une de ses parties un relief assez considérable, il ne faut pas dresser exactement les surfaces de la plaque de bois; on doit au

Pl. 54.

contraire laisser à l'endroit qui doit porter ce relief un excédant de matière en forme de goutte de suif en dessus et en dessous.

On fera chauffer les deux plaques de fer, *fig.* 4 et 5, et pendant ce temps, on mettra dans l'anneau le creux dans lequel on veut mouler, les figures en dessus; on mettra par dessus la pièce de bois, la partie lisse en dessous, avec la plaque de cuivre dans son ravalement; et par dessus le tout, une autre plaque de cuivre qui entre aussi juste dans l'anneau. Toutes ces pièces doivent entrer par le côté que nous avons recommandé de tenir tant soit peu plus large, et entrer très-juste jusqu'au fond.

Quand les plaques, *fig.* 4 et 5, seront suffisamment chaudes, c'est-à-dire lorsque quelques gouttes d'eau jetées dessus y gresilleront vivement, on en mettra une sur le patin de la presse, que nous supposons être sur l'établi. On mettra sur cette plaque le moule rempli de tout ce dont nous venons de parler. On placera ensuite le galet de cuivre *a*, *fig.* 2, qui remplit également le moule, mais qui, étant plus épais qu'il ne faut, a la faculté d'entrer à mesure que la pression se fait, et que le bois diminue d'épaisseur. On mettra par dessus le tout la seconde plaque, aussi chaude que la première; et pour pouvoir faire cette opération avec célérité, et sans courir risque de se brûler les doigts, on se servira de pinces plates de forge. On recouvrira la dernière plaque par le tasseau, *fig.* 7, ainsi qu'on le voit sur la *fig.* 2, de manière que le bout de la vis remplisse autant que possible la partie concave pratiquée en dessus. Ensuite on donnera, avec le tourne-à-gauche *F*, un ou deux tours de vis, jusqu'à ce qu'elle appuie déjà un peu fortement. Pendant le temps qu'exige cette opération, le noyau, la matière et les plaques s'échauffent suffisamment; alors on prend la grande clef, et à deux ou trois personnes, s'il est nécessaire, on donne une forte serre. Quand la vis refuse de tourner, on arrête pendant deux ou trois minutes; puis, après avoir, avec la même clef, desserré la vis d'un quart de tour, et avoir attendu, en cet état, pendant cinq ou six secondes, on recommence à serrer de nouveau, jusqu'à ce que la vis refuse de tourner. Alors on plonge la presse, ainsi serrée, dans un baquet rempli d'eau froide, ou ce qui vaut mieux, quand on a le temps, on la laisse refroidir naturellement, ensuite on la remet sur l'établi en sa place. Après l'avoir desserrée, on débarrasse le moule des plaques de fer et du galet; on met sous la presse la pièce à dévêtir, *fig.* 10, de manière que l'anneau étant remis sur ses champs, pose sur cette pièce, et que rien de ce qui est dedans ne puisse la rencontrer, quand on va faire descendre la vis.

On se rappelle que nous avons recommandé de tenir l'anneau un peu

Pl. 54.

plus ouvert par le haut que par le bas : on le mettra donc sur la pièce à dévêtir, dans le sens opposé à celui où il étoit quand on a fait la pression. On mettra par dessus le tampon, *fig.* 8 ou 9 ; ensuite le tasseau, et pour peu qu'on fasse presser la vis avec le tourne-à-gauche, on verra toutes les pièces sortir de l'anneau, et la figure empreinte sur le bois, avec tout le relief qu'a donné le creux.

Il nous semble inutile de prévenir ici qu'il faut que la matrice sur laquelle on opère ait une certaine épaisseur, et qu'elle ait été bien dressée par-dessous.

Au nombre des pièces que nous avons moulées, et qui sont parfaitement *venues,* est une tête d'homme, qui a plus de cinq lignes de relief. La vache *B* , *fig.* 12, a plus de trois lignes de relief; et c'est avec le creux *A* qui l'a produite que nous avons fait tous les essais dont nous avons parlé dans cette section. On juge aisément par là que tous les autres objets de peu de relief doivent venir parfaitement, quelque composés qu'ils soient.

Il faut avoir grande attention de ne pas faire chauffer les plaques plus que nous ne l'avons indiqué. Si elles étoient rouges, le bois seroit bientôt décomposé et noirci, et la finesse des traits ne seroit plus sensible.

On conçoit que, par cette opération, l'eau de composition s'évapore en partie. Il est à propos d'expliquer ce qu'on entend par eau de composition.

Les Naturalistes distinguent dans les végétaux, et surtout dans les arbres, l'eau de végétation et l'eau de composition. Lorsqu'on coupe un arbre en pleine végétation, si la sève est dans son cours, et si, par une coupe hors de saison, on interrompt le cours de cette sève, elle fermente dans les fibres, et produit en peu de temps ces taches blanches qui attendrissent le bois comme s'il étoit tout aubier; et c'est ce qu'on appelle *du Bois échauffé,* qui n'est plus bon à rien. Lorsqu'au contraire le bois est coupé dans la saison où la sève n'est plus en mouvement, et où, faute d'être appelée vers le sommet de l'arbre, la végétation est interrompue, il ne contient plus que l'eau de végétation et celle de composition. On nomme *Eau de végétation*, la partie de la sève qui n'est pas suffisante à la végétation, et cependant est nécessaire pour entretenir la vie dans le végétal. C'est cette eau qu'on voit, surtout dans le bois neuf, s'échapper par les bouts d'une bûche sur les chenets, parce qu'échauffée par le milieu de la bûche, elle entre en expansion : et cet effet est d'autant plus sensible, que le bois est plus anciennement ou plus récemment coupé. C'est l'évaporation trop subite de cette eau qui, ne donnant pas le temps aux fibres de se rapprocher, fait fendre les bois, comme on le voit souvent dans les ateliers. Le meilleur moyen seroit d'empiler ces bois, et de Pl. 54. laisser circuler autour peu d'air, surtout dans l'été, et de les tenir à couvert dans la forêt même. Dans les pays où le commerce du bois se fait avec soin, comme en Hollande, on jette dans des marais tous les bois fraîchement abattus : là ils perdent leur eau de végétation, et ne s'imbibent que peu de l'eau naturelle; et quand on veut les débiter, ils sèchent en peu de temps sans se fendre.

Outre l'eau de végétation, les bois contiennent encore un autre fluide, qu'on nomme *Eau de composition.* Cette eau existe dans le bois le plus sec, puisqu'elle sert à sa composition; et ne s'évapore qu'au bout d'un temps très-considérable; et c'est alors que les vers le ronge, et qu'il tombe en poussière, comme on le voit dans les poutres provenant de démolitions.

Outre les deux fluides dont nous venons de parler, le bois contient encore une certaine quantité d'huile essentielle.

Quelqu'attention qu'on apporte à ne faire chauffer les fers que convenablement, il n'est pas possible que la couleur du bois n'en soit un peu altérée. Aussi presque toutes les pièces moulées sont-elles plus ou moins rembrunies : mais en les exposant à l'air, elles reprennent un peu de leur couleur primitive. Si le relief est considérable, et qu'il ne croisse pas insensiblement par une pente douce, comme, par exemple, dans un portrait de profil, ou dans la *fig.* 12, où le dos de la vache saille à angle vif sur le fond, l'eau de végétation se ramasse dans cet angle, et empêche que la chaleur n'attaque en cet endroit la couleur du bois.

Lorsqu'on moule le couvercle d'une boîte, il faut que la face du creux soit parfaitement polie et dressée; car s'il s'y trouvoit la moindre aspérité, elle s'imprimeroit sur la face de la pièce moulée, et il serait impossible de la réparer au Tour ni autrement.

Nous avons dit que la chaleur brunit le bois; par conséquent, si l'on y touchoit avec un outil, la couleur seroit changée. Si la matrice est bien polie dans toute la surface du fond, la pièce sortira très-unie et brillante. Il en est de même de la hauteur du couvercle par dehors : comme l'anneau doit être aussi bien poli, tout l'extérieur de la boîte le sera de même, et l'on ne doit pas y toucher en faisant la boîte. On mettra donc le couvercle au mandrin, pour le creuser convenablement, et au diamètre nécessaire; et pour y coller la bâte d'écaille. On fera, en même temps, la place du cercle ou galon d'écaille, qu'on collera par les moyens et avec les précautions que nous avons indiqués; et en l'affleurant au couvercle, on prendra bien garde que l'outil n'entame le bois, dont il faut conserver la couleur.

Pour donner la même teinte et la même densité à la cuvette, on la pré‑parera au Tour, de manière qu'elle entre un peu juste dans le moule ou anneau. On creusera le dedans, en laissant quatre ou cinq lignes d'épais‑seur, et on y fera entrer, aussi très-juste, un galet de cuivre semblable à celui qui a servi pour le couvercle, mais plus haut, afin qu'il dépasse un peu la hauteur de la boîte. On réservera aussi, au fond, un peu plus d'é‑paisseur qu'il n'en faut, afin que la chaleur ne dessèche pas totalement le bois en cet endroit, et ne le fasse pas fendre. On mettra, sous la cuvette, dans l'anneau, en place de la matrice, une plaque de cuivre, qui y entre juste, dont la face de dessous soit bien dressée, et celle de dedans légè‑rement convexe et bien polie; car c'est du poli de toutes les pièces qui touchent l'extérieur de la boîte que dépend son poli, auquel l'outil ne doit plus toucher.

Si l'on vouloit mouler en dessous de la boîte quelque sujet en relief, il suffiroit d'en mettre le creux sous la cuvette, comme on l'a fait pour le couvercle; mais cette matrice devroit porter à sa circonférence une moulure de la même saillie que l'objet gravé au centre. On peut aussi rem‑placer le galon d'écaille du couvercle par une semblable moulure, comme on le voit en *B*, *fig.* 12. Cette moulure se pratique à la circonférence de la matrice, à l'aide d'outils convenables et au Tour en l'air.

Il ne faut pas penser à éclaircir le ton rembruni que prend le bois au moulage en le polissant, même avec les matières les plus douces. En réussissant d'un côté, on détruiroit la pureté des reliefs.

On peut juger par les détails dans lesquels nous venons d'entrer, que c'est de la perfection du creux que dépend en grande partie la beauté du re‑lief. Les personnes qui voudront se livrer à cette espèce de travail, ne doi‑vent rien négliger pour procurer au creux toute la perfection possible; soit en choisissant de beaux morceaux, soit en faisant exécuter par d'ha‑biles gens les modèles qu'ils auroient choisis, soit enfin en les faisant ré‑parer, au sortir de la fonte, par des Artistes distingués.

Ces modèles sont ordinairement des médailles ou médaillons en relief, ou des pierres gravées en creux.

Dans le premier cas, pour obtenir une matrice propre à répéter les mêmes effets sur une boîte, on emploiera du plâtre bien cuit et tamisé très-fin, que l'on délaiera bien clair; on graissera très-légèrement avec de l'huile la surface de la médaille, et on l'entourera d'une bande de carton

de sept à huit lignes, on y coulera le plâtre délayé en tenant la médaille
inclinée, afin que l'air s'échappe et ne forme pas de bulles; on posera la
pièce à plat sur une table, et on l'agitera en frappant à petits coups sur
la table, pour que le plâtre s'insinue dans les traits les plus fins. On le
laissera alors reposer, et lorsque le plâtre aura acquis assez de consistance,
on ôtera le carton, et on séparera la médaille de l'empreinte qu'elle a
laissée dans le plâtre avec une lame de couteau très-mince. Cette opération
exige beaucoup d'adresse pour ne rien endommager.

Nous avons supposé ici qu'on opéroit sur une médaille en cuivre ou
autre métal. Si au contraire la pièce qu'on se propose de copier étoit mo-
delée en cire ou en terre, ou même si c'étoit un de ces médaillons en
plâtre qu'on peut aisément se procurer dans toutes les grandes villes, les
procédés seroient absolument les mêmes; seulement, dans ce dernier cas,
il faudroit, avant de couler le plâtre, enduire la surface de plusieurs couches d'eau de savon noir pour empêcher l'adhésion.

Il est bien plus facile de séparer ces modèles en terre, en cire et en
plâtre de leur empreinte. Il suffit de les plonger dans l'eau quelques instans, et ils se séparent sans effort.

Dans le cas où on auroit pour modèle une pierre gravée en creux, il
faudroit d'abord en faire une épreuve en relief sur laquelle on feroit l'opération que nous venons de décrire; les procédés sont toujours les mêmes.

Les modeleurs en plâtre qui tirent un grand nombre d'épreuves sur le
même moule, remplacent le plâtre dans la fabrication de la matrice par
du soufre en fusion, parce que cette matière, quand elle est refroidie, a
bien plus de solidité que le plâtre; mais son emploi présente plus de difficulté et n'offre aucun avantage dans le cas qui nous occupe, où le moule
ne doit servir qu'une fois.

Comme il peut arriver qu'on veuille rendre une partie d'un bas relief
comme une tête, une figure entière, qui est avec d'autres sur un même
creux ou médaille, on ne sera peut-être pas fâché de trouver ici un procédé pour avoir cette figure séparément.

On se procurera un relief en plâtre de la médaille, par les moyens décrits précédemment, sur lequel on détruira tous les objets qu'on ne veut
pas conserver, pendant que le plâtre est encore humide. On rendra les
fonds bien unis, et on fera, avec la partie restante, un creux qui servira de
modèle pour la matrice en cuivre dont on veut faire usage.

On donnera ce modèle à un fondeur, et l'on aura un creux, qu'il faudra
faire ensuite réparer soigneusement par un habile ciseleur.

Pl. 54.

Tout cuivre qui sort de la fonte, dans du sable, est graveleux à sa superficie, et cela est naturel, puisque le sable le plus fin n'est qu'un composé de petits graviers, qui y laissent l'empreinte de leurs formes. On peut diminuer considérablement la rudesse de cette surface, en fondant le cuivre dans du tripoli en poudre impalpable. Le plâtre bien cuit et tamisé très-fin, dont se servent les mouleurs en plâtre, sembleroit devoir réussir également bien : mais la chaleur du cuivre en fusion est si grande qu'elle calcine le plâtre et altère la finesse de la surface. Si l'on veut cependant employer le plâtre, il faut le mêler avec de la brique pilée et tamisée très-fin ; il réussit alors très-bien.

Quand la cuvette et le couvercle auront été moulés, et au bout de quelques jours, quand le bois se sera remis de l'effet produit par la chaleur, on mettra la boîte au Tour ; on la doublera en écaille, et on l'achèvera de la manière que nous avons enseignée.

Le hasard procure souvent des découvertes qu'on croit neuves, et qui existent depuis très-long-temps. Nous nous étions procuré une boîte en écaille verte, qui représentoit une vue de Paris. Après l'avoir portée long-temps, la vivacité des reliefs étant altérée, nous imaginâmes de mettre le couvercle au Tour pour effacer tous ces reliefs, et en rendre la surface unie comme la boîte. Quelque soin que nous ayons pris pour effacer tous les traits, et pour polir de nouveau cette boîte, nous nous sommes aperçus que les contours des reliefs effacés restoient toujours visibles sur le fond. Nous répétâmes cette expérience sur une boîte de loupe de buis, qui portoit aussi un médaillon en relief, et toujours les dessins étoient sensibles sur le fond, quoique nous nous fussions attachés à le polir le mieux qu'il nous étoit possible.

On sait que ce qu'on admire le plus dans les loupes de buis, ce sont ces jeux de la nature, qui offrent quelquefois à la vue un paysage, des têtes d'animaux, et autres objets qui les rendent infiniment précieuses, et qui les font rechercher. On peut, par le moyen que nous venons de détailler, procurer à une loupe, sans aucune marque, tel effet qu'on désire. Il suffit de faire graver en creux un paysage, une tête d'homme ou d'animal, de mouler la boîte, et d'effacer ensuite ces reliefs au Tour : mais comme ces jeux de la nature ne sont jamais réguliers, il faut, pour que l'illusion soit complète, mettre de l'irrégularité dans le dessin, et l'on sera maître, avec la loupe la plus commune, de s'en former une qui rivalise avec les plus belles. Un Amateur nous présenta un jour une boîte qu'il vantoit beaucoup, parce que, disoit-il, le hasard avoit rassemblé

Pl. 54.

sur le couvercle quatre sujets opposés entr'eux, et bien distincts les uns des autres, de manière qu'il sembloit que quatre loupes s'étant réunies, eussent pris ensemble un même accroissement, et que chacune eût conservé les jeux que la nature y avoit mis. Instruits par notre propre expérience, du moyen par lequel on peut procurer tel dessin qu'on désire, nous reconnûmes qu'on avoit pris plaisir à graver sur une même plaque quatre dessins différens, et qu'on les avoit empreints sur la loupe : et il en convint lui-même.

SECTION II.

Moulage de la Corne.

La corne est une matière qui prend au moyen de la chaleur presque toutes les formes qu'on désire. On en fait des peignes de différentes sortes, des lames minces et transparentes qu'on met en place de verre aux lanternes, des tabatières qui n'ont pas une grande valeur ; enfin on en fait des creux pour mouler différens objets, tels que des reliefs en carton, des cadres et autres ; mais il faut pour cela savoir la mouler.

On moule la corne avec les mêmes ustensiles dont on se sert pour les bois : cependant le procédé le plus sûr et le plus avantageux est de l'amollir dans l'eau bouillante de la manière qui va être détaillée.

On commencera par scier en travers un tronçon de corne assez long, pour que, quand il sera déployé, on y trouve une plaque de grandeur suffisante. On le pincera ensuite dans l'étau, la partie la plus mince en dessus, et on le sciera suivant sa longueur. On le jettera ensuite dans une chaudière d'eau bouillante, et on l'y laissera l'espace d'une demi-heure. Puis l'ayant retiré avec des pinces, on le forcera à prendre une forme plane, en en saisissant, s'il le faut, un des bords dans un étau. Si l'épaisseur, et par conséquent la résistance sont telles, qu'on ne puisse réussir du premier coup, on le plongera de nouveau dans l'eau bouillante, et l'on parviendra sans peine à le dresser parfaitement ; mais comme en refroidissant il pourroit se voiler de nouveau, on le mettra entre deux bois, d'environ un pouce d'épaisseur, on l'assujettira sous la presse, et après lui avoir fait subir quelques bouillons en plongeant la presse dans la chaudière, on le laissera refroidir ainsi serré.

On peut faire avec une semblable plaque une tabatière, ou contre-épreuver une médaille ou tout autre objet en creux ou en relief.

Pl. 54.

Si l'on veut faire une boîte, on coupera avec une scie propre à cet usage deux plaques de diamètres différens, l'une pour le couvercle, l'autre pour la cuvette. Celle pour le couvercle aura environ 8 à 10 lignes de diamètre de plus que le moule dans lequel il doit être formé. Celle pour la cuvette aura, de plus que le diamètre du moule, deux fois la hauteur qu'on veut lui donner, attendu que les bords de l'un et de l'autre doivent être rabattus et former leur hauteur. On arrondira d'abord l'un et l'autre avec soin, en suivant le trait de compas qu'on y aura tracé. Puis on grattera ou l'on nettoiera avec une râpe moyenne les deux surfaces, et particulièrement celle intérieure de la corne, qui est toujours sale et grasse.

Outre les moules dont nous avons parlé en décrivant le moulage des bois, il faut, pour mouler une boîte de corne, se pourvoir d'un ou plusieurs noyaux, comme ils sont représentés *fig.* 13, de différens diamètres, suivant les moules dans lesquels ils doivent entrer à frottement doux. Ces noyaux sont en cuivre, et voici la manière de faire les modèles qu'il faut donner au fondeur. On fait au Tour un cylindre de bois un peu plus long que la hauteur du moule; on lui donne un diamètre un peu plus fort que celui de l'intérieur du moule; on diminue ensuite ce diamètre de trois bonnes lignes sur presque toute sa longueur, ne réservant à la partie *A fig.* 13., qu'environ quatre lignes de longueur à la première grosseur. On tournera une virole de bois d'un diamètre extérieur, égal à celui de la partie *A*, et dont le diamètre intérieur soit moindre que celui du cylindre, afin que, quand les pièces seront revenues de chez le fondeur, on puisse les ajuster au Tour et les mettre au diamètre exact. On donnera ces pièces au fondeur et on lui commandera autant de cylindres qu'on a ou qu'on veut avoir de moules du même diamètre, ayant soin de demander toujours deux viroles pour chaque cylindre.

Lorsque ces pièces seront revenues de chez le fondeur, on les tournera avec soin : savoir, le cylindre, en le mettant au mandrin par le plus petit bout, et l'on tournera le bout parfaitement droit, ainsi que la partie renflée, de manière qu'elle entre à frottement doux dans le moule. Après l'avoir ôté du mandrin, on l'y remettra par la partie la plus grosse; et l'on sera assuré qu'il est bien droit au Tour, lorsqu'après avoir fait une portée au mandrin, le bout précédemment terminé posera bien au fond. Alors on terminera le corps de ce cylindre, l'épaulement du renflement et son extrémité qui doit être parfaitement dressée, parce que c'est elle qui forme le fond de la boîte. On aura grande attention que la partie cylindrique soit égale de diamètre d'un bout à l'autre; cependant pour que la dépouille se

Pl. 54.

fasse mieux dans le moulage, on pourra lui donner un peu moins de grosseur vers le bout que contre le renflement; mais infiniment peu.

Les viroles sont plus aisées à tourner. On les mettra l'une après l'autre,
par la partie extérieure, dans un mandrin, et on tournera le dedans bien
rond, bien cylindrique et à un diamètre tel qu'elles entrent à frottement
doux sur le cylindre. On terminera en même temps la face qui se présente; ensuite on mettra la virole en mandrin par son intérieur, pour régler son épaisseur, et terminer sa seconde face. Comme on ne doit pas
avoir ôté le cylindre de son mandrin, on tournera l'extérieur des viroles
dessus, afin qu'elles soient concentriques avec lui. La *fig.* 16 représente
une de ces viroles sur son épaisseur, et la *fig.* 17 sur sa hauteur. La *fig.* 18
représente l'assemblage de toutes ces pièces lorsqu'elles sont dans l'anneau
de fer ou moule. Ce moule est ici représenté coupé perpendiculairement à
sa base et sur son diamètre; *a a* est l'épaisseur de la virole de cuivre qui
double celle de fer *b b*; *A* est un galet de cuivre qui entre juste dans le
moule, et qui forme le fond extérieur d'une boîte; *B* est la partie cylindrique du noyau qui forme le dedans de la boîte; *C* est une virole placée
sur le cylindre; *D* est la partie du cylindre ou noyau qui entre juste dans
le moule. Toute la partie qui n'est point ombrée sur la figure est le vide que
laisse le noyau entre lui et le moule, et qui est rempli par la matière. Il est aisé
de concevoir, à l'inspection de cette figure, que cette matière qui a la faculté
de s'étendre en tout sens, au moyen de la pression qu'on lui fait éprouver,
reçoit la forme d'une cuvette de tabatière, lorsqu'on la force à la prendre.

Les *fig.* 19, 20, 21, 22 et 23, rendent encore plus sensible l'opération
du moulage, et la position de toutes les parties, tant du moule que du
noyau. Ici on a représenté toutes les pièces coupées par la moitié sur leur
hauteur. La *fig.* 19 représente le noyau garni de deux viroles, pour faire
un couvercle. On voit que la partie *D*, ayant peu de hauteur, ne peut former que le couvercle, et que si l'on supprime la virole *C*, ou les deux *B*,
C, on aura une cuvette plus ou moins profonde. La *fig.* 20 est un couvercle coupé perpendiculairement à son dessus, qui dans le moule est en
dessous. La *fig.* 21 est la coupe perpendiculaire d'une cuvette. La *fig.* 22
est le galet de cuivre sur lequel pose la cuvette ou le couvercle. La *fig.* 23
est une moitié du moule en coupe sur son diamètre : on y distingue la virole de fer et celle de cuivre. Enfin, la *fig.* 24 est une plaque de fer, sur
laquelle toutes les pièces réunies reposent, lorsqu'elles sont sous la presse.

Il faut encore se pourvoir, dans un atelier de Moulage, d'une chaudière de capacité suffisante pour contenir deux, et même trois presses. Les

ouvriers qui font leur occupation de ce genre de travail les ont de cette grandeur, pour pouvoir tenir sans cesse dans l'eau bouillante deux presses, et y en plonger une troisième immédiatement avant que d'en retirer une, afin de n'être pas oisifs, en attendant que l'ouvrage ait reçu l'ébullition nécessaire : voici de quelle manière sont faites et placées ces chaudières et leurs fourneaux.

Une Moulerie, pour plus de commodité, doit occuper une pièce qui ne soit destinée qu'à cet usage. Les immersions et les émersions multipliées répandent à terre beaucoup d'eau, qui, jointe aux cendres qui sortent du fourneau, ne permet guère qu'on fasse dans cette pièce un autre genre de travail. Si cependant on vouloit se borner à ne se servir que d'une seule presse, comme il suffit à un Amateur, voici la manière de construire le fourneau pour l'un et l'autre cas.

On peut le construire, soit au milieu de la pièce, soit dans un des coins, soit enfin dans une cheminée même; mais dans ce dernier cas, il faut que le manteau de la cheminée soit assez élevé, pour qu'en plongeant la presse dans l'eau bouillante et l'en retirant sans cesse, on ne soit pas gêné, et l'on ne risque pas de se heurter.

Lorsqu'on aura déterminé l'endroit où l'on veut placer le fourneau, et qu'on se sera pourvu d'une chaudière en cuivre rouge, qui est le plus communément employé à cet usage, on en prendra exactement la longueur et la largeur : on la tracera sur le carreau avec de la craie, en ajoutant à la longueur quatre à cinq pouces pour la cheminée, et l'on se pourvoira d'un nombre suffisant de bonnes briques bien cuites. On aura aussi une quantité suffisante de terre à four, espèce de terre jaune, grasse au toucher, et qui par sa couleur indique qu'elle contient du fer en une certaine abondance : on la pétrira avec suffisante quantité d'eau, pour qu'elle forme une pâte assez molle, à peu près comme le plâtre quand on l'emploie.

On aura un seau plein d'eau, pour y plonger chaque brique, avant de la mettre en place. Si l'on les plaçoit à sec, elles s'abreuveroient de toute l'eau que contient la terre, qui n'auroit plus assez de liant pour s'attacher aux faces des briques.

On fera construire un châssis en fer, qui portera sur un de ses côtés deux petits gonds, pour y placer la porte du fourneau, comme celle d'un poêle, et de l'autre côté un mentonnet, pour recevoir le loquet qui tient la porte fermée.

On mettra par terre, tout autour du plan, une couche de la terre à

four qu'on a préparée pour servir de mortier, ayant soin qu'on voie toujours le plan qu'on y a tracé. On réservera en devant un intervalle pour
servir de porte au cendrier. On commencera donc par l'espace qui forme
cette porte, en mettant une brique de chaque côté. Comme ce fourneau
est dans le cas d'éprouver une grande chaleur qui l'auroit bientôt détruit, que d'ailleurs il est bon qu'il conserve sa chaleur le plus long-temps
possible, il est à propos de mettre les briques à plat, et le plus petit côté
vers le dedans du fourneau, pour que le mur soit plus épais. On les appuiera contre terre en les faisant aller et venir, afin qu'il reste entre
chacune le moins de mortier qu'on pourra. Il est même à propos que les
briques se touchent, et que la terre ne remplisse que les inégalités qui se
trouvent entr'elles.

Lorsqu'on aura posé tout autour une première rangée, on mettra une
couche de terre par dessus, et ensuite une seconde rangée de briques du
même sens que les premières; mais on aura soin que les joints de la
première rangée soient recouverts par le plein de celles de la seconde,
comme on le voit sur les *fig.* 26 et 27 ; comme on doit poser sur la troisième rangée de briques, des barres de fer pour former la grille du cendrier, avant de poser les briques, on les arrangera à sec, à côté les unes
des autres, et l'on marquera sur chacune, avec de la craie sur la partie
étroite du fourneau, la distance que ces barres doivent avoir entr'elles, et
qui est ordinairement de deux pouces. On fera à chaque trait une encoche assez profonde pour contenir la barre dans toute son épaisseur. Il
est bon que ces encoches soient un peu plus larges qu'il ne faut, afin
qu'en posant les briques, on puisse régler l'écartement respectif des
barres.

On se pourvoira, à cet effet, d'un nombre suffisant de barres de fer,
d'un très-petit pouce carré, qu'on nomme *Carillon :* on les fera couper
toutes à une longueur égale; pourvu qu'elles portent de deux pouces par
chaque bout sur les briques, cela sera suffisant. C'est après tous ces préparatifs, qu'on mettra sur la seconde rangée une couche de mortier, et
on posera les briques avec soin, en appuyant chacune forttement, pour
laisser le moins d'espace possible, tant dessous que de côté; et avec les
deux premiers doigts de la main droite on ôtera toutes les bavures, en
bouchant les interstices. On mettra trois ou quatre rangées de briques
l'une sur l'autre, et scellant solidement dans les joints le châssis qui doit
porter la porte : et pour cela, on aura fixé à ce châssis quelques tiges de
fer, qui, recourbées à angles droits par le bout, puissent se loger dans les

Pl. 54.

Pl. 54.

joints des briques. On pratiquera, au milieu du côté opposé à celui qui reçoit ce châssis, un conduit qui vienne aboutir en rond, ou à peu près à la face supérieure. On échancrera pour cela les briques; de façon que ce conduit ait, à sa naissance dans le fourneau, une assez grande ouverture pour que la flamme vienne s'y rendre de tous côtés, et on l'étrécira à mesure qu'il arrivera près de la surface supérieure. On adapte à ce trou un tuyau de poêle, comme on le voit sur les *fig.* 26 et 27, et la fumée est conduite dans la cheminée même, ou hors de la pièce où l'on travaille. Quand on sera parvenu assez haut, pour que la flamme ait assez de courant entre la grille du cendrier et le fond de la chaudière, on posera sur cette dernière rangée quelques barres de fer dans le même sens que les autres, mais seulement autant qu'il en faut pour que le fond de la chaudière ne puisse être enfoncé par le poids des presses. On posera la chaudière sur ces barres, et l'on continuera de mettre des rangées de briques tout autour; et pour que celles qui seront au dessus de la porte ne puissent tomber, on mettra sur l'intervalle une bande de fer plat, sur laquelle elles reposeront. Quand on sera arrivé jusqu'au dessous du rebord de la chaudière, on l'ôtera de place, pour ragréer en dedans les joints des briques, comme on l'a fait précédemment.

Lorsqu'on se sera pourvu de tout ce qui est nécessaire pour mouler, on mettra la presse sur l'établi à la place qu'elle doit occuper. On placera sur le patin, une plaque de fer bien unie et bien dressée, *fig.* 4 ou 5. On mettra le moule par dessus, *fig.* 6, et 15. On mettra ensuite une des deux plaques de corne qu'on a préparées le plus droit qu'on pourra, c'est-à-dire de manière qu'elle déborde également tout autour. On mettra par dessus, le tampon *fig.* 8, qui doit être de six à huit lignes plus petit que le moule. On serrera un peu avec le petit tourne-à-gauche, et l'on portera le tout dans l'eau bouillante, où on le laissera une petite demi-heure. Ayant replacé la presse sur l'établi, on donnera une serre un peu forte, et l'on verra la corne entrer dans le moule. On la plongera de nouveau dans l'eau bouillante, et au bout de quelque temps, on la reportera sur l'établi, où on donnera une petite serre qui fasse entrer la corne un peu plus avant dans le moule. Si c'est le couvercle, on se contentera de la première serre; mais dans l'un ou l'autre cas, on ne doit jamais faire entrer du premier coup toute la corne dans le moule. On refroidira le tout en le plongeant dans l'eau froide; et après avoir desserré, on verra que la corne a pris la forme d'une cuvette arrondie intérieurement par le fond.

Cette manière de procéder est absolument indispensable. Si l'on vouloit,

Pl. 54.

du premier coup, mettre le noyau sur la corne, les angles vifs, tant de ce noyau que du moule, joints au peu d'espace qui existe entr'eux, feroient nécessairement rompre la corne tout autour. Car il ne suffit pas seulement de plier les bords qui excèdent le noyau à angles droits, il faut encore que la corne, réduite à un moindre diamètre, rentre sur elle-même; ce qu'on ne peut obtenir qu'avec les précautions que nous venons d'indiquer.

Si on fait le couvercle, on mettra au noyau deux viroles, comme on le voit, *fig.* 19. Si c'est la cuvette, on n'y en mettra qu'une, ou même point du tout. Si la cuvette doit être très-haute, ou si on veut prendre la gorge à même, on mettra au fond du moule un galet; puis la pièce de corne; puis le noyau, et par dessus un autre galet, qui lui soit bien concentrique, afin qu'en aucun cas il ne puisse porter sur le moule, mais qu'il puisse y entrer un peu, si cela est nécessaire. On mettra par dessus le tout le tasseau *fig.* 7, et on donnera une serre un peu forte. On portera le tout dans la chaudière, où on le laissera environ une demi-heure : ayant remis la presse sur l'établi, on donnera une forté serre, et l'on verra descendre le tout dans le moule. Lorsque la résistance sera un peu forte, on plongera de nouveau dans l'eau bouillante, et après avoir attendu une demi-heure, et donné une forte serre, on attendra en cet état quelques minutes, et l'on plongera la presse dans le baquet d'eau froide, *fig.* 28, où on le laissera assez de temps pour qu'il puisse être complètement refroidi. On desserrera, et après avoir poussé le noyau et le galet hors du moule, au moyen de la pièce à dévêtir, on verra que la corne a rempli exactement l'intervalle qui existoit entre le noyau et ce galet, et que la boîte est bien moulée.

Si la plaque ne s'étoit pas trouvée assez épaisse, et qu'on voulût donner plus d'épaisseur au fond de la boîte, il suffiroit de râper proprement le dessous de la cuvette, de n'y plus toucher; de râper de même une plaque de corne qui entrât juste dans le moule, de l'y placer, la surface grattée en dessous : on feroit entrer le noyau dans cette cuvette, et on remettroit le tout en place. On donneroit une serre : on feroit essuyer quelques bouillons, pendant une demi-heure; et au moyen d'une forte serre, les deux plaques seroient parfaitement soudées, et le fond se trouveroit suffisamment épais.

On opérera de même pour le couvercle, ayant soin de mettre deux viroles au noyau. Les *fig.* 20 et 21 rendent sensible l'opération que nous venons de décrire.

On peut mouler, soit une cuvette, soit un couvercle, en deux, trois ou quatre morceaux, pourvu qu'on râpe les jointures *en chanfrein*, c'est-à-dire par deux biseaux allongés, posés l'un sur l'autre, et qu'on n'y touche plus avec les doigts, la soudure se fera parfaitement; mais quelque attention qu'on y apporte, on voit toujours les jointures en regardant au travers. Il suffit de former dans un moule, de grandeur suffisante, une galette pour le couvercle et une pour la cuvette : quand les morceaux sont bien pris, on procède de la manière que nous avons décrite.

Ce procédé peut s'employer pour de la corne jaspée ou rembrunie; mais si l'on opère sur de la corne blonde, il ne peut réussir comme il faut, attendu que la transparence de la corne rend toujours visibles les joints, même sans qu'on regarde au travers.

SECTION III.

Moyens de Tirer en Corne des Copies d'une Médaille ou d'un Camée.

On a souvent besoin de multiplier des médailles dont l'empreinte est intéressante, et dont les originaux sont infiniment rares.

La corne est très-propre à cet usage, et voici la manière de l'employer.

On fera faire par les procédés indiqués dans la première section de ce Chapitre un creux en cuivre, portant l'empreinte de la médaille qu'on veut multiplier.

Il seroit bon, comme nous l'avons dit, de le donner à réparer à un graveur habile, avant de le mouler en corne. Lorsqu'on le trouvera assez exact, on commencera par juger s'il a beaucoup de creux, et si le relief aura beaucoup de saillie. S'il doit en avoir peu, on se contentera d'une seule plaque ou rondelle de corne : s'il doit en avoir beaucoup, on s'y prendra de la manière suivante. On coupera deux rondelles de corne, de grandeur suffisante pour qu'elles entrent juste dans le moule. On les raclera avec soin d'un côté, et on n'y touchera plus. On les mettra ensuite dans le moule l'une sur l'autre, la partie la plus mince sur la plus épaisse, après avoir mis au fond du moule un galet bien uni et bien dressé. On mettra par dessus un second galet; et après avoir mis un tampon et le tasseau, on serrera le tout sous la presse. On plongera ensuite le tout dans l'eau bouillante, où on le laissera un bon quart-d'heure. On le retirera, et l'ayant mis sur l'établi, on donnera une forte serre. On plongera de nouveau; et après quelques bouillons, on donnera une seconde serre. On fera refroidir le tout, et l'on aura une plaque suffisamment épaisse pour donner le relief dont on a besoin,

Pl. 54.

Si l'objet qu'on se propose de mouler présentoit dans quelques unes de ses parties un relief considérable, comme, par exemple, la partie inférieure d'un buste, il seroit à propos d'intercaler entre les deux plaques de corne, et avant de les souder, une rondelle de même matière, que l'on placeroit précisément à l'endroit que doit occuper cette partie saillante.

On nettoiera, avec soin, avec une râpe, ou autre instrument propre à gratter, la plaque du côté où doit être l'empreinte. La matrice ou creux doit être tournée à la grandeur du moule, et y entrer juste. Si elle est suffisamment épaisse, on l'y mettra seule au fond, le creux en dedans du moule; sinon, on mettra au fond du moule un galet, et la matrice par-dessus. On mettra ensuite la plaque de corne, la face nettoyée sur la médaille. On placera par dessus un galet, puis le tampon, et enfin le tasseau; et après avoir serré le tout, on le plongera dans l'eau bouillante. Après quelques bouillons, on donnera une forte serre : on plongera de nouveau, puis on donnera une seconde serre, et enfin on refroidira, et l'on aura une médaille en relief, qui aura toutes les perfections ou imperfections du creux.

La précaution que nous indiquons ici pour composer une plaque de corne un peu épaisse n'est pas absolument nécessaire ; il y a des ouvriers qui se contentent de bien nettoyer les surfaces des deux plaques qu'ils veulent souder, et de les mettre dans le moule, la partie mince de l'une sous l'épaisse de l'autre, de placer la médaille par dessous, et de mouler en même temps qu'ils soudent. C'est une opération de moins.

On peut mouler en corne avec des plaques de fer chaudes, comme nous l'avons enseigné pour le bois; mais la chaleur sèche que la matière éprouve lui ôte son liant, la rend aigre et cassante; au lieu que l'immersion dans l'eau bouillante lui conserve mieux son onctuosité et sa souplesse.

CHAPITRE II.

Moulage de l'Ecaille.

—————

Lᴇ moulage de l'écaille est une branche d'industrie très-étendue. On l'a varié d'une infinité de manières plus intéressantes les unes que les autres. Nous allons les décrire toutes, en autant de sections séparées, et cette partie de notre ouvrage n'en sera pas la moins intéressante pour les Amateurs.

L'écaille a la propriété de s'amollir à la chaleur. Ainsi elle peut se souder, soit au fer chaud, soit à l'eau bouillante. Mais la chaleur du fer la dessèche et la rend cassante; au lieu que celle de l'eau bouillante lui conserve son élasticité et sa souplesse. Encore ne faut-il pas répéter souvent sur la même écaille, soit le moulage, soit la soudure, même par l'eau bouillante.

On a tiré de cette propriété qu'a l'écaille de s'amollir à la chaleur, un parti très-avantageux, soit pour lui donner des formes variées à l'infini, soit pour la combiner avec d'autres matières qui lui donnent un aspect très-agréable, et augmentent de beaucoup le prix intrinsèque de la matière.

Nous avons déjà donné dans notre premier Volume quelques détails sur la nature de l'écaille et sur la manière de la souder au fer chaud, pour les petites pièces, comme cercles, gorges d'étuis, etc. Ce que nous avons à dire en ce moment est d'une toute autre importance, puisque nous entreprenons de décrire le moulage des boîtes dans tous ses détails.

Il est peu de travaux qui exigent autant de soin que le moulage de l'écaille. Si l'on touche, même avec des doigts propres, deux parties préparées pour être soudées, elles ne se soudent point ou se soudent mal, et par parties; et cependant ce travail est on ne peut plus sale. Sans cesse on touche au feu, au charbon, on a les mains dans l'eau chaude ou dans l'eau froide. Dans cette position, il faut s'abstenir soigneusement de toucher aux parties avivées qu'on veut souder.

Comme l'écaille est une matière très-précieuse et et très-chère, l'art a su tirer parti des rognures, râpures et tournures, et chaque ouvrage qu'on fait avec l'une de ces espèces d'écaille donne des résultats plus ou moins beaux et plus ou moins précieux.

Les plus belles tabatières sont faites de deux morceaux, l'un pour la cuvette, l'autre pour le couvercle; c'est ce qu'on nomme *Boîtes de feuilles.*

Il tombe nécessairement du débitage des plaques circulaires, dont on forme ces deux pièces, des morceaux de différentes formes et grandeurs. Ces morceaux préparés avec soin peuvent encore donner des tabatières assez belles, mais d'une moindre valeur que les précédentes, et qu'on nomme *Tabatières de morceaux.*

Les rognures, tant de ces morceaux que d'autres, sont encore employés à former des tabatières d'une valeur et d'une beauté encore au dessous des précédentes, et qu'on nomme *Boîtes de très-petits morceaux.*

Les râpures qui proviennent tant de l'arrondissement des plaques, dont on forme la première espèce de boîtes, que de toutes les préparations qu'on donne aux morceaux, et les raclures qui tombent des parties qu'il faut nécessairement nettoyer, servent encore à former des boîtes de moindre valeur, et qu'on nomme *Boîtes de drogue.*

Les tournures de l'écaille et les râpures de plaques qu'on forme exprès pour une autre espèce d'ouvrage, mêlées avec des poudres de différentes couleurs, produisent ces boîtes qui ont été très en vogue il y a quelques années, et sur lesquelles on peut représenter en relief différens sujets de l'histoire ou autres.

On a enfin tiré parti de la propriété qu'a l'écaille de s'amollir, pour imiter les minerais d'or et d'argent, les Agathes, les Granits, le Lapis-Lazuli, et autres pierres précieuses. Nous détaillerons tous ces procédés dans autant de Sections séparées; et quoique les Ouvriers qui se livrent à cette espèce d'industrie fassent de leur Art un secret, les rapports que nous nous sommes procurés, joints aux expériences que nous avons faites, mettront les Amateurs à portée de se livrer à ce travail avec quelque fruit.

Tabatières de Feuilles.

LES tabatières de feuilles sont les plus belles et les plus estimées. On choisira une belle feuille d'écaille, et on tracera avec un compas, sur la partie convexe de l'écaille et dans l'endroit le plus épais, deux cercles de diamètres convenables, pour que l'un forme la cuvette et l'autre le couvercle : et comme la hauteur de l'un et de l'autre sont formées par le même morceau qui se replie à l'équerre, il faut, dans la mesure qu'on prend, tenir d'abord compte du diamètre de la boîte, et ensuite de la hauteur que doit avoir la cuvette ou le couvercle. Ainsi, supposons qu'on veuille avoir une boîte de trois pouces de diamètre, et d'un pouce ou environ de haut, ce qui est la mesure ordinaire, on mettra le compas à deux pouces et demi d'écartement pour la cuvette, et à deux pouces pour le couvercle. On tracera ces deux cercles dans l'endroit le plus beau de la feuille d'écaille, ayant soin qu'il n'y ait, ni gerçure, ni galle, ni moisissure, défauts qui s'y rencontrent assez souvent,

On tracera ensuite sur le reste de la feuille, d'autres cercles plus petits ; et sur les bords, des bandes propres à former des gorges, de manière à en perdre le moins possible, ensuite on découpera avec la scie à marqueterie ces différens morceaux, en les saisissant l'un après l'autre dans un étau à pates, *fig.* 1, *Pl.* 4, et en maintenant le reste de la feuille avec la main gauche. On nettoiera ensuite soigneusement chaque plaque, dessus et dessous, au moyen d'un grattoir recourbé à l'équerre, et emmanché comme les autres outils.

On mettra le feu au fourneau ; et quand l'eau sera entrée en ébullition, on mettra sous la presse, *fig.* 2, une plaque de fer, comme celle *fig.* 5 , par dessus on mettra le moule *b, fig.* 2, de profil ; géométralement, *fig.* 6, et *a b,* en coupe, *fig.* 18. Ce moule doit être de la grandeur dont on veut que soit la tabatière. On fera entrer au fond, une plaque ou galet de cuivre *A, fig.* 18 ; on placera ensuite sur le moule la plaque d'écaille ; et par dessus un tampon de fer, *fig.* 8, dont les angles inférieurs soient un peu arrondis, et d'un moindre diamètre que le diamètre intérieur de la boîte. Cette précaution est nécessaire, comme nous l'avons dit en parlant de la corne, pour que l'écaille puisse entrer dans le moule, en s'arrondissant un peu, ce que les Ouvriers appellent *faire la Cuve,*

Pl. 54.

et que les angles du moule du tampon ne la fassent pas fendre tout autour, ce qui ne manqueroit pas d'arriver, si les angles du tampon étoient vifs, et qu'il entrât dans le moule, en ne laissant de place, que ce qu'il en faut pour l'épaisseur de l'écaille.

On serrera tant soit peu la vis, et l'on plongera le tout dans l'eau bouillante. Au bout d'un quart-d'heure ou environ, on reportera la presse sur l'établi, et on donnera une *serre* assez forte, pour que l'écaille entre un peu. On plongera de nouveau dans l'eau bouillante ; on donnera une seconde serre sans trop forcer, et on plongera le tout dans le baquet d'eau froide, *fig.* 28, qui doit être à côté de l'établi. Lorsqu'il sera refroidi, on aura une espèce de cuvette qui ne présentera pas d'angles à l'extérieur ni à l'intérieur, et qu'on pourra faire entrer de nouveau dans le moule, sans qu'on craigne la fracture.

On replacera de nouveau la presse sur l'établi. On mettra, comme la première fois, une plaque, puis le moule dans lequel on aura fait entrer un galet de cuivre, *fig.* 22. On mettra ensuite la pièce d'écaille sur le moule, la partie convexe vers le dedans. Si l'on fait la cuvette, on ôtera une des viroles *C* ou *B* du noyau, *fig.* 19, ou toutes deux, selon la hauteur qu'on veut donner à la boîte. Si c'est le couvercle, on laissera les deux viroles. On mettra par dessus le noyau une plaque, puis le tasseau, et l'on serrera médiocrement. On plongera le tout dans l'eau bouillante : au bout d'un quart-d'heure, on portera la presse sur l'établi, et on donnera une forte serre, qui fera entrer l'écaille dans le moule, dont, par ce moyen, elle prendra la forme. Il ne faut pas presser trop violemment; il vaut mieux plonger de nouveau dans l'eau bouillante, et donner ensuite une seconde serre, qui distribuera la matière également dans l'intérieur du moule : les *fig.* 20 et 21, représentent l'écaille, qui remplit le vide, compris entre le noyau *B*, *fig.* 18, et le moule *a*, *A*, *a*. On plongera le tout dans l'eau froide, et l'on retirera les pièces du moule.

Quelque parfaite que soit une boîte au sortir du moule, quelque attention qu'on ait prise de ne la retirer qu'après qu'elle est complètement refroidie, la matière, par son élasticité naturelle, tend toujours à reprendre son ancienne forme; aussi, voit-on, au bout de quelques jours, la cuvette et le couvercle, qui se sont sensiblement évasés, et ne forment plus l'angle droit avec le fond. Il est à propos de remettre l'une et l'autre pièce dans le moule, de mettre le noyau dedans; de plonger le tout, dans l'eau bouillante, après l'avoir serré médiocrement pendant quelques instans, et de donner ensuite une seconde serre, pour faire prendre aux parties, qui

Pl. 54.

constituent l'écaille, la forme qu'elles doivent conserver. Avec cette précaution, on sera assuré que la boîte ne fera plus aucun effet.

Si le moule a été bien fait, si le noyau entre exactement dedans, on n'a plus qu'à donner à la boîte un léger fini sur le Tour, pour en ôter les bavures, et former la gorge : car la cuvette doit venir d'une égale épaisseur dans toute sa hauteur.

Si l'on trouvoit après coup la cuvette un peu trop haute, et qu'on voulût la baisser, il ne faudroit pas emporter l'excédant en copeaux. Il seroit plus à propos de détacher un cercle, avec un bec d'âne bien mince; et dans un laboratoire, ces cercles sont toujours d'une grande utilité.

Si, faute d'expérience, ou parce qu'on auroit mal pris ses précautions, ou parce qu'on auroit pris un cercle un peu trop petit, ou pour toute autre cause, il s'en falloit de quelque chose que la hauteur de la cuvette fût telle qu'on la désire, il y auroit un moyen simple d'y remédier. Il suffirait de bien gratter et aviver le dessous de la boîte, de n'y plus toucher pour que la soudure ne manquât pas. On aviveroit de même une plaque mince, du diamètre de la boîte : on mettroit cette plaque sur le galet, la surface grattée en dessus, puis la boîte : on remettroit le noyau et toutes les pièces qui servent au moulage. Après avoir bien serré le tout, on le plongeroit dans l'eau bouillante; puis, au moyen d'une forte serre, on souderoit la plaque au fond, et par la pression que ce fond auroit éprouvée, la matière remonteroit sur les côtés, et rempliroit l'espace, que nous avons supposé être resté vide. Néanmoins ce remède nuiroit à la beauté de la boîte, qui, formée d'une seule feuille, est toujours infiniment plus belle.

Si la plaque d'écaille étoit trop mince, pour qu'on pût en former une boîte d'une épaisseur suffisante, surtout parce que toute feuille d'écaille est toujours plus mince d'un côté que de l'autre, on commenceroit par arrondir deux plaques de grandeur suffisante, comme nous l'avons dit; et on les mettroit dans un moule assez grand pour les contenir à plat : on commenceroit par les bien gratter sur les faces qui doivent se souder, et on placeroit l'épais de l'une sur le mince de l'autre : on mettroit par dessus un galet de cuivre, puis un bouchon, et ensuite le tasseau; et après les avoir un peu serrées, on les plongeroit dans l'eau bouillante, et après un quart-d'heure d'ébullition, et donnant une forte serre, elles seroient parfaitement soudées. On se servira d'une plaque, ainsi doublée, pour faire la cuvette ou le couvercle, et même l'un et l'autre, si l'on ne peut faire mieux.

Pl. 54.

SECTION II.

Tabatières de morceaux.

Lorsque, pour les boîtes de la première qualité, on a choisi dans une feuille ce qu'il y a de mieux, il en tombe nécessairement des morceaux échancrés. Avec ces morceaux on forme encore des boîtes d'une assez belle espèce, quoiqu'inférieures aux précédentes. On coupera ces morceaux de manière qu'ils puissent s'ajuster les uns sur les autres. On amincira en biseau, avec de bonnes râpes toutes les parties qui doivent se souder à leurs voisines; et comme après les avoir ébiselées, il ne faut plus y toucher, avec les doigts, et qu'il est cependant nécessaire de les contenir pendant cette opération, voici de quelle manière on les assujettit pendant qu'on les râpe et qu'on les gratte.

On fait entrer dans l'épaisseur, et sur le devant d'un établi, au moyen d'une mortaise qu'on y pratique, une *cale*, de quinze à dix-huit lignes de large, sur deux ou trois pouces de saillie, et dix à douze lignes d'épaisseur. On fixera horizontalement, sur l'établi, une mâchoire d'étau à main, qu'on serrera et ouvrira avec une vis, qui entre dans l'établi, la tête en dessous, et un écrou à oreilles, ce qui formera un étau horizontal, dont une mâchoire sera de fer et l'autre de bois, formée par la cheville ou cale. Pour que la mâchoire mobile puisse se relever, on mettra dessous un ressort, posant d'un bout contre l'établi, et de l'autre contre la mâchoire de fer. Au moyen de cet outil, on saisira horizontalement les morceaux d'écaille, et on aura la facilité de les retourner en tout sens, tant pour les gratter, que pour former les biseaux; et on se servira, pour les changer de place, de petites *bruxelles* de bois.

On arrangera tous ces morceaux, ainsi préparés, biseaux sur biseaux, dans un moule assez grand, pour pouvoir en former deux plaques, dans lesquelles on puisse trouver une cuvette et un couvercle. On mettra par dessus et par dessous un galet. On serrera médiocrement la vis : on plongera dans l'eau bouillante, et au premier coup de serre un peu fort, tous ces morceaux se trouveront soudés; et l'on s'en servira pour faire une boîte, par les moyens que nous avons indiqués dans la section précédente.

On peut éviter la première opération, en couvrant le galet, qui est au fond du moule, d'une quantité suffisante de morceaux, dont les bi-

Pl. 54.

seaux soient lès uns sur les autres. On garnira de même tout le tour du moule, sur les côtés, de pareils morceaux, posant les biseaux les uns sur les autres, après quoi on mettra le noyau; et par le refoulement, toutes ces pièces se trouveront soudées, et la boîte d'une seule pièce.

Quoique la méthode que nous venons d'enseigner soit praticable, il vaut cependant mieux rapporter une bâte d'un seul morceau : car il est difficile de placer autour du noyau tous ces petits morceaux, de manière qu'ils soient partout d'une égale épaisseur; et ce n'est que par le refoulement occasionné par l'anneau du noyau, sur le haut de la matière, qu'elle peut se distribuer également tout autour : et l'on voit toujours, quand la boîte perd son poli par l'usage, les fibres de l'écaille se nuancer différemment les unes des autres, et produire un très-mauvais effet; d'ailleurs, les boîtes ainsi faites perdent leur poli beaucoup plus promptement que les premières.

SECTION III.

Boîtes de très-petits morceaux.

De toutes les préparations qu'on met en usage pour mouler les deux espèces de boîtes dont nous venons de parler, il sort nécessairement de très-petits morceaux, comme rognures, et quelques parties qu'on est obligé d'ôter, lorsqu'elles se trouvent gâtées par une espèce de galle ou chanci, qu'on enlève avec une scie à marqueterie. Ces très-petits morceaux, étant ordinairement ce qu'il y a de plus mauvais, et la multiplicité des soudures rendant l'ouvrage défectueux, ne peuvent procurer que des boîtes très-communes. Néanmoins on ne néglige point ces restes, et il se débite une quantité considérable de ces tabatières, connues sous le nom impropre de *Boîtes d'écaille fondue*.

On râpe de ces petits morceaux, autant qu'il est possible de les tenir dans un étau, et on en forme de la poudre. On met sur le galet, au fond du moule, une plaque d'écaille très-mince : on met par dessus une certaine quantité de ces petits morceaux, qu'on a grattés avec soin, afin qu'ils puissent se souder les uns aux autres, et à la plaque, qu'on a aussi grattée : enfin, on remplit les intervalles avec de cette poudre d'écaille; on forme la bâte avec des morceaux rapportés tout autour du noyau, ainsi que nous l'avons dit dans la section précédente; on serre bien le tout, on le plonge dans l'eau bouillante, et on donne une forte serre, qui, en soudant et amalgamant toutes ces parties, en forme une cuvette ou un couvercle, qui, quoiqu'infiniment défectueux et cassans, trouvent cependant des acheteurs déterminés par la modicité du prix.

Pl. 54.

Comme ces sortes de préparations sont très-aigres et cassantes, et qu'il ne seroit pas possible que la gorge de la boîte prise à même une aussi mauvaise matière, eût la solidité nécessaire, on a coutume de faire la bâte de ces sortes de boîtes avec des morceaux d'une meilleure qualité, ou mieux encore d'un seul morceau.

SECTION IV.

Boîtes de Drogues de diverses couleurs.

On nomme *Boîtes de Drogues*, celles qui sont faites avec toutes les râpures, restes et rebuts de toutes les opérations précédentes, et dont cependant on est parvenu à faire des tabatières, qui, par leurs accessoires, ont été quelque temps très à la mode.

Quand, dans le travail du moulage, on râpe ou racle de l'écaille, on ramasse tout ce qui en sort, et on le conserve au sec pour le besoin. On met de même à part toutes les échancrures, enfin tout ce qu'on n'a pu employer dans les travaux précédens. On mêle cette poudre avec tous les petits morceaux ; on emplit un moule de diamètre suffisant, en mettant dessus et dessous un galet convenable. On serre le tout sous la presse, et on le porte dans l'eau bouillante. Au bout d'un quart d'heure, on le remet sur l'établi, on donne une forte serre, et l'on parvient à en former des galettes, qu'on coupe circulairement, et dont on forme des cuvettes et des couvercles, qui ne servent que de fond au travail suivant.

En travaillant l'écaille, on met à part les petits morceaux qui tombent des feuilles et rognures de bonne écaille. On les gratte en tous sens, pour qu'ils se soudent bien ; on y mêle des tournures d'écaille, qu'on recueille sur le Tour, en ayant soin qu'il ne s'y mêle aucune matière étrangère ; et pour cela on nettoie bien l'établi ; et quand on forme la gorge d'une boîte, ou qu'on la tourne, on ramasse sur une feuille de papier tout ce qui en tombe, et on le conserve proprement dans une boîte. On forme de tout cela des galettes, par la méthode que nous venons de décrire. On saisit ces galettes dans un étau, et avec une râpe, on les réduit en poudre, qu'on recueille, soit dans une feuille de papier, dont

Pl. 54.

on entoure l'étau, soit dans une peau qui sert de tablier à l'établi. On tamise cette poudre afin de n'employer que la partie la plus fine.

Tout ce qui reste dans le tamis, et ne peut passer, sert encore à faire de nouvelles galettes, en y mêlant de très-petits morceaux de bonne écaille, et des tournures ; on râpe le tout de nouveau pour le même usage.

Lorsque la cuvette et le couvercle sont moulés, avec ce qu'on appelle *Drogues*, on les emmandrine et on les met au Tour, le plus droit possible ; puis on enlève, tant au dessous de la cuvette qu'au dessus du couvercle, et sur les champs par dehors, environ la moitié de leur épaisseur.

On aura soin de ne pas toucher avec les doigts à toutes ces parties, qu'on vient de diminuer d'épaisseur. On mettra au fond du moule un galet de cuivre, puis on mettra par dessus un mélange composé de poudre d'écaille, et de telle couleur qu'on voudra, à peu près la hauteur de six à huit lignes ; on mettra ensuite par dessus la cuvette dans laquelle on aura fait entrer le noyau, et on la pressera sur la poudre, en la tenant le plus exactement au milieu du moule qu'il sera possible ; on retirera le noyau, puis avec une petite cuillère de tôle, arrondie sur son plan *fig.* 29, on mettra tout autour de la cuvette dè cette même poudre qu'on foulera avec la même cuillère, en prenant garde de déranger la position de la boîte ; ensuite on replacera le noyau, et on mettra le tout sous la presse ; on donnera une petite serre, et l'on plongera le tout dans l'eau bouillante. Au bout d'un quart d'heure, on portera la presse sur l'établi, et au moyen d'une forte serre, la poudre mêlée avec l'écaille se sera amalgamée avec le noyau précédemment fait, et formera une boîte de la couleur qu'on aura déterminée.

Lorsqu'on aura refroidi le tout, on retirera la boîte du moule, et il ne s'agira plus que de la terminer sur le Tour, et d'y former la gorge.

Si c'est le couvercle, on procédera de la même manière, excepté qu'on mettra au noyau les viroles convenables pour sa hauteur.

Ces sortes de boîtes doivent sortir du moule toutes polies ; et pour cela on aura soin que ce moule, ainsi que le galet qu'on met dessous, aient le poli le plus vif ; mais on les laisse rarement unies ; on y pratique diverses façons, que nous détaillerons dans un instant.

Nous dirons ici un mot sur les couleurs qu'on emploie pour colorer ces boîtes : toutes les couleurs fournies par le règne minéral sont bonnes, et rendent plus ou moins bien. Il faut s'attendre que le brun de la poudre

d'écaille qu'on y mêle, change plus ou moins la couleur qu'on emploie
selon qu'elle est plus ou moins claire. Ainsi le jaune est un peu bruni, et
l'on ne peut espérer d'obtenir du blanc. En général, les couleurs rembrunies réussissent parfaitement. Le vert est infiniment difficile à rendre
égal; souvent une cuvette et son couvercle, faits avec le même mélange
viennent plus foncés l'un que l'autre. Un peu plus de chaleur, une immersion tant soit peu plus longue dans l'eau bouillante, sont autant de causes
qui produisent cette altération. Il faut donc avoir la plus grande attention
de tenir l'un et l'autre dans l'eau bouillante, un temps à peu près égal.
Nous disons à peu près, car y ayant moins de matière à échauffer pour le
couvercle que pour la cuvette, il est naturel de penser que la couleur se
forme plus vite au couvercle qu'à la cuvette; ainsi il sera bon d'y laisser le
couvercle un peu moins de temps.

Quant aux doses des couleurs et de la poudre d'écaille, il seroit difficile de les déterminer d'une manière précise; elles varient suivant la nature des couleurs qu'on emploie, et suivant les tons qu'on veut obtenir.
Ces mêmes couleurs se combinent entre elles, et par ces combinaisons, on
peut obtenir une infinité de nuances différentes. Il suffit de prévenir nos
Lecteurs que, dans les mélanges, trop de poudre d'écaille rembrunit les
couleurs, et trop peu rend la matière cendreuse : ainsi les personnes qui
voudront se livrer à ce genre de travail seront obligées de faire des épreuves, et de tenir par écrit compte des doses qu'elles auront employées, afin
d'ajouter ou de retrancher ce qui sera nécessaire pour arriver à un résultat satisfaisant.

Il est important que ces poudres soient exactement mêlées, sans quoi
on verroit sur les boîtes, des taches, des marbrures, ou des inégalités de
couleur; le moyen le plus sûr pour y parvenir est de les sasser long-
temps, et dans un tamis à double fond destiné à cet usage. Quelque soin
qu'on apporte à cette opération, il restera toujours quelques inégalités
de couleurs, produites par la distribution inégale des molécules colorantes.

Pour rompre tant soit peu ces inégalités, quelqu'imperceptibles qu'elles
soient, mais qui ne manqueroient pas de se faire remarquer sur un plan
lisse, on a coutume de représenter en relief, sur les boîtes de couleur,
quelques traits d'histoire, un paysage, un portrait ou des ornemens : quelquefois aussi, ce fond représente une quantité de cercles concentriques,
également espacés et profonds, qu'on pratique au galet et sur les côtés
du moule : mais comme ces cannelures des côtés, ainsi que tous les autres
ornemens en relief, s'opposeroient à ce que la boîte sortît du moule, on

Pl. 54.

forme la virole de trois ou quatre parties contenues dans un anneau de fer; et cette virole, ainsi composée, entre juste dans le moule.

Ces moules, de plusieurs pièces, exigent une grande précision, tant pour les jointures qui doivent être parfaitement limées et dressées, pour qu'elles se joignent exactement, que pour faire rapporter les ornemens. Si l'on veut examiner attentivement une boîte moulée dans ces sortes de moules, on verra que les joints y paroissent toujours un peu : sans doute, parce que les ouvriers les manient avec trop peu de ménagement.

Ce n'est pas tout : il est rare que les dessins de la cuvette s'accordent parfaitement avec ceux du couvercle; et pour s'en convaincre, il suffit de chercher à les faire raccorder, en tournant le couvercle jusqu'à ce qu'on y parvienne, on verra que ces dessins ne s'accordent qu'en un seul point ; ce qui indique que le moule du couvercle et celui de la cuvette ont été faits d'un seul morceau, et coupés ensuite pour en former deux : et comme les dessins n'étoient pas divisés avec exactitude sur la circonférence, il est évident qu'ils ne peuvent se rapporter qu'en un seul point. Comme on est obligé de donner ces pièces à un graveur, pour y former les ornemens, il faut surveiller soigneusement son travail, pour que l'exactitude en soit le résultat.

Il sera bon de faire soi-même les divisions, avec la plus grande exactitude, à l'aide d'un excellent diviseur, en plaçant les trois parties du moule, réunies dans un mandrin parfaitement rond, et les tournant d'abord intérieurement, comme si elles ne faisoient qu'une seule pièce. Il seroit fort difficile de tourner bien ronde et bien unie une pièce composée de plusieurs parties. L'outil accrocheroit à chaque jointure, et sauteroit malgré la fermeté de la main; ce qui produiroit des inégalités et des ondes, et s'opposeroit à ce que la boîte fût parfaitement ronde. Il est donc à propos de souder à l'étain ces trois pièces, après avoir terminé les jointures à la lime; on tournera ensuite l'extérieur; et enfin on tournera un morceau de bois médiocrement dur, tel que le hêtre : on lui donnera la forme que doit avoir intérieurement le moule; et comme ce moule ou tampon doit être un peu plus large de l'entrée que du fond, on lui donnera un peu plus de longueur qu'il ne faut, ce qui lui procurera de l'entrée. On le montera sur le Tour; on y versera tout au tour un peu d'huile, et on le saupoudrera de ponce fine. On fera ensuite entrer le moule sur ce tampon, et tout en faisant aller le Tour, on promènera le noyau en long, ce qui effacera tous les traits produits par l'outil. On fera un autre tampon pareil, sur lequel on mettra de l'huile et du tripoli, et on achèvera de donner à l'intérieur tout le poli qui lui est nécessaire. On dressera parfaitement le bord antérieur de cette espèce de virole ; et ayant placé le diviseur, de manière qu'il se rencontre juste à une des jointures, on vérifiera, en parcourant le diviseur par tiers, si la division du moule est exacte. Si on la trouve telle, on divisera le tout en autant de parties que la nature du dessin qu'on a adopté l'exige. Si ce sont des lozanges, les points de division devront tomber sur les angles : si ce sont des carrés, ils tomberont sur un des côtés : si ce sont des ornemens courans, on les multipliera le plus qu'on pourra, afin que les dessins puissent rentrer, c'est-à-dire que la fin s'accorde avec le commencement ; enfin, on ne négligera aucune des précautions nécessaires pour qu'il règne dans le moule une régularité parfaite.

Pl. 54.

Lorsque toutes les divisions auront été marquées sur le bord du moule, on le retirera du mandrin, et, au moyen d'une équerre à chapeau, on les renverra sur la surface intérieure, où on les tracera avec une pointe très-fine.

Alors on donnera la pièce au graveur, qui aura soin de suivre les divisions avec la plus grande attention ; et l'on sera assuré d'avoir un moule parfaitement bien fait.

Si les traits qui doivent donner des reliefs circulaires, tels que des baguettes, des joncs ou autres ornemens semblables, peuvent se faire à l'aide du *Tour* simple ou à guillocher, on aura soin qu'ils aient peu de saillie, et surtout qu'ils soient moindres qu'une demi-circonférence, sans quoi la pièce tiendroit au moule, et les efforts qu'on feroit pour l'ôter produiroient des arrachemens. Un autre soin, qu'il ne faut pas négliger encore, c'est de polir tous ces traits, afin que les reliefs en sortent très-vifs et très-unis ; car on conçoit bien qu'il n'est pas possible de polir une boîte au sortir du moule. On se servira, pour cet usage, de petits bâtons de saule ou de peuplier, sans nœuds, et affûtés par le bout, pour pouvoir entrer dans les cannelures, sans en émousser les angles ; et on y emploiera de la ponce en poudre très-fine, avec de l'huile ; après quoi on nettoiera bien tous ces traits avec une brosse, et on les terminera avec du tripoli fin et de l'huile, puis à sec.

Pour rompre l'uniformité d'une boîte tout unie, et en cacher les défauts presqu'inévitables, lorsqu'on ne veut pas y représenter des ornemens, tels que nous venons de les décrire, on se contente de former sur les fonds des cercles concentriques, également espacés entr'eux, et d'une égale profondeur. On a coutume, dans tous les cas, de former sur le couvercle et sous la cuvette un encadrement, composé d'une baguette, avec

Pl. 54. un carré saillant d'environ une ligne, tant par dessus que sur les côtés. Cette bordure, du moins celle de dessous, empêche que le fond ne touche sur une table ou ailleurs, et que le frottement qu'il y éprouveroit ne raie ce fond, et ne le gâte promptement : quant au dessus de la boîte, cette bordure l'encadre, en ôte le nu, et fait un très-bon effet.

- Lorqu'on le dessus d'une boîte est orné d'un portrait, d'une figure ou de tout autre objet, on a également coutume d'en faire le fond, à cercles saillans concentriques, tels que nous venons de les décrire; et alors toute la boîte est ornée de même.

Rien n'est aussi difficile que de former sur les galets de dessus et de dessous, ainsi que sur les côtés du moule, ces moulures parfaitement égales en écartement et en profondeur. On se servira avantageusement pour les galets, du support à chariot, sur lequel on placera un grain-d'orge. Après avoir mis un galet en mandrin, on s'assurera que l'outil marche bien parallèlement à sa surface, ce qu'on obtiendra en lui faisant parcourir toute cette surface depuis la circonférence jusqu'au centre, et examinant, avec une bonne loupe, si la pointe du grain-d'orge approche ou touche partout également au galet. Alors, sans déranger le support, on ramènera l'outil vers la circonférence, au moyen de la vis de rappel, mue par la manivelle. On placera le grain-d'orge, s'il n'y est pas, et que, pour l'épreuve, on se soit servi d'un autre outil. On aura soin qu'il soit bien perpendiculaire à la surface du galet : autrement les deux faces du creux produit par la pointe du grain-d'orge seraient inégalement inclinées. Lorsqu'on sera parvenu près du bord, et tout contre la moulure qu'on doit y avoir formée pour produire le cadre, on fera avancer l'outil, au moyen de l'autre vis de rappel, qui le pousse en avant; et lorsqu'on jugera que le peigne est entré suffisamment, on remarquera à quel numéro du cadran, qui est contre la tête de la vis, l'aiguille est fixée. On retirera l'outil; on le fera avancer vers la droite, au moyen de la grande vis de rappel, de la distance qu'on veut laisser entre ces cercles. On fera avancer l'outil comme la première fois, on s'arrêtera lorsque l'aiguille sera parvenue au même nombre où elle étoit à la première opération, et on continuera ainsi jusqu'à ce qu'on soit parvenu au centre.

Pour faire les mêmes cannelures aux côtés du moule, il faut s'y prendre d'une toute autre manière, puisque l'outil ne peut l'entamer de face. On dentera un peigne sur sa longueur à droite, de manière qu'il produise sur les côtés de la boîte les mêmes effets que ceux qu'on a tracés sur les fonds. On aura surtout soin que toutes les dents soient bien alignées, et

Pl. 54.

qu'aucune n'excède les autres. On le mettra sur le chariot du support, et on placera ce support de manière que les dents soient parallèles aux côtés du moule. On fera marcher le chariot en avant, et après qu'on se sera assuré d'un parfait parallélisme avec le côté du moule, on fera marcher la vis de rappel, jusqu'à ce que les rainures soient d'une profondeur égale à celles du dessus de la boîte, ce dont on pourra juger avec une bonne loupe. Il ne faut pas penser à faire ces cannelures à plusieurs reprises : il seroit trop difficile de les faire d'une égale profondeur; on fera donc un peigne dont la longueur soit égale à la hauteur du moule, en tenant compte de la largeur de la moulure ou bordure qui forme l'encadrement.

Comme il n'est pas nécessaire que ces cannelures soient très-profondes, on pourra arrondir tant soit peu les dents des peignes et la pointe du grain-d'orge; et pour y parvenir plus sûrement, il suffira, après avoir denté, trempé et recuit l'outil, de les passer sur un mandrin bien cylindrique, en y mettant un peu d'émeri fin. Cette précaution arrondira parfaitement les dents.

Si l'on vouloit que la boîte ne fût pas cannelée dans toute sa surface, et qu'on eût intention d'y représenter un portrait, une figure ou tout autre ornement en relief, il ne faudroit pas moins canneler le fond du galet, et le donner ensuite au graveur pour faire le relief.

Au lieu des rainures circulaires, on peut moirer le fond ou y former tout autre dessin; mais comme cette opération est du ressort du guillocheur, nous renvoyons nos lecteurs au Chapitre où nous avons traité de cet objet dans le plus grand détail.

Les galettes formées de poudres d'écaille ne servent pas seulement à faire des tabatières, on en fait aussi des manches de couteaux, de rasoirs, et d'autres objets. Dans ce cas il faut donner aux galettes la forme d'un parallélogramme, en les moulant dans un moule fait exprès.

SECTION V.

Moulage imitant les Marbres, les Granits, le Lapis-Lazuli.

La ductilité de l'écaille et la faculté qu'elle a de se souder ont fait imaginer de la mêler avec différentes matières qui lui donnent de la ressemblance avec des marbres, des jaspes, des granits, le lapis-lazuli et autres pierres fines.

Pl. 54. *Marbres.*

Comme il est des corps dans lesquels il semble que la nature se soit plue à incorporer de l'or, de l'argent et autres métaux, on parvient à les imiter avec de l'écaille de la manière suivante.

On choisit de belle écaille blonde; on la saisit dans un étau après l'avoir grattée et nettoyée dessus et dessous. On la réduit en poudre assez fine, au moyen de râpes, et on la passe dans un tamis un peu fin. On mêlera dans cette poudre des feuilles d'or ou d'argent fin battu, comme celles dont on se sert pour dorer ou pour argenter; on aura soin de ne les pas trop broyer, pour ne pas les réduire en poudre, ce qui ne produiroit qu'une mixtion informe.

On commencera par faire avec de bonne écaille, sans cependant que ce soit des morceaux entiers, une boîte comme à l'ordinaire; puis on la réduira sur le Tour à peu près à la moitié de son épaisseur, comme on a fait pour les boîtes de couleur.

On mettra dans le couvercle ou dans la cuvette le noyau qui leur convient; on mettra au fond du moule un galet bien uni et bien dressé; ou pour mieux dire, un peu concave, afin que le dessus du couvercle en sorte un peu bombé, attendu que cette forme est plus agréable qu'un plan droit.

On mettra sur ce galet de la poudre d'écaille mêlée de feuilles d'or ou d'argent amalgamées ensemble, à peu près trois ou quatre lignes d'épaisseur.

On placera par dessus le couvercle ou la cuvette, et on s'assurera, à la vue simple, que la pièce est très-exactement au milieu du moule. On prendra de la même poudre avec la cuillère représentée *fig.* 29, et on en mettra tout autour de la boîte; et comme cette cuillère doit être courbe sur sa largeur, on s'en servira pour fouler la poudre tout autour; on en mettra jusqu'au haut du moule, en foulant toujours avec la cuillère. Lorsque le moule sera plein, on mettra par dessus le noyau une plaque, puis le tasseau, et on donnera une serre un peu forte, afin que le noyau entre dans le moule, et que l'eau n'y pénètre pas par les côtés. On plongera le tout dans l'eau bouillante, et au bout d'un quart-d'heure on donnera une forte serre, qui suffira pour souder toutes les matières.

En cet état, la boîte est ce qu'elle doit être, quant à la composition; mais toutes ces poudres ne sont pas susceptibles de prendre de poli; et si on les laissoit telles qu'elles sont, elles n'offriroient qu'une surface terne.

et désagréable à la vue. L'art est encore venu au secours de l'art, et y a
ajouté ce qui lui manquoit.

Pl. 54.

On grattera avec soin le dehors de la cuvette et du couvercle ; et
même on en ôtera, sur le Tour, environ une demi-ligne sur l'épaisseur. On
formera, avec de belle écaille blonde, bien choisie, des plaques et des
viroles bien minces, qu'on grattera sur la face qu'on doit souder à la boîte.
On les fera entrer très-juste dans le moule, tant dessus que des côtés. On
y fera entrer la boîte très-juste, en y laissant le noyau. On donnera une
serre assez forte, pour que la pièce pénètre jusqu'au fond du moule : on
plongera dans l'eau bouillante, et une seconde serre soudera ces plaques et
côtés au corps de la boîte, qui se trouvera ainsi terminée.

Cette écaille blonde, par sa transparence et son peu de couleur, laisse
voir tous les effets des feuilles d'or ou d'argent, qui sont amalgamées à la
poudre. Et comme elle est très-mince, elle ne fait là que l'effet d'un vernis,
qui fait valoir et lustre le fond, qui, sans cela, seroit mat et terne.

Il nous seroit difficile de rendre à nos Lecteurs l'effet que produit ce
mélange. Il semble, en voyant une boîte de cette espèce, voir un marbre
bien fin et bien poli, dans lequel seroient de fortes veines d'or ou d'argent.
Au moyen du mélange des deux matières, tantôt cet or ou cet argent paroissent à la superficie, et semblent pénétrer dans l'intérieur et disparoître
ensuite ; et cet effet agréable est une suite de ce que le métal n'est que médiocrement broyé : s'il étoit en poudre, il ne feroit que donner un peu de
couleur à la matière. Le hasard de ce mélange ajoute encore à la beauté.
Ces marbrures d'or ou d'argent sont bizarrement jetées ; et en cela elles
imitent parfaitement la nature.

Granits

Le Granit est une espèce de marbre qui semble composé d'une infinité de petits grains de différentes nuances. Communément ce sont des
bruns, des rouges, plus ou moins foncés, des gris foncés, avec quelques
taches de blanc et de jaune.

L'Art du moulage de l'écaille est parvenu à imiter assez bien cette
espèce de marbre. Voici les procédés qu'on y emploie.

On commence par former des galettes de morceaux d'écaille ordinaire,
mais un peu belle ; puis de poudre de couleur brune, rouge, foncée et claire,
ou de telle autre qu'on juge à propos d'employer.

On saisit ces galettes l'une après l'autre dans un étau, en les envelop-

Pl. 54.

pant de linge propre et sec, pour que la graisse n'empêche pas la soudure, et l'on a soin de gratter auparavant les morceaux dont on fait les galettes, ainsi que les galettes mêmes.

On se sert d'une grosse râpe, c'est-à-dire, dont les tailles soient très-rudes. On recueille tout ce qui en tombe, dans une feuille de papier, qui entoure l'étau et l'établi. On passe d'abord cette poudre dans un tamis un peu fin, pour séparer tout ce qui est fin. On passe le reste dans une espèce de crible ou de tamis très-gros, et on met ce qui en sort à part pour s'en servir.

Lorsqu'on a ainsi râpé toutes les galettes de différentes couleurs, et qu'on a recueilli ce qui est passé par le gros tamis; on mêle tous ces petits grains dans la proportion qu'on désire; et après avoir fait un fond de boîte, comme nous l'avons dit, on en diminue suffisamment l'épaisseur; on y remet le noyau, et on le remet au moule sur un lit, ou mélange de ces petits grains de différentes couleurs : on emplit les côtés autant qu'il est possible ; on donne une petite serre ; on plonge dans l'eau bouillante, et le moulage se trouve fait. Tous ces petits grains, placés au hasard à côté les uns des autres, et soudés ensemble, imitent parfaitement le granit, dont nous venons de donner une idée.

Si l'écaille qu'on a employée étoit belle, la boîte sortiroit du moule assez bien polie : néanmoins, si l'on vouloit lui donner un poli beaucoup plus beau, il faudroit remettre la boîte au Tour, en emporter environ une demi-ligne sur l'épaisseur, pour y souder ensuite une plaque et une virole d'écaille blonde, comme on l'a pratiqué pour les marbres ou jaspes.

Lapis-Lazuli.

Le lapis-lazuli est une pierre précieuse, dont le fond est bleu, et qui est parsemée de veines d'or. On imite cette pierre, avec de l'écaille, en limant des galettes d'écaille blonde, passant cette poudre au tamis fin, et y mêlant du bleu de Prusse, réduit en poudre, de la même finesse, et y ajoutant des feuilles d'or, réduites en très-petits fragmens. Mais comme il faut, pour bien imiter la pierre, que les veines soient jetées en long et assez rares, il ne faut pas mêler entièrement l'or à la poudre, ce qui donneroit une espèce d'aventurine, dont la surface entière de la boîte seroit couverte.

Il faut se souvenir de ne mettre de poudre que ce qu'il en faut pour que la boîte ne soit, ni obscure, ni cendreuse. Lorsque l'écaille en poudre et le bleu de Prusse seront mêlés, par le moyen que nous avons indiqué Pl. 54. plus haut, on prendra un peu de cette poudre, dans laquelle on mêlera des feuilles d'or en petits morceaux, jusqu'à ce que ce mélange présente un composé à peu près égal d'or et de bleu : on mettra de cette poudre sur le galet au fond du moule, en la semant au hasard, et comme par veines ; puis on mettra par dessus six à sept lignes de poudre bleue. On peut même, avec une pointe, mêler ces deux poudres, suivant des formes bizarres, et qui imitent la manière dont les marbres sont veinés.

On mettra la boîte, préparée comme nous l'avons dit ailleurs, et remplie de son noyau, dans le moule. On mettra de la poudre bleue tout autour, lit par lit, et à chaque lit un peu de celle mêlée d'or ; et produisant des veines avec une pointe ou une épingle, ce qu'on obtiendra aisément en promenant la pointe irrégulièrement, soit de côté, soit de haut en bas. On continuera de remplir les côtés de la même manière, en foulant à chaque fois avec la petite cuillère, *fig.* 29. Enfin, on donnera une serre un peu forte, pour que la matière se tasse. On plongera dans l'eau bouillante ; et la boîte, au bout d'un quart-d'heure, sera en état d'éprouver la dernière serre, après quoi on fera refroidir, et l'opération sera terminée.

Comme le lapis-lazuli est d'une texture plus fine que le granit, il est susceptible d'un poli plus fin ; il est donc à propos, pour imiter la nature, de revêtir cette boîte d'une plaque d'écaille blonde, par les procédés que nous avons précédemment décrits. Nous ne répéterons pas ici ce que nous en avons dit, nous nous contenterons d'y renvoyer le Lecteur.

SECTION VI.

Moyen particulier de Doubler en écaille les Boîtes de loupes de buis.

C'est pour ne rien omettre de tout ce qui concerne le moulage de l'écaille que nous nous proposons de dire un mot des procédés usités pour faire les plaques et les bâtes, tant de la cuvette que du couvercle, pour les tabatières de loupes ou autres.

Comme ces plaques sont ordinairement fort minces, afin de ne pas prendre inutilement sur la capacité d'une boîte, dont le mérite est de contenir le plus de tabac possible dans un espace le plus petit, on choisira les parties les plus minces des morceaux qui tombent nécessairement lorsqu'on découpe les feuilles. On les grattera bien dessus et dessous, ou les ébisellera avec soin, et on en mettra une quantité suffisante sur un

Pl. 54. galet, au fond du moule, pour que ces morceaux puissent en même temps se souder et s'étendre. On choisira pour ce travail un moule de grandeur suffisante, pour que les plaques puissent servir à des boîtes de grandeurs différentes. Toutes les rognures qui se trouvent dans l'atelier sont bonnes pour faire des plaques, et on ne leur donne guère plus d'une demi-ligne d'épaisseur. Quant à la bâte du couvercle et de la cuvette, nous avons décrit dans le premier Volume, pages 453 et suivantes, la manière de les découper et de les souder, et nous y renvoyons nos Lecteurs, au lieu de répéter ici ces détails.

Nous ne dirons rien non plus de la manière de coller les plaques et les bâtes de la cuvette et du couvercle, que nous avons amplement enseignée pages 296 et suivantes, du *T. I.* Cette méthode est celle qu'on emploie le plus ordinairement; cependant nous croyons devoir en donner ici une autre, pour laquelle on a profité de la faculté qu'ont les bois d'être moulés, soit avec des fers chauds, soit à l'eau bouillante, et de la ductilité que l'écaille peut acquérir par la chaleur.

On placera le fond et la bâte, avec le plus de justesse qu'on pourra, dans la cuvette et dans le couvercle, sur la surface desquels on fera quelques aspérités pour faciliter l'adhésion; puis on y introduira un noyau qui y entre très-juste, ayant soin que ce noyau ait assez de hauteur pour que, lors du refoulement, il puisse entrer un peu. On mettra le tout dans un moule qui contienne la boîte très-exactement, afin que la pression et la chaleur ne la fassent pas fendre. On serrera médiocrement: on plongera dans l'eau bouillante; et au moyen d'une seconde serre, l'écaille amollie, pénétrant dans les pores du bois, en tout sens, ne fera plus qu'un avec lui, et procurera une doublure de la plus grande solidité.

On emmandrinera ensuite la boîte; et sur le Tour, on y formera la gorge, et on y ajustera le couvercle, comme on le fait pour les boîtes, par la méthode ordinaire.

SECTION VII.

Incruster dans l'Écaille des galons ou cercles d'or.

Il n'est personne qui n'ait éprouvé combien les cercles ou galons d'or qu'on a coutume de mettre aux boîtes d'écaille tiennent peu solidement. Pour peu qu'on y réfléchisse, on sentira que cela ne peut être autrement.

Toutes les matières sont sujettes à la contraction par le froid, et à la dila-
tation par le chaud. Les métaux, lorsqu'ils sont en petit volume ne varient
pas sensiblement ; mais les matières animales ou végétales varient très-sen-
siblement, parce.que, semblables à des éponges, elles absorbent promptement l'humidité de l'athmosphère. L'écaille éprouve de fréquentes variations, selon que la boîte contient du tabac sec ou mouillé. Ajoutez à
cet effet celui qui résulte de l'évaporation de l'humidité qui existe dans l'é-
caille, et qu'on a encore augmentée par l'immersion dans l'eau bouillante.
Au bout d'un temps plus ou moins long, la boîte rentre sur elle-même,
diminue de diamètre, et le cercle, qui y étoit entré juste, devient trop
large et s'échappe.

   Cet inconvénient est surtout remarquable aux cercles des angles, haut
et bas de la boîte, c'est-à-dire du bas de la cuvette et du haut du couvercle. Voici de quelle manière on y remédie.

   On fait faire par un bijoutier, un galon plié d'abord sur sa circonférence à angles droits, pour qu'il paroisse dessus ou dessous, et de côté de
la boîte. Voyez-en la coupe *fig.* 30. On le retourne encore à l'équerre, à
chacune des deux faces, ce qui produit l'effet représenté en coupe, *fig.* 31.

   Lorsque ce cercle est fait, on le met au fond du moule ; et par la mollesse qu'acquiert l'écaille, et par la pression, cette écaille s'insinue dans le
vide que laisse le cercle, qui ne peut s'écarter, étant contenu juste dans
le moule ; et les deux retours, haut et bas, vont se loger dans l'épaisseur,
de manière qu'il n'y a d'apparent que les deux faces *a*, *b*, *fig.* 30 ; et dans
aucun cas il ne peut quitter sa place.

   Si l'on vouloit que le cercle présentât, au lieu d'un angle vif, une forme
arrondie et saillante, comme on le voit en coupe *fig.* 32, il suffiroit de
plier à angles vifs, en dedans, les deux bouts de l'espèce de *C* qu'il forme.
L'écaille entreroit dans le vide du cercle, et lui donneroit de la solidité ;
dans ce cas, il faut faire, tant au galet qu'au bas du moule, une rainure
qui, réunies ensemble, aient la forme qu'on veut donner à ce galon ou
baguette.

   Il y a quelques années, un tabletier de Paris imagina de mettre à des
boîtes d'écaille, et même de loupe de buis, des cercles dont les deux
bords étoient incrustés dessous et de côté dans la boîte, ainsi que nous
venons de le dire. Il faisoit de son travail un grand mystère. Il montroit
une boîte de loupe qu'il avoit refendue en quatre, à angles droits sur sa
hauteur, afin de faire voir que les deux crochets du cercle entroient effectivement dans le bois.

Pl. 54.

Comme cette invention est infiniment intéressante, nous nous sommes occupés à la mettre en pratique; nous avons assez bien réussi; mais pour ne pas risquer de perdre un métal aussi précieux que l'or, nous avons opéré sur du similor, qui, par sa composition, est très-doux et très-ductile, attendu qu'il contient plus de cuivre rouge que de cuivre jaune. Nous avons soudé à l'argent un cercle de similor; nous lui avons donné pour circonférence celle de l'angle de la boîte sur laquelle il devoit être placé, et même un peu moins, puisque l'on doit creuser sa place sur la boîte, ce qu'on ne pratique point aux cercles d'or qu'on met fort minces par économie, et qu'on applique sur la boîte même. Ce cercle avoit pour largeur deux fois celle qu'on veut donner au galon sur chaque face, et en sus une petite ligne par chaque bord, pour former les crochets qui entrent dans l'épaisseur de la boîte, et une demi-ligne d'épaisseur.

Nous avons formé sur un mandrin de buis une portée capable de donner entrée au cercle, de manière qu'il ne débordât la circonférence du mandrin que d'une bonne ligne tout autour. Cette portée étoit de plus filetée avec précision d'un pas de vis un peu fin, mais assez fort. Une virole de même bois entroit juste à vis sur cette portée, et les deux épaulemens se joignoient parfaitement. Nous avons ensuite tourné extérieurement le mandrin et sa virole, le plus rond qu'il nous a été possible. Ayant ensuite ôté la virole de sa place, nous avons mis sur le mandrin le cercle de similor, et nous l'avons assujetti en place, au moyen de l'anneau à vis. Alors nous l'avons mis au rond extérieurement; et en cet état, il ne débordoit le mandrin que d'une petite ligne. Au moyen d'un brunissoir d'acier, bien trempé, bien poli et arrondi, nous avons replié à l'équerre ce dont le cercle excédoit le mandrin, en le couchant sur le mandrin. Comme la matière est très-douce et ductile, cette opération se fait assez aisément, pourvu qu'on mouille de temps en temps le brunissoir. Dans cet état le galon est déjà plié à angles droits, et doit entrer très-juste dans les deux ravalemens qu'on a dû faire à la boîte, dessus et de côté. Il s'agit maintenant de faire deux autres crochets qui entrent dans l'épaisseur de la boîte, l'un dessus ou sur le couvercle; l'autre de côté, et dans l'épaisseur.

On commencera par faire recuire petit rouge ce galon; et même lorsqu'on lui donne le premier pli, il est à propos de le retirer de dessus le mandrin, et de le faire recuire une ou deux fois, attendu que le frottement du brunissoir l'écrouit, et l'empêche de plier aussi aisément qu'il le faut; d'ailleurs étant écrouie, la matière rentre difficilement sur elle-même, et elle ne vient point s'appliquer sur le mandrin. On doit sentir que le cercle rabattu sur le mandrin diminue de diamètre, ce qui ne se peut faire que parce que la matière se refoule.

On fera un autre mandrin, aux bords duquel on pratiquera une feuillure à angle bien droit, et dans laquelle le cercle entrera, la partie pliée en devant. On donnera à cette feuillure une portée de huit à dix lignes. On taraudera toute cette portée; on y ajustera un anneau de buis qui y aille juste, et qui, mis en place, remplisse l'angle que présente le galon, de toute la largeur qu'on veut qu'il ait sur la boîte, et l'on disposera cet anneau de manière qu'un second anneau qui prendra à vis sur le mandrin, le presse fortement, et retienne le galon en sa place. Le second anneau aura un diamètre un peu plus petit que le premier, afin qu'on puisse rabattre contre le galon, dans toute sa circonférence; et il suffit que cette partie rabattue ait environ trois quarts de ligne de large. On ne s'attachera pas à former ce dernier pli à angle droit bien exact, il faudroit le faire recuire, et l'anneau, qui se trouve enfermé par cette opération, ne le permet pas.

On desserrera le second anneau à vis. On ôtera le galon de sa place, l'anneau restant dedans. On tournera à un nouveau mandrin une portée intérieure, dans laquelle le galon, tel qu'il est, puisse entrer juste. Cette portée aura assez de longueur pour qu'on puisse y faire un pas de vis formant écrou. On tournera un anneau, qui prenne juste dans cet écrou; et cet anneau, appuyant contre le galon, l'assujettira en sa place : et pour plus de solidité, on donnera à cet anneau, plus de diamètre extérieur, que l'anneau et le galon n'en ont. On l'ouvrira par dedans, jusqu'à ce qu'on voie la face intérieure du galon excéder de trois quarts de ligne ou environ. Comme cette face du galon n'a éprouvé aucun travail depuis qu'on l'a recuit, on le ramènera vers soi, au moyen d'un brunissoir courbe, ce qui couchera le pli sur la face intérieure de l'anneau, et formera le troisième angle ou pli, sans s'inquiéter si l'on peut l'assujétir à former l'angle droit bien vif.

En cet état, le galon est terminé; et il ne reste plus qu'à le mettre en place : mais auparavant, il faut ôter l'anneau qui y est renfermé; et c'est ce qu'on obtiendra en même temps qu'on le fera recuire. On le mettra donc dans des charbons bien allumés; et, quand il sera devenu petit-rouge, on le retirera.

On montera sur le Tour, soit la cuvette, soit le couvercle de la tabatière. On conservera les angles bien vifs; et si le galon doit avoir une

Pl. 54.

certaine épaisseur, on fera un ravalement dessus et de côté, afin que le galon étant terminé, affleure la boîte : puis, prenant exactement la mesure de l'intervalle compris entre chaque crochet et la face intérieure du galon, on creusera sur la boîte, dessus et de côté, avec un bec-d'âne bien mince, une rainure capable de contenir juste l'épaisseur du galon· Quand ces deux rainures seront faites, qu'on se sera assuré que le diamètre de la boîte convient parfaitement à celui du galon, de manière qu'il ne soit, ni trop étroit, ni trop lâche, on commencera par faire entrer le crochet dans la rainure du côté de la boîte, en ouvrant un peu, et le forçant à entrer tout autour dans la rainure. Pendant cette opération, si les mesures sont bien prises, l'autre crochet entrera dans la rainure de dessous, pour peu qu'avec les deux premiers doigts de la main droite on l'y détermine, tandis qu'avec la gauche on le fera entrer, et on le maintiendra dans la rainure de côté.

On ne doit pas s'attendre que le galon s'applique du premier coup, exactement sur sa place, la roideur et le ressort de la matière s'y opposent : mais comme il a été bien recuit, lorsqu'on a ôté au feu l'anneau qui y étoit renfermé, il suffit d'appuyer, en faisant tourner le mandrin et la boîte, avec un brunissoir mouillé; et si la rainure est un peu plus étroite que l'épaisseur de la matière, et tant soit peu plus profonde que le crochet n'a de hauteur, ce côté tiendra bientôt en sa place. On en fera autant sur le côté de la boîte; et en un instant ce côté du galon s'appliquera parfaitement sur sa place.

Il ne reste plus qu'à tourner et polir, le galon et la boîte par les procédés décrits dans le premier Volume, et que nous ne croyons pas devoir répéter ici.

Nous n'avons fait d'essais, ni sur l'or, ni sur l'argent; mais la ductilité de ces matières est une garantie que cette opération ne sauroit manquer.

SECTION VIII.

Manière d'Incruster, sur des Boîtes d'écaille, des Fleurs et autres Ornemens d'or et d'argent.

Les inventions les plus heureuses, les opérations les plus ingénieuses, sont malheureusement soumises à l'empire de la mode. Il y a environ un siecle, qu'on vit paroître des boîtes d'écaille, sur lesquelles étoient

Pl. 54.

incrustés, en or de différentes couleurs, ainsi qu'en argent, des fleurs, des paysages, des sujets de toute espèce, exécutés avec la plus grande précision, et semblables à ces pièces de marqueterie, qui sont autant de tableaux, et qui cependant sont aussi passées de mode. Nous croyons devoir compléter l'Art du moulage en écaille, par la description de ces divers procédés.

On commence par dessiner sur un papier, de grandeur convenable, l'objet qu'on veut reporter sur une boîte. On en prend ensuite le calque sur un papier vernissé, et on dessine à part toutes les parties séparées. Ainsi, si c'est un bouquet, on dessine à part le vase, le plan sur lequel il est posé, les tiges des fleurs, les différentes fleurs, ainsi que leurs pétales, si leur volume permet d'entrer dans ces détails. On découpe avec soin toutes ces parties, et on les colle sur des lames, infiniment minces, d'or de différentes couleurs, et d'argent, selon la couleur qu'on veut leur donner dans l'exécution.

On vend à Paris, et dans les grandes villes, de l'or jaune, rouge, vert, gris, chez quelques Bijoutiers, marchands d'or et d'argent, et on a la facilité de faire réduire ces lames à tel degré d'épaisseur qu'on juge à propos, au moyen de laminoirs, dont ces Marchands sont pourvus : c'est par des préparations chimiques qu'on vient à bout de faire prendre à l'or ces différentes couleurs; mais il n'entre pas dans le plan de cet ouvrage de donner, ni les compositions, ni les procédés qu'on met en usage pour y parvenir. Quant aux lames d'argent, si on n'en a pas de passées au laminoir, on peut aplatir, sur un tas bien poli, et avec un marteau aussi à tête polie, quelque menue pièce de monnoie d'argent.

On découpe ensuite toutes ces lames, en suivant avec précision le dessin. On termine ensuite tous les contours avec de petites limes douces, de différentes formes, et on colle à mesure chaque partie sur le dessin, pour s'assurer que chacune d'elles convient parfaitement à la place qu'elle doit occuper; et on les joint les unes aux autres, le plus exactement possible, comme les pièces de rapport dans un ouvrage de marqueterie. Quant aux tiges des fleurs, ce n'est autre chose que du fil d'or ou d'argent extrêmement fin, qu'on aplatit à la lime ou au marteau, sur un tas bien poli, ou au laminoir. On leur donne la courbure qu'elles doivent avoir, soit à la main, soit avec de petites pinces à becs ronds.

Lorsqu'on est parvenu à couvrir, de cette manière, tout le dessin de parties rapportées, on mouille ce dessin, et au bout de quelques instans toutes ces pièces s'enlèvent avec la plus grande facilité. On les reporte à

Pl. 54

mesure sur un dessin pareil, afin que, dans l'opération qui va suivre, on ne soit pas embarrassé de la place qu'elles vont occuper.

On nettoie parfaitement le galet, qui doit être placé au fond du moule, et qui doit former la surface supérieure de la boîte, afin que l'espèce de colle dont on va se servir puisse y prendre solidement.

On fait dissoudre pendant un jour, plus ou moins, une quantité suffisante de gomme adragant, dans une petite capsule de porcelaine, de verre ou de faïence : on colle sur le galet un dessin de l'objet qu'on exécute, ayant attention qu'il soit placé convenablement par rapport au cercle de la boîte. Lorsqu'il est parfaitement sec, on y place toutes les fleurs et parties de fleurs, qu'on prend les unes après les autres sur un autre dessin, dont on s'est procuré une copie par le moyen du calque, ou simplement sur un papier blanc, sur lequel on les a rangées dans l'ordre qu'elles doivent tenir, si l'on ne craint pas de se tromper : mais dans aucun cas on ne les mêlera, car il serait difficile de s'y reconnoître. On mouille, légèrement, avec un petit pinceau la surface de dessous, d'un peu de la gomme qu'on a fait dissoudre, et on les approche, le plus qu'on peut, les unes des autres. Comme ces parties de fleurs sont très-minces et très-délicates, on les saisit, au moyen de *bruxelles*, espèces de pinces d'acier, qui sont ouvertes par le bout, et qui, par la simple pression des doigts, font toujours ressort.

Lorsque toutes ces pièces sont ainsi collées sur le galet, près les unes des autres, on voit le bouquet déja tout formé. On met ce galet au fond du moule. On y fait entrer le couvercle de la boîte (car c'est plus communément sur le couvercle qu'on place ces ornemens), qui a déjà été tout formé dans le moule. On donne un tour de presse un peu fort : on plonge dans l'eau bouillante, après quoi on donne encore une petite serre, pour faire pénétrer le métal dans l'écaille, qui est amollie; et, après avoir fait refroidir le tout, on retire la pièce, et le bouquet se trouve incrusté dans l'écaille.

Cette incrustation ne seroit cependant, ni solide, ni durable, si la surface des parties de métal étoit lisse, ou qu'en les maniant, on les eût graissées avec les doigts. Il sera donc nécessaire de donner aux différentes lames, dans lesquelles on découpe les parties de fleurs, sur la face qui doit être appliquée sur l'écaille, quelques coups de lime bâtarde, en deux sens opposés, afin de former de petites aspérités, qui s'accrochent dans l'écaille, et de n'y plus toucher avec les doigts, qu'avec beaucoup de ménagement et de propreté.

Pl. 54.

C'est par les mêmes procédés qu'on incruste, sur toute la surface des boîtes d'écaille, cette quantité si considérable de petites étoiles d'or, qui les rendent très-agréables. Après tous les détails dans lesquels nous venons d'entrer, il ne peut y avoir de difficulté, que sur la manière de former toutes ces étoiles, parfaitement semblables, et égales les unes aux autres : mais cette difficulté n'est qu'apparente, et s'évanouit bientôt par le moyen suivant.

On forgera ou fera forger un poinçon du meilleur acier, de deux pouces de long ou environ, sur quatre lignes en carré. On l'appointira de court par le bas, et avec de petites limes convenables, on lui donnera la forme d'une étoile à cinq ou six rayons, et de la grandeur dont on veut que soient les étoiles sur la tabatière. On dressera bien ce poinçon, ainsi formé par le bout; c'est là ce qu'en terme de graveur de caractères d'imprimerie on nomme *Contre-poinçon*. On le trempera avec soin, et on le fera *revenir* couleur d'or. On fera forger un autre poinçon à peu près de même forme, mais plus long et surtout plus gros, tant du corps que de la pointe. On fera au petit bout un trou de foret dont la grosseur n'excède pas le corps de l'étoile sans les rayons; on donnera à ce trou une bonne ligne de profondeur; et pour plus de facilité, on aura soin de faire recuire l'acier. On saisira ce poinçon dans un étau, la pointe en haut; on mettra dans le trou une goutte d'huile; et présentant le contre-poinçon sur le trou bien perpendiculairement, et de façon que tous les rayons excèdent également le trou, on donnera un coup de marteau un peu fort; et sur le champ l'étoile sera un peu formée en creux. Si l'on donnoit en commençant plusieurs coups de marteau, il pourroit arriver que le contre-poinçon variât, et que le creux ne fût pas net. On remettra le contre-poinçon bien exactement dans le creux du poinçon, et on donnera un second coup de marteau. Si le contre-poinçon tient un peu dans le trou, on peut continuer à frapper, jusqu'à ce qu'il soit entré de plus d'une demi-ligne.

On donnera ensuite au poinçon, avec de petites limes triangulaires, extérieurement, la forme de l'étoile, de manière que chaque côté des rayons forme avec les côtés du creux un biseau coupant et très-vif, et en même temps très-obtus; comme on se sert de ce poinçon pour découper les lames d'or, dont on forme les étoiles, on donne au contre-poinçon la forme pyramidale, pour que le creux du poinçon soit un peu plus large à l'entrée qu'au fond, et que les étoiles en sortent avec plus de facilité. Lorsque ce poinçon aura été terminé avec beaucoup de soin, on le trempera et recuira couleur d'or; puis on affûtera toutes les faces extérieurement avec

Pl. 54. un petit morceau de pierre à l'huile, afin que, dans tous les sens, elles fassent l'effet d'un couteau.

On prendra des lames d'or minces comme du papier ; on les posera sur une plaque, un peu épaisse, de plomb, et mieux encore de cuivre rouge, dressé à la lime et recuit, et à chaque coup de marteau donné sur le poinçon, on aura une étoile; et chacune sera absolument semblable aux autres.

Outre l'avantage d'avoir toutes ces étoiles parfaitement égales et semblables les unes aux autres, le coup de poinçon, en les détachant, forme tout autour des bavures qui font autant de griffes, qui s'insinuent dans l'écaille, et contribuent à la solidité de chacune de ces étoiles.

L'opération qui consiste à coller toutes ces étoiles, tant sur le galet du fond que sur celui de dessus, et tout autour du moule, est très-délicate, et exige de notre part quelques détails.

Pour placer toutes ces mouches symétriquement et à distances égales les unes des autres, on ne doit pas abandonner ce travail à la justesse du coup d'œil. On dressera parfaitement, et on adoucira à la lime douce, puis à la ponce fine, la face des deux galets qui doivent recevoir les étoiles. On en fixera un sur la plate-forme mobile de la machine représentée *fig.* 9, *Pl.* 37 du premier volume, au moyen de trois ou quatre clous d'épingle sans tête, qu'on mettra tout autour, et qu'on serrera contre le galet, afin qu'il ne puisse pas varier.

On tournera la manivelle de la vis de rappel, de droite à gauche, ce qui ramènera le galet en avant; lorsque son bord se rencontrera bien juste, en un point, sur le champ de la règle ou alidade que porte la machine, et qu'on assujettit solidement, en serrant les deux vis qui sont de côté, on remarquera à quel numéro de la division du cadran que porte la vis de rappel se trouve l'aiguille fixée sur la machine. On tournera la vis dans le sens opposé à celui qui a amené le galet au point où il est, et on le conduira au point opposé, jusqu'à ce qu'il affleure juste le champ de devant, de la même règle ou alidade. On comptera combien il a fallu de tours de la vis de rappel, pour parcourir cet espace; et divisant ce nombre par un nombre exact, le quotient sera la quantité de lignes qu'il faudra tracer sur le galet. Par exemple, si l'on a tourné cinquante tours, on pourra déterminer de tracer une ligne à chaque tour, ou à chaque deuxième tour, ou à tel nombre entier ou fractionnaire qu'on voudra, pourvu que ce nombre soit contenu exactement dans la quantité de tours qu'il a fallu faire faire à la vis, pour parcourir le diamètre du galet. Lorsqu'on sera arrivé au point opposé du diamètre, on tournera la vis de rappel pour re-

culer le galet de la quantité qu'on aura déterminée ; et avec une pointe à
tracer bien trempée et bien fine, on tirera le long de la règle, en dehors, Pl. 54.
un trait léger, mais visible, sur le galet. On avancera d'une même quantité, et on en tirera un second ; puis un troisième, et ainsi de suite jusqu'à la fin, et ce galet se trouvera divisé par une suite de lignes parallèles, en espaces égaux.

Comme la pièce de bois carrée qu'on voit au milieu de la machine, *fig.* 9, tourne sur son centre, au moyen d'un boulon dont la vis est en dessous, et noyée de toute son épaisseur dans la pièce de bois qui glisse à queue d'aronde entre les coulisseaux, tels que *A*, *B*, on fera tourner cette pièce carrée sur elle-même, jusqu'à ce que la règle se trouve par son champ, former un angle droit, avec les lignes qu'on a tracées d'abord.

Lorsqu'on sera parvenu au bout opposé à l'artiste, comme la même division ne peut manquer d'être juste, puisque le galet est un cercle, on tracera autant de parallèles que la première fois. La surface du galet sera donc divisée en petits carrés égaux, excepté sur ses bords ; et c'est sur le point d'intersection de toutes ces lignes, qu'on collera toutes les étoiles, en mettant en dessus les griffes que le poinçon a formées.

Le tour de la boîte est ordinairement parsemé de semblables étoiles, et il faut les placer dans l'intérieur du moule.

Pour cet effet, on aura un moule, divisé en trois parties, sur sa circonférence *fig.* 40. On se rappelle, ce que nous avons dit de ces sortes de moules, à l'article du moulage en relief. Il faut que ces trois parties réunies soient parfaitement rondes, et que les joints ou reprises ne paroissent presque pas. Voici de quelle manière on viendra à bout de diviser l'intérieur du moule, aussi exactement qu'on a fait des galets.

On prendra un morceau d'acier, de six à huit pouces de long, sur six à huit lignes de large, et trois ou quatre d'épaisseur. On l'appointira, par un des bouts, pour pouvoir l'emmancher comme un autre outil : ou, si l'on a un support à chariot, on ne lui donnera que cinq pouces de long, avec les autres dimensions du précédent. On prendra la hauteur du moule, avec la plus grande précision, et on fera, sur un champ de l'outil, un ravalement d'une ligne, ou une ligne et demie, afin que l'épaulement que procure ce ravalement puisse servir d'appui à l'outil, contre le bord du moule, et d'arrêt, pour qu'il ne puisse varier lorsque le moule est au Tour. On limera la partie ravalée, en forme de biseau, comme l'est un peigne à faire des vis : on divisera la longueur de ce biseau, en parties égales entr'elles, et à la première division, on formera, avec une

Pl. 54.

lime triangulaire ou tiers-point, un peigne dont les dents soient très-aiguës, et surtout, dont aucune n'excède les autres. On trempera et fera revenir cet outil, et ayant mis le moule dans son anneau, sur le Tour, on appuiera contre le bord du moule l'épaulement de l'outil, et on tracera, d'un seul coup, dans l'intérieur du moule, des traits circulaires et parallèles, pourvu que le bord de l'anneau soit bien dressé.

On introduira alors dans l'intérieur du moule une règle d'acier fixée sur la cale du support, et on la placera parallèlement à l'axe du cylindre. En cet état, on fera marcher le diviseur, jusqu'à ce que la règle se trouve sur un des joints du moule.

On avancera d'une ou deux divisions, suivant que leur écartement s'accordera avec la distance dont on a besoin. Lorsqu'on se sera assuré de cet écartement, on tracera sur la longueur du moule, avec une pointe à tracer, une ligne, qui coupera les divisions circulaires à angles droits. On passera à une seconde, à une troisième ligne, et ainsi de suite.

Lorsque tout l'intérieur du moule aura été ainsi divisé avec soin, on placera des étoiles sur chaque point d'intersection des lignes circulaires, avec celles tracées sur la hauteur du moule.

C'est ordinairement à ces sortes de boîtes qu'on met des cercles en or en forme de jonc, tels qu'on en voit la coupe à la *fig.* 32, en *a*, *b*, et que nous venons d'enseigner à faire.

On doit bien s'attendre qu'il ne faut pas mouler la boîte dans ce moule, ainsi parsemé d'étoiles, en tout sens, et qui ne tiennent qu'avec de la gomme adragant. Il faut lui avoir auparavant donné la forme qu'elle doit avoir dans un moule, un peu plus petit, et dont les angles soient vifs. On donnera à la boîte un peu plus de hauteur et d'épaisseur, qu'elle ne doit en avoir quand elle sera terminée, afin qu'après être entrée sans peine dans ce moule, pour ne rien déranger, elle puisse se refouler sur tous les sens, et même pénétrer dans l'intérieur du jonc, *fig.* 32 et 33. Dans ce cas on aura pratiqué à l'angle du galet, et à celui du moule, une rainure circulaire, dans laquelle puisse se loger le jonc, *fig.* 33, dont le creux sera tourné vers le dedans du moule. Ces deux rainures faites séparément l'une de l'autre, et qui, réunies, doivent n'en former qu'une de la forme représentée *fig.* 32 et 33, exigent la plus grande attention, afin que, lorsqu'elles sont l'une contre l'autre, elles n'en forment qu'une dont les parties s'accordent parfaitement, sans quoi, le jonc, par la force de la pression, prendroit une forme irrégulière, qu'on ne pourroit plus réparer, à cause de son peu d'épaisseur.

Nous avons recommandé de polir parfaitement l'intérieur du moule, et Pl. 54. les faces intérieures des galets, attendu que ces sortes de boîtes ne peuvent être travaillées ni réparées au Tour. Les lames, dont on a formé les étoiles, sont si minces, que pour peu qu'on emportât de matière, il ne resteroit plus rien. C'est aussi, par cette raison, que les lignes de division, qu'on a tirées sur les galets et dans l'intérieur du moule, doivent être d'une finesse extrême. Et comme un même moule peut servir long-temps, que ces traits pourroient s'effacer à la longue, qu'ainsi on ne pourroit plus voir les points où l'on doit placer les étoiles, il sera bon, à l'aide d'une bonne loupe, de marquer, d'un coup de pointeau très-fin, chaque point de division ; et comme ces mêmes lignes, quelque fines qu'elles soient, marqueroient toujours sur une surface unie, on les enlèvera en polissant de nouveau toutes ces surfaces.

Les ouvriers qui fabriquent un grand nombre de boîtes semblables emploient de préférence le moyen suivant, qui est beaucoup plus prompt.

Le moule préparatoire, dont ils se servent, porte sur le fond et sur ses champs intérieurs, une certaine quantité de filets qui se croisent à angles droits ; ces filets s'impriment sur les surfaces de la boîte, et indiquent, par leur intersection les points où doivent se placer les étoiles qui s'y fixent avec un peu de gomme. Ils replacent ensuite la boîte, ainsi garnie, dans un moule uni, un peu plus grand que le premier, et l'effet de la pression opère l'incrustation des étoiles, en détruisant l'impression produite par les filets du premier moule.

Ce genre d'ornemens ne se borne pas aux étoiles dont nous venons de parler. On peut aussi incruster, de la même manière, sur les boîtes d'écaille une infinité de paillettes de diverses formes, en or, en argent, et en acier ; mais comme il seroit trop long et très-difficile de les faire soi-même, nous croyons faire plaisir à nos Lecteurs en leur indiquant la maison de M. Frichot, rue des Gravilliers, à Paris, qui a porté ce genre de fabrication à une grande perfection, et chez qui on peut se procurer, à un prix très-modique, toutes sortes de paillettes, de bordures, de palmettes, et autres ornemens employés dans l'éventail et dans la broderie, et qui conviennent parfaitement pour le genre de travail dont nous venons de parler.

Pl. 54.

SECTION IX.

Incruster dans l'Écaille différens dessins de couleur, tels que Vermicels et autres.

La réussite qu'on a obtenue dans le moulage de l'écaille, par tous les procédés que nous venons de rapporter, a fait faire des recherches en tout genre. On a cherché à imiter, de la manière suivante, ces dessins nommés *Vermicels*, qui serpentent en tout sens.

On tournera deux galets et un moule en quatre parties. On dessinera sur toutes les faces intérieures, des traits qui serpentent les uns autour des autres, dans tous les sens, de manière à imiter les vermicels. On roulera sur une table unie, et un peu mouillée, et mieux encore sur du marbre, de la cire, pour en former des brins d'une ligne ou environ de grosseur, et d'autant de longueur qu'il sera possible. On chauffera très-légèrement les pièces les unes après les autres, et on couvrira tous les dessins, de ces petits filets, ou baguettes de cire, qui s'y attacheront sur le champ; mais il faut avoir soin que la chaleur ne soit que suffisante pour qu'ils s'attachent, et non pour qu'ils fondent. Lorsqu'on aura ainsi couvert le dessin d'une des pièces du moule, on passera successivement à toutes les autres. Ensuite avec un outil d'acier, trempé et poli, on donnera à tous ces filets une forme plate, sur leurs deux côtés, et en dessus, en les unissant et les égalisant d'épaisseur le plus qu'il sera possible; et afin que tous ces filets sortent aisément du moule du fondeur, auquel on les donnera, on formera les deux côtés, un peu en talus, ce qui donnera de la dépouille.

Quand tous les dessins seront ainsi couverts de cire, et bien réparés, on passera partout le même outil un peu mouillé, afin de lisser cette cire. On ajoutera à chaque extrémité des quatre parties du moule, et sur leur épaisseur, une couche de cire, d'environ une ligne d'épaisseur, afin que, quand ces pièces reviendront de la fonte, on ait assez de matière pour pouvoir les dresser à la lime. Sans cette précaution, comme il faut nécessairement limer ces parties, pour qu'elles se joignent parfaitement, on ne pourroit le faire qu'aux dépens de la circonférence, et par conséquent le moule ne seroit plus rond.

Ces pièces, ainsi préparées, on les donnera au fondeur, en lui recommandant de les mouler dans du sable bien fin, et avec beaucoup de soin.

Lorsqu'elles seront revenues, on commencera par dresser et limer les
jointures, de manière qu'en même temps que les pièces se joindront exactement, on conserve la rondeur du moule. On réparera ensuite tous les
filets, avec de petits rifloirs, échoppes, burins, et autres outils convenables. On jettera sur une pierre un peu dure, sur une planche de chêne
bien dressée, ou mieux encore sur un marbre, un peu d'huile et de la
ponce fine, et on dressera la surface de tous les filets qui couvrent le galet,
en le promenant sur ce marbre ; à l'égard de l'intérieur des quatre parties
du moule, on les réparera de même, et on dressera la surface des filets en
les *rodant* sur un cylindre uni de bois dur, tel que du buis, enduit de ponce
délayée dans de l'huile.

En cet état, le moule est terminé. On l'assemblera dans son anneau de
fer ; on mettra un galet au fond ; et l'on conçoit qu'il faut le mettre en
place d'abord, et le moule par dessus, parce que tous ces reliefs ne lui
permettent pas de passer : on moulera l'écaille ; et lorsqu'elle sera refroidie, on aura une boîte, où tous les dessins seront gravés en creux.

On se pourvoira d'un autre moule, dans lequel la boîte, ainsi moulée,
entre juste, et qui soit parfaitement lisse. On remplira tous ces dessins de
poudre d'écaille, mêlée avec telle couleur qu'on voudra, comme nous
l'avons dit en enseignant à faire des boîtes de couleur. Pour que cette
poudre tienne sur les côtés de la boîte, et ne tombe pas, on la mouillera tant soit peu, et on la foulera dans ces rainures. On mettra la
boîte au moule : on donnera une serre médiocre : on plongera dans l'eau
bouillante, après quoi, ayant donné une serre un peu forte, et fait refroidir, la poudre se sera amalgamée avec l'écaille, et offrira, sur une surface
lisse, le dessin qu'on a choisi.

Si l'écaille qui forme le corps de la boîte est belle, on peut, en la
mettant au Tour, lui donner un léger coup d'outil, et la polir ensuite.
Sinon, on soudera par dessus une feuille mince, d'écaille blonde, de la
manière et avec les précautions que nous avons recommandées, pour les
boîtes imitant les marbres, jaspes, etc.

On peut exécuter, par ces procédés, toute espèce de dessin, une in-
scription, un portrait de profil, etc., en faisant graver, avec soin, sur le
galet, et un peu profondément, le sujet qu'on auroit choisi. On pourroit
aussi tracer, en creux, sur la boîte, l'épicycloïde, ainsi que tous les dessins représentés *Pl.* 37 et 39, et les remplir de poudre de couleur, au
lieu de filets d'écaille noire.

CHAPITRE III.

Description d'un Temple en ivoire dont la Coupole est guillochée.

Pl. 55. On a vu , à la fin de notre premier Volume, la description d'un temple d'ordre toscan, dont toutes les parties sont faites sur le Tour simple et par les procédés enseignés dans le même Volume; mais nous avons cru devoir réserver pour la fin de celui-ci la description du temple représenté *Pl.* 55, parce que plusieurs des pièces qui entrent dans sa composition ne peuvent s'exécuter que sur le Tour à guillocher.

Ce temple est entièrement en ivoire et porté sur un plateau de bois formant deux marches, revêtu d'ivoire sur toutes ses faces, qui sont ornées de moulures , ainsi qu'on le voit sur la figure.

La surface supérieure de ce plateau est couverte de carreaux d'écaille et d'ivoire, disposés comme on le voit *fig.* 2, pour représenter le parquet du Temple. Au centre est une rosace en forme d'étoile, dont les rayons sont également mi-partis d'écaille et d'ivoire. La disposition de ces carreaux, ainsi que la forme de la rosace, sont susceptibles d'un grand nombre de variations, et on a vu au chapitre de l'excentrique, des exemples d'entrelacemens qui peuvent s'employer en cette occasion.

Toutefois pour l'utilité de ceux de nos Lecteurs qui ne connaissent pas la manière dont se font ces sortes de placages, nous allons entrer dans quelques détails sur l'exécution de celui que représente la *fig.* 2.

Nous supposerons d'abord qu'on s'est fait une épure de toute la pièce et en particulier du parquet. On mesurera sur cette épure le diamètre du cercle destiné à recevoir les carreaux, et on creusera au centre du plateau, une portée circulaire égale à ce cercle. On en divisera la circonférence en vingt-quatre parties égales, et à chacun des points de division on tirera des rayons entre lesquels on ajustera avec soin vingt-quatre reglettes de bois bien égales, sans les coller en place. On tracera dessus autant de cercles concentriques qu'on veut y faire de rangées de carreaux

Pl. 55.

Ces cercles ne doivent pas être espacés également, mais leurs intervalles décroissent à mesure qu'ils approchent du centre, et voici le moyen qu'on doit employer pour les déterminer avec précision.

On prendra avec un compas la largeur de la reglette à l'endroit où elle touche le bord de la portée, et plaçant une des pointes au milieu de ce côté de la réglette, et l'autre sur la même réglette dans la direction du rayon, le point où tombera cette seconde pointe indiquera l'endroit où doit passer le second cercle.

On mesurera ensuite la largeur de la réglette à l'endroit où elle est coupée par ce second cercle; et, répétant à ce point l'opération que nous venons de décrire, on déterminera la position du troisième cercle. On continuera ainsi en s'approchant du centre où l'on réservera un espace suffisant pour pouvoir y pratiquer l'espèce d'étoile représentée sur la *fig.* 2, ou une rosace excentrique.

Après ce tracé préliminaire, on retirera les réglettes de bois, pour y coller les carreaux d'écaille et d'ivoire qu'on taillera de la manière suivante.

On dressera avec beaucoup de soin autant de bandes d'ivoire et autant de bandes d'écaille qu'il doit y avoir de rangées circulaires de carreaux sur le parquet, en donnant à chacune de ces bandes, pour largeur, la largeur de la rangée des carreaux; à laquelle elle est destinée, et pour longueur la moitié du développement de la circonférence du cercle formé par le bord supérieur des mêmes carreaux, après quoi on les divisera en douze carreaux égaux, que l'on collera sur les réglettes de bois, en commençant aux unes par l'ivoire et aux autres par l'écaille, et toujours du côté le plus large de la réglette. On ajustera avec le plus grand soin ces premiers carreaux, dont l'axe doit se trouver bien exactement dans la direction du rayon du plateau, attendu qu'ils doivent servir de guides pour placer les seconds, ceux-ci pour les troisièmes, et ainsi de suite, en alternant toujours l'ivoire avec l'écaille, jusqu'à ce que les vingt-quatre réglettes se trouvent garnies jusqu'au cercle qui indique la place où sera placée la rosette du centre.

On les couvrira ensuite d'un morceau d'étoffe légèrement graissé avec du suif ou du savon, sur lequel on placera une cale de bois bien dressée, et on les mettra en cet état sous une presse d'Ebéniste, où on les laissera sécher parfaitement. Lorsqu'elles seront bien sèches, on dressera avec une lime les bords des carreaux, jusqu'à ce qu'ils soient au niveau des longs côtés de la réglette sur laquelle ils sont collés.

On replacera ensuite les réglettes ainsi garnies de leurs carreaux dans la portée creusée au plateau, et dans laquelle elles ont été ajustées au commencement de l'opération. On les y collera et on les y laissera sécher, après quoi on fera l'étoile ou la rosace du centre.

En cet état, on montera le plateau sur le Tour en l'air pour dresser la surface des carreaux, et creuser autour, la portée dans laquelle se place le cercle d'ivoire qui les environne.

On s'occupera alors de faire et d'ajuster le bandeau sur lequel reposent les six colonnes qui portent tout l'édifice. Ce bandeau peut être d'une matière dont la couleur tranche avec celle de l'ivoire, comme ébène, bois rose ou autre. On le divisera en douze parties égales. Six des points de division indiqueront la place des centres des piédestaux, et six, les centres des carreaux placés entre ces piédestaux. Ces carreaux représentent des losanges composés de filets d'écaille et d'ivoire, avec une mouche d'écaille au centre. On les découpera soigneusement, et on les collera en place.

Les piédestaux qui sont d'ivoire, comme tout le reste de l'édifice, sont formés de trois pièces; une pour la base, une pour le dez, et une troisième pour la corniche, y compris le carré ou socle sur lequel repose la base de la colonne.

Le dez porte un tenon à sa surface inférieure, et un autre à celle de dessus, au moyen desquels il est réuni à la corniche et à la base.

La colonne est faite d'un seul morceau, dans lequel on prend la base, le fût et le chapiteau, jusqu'au dessous du tailloir, qui est fait d'un petit morceau d'ivoire taillé à la main, avec la petite moulure qui est en dessus.

Nous ne nous arrêterons pas à décrire la manière d'exécuter toutes ces pièces, et nous renvoyons nos Lecteurs, pour les détails et les conditions, au Chapitre XI, section II, de la troisième partie du Tome premier.

On y trouvera également décrite la manière d'exécuter l'architrave et la frise qui règnent en dedans comme en dehors du temple. Ces deux pièces se font d'un seul cercle d'ivoire, y compris les deux petits carrés qu'on voit en dessus, et assez épais pour qu'on puisse pratiquer à l'intérieur les mêmes moulures qu'à l'extérieur; il doit encore avoir assez de hauteur pour qu'on puisse y prendre une partie lisse, suivie d'un pas de vis, qui se monte dans un écrou pratiqué à l'intérieur de la corniche. Cette partie lisse, quand la pièce est montée, se trouve sous les denticules, et représente le bandeau sur lequel ils sont appuyés. En dessous de l'architrave, sont percés six trous pour recevoir les six tenons qui ter-

minent les six colonnes, et qui passent dans un trou percé au centre du
tailloir.

Si l'on vouloit décorer la frise de triglyphes et de gouttes, ainsi que
cela se pratique ordinairement dans les édifices de l'ordre dorique, on
trouvera à la section déja citée la description de ces ornemens avec leurs
proportions, et la manière de les tailler et de les rapporter, si on ne
veut pas les prendre dans le même morceau.

On peut aussi les faire dans le même morceau à l'aide du Tour à guillocher, en plaçant sur l'arbre une rosette appropriée et taillée exprès
pour cet usage. Le champ de cette rosette porte autant de mouvemens
qu'on doit faire de triglyphes sur la circonférence de la frise, et dans
chacun de ces mouvemens sont pratiquées des cannelures triangulaires
comme celles des triglyphes.

On fera d'abord avec cette rosette les masses des triglyphes, sans s'occuper de leurs cannelures ni des gouttes; et pour cela on placera sur le porte-
touche une touche plate d'une largeur égale au moins à deux des intervalles
qui se trouvent entre les cannelures, afin que, lorsqu'elle rencontrera les
parties élevées du champ de la rosette, elle puisse les parcourir sans entrer
dans les cannelures. Après cette première opération, on verra les masses des
triglyphes qui se détacheront sur le nu de la frise; mais chacun d'eux aura
de trop en largeur l'épaisseur de la touche. Pour détruire cet excédant, il
faut faire avancer la rosette de cette quantité à l'aide de la vis sans fin, et
recommencer l'opération dans cette position; ce qui réduira chaque triglyphe à sa valeur.

Alors on retirera la touche plate, et on lui en substituera une autre, taillée
en angle et de manière qu'elle puisse pénétrer dans les cannelures de la
rosette pour creuser sur chaque triglyphe les trois cannelures qu'on y remarque. L'outil dont on se servira doit avoir un de ses angles inclinés pour
pouvoir donner une forme triangulaire au sommet de chaque cannelure.

La même rosette sert aussi pour faire les gouttes, qui sont au nombre de
six, au dessous de chaque triglyphe. On laisse sur le porte-touche la touche
aiguë qui a servi à creuser les cannelures des triglyphes, et on substitue un
demi-grain d'orge à l'outil incliné. Cette première opération produira trois
creusures triangulaires; pour les doubler et en avoir six, il faut faire avancer la rosette d'une quantité égale à la moitié de la largeur d'une creusure;
et pour opérer avec régularité, on mesurera soigneusement la valeur d'une
de ces creusures par rapport à la circonférence de la pièce.

En cet état l'outil atteignant le milieu des intervalles de ces creusures, en formera trois nouvelles, ce qui donnera les six gouttes exigées pour l'ordre dorique.

Il faut cependant convenir que des gouttes ainsi creusées ne remplissent pas exactement toutes les conditions prescrites par les règles de l'architecture : si donc on veut leur donner une grande pureté de formes, il faut les retoucher légèrement à la main avec un burin.

Il en est de même de la partie unie qui se trouve au dessus des cannelures des triglyphes et qui s'élève perpendiculairement sur le nu de la frise. Le mouvement de la rosette, étant nécessairement incliné, ne peut produire cet effet : il faut donc en taillant le champ de la rosette laisser aux parties saillantes un peu plus de largeur qu'il n'en faut, afin de pouvoir, en retouchant cette partie à la main, détruire le plan incliné et le rendre perpendiculaire, comme il doit l'être.

Continuons à présent la description de notre temple et des parties qui le composent.

On fera d'un seul morceau la corniche extérieure et les denticules qui sont comme suspendues au carré qui la termine par en bas ; ces denticules sont pris dans un filet réservé pour cet usage dans le même morceau et fendu ensuite à la machine, ou sur le Tour, si on a une plate-forme à diviser. On montera pour cet effet la corniche sur un faux mandrin en bois ajusté d'avance et tourné, soit sur le tasseau de la machine à fendre, soit sur le nez du Tour, selon le moyen qu'on adoptera, et on fendra tous les denticules avec une fraise carrée dont l'épaisseur est égale à la distance qui doit exister entre chacun d'eux. Cette distance est égale à leur largeur et est par conséquent déterminée par le module des colonnes.

En dedans du temple, règne une corniche dont les moulures et autres ornemens sont absolument semblables à ceux de la corniche extérieure sur laquelle elle est montée à vis. Cette corniche intérieure est également prise dans un seul morceau et s'exécute par les mêmes moyens, mais avec des outils de côté de forme convenable.

La balustrade qui suit repose sur un cercle d'un seul morceau, monté à vis sur la corniche intérieure, et qui recouvre le joint des deux corniches. On percera sur ce cercle autant de trous qu'il doit y avoir de balustres et de dez, en les espaçant convenablement, et toujours conformément aux règles de l'architecture.

Ces balustres peuvent se faire d'un seul morceau, y compris les deux petits carrés qui les terminent en haut et en bas, et les tenons au moyen desquels ils sont joints aux bandeaux supérieurs et inférieurs qui les

Pl. 35.

réunissent. Cette méthode qui présente de grandes difficultés, augmente par là le mérite de la pièce; mais elle exige une main très-exercée et une grande habitude du travail, et nous conseillons aux Amateurs qui craindroient de n'y pas réussir, de faire ces petits carrés séparément, et percés d'un trou à leur centre, ainsi que nous l'avons dit en parlant du tailloir du chapiteau des colonnes. On aura soin alors de donner aux tenons inférieurs et supérieurs des balustres, assez de hauteur pour qu'ils puissent, après avoir traversé ces carrés, entrer assez avant dans les trous pratiqués aux deux bandeaux sur lesquels ils sont ajustés.

Le bandeau de dessus qui forme l'appui de la balustrade, est formé d'un seul morceau d'ivoire, et orné de moulures appropriées à l'ordre dorique. Il est percé en dessous, de trous espacés convenablement pour recevoir les tenons qui surmontent les dez et les balustres. Il faut prendre garde que ces trous n'arrivent pas à la surface supérieure du bandeau, ce qui produiroit un effet désagréable.

Le dôme qui s'élève au dessus de l'édifice, est presque entièrement guilloché et composé de trois pièces.

La première est une partie cylindrique, guillochée à jour, en forme d'osier. Nous avons donné plusieurs exemples de cette espèce de guillochis, au Chapitre VII, de la sixième partie, et nous nous contenterons d'y renvoyer nos Lecteurs. Cette partie guillochée se termine par deux bandeaux pleins, nécessaires à sa solidité. Celui d'en bas porte un pas de vis, qui se monte dans un écrou pratiqué à la corniche intérieure. Celui d'en-haut forme l'architrave et la frise de l'entablement qui sépare la partie cylindrique, de la coupole. Au dessus de la frise est encore un pas de vis, qui se monte dans un écrou pratiqué à l'intérieur de la corniche qui termine cet entablement.

La partie supérieure de cet écrou, reçoit un pas de vis pratiqué au bas de la coupole. Cette coupole est faite d'un seul morceau, et guillochée avec la rosette dite *à satiné*, dont nous avons donné plusieurs effets sur la *Pl.* 51 de ce volume. Ici, cet effet a beaucoup d'analogie avec celui des tuiles faîtières dont on couvre quelquefois les bâtimens.

Pour guillocher cette coupole, dont la forme est celle d'un ellipsoïde coupé sur son petit axe, on se sert d'un support à chaise tournante, afin de pouvoir toujours présenter l'outil dans la direction d'un des rayons de la courbe, en faisant tourner la chaise de la quantité nécessaire à chaque fois qu'on commence un nouveau bandeau.

La coupole est surmontée d'une plate-forme dégagée en dessous,

Pl. 55. comme on le voit sur la figure, et en dedans de laquelle est pratiqué un écrou pour recevoir un pas de vis qui termine la coupole.

A la surface supérieure de la plate-forme, sont percés six trous peu profonds, pour recevoir les tenons des six colonnes du lanternin. Ces colonnes se font d'un seul morceau; et, à raison de leur petitesse, leur exécution présente de fort grandes difficultés, surtout si l'on veut observer les règles de l'architecture dans toutes les parties qui les composent. Elles portent au-dessus du tailloir un petit tenon qui entre dans des trous percés au-dessous de l'entablement qui les réunit toutes; cet entablement se fait encore d'un seul morceau qui comprend l'architrave, la frise et la corniche, plus un pas de vis qui se monte dans un écrou pratiqué à la partie inférieure de la calotte qui recouvre le lanternin. L'extérieur de cette calotte, dont la forme est hémisphérique, est guilloché en écaille de poisson, avec la rosette appropriée à cet usage, et toujours avec le support à chaise tournante, pour les raisons que nous avons exposées en parlant de la coupole.

L'aiguille et l'étoile qui surmontent tout l'édifice sont des pièces de fantaisie dont la forme et les dimensions dépendent uniquement du goût de l'Amateur, et sur lesquelles nous ne pouvons par conséquent entrer dans aucuns détails.

La *fig.* 3 représente la vue à vol d'oiseau, ou plan géométral de tout l'édifice; on y distingue l'appui de la balustrade, la corniche qui sépare la partie cylindrique de la coupole; la coupole elle-même, et enfin la calotte du lanternin.

On peut placer au milieu de ce petit temple un cippe ou colonne tronquée et cannelée, portant une petite statue dans le genre de celle représentée *fig.* 4, ou une pièce de Tour fort délicate, *fig.* 5. Nous avons préféré placer cette dernière pièce en dehors, pour qu'on en pût mieux saisir l'ensemble. Néanmoins, c'est peut-être le morceau le plus convenable pour décorer ce petit monument, qui réunit déjà un si grand nombre de difficultés de l'Art du Tourneur. L'autre cependant seroit peut-être plus agréable et mieux appropriée aux formes sévères de l'architecture grecque, qui ont été suivies rigoureusement dans la partie inférieure du temple; mais l'exécution de la petite statue demande un talent particulier et tout-à-fait étranger à notre objet, et par conséquent, cet ornement pourroit paroître déplacé dans un monument dont le but est essentiellement de présenter les principaux effets du Tour réunis sous une forme agréable à l'œil.

Au surplus, les Amateurs qui entreprendront d'en construire un semblable, y apporteront, s'ils le jugent à propos, telles modifications que le goût leur suggèrera. Ainsi, par exemple, ceux qui ne craindront pas de multiplier les difficultés, pourront substituer aux colonnes représentées sur la figure, des colonnes torses du même ordre, pleines ou à jour. Dans ce dernier cas, on se souviendra qu'il est à propos d'y placer un noyau de couleur tranchante, ainsi que nous l'avons dit au chapitre des torses. Ce n'est pas que l'édifice ne puisse très-bien se soutenir sans cette précaution : la coupole guillochée et les entablemens sont si légers que, pour peu que les filets aient de force, ils en supporteront aisément le poids; mais l'œil n'est pas également satisfait de cette construction qui ne présente en apparence aucune solidité.

Enfin, si on avoit une machine à canneler, semblable à celle représentée *Pl.* 26 de ce volume, on pourroit, sans augmenter beaucoup le travail, canneler les six colonnes avec la plus grande régularité, ce qui rendroit l'ensemble de l'édifice infiniment plus élégant.

Nous ajouterons encore ici que, dans l'assemblage de toutes les parties du temple, on peut remplacer les vis et les écrous par de simples ajustemens à drageoir, qui se font beaucoup plus facilement. Il est vrai qu'ils ont un peu moins de solidité; mais une pièce de cette nature n'est pas destinée à être fréquemment déplacée : autrement, elle seroit souvent exposée à des accidens qui l'auroient bientôt détruite.

Ces sortes de petits édifices se faisant assez souvent en albâtre, c'est ici le lieu de dire quelque chose de la manière de tourner et de polir cette matière : pour ce qui est de la guillocher sur le Tour, nous croyons qu'il seroit difficile d'y réussir ; l'albâtre nous semble beaucoup trop friable pour pouvoir résister aux secousses produites par les ondulations des rosettes.

L'albâtre est, comme on sait, une pierre de la nature du marbre; mais beaucoup moins dure, et dont la transparence est d'autant plus grande que sa couleur approche davantage du blanc de cire. Il y en a de roussâtre, de rougeâtre, de couleur citron, et enfin de toutes les couleurs les plus riches. Mais celui qu'on emploie le plus ordinairement, est d'un beau blanc de lait, et son grain approche de celui du marbre de Carrare.

On distingue dans le commerce deux sortes d'albâtre, l'oriental et le commun : l'oriental qui nous vient d'Espagne et d'Italie, est celui dont la matière est la plus pure, la plus fine, la plus dure, et par conséquent susceptible de prendre un plus beau poli que l'albâtre ordinaire qui se

Pl. 55. trouve en France dans les environs de Cluny, en Lorraine, et dans différentes contrées de l'Allemagne.

L'albâtre se débite avec une scie ordinaire, en suivant, autant que possible, les couches qui forment le fil de la pierre. Il y a une espèce d'albâtre
qui est presque tout cristallisé en rayon, et que l'on scie de manière à rencontrer la superficie des aiguilles. C'est ce qu'on appelle l'albâtre glacé,
qui est très-brillant et très-agréable à l'œil. Avant de mettre au Tour les
tronçons qu'on veut employer, on en arrondira les angles avec une râpe,
en approchant, autant que possible, de la forme qu'on veut leur donner.

Si la pièce qu'on veut exécuter est un peu forte, comme seroit, par
exemple, une colonne de 15 à 18 lignes de diamètre, on peut la mettre
entre deux pointes; mais, cette matière étant trop friable pour supporter
l'effort de la pointe, il faut percer au centre de chaque bout un trou peu
profond dans lequel on place une cheville de bois tendre qui doit y entrer gaîment, et qu'on y fixe avec un peu de mastic. On peut alors placer
les pointes du Tour sur ces deux chevilles, sans craindre d'endommager
l'albâtre.

Il faut encore avoir soin, dans ce cas, de prendre un morceau d'albâtre
un peu plus long que la pièce qu'on veut exécuter, afin de pouvoir placer
la corde à gauche et en dehors de la partie qu'on travaille, sur laquelle la
corde laisseroit toujours une impression difficile à détruire.

Si la pièce n'étoit pas, par sa forme, de nature à être tournée entre deux
pointes, on la monteroit sur le Tour en l'air à l'aide du mastic à chaud, dit
mastic de fontainier; car il ne faut pas penser à saisir une pièce aussi fragile dans la portée d'un mandrin : le moindre effort qu'on feroit pour l'y
faire entrer, la briseroit infailliblement.

Enfin, si la pièce étoit assez longue pour qu'elle dût être tournée entre
deux pointes, et qu'on n'eût pas un morceau assez long à sa disposition,
pour pouvoir réserver une bobine à gauche, on la monteroit sur le Tour
en l'air, comme nous venons de le dire, et on approcheroit la poupée à
pointe du bout à droite, pour la soutenir.

De quelque manière que la pièce soit montée sur le Tour, on se servira
d'un grain-d'orge, pour l'ébaucher, et on la terminera avec des outils à un
biseau, et de forme appropriée que l'on présentera, aussi bien que le
grain-d'orge, un peu au dessus du centre. Il faut avoir la main légère
et prendre bien garde d'engager l'outil, car une résistance un peu forte
auroit bientôt réduit l'albâtre en poussière.

Dans tous les cas il faut s'arranger de manière, en montant un mor-

Pl. 55.

ceau d'albâtre sur le Tour en l'air, que la pièce qu'on veut y prendre puisse
être terminée d'un seul coup; car, s'il falloit mettre en mastic le bout terminé, on ne pourroit le faire sans en altérer la couleur et la forme.

Il y a, comme nous l'avons dit au commencement de cet article, de l'albâtre de différentes couleurs. On pourra profiter de cette diversité pour
opposer entr'elles les parties de l'édifice : ainsi, par exemple, on pourra, si
les fûts des colonnes sont en albâtre blanc, faire les bases et les chapiteaux
en albâtre jaune.

Les colonnes d'albâtre peuvent aussi se canneler très-facilement à la machine. Cette matière est si tendre que l'outil placé dans la guimbarde n'é-
prouve presque pas de résistance pour la déplacer.

Il nous reste à parler de la manière dont on polit l'albâtre. Les parties
tournées sont seules susceptibles d'être polies; les autres doivent rester
mattes, et on tirera encore parti de l'opposition du mat avec le brillant
pour embellir les différentes parties de l'édifice.

Le moyen qu'on emploie le plus ordinairement pour polir les parties
unies, est la prêle à l'eau dont on croisera les traits le plus qu'on pourra;
on achèvera de brillanter les surfaces avec la ponce délayée à l'huile.

Il y a encore d'autres moyens pour polir l'albâtre; mais, comme nous
ne les avons pas éprouvés, nous n'en parlerons pas ici. Au surplus, quel que
soit le procédé qu'on emploie, il ne faut pas espérer qu'on puisse jamais
donner à l'albâtre le poli du marbre : le peu d'adhésion des molécules
qui composent cette matière s'opposera toujours à ce qu'on arrive à ce
point de perfection.

CHAPITRE IV.

Moyen de réduire l'ivoire, en le tournant, à la plus petite épaisseur possible.

SECTION PREMIÈRE.

Description d'une Pièce composée de divers Ornemens arabesques, et tournés très-minces.

Pl. 56. Ce chapitre par lequel nous allons terminer notre ouvrage n'en sera sûrement pas le moins intéressant. On y trouvera des procédés jusqu'ici peu connus, et à l'aide desquels on pourra, sans trop de difficultés, diminuer sur le Tour, l'épaisseur de l'ivoire à un degré vraiment surprenant au premier coup d'œil. Nous y enseignerons aussi à découper l'ivoire après l'avoir rendu aussi mince. Enfin nous appliquerons ces principes à l'exécution de deux pièces qui nous ont paru dignes d'exercer la patience et la dextérité d'un Amateur parvenu au degré d'habileté qu'on doit naturellement supposer à celui qui entreprend un ouvrage aussi difficile.

La seconde de ces pièces, *Pl.* 57, a été décrite dans la première édition du Manuel du Tourneur; mais l'auteur avoue qu'il n'a pas eu le courage d'en entreprendre une semblable. En effet, les moyens qu'il donne pour tourner les différentes parties du vase, et pour en diminuer l'épaisseur au point proposé, nous ont paru d'une bien difficile exécution.

Pour résoudre ce problème, nous nous sommes décidés à exécuter non pas la même pièce, mais une autre, *fig.* 1, *Pl.* 56, dont presque toutes les parties sont en ivoire, tournées comme le vase de la *Pl.* 57, et si mince que, quelque délicatement qu'on les saisisse entre les doigts, on les sent céder à la pression la plus légère.

Mais, avant d'entrer dans la description des moyens que nous avons employés pour y réussir, nous croyons devoir dire ici quelques mots sur

la nature de l'ivoire, et sur la manière de le débiter. Ces détails ne paroî-
tront pas déplacés ici, si l'on considère que l'on ne peut employer que Pl. 56.
de l'ivoire de la meilleure qualité, pour former la pièce qui nous occupe,
et que, si, en débitant le morceau dont on veut se servir, on y découvre
le moindre défaut, le plus sûr est de le laisser là, et d'en choisir un
autre.

L'ivoire est, comme on le sait, la grande dent ou défense de l'éléphant,
après qu'elle est détachée de la mâchoire de l'animal; cette défense sort
de la mâchoire supérieure aux deux côtés de la trompe, et forme deux
longues cornes arquées dont la pointe s'élève quelquefois au dessus de la
tête de l'animal.

L'organisation de cette matière a quelque chose d'admirable. Si l'on
coupe transversalement une défense d'éléphant, on remarque, dit d'Au-
benton, qu'elle est composée de couches coniques et concentriques, semblables à celles des végétaux. La partie de la défense, qui est la plus près
de la tête est creuse jusques vers le tiers de sa hauteur, et remplie de chair et
de vaisseaux qui fournissent les nouvelles couches. Ces couches s'ossifient
successivement par degrés, et s'attachent à la défense qui acquiert ainsi
un volume prodigieux. La partie supérieure de la dent, vers la pointe,
est pleine; et c'est ce qu'on nomme plein de la dent : cependant il se
trouve toujours, vers le centre, un trou presque imperceptible, à la vérité,
mais auquel il est cependant nécessaire d'avoir égard quand on débite
un morceau d'ivoire pour l'employer à des ouvrages extrêmement précieux.

Lorsque les défenses sont entières, qu'elles ne sont pas enlevées depuis
trop long-temps à l'animal, on s'aperçoit à la coupe qu'elles sont encore
imprégnées d'humidité, et d'une couleur olivâtre mêlée d'un peu de verdâtre. L'ivoire en cet état s'appelle *Ivoire vert :* c'est celui qu'on doit préférer pour les ouvrages auxquels on désire donner toute la perfection
possible, parce qu'il est plus facile à travailler, et qu'il n'est pas sujet aux
fentes et aux crevasses que l'on remarque presque toujours dans l'ivoire,
dit *Ivoire blanc.* Celui-ci provient des dents ramassées par les nègres dans
les vastes solitudes de l'intérieur de l'Afrique, où gisent les dépouilles des
éléphans morts naturellement, ou à la suite de leurs combats contre les
animaux féroces, habitans de ces déserts. On conçoit aisément que ces
dents, exposées pendant long-temps aux rayons du soleil brûlant de ces
contrées, doivent s'y dessécher au point de devenir cassantes, et plus difficiles à travailler.

Pl. 56.

Ce dernier ivoire est connu dans le commerce sous le nom d'*ivoire de Sénégal*; l'autre est l'*ivoire de Guinée* que l'on doit toujours choisir de préférence pour les ouvrages soignés. Il ne faut pas craindre que sa couleur verdâtre n'en diminue le mérite. Cette couleur disparoît promptement sur les surfaces exposées à l'air libre.

L'ivoire de Ceylan possède les mêmes qualités que l'ivoire de Guinée, et on prétend qu'il a de plus la propriété de ne point jaunir : aussi est-ce celui dont le prix est le plus élevé.

Les artistes doivent rejeter l'ivoire dont les fibres sont très-apparentes, et dont la contexture est par conséquent trop lâche pour pouvoir acquérir un beau poli. Il s'y rencontre même quelquefois, entre les couches, des solutions de continuité, qui se manifestent, surtout quand on a diminué considérablement l'épaisseur de l'ivoire.

L'ivoire est encore sujet à une maladie que l'on peut comparer à la carie des dents. Quelquefois cette maladie se manifeste à l'extérieur par des taches qu'on appelle fèves, et qui pénètrent à une certaine profondeur. Quelquefois aussi ces fèves n'existent que dans l'intérieur, et alors on ne peut les découvrir que lorsqu'on débite la dent en petits tronçons. Aussitôt qu'on s'en aperçoit, il faut nécessairement rejeter le morceau où se trouve ce défaut.

On se sert ordinairement, pour débiter l'ivoire, de l'étau à débiter, *fig. 2*, *Pl.* 36, *T. I*, et de la scie à dossier de fer, nommée aussi, *Scie à débiter*, représentée sur la même figure.

L'étau à débiter, qui s'emploie aussi pour débiter les bois, n'est autre chose qu'un étau parallèle dans le genre de celui représenté *fig.* 3, *Pl.* 5 de ce volume, mais d'un travail beaucoup moins précieux, parce que l'eau dont on est obligé de mouiller continuellement l'ivoire pour le débiter auroit bientôt détérioré un instrument de prix.

Cet étau, pour plus de commodité, se monte ordinairement sur un établi séparé. On saisit entre ses mâchoires la dent ou le tronçon de dent qu'on veut débiter, et on en sépare, à l'aide de la scie, des morceaux proportionnés à l'usage qu'on en veut faire.

La lame de cette scie doit être fort mince; ses dents sont d'une moyenne grandeur, et on leur donne très-peu de voie pour perdre la moindre quantité possible d'une matière aussi chère que l'ivoire.

Pendant l'opération on versera continuellement de l'eau sur le trait avec une éponge mouillée. Sans cette précaution, les dents de la scie s'engorgeroient bientôt, et il ne seroit plus possible de la faire mouvoir.

Nous allons revenir à la pièce qui nous occupe, et nous commencerons par donner l'énumération de toutes les parties qui la composent, afin de nous faire comprendre plus facilement quand nous décrirons nos moyens d'exécution.

Pl. 56.

Cette pièce est portée sur un plateau d'ébène *A*, sous lequel on remarque trois griffes d'ivoire *a*, *a*, *a*, qui enveloppent chacune une boule en ébène, et forment ainsi les pieds du plateau, dont les bords sont garnis de deux filets d'ivoire.

On a représenté *fig.* 2 le plan d'une moitié de la surface supérieure de ce plateau et les ornemens qui le décorent. Ces ornemens consistent en huit médaillons en ivoire, sur lesquels on a tracé différentes rosaces excentriques. On pourroit leur substituer un parquet composé suivant les principes donnés dans la section précédente ou tout autre.

Au centre du plateau s'élève une base attique, portant un cippe ou colonne tronquée, cannelée. Le carré *B* qui forme le socle de la base est en loupe de buis de couleur naturelle. Les tores et les autres moulures sont également en loupe de buis, mais teints en rose au moyen d'une décoction de bois de Fernambouc; le fût est en bois d'olivier, bois peu employé, et qui mériteroit de l'être, à cause des accidens nombreux que produisent ses veines quand il est débité obliquement à son fil.

Le cippe est surmonté d'une doucine en ébène *E*, précédée d'un carré et recouverte d'un ornement en ivoire connu sous le nom de feuille d'eau qui en suit exactement les contours, et s'y applique parfaitement.

Le piédouche qui suit est en ivoire comme tout le reste de la pièce qui est composée d'une suite d'ornemens arabesques. Le premier *F* est une fleur composée de seize pétales longues et pointues, au centre desquelles s'élève un pistil suivi d'une fleur *G*, assez semblable à une jonquille.

Cette fleur porte une sphère *H*, découpée à jour et tournée extrêmement mince, dans laquelle on aperçoit une tulipe dont les pétales sont colorées et aussi minces que les parois de la boule.

Du milieu de la jonquille *G* s'élève une tige ornée de differentes moulures, qui traverse la tulipe, et soutient par en haut la sphère qu'elle empêche de s'affaisser sous le poids des pièces qui la surmontent.

La première qui se présente est un calice *I*, suivi d'une fleur allongée *L*; celle-ci porte à son centre un pistil surmonté d'une sphère *M*, formée par des côtes dont les intervalles sont découpés à jour.

Vient ensuite un vase *N*, d'où sortent douze brins de muguet, du milieu desquels on voit sortir une tige portant trois petits chapeaux chinois *P*,

Pl. 56. qui vont en diminuant de grosseur, et se terminent par un sphéroïde surmonté d'un petit vase.

Une étoile à douze pointes *R*, surmonte toute la pièce, et la couronne agréablement.

Nous allons maintenant décrire les moyens que nous avons employés pour l'exécution de cette pièce, qui, ainsi que toutes celles du même genre, demande beaucoup de dextérité, de patience, et surtout de persévérance; car toutes les parties qui la composent sont si délicates que, quelque précaution qu'on apporte dans son travail, il pourra arriver qu'un accident imprévu en fera casser quelqu'une au moment même où on sera sur le point de la terminer. Dans ce cas, un amateur persévérant ne se découragera pas, et redoublera seulement de soins et d'attention, pour éviter, autant que possible, ces fâcheux contre-temps.

Mais, avant d'entrer dans le détail des moyens d'exécution de chaque partie en particulier, nous allons décrire en peu de mots le procédé que nous avons mis en usage pour réduire sur le Tour l'ivoire au moindre degré d'épaisseur possible. La plupart de ces pièces devant être tournées extrêmement minces, ce que nous dirons ici en général s'appliquera à chacune d'elles, et nous épargnera des répétitions fastidieuses.

Le premier moyen qui se présente à l'esprit, pour y réussir, est de terminer la pièce qu'on veut tourner mince, à l'extérieur ou à l'intérieur, de la saisir dans un mandrin creux, ou sur un noyau qui s'applique exactement sur le côté terminé, et de tourner ensuite l'autre côté, en jugeant, au moyen de la transparence, quand on est parvenu au degré d'épaisseur désiré.

On peut voir, *page* 105 de ce volume, que ce moyen a beaucoup de rapport avec celui que nous avons donné pour détruire l'intervalle des filets d'une torse à jour, et il est en effet infaillible, si la pièce qu'on veut tourner mince, est cylindrique.

Mais si elle est courbée sur sa longueur, comme la fleur *F*; si elle est ornée de moulures saillantes ou rentrantes; enfin si c'est une boule comme celle *H*, on sent qu'il est insuffisant : dans le premier cas, par l'extrême difficulté de tourner deux pièces de ce genre absolument semblables, et dont les surfaces s'appliquent l'une sur l'autre par tous leurs points; dans les deux autres, par l'impossibilité d'introduire un noyau solide dans une pièce de cette forme. Il a donc fallu chercher une matière qui pût s'appliquer exactement partout, et remplir les interstices qui se trouveroient entre la pièce et le noyau ou le mandrin, et opposer ensuite une certaine résistance à l'outil.

Pl. 56.

Mais cette matière devoit réunir plusieurs conditions pour pouvoir être employée avec succès : d'abord il falloit qu'étant appliquée sur une surface terminée, elle ne laissât pas le moindre vide, et qu'elle fît en quelque façon corps avec l'ivoire. Il falloit qu'elle fût fortement colorée puisque ce n'est qu'au moyen de la transparence qu'on peut juger de la quantité d'ivoire qu'il reste encore à enlever; et en même temps qu'elle ne renfermât aucune substance capable d'altérer la blancheur de l'ivoire. Enfin il étoit nécessaire qu'on pût la retirer sans aucune espèce d'effort après l'opération terminée.

Toutes ces conditions se trouvent remplies par un mastic composé de la manière suivante. On prend du noir de charbon battu et tamisé, tel que le vendent les marchands de couleur, et on le lave dans l'eau pour le débarrasser des parties les plus fines qui sont en même temps les plus colorantes. Après l'avoir laissé reposer quelques instans dans le vase, on le décante, et on verse sur le précipité, de la colle-forte en quantité suffisante pour que le mélange acquière la consistance de la peinture en détrempe un peu épaisse.

Après ce que nous avons exposé plus haut, il ne nous reste que peu de chose à dire de la manière d'employer ce mastic. Si la surface terminée est susceptible, par sa forme, de s'appliquer sur un noyau ou dans un mandrin, on l'enduira préalablement d'une couche de mastic qui s'étendra partout entre les deux surfaces, et remplira très-exactement les vides qui pourroient exister entre elles. Si, au contraire, la pièce présente des parties saillantes ou rentrantes, on enduira la surface terminée, d'une couche de mastic que l'on étendra bien également partout, et de manière qu'il n'y ait aucun point où le mastic n'adhère à l'ivoire. On laissera sécher cette première couche, et on en appliquera une seconde, et successivement plusieurs autres, jusqu'à ce que le tout forme une épaisseur d'environ une demi-ligne. Les dernières couches peuvent, sans inconvénient, être un peu plus épaisses que la première, ce qui accélère l'opération; mais il faut toujours avoir soin de laisser sécher la dernière avant d'en mettre une nouvelle.

La pièce étant ainsi disposée, on la monte sur le Tour, et on la réduit à l'épaisseur désirée à l'aide d'outils appropriés à sa forme. Après quoi on la polit d'abord à la prèle, puis avec du blanc d'Espagne. Ensuite on la retire du mandrin où on l'avait placée, ou du noyau sur lequel on

Pl. 56.

l'avoit enfilée pour pouvoir la mettre au Tour, et on la jette dans l'eau chaude. Quand elle y a séjourné quelques instans, on agite le vase, et on voit le mastic se détacher de l'ivoire. On décante promptement l'eau, de peur qu'en se chargeant des parties colorantes du charbon, elle n'altère la blancheur des surfaces découvertes, et on la remplace par d'autre eau que l'on décante aussitôt qu'on s'aperçoit qu'elle commence à noircir. On répétera cette opération autant de fois que cela sera nécessaire : après quoi, on nétoiera exactement la pièce avec un pinceau de poil de blaireau.

A présent que nos lecteurs connoissent le moyen par lequel on peut tourner l'ivoire aussi mince qu'on le désire, nous allons décrire les précautions particulières qu'exige l'exécution de chacune des parties de la pièce que nous enseignons à construire.

La première qui se présente est le plateau *A*. On le montera d'abord au Tour en l'air dans un mandrin quelconque, en le saisissant par la face destinée à former le dessus. On dressera parfaitement le dessous, et on pratiquera au centre une portée d'une ligne au moins de profondeur, et d'environ un pouce de diamètre.

On saisira le plateau par cette portée pour dresser la face supérieure, au centre de laquelle on creusera une nouvelle portée semblable à l'autre. On tournera les champs, et on ajustera sur les angles les filets d'ivoire qu'on voit sur la figure, avec toutes les précautions décrites *pag.* 298 *et suiv.* du *T. I.*

A l'égard des rosaces excentriques on a vu *pag.* 3io, *et suiv.* de ce volume, la manière de les faire, soit en incrustant des filets d'écaille dans l'ivoire, soit en remplissant les traits avec de la cire. On pourra choisir parmi les modèles représentés *Pl.* 37, ceux que l'on croira devoir préférer.

Pour faire les trois pieds en forme de griffes *aaa*, on tournera d'abord trois petites boules d'ébène d'environ trois lignes de diamètre, en réservant un tenon à l'un des pôles. Ensuite on montera sur le Tour en l'air une tige d'ivoire assez longue, pour qu'on puisse y prendre l'une après l'autre, les trois coques destinées à former les griffes qui recouvrent les petites boules. On la tournera à l'extérieur au diamètre de l'ouverture inférieure de ces coques. On percera au centre un trou d'une profondeur égale à la hauteur des trois griffes et du diamètre du tenon réservé au pôle de la boule. On croîtra l'entrée de ce trou avec un outil *fig.* i3, *Pl.* i3, *T. I*, et on lui donnera une forme hémisphérique, de manière qu'il reçoive bien juste la petite boule d'ébène. Enfin on tournera l'extérieur de la coque à la-

quelle il faut réserver une certaine épaisseur, et on la détachera de la
tige quand elle sera terminée. Alors on la collera sur l'extrémité d'un
petit cylindre de buis, à laquelle on donnera la même forme, et on la découpera conformément à la figure.

Pl. 56.

Nous ne dirons rien ici des outils ni des précautions qu'il faut employer
pour cette dernière opération, nous réservant d'en parler dans le cours
de cette section, et à l'occasion de pièces plus intéressantes que celle-ci.

Le cippe ou colonne tronquée. *B.C.D*, composé de trois pièces, comme
on l'a vu au commencement de cette section, n'offre rien de particulier
dans son exécution, pour laquelle nous renvoyons nos lecteurs à la *pag.* 399
du *T. I*, et à la *page* 232 de ce volume où nous enseignons l'usage de la
machine à canneler.

Le carré *B* devant nécessairement être dressé avec le plus grand soin
sur ses deux faces, on n'y réservera pas de tenon qui pourroit embarrasser quand on les polira, mais on pratiquera sur chacune d'elles une
portée creuse qui servira à remettre ce carré sur le Tour, pour dresser
successivement ses deux faces, et en même temps à le lier avec le plateau *A*, et la base *C*. Le plateau ayant aussi une portée creuse, il faut,
pour pouvoir le réunir au carré, préparer un faux tenon qu'on collera
dans ces deux portées, quand la pièce sera terminée, et qu'on voudra la
monter.

La base attique *C* porte en dessous un tenon qui entre dans la portée
du carré; en dessus est une portée qui reçoit un tenon, réservé en dessous
du fût : une portée creusée à la surface supérieure du cippe reçoit un
tenon réservé en dessous de la pièce suivante.

Cette pièce *E* est une doucine en ébène, que l'on fera sur le Tour en
l'air, en s'attachant à donner la plus grande pureté à ses contours, et à
bien dresser la surface inférieure qui doit poser par tous ses points sur le
cippe. En dessus et au centre est une espèce de tetin, percé d'un trou qui
reçoit la tige de la fleur *F*, dont nous parlerons bientôt, et recouvert par
un piédouche d'ivoire.

La doucine est, comme on le voit, recouverte d'un ornement en ivoire
tourné extrêmement mince, et qui s'y applique très-exactement.

Pour faire cette pièce, on saisira un morceau d'ivoire dans la portée d'un
mandrin ordinaire, creusée d'environ une ligne, et on le tournera cylindriquement. On percera au centre un trou cylindrique, d'environ six
à sept lignes de diamètre, que l'on évasera pour lui donner la forme de
la doucine d'ébène, sur laquelle elle doit s'appliquer par tous ses points.

Pl. 56.

C'est ici qu'il faut que l'Amateur redouble de soins, car on sait qu'il est fort difficile de donner à une pièce qu'on tourne intérieurement, la forme précise qu'elle doit avoir. Il sera donc à propos de se faire un double calibre en cuivre mince, dont une partie servira de guide pour tourner la doucine, et l'autre pour l'opération qui nous occupe en ce moment.

Quand l'intérieur sera terminé, on le polira pour n'y plus revenir; ensuite on tournera un cylindre de buis dont on rendra le bout semblable à la doucine d'ébène. De cette manière il remplira l'intérieur de la pièce en ivoire, et on l'y collera au moyen du mastic décrit plus haut. On mettra une couche un peu épaisse de ce mastic, afin qu'il puisse s'étendre sous la pression, et remplir entièrement les petits vides qui pourroient se trouver entre les deux surfaces. On laissera bien sécher le tout : après quoi, on tournera la portion du cylindre qui excède la pièce d'ivoire, et on dressera parfaitement sa face. Alors on la séparera du morceau dans lequel on l'a prise, et on la remettra au Tour en la saisissant par la partie excédante du cylindre; on la tournera à l'extérieur, et on la réduira à la moindre épaisseur possible, sans craindre de crever l'ivoire en quelques endroits, avant d'être arrivé au point nécessaire dans d'autres, puisque, comme on l'a vu plus haut, la pièce est exactement concentrique à la tige sur laquelle elle est montée.

Quand la pièce sera terminée à l'extérieur comme à l'intérieur, on la polira; ensuite on la divisera sur le Tour, et au moyen de la plate-forme, pour pouvoir espacer régulièrement les feuilles d'eau qui la terminent par en bas.

Ces feuilles sont au nombre de douze : par conséquent, on tracera sur la circonférence vingt-quatre lignes également espacées. Douze de ces lignes indiqueront le milieu de chaque feuille, et douze les points par lesquels elles se touchent.

Ces lignes étant ainsi tracées, on retirera la pièce de dessus le Tour, sans l'ôter du cylindre sur lequel elle est montée; on tracera ensuite les contours des feuilles, en se conformant, autant que possible, au dessin. Puis on saisira le cylindre dans un étau, et on commencera par donner un coup de foret sur les douze points qui indiquent les endroits où les feuilles se touchent par leurs bases. Ce foret dont la lame doit être fort mince, est monté dans un manche ordinaire, au moyen duquel on le fait mouvoir entre les doigts. Ensuite on découpera les contours de ces feuilles, avec un instrument semblable au scalpel des anatomistes dont la lame

est recourbée du côté du dos, et dont, par conséquent, le taillant présente ===
une ligne convexe. Cet outil doit être affûté très-vif, de manière à ne Pl. 56.
faire sur les bords aucune fente ni gerçure, qui feroient infailliblement
casser la pièce quand on l'ajusteroit sur la doucine d'ébène. Si cependant,
malgré toutes les précautions, il s'en manifestoit quelqu'une, il faudroit
l'enlever sur le champ avec le scalpel, pourvu que le galbe de la feuille
n'en fût pas sensiblement altéré : il ne reste plus qu'à retirer la pièce de
dessus la tige de buis, et, pour cela, on plongera l'une et l'autre dans l'eau
chaude, ce qui les séparera promptement. Enfin on achèvera de nétoyer
l'ivoire par les procédés décrits plus haut.

Le piédouche, porté par la doucine, se prend dans un morceau de
quartier, comme presque toutes les parties de notre pièce, et se tourne
de là manière suivante. On montera ce morceau sur le Tour en l'air dans
un mandrin, et on en formera un cylindre d'un diamètre égal à celui de
la base du piédouche, et de longueur convenable; on percera au centre,
à l'aide d'un grain d'orge, un trou conique d'environ deux lignes de profondeur, et on présentera au fond de ce trou un foret d'une demi-ligne en
langue de carpe, avec lequel on achèvera de percer la pièce d'outre en
outre. Alors on pratiquera sur le bord du cylindre, et à l'extérieur, une
portée d'une ligne qui entre juste dans l'orifice supérieur de l'ornement
d'ivoire qui recouvre la doucine, et on tournera cette portée à l'intérieur, pour en réduire l'épaisseur de manière cependant qu'on puisse
s'en servir pour remettre la pièce en mandrin; on s'attachera à faire
cette portée de la même hauteur en dedans qu'en dehors : après quoi,
on évasera le reste du trou conique, pour donner à l'intérieur du piédouche, une forme semblable à celle qu'il doit présenter, en dehors.

Quand l'intérieur sera achevé, on saisira la portée dans un mandrin
pour tourner l'extérieur. On voit ici pourquoi nous avons recommandé
de faire en sorte que la portée soit bien d'égale hauteur en dedans et en
dehors, puisque, sans cela, la pièce seroit d'inégale épaisseur, ou crevée
en quelques endroits; enfin on évasera l'orifice du trou supérieur, et
on y pratiquera une très-petite portée pour recevoir le tenon de la
fleur *F;* cette fleur est composée de deux parties à peu près semblables qui se posent l'une dans l'autre. On les tournera par les procédés
déjà décrits, et on leur donnera la forme qu'on voit en *F, fig.* 3 : après
quoi, on les découpera avec le scalpel, en suivant le dessin très-attentive-
ment.

Ces deux calices sont fixés par le pistil qui s'élève du milieu de la fleur, et qui est formé d'une tige d'ivoire terminée par deux tenons. L'un entre dans la portée pratiquée en dessus du piédouche, et l'autre dans la jonquille *G*.

Cette dernière ne présentant rien de particulier, nous ne nous y arrêterons pas, et nous passerons tout de suite à la boule creusée et découpée *H*, dont l'exécution demande beaucoup de précautions particulières que nous allons enseigner.

On commencera par percer au centre du morceau d'ivoire qu'on destine à cet emploi un trou auquel on donnera pour diamètre celui de la tige qui sort du milieu de la jonquille, et qui doit traverser la boule entièrement. On évasera l'orifice de ce trou, de manière à pouvoir y introduire un outil semblable à celui *fig.* 5, *Pl.* 22, mais dont la partie coupante doit présenter un demi-cercle, moins la moitié du diamètre de l'orifice par lequel on l'a introduit. Cet orifice étant destiné à laisser passer la tulipe qu'on aperçoit dans l'intérieur de la boule, on peut l'évaser jusqu'à trois ou quatre lignes, ce qui facilitera en même temps l'introduction de l'outil.

On se rappellera ici ce que nous avons dit en enseignant à creuser les boules, et on aura soin que le dernier outil qu'on emploiera enlève par son passage toutes les irrégularités produites par les premiers ; car il est indispensable pour le succès de l'opération, que cette surface sorte bien unie de dessous l'outil, puisqu'il n'y a aucun moyen de la polir après.

On tournera ensuite l'extérieur, et on laissera à la boule une ligne au moins d'épaisseur : après quoi, on la séparera de la partie par laquelle elle est retenue dans le mandrin.

On versera alors dans l'intérieur de la boule, une quantité suffisante de notre mastic, et on la fera rouler pendant quelque temps entre les doigts jusqu'à ce que le mastic se soit appliqué contre les parois de la boule. On renversera ensuite l'excédant du mastic, et on laissera bien sécher le reste. On répétera cette opération jusqu'à trois fois, en attendant à chaque fois que la couche précédente soit bien sèche avant d'en poser une nouvelle. A la dernière on introduira une petite quantité de poussier de charbon qui accélèrera la dessication, et augmentera en même temps l'épaisseur du mastic, et par conséquent la solidité de la boule. Quand le tout sera parfaitement sec, et que le mastic fera en quelque façon corps avec l'ivoire, on remettra la boule au Tour sur un mandrin d'un très-petit diamètre.

Du centre de la face de ce mandrin, s'élève une tige cylindrique divi-

sée en trois parties. La première qui est jointe au mandrin par un congé, Pl. 56.
a pour diamètre une ligne de plus que l'orifice du trou par lequel on a
évidé la boule. La seconde doit entrer très-juste dans ce trou, et sa hauteur est égale au diamètre intérieur de la boule. Enfin la troisième n'est
qu'une petite tige cylindrique de quatre à cinq lignes de hauteur, et
tournée juste au diamètre de l'orifice supérieur de la boule. On enfile la
boule sur cette tige, après avoir enduit de colle les bords des deux orifices, et les parties de la tige qui doivent y être appliquées. De cette manière, la boule sera très-solidement maintenue, et on pourra la tourner
à l'extérieur pour la rendre aussi mince qu'on le voudra. On amènera à la
fois tous les points de la boule à la même épaisseur que l'on juge au
moyen de la transparence. Il est bon cependant d'observer ici que si on a
mouillé l'ivoire pour le travailler plus aisément, comme le pratiquent
beaucoup d'Artistes, sa transparence est considérablement augmentée, et
qu'il ne faut pas alors s'arrêter aussitôt qu'on commence à apercevoir le
noir.

Mais, avant d'achever cette opération, et quand l'ivoire aura encore environ un quart de ligne d'épaisseur, il est à propos de diviser la boule, ce qui
ne peut se faire qu'en y traçant des lignes dont les intersections déterminent les centres des lunettes, et qui disparoissent ensuite quand on
réduit l'ivoire à sa moindre épaisseur possible.

Voici la manière de tracer cette division. On fixera sur le support un
morceau de cuivre très-mince, taillé en forme de croissant, qui embras-
sera un peu moins de la moitié de la boule. Cet instrument servira de
règle pour tracer sur la surface de la boule, et dans le sens de l'axe du
Tour, 24 lignes également espacées à l'aide de la plate-forme.

On partagera en deux parties égales une de ces lignes qui servira de
base à toute l'opération, et que pour cette raison nous nommerons
Ligne génératrice; et, au point du milieu, on tracera une ligne circulaire, perpendiculaire à l'axe que nous nommerons équateur, quoiqu'à
raison de la différence du diamètre des deux orifices, cette ligne ne passe
pas juste sur l'équateur de la boule.

Du point où l'équateur coupe la ligne génératrice comme centre,
on décrira un cercle tangent aux deux lignes voisines. A l'un des points où ce
cercle coupe la ligne génératrice, on mènera une tangente parallèle à
l'équateur; on prendra, avec un compas, la moitié de la longueur de cette
tangente, entre les deux lignes qui avoisinent la ligne génératrice, et en
portant cette longueur sur la ligne génératrice, à partir du point où elle est

coupée par le premier cercle, on aura, à très-peu de chose près, le centre du second cercle qui doit en même temps être tangent au premier et aux deux lignes voisines de la ligne génératrice. On déterminera de même les centres du troisième et du quatrième cercle. Ce dernier, si l'on a bien opéré, doit arriver auprès de l'orifice pratiqué au pôle de la sphère. En répétant le même tracé de l'autre côté de l'équateur, on aura décrit en tout sept cercles qui auront tous leurs centres sur la ligne génératrice. Celui du milieu, comme on l'a vu plus haut, a aussi son centre sur l'équateur, et les centres des onze autres cercles, qui forment cette rangée, se trouvent naturellement déterminés par les points d'intersection de l'équateur avec douze des lignes tirées dans le sens de l'axe. Pour trouver les autres, on décrira six parallèles à l'équateur, passant par les centres des six cercles tracés sur la ligne génératrice. On déterminera ainsi quatre-vingt-quatre points, à chacun desquels on donnera un coup de foret très-fin : après quoi, on détruira toutes les lignes tracées sur la surface, en réduisant l'ivoire à la moindre épaisseur possible. On la polira tout de suite à la prèle, et on la lustrera avec du blanc d'Espagne; puis on tracera à l'encre les quatre-vingt-quatre cercles dont on a indiqué les centres par les trous de foret, et qui doivent être tous tangens les uns aux autres.

On découpera alors les ouvertures circulaires et celles en forme de losanges qu'on voit sur la figure, en commençant par ces dernières; on se servira pour cette opération du coupoir *fig.* 4. La pointe droite *a*, se place successivement dans les trous de foret, et on fixe la pointe coupante et coudée *b*, au moyen de la vis de pression *c*, à l'écartement convenable pour découper les arcs de cercle qui forment ces losanges. La longueur de ces arcs de cercle se trouve naturellement déterminée par les points où les cercles se touchent. Cependant il ne faut pas prendre ceci dans une acception rigoureuse; car, mathématiquement parlant, deux cercles ne se touchent qu'en un point, et ici, il faut qu'ils soient un peu mieux liés, sans quoi la pièce n'aurait aucune solidité. Pour éviter tout accident, on agrandira l'ouverture du coupoir d'une quantité presque insensible.

Les ouvertures circulaires présentent encore moins de difficulté; il suffira, pour les découper, de rapprocher la pointe coupante de la pointe droite, d'une quantité suffisante, pour laisser aux bandeaux qui forment ces lunettes une largeur raisonnable et proportionnée à leur diamètre. Il ne reste plus qu'à nétoyer l'intérieur de la boule en la plongeant dans

l'eau chaude, et on verra toutes les portions d'ivoire découpées, s'en aller
avec le mastic qui les soutenait. Mais il est très-important de s'assurer Pl. 56.
auparavant si toutes ces parties sont bien séparées du reste, particulièrement dans les angles des losanges; car s'il en restoit quelqu'une après la
retraite du mastic, il seroit bien difficile de l'enlever sans endommager les
parties adjacentes.

La tulipe que l'on aperçoit dans la boule, au travers des ouvertures,
se tourne et se découpe par les procédés décrits plus haut, et sur lesquels
nous ne reviendrons plus.

Cette tulipe est formée de deux calottes qui se placent l'une dans l'autre;
et comme cette fleur doit avoir six pétales, chacune des calottes doit être
divisée sur le Tour, en six parties égales; trois des points de division
détermineront le sommet des pétales, et les trois autres indiqueront le
milieu de leurs intervalles. On dessinera alors les contours des pétales,
en leur donnant, autant que possible, la forme naturelle, et on les découpera avec l'espèce de scalpel dont nous avons enseigné l'usage. On redoublera d'attention pour ne pas laisser la moindre fente ou gerçure sur
les bords des parties découpées, ce qui les feroit infailliblement casser
quand on introduira la tulipe dans la boule.

Il est bon d'observer que dans la calotte intérieure la sommité des pétales
rentre en dedans, et que, par cette raison, il n'est pas possible d'y introduire un noyau de buis taillé de la même forme. Il faudra donc remplir
de mastic tout l'intérieur de cette calotte, et y introduire une tige de buis
tournée au diamètre de l'orifice inférieur; et, pour que cette tige soit bien
fixée au centre de la pièce, on réduira son diamètre par l'autre bout, de
manière qu'il puisse traverser l'autre orifice, à frottement doux. Quand
le mastic sera bien sec, la calotte se trouvera fixée sur sa tige, assez solidement pour qu'on puisse la tourner et la découper avec plus de facilité
que la première, à cause de sa forme convexe.

Si l'on vouloit donner à cette pièce tout l'agrément dont elle est susceptible, on pourroit en panacher les pétales, comme elles le sont dans
la fleur qu'on veut imiter, et en employant les couleurs dont se servent
les peintres en miniature.

Avant d'introduire la tulipe dans l'intérieur de la boule, il faut la réunir
à la jonquille *G*, en la collant sur le tenon de la petite tige en ivoire, fixée
au centre de la jonquille, et qui traverse la tulipe en entier.

On conçoit aisément qu'il est bien difficile de faire entrer la tulipe
dans la boule, en tenant l'une et l'autre entre ses doigts; le moindre

Pl. 56.

effort auroit bientôt brisé des pièces aussi fragiles, et détruit en un instant l'ouvrage de plusieurs jours. Voici donc l'expédient que nous avons employé, et qui nous a complètement réussi.

On préparera une boîte en buis, formée de deux coquilles sphériques, réunies par un ajustement à drageoir formé sur l'équateur, et qui contienne exactement notre boule. La coquille inférieure est percée à son pôle, d'un trou évasé en forme d'entonnoir, et dont le haut doit être un peu plus petit que l'orifice inférieur de la boule par où la tulipe entrer. On polira soigneusement les parois de cet entonnoir : après quoi, on cassera cette coquille en deux parties égales autant que possible. Mais, auparavant, il faut pratiquer un peu au dessous du drageoir, une rainure destinée à recevoir un lien de fil de fer servant à réunir ces deux parties cassées.

On placera alors la boule dans cette boîte, de manière que les deux orifices se correspondent bien exactement, et on rapprochera délicatement les pointes des pétales de la tulipe pour les saisir dans l'espèce d'entonnoir formé par l'orifice de la boîte.

En cet état, on placera la pièce dans une petite presse, ou happe d'ébéniste, *fig.* 17, *Pl.* 9, *T. I,* de manière que la vis appuie sur le pôle de la boîte opposé à celui par lequel on cherche à introduire la tulipe, et que la partie inférieure de la jonquille *G,* pose contre la tête de la presse, dans la direction de l'axe de la vis. En faisant tourner lentement cette vis, on parviendra à faire entrer la tulipe dans la boule, les feuilles se resserrant autant que cela sera nécessaire, sans qu'il en résulte aucun accident, parce qu'au moyen du mouvement lent et régulier qui leur est imprimé, elles n'éprouvent aucune secousse, et ne peuvent en aucune manière s'écarter de la direction de l'axe de la boule. Quand l'opération sera achevée, on retirera le fil de fer, et on enlèvera aisément les coquilles qui enveloppent la boule : ce qui ne seroit pas possible si on n'avoit pas eu la précaution de casser, auparavant, la coquille inférieure, à cause de la jonquille *G,* qui, comme on l'a vu, est fixée à la tulipe, et par conséquent réunie à la boule.

Si l'on n'avoit pas coloré les pétales de la tulipe, ou si l'on s'étoit servi, pour les peindre, de couleurs à l'huile, on pourroit les humecter avec de l'eau; alors elles plieroient bien plus aisément, et on ne risqueroit pas autant de les briser en les introduisant.

Sans nous arrêter à l'exécution des feuilles *J* et de la fleur *L* qui ne présentent rien de particulier et dont l'ajustement se voit sur la *fig.* 3, nous passerons à la petite sphère *M,* formée, comme on le voit, de

côtes à jour et réunies sur l'équateur par un bandeau. Cette boule se
tourne et se creuse comme l'autre, mais la manière dont on découpe les   Pl. 56.
côtes, demande quelques explications.

On tournera d'abord un mandrin de buis, d'un petit diamètre, et on creusera à sa face une calotte sphérique qui puisse contenir bien juste la moitié de la boule. On percera au centre de cette calotte un trou au diamètre de celui par lequel on a évidé la boule, et on y collera une petite tige sur laquelle on l'enfilera après l'avoir enduite de colle ; on préparera une autre calotte de buis, exactement semblable, intérieurement à celle creusée sur la face du mandrin, et au pôle de laquelle on percera un trou au diamètre de la tige sur laquelle la boule est enfilée. On recouvrira la boule avec cette calotte que l'on enduira également de colle, et que l'on enfilera sur la tige, pour la coller sur le bord de l'autre calotte. On laissera sécher le tout, et on tournera ces deux calottes extérieurement, en diminuant le mandrin du coté par où la boule y est retenue, sans toutefois détruire sa solidité. Quand l'épaisseur des calottes sera réduite à peu près à un tiers de ligne, on tracera sur leur surface les lignes indiquant les côtes qu'on espacera également à l'aide de la plate-forme, et celles qui déterminent la largeur de l'espèce de bandeau qu'on voit sur l'équateur ; on retirera le mandrin du Tour, on le saisira dans un étau ; et, avec des limes de forme appropriée, on enlèvera sur le bois et sur l'ivoire la matière renfermée entre ces lignes : en plongeant ensuite la pièce dans l'eau chaude, les calottes se sépareront, le mastic qui garnissoit l'intérieur de la boule s'en détachera, et la boule sera terminée.

Le vase *N* et les chapeaux chinois *P* s'exécutent par les procédés décrits dans le cours de cette section.

A l'égard des petits muguets qui sortent du vase, si on les fait d'un même morceau avec la tige, il sera difficile de donner à ces tiges une courbure égale et régulière. D'ailleurs le changement de température qui agit avec beaucoup de force sur des pièces aussi délicates, les redresse toujours inégalement : il vaut donc infiniment mieux tourner les petits calices à part, et prendre les tiges dans des cercles d'ivoire que l'on tournera aussi minces qu'on le jugera nécessaire, sur un triboulet, et que l'on coupera ensuite en trois ou quatre morceaux, suivant la longueur des tiges et le degré de courbure qu'on voudra leur donner. Au surplus, nous avons déjà parlé de ce moyen, *pag.* 229 de ce volume, en enseignant à tourner la pièce délicate représentée *fig.* 21, *Pl.* 22.

L'étoile qui surmonte le tout, s'exécute par un des procédés décrits

Pl. 56. au Chapitre V de la quatrième partie. Cette étoile peut être remplacée par toute autre pièce délicate et difficile, dont l'effet paroîtra plus piquant au goût de l'Amateur.

Il en est de même de toutes les parties de cette pièce. Il n'y a aucune règle à donner sur leur forme et sur leur assemblage qui ne dépendent uniquement que du goût de celui qui l'exécute. Pourvu qu'on se soit bien pénétré des principes que nous avons exposés dans cette section, on sera en état d'exécuter toutes les fantaisies de ce genre, que l'on entreprendra.

SECTION II.

Description d'un Bouquet tout en ivoire, sortant d'un vase très-délicat, également en ivoire.

Pl. 57. On vient de voir, dans la section précédente, la description détaillée des procédés par lesquels on peut tourner et découper des pièces en ivoire de toutes formes, en les réduisant à la moindre épaisseur possible.

Ces procédés peuvent sans contredit s'appliquer à l'exécution du vase *fig.* 2, *Pl.* 57, et même aux fleurs qui forment le bouquet *fig.* 1. Cependant nous avons cru devoir conserver les moyens décrits dans la première édition, quoique nous ne dissimulions pas qu'ils ne nous paroissent pas aussi satisfaisans, et que l'auteur ait déclaré lui-même qu'il ne les avoit pas éprouvés. Nous nous sommes déterminés à prendre ce parti en considérant que, si nous les supprimions, quelques Amateurs pourroient les regretter.

La *fig.* 1, *Pl.* 57, représente un vase d'ivoire, de grandeur naturelle, tourné avec tant de justesse et de précision, intérieurement et extérieurement, et si mince que, quelque délicatement qu'on le saisît entre les doigts, on le sentoit céder sous la pression la plus légère, de manière qu'on eût cru tenir une pelure d'oignon desséchée, tant il étoit, dans toutes ses parties, réduit à peu d'épaisseur. Au haut de ce vase, et du centre de son calice, s'élève, ainsi qu'on l'a représenté sur cette figure, une tige d'ivoire, de laquelle partent plusieurs autres tiges; et de chacune de celles-ci, d'autres encore, qui forment le bouquet représenté *fig.* 2, sur une échelle plus petite.

On a séparé *fig.* 1, par des intervalles, chacune des parties dont le vase est composé. Nous allons tâcher d'en rendre l'exécution sensible.

On commencera par se pourvoir d'autant de morceaux d'ivoire, bien

sain, bien sec, et plus gros qu'il ne faut, pour y trouver le diamètre de Pl. 57.
chacune des parties. On les ébauchera intérieurement et extérieurement,
en leur donnant à peu près la forme qu'on voit sur la figure, qui représente le vase, en coupe sur sa hauteur, par son diamètre : on leur laissera
plus de hauteur et d'épaisseur, qu'elles ne doivent en avoir en définitif :
on les laissera sécher, pendant quinze jours ou un mois, après les
avoir ôtés du mandrin, afin que la retraite de la matière se fasse plus
également.

Pendant que toutes ces pièces sécheront, on préparera de même toutes
les tiges et les fleurs, qui doivent composer le bouquet : on débitera à la
scie de petits filets d'ivoire, de 5, 6, 8, 10 pouces de long; ou plutôt,
comme il n'arrive que trop fréquemment, que les filets se cassent sur leur
longueur, et qu'on a toujours trop de petits morceaux, on les fera tous,
autant qu'on pourra, de la plus grande longueur. Lorsqu'on les aura
arrondis, et rendus le plus menus possible à la lime, avec beaucoup de
ménagement, sur un bois pris dans l'étau, et qui ait une petite cannelure
en long, on achèvera de les mettre à la finesse qu'on leur voit, avec un
grattoir à trois carres, affûté bien fin, en les râclant légèrement sur leur
longueur, ce qui les égalisera d'un bout à l'autre, et leur donnera une
espèce de poli : on pourroit essayer de les passer par une filière, dont
les trous seroient coniques, et dont la partie la plus étroite, étant à
angles vifs avec la surface, emporteroit la matière tout autour. Mais ce
moyen ne peut s'employer que quand l'ivoire est de fil. On fera une assez
grande quantité de ces filets, qu'on mettra à part, sécher, en les liant tous
ensemble en plusieurs endroits de leur longueur, pour qu'ils ne gauchissent
pas.

On tournera ensuite, au Tour en l'air, une assez grande quantité de
petits nœuds, comme on en voit au dessous de chaque fleur. Ces nœuds
sont percés, suivant leur longueur, d'un trou suffisant pour recevoir une
tige, et ont à peu près deux lignes, ou deux lignes et demie de long,
sur une et demie de diamètre, et forment une espèce de calice par le haut.
On conçoit quelle patience et quelle dextérité il faut avoir, pour tourner
tous ces nœuds; mais on peut les faire sur un petit arbre lisse, au Tour
à l'archet : on fera ensuite une très-grande quantité de lames d'ivoire,
aussi minces que du papier, et pourvu qu'on puisse prendre dans chacune,
une, deux, trois ou quatre feuilles, de la forme que l'on voit sur la *fig. 2*,
peu importe la grandeur des morceaux : on achèvera de les réduire à
l'épaisseur qu'elles doivent avoir, avec le grattoir à trois carres, qu'on

Pl. 57.

affûtera souvent sur la pierre à l'huile, en les appuyant sur le plat d'un bois bien dressé.

Comme on doit imiter plusieurs espèces de fleurs, on préparera un grand nombre de pistils de différentes formes: les uns, comme celui qu'on voit *fig.* 3, et faisant l'entonnoir par le haut; les autres, comme celui *fig.* 4; d'autres enfin, comme celui *fig.* 5, selon que les pétales des fleurs, *fig.* 6, doivent être plus ou moins droites ou inclinées : on a eu soin, sur les *fig.* 3, 4 et 5, de représenter les pistils garnis de la moitié seulement des pétales qui les entourent, afin de faire sentir leur forme, et la manière dont les pétales y sont fixées avec de la colle de poisson. On voit que la forme même du pistil est analogue à celle que les pétales ont sur la fleur : celui *fig.* 5, est formé par une petite rainure circulaire, dans laquelle entrent les pieds des pétales, dont on voit la forme en *a*, au dessous. On voit aussi, en dessous de chacun, la forme qu'ils ont pour recevoir la tige qui les porte.

Comme les tiges des fleurs ne sont pas toujours égales de grosseur, dans toute leur longueur, et qu'elles sortent de différens nœuds, on rapportera de ces nœuds, qu'on a dû faire d'avance; et pour cela, on coupera la tige, à la longueur convenable, en collant au bout un de ces nœuds, et remettant par dessus une autre tige; on découpera les feuilles et les pétales, suivant la forme qu'elles doivent avoir, avec des ciseaux fins, pour couper plus net. Quelques-unes seront dentées, comme on les voit, *fig.* 5 ; et si l'on veut que quelques-unes de ces fleurs soient doubles, on collera en dessus du pistil, un second, et même un troisième rang de pétales.

On découpera les unes d'une manière et les autres d'une autre, telles qu'on les voit *fig.* 3, 4, 5, 6 et 7, pour imiter les différentes fleurs.

Lorsqu'on aura préparé un grand nombre de feuilles, de pistils, de pétales et de tiges, en mettant à part toutes les parties de même espèce, on s'occupera de les colorier.

Nous avons donné, *pag.* 460 *et suiv.* de notre premier volume, différentes recettes, pour teindre l'ivoire en diverses couleurs. Mais nous croyons devoir engager les Amateurs, s'ils veulent que ce bouquet fasse quelque illusion, à peindre toutes les fleurs qui le composent, ainsi que leurs tiges avec les couleurs dont on se sert pour la miniature : par ce moyen, ainsi qu'on l'a vu dans la section précédente, ils pourront varier les couleurs sur les mêmes pétales, comme dans les œillets, les tulipes, etc., ou nuancer diversement les parties de la même pétale, qui doit être en général plus foncée vers le bord, que du côté de la tige.

Lorsque toutes les pétales seront teintes et séchées, on leur fera prendre Pl. 57.
le degré de courbure qu'elles doivent avoir, tant en dedans qu'en dehors,
et qu'on voit sur les *fig.* 2, 3 ; 4, 5, 6 et 7. On se servira, pour cela, d'un
fer de cinq à six lignes de large, sur trois ou quatre d'épaisseur ; et de six
à sept pouces de long, et arrondi par le bout; on le fera chauffer modérément, et l'on donnera la courbure convenable, en appuyant le bout
sur les pétales à plat, et en les élevant tant soit peu de la main gauche,
pour leur faire prendre la courbure qu'on désire. Ensuite on les collera
avec de la colle de poisson, qui, dissoute à l'esprit-de-vin, sèche promptement, dans la rainure pratiquée autour des pistils, *fig.* 3, 4 et 5, qu'on
aura aussi peints en vert. On placera pour cet effet les tiges qui portent
les pistils dans de petits trous pratiqués sur un morceau de bois, et on
laissera le tout sécher dans cette position. De cette manière, on formera
des œillets, des roses, des anémones, etc.

On commencera par une tige, plus forte que les autres, et telle qu'on
la voit au haut du vase *fig.* 1 : on y formera une fleur, simple ou double
à volonté : puis, ayant réuni cinq ou six tiges, qu'on courbera également,
on les implantera dans un trou, fait au fond du pistil, et capable de les
contenir, la courbure en dehors, pour former le bouquet, en les écartant
les unes des autres. A quelque distance du vase, on mettra, sur la tige du
milieu, un autre pistil dans lequel on aura fait un trou capable de
contenir quatre ou cinq tiges : on en fera autant aux tiges qui entourent
celle-ci, ayant eu soin de garnir auparavant le bout de ces mêmes tiges,
de fleurs de différentes espèces, et les plaçant toutes à peu près à la même
hauteur, mais d'une manière tellement variée qu'on n'y voie aucune
symétrie forcée. Avant de fixer ainsi ces tiges, on aura eu soin d'y coller,
de distance en distance, des feuilles semblables à celles des plantes qui
produisent les fleurs supportées par chacune de ces tiges, tantôt par
paires, et tantôt alternées; et pour cela on les découpera avec de bons ciseaux, suivant la forme qu'elles doivent avoir, et en pointe allongée par le
bas, afin que la reprise en soit plus insensible, et qu'elles semblent sortir
de la tige même. On conçoit qu'il faut commencer par la tige du centre,
et mettre ensuite celles du tour. On aura soin que ces tiges, par le
haut, fassent bien le bouquet, c'est-à-dire que toutes les fleurs soient
étagées avec un peu de symétrie, sans cependant s'en rendre trop
esclave.

Il s'agit maintenant de faire les deux anses *A*, *B*, *fig.* 2. On commencera par les dessiner sur du papier, avec la plus grande exactitude, et l'on

prendra ses dimensions, de manière qu'elles puissent se fixer aux deux bords saillans du vase, au moyen d'une petite fente qu'on pratiquera à deux petits tenons réservés à ces points en dehors des deux anses. On choisira ensuite deux plaques d'ivoire de grandeur suffisante, pour qu'elles couvrent le dessin, et d'une demi-ligne d'épaisseur ; on les assemblera l'une à l'autre, au moyen de petites goupilles de laiton, rivées légèrement dessus et dessous, dans des endroits qui doivent être évidés. On collera ensuite le dessin par dessus ; on fera dans chaque partie qui doit être mise à jour, des trous de foret ; puis, ayant desserré la lame d'une scie à repercer, on la passera dans un de ces trous ; on découpera avec soin une des parties, ne laissant que les points par où les contours se touchent, et suivant les traits avec beaucoup d'exactitude ; on laissera cependant les traits du dessin en dehors, afin de pouvoir ensuite réparer le tout, avec de petites limes convenables ; on réservera pour les dernières, les parties où sont les rivures ; et, avant d'ôter la première, on attachera les deux pièces à un autre endroit, par quelques tours de fil ou de soie, afin que les deux plaques ne se dérangent pas. On peut aussi coller les deux plaques l'une sur l'autre. Lorsque tout sera *repercé*, comme disent les ouvriers, et découpé par dehors, on réparera chaque plaque dans tous les sens, pour que le dessin soit très-exact. Comme cette opération est assez difficile, on peut donner ces anses à repercer à des ouvriers qui s'occupent habituellement à découper les chiffres en or qu'on met sur les tabatières ; et l'on fera aux petits tenons, par où elles doivent être fixées au vase, deux petits traits d'une scie fine. On fera de même les deux pendants qu'on voit au bas, et plus en grand, *fig.* 8, qui y sont retenus par un anneau qui leur laisse la liberté de se mouvoir. Les deux petits vases qu'on voit à ces pendants, sont faits au Tour, en deux parties, évidées en dedans, et collées ensuite l'une à l'autre. Quant aux anneaux, on peut les faire d'une des manières suivantes : ou bien on les tournera tels qu'ils doivent être, et après les avoir cassés en un endroit, avec précaution, après les avoir fait tremper dans l'eau, pour qu'ils ne se fendent pas en deux endroits, on y enfilera la petite pendeloque, et on y passera la courbe inférieure des anses ; après quoi on collera la cassure avec de la colle de poisson : ou bien, on tournera deux anneaux très-minces, plats sur un côté, et arrondis par l'autre ; on les fendra comme nous venons de le dire ; et après y avoir enfilé le pendant et la courbe du bas de l'anse, on les collera l'un sur l'autre, de manière que la partie fendue de l'un, se trouve sur le plein de l'autre.

On fera, de même, les petites anses qu'on voit au bas; et on y placera, de même, les pendants qui y sont; et pendant ces diverses opérations, toutes les parties qui doivent composer le vase, auront eu le temps de bien sécher.

Pl. 57.

Il s'agit maintenant de faire le vase. On commencera par mettre la partie *A, fig.* 1, sur un mandrin, le bord *a a* contre. On fera en *b, b,* un ravalement infiniment petit, mais qui ait une portée telle qu'elle est marquée par un trait léger. Puis, ayant tourné un mandrin de buis, parfaitement juste et droit, on y emmandrinera cette même pièce par la portée qu'on vient de faire, et qui ne doit avoir guères plus d'une demi-ligne de profondeur; aussi on doit apporter le plus grand soin à tourner la portée et le mandrin exactement ronds et justes. Il sera même bon de mettre trois ou quatre gouttes de colle de poisson à la jointure de la pièce sur le mandrin, de peur que cette pièce étant près d'arriver à sa plus petite épaisseur, ne sorte du mandrin, ce qui seroit irréparable. On commencera par lui donner extérieurement la forme qu'on lui voit; et tandis qu'elle aura toute son épaisseur, on la polira par dehors : puis on la tournera intérieurement, en jugeant aux parties *b b,* de l'égalité d'épaisseur, par l'égalité de transparence que cette pièce acquerra.

On mettra ensuite au mandrin la partie *B* par le bout *a, a.* On fera à l'autre bout la petite portée qu'on y voit avec le large rebord qui y est : on la remettra ensuite au mandrin de buis, comme la première, par cette portée, et on y mettra trois à quatre mouches de même colle : puis on la tournera extérieurement, ayant soin que les jointures des deux pièces ne nuisent en rien à la régularité du profil. On la polira; après quoi on tournera l'intérieur, en jugeant toujours de la régularité d'épaisseur, par l'égalité de transparence; car c'est là le seul moyen de réduire toutes les parties à l'épaisseur d'une feuille de papier, sans risquer de les percer d'un côté, tandis que de l'autre elles auroient encore une certaine épaisseur : et l'on conçoit que dans ce travail il faut être assuré de la justesse de la main, pour tourner parfaitement rond. Lorsqu'on fera la portée *b, b,* on réservera un fond d'une certaine épaisseur, pour pouvoir y planter au centre la tige principale, comme on la voit, et pour qu'étant collée, elle ait une certaine solidité : ainsi, quand on aura retourné la pièce, il faudra en tourner le fond bien droit.

On mettra ensuite la pièce *C* au mandrin par le bout *a, a,* et l'on fera à l'autre bout qui est en devant sur le Tour, un ravalement capable de recevoir juste, sans forcer, la portée qu'on a faite à la partie précédente.

On remettra la pièce dans un mandrin de buis, par le ravalement, et on y mettra trois ou quatre gouttes de colle de poisson. On fera le profil extérieurement : on le polira bien, et ensuite on terminera l'intérieur, en jugeant toujours de l'épaisseur par la transparence. Quant aux crochets qu'on y voit en *b*, *b*, *fig*. 1, ce ne sont autre chose que de petites feuilles d'ivoire, semblables aux pétales, courbées comme nous l'avons enseigné, et qu'on colle en dessus, tout autour, bien circulairement.

La partie *D* se fera comme les précédentes, en la mettant au mandrin par le bout *a a*, pour faire la portée qui entre dans le ravalement qu'on a dû faire au bout *a a* de la partie *C*, et qui ne doit pas avoir plus d'une demi-ligne de profondeur.

On fera avec les mêmes précautions toutes les autres parties de ce vase, en les mettant au second mandrin par le plus petit bout, afin que le bout qui est en face de l'Artiste étant plus évasé, on voie mieux ce qu'on fait au dedans. Le Graveur a représenté par un trait parallèle aux contours de chaque partie, l'épaisseur qu'on doit leur donner; mais, dans le vase que nous décrivons, cette épaisseur étoit encore bien moindre.

Nous recommandons de se servir de mandrins de buis pour terminer chaque partie, parce que ce bois, étant plus compact, se coupe bien plus net, et qu'on est assuré qu'une portée infiniment petite y tiendra plus solidement. Pour ôter une pièce du mandrin, on se servira d'un crochet dont la tige soit assez longue, pour qu'étant appuyée sur le support, l'Artiste ne puisse jamais être *gagné* par la résistance, et qu'ainsi le levier de puissance soit suffisamment long, de peur que quelque coup inattendu ne casse une pièce finie, et qui a coûté du temps et du travail. La partie coudée du crochet sera un peu menue sans être trop foible : on fera près de l'endroit par où la pièce tient au mandrin, une petite rainure qu'on approchera tout contre la pièce, en emportant le bois avec précaution, et la pièce se détachera sans effort. On prendra même garde qu'elle ne tombe plus tôt qu'on ne s'y attend. Il sera bon, pour prévenir les accidents, de placer sur le support, une feuille de papier dont les bords soient relevés, et qui soit remplie de copeaux bien fins; ceux qui sont sortis de la pièce sont bons pour cela. Toutes les parties renflées, même du pied du vase, sont creusées comme le vase, afin de donner à toutes une égale transparence et la même légèreté.

Il faut dans tout cet ouvrage aller à bien petits coups d'outil, tant pour que la pièce ne sorte pas du Tour, qu'afin que, lorsqu'elle est devenue infiniment mince, on ne la crève pas d'un coup donné mal adroitement.

Pl. 57.

On peut laisser pleines les parties les plus menues du pied de ce vase ; mais il vaut mieux les percer, afin que la transparence soit par-tout égale.

On voit, *fig.* 1, de quelle manière la tige principale est plantée dans la première partie du vase. Elle entre juste dans la cloison du fond, et y est bien collée ; et comme c'est elle qui reçoit tout l'effort du balancement du bouquet, on la fera un peu forte.

On voit par la description que nous venons de donner, que, dans cette charmante pièce, il n'y a que le vase, les pistils et les nœuds qui soient faits au Tour, et que les fleurs se font à la main. On pourroit y placer quelques fleurs faites au Tour, en formant des calices infiniment minces, et diminuant de grosseur, et les collant les uns dans les autres. On formeroit le renversement des pétales, au Tour même ; et dans ce cas, il seroit dangereux de chercher à les teindre, attendu qu'on risqueroit à les faire voiler ; mais, comme ce procédé se rapproche beaucoup de celui que nous avons décrit dans la section précédente, nous ne croyons pas devoir nous y arrêter ici.

On collera les deux anses sur le vase aux deux extrémités d'un diamètre, c'est-à-dire, bien opposées l'une à l'autre ; et, pour s'en assurer mieux, on marquera sur la pièce *A* et sur celle *E*, tandis qu'elles sont encore sur le Tour, et avec le diviseur, deux points diamétralement opposés.

Comme, par la suite des temps, le plus bel ivoire jaunit ; que, d'ailleurs les mouches et autres insectes peuvent venir déposer des ordures sur toutes les parties qui composent ce bouquet ; que leur peu d'épaisseur et la colle par laquelle elles sont jointes, ne permettent pas de les laver, il faut nécessairement placer ce bouquet sous une cage de verre, ou mieux encore sous une cloche. Par ce moyen, la blancheur de l'ivoire, ainsi que les couleurs de chaque fleur, sont bien mieux et plus long-temps conservées.

Quoique ce vase et toutes les fleurs qu'on veut exécuter au Tour, puissent l'être sur un Tour quelconque, nous conseillons de préférer un Tour dont l'arbre soit plutôt petit que gros. Ce conseil peut s'appliquer à toutes les pièces délicates qu'on veut tourner. La raison en est simple : un gros arbre de Tour a nécessairement des collets proportionnés à sa grosseur, et ces collets éprouvent beaucoup de frottement entre les coussinets. D'un autre côté, la bobine d'un gros arbre doit être en même proportion ; et dès lors, elle fait moins de tours dans la descente de la marche, que

que si elle étoit plus petite. Il est donc à propos de se servir d'un arbre moyen.

Nous terminerons cet article en engageant les Amateurs à tourner toutes les parties de cette pièce à la roue, dont le mouvement est bien plus égal que celui de la perche, et doit, pour cette raison être préféré toutes les fois qu'on voudra exécuter des pièces aussi délicates.

FIN DU SECOND ET DERNIER VOLUME.

TABLE

DES MATIÈRES

CONTENUES DANS CE VOLUME.

A

FIN DE LA TABLE DES MATIÈRES DU SECOND ET DERNIER VOLUME.